石油和化工行业"十四五"规划教材

高等教育医药类创新型系列教材

 化学工业出版社"十四五"普通高等教育规划教材

生物制药工艺学

供生物制药、制药工程等专业使用

史劲松　陈平　李会　主编

Biopharmaceutical
Process
Engineering

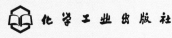

化学工业出版社

·北京·

内容简介

为满足新时代药学类应用型本科人才培养的需求，《生物制药工艺学》以生物制药技术原理为理论基础，以典型生物制药生产工艺实例为抓手，以培养具有工程实践创新能力的应用型制药人才为目标，全面呈现生物制药领域的典型生产工艺，突出培养学生扎实的理论基础和广阔的工程视野。

《生物制药工艺学》以生物制药相关工艺为主要内容，阐述了微生物发酵制药、分子生物技术与制药、细胞工程制药、酶工程制药、生物制药下游分离技术、生物药物质量控制与分析技术、生物制药行业的清洁生产与生物安全等相关技术原理和生产工艺实例，并详细介绍了抗微生物药物、维生素类药物、氨基酸类药物、甾体激素类药物、糖类及脂类药物、重组蛋白质与多肽药物、抗体药物、核苷酸类药物、疫苗、基因与细胞治疗类产品、生物医学材料以及其他药物的生产工艺。本书适合作为普通高等院校制药工程、生物制药相关专业的本科生教材，也可供从事生物制药行业科学研究和开发实践的专业人员参考。

图书在版编目（CIP）数据

生物制药工艺学 / 史劲松，陈平，李会主编.
北京：化学工业出版社，2024. 12. -- （高等教育医药类创新型系列教材）（化学工业出版社"十四五"普通高等教育规划教材）. -- ISBN 978-7-122-44967-2

Ⅰ. TQ464
中国国家版本馆 CIP 数据核字第 2024UM7853 号

责任编辑：褚红喜　甘九林　江百宁　　　　文字编辑：孙钦炜
责任校对：王　静　　　　　　　　　　　　装帧设计：关　飞

出版发行：化学工业出版社
　　　　　（北京市东城区青年湖南街 13 号　邮政编码 100011）
印　　装：大厂回族自治县聚鑫印刷有限责任公司
880mm×1230mm　1/16　印张 28½　字数 854 千字
2024 年 12 月北京第 1 版第 1 次印刷

购书咨询：010-64518888
售后服务：010-64518899
网　　址：http://www.cip.com.cn
凡购买本书，如有缺损质量问题，本社销售中心负责调换。

定　　价：79. 80 元

《生物制药工艺学》编写组

主编： 史劲松 陈 平 李 会

编者： （以姓氏笔画为序）

万永青（内蒙古农业大学） 林 刚（武汉生物工程学院）

王 峰（暨南大学） 林 艳（湖南中医药大学）

王 楠（天津科技大学） 罗华军（三峡大学）

王启钦（暨南大学） 周 娟（江南大学）

史劲松（江南大学） 孟 欣（天津科技大学）

巩 培（内蒙古农业大学） 孟 蕾（湖南中医药大学）

朱晨杰（南京工业大学） 赵小亮（兰州理工大学）

刘 莹（天津科技大学） 赵肃清（广东工业大学）

江会锋（中国科学院天津工业生物 胡 勇（国药集团武汉血液制品有限公司）

　　　　技术研究所） 胡 鹏（武汉轻工大学）

李 会（江南大学） 胡 翰（湖北工业大学）

李 恒（江南大学） 骆健美（天津科技大学）

佘文青（湖北理工学院） 贾兆军（北京石油化工学院）

沈 涛（南京工业大学） 徐建国（卓和药业集团股份有限公司）

张军林（武汉轻工大学） 龚劲松（江南大学）

张迎庆（湖北工业大学） 龚国利（陕西科技大学）

张忠山（湖州师范学院） 崔培梧（湖南中医药大学）

张家友（武汉生物制品研究所） 温振国（北京石油化工学院）

张晓梅（江南大学） 满都拉（内蒙古农业大学）

陈 平（武汉轻工大学） 窦文芳（江南大学）

陈 蕴（江南大学） 蔡玮琦（北京石油化工学院）

陈晓春（南京工业大学） 谭卓涛（南京工业大学）

序

生物医药产业集中体现了当今生命科学的前沿成果和生物技术的创新突破，已成为全球增长最快的产业之一，是发达国家在全球市场角逐的重要产业板块。面对全球性公共卫生突发事件，生物医药产业在疫苗研发及制备、检测、治疗等方面快速响应，成为维护社会安定、促进经济增长的不可或缺的重要力量。

全球生物医药市场规模快速发展，美国、欧洲、日本等发达国家和地区占据主导地位，生物医药产业化进程与产品更新速度显著加快，生物技术药物市场进一步扩大，目前全球重磅药物中，70%以上属于生物药。近5年美国食品药品管理局（FDA）批准的新药中，生物药占比达30%。与此同时，在生物医学、信息工程等前沿领域融合驱动下，生物疗法迈上新台阶，转化医学、细胞疗法等个性化精准医疗技术正在颠覆传统的医疗模式。

目前，我国生物医药产业全面进入发展的黄金阶段，创新成果频出，增长态势显著，细分领域亮点纷呈，并且我国已成为仅次于美国的全球第二大生物医药市场。在国家政策持续激励下，我国已形成长三角、环渤海、珠三角三大综合型生物医药产业聚集区，在东北、中部地区及西部地区也形成了各具特色的生物医药产业板块。

生物医药也是科技创新与应用最为活跃的领域，基因编辑技术、干细胞技术、微生物组学、蛋白质结构分析等前沿科技的交叉融合，推动着疾病治疗和新药创制水平的不断提升。靶向药物研发热度持续不减、突破不断，临床优势更加显著。基因编辑技术为遗传疾病、肿瘤、眼科疾病中的人类疑难疾病提供了新的治疗路径，已大范围应用于细胞模型构建、靶点筛查、基因治疗等领域，极大地加速了生物医药产业化进程。合成生物学技术通过重新设计分子和细胞的功能，成为破解传统生物学难题的新方法，已陆续在抗生素、维生素、氨基酸、甾体激素等大宗原料药的优质生产、绿色制备方面产生巨大的社会经济和生态效益。纳米技术在新型制剂的开发中实现了创新融合，纳米颗粒疫苗可以更加高效地将抗原呈递给机体免疫系统，以此技术开发的新型冠状病毒疫苗，能够较好地维持原始抗原构象。人类微生物组研究取得了重大进展，这加深了人们对微生物与人类健康、疾病之间深度关联的理解，并将为营养健康、疾病早期干预、临床辅助治疗提供新的途径。与此同时，生物医药与人工智能的创新融合成为各国抢占的科技制高点，多个国家已对生物医药产业数字化、智能化进行了战略布局，并积极推动疾病早期诊断、药物研发以及个性化医疗的创新发展。

医药工业是关系国计民生、经济发展和国家安全的战略性产业，是健康中国建设的重要基础。我国《"十四五"生物经济发展规划》已将生物医药作为生物经济发展的重要内容。为此，我国将全面推进医药创新产品产业化、医药产品质量升级、制药工业绿色低碳工程等重大工作，在生物药领域，将重点发展新型抗体药物、新一代免疫检查点药物、重大传染病疫苗、多联多价疫苗、新靶点创新生物药物、新适应证的嵌合抗原受体的免疫细胞治疗技术、超大规模细胞培养技术以及面向原料药的绿色生产与生物合成技术等医药产品与创新技术。

本书的编写是对现代生物医药产业技术的总结和提升，本书将直接服务于生物医药人才培养和产业发展，对促进我国生物医药产业的技术现代化和全球化的高质量发展具有重要意义。

二〇二四年五月

前言

党的二十大以来，我国生物制药产业发展较快，技术创新日益活跃，品种迭代加速，国际接轨步伐不断加大，监管力度也逐步加强。生物制药工艺学是以生物学、药学、化工与分离工程为基础的跨专业交叉学科，涉及的基础理论、产品种类和技术类型较多。生物制药工艺学的发展不仅要强调创新驱动的核心发展战略，还要深入贯彻生态文明建设和绿色发展理念，并将科学研究的社会责任与人才培养的目标有机结合，深入落实党的二十大提出的"构建人类命运共同体"的伟大战略。在以往的教学实践中，各高校充分结合产业实践的发展趋势和社会对专业人才的需求，以自身的优势学科为基础，探索出了一套厚基础、重实践、产研结合的教学方法和人才培养理念。为此，编委会邀请了开设"生物制药工艺学"课程的数十家高等院校的几十位教师进行充分研讨，确立了本书的编写原则：以坚实的基础理论、前沿的生物技术为导向，面向现代生物制药产业实践，满足社会对生物制药专业人才的培养需求，充分体现生物制药的特色与技术内涵，体现立德树人、德才兼备的教育宗旨。

本书在编制过程中，得到了江南大学、天津科技大学、中国科学院天津工业生物技术研究所、武汉轻工大学、三峡大学、广东工业大学、暨南大学、南京工业大学、国药集团武汉血液制品有限公司、北京石油化工学院、湖南中医药大学、内蒙古农业大学、湖北工业大学、湖州师范学院、兰州理工大学、陕西科技大学、湖北理工学院、武汉生物制品研究所、武汉生物工程学院等多家院校以及化学工业出版社的大力支持，在此一并感谢！

本书共二十章，其中绪论针对生物制药工艺学的概念、特点、发展历程及技术体系进行概述；第一章到第七章，主要介绍专业基础理论和技术体系，涉及微生物发酵制药、分子生物技术与制药、细胞工程制药、酶工程制药、生物制药下游分离技术、生物药物质量控制与分析技术、生物制药行业的清洁生产技术与生物安全等内容；从第八章开始，对代表性生物药物品种的制造工艺进行介绍，涉及抗微生物类药物、维生素类药物、氨基酸类药物、甾体激素类药物、糖类药物、脂类药物、重组蛋白质及多肽类药物、抗体药物、核苷酸类药物、疫苗、基因与细胞治疗类产品、生物医学材料、血液制品、诊断试剂、微生物制剂及酶类药物等类别，提供了与产业实践密切相关的工艺范例。在本书编写过程中，整个编写团队以章为单位分别成立编写小组，在此感谢江会峰、温振国、龚劲松、龚国利、万永青、张晓梅、骆健美、张忠山、窦文芳、赵肃清、朱晨杰、孟欣、张军林、张迎庆的组织协调、统稿校对等多项工作，并对参与本书编写的所有成员的辛苦付出表示感谢。

本书面向生物制药专业师生，可供制药工程专业、生物工程专业师生选用，也可供生物制药企业技术人员参考。鉴于编者水平有限，书中难免存在不足之处，希望广大读者给予指正。

编者
2024 年 5 月

目录

第三章　细胞工程制药 / 054

第四章　酶工程制药 / 092

第五章　生物制药下游分离技术 / 126

第六章　生物药物质量控制与分析技术 / 165

第七章　生物制药行业的清洁生产与生物安全 / 177

第十九章 其他生物药物生产工艺 / 420

绪论

生物制药工艺学概述

第一节　生物制药的概念与类别

一、生物制药的概念

生物制药（biopharmaceuticals）是以现代生物技术为主要手段开展的药品、药物原料或中间体以及诊断试剂等生物制品的生产过程。生物制药还综合应用了药学、化学、化工、机械工程、材料科学与工程、计算机科学与技术等多学科的原理和方法。此外，生物制药需要满足《药品生产质量管理规范》，以确保产品的安全性、有效性和质量可控性。

生物制药在概念上常常与生物药物（biological pharmaceutics）相提并论，但生物药物强调了产品的生物学属性，是指从生物体、生物组织、器官、体液以及培养出的生物细胞或其外泌物质中分离、制备而成的一类用于疾病预防、治疗或诊断的制品。广义上的生物制药，其研究的对象不仅包含了上述的生物药物及其涉及的上下游技术，而且包含了采用生物技术手段生产的大量化学药品或原料药，如氨基酸、维生素等原料药的发酵或生物转化。随着生物技术的发展，越来越多的生物质原料进入生物制药行业，如细胞工程制得的动植物组织、合成生物学改造后的微生物细胞、海洋动物和藻类，都可以用来制备药理活性高、毒副作用小的生物药活性成分。

二、生物制药的类别

生物药物通常按照其结构与属性、生物组织来源和主要功能与用途进行类别划分（表0-1），这样分类有利于产品质量管理体系的建立以及生产技术规范的推行。在生产和研发领域，生物药物主要包括大分子物质（如蛋白质和核酸）、疫苗和经基因工程改造后的细胞或其代谢产物，如治疗性抗体、融合蛋白、基因治疗药物、细胞治疗药物、抗菌肽、细胞因子、蛋白质类激素和酶等。

按照药品制造过程所使用的核心技术体系，生物制药可划分为发酵工程制药、酶工程制药、基因工程制药、细胞工程制药。随着生物技术的不断发展，又逐渐出现了蛋白质工程制药、抗体工程制药、代谢工程制药以及合成生物学制药等新类别。对于一些药物品种，其制造过程可能涉及多个重要生物技术单元，也可能存在多种不同的生物工艺，可从实践出发将其纳入多个技术分类中。

表 0-1 生物药物的主要类别及代表品种

划分依据	主要类别	代表品种
1. 按照结构与属性	(1)氨基酸及其衍生物类药物	蛋氨酸、精氨酸、丝氨酸、谷氨酸、5-羟色氨酸
	(2)多肽和蛋白质类药物	血清白蛋白、丙种球蛋白、胰岛素、催产素、胰高血糖素
	(3)酶和辅酶类药物	胃蛋白酶、胰酶、麦芽淀粉酶、溶菌酶、胰蛋白酶、胰激肽原酶、辅酶 Q_{10}
	(4)核酸及其降解物和衍生物类药物	5-氟尿嘧啶、氟胞嘧啶
	(5)糖类药物	阿卡波糖、氨基糖苷
	(6)脂类药物	脑磷脂、卵磷脂、硬脂酸
	(7)细胞因子	干扰素、白细胞介素、肿瘤坏死因子
	(8)微生物制剂	乳酸菌
	(9)抗体药物	替雷利珠单抗、维迪西妥单抗、曲妥珠单抗、卡妥索单抗
2. 按生物组织来源	(1)人体组织来源	白蛋白、免疫球蛋白、凝血因子Ⅷ
	(2)动物组织来源	胰酶、胃蛋白酶、肝素硫酸软骨素钠
	(3)植物组织来源	木瓜蛋白酶、青蒿素、地高辛、紫杉醇、长春新碱
	(4)微生物来源	青霉素、双歧杆菌、精氨酸、重组人尿激酶原、维生素 B_{12}
	(5)海洋生物来源	壳聚糖、甘露寡糖二酸、硫酸鱼精蛋白
3. 按主要功能与用途	(1)治疗类药物	曲妥珠单抗、利妥昔单抗、帕博利珠单抗、重组胰岛素、重组人促红素、α-干扰素
	(2)预防性药物	HPV 疫苗、乙肝疫苗、COVID-19 mRNA 疫苗
	(3)诊断药物	乙肝诊断试剂盒、氟代脱氧葡萄糖
	(4)辅料及生物医用材料	透明质酸钠、壳聚糖、聚乳酸-羟基乙酸、胶原蛋白

三、生物制药的特点

随着生命科学和工程技术的快速发展，生物制药产业已成为制药工业中发展最快、活力最强和技术含量最高的领域，是 21 世纪的朝阳产业，并成为衡量一个国家生物技术发展水平的重要标志。

生物制药技术是人类战胜疾病、提升健康水平的最强大、最有效的技术之一。生物制药不仅能够改变传统制药的原料、工艺和生产方式，而且可以制造出有特殊疗效的生物药物，帮助人们战胜许多威胁人类健康和生命的顽症。抗生素的发现、生产和广泛应用，使人类从诸多感染性疾病的恐惧中走出；重组蛋白质类药物、抗体药物等新型生物技术药物的研发和不断改进，使长期难以攻克的恶性肿瘤、严重遗传性疾病和代谢性疾病的彻底治疗逐步变为现实；利用基因工程生产的重组疫苗具有十分良好的安全性和高效性，已在冠状病毒、人类免疫缺陷病毒、病毒性肝炎病毒、寄生虫等综合防治工作中发挥重要作用。

生物制药技术是自然科学中最前沿、最活跃的技术之一。生命科学无疑是 21 世纪自然科学的前沿学科，《科学》周刊近几年评选的全世界十大科技进展中，几乎一半的成果都来自生命科学领域，生命科学正与信息科学相辅相成，成为推动人类经济、科技、政治和社会发展的两大支柱。生命科学对生命现象、生命本质研究的每一次突破，都会对生物制药产生深远的影响。如人类基因组的研究，为了解人类疾病相关基因的结构和功能提供了重要信息，基于这些信息，科学家们可以通过基因与蛋白质的作用设计出基因药物，实现细胞结构的修复和细胞功能的调控，从而有效治疗疾病。

生物制药是多学科高度交叉、高度融合的最具代表性的学科之一。多学科交叉融合是指由两门及以上的学科通过相互渗透并融合而形成的一种新的综合学科体系，生物制药正是生命科学、生物技术、药学、化学化工等学科的深度融合。这种融合不是简单的叠加，也不是个别理论、原理或方法的相互引用和拼合，而是基于社会、经济、产业和技术发展的需要，通过学科之间产生的内在逻辑关系，使理论和方法有机结合，进而形成创新生产力。生物制药是多学科发展的必然产物，从其产生之时就代表着先进生产力，随着新材料、信息技术的快速发展，生物制药技术必将会迎来新一轮发展。未来生物制药技术的发展需要找准多学科交叉融合的契合点、着力点和支撑点，使多学科交叉融合的放大效应得到充分彰显。

生物制药行业具有高收益、高成长性的特点。生物药物价格高，而且生物技术一旦成熟，很容易实现规模化制造，短期内能够形成较大的产能，使生物药物迅速进入医药市场。然而生物制药产业是技术密集型产业，对企业的创新能力提出了很高的要求；生物药物从开始研制到最终转化为产品要经历多个环节，一种生物新药的研发周期一般需要 8～10 年甚至 10 年以上，药物分子筛选设计，药理学、毒理学研究，制剂处方工艺及稳定性实验，生物利用度测试，临床试验以及注册上市和售后监督等过程均存在较多的不确定风险，同时，生物药物在生产装备、厂房设施、设备仪器等配置方面要求较高，运行和维护成本通常远高于化学制药。

第二节　生物制药技术的发展历程

一、古代生物制药技术

尽管制药工业是近代逐步发展起来的，但药品制作和使用的历史源远流长。早在公元前，中国的《诗经》、《山海经》，埃及的纸草书（Papyrus），印度的《吠陀经》（Veda），巴比伦、亚述的有关碑文均记存着人类最早的药学知识。公元初期，诞生了众多医药名家，如古罗马杰出的医学家盖仑（Galen），为后世留下了 80 余种医药著作，对药学发展产生了深远的影响，更是植物制剂技术的开拓者。同一时期，我国也诞生了一位医圣——张仲景，其传世巨著《伤寒杂病论》不仅确立了"辩证论治"的原则，在方剂学方面也做出了巨大贡献。

在古代，人们不仅已经能够理解植物中存有活性物质，而且知道这种物质能够受到植物药材的品种、产地、采收季节、采收方式等不同因素的影响，甚至后期的不同加工方式也可以改变这些物质的药性。东晋时期葛洪所著的《肘后备急方》中记载的治疗疟疾的"青蒿方"，其用药方法不是大家熟知的煎煮，而是"青蒿一握，以水二升渍，绞取汁，尽服之"，这种鲜榨取汁的方法，避免了青蒿素受热分解。诺贝尔奖获得者屠呦呦先生正是从中发现这一细节，提取出了具有抗疟原虫成分的青蒿素。

在长期与疾病抗争的过程中，基于对天然药物的实践经验的总结，古人也积累了大量蕴涵着生物技术原理的制药技艺。北宋科学家沈括在《良方》中记载了秋石及其制炼方法，即以收集到的小便为原料，通过加入浓缩的皂角浓汁进行絮凝沉淀，通过多次的精制，最后获得色白如霜的药物——秋石。根据文献记载，秋石对久病咳喘、眩晕、瘦弱等症状都有很好的疗效。西方医学中直到 1927 年才发现孕妇尿中含有大量性激素，英国学者李约瑟研究认为，秋石制备方法是世界上最早关于性激素提取的记载。

古人很早就会利用微生物进行药物加工，《中华人民共和国药典》（简称《中国药典》）中还保留着多个通过传统微生物发酵进行炮制的中药品种。药曲是具有代表性的传统发酵中药，通常是将谷类煮熟后摊晾，然后拌入特定的药用植物或其汁液，通过加曲发酵或自然发酵，再晒制或烘干而成。唐朝甄权所著的《药性论》最早收录了神曲的制备，其制备技术对研究古代生物制药技术的演变有较高的参考价值。

二、近代生物制药技术

19 世纪中叶，科学进入了重要发展时期，各种新发明、新技术层出不穷，推动了社会生产力的巨大飞跃，第二次工业革命使科学和技术实现了真正的结合，自然科学成为推动生产力发展的一个重要因素。生物学、化学、物理学、解剖学和生理学等学科的形成与发展，推动着药学研究和制药技术逐步发展成为一门专业学科，而长期的战争和大范围的传染性疾病也带来了药品的巨大社会需求，客观上促进了制药技术的工业化发展。

微生物的发现、分离和培养技术，推动着传染性疾病的灭活疫苗的开发和应用。巴斯德（1822～1895年）是最早揭示微生物发酵的科学家，也最早提出培养鸡霍乱病原体进行疫苗的提取。他还发现炭疽杆菌在 42 ℃停止增殖，因此利用病原菌对温度的敏感性，通过高温培育进行病原菌减毒并用于疫苗生产。另外，巴斯德经过反复实验研发出世界上第一支狂犬病疫苗，为此法国政府特别成立了巴斯德研究所，该机构将生产工艺成熟的狂犬病疫苗推向市场，为预防狂犬病做出巨大贡献，该机构此后在白喉血清研制方面也取得了很大突破。与巴斯德几乎同时代的还有一位伟大的微生物科学家科赫（1843～1910 年），他除了在病原菌的分离方面做出了突出贡献外，在微生物的培养方面也进行了大量和细致的研究，为后期微生物培养技术的提升奠定了坚实的基础，科赫法则至今仍是病原微生物研究的重要准则。此外，科赫也是生物制药的实践者，1890 年他采用结核菌素治疗结核病，为后来感染性疾病的抗毒素治疗奠定了基础。与此同时，由贝林主导研究的白喉血清的抗毒素疗法获得大范围成功，使强传染力、高死亡率的白喉得到初步遏制，贝林也因此获得 1901 年的诺贝尔生理学或医学奖。

生物医药从其产生之初，就与生物学的重大发现和关键技术突破形影相随。19 世纪末，对疾病的致病因子的发现和细菌致病机制的认识使医药进入了生物学时代，治疗白喉和破伤风的抗菌药物成为法国和德国的实验室精制的重要工作。1894 年，H. K. Mulford 公司在美国宾州建立了第一个生物学实验室以生产可靠的抗菌药物。美国在 20 世纪初，为规范生物制品的生产，于 1902 年通过《生物制品控制法案》，Parke Davis 公司接受了第一个生产生物制品的许可，1916 年美国设立了药品生产企业协会加强行业的规范管理。

三、现代生物制药技术

抗生素的发现和工业生产标志着现代发酵工程制药技术的蓬勃发展。1928 年，弗莱明发现了有效防治微生物的盘尼西林（青霉素），开创了生物制药的崭新时代。事实上青霉素从最初的发现，到分离、结构鉴定，经历了很长一段时间，有很多研究者为此付出了努力，直到 1941 年 2 月，盘尼西林才首次被应用于人体，展现了比当时风头正盛的磺胺类药物更为卓越的抗菌性能。当时正值第二次世界大战时期，美国十分重视青霉素的开发，为提高产量，科学家们筛选得到高产青霉素的产黄青霉，之后默克公司建立了吨级以上的发酵罐生产线。青霉素的成功生产迅速在欧美各大药厂之间掀起了一股抗生素开发热潮，很多研究者陆续从土壤中分离出能够产生抗生素的放线菌和链霉菌，开发了链霉素、金霉素（四环素一类）、氯霉素等抗生素品种，当时积极参与抗生素的发现和开发的赫希特斯、拜耳、史克必成等制药公司赢得了长足的发展先机，此后美国礼来公司等为解决不断出现的耐药菌抗性问题，开展了青霉素的改性研究、半合成抗生素（头孢菌素）及沙星类抗生素药物的研发，极大地推动了抗生素家族的繁荣和丰富。

生物催化技术的产生推动了半合成药物的兴起和绿色制药技术的发展。青霉素的衍生开发也大量使用了酶的催化技术，这种技术简化了生物转化过程，并可与化学合成技术进行整合，实现化学过程的改进和替代。1941 年，时值第二次世界大战期间的美国国家科学研究委员会启动了一种神奇药物的合成，该药物实际上是类固醇类物质，目的是想提高空军的高空战斗力。其合成工作由默克公司负责，尽管这项工作很快被终止，但合成的可的松后来却能够有效缓解风湿性关节炎带来的疼痛。制造可的松的原料薯蓣皂苷元取自薯蓣科的一种植物，通常 10 t 植物体才能提取 1～2 kg 的薯蓣皂苷元，必须通过农场大规模种植才能满足需求，且分离提取需要使用大量的酸碱，会对环境造成很大的伤害，欧美等发达国家或地区现在基本依靠进口。薯蓣皂苷元是合成甾体激素的重要中间体，我们熟知的雌激素、黄体酮以及很多避孕药物的合成与生产也严重依赖这种原料。我国从 20 世纪 70 年代末采用植物黄姜提取薯蓣皂苷元并形成了产能优势，但也带来了诸多环保问题。2000 年以后，我国采用生物转化技术，以油脂加工副产物油脚为原料，通过亚麻刺盘孢等微生物将植物甾醇（主要组分是 β-谷甾醇）转化为雄烯二酮（4AD），产能达到千吨规模，有力地支撑起全球甾体激素产业的发展。

生物药物的开发不仅需要大规模的发酵技术支撑，还对下游分离纯化过程提出了更高的要求，分离技术是生物技术能否实现产业化的关键，甚至成为制约产品质量和可持续发展的"瓶颈"。生物制药对纯度要求颇高，需要通过生物分离纯化技术将有害物质或杂质去除，但又不能破坏目标产物的活性，其过程十分复杂，如何经济、高效地从复杂组分中浓缩、分离和纯化目标生物分子，往往是生物药物生产成功与否的决定因素。早在 1933 年 Tillett 等就发现溶血性链球菌的培养滤液中存在一种可以溶解人血凝块的物质，1945 年 Christensen 等发现该物质能激活纤维蛋白酶原转变为纤维蛋白酶，因而命名为链激酶。药物学家设想利用链激酶来溶解血栓，但直到 20 世纪 50 年代初，由于所制得的链激酶制品不纯而只能将其用于清疮消炎。经过长期的研制，贝林工厂最终推出了纯化的具有抗凝结、溶栓功能的链激酶制品，其在栓塞发生的最初几个小时，能够疏通血管，大幅度提高生还率。贝林工厂依靠其先进的蛋白质纯化技术，不久之后还推出了同样具有溶栓功能的尿激酶制品，与链激酶相比，尿激酶制品的安全性更高，人体不易产生过敏反应，可长期使用。此后，德国的卡尔·托梅股份公司于 1987 年推出了重组 t-PA（组织型纤溶酶原激活物），这是一种更为高效和安全的抗血栓制剂。

蛋白质功能和结构研究历经百年，每一次新的认知和发现都为生物制药技术的发展带来创新。班廷和贝斯特早在 1921 年就通过实验确认了胰岛素对动物的糖代谢具有十分关键的作用，他们从狗的胰腺中提取出了胰岛素，并于 1922 年首次使用胰岛素治疗糖尿病且取得了非常好的治疗效果，但受限于来源和当时的纯化技术，胰岛素无法满足实际患者需求。直到 1936 年，赫希斯特公司第一次生产出结晶的纯化胰岛素，减少了许多副作用。随后，弗雷德里克·桑格历经十多年，终于测定了胰岛素分子中的氨基酸序列，为此他获得了 1958 年的诺贝尔化学奖，他是一位十分伟大的科学家，在 1980 年桑格因发明了快速测定 DNA 序列的"双脱氧链终止法"再获殊荣。如今我们已经知道，胰岛素由 51 个氨基酸组成，这些氨基酸形成 2 条肽链，由二硫键连接在一起。我国从 1958 年开始，由中国科学院上海生物化学研究所、中国科学院上海有机化学研究所和北京大学化学系三个单位联合开展了化学合成胰岛素的研究，于 1965 年实现了牛胰岛素的人工合成，这是世界上第一个人工合成的蛋白质，标志着人类在揭示生命本质的征途上实现了里程碑式的飞跃。在胰岛素药物生产方面，最为著名的是创立于 20 世纪 20 年代的诺和和诺德两家公司，从动物组织提取到基因工程重组胰岛素，他们的技术和产品不断更新和迭代，这两家公司于 1989 年合并成为世界领先的胰岛素制造商。

分子生物学和基因工程技术是推动生物技术药物全面繁荣和高速发展的核心技术。1957 年，科学家发现了干扰素的存在，然而，由于这是一种低分子量蛋白质，并且当时需要 60000 L 血液才能制备出一克干扰素，很长一段时间内科学家们无法提取出较多且纯净的这种物质，因此当时的科学家基本放弃了对干扰素的继续开发。与干扰素相似的还有白介素（IL）、集落刺激因子（CSF）等，理论上需要 10 亿只老鼠的肺组织才能制备出 1 g CSF，尽管 CSF 发挥活性的剂量很低，但是仍然很难获得人体试验所需的量。20 世纪 80 年代后，得益于迅速发展的分子生物学技术，基因工程技术实现了重组多肽和药物的高效表达，一大批干扰素、白介素、集落刺激因子突破了量化制备的瓶颈，1987 年 CSF 终于得以开展临床试验。目前，IL-2 已经在某些肿瘤治疗方面显示出相当好的效果，国内外多家制药公司已通过基因工程技术进行了白介素的生产。近年来，研究已证实 IL-2 可以激活具有清除癌细胞功能的 Teff 细胞和 NK 细胞，大幅提高 PD-1 抗体等免疫治疗的响应率，但为了降低 IL-2 的毒副作用，需要在制剂研发方面，通过延长半衰期来降低剂量。Anwita 公司利用 Anti-HSA 纳米蛋白延长 IL-2 的体内半衰期，使之成为下一代高效、低毒性的 IL-2 产品。我国的信达生物制药也有 IL-2 的自主研发管线。

抗体药物的开发得益于免疫学和抗体工程的学科发展，作为一种高度特异性蛋白质药物，其优越的靶向性和低副作用，使之成为现代生物制药研究开发的重要对象。Ehrlich 在 1897 年首先提出了抗体生成的侧链学说并在之后提出了受体学说，推动了血清抗毒素的临床应用。此后在 20 世纪 30 年代，Haurowitz 等人提出了抗体生成的模板学说（template theory），认为抗体分子的结构是在抗原直接影响下形成的，Pauling 等科学家进一步修正了该学说，认为抗原是通过干扰细胞核 DNA 而间接影响抗体分子的构型。直到 20 世纪 60 年代，Gerald Edelman 等在不懈努力下，分离了抗体的重链和轻链，提出了抗体折叠的高级结构及其抗原识别机制，并发现编码抗体的基因存在染色体重排现象，有限的抗体基因能够通过不同的组合形式编码无限种类的抗体分子。1976 年，日本科学家利根川进确定了抗体多样性是由 B 淋巴细胞中抗体基因的染色体重排和突变造成的，为此他获得了 1987 年的诺贝尔生理学或医学奖。抗体药物的重大突破促进了单克隆抗体技术的诞生。1975 年，英国科学家 Milstein 和法国科学家 Kohler 将产生抗体的 B 淋巴细胞同肿瘤细胞融合形成杂交瘤细胞，其既可以产生抗体，又具有肿瘤细胞无限增殖的特性，从而能够持续分泌单克隆抗体。1986 年，强生的 Orthoclone OKT3 成为第一个被 FDA 批准的抗体药物，1995 年第二个抗体药物 ReoPro 在美国上市，之后治疗性抗体得到了迅速的发展，成为现代生物医药的重要组成部分。抗体技术也经历了鼠源性抗体、嵌合抗体、改型抗体、表面重塑抗体（部分人源化抗体），以及全人源化抗体等不同发展阶段。

四、后基因组时代生物制药技术

从 2000 年以来，人类社会进入了后基因组时代。随着大规模基因测序技术和生物信息学的发展，以基因组学、蛋白质组学、转录物组学为代表的多种组学技术得到长足的发展，促进了基因编辑、基因芯片、代谢工程、合成生物学等新一代生物技术的产生，并催生了基因诊断、基因疗法、基因疫苗等医药新技术、新产品。

后基因组时代，药物研发的主导模式已发生了转变。在靶点筛选方面，人们主要在分子水平上通过功能基因组学方法，针对疾病发生机制进行关联性分析和确证，在药物筛选方面，人们则更多借助于以组合化学为基础的高通量筛选技术，或者基于配体和基于结构的高通量虚拟筛选，寻找有潜力的先导化合物并进行生物活性的测试，同时，综合运用结构生物学、分子对接、定量构效关系、药效团等方法，分析药物与受体的构效关系，进一步优化先导化合物在分子水平与细胞水平的活性。

人工智能将在药物研发工作中发挥重要作用。DeepMind 开发的 AlphaFold2 在蛋白质结构预测方面已取得飞跃性突破，能够直接通过一级序列进行蛋白质结构的接近实用水平的预测，从而改变了这个领域长期依赖 X 射线衍射、冷冻电镜等费时费力的研究方法的现状，人类对蛋白质分子的理解也将会有一次革命性的升级。可以预测，未来人们可以根据疾病的突变基因进行蛋白质结构预测，并针对性地设计药物进行个体化治疗，疾病-基因-蛋白质结构-药物设计将会形成一个完整、清晰的研究流程。随着人工智能时代的加速到来，在靶向药物研发、候选药物挖掘、化合物筛选、ADMET 性质预测、药物晶型预测、辅助病理生物学研究和药物新适应证发掘等方面，人工智能将深刻改变药物的研发模式和迭代速度。

第三节　生物制药工艺学的研究内容与技术体系

一、生物制药工艺学的研究内容

生物制药工艺学是研究生物药物的制备路线、制备技术及过程与质量控制的一门课程，主要涉及生物药物、生物技术原料药的上游生物技术、细胞培养或微生物发酵技术、下游分离技术等工艺原理与技术应用，同时面向生物医药的技术融合与学科交叉，积极关注生物检测与诊断、生物药剂材料与应用、生物信息分析等领域的创新发展。

1. 生物制药的技术体系

按照生物制药的核心技术来源与领域，生物制药技术可以分为微生物发酵制药、基因工程制药、代谢工程制药、合成生物学制药、酶工程制药、蛋白质与抗体工程制药、细胞工程制药等范畴。有的技术已成熟并得到广泛应用，如微生物发酵制药、酶工程制药等技术，但同时也面临着绿色化、自动化、智能化等融合发展的挑战；有的技术创新活跃，不断驱动着产业升级，如蛋白质与抗体工程制药、细胞工程制药，迫切要求前沿技术向产业技术转化，对产品的生产装备、过程控制、分离技术、质量分析与品质控制等都提出了新的要求；有的技术来源于生命科学的重大突破，具有划时代和颠覆性的特点，如合成生物学、生物大数据技术，其本身并不属于生物制药专有技术，但它们能够带来前所未有的突破，将从根本上改变未来生物制药的发展模式。

2. 生物制药的研究对象

生物制药的研究对象涉及的大类品种有重组蛋白质与多肽药物、抗体药物、疫苗、基因与细胞治疗药物、抗生素、维生素、氨基酸、核苷酸类药物、甾体激素、糖类药物、脂类药物、酶类药物、抗微生物类药物、血液制品、生物医学材料、生物检测材料等。上述品种的生产制造，有的完全采用生物工艺进行生产；有的使用化学-生物相结合的生产工艺进行生产，如甾体激素、抗生素、维生素类药物；有的生产工艺则属于生物法、化学法并存，但生物法具有潜在的技术优势和发展前景，如糖类药物、核酸类药物。

二、生物制药的产业技术体系

1. 生物制药产业技术的研发目标和内容

生物制药技术的研究，一是服务于新药研发，属于上游技术研究范畴，主要涉及目的基因的筛选和获得、目的基因的功能研究、基因表达产物的结构确证和鉴定；二是服务于中试研究，属于中下游技术研究范畴，主要涉及表达系统的构建、筛选和优化，发酵工艺的建立，产物提取、分离纯化以及制剂工艺研究与稳定性评价等工作；三是服务于生物药物的质量控制体系，包括产品的活性检测、杂质分析以及与产品关键质量属性相关的工艺参数优化等（图 0-1）。

2. 我国生物制品注册分类体系

按照国家药品监督管理局发布的生物制品注册分类及申报资料要求的文件，我国生物制品分为预防用生物制品、治疗用生物制品和按生物制品管理的体外诊断试剂三种类型。

（1）预防用生物制品

预防用生物制品是指为预防、控制疾病的发生、流行，用于人体免疫接种的疫苗类生物制品，包括免疫规划疫苗和非免疫规划疫苗。其注册分为三类：1 类是创新型疫苗，属于境内外均未上市的疫苗；2 类是改良型疫苗，即对境内或境外已上市疫苗产品进行改良，使新产品的安全性、有效性、质量可控性有改进，且具有明显优势的疫苗；3 类是境内或境外已上市的疫苗。

（2）治疗用生物制品

治疗用生物制品是指用于人类疾病治疗的生物制品，如采用不同表达系统的工程细胞（如细菌、酵母、昆虫、植物和哺乳动物细胞）所制备的蛋白质、多肽及其衍生物；细胞治疗和基因治疗产品；变态反应原制品；微生态制品；人或者动物组织或者体液提取或者通过发酵制备的具有生物活性的制品等。其注册细分为三类：1 类是创新型生物制品，要求境内外均未上市；2 类是改良型生物制品，其新产品的安全性、有效性、质量可控性有改进，且具有明显优势；3 类是境内或境外已上市生物制品。上述药品的申

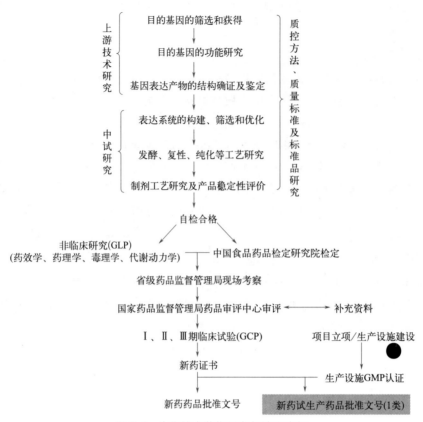

图 0-1　生物技术药物研发与注册申报

报，要求药学研究应包括工艺和质控过程。

（3）按生物制品管理的体外诊断试剂

生物制品类体内诊断试剂按照治疗用生物制品管理。按照生物制品管理的体外诊断试剂主要包括用于血源筛查的体外诊断试剂、采用放射性核素标记的体外诊断试剂等。

三、本书课程体系说明

我国生物医药产业发展加快，生物药板块增长迅猛。在技术进步、产业结构调整和消费支付能力增加的多重驱动下，我国将成为仅次于美国的全球第二大生物医药市场，该行业对生物制药技术人才也保持着旺盛的需求。与此同时，生物制药技术升级迭代加快，细分领域研究更趋专业化，必须结合产业技术发展趋势进行必要的更新。本书面向生物制药专业人才的培养，注重生物制药技术体系的全面介绍和代表性生物制品的工艺剖析。章节重点如下：

① 前沿生物制药技术理论研究进展和新方法的创新应用，内容参见第一章至第四章；

② 下游工程关键技术与设备，内容参见第五章；

③ 生物药物的质控体系和清洁生产，参见本书第六章、第七章；

④ 代表性生物药物及生物制品的生产工艺，内容参见第八章至第十九章。

【史劲松　陈平】

上篇

生物制药技术

第一章

微生物发酵制药

第一节 概述

一、制药微生物的种类及发酵类型

微生物菌种是微生物发酵制药生产中最重要的条件之一，优良的菌种是微生物发酵制药工业的基础和关键。自然界中微生物的数量很多，它们广泛分布于土壤、水和空气等自然环境中。而被人们认识的微生物数量却相对有限，能应用于工业化生产的菌种数量相对更少。从微生物发酵制药工业化生产对菌种的要求来看，制药微生物应具有以下基本特点：

① 能在廉价原料制成的培养基上迅速生长，并产生所需要的代谢产物，产量高；

② 可以在易于控制的培养条件（糖浓度、温度、pH、溶解氧、渗透压等）下迅速生长和发酵，且所需酶的活力高，生长速率和反应速率较快，发酵周期短；

③ 根据代谢控制的要求，最好选择单产高的营养缺陷型突变菌株或调节突变菌株，或者选择可进行代谢控制的野生菌株；

④ 选育抗噬菌体能力强的菌株，使其不易被噬菌体所感染；

⑤ 菌种不易变异退化，以保证发酵生产和产品质量的稳定性；

⑥ 菌种不是病原菌，不产生任何有害的生物活性物质和毒素，以保证安全。

1. 制药微生物的种类

微生物发酵制药工业上常见的微生物有细菌（放线菌）、真菌（包括酵母和霉菌）等。

细菌可生产环状或链状多肽类抗生素，如芽孢杆菌（*Bacillus*）可产生杆菌肽，多黏类芽孢杆菌（*Paenibacillus polymyxa*）可产生黏菌素和多黏菌素。放线菌种类繁多，是各类主要抗生素的生产菌，临床上应用的抗生素中，有 2/3 是由放线菌所产生的。这些放线菌中，链霉菌属最多，诺卡菌属较少，此外还有小单孢菌属。放线菌生产的抗生素主要有氨基糖苷类、四环类、大环内酯类和多烯大环内酯类、肽类、蒽环类。

制药真菌的种类和数量较少，但其生产的药物却占有非常重要的地位。如青霉菌（*Penicillium*）可产生青霉素，顶头孢霉（*Cephalosporium acremonium*）可产生头孢菌素 C 等 β-内酰胺类抗生素，栖土曲霉（*Aspergillus terricola*）可产生降血脂的洛伐他汀。球形阜孢菌（*Papillaria sphaerosperma*）可产生脂肽结构的棘白菌素，是半合成棘白菌素（echinocandin）类抗真菌药物米卡芬净、阿尼芬净、卡泊芬净等的重要前体物质。侧耳菌（*Pleurotus mutilus*）可产生二萜烯类抗生素截短侧耳素，其衍生物被用于合成抗革兰氏阳性菌和支原体的药物。真菌还可用于生物转化制药，如氢化可的松的制药中，犁头霉（*Absidia*）能特异性地使 11 位碳羟基化。此外，阿舒假囊酵母（*Eremotherecium ashbyii*）是目前维生素 B_2 的主要生产菌之一。

2. 制药微生物发酵的类型

微生物发酵是一个错综复杂的过程，尤其是大规模工业发酵，要达到预定目标，需要研究开发多种多样的发酵技术。制药微生物发酵方式的分类见图 1-1。

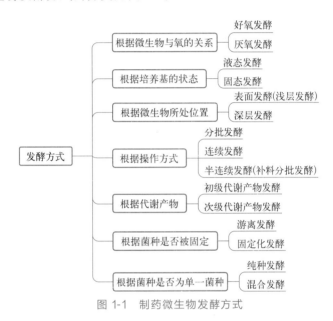

图 1-1　制药微生物发酵方式

实际上，在制药微生物发酵生产时，选择何种方式进行发酵，取决于菌种特性、原料特点、产物特点、设备状况、技术可行性、成本核算等因素。现代微生物发酵制药工业常用的发酵方式分别是好氧发酵、液态发酵、深层发酵、补料分批发酵、游离发酵、次级代谢产物发酵和纯种发酵。随着现代技术的改革和发酵技术的飞速发展，发酵方式也会发生变化。

二、微生物发酵制药的基本过程

微生物发酵制药是在人工控制的优化条件下，利用制药微生物的生长繁殖及其代谢过程产生药物，然后从发酵液中提取分离、纯化精制，最终获得符合《中国药典》标准的药品。菌株选育、发酵和分离纯化或提炼（提取和精制）是发酵生产原料药的三个主要工段。对于生物制品和疫苗，微生物发酵制药过程还需在符合《药品生产质量管理规范》（药品 GMP）标准的洁净车间内进行。总体来说，微生物发酵制药的过程基本是一致的，其主要的培养过程包括：菌种选育→斜面培养→种子制备→发酵→提取和精制。

1. 菌种选育

菌种指可用于微生物发酵制药的微生物，包括细菌和真菌两大类。生物制药企业的菌种通常是从自然界中分离获得或通过诱变育种、基因重组育种得到的。优良的菌种具有较强的自身生长繁殖能力，并能生物合成大量目标产物，并且其发酵过程易于控制。但菌种在多次传代过程中会发生变异而退化，故在生产过程中须进行菌种选育。为减少菌种的变异还需要在低温、干燥、真空条件下采用短期和长期等不同方式保藏菌种。

2. 斜面培养

这是微生物发酵制药生产开始的一个重要环节。将处在休眠状态的菌种接种到斜面培养基上，在最适生产温度和湿度等条件下经过培养，使菌种从长期的休眠状态苏醒过来，并开始生长繁殖，这是斜面培养的主要目的。有时仅仅经过一代斜面的培养，菌种还不能完全恢复其活力，菌体的数量也较少，为此常将第一代成熟的斜面菌株，再接种到第二级斜面上。通常将第一代斜面称为母斜面，而将第二代斜面称为子斜面。子斜面长好后可将斜面培养物接入下一道工序。母斜面可置于 4 ℃保存，在一定时间内再接种子斜面。

3. 种子制备

种子制备可以直接在种子罐中进行，也可以先在摇瓶中培养，待菌体长到一定数量后再移种到种子罐中。采用哪种方法取决于菌种的生长速率和繁殖能力，对于生长速率快、繁殖能力强的菌种，可以将斜面培养物直接接种到种子罐中进行培养；而对于生长速率慢、繁殖能力弱的菌种，可以先接种到较小的玻璃摇瓶中进行培养，待菌体长到一定数量后再接入种子罐中。种子罐可以采用一级种子罐，也可以采用二级甚至三级种子罐，待种子长好后直接接种到发酵罐中。种子罐级数是制备种子时需逐级扩大培养的次数，其取决于生产的规模和菌种的生长特性、孢子发芽及菌体繁殖速率等。在种子制备过程中需要定时取样进行无菌检查、菌体浓度测定、菌丝形态观察和生化指标分析，以确保种子的质量。

4. 发酵

发酵过程在发酵罐中进行，这一过程的主要目的是使微生物产生大量的代谢产物。发酵开始前，所用的培养基和相应设备必须先经过灭菌，然后将种子罐的种子液接种到发酵罐中进行培养。发酵过程中常需要通入无菌空气，并进行搅拌，对发酵的各种参数，如菌体浓度、营养物质的浓度、溶解氧浓度、发酵液pH、发酵液黏度、培养温度、通气量等进行控制。为了延长发酵周期，增加代谢产物的产量，在发酵过程中通常补入适当的新鲜料液（补料）并排放出一部分发酵醪液（带放）。

5. 提取和精制

此阶段包括发酵液预处理与过滤、分离提取、精制、成品检验、包装、出厂检验，是生物分离过程。药物存在于发酵体系中，但往往含量较低，通过预处理使发酵液中的蛋白质和杂质沉淀，增加过滤流速，可有效将菌丝体从发酵液中分离出来。如果药物存在于菌体中，如制霉菌素、灰黄霉素、曲古霉素、球红霉素等，需要破碎菌体处理。如果药物存在于滤液中，则需澄清滤液，并进一步提取，从而把药物从滤液中提取出来。吸附、沉淀、溶媒萃取、离子交换等是常用的提取技术。在实际操作中，往往会重复或交叉使用几种基本方法，以提高提取效率。精制是将粗制品进一步提纯并制成产品的过程。成品检验包括性状及鉴别试验、安全试验、降压试验、热原试验、无菌试验、酸碱度试验、效价测定、水分测定等。只有经检验合格的成品才会进行包装，最终制得原料药。

第二节　制药微生物发酵培养与放大

一、制药微生物发酵培养技术

对于制药微生物发酵过程，选择合适的培养基后，需要提供适宜的工艺条件。制药微生物的培养技术就是针对不同菌种、不同发酵阶段进行不同操作方式的选择，从而满足菌种对工艺条件的要求。微生物发酵过程多种多样，目前常规的培养技术主要包括固体表面培养、液体深层培养、固定化培养和高密度培养等，这些方法会在微生物培养和发酵的不同阶段中灵活使用，针对不同菌株应选择不同的培养方法，以实现最佳生产过程。本小节主要介绍常规的微生物发酵培养技术和发酵培养的操作方式。

1. 常规的微生物发酵培养技术

（1）固体表面培养

固体表面培养是用接种针或环、涂布器等将菌种点种、划线或涂布在固体培养基的表面，进行培养。该技术不仅用于菌种传代和保藏，而且常常用于菌种的分离、纯化、筛选和鉴定等。固体表面培养常用试管或培养皿，用琼脂粉作为支持介质，把培养基制成斜面或平板，用棉塞封闭管口或用 Parafilm 封口膜封闭培养皿（平板需倒置），放在适宜温度下进行培养。

（2）液体深层培养

液体深层培养，即在种子罐或发酵罐等大容量液体培养系统中，进行微生物的大量增殖或目标产物的积累，是目前需氧微生物生产企业常用的培养方法。通过通入高压无菌空气和机械搅拌，给罐内培养液提供氧气，并促使培养液翻搅，上下混合，使罐内微生物周围的微环境尽可能一致，从而有利于微生物生长繁殖及产物积累。与之相对的是浅层培养，浅层培养技术在深层培养技术建立之前，广泛应用于需氧微生物的发酵，其特点是培养容器直径大、容器壁较薄、占地面积大等。

（3）固定化培养

固定化培养是把固体培养和液体深层培养的特点相结合的一种方法，即把菌体固定在固体支持介质上，再进行液体深层发酵培养。固定化培养的优点在于：可使微生物达到更高的密度，不需要多次扩大培养，缩短发酵周期，例如，固定化大肠埃希菌在凝胶表面 $50\sim150~\mu m$ 内观察到单层活细胞高密度生长，比游离体系活细胞数目增加了 10 倍；细胞可较长期、反复或连续使用，稳定性好；发酵液中菌体少，有利于产物的分离纯化。固定化培养有利于提高产量，是最具潜力的制药微生物发酵培养方法。

（4）高密度培养

高密度培养是指菌体干重（DCW）达到 $50~g/L$ 以上的培养技术，是发酵工艺的目标和方向。高密度培养没有绝对的界限，Riesenberg D 从理论上计算出大肠埃希菌最大菌体密度可达 $400~g/L$（DCW），结合培养基和其他因素，菌体密度实际可达 $160\sim200~g/L$（DCW）。生产聚 3-羟基丁酸的大肠埃希菌密度已达 $175.4~g/L$（DCW）。高密度培养的优点在于缩小发酵培养体积，增加产量，降低生产成本，提高生产效率等。

2. 发酵培养的操作方式

根据操作方式可以将发酵培养分为分批发酵、连续发酵和半连续发酵等。每种操作方式都有其独特性，可以在实践中根据情况加以选择和使用。

（1）分批发酵

分批发酵，又称为分批培养，是指将所有的物料（除空气、消沫剂、调节 pH 的酸碱物外）一次性加入发酵罐，然后灭菌、接种、培养，最后将整个罐的内容物放出，进行产物回收，清罐结束后，重新开始新的装料发酵的发酵方式。分批发酵在发酵开始时，将微生物菌种接入已经灭菌的培养基中，在微生物最适宜的培养条件下进行培养，在整个培养过程中，除氧气的供给、发酵尾气的排出、消泡剂的添加和控制 pH 需加入的酸或碱外，整个培养系统与外界没有其他物质的交换。分批发酵过程中随着培养基中营养物质的不断减少，微生物生长的环境条件也随之不断变化。因此，分批发酵是一种非稳态的培养过程。根据分批发酵过程，分批发酵的主要特点包括以下两个方面：

① 从细胞所处的环境来看，发酵初期营养物质过多，可能抑制微生物生长；发酵中后期又可能因为营养物质减少而降低培养效率；

② 从细胞的增殖来看，初期细胞密度低，细胞生长慢；后期细胞密度高，但营养物质浓度低，细胞

生长也会受到影响；总体而言，菌体的生长能力并不强。

为了更好地研究分批发酵的过程，并对其进行工艺控制，通常将发酵时微生物的生长曲线划分为六个时期（图1-2），即延滞期（细胞浓度的增加不明显）、加速期（短暂的加速期，细胞大量繁殖，很快进入对数生长期）、对数生长期（细胞浓度随培养时间呈指数增长）、减速期（营养物质迅速消耗、有害代谢物累积）、稳定期（细胞浓度不再增加）和衰亡期（活细胞浓度不断下降）。通常情况下，微生物作为种子的最佳时间是对数生长期末期或减速期。

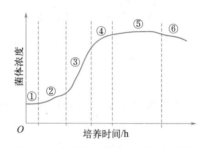

图 1-2　发酵罐中微生物的生长曲线
①—延滞期；②—加速期；③—对数生长期；④—减速期；⑤—稳定期；⑥—衰亡期

在分批发酵的操作中，由于底物消耗和产物形成，细胞所处的环境时刻都在发生变化，不能使细胞自始至终处于最优条件。从这个角度来讲，分批发酵并不是一种较好的操作方式。但是，分批发酵操作简单，易于掌握，也是研究发酵过程的良好模型，因而是常用的操作方式。

（2）连续发酵

连续发酵是指以一定的速率向培养系统内添加新鲜的培养液，同时以相同的速率排放培养液，从而使培养系统内培养液的量维持恒定，使微生物细胞能在近似恒定状态下生长的微生物发酵培养方式，又称为连续培养。连续发酵过程具有以下优点：

① 省去了反复放料、清洗、装料、灭菌等步骤，避免了延滞期，提高了设备的利用率和单位时间产量；

② 发酵中各参数趋于恒定，便于自动控制；特别对于多罐（或多级）连续发酵来说，可以在不同罐中控制不同的条件，实现分期控制；

③ 不断收获产物，能提高菌体密度，产量稳定。

然而对于大部分微生物来说，通过连续发酵研究其生理、生化和遗传特性是很困难的，并且采用连续发酵进行大规模生产也很难实现，主要原因在于：连续发酵运转时间长，菌种易退化且容易受到污染，现代发酵工业中多使用高浓度的营养组分，使连续发酵中培养基的利用率一般低于分批发酵；工艺中的变量较分批发酵更复杂，较难控制和扩大；在次级代谢产物如抗生素的大规模工业化生产中难以应用连续发酵，主要是由于生成次级代谢产物所需的最佳条件，往往与对应菌种生长所需的最佳条件不一致，有的还与微生物细胞的分化状态有关。这些也是连续发酵亟待解决的难题。

目前，连续发酵已被用于大规模生产酒精、丙酮、丁醇、乳酸、黄原胶和单细胞蛋白等的发酵过程中，并取得了很好的效果。在产业应用中虽然存在着一些困难和问题，但随着对该技术的深入研究和改进，尤其是与各项高新技术的密切结合，相信连续发酵技术将日趋完善，逐渐在微生物发酵制药中发挥重要作用。

（3）半连续发酵

半连续发酵，又称为补料分批发酵，是指在分批发酵过程的中后期，由于培养基组分即将消耗殆尽，菌体逐渐衰老并自溶，代谢产物不能继续分泌，此时为了延长中期代谢活动并维持较高的发酵产物增长幅度，需要向发酵罐中间歇或连续地补加新鲜培养基的发酵方式。这是介于分批发酵过程与连续发酵过程之间的一种过渡培养方式。

补料在发酵过程中的应用，是发酵技术上一个划时代的进步。补料技术本身也由少次多量、少量多次，逐步转变为流加方式，近年来又实现了流加补料的微机控制。但是，发酵过程中的补料量或补料率在生产中还只是凭经验确定，或者根据检测的静态参数（如基质残留量、pH、溶解氧浓度等）设定控制点，具有一定的盲目性，很难同步满足微生物生长和产物合成的需要，也无法完全避免基质的调控反应。因此，如何实现补料的优化控制是当前的研究重点。表 1-1 列出了与分批发酵和连续发酵相比，半连续发酵的优点。

表 1-1　半连续发酵的优点

与分批发酵比较	与连续发酵比较
1. 可以解除培养过程中的底物抑制、产物的反馈抑制和葡萄糖的分解阻遏效应 2. 对于耗氧过程，可以避免在分批培养过程中一次性投糖量过多造成的细胞大量生长、耗氧过多以至通风搅拌设备不能匹配的状况 3. 微生物细胞可以被控制在一系列的过渡态阶段，可用来控制细胞的质量；并可重复某个时期细胞培养的过渡态，可用于理论研究	1. 不需要严格的无菌条件 2. 不会产生微生物菌种的老化和变异 3. 最终产物浓度较高，有利于产物的分离 4. 使用范围广

目前，在微生物发酵制药工业上半连续发酵已被普遍应用于氨基酸、抗生素、维生素、核苷酸、酶制剂等的生产中。它不仅被广泛用于液体发酵中，在固体发酵及混合发酵中也有应用。随着研究工作的深入及发酵过程自动控制技术的发展，半连续发酵技术将发挥其巨大的优势。

二、微生物发酵放大工艺

微生物发酵放大工艺，又称为中试放大，是将实验室小试研究确定的工艺路线与条件，在中试工厂或车间进行的试验研究，其规模通常放大为实验室规模的 50～100 倍，甚至更大。中试放大的目的在于考察小试工艺在工业化生产中的可能性，核对、校正和补充实验室数据，并优化工艺条件。中试放大包括物料衡算和能量衡算，可计算产品质量、经济效益、劳动强度等。通过中试放大，不仅可以得到先进、合理的生产工艺，也能为车间设计、施工安装、中间体质量控制以及生产管理提供必要的数据和资料。此外，中试放大还能为临床前的药效学、药理毒理学研究以及临床试验提供一定数量的药品。

从药物的研究到生产的整个过程中，中试放大是承上启下、必不可少的一部分。当前，生产企业普遍希望获得成熟、稳定、适合大规模生产的工艺，而小试的工艺和技术指标常常不能满足企业大规模生产的需要，最佳工艺条件也可能随着试验规模和设备的不同而需要进行调整。因此通过中试放大进一步考察工艺参数，在一定规模装置中研究各步反应单元的变化规律，可解决实验室阶段未能解决或尚未发现的问题，优化工艺路线，稳定工艺条件等。受知识产权保护和国家产业政策的影响，加强新药研发的中试放大显得尤为重要，而开展药物中间体、产品的重大工艺研究均离不开中试平台的保障。

1. 放大前后的工艺比较

虽然新药的工艺研究成果通常首先是在实验室完成的，但小试结果只能证明工艺方案的可行性。如果不经过中试放大，工艺研究成果则不能直接用于工业化生产，这是因为工业化生产对工艺的要求与小试工艺存在诸多显著的差异（表 1-2）。目前的制药工艺仍然以间歇式操作为主，但机械化或自动化的连续式操作已引起企业的重视，将成为未来发展的方向。

表 1-2　小试工艺与工业化生产工艺的比较

项目	小试工艺	工业化生产工艺
目的	迅速打通工艺路线	生产符合质量标准的产品
规模	较小，通常按克（g）计	依据市场容量，尽可能大，一般按千克（kg）或吨（t）计
总体行为	注重可行性，不计成本	注重实用性，追求经济效益

项目	小试工艺	工业化生产工艺
原辅料	用量小,试剂级,纯度高,含量95%以上,杂质限量严格	用量大,工业级,纯度较低,杂质不明,不严格
设备	玻璃仪器,小设备,多为常压	金属和非金属等大型设备,一定压力
物理状态	流速低,高速搅拌,混合快,趋于稳态	流速高,低速搅拌,混合慢,传热,传质,动量传递非稳态
反应条件	温度、压力等较恒定,热效应小,易控制	热效应大,难以恒温、恒压,不易控制
辅助过程	很少考虑副产物、三废处理、动力能耗	溶剂回收,副产品利用等;三废处理量大,达标排放,节能措施,综合利用

2. 中试放大的研究方法

(1) 逐级经验放大

根据小试成功的方法和实测数据,结合研发者的经验,不断扩大实验的规模,从实验室装置逐渐过渡到中型装置,再到大型装置,并修正前一次试验的参数,摸索反应过程和实验室规律,这样的放大研究称为逐级经验放大。这些摸索得到的规律大多是半定性的,是相对简单和粗放的定量描述。

逐级经验放大的原则为空时收率相等,即不同反应规模中,单位时间、单位体积反应器所生产的产品量(或处理的原料量)是相同的。通过物料平衡,求出为完成规定的生产任务所需处理的原料量后,得到空时收率的经验数据,即可求得放大反应所需反应器的容积。

放大的规模可用放大系数表征,把放大后的规模与放大前的规模之比称为放大系数。比较的基准可以是每小时投料量、每批投料量或年产量等。例如,放大前的实验规模是每小时投料量50 g,中试放大的规模是每小时投料量2 kg,放大系数即为40。此外,也可用反应器特征的尺寸比来表示放大系数。

放大系数应根据化学反应的类型、放大理论的成熟程度、对所研究过程规律的掌握程度以及研究人员的工作经验等而定。如果能实现放大系数为1000,可从克(g)级的实验室工艺直接放大到千克(kg)级的中试规模,并将中试结果进一步放大到吨(t)级的工业生产过程。由于化学合成药物生产中化学反应复杂,原料与中间体种类繁多,化学动力学方面的研究往往又不够充分,因此难以从理论上精确地对反应器规模进行计算。

逐级经验放大是经典的放大方法,至今仍常被采用。采用逐级经验放大法的前提条件是放大的反应装置必须保持与提供经验数据的装置完全相同的操作条件。逐级经验放大法适用于反应器的搅拌形式、结构等反应条件相似的情况,并且放大倍数不宜过大。其优点是每次放大均建立在实验基础之上,至少经历了一次中试,可靠程度高;缺点是缺乏理论指导,对放大过程中存在的问题很难提出解决方法。如果希望通过改变反应条件或反应器的结构来改进反应器的设计,或进一步寻求反应器的最优化设计与操作方案,仅凭逐级经验放大法是难以实现的。

(2) 相似模拟放大

运用相似理论和相似无量纲特征数(相似准数),依据放大后体系与原体系之间的相似性进行的放大称为相似模拟放大。此放大过程遵循保持无量纲特征数(相似准数)相等的原则。基于对过程的了解,确定影响因素,利用量纲分析求得相似准数,并根据相似理论的第一定律(即系统相似时同一相似准数的数值相同)计算后,进行放大。

① 相似模拟放大的依据:a. 几何相似性,即两体系的对应尺寸具有比例性。反应器的各个部件的几何尺寸都可以按比例放大,可模拟原型反应器罐体的高度、内径、搅拌器的尺寸等参数,放大倍数就是反应器体积的增加倍数。b. 运动相似性,即两体系的各对应点的运动速率相同。c. 热相似性,即两体系的各对应点的温度相同。d. 化学相似性,即两体系的各对应点的化学物质浓度相同。

② 相似模拟放大的特点:相似模拟放大在化工单元操作方面已成功应用于各种物理过程,但不适用

于化学反应过程和生物反应过程。各种运动相似性、化学相似性和热相似性在化学反应和生物反应中很难实现。实际上，几何相似性也不能完全实现。当反应器体积放大 10 倍时，反应器的高度和直径均放大 $10^{1/3}$ 倍。在反应器中，反应过程与流体流动、传热及传质过程交织在一起，因此同时保持几何相似、流体力学相似、传热相似、传质相似、相反应相似是极其困难的。一般情况下，放大时既要考虑反应速率，又要考虑传递速率，对于涉及传热和化学反应的情况，往往难以在既满足某种物理性质相似的同时还能满足化学相似，因此仅采用局部相似的放大法不能完全解决这些问题。然而，相似模拟放大在某些情境下，如反应器中的搅拌器与传热装置等的放大，仍有一定应用价值。

（3）生物反应器的放大

生物制药常起始于液氮或超低温冰箱中保存的种子，其细胞数量约为 5×10^5 个/mL。对于动物细胞培养来说，最终生产的反应器体积一般在 $10 \sim 20000$ L 之间，细胞密度为 2×10^6 个/mL，相当于 100 万～200 万倍的扩大培养。对于微生物反应器，其体积可达 100 m^3 以上，扩大倍数更大。放大是实现从种子到大规模培养的有效手段。多级种子培养正是反应器体积的放大过程，它能够满足生产反应器对细胞数目和活力的要求。通常，每级种子培养的体积增加 $5 \sim 10$ 倍时需要 $4 \sim 5$ d 的时间，最终生产反应器扩大培养的周期长达 25 d。在放大培养过程中，必须保证所有的设备、试剂和操作无污染，还需符合药品 GMP 的相关要求。

（4）数学模拟放大

数学模拟放大是指用数学方程式表述实际过程和实验结果，然后利用计算机进行模拟研究、设计、放大。图 1-3 展示了数学模拟放大研究的流程。

一般地，先对过程进行合理简化，通过小试获得必要的数据，结合生物学、工程学理论，选择重要参数建立动力学模型和流动模型，并据此提出物理模型以模拟实际过程。接着，对物理模型进行数学描述，得到相应的数学模型。采用数学模拟进行工艺放大的可行性，主要取决于预测反应器行为的数学模型的可靠性。数学模拟放大以过程参数间的定量关系为基础，能进行高倍数放大，缩短放大周期。然而，由于制药反应过程的影响因素错综复杂，要用简单的数学方程来完整地、定量地描述过程的全部真实情况是不可能的。并且模型的建立、检验、完善，均需要大量的基础研究工作。由于精确建模的艰巨性，数学模拟放大的实际应用成功案例并不多见，但其依然是发酵工艺放大的一个重要发展方向。

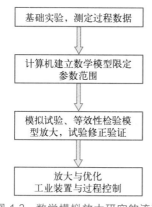

图 1-3　数学模拟放大研究的流程

第三节　制药微生物的遗传育种

微生物遗传种是运用遗传学原理和技术对某个用于制药的菌株进行的多方位改造，简称为菌种选育。通过选育可强化制药微生物菌种的优良性状、去除不良性状、增加新的性状。常用的选育方法包括诱变育种、基因工程育种等。

一、诱变育种

诱变育种是利用物理、化学、生物诱变剂处理均匀分散的微生物细胞群体，促进其突变率大幅度提高，然后采用简便、高效的筛选方法，从中选出少数具有优良性状的高产菌株的选育方法。诱变育种是提高菌株生产能力、改进产品质量、扩大品种代谢、简化生产工艺的有效方法之一，具有速度快、收效大、

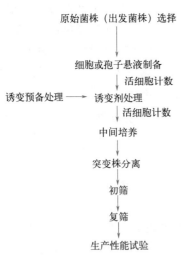

原始菌株（出发菌株）选择

↓

细胞或孢子悬液制备

↓ 活细胞计数

诱变预备处理 —→ 诱变剂处理

↓ 活细胞计数

中间培养

↓

突变株分离

↓

初筛

↓

复筛

↓

生产性能试验

图 1-4　诱变育种的一般步骤

方法简单等优点。迄今为止，国内外发酵工业中所使用的生产菌种绝大部分是人工诱变选育出来的。诱变育种在抗生素工业生产中的作用更是无可比拟，几乎所有的抗生素生产菌都离不开传统的诱变育种。目前，诱变育种仍是大多数工业微生物育种最重要、最有效的技术，在生产中得到广泛的应用。诱变育种的一般步骤如图 1-4 所示。

1. 出发菌株的选择

用来进行诱变处理的菌株称为出发菌株。合适的出发菌株能通过育种有效地提高目标产物产量。选择理想的出发菌株是诱变育种工作成功的关键，选择时首先应考虑出发菌株是否具有特定生产性状的能力或潜力。出发菌株的来源主要有三个方面：

① 自然界直接分离的野生型菌株

该类菌株的酶系统完整，染色体或 DNA 未损伤，但其生产性能通常很差（这正是它们能在大自然中生存的原因）。此类菌株通过诱变育种，获得正突变（即产量或质量性状向好的方向改变）的可能性较大。

② 经历过生产条件考验的菌株

此类菌株已有一定的生产性状，对生产环境有较好的适应性，正突变的可能性也很大。

③ 已经历多次育种处理的菌株

此类菌株的染色体已有较大的损伤，某些生理功能或酶系统有缺损，产量性状已经达到了一定水平，获得负突变（即产量或质量性状向差的方向改变）的可能性较大，可产生正突变的位点已经被利用，继续诱变处理很可能导致产量下降甚至死亡。

出发菌株一般可选择上述①或②类菌株，相比而言第②类菌株较佳。在抗生素生产菌育种中，最好选择已通过几次诱变并发现每次诱变处理后效价都有所提高的菌株作为出发菌株。

此外，出发菌株最好已具备一些有利性状，如生长速率快、营养要求低和产孢子早而多等。

2. 制备菌悬液

对于产孢子或芽孢的微生物最好采用其孢子或芽孢制备悬液。用无菌生理盐水或缓冲液将斜面上生长成熟的孢子洗下，洗液倒入装有玻璃珠的三角瓶中，充分振摇 15～20 min，使孢子彼此分开形成单孢子悬浮液，利用血球计数板在显微镜下计数，也可经稀释后在平板上进行活细胞计数。待处理的菌悬液应考虑微生物的生理状态、悬液的均一性和环境条件。一般要求菌体处于对数生长期。悬液的均一性可保证诱变剂与每个细胞机会均等并充分地接触，避免细胞团中变异菌株与非变异菌株混杂，出现不纯的菌落，给后续的筛选工作造成困难。为避免细胞团出现，可用玻璃珠振荡打散细胞团。

利用孢子进行诱变处理的优点是能使分散状态的细胞均匀地接触诱变剂，更重要的是它可以尽可能地避免出现表型延迟现象。表型延迟是指某一突变在 DNA 复制和细胞分裂后，才在细胞表型上显示出来，造成菌落不纯。表型延迟现象的出现是因为对数生长期的细胞往往为多核，很可能一个核发生突变，而另一个核未突变。若突变性状是隐性的，在当代并未表现出来，筛选时就会被淘汰；若突变性状是显性的，虽然性状在当代会表现出来，但在进一步传代后，很可能会出现分离现象，造成生产性状的衰退。所以应尽可能选择孢子或单倍体的细胞作为诱变对象。

3. 诱变处理

(1) 诱变育种的原理

诱变育种的理论基础是基因突变，主要包括染色体畸变和点突变两大类。染色体畸变是染色体或 DNA 片段发生缺失、易位、倒位、重复等。点突变是指 DNA 中碱基发生变化。诱变育种是利用各种诱变剂处理微生物细胞，以提高基因突变频率，进而通过适当的筛选方法获得所需要的高产优质菌种的育种方法。常用的诱变剂包括物理诱变剂、化学诱变剂和生物诱变剂三大类（表 1-3）。

表 1-3 常用的各类诱变剂

诱变剂类型	常用诱变剂
物理诱变剂	紫外线、X 射线、β 射线、γ 射线、快中子、激光、超声波、离子束等
化学诱变剂	①碱基类似物：2-氨基嘌呤、5-溴尿嘧啶、8-氮鸟嘌呤 ②与碱基反应的物质：硫酸二乙酯（DES）、甲基硫酸乙酯（EMS）、亚硝基胍（NTG）、亚硝基甲基脲（NMU）、亚硝基乙基脲（NEU）、亚硝酸（NA）、氮芥（NM）、4-硝基喹啉（4-NQO）、乙烯亚胺（EI）、羟胺等 ③使 DNA 分子中插入或缺失一个或几个碱基的物质：吖啶类物质、吖啶氮芥衍生物
生物诱变剂	噬菌体、转座子

（2）诱变剂用量选择与复合处理

仅采用诱变剂的理化指标控制诱变剂的用量常会造成偏差，不利于重复操作。例如，同样强弱的紫外线照射，诱变效应还受到紫外灯质量及其预热时间，灯与被照射物的距离，照射时间，菌悬液的浓度、厚度及其均匀程度等诸多因素的影响。此外，不同种类和不同生长阶段的微生物对诱变剂的敏感程度不同，所以在诱变处理前，一般应预先绘制诱变剂用量与菌体死亡数量的致死曲线，选择合适的处理剂量。

诱变育种中还常常采取诱变剂复合处理，进而产生协同效应。复合处理时，可以将两种或多种诱变剂先后或同时使用，也可将同一诱变剂重复使用。因为每种诱变剂有各自的作用方式，引起的变异有局限性，复合处理则可扩大突变的位点范围，使获得正突变菌株的可能性增大。因此，诱变剂复合处理的效果往往优于单独处理。

4. 突变株的筛选

诱变处理后，正突变的菌株通常数量较少，须进行大量筛选才能获得高产菌株。通过初筛和复筛后，还要经过发酵条件的优化研究，确定最佳的发酵条件，才能使高产菌株的生产能力充分发挥出来。经诱变后，菌种的性能有可能发生各种各样的变异，如营养变异、抗性变异、代谢变异、形态变异、生长繁殖变异和发酵温度变异等。变异的菌种可采用特定的方法如透明圈法、变色圈法、生长圈法、抑菌圈法等被筛选出来。

二、基因工程育种

基因工程育种是将所需的供体生物遗传物质（一般为 DNA 分子）提取出来，在体外切割并与载体的 DNA 分子连接，然后导入受体细胞中，使其进行正常的复制和表达，从而获得新物种的一种育种技术（图 1-5）。利用基因工程育种技术，不仅可以在基因水平上对微生物自身的靶基因进行精确修饰，改变微生物的遗传性状，还可以通过分离供体生物中的目的基因，并将该基因导入受体菌中，使外源目的基因在受体菌中进行正常复制和表达，从而使受体菌生产出原本自身不能合成的新物质。与诱变育种技术相比，基因工程育种技术是人们在分子生物学指导下的一种自觉的、可控制的菌种改良新技术，其克服了传统菌种改良技术的随机性和盲目性，能有目的地改良菌种。

基因工程育种的操作有着非常强的方向性，但最终获得的并不是目标重组体的纯培养物，因为还有许多其他的细胞存在，如有些细胞中目的基因可能没有被重组、有些细胞中重组的目的基因可能是反向的、有些细胞中重组 DNA 无法稳定存在等。

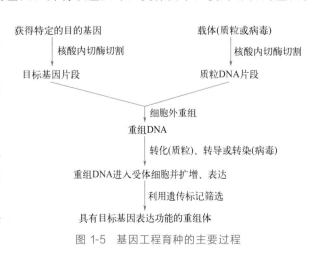

图 1-5 基因工程育种的主要过程

所以，筛选仍然是基因工程育种工作中的重要内容。因为在载体 DNA 中可以较容易地设置多种特定遗传标记（如药物抗性标记），因此筛选工作的目标性和有效性很高，这是其他育种工作所无法比拟的。

基因工程育种在微生物发酵制药领域展现出巨大的应用潜力。采用基因工程方法生产的药物、疫苗、单克隆抗体及诊断试剂等几十种产品已批准上市；采用基因工程方法已获得能生产氨基酸类药物（苏氨酸、精氨酸、蛋氨酸、脯氨酸、组氨酸、色氨酸、苯丙氨酸、赖氨酸、缬氨酸等）、工业用酶制剂（脂肪酶、纤维素酶、乙酰乳酸脱羧酶及淀粉酶等）以及头孢菌素 C 等的工程菌，大幅度提高了生产能力；另外，基因工程方法在传统发酵工艺的改造上也获得了巨大进展，如将与氧传递有关的血红蛋白基因克隆到远青链霉菌上，降低了其对氧的敏感性，使放线红菌素的产量提高了近 4 倍。

第四节　制药微生物的发酵调控与优化

一、微生物发酵调控参数

在微生物发酵制药生产中，保证菌种的优良性能只是为获得高产提供了可能性，而要将其变成现实，则必须配合必要的外部环境条件。微生物对环境条件特别敏感，而且其本身的发酵体系又是一个非常复杂的多相共存的动态系统，因此，环境条件的改变容易引起微生物生产代谢途径的改变。同时，在发酵过程中，微生物细胞的生长繁殖和代谢产物的合成都受到菌体遗传物质的控制，发酵产量的高低也是由遗传物质决定的。此外，遗传基因的表达也会受到发酵条件的影响，发酵液中各种物理、化学、生物因素都会对遗传基因的表达产生影响。微生物发酵要取得理想的效果，就必须对发酵过程进行严格的控制。与发酵过程控制有关的主要参数可分为物理参数、化学参数和生物学参数。

1. 物理参数

发酵过程中的物理参数及测定方法见表 1-4。

表 1-4　发酵过程中的物理参数及其测定方法

参数名称	单位	测定方法	测定意义
温度	℃ 或 K	传感器	维持菌体生长、产物合成
罐压	Pa	压力表	维持正压、增加溶解氧
空气流量	L/(L·min)	传感器	供氧、排废气
搅拌转速	r/min	传感器	物料混合
搅拌功率	kW	传感器	反映搅拌情况
黏度	Pa·s	黏度计	反映菌体生长
密度	g/cm³	传感器	反映发酵液性质
装液量	m³ 或 L	传感器	反映发酵液数量
浊度(透光度)	%	传感器	反映菌体生长情况
泡沫		传感器	反映发酵代谢情况
加消泡剂速率	kg/h	传感器	反映泡沫情况
加中间体或前体速率	kg/h	传感器	反映前体和基质利用情况
加其他基质速率	kg/h	传感器	反映基质利用情况

① 温度：发酵的整个过程或不同阶段所维持的温度。微生物的生长及产物的合成都需要各种酶的催化作用，而温度恰好是保证酶活力的重要因素，所以在发酵过程中保证稳定且合适的环境温度是必要的。

② 罐压：发酵过程中维持发酵罐所需的压力。在发酵过程中，维持罐内正压可以防止外界空气的杂菌侵入，避免污染。同时压力的高低还与氧和CO_2在培养液中的溶解度有关，可间接影响菌体的生长代谢。罐压的测量范围一般是$0\sim2\times10^5$ Pa。

③ 空气流量：每单位体积发酵液在每分钟内通入空气的体积，也是有氧发酵的控制参数。它的大小与氧的传递和其他控制参数有关。

④ 搅拌速率：发酵过程中搅拌器的转动速度，通常以每分钟的转数来表示。它的大小与氧在发酵液中的传递速率和发酵液各基质的均匀性有关。

⑤ 黏度：黏度大小可以作为反映细胞生长或细胞形态的一种标志，可以反映发酵罐中菌体分裂过程的情况。通常用表观黏度表示，它的大小可以改变溶解氧和CO_2传递的阻力，也可以表示相对菌体浓度。

⑥ 浊度：能及时反映单细胞生长状况的参数。

⑦ 泡沫：气体被分散在少量液体中所形成的胶体体系。泡沫间被一层液膜隔开而彼此不连通。在大多数微生物发酵过程中，由于培养基中含有蛋白质类表面活性剂，在通气条件下，容易形成泡沫。通常泡沫分为机械性泡沫和流态泡沫。在发酵过程中，需对泡沫进行有效控制，避免其将对生产造成严重的危害。

2. 化学参数

发酵过程中的化学参数及测定方法见表 1-5。

表 1-5　发酵过程中的化学参数及其测定方法

参数名称	单位	测定方法	测定意义
酸碱度(pH)		传感器	反映菌体代谢情况
溶解氧浓度	g/mL 或 %	传感器	反映氧的供给和消耗情况
氧化还原电位	mV	传感器	反映菌体代谢情况
溶解 CO_2 含量	%	传感器	反映 CO_2 对发酵的影响
总糖、葡萄糖、蔗糖浓度	g/L	取样	反映基质在发酵过程的变化
前体或中间体浓度	mg/mL	取样	反映产物生成情况
氨基酸浓度	mg/mL	取样	反映氨基酸含量的变化情况
矿物盐浓度(Fe^{2+}、Mg^{2+}、Ca^{2+}、Na^+、NH_4^+、PO_4^{3-}、SO_4^{2-})	%	取样,离子选择电极	反映离子含量对发酵的影响

① 酸碱度（pH）：微生物生长和产物合成的重点检测的发酵参数之一，是微生物代谢活动的综合指标。它的高低与微生物生长和产物合成有着重要的关系。

② 溶解氧浓度：微生物的发酵过程分为厌氧发酵和好氧发酵两大类。而溶解氧（DO）（简称溶氧）是好氧发酵的必备条件。对于好氧发酵过程而言，无论是基质的氧化、菌体的生长还是产物的合成代谢均需要大量的氧。因此，在微生物培养时，必须不断地向发酵液供给足够的氧，以满足微生物生长代谢所需的条件。溶氧浓度的变化，可有助于了解微生物利用氧的规律，也能反映发酵的异常情况，还可作为发酵中间控制的参数及设备供氧能力的评估指标。溶氧浓度一般用绝对含量（g/mL）来表示，有时也用在相同条件下，氧在培养液中的饱和度（%）来表示。

③ 氧化还原电位：培养基的氧化还原电位是影响微生物生长及其产物代谢的因素之一。对各种微生物而言，培养基最适宜的与所允许的最大电位，应与微生物本身的种类和生理状态有关。氧化还原电位常作为发酵控制过程的参数之一，特别是在某些氨基酸的发酵过程中，由于发酵是在限氧条件下进行的，氧电极不能达到所需的精确度，这时用氧化还原电位控制则较为理想。

④ 溶解 CO_2 含量：CO_2 是微生物生长繁殖过程中的代谢产物，在发酵过程中，微生物细胞通过呼吸作用在吸收氧气的同时不断地排出 CO_2；同时，它也是合成某些代谢产物的基质。发酵过程中，通过对

尾气中 CO_2 浓度进行监测，可有效了解菌体生长情况，判断发酵过程是否正常进行，为发酵控制提供一定的理论依据。因此，CO_2 也是发酵过程中需要控制的因素之一。

⑤ 营养基质浓度：营养基质是微生物代谢的物质基础，其种类及含量与发酵代谢有着密切的关系，既关系到菌体的生长繁殖，又会影响代谢产物的形成。此外，营养基质还参与了许多代谢调控过程。在发酵过程中，需要及时监测各营养基质的变化，以便快速准确地对发酵过程进行调整。因此，选择适宜的营养基质并控制适当的浓度，定时测定发酵液中碳源、氮源等营养基质的浓度，是提高发酵产物产量的重要途径。

⑥ 矿物盐浓度：矿物盐（Fe^{2+}、Mg^{2+}、Ca^{2+}、Na^+、NH_4^+、PO_4^{3-}、SO_4^{2-}）是微生物菌体生长繁殖所必需的成分，也是合成代谢产物必不可少的要素。它们对于某些特殊次级代谢产物的合成起着至关重要的作用。

3. 生物学参数

发酵过程中的生物学参数及其测定方法见表 1-6。

表 1-6　发酵过程中的生物学参数及其测定方法

参数名称	单位	测定方法	测定意义
菌体浓度	g/L	取样	反映菌体生长情况
菌体中 DNA、RNA 含量	mg/g	取样	反映菌体生长情况
菌体中 ATP、ADP、AMP 含量	mg/g	取样	反映菌体能量代谢情况
菌体中 $NADP^+$、NADPH 含量	mg/g	取样，在线荧光法	反映菌体生长和产物生成情况
效价或产物浓度	g/mL	取样（传感器）	反映产物生成情况
菌丝形态		取样，离线	反映菌体生长情况

① 菌体浓度：菌体浓度（简称菌浓，cell concentration）是指单位体积发酵液中菌体的含量。菌体浓度的大小，在一定条件下，不仅反映了菌体细胞的数量，也反映了菌体细胞的生理状态。在发酵动力学研究中，需要利用菌浓参数计算菌体的比生长速率和产物的比生产速率等有关动力学参数，并研究它们之间的相互关系，探明其动力学规律。此外，菌浓还可作为调整发酵过程的依据，如判断移种时间、确定补料时间及补料量、确定放罐时间等。在生产中，常常根据菌体浓度来决定合适的补料量和供氧量，所以菌浓是一个重要的基本参数。

② 菌体中 DNA、RNA 含量：反映菌体生长情况，其含量是动态变化的，在菌体不同生长时期，其含量有所不同。

③ 菌体中 ATP、ADP、AMP 含量：反映菌体能量代谢情况。细胞内的能量状态可以用 ATP、ADP和 AMP 之间的相对含量来表示，即能荷。高能荷时，ATP 生成过程被抑制，ATP 的利用过程被激活；低能荷时，其效应相反。

④ 菌体中 $NADP^+$、NADPH 含量：正常生物体内 $NADP^+$ 与 NADPH 的比率始终处于一个动态平衡的状态，该比率是体现细胞的氧化还原状态的重要指标，可反映菌体生长和产物生成情况。

⑤ 效价或产物浓度：反映菌体细胞的产物生成情况。

⑥ 菌丝形态：丝状细菌或真菌在发酵过程中菌丝形态的改变是其生长代谢变化的反映。一般以菌丝形态来区分菌种质量、区分发酵阶段、控制发酵过程的代谢和确定发酵周期等。

二、微生物发酵过程优化

发酵过程优化是指在已经获得高产菌种或基因工程菌的基础上，通过优化培养基组分、控制条件或改造设备，提高目标代谢产物的产量、转化率以及生产强度。通常情况下，目标代谢产物的浓度或总活性较低，通过发酵过程优化提高目标代谢产物的最终浓度或活性，可以极大地减少下游分离精制过程的负担，降低整个过程的生产费用。产物的生产强度是生产效率的具体体现。

1. 发酵过程优化的基本特征

① 模型是过程控制与优化的基础。传统的动态发酵过程控制优化技术，普遍存在难以适应或描述发酵过程的强时变性特征和非线性特征、模型参数多、物理化学意义不明确等诸多问题，这严重制约了过程控制和最优化系统的有效性和通用能力。

② 大量的工业、实验室规模发酵过程的控制与优化操作还需依靠经验和知识来进行。依靠经验的操作管理受到操作人员的能力、素质和专业知识等诸多因素的影响，优化控制性能因人而异、差别很大。

③ 近年来，随着计算机技术和生物技术的飞速发展，以模糊理论和神经网络为代表的智能工程技术，以及以代谢反应模型为代表的现代生物过程模型技术已经逐步、大量地渗入发酵过程的建模、过程状态预测、状态模式识别、产品品质管理、过程故障诊断和早期预警、大规模系统的仿真和模拟、遗传育种乃至过程控制与优化等诸多领域。把先进的过程控制技术、智能工程技术、代谢工程技术与发酵工程融合在一起是现代发酵过程控制的发展方向和大趋势。

2. 发酵过程优化的主要内容及步骤

(1) 发酵过程优化的主要内容

发酵过程通常在一个特定的反应器中进行。在这个过程中，微生物催化反应是一种自催化反应，其中微生物细胞自身也可视为反应器。生物反应系统是一个非常复杂的三相系统，即气相、液相和固相的混合体，且这三相间的浓度梯度相差悬殊。生物反应动力学是发酵过程优化研究的核心内容，其主要研究生物反应速率及其影响因素。发酵过程中的生物反应动力学一般指微生物反应的本征动力学或微观动力学，即在不考虑反应器结构、形式及传递过程等工程因素影响的条件下，微生物反应固有的反应速率。生物反应动力学的重点研究内容是生物过程、化学过程与物理过程之间的相互作用。生物反应动力学研究的目的是为描述细胞动态行为提供数学依据，以便进行数量化处理。生物反应宏观动力学是发酵过程优化的基础。除了反应本身的性质外，该反应速率只与各反应组分的浓度、温度及溶剂性质和工程原理有关，在特定反应器内检测到的反应速率即为总反应速率。

结构模型是指在细胞组成的基础上建立的模型。在结构模型中，一般选取 RNA、DNA、糖类及蛋白质的含量作为过程变量，并将其表示为细胞组成的函数。但是，由于细胞反应过程极其复杂，以及现有检测手段的限制，缺乏可直接用于在线确定反应系统状态的传感器，这给动力学研究带来了困难，同时也使结构模型的应用受到了限制。生物反应器工程包括生物反应器及参数的检测与控制。生物反应器的形式、结构、操作方式、物料的流动与混合状况、传递过程特征等是影响微生物反应宏观动力学的重要因素。在工程设计中，化学计量式、微生物反应和传递现象都是需要解决的问题。参数检测与控制是发酵过程优化中最基本的手段，只有及时检测各种反应组分浓度的变化，才有可能对发酵过程进行优化，使生物反应在最佳状态下进行。

总的来讲，发酵过程控制与优化的研究内容就是要解答以下几个方面的问题：

① 发酵过程控制和优化的目标函数是什么？

② 如何建立能够描述过程动力学特征的数学模型？

③ 为实现优化目标，需要检测哪些状态变量？

④ 实现发酵过程控制与优化的操作变量有什么？

⑤ 不可测状态变量、过程特性或模型参数等外部干扰有哪些？这些参数对发酵过程控制和优化有什么影响？

⑥ 实现发酵过程控制与优化的有效算法是什么？如何利用选定的算法求解最优控制条件？

⑦ 发酵过程控制和优化的算法能否解决最优控制条件的偏移，从而实现发酵过程的最优化？

(2) 发酵过程优化的步骤

对发酵过程进行优化时，遵循的基本原理和步骤包括：简化、定量、分离。发酵过程的简化是指把工艺过程的复杂结构压缩为少数系统，这些系统可以用关键变量表示。简化时必须保留基本信息，才能保证实验和理论研究在实现目标的同时确保对系统描述的精确性。定量是对发酵过程进行定量分析，其需要系统、准确地检测各种参数。因此，能否获得比较准确的过程参数对优化策略的适用性非常重要。然而，由于生物系统的复杂性，特别是可能发生在生物、物理、化学过程间的相互作用，以及检测方法的不完善，实际的分析结果往往会出现很大的偏差。所以，对分析方法的选择非常重要，合适的分析方法可以保证测定结果的可用性和代表性，从而满足优化的要求。分离是指在生物过程和物理过程的各种速度互不影响的情况下，精心设计实验以获得关于生物和物理过程的数据。细胞在反应体系中以固相存在，但目前的技术还不能直接检测到发生在固相内部的反应。因此，只能利用计算机模拟的方式，通过检测液体培养基中的外部变化，来反映代谢反应的内部变化。分离原理是合理应用数学模型的一个重要的前提条件。

3. 基于发酵过程动力学模型的优化技术

（1）基于发酵过程动力学模型的发酵优化基本特征

发酵过程优化的一个重要基础就是建立能够描述发酵特征和本质的模型，用于发酵过程控制与优化的模型主要有以下三类：①传统的、以常微分方程组为基础的非构造式数学模型；②以代谢网络模型为代表的、具有明确反应机制的构造式模型；③以多变量回归和人工神经网络为代表的黑箱模型。这些模型的复杂程度不同，对发酵过程本质的把握程度不同，建模方法不同，在过程控制和优化中的应用方式也不同。在这三类数学模型中，非构造式动力学模型是最常见的描述发酵过程特征和本质、使用最广泛的数学模型。由于非构造式动力学模型可以反映发酵过程的动态特征，因此，它比较适用于发酵过程的动态优化。

（2）基于发酵过程动力学模型的发酵优化的基本步骤

一般来讲，以动力学模型为基础的发酵过程优化一般遵循以下步骤：研究发酵过程动力学，包括细胞生长动力学、底物消耗动力学和产物合成动力学等；分析发酵过程动力学的基本特征，构建相应的动力学模型对发酵过程进行拟合，并对拟合结果进行评价，若模型拟合的结果不是很好，则需要重新调整过程参数，再进行过程模拟，直至获得满意的发酵过程动力学模型；利用各种优化工具如 MATLAB 等求解模型参数；确定目标函数，利用建立的动力学模型求解获得关键变量的控制曲线，并运用到实际发酵过程中，实现发酵过程的最优控制。

本章小结

本章介绍了制药微生物的种类及发酵类型，微生物发酵制药的基本过程，制药微生物常规发酵培养技术与常用操作方式，微生物发酵放大工艺及其研究方法，制药微生物的遗传育种，制药微生物的发酵调控与优化等方面内容。微生物的选育是微生物发酵制药产业的重要基础，常用的方法包括诱变育种和基因工程育种。制药微生物发酵的有效调控是决定菌株高产的关键，微生物发酵调控参数包括物理、化学和生物学参数。在优化过程中，需先对微生物发酵过程的基本特征进行了解和分析，进而对工艺参数进行优化，提高目标产物的最终浓度或活性，利于下游分离提取，从而降低生产成本。

思考题

1. 阐述制药微生物的基本特征和常用的发酵类型。
2. 请简述微生物发酵制药的基本过程。
3. 简述制药微生物的常规发酵培养技术与常用操作方式。
4. 微生物发酵中试放大的主要研究方法包括哪几种？
5. 基于发酵过程动力学模型的发酵优化的基本步骤包括哪些？

【李会 万永青】

参考文献

［1］ 储炬，李友荣.现代工业发酵调控学［M］.3 版.北京：化学工业出版社，2016.

［2］ 田华.发酵工程工艺原理［M］.北京：化学工业出版社，2019.

［3］ 元英进.制药工艺学［M］.2 版.北京：化学工业出版社，2017.

［4］ 朱瑞敏，邱晨曦，韩悦，等.微生物育种物理诱变技术 ARTP 的应用进展［J］.生物技术世界，2016，（04）：20-23.

［5］ 朱建.生物制药技术在制药工艺中的有效应用［J］.生物化工，2018，4（02）：150-152.

［6］ 唐晨旻，张劲松，刘艳芳，等.常压室温等离子体诱变育种与微生物液滴培养筛选技术应用进展［J］.微生物学通报，2022，49（03）：1177-1194.

［7］ 吕孙燕，汪祎，陈金芸，等.药用微生物育种技术及其应用进展［J］.发酵科技通讯，2021，50（01）：6-13.

［8］ Jin FJ，Hu S，Wang BT，et al. Advances in genetic engineering technology and its application in the industrial fungus *Aspergillus oryzae*［J］. Frontiers in Microbiology，2021，12：644404-644417.

第二章

分子生物技术与制药

第一节 基因工程技术与制药

一、基因工程技术的定义

1. 基因工程技术的概念

基因工程（genetic engineering）是以分子遗传学为理论基础，以分子生物学和微生物学的现代方法为手段在分子水平上对基因进行操作的复杂技术体系，其核心是重组 DNA 技术。具体来说，该技术通过在体外进行人工"剪切"和"拼接"等操作，对各种生物的核酸（基因）进行改造和重新组合，然后导入微生物或真核细胞内，使重组基因在细胞内表达，产生出人类需要的基因产物，或者改造、创造出具有新特性的生物类型。

2. 基因工程制药的发展简史

重组 DNA 技术起源于 20 世纪 70 年代。1972 年，Paul Berg 通过将猴病毒 SV40 的 DNA 与 λ 噬菌体的 DNA 相连接，创建了第一个重组 DNA 分子，开启了重组 DNA 技术的先河。1973 年，Herbert Boyer 和 Stanley Cohen 将含有卡那霉素抗性基因的 R6-5 质粒 DNA 和含四环素抗性基因的 pSC101 质粒 DNA 连接并成功导入大肠埃希菌。1974 年，Rudolf Jaenisch 将外源 DNA 引入小鼠胚胎中而创造了世界上第一只转基因动物。从此，基因工程技术逐渐成熟起来。1982 年第一个用细菌生产的基因工程产品——重组人胰岛素在美国批准上市，宣告全球第一个基因工程药物诞生。随后，重组人干扰素 α 和干扰素 β 先后在美国和欧洲获得了上市批准。1986 年，世界上第一个基因重组疫苗——乙肝疫苗在美国批准上市，标志着基因工程技术进入传统疫苗市场，基因工程制药业得到了迅猛的发展。1989 年，中国批准了第一个在中国生产的基因工程药物——重组人干扰素 α1b，标志着中国生产的基因工程药物实现了零的突破。重组人干扰素 α1b 是世界上第一个采用中国人基因克隆和表达的基因工程药物，也是到目前为止唯一的一个中国自主研制成功的拥有自主知识产权的基因工程一类新药。从此以后，中国基因工程制药产业从无到有，不断发展壮大。目前，国内已有 30 余家生物制药企业取得了基因工程药物或疫苗试生产药品批准文号或药品生产批准文号。我国对基因工程药物研究给予了足够的重视，已经形成一个巨大的高新技术产业，相信基因工程药物会给我国带来不可估量的社会效益和经济效益。

二、基因工程制药与表达系统

基因工程在医学上有许多应用，包括药物生产和基因疗法。基因工程制药的流程是先确定对某种疾病有预防或治疗作用的蛋白质，然后将编码该蛋白质的基因分离出来，经过一系列基因操作，最后将该基因转入可以大量生产的受体细胞中，这些受体细胞包括细菌、酵母、动物或植物细胞等。利用受体细胞的不断繁殖，大规模生产的具有预防或治疗疾病的蛋白质，即基因疫苗或药物。世界上第一个应用基因工程技术制备的药物是重组人胰岛素，如今基因工程技术已应用于人生长激素、促卵泡激素、人白蛋白、单克隆抗体、抗血友病球蛋白和疫苗等其他药物的生产。

1. 基因工程制药的流程

基因工程制药的具体流程如图 2-1 所示。

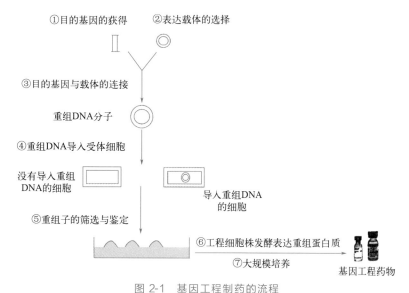

图 2-1 基因工程制药的流程

（1）目的基因的获得方法

① 基因文库法：包括从互补 DNA（cDNA）文库或从基因组文库中获取目的基因。基于 mRNA 构建的文库称为 cDNA 文库；用基因组 DNA 构建的文库，称为基因组文库。

cDNA 文库代表了细胞或组织所表达的全部蛋白质，从中获取的基因序列也都是直接编码蛋白质的序列。目前已经有商品化的不同组织细胞来源的 cDNA 文库可供选购。构建 cDNA 文库的基本步骤包括：mRNA 的分离纯化、cDNA 第一链的合成、双链 cDNA 的合成、双链 cDNA 的克隆和 cDNA 克隆的鉴定。

基因组文库（genomic library）是指某一特定生物体全部基因组 DNA 序列的随机克隆群体的集合，该文库以 DNA 片段的形式贮存了所有的基因组 DNA 信息，包括外显子和内含子序列以及调控序列等。基因组文库的构建流程包括：将生物体全部基因组通过限制性内切酶酶切或者机械剪切的方法切成不同的DNA 片段、将其与载体连接构建重组子、转化宿主细胞。

基因文库易于保存，可以不断复制扩增，对于珍贵的生物样品或抽提核酸困难的生物样品而言，有较大的应用价值。

利用探针原位杂交等方法可以筛选获得含有目的基因的克隆。一般而言，从基因组文库克隆目的基因的效率较低，这主要是因为基因组中有大量的非编码序列，尤其在真核生物基因组中，这种情况更为显著。

② PCR 扩增法：若已知目的基因的序列，可据其设计引物，通过 PCR 从基因组或 cDNA 中扩增目的片段。PCR 扩增法是目前获取目的基因的最常用的方法。其在设计引物时可引入酶切位点或标签序列等。但 PCR 体外扩增可能引入突变，为了保证目的基因序列的正确性，建议使用高保真的 DNA 聚合酶和相对保守的 PCR 扩增条件。

③ 化学合成法：目的基因可以通过化学合成法直接合成。目前该法主要应用于一些不易获取模板的基因、自然界不存在的新基因以及已有基因的改造上，如对基因密码子进行优化。

化学合成法包括磷酸二酯法、磷酸三酯法及固相亚磷酸三酯法。固相亚磷酸三酯法具有反应速率快、合成效率高和副作用少的优点，因此应用最为广泛。它的基本原理是将所要合成的寡核苷酸链的 3′-羟基耦合于不溶性载体，如二氧化硅，然后以 3′→5′ 的方向通过化学反应逐步添加单核苷酸，从而延伸寡核苷酸链至目的寡核苷酸链所需的序列长度。

本法首先设计合成相互重叠的寡核苷酸单链，通过小片段粘接法、大片段酶促法拼接出全长序列。目前 DNA 合成仪已可以自动合成长度小于 100 个碱基的特定序列的寡核苷酸单链。小片段粘接法是指将目的基因 DNA 的两条单链均连续分成长度为 12～15 个碱基的小片段，两条互补链共设计成交错排列的两套小片段，化学合成后，退火形成双链 DNA（图 2-2）。大片段酶促法是指将目的基因 DNA 的两条单链交错分成长度在 100 个碱基以下的小片段，化学合成后，通过 DNA 聚合酶和 DNA 连接酶补平。

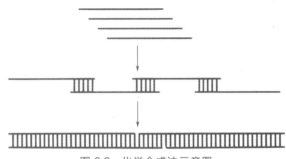

图 2-2 化学合成法示意图

（2）重组载体的构建和筛选

① 构建：选择目的基因克隆，将其导入合适的载体，载体与目的基因片段连接后再转入感受态细胞，转化得到的菌液过夜培养即可完成重组载体的构建。

② 筛选：在重组 DNA 分子的转化、转染或转导过程中，一般仅有少数受体细胞成为克隆子，须采用合适的方法从大量的细胞中筛选出合适的克隆子。常用的筛选方法有抗药性筛选法、插入失活筛选法、插入表达筛选法、显色互补筛选法等。

（3）导入宿主细胞

重组成功的 DNA 分子需导入适当的宿主细胞，以便进行 DNA 扩增和蛋白质表达。目的基因导入受体细胞后开始随着受体细胞的繁殖而复制。宿主细胞分为原核细胞和真核细胞两类。常见的原核细胞包括大肠埃希菌、枯草杆菌、乳酸菌、沙门菌、链霉菌等，真核细胞包括酵母、昆虫细胞、哺乳动物细胞等。将外源重组 DNA 分子导入宿主细胞的常用方法包括转化、转染、感染、电穿孔、显微注射等。

（4）规模化培养

规模化培养是指从工程菌的大量培养一直到产品的分离纯化和质量控制的过程。此阶段将实验室的成果产业化、商品化，其主要包括工程菌发酵放大和工艺优化、新型生物反应器的研制、高效分离介质及装置的开发、分离纯化与高纯度产品的制备、在线检测与智能控制等。

2. 基因工程表达系统

基因工程表达系统主要包括六类，如图 2-3 所示。

图 2-3　基因工程表达系统

（1）原核表达系统

① 大肠埃希菌：大肠埃希菌是最常用、经济实惠的表达系统。其特点包括易于培养、遗传背景清楚、商品化品种齐全、遗传转化操作简单、表达形式多样、表达水平高、成本低、周期短。大肠埃希菌表达基因工程产物的形式有细胞内不溶性表达（包涵体）、细胞内可溶性表达、细胞周质表达等，少数还可以分泌到细胞外表达。

大肠埃希菌表达系统的缺点为：蛋白质折叠性较差（包括细菌蛋白质），易形成包涵体；存在偏爱密码子和稀有密码子；缺乏翻译后修饰；大肠埃希菌的细胞壁含内毒素热原。

② 枯草杆菌：枯草杆菌是一种革兰氏阳性菌，细胞膜结构简单，是分泌表达的理想宿主，其可将蛋白质产物直接分泌到培养液中，不形成包涵体。然而，该菌也不能使蛋白质产物进行糖基化等翻译后修饰。并且，枯草杆菌会产生并分泌高水平的细胞外蛋白酶，从而可能导致外源蛋白质的降解，一定程度上限制了枯草杆菌表达系统的广泛应用。

③ 链霉菌：链霉菌属革兰氏阳性菌，具有单层细胞膜，常常能将外源蛋白质直接分泌到培养基中。链霉菌作为表达系统的主要特点是不致病、使用安全、分泌能力强、可将表达产物直接分泌到培养液中、具有糖基化能力。

（2）酵母表达系统

酵母是研究基因表达调控最有效的单细胞真核微生物，其基因组较小，仅为大肠埃希菌基因组的 4 倍，世代时间短，能以单倍体、双倍体两种形式存在。酵母繁殖迅速，可以较低的成本进行大规模培养，并且没有毒性。此外，酵母能将表达产物直接分泌到胞外，并能对产物进行糖基化修饰。

（3）昆虫细胞表达系统

昆虫细胞表达系统通过转座作用，将转移载体中的表达组件定点转移到能在大肠埃希菌中增殖的杆状病毒穿梭载体上，通过抗性和蓝白斑筛选方法得到重组穿梭质粒，提取穿梭质粒 DNA 并将其转染至昆虫细胞中，培养后得到的子代病毒即为重组病毒。最后，利用病毒上清液侵染昆虫细胞，获得表达的重组蛋白质。

昆虫细胞表达系统具有以下优点：①具有糖基化作用、乙酰化作用、磷酸化作用等一系列蛋白质翻译后修饰系统；②正确的蛋白质折叠、二硫键形成，使重组蛋白质在结构和功能上更接近天然蛋白质，有利于表达产物形成天然的高级结构；③具有对重组蛋白质进行定位的功能，如可将核蛋白准确转送到细胞核上，将膜蛋白定位在细胞膜上，将分泌蛋白质分泌到细胞外等；④昆虫细胞悬浮生长，容易放大培养，有利于大规模表达重组蛋白质；⑤表达量高，最高表达量可达昆虫细胞蛋白质总量的 50%。

（4）哺乳动物细胞表达系统

哺乳动物细胞表达系统能够指导蛋白质的正确折叠，提供复杂的 N-糖基化和准确的 O-糖基化等多种翻译后修饰功能，因而表达产物在分子结构、理化特性和生物学功能方面最接近于天然的高等生物蛋白质分子。常用的哺乳动物细胞株有 CHO 细胞株和骨髓瘤细胞株等。

（5）转基因植物表达系统

转基因植物表达系统以植物体作为生物反应器，正在成为外源基因表达的重要体系，其可分为以下三种。

① 稳定的整合表达系统：将外源基因稳定地整合到植物染色体基因组中，特异性地表达插入的外源基因，可以稳定长期地表达重组蛋白质的系统。

② 瞬时表达系统：将植物病毒改造后作为载体编码外源基因，病毒感染植物后，在病毒衣壳蛋白启动子的调控下转录表达外源重组蛋白质的系统，称为瞬时表达系统。在病毒复制过程中，衣壳蛋白高水平复制表达，外源基因也随之得到高水平的表达。

③ 叶绿体转化植物表达系统：该系统基因拷贝数高，可高效表达，原核基因无需改造可直接表达，无抗生素标记基因，便于实行分子操作。具体来说，其优点包括 a. 具有直接使用可食性植物原料的可能性；b. 能进行大规模生产；c. 具有完整的真核细胞表达功能特性；d. 植物不充当人类病原体的宿主，具有更高的安全性；e. 便于贮藏和运输，成本低。

（6）转基因动物表达系统

转基因动物表达系统是指将人或哺乳动物的特定基因导入哺乳动物受精卵，该基因若能与受精卵染色体 DNA 整合，当细胞分裂时染色体倍增，基因随之倍增，从而使每个细胞都带有导入的基因且能稳定遗传，得到的这种新个体称为转基因动物。

转基因动物表达系统一般选择转基因动物的血液、尿腺、精囊腺、乳腺等。常用的转基因技术有：纤维注射法；原始生殖细胞介导法；体细胞克隆法；精子载体法；胞内精子注射法。

（7）表达系统的选择

重组蛋白质表达系统的选择主要考虑的因素有：目的基因的表达量、培养条件、转化操作、成本费用等。除此之外，还应考虑产物的致病性、表达系统对产物内毒素的影响、是否形成包涵体和翻译后修饰对产物的影响等因素来选择合适的表达系统。各表达系统的对比参见表 2-1。

表 2-1　基因工程表达系统的对比

表达系统	优劣	产量	适用
大肠埃希菌	具有良好的可操作性，成本低，但不能进行糖基化修饰，易在胞内形成包涵体	外源蛋白质 10%～70% 在胞内表达	抗体片段，无需翻译后修饰的蛋白质类药物，适用于原核蛋白质和简单真核蛋白质的表达
酵母	兼具原核细胞良好的可操作性和真核系统的翻译后修饰能力，但存在产量低及过度糖基化等问题	外源蛋白质占菌体总蛋白的 10%～30%	对蛋白质结构有一定要求，如人血清白蛋白，适合工业菌种的改良、放大等
昆虫细胞	具有高等真核生物表达系统的优点，产物的免疫原性和功能与天然蛋白质相似，表达水平较高，但生物活性仍与天然蛋白有差别	外源蛋白质最多可占总菌体总蛋白质的 50%	适用于病毒疫苗，信号蛋白，激酶等大部分蛋白质
哺乳动物细胞	产物的生物活性和功能与天然蛋白质相近，糖基化等修饰最准确，但表达水平低，成本高	表达量很少	对蛋白质结构要求高，适用于分子量大、结构复杂的高等真核生物蛋白质
转基因植物	经济实用，成本低，表达产物能进行正确的折叠，但产物较难分离纯化	较高，可达总蛋白质的 3%～5%	适用于大分子量的蛋白质，尤其是药用蛋白质
转基因动物	产物可进行必要修饰，且产物具有生物活性，但成活率低，遗传困难	表达水平低	适用于表达药用蛋白质及具有生物活性的蛋白质

三、基因工程药物实例介绍

1. 大肠埃希菌表达生产重组人胰岛素

胰岛素是由胰脏内的胰岛 β 细胞，受外源性物质或者内源性物质刺激而合成、分泌的一种蛋白质类激素。成熟的人胰岛素由 A、B 两条肽链组成，共含有 51 个氨基酸，A 链有 21 个氨基酸，B 链有 30 个氨基酸。其中 A7(Cys) 与 B7(Cys)，A20(Cys) 与 B19(Cys) 之间会通过巯基形成两个肽链间的二硫键，使 A、B 两链紧密连接。另外，A 链中 A6(Cys) 与 A11(Cys) 之间还存在一个肽链内的二硫键。胰岛素中这些半胱氨酸（Cys）之间的二硫键对其活性至关重要。重组人胰岛素（recombinant human insulin）通过基因重组的方式生产，与动物胰岛素相比，重组人胰岛素具有免疫原性低、吸收速率高、生物活性高、发生脂肪萎缩的概率较低等优点。重组人胰岛素通过大肠埃希菌（E.coli）表达系统或酵母表达系统进行生产，其中大肠埃希菌表达系统是生产重组人胰岛素的主要表达系统。大肠埃希菌生产的重组人胰岛素以包涵体形式表达，包涵体需要经过溶解、复性、纯化、结晶等一系列处理才可得到具有活性的成品。使用大肠埃希菌表达重组人胰岛素虽然步骤烦琐，但其优点明显：产物蛋白质表达量高，产物能占到总蛋白质量的 20%～30%；以包涵体形式表达，经过简单的洗涤即可获得纯度约为 90% 的产物，便于之后的纯化工作。相对于大肠埃希菌表达系统，使用酵母表达系统的优点是产物胰岛素肽链间的二硫键结构正确，表达产物本身带有活性，不需要经过复性处理；缺点是发酵时间较长，蛋白质表达量低，不利于大规模生产。

使用大肠埃希菌生产重组人胰岛素可通过两条途径进行。一种途径是通过大肠埃希菌分别表达 A 链与 B 链，利用化学氧化还原的方法使 A 链与 B 链间形成二硫键从而使这两条链连接，经过折叠后得到具有活性的重组人胰岛素，然而，这种方法步骤烦琐、产率低、成本高，已被淘汰。另一种途径是参照胰岛素的自然合成过程，先使用大肠埃希菌表达胰岛素原，再进行酶切使其形成具有活性的重组人胰岛素，其优点是只需要一次表达与纯化即可获得重组人胰岛素，生产步骤简单，成本较低。

2. 酵母表达生产重组乙肝疫苗

20 世纪 80 年代，美国西奈山医学中心和法国巴斯德研究所在哺乳动物细胞中成功表达了乙肝病毒表面抗原，1982 年，Valenzuela 等成功在啤酒酵母中表达乙肝病毒表面抗原（HBsAg）。美国默克公司利用酵母表达系统生产出世界上第一款商业化的基因工程乙肝疫苗 Recombivax HB，该疫苗 1986 年在德国上市，1987 年通过美国药品食品监理局（FDA）批准在美国上市。1991 年中国预防医学科学院病毒学研究所与长春生物制品研究所等单位合作，成功研制基因工程乙肝疫苗，并于 1992 年在长春生物制品研究所正式投产，1997 年华北制药集团生产的重组乙肝疫苗也开始上市。1989 年我国从默克公司引进酵母基因工程乙肝疫苗，由北京生物制品研究所和深圳康泰生物制品股份有限公司试生产，1997 年被正式批准生产。目前乙肝疫苗主要通过中国仓鼠卵巢细胞（Chinese hamster ovary cell，CHO cell）表达系统与酵母表达系统进行生产，两种表达系统所生产的疫苗在国内都已上市，其免疫原性与质量均得到了肯定。

当前我国乙肝疫苗以重组酵母类型为主。重组酵母乙肝疫苗是一种包含有 HBsAg 亚单位的疫苗，其采用了现代生物学技术将 HBsAg 基因进行分子生物学构建，克隆至啤酒酵母中，构建了重组酵母来表达 HBsAg 亚单位。酵母是一个重要的真核表达系统，使用酵母表达系统生产重组乙肝疫苗需要经过发酵、提取、纯化、吸附、配制、分装等工序。酵母表达系统生产重组乙肝疫苗的优点包括：生产操作简单；产物表达量高；成本低；具有良好的免疫原性，适用于大规模的工业化生产。但由于酵母表达系统本身的限制，所生产的重组乙肝疫苗的免疫原性不如 CHO 细胞表达系统生产的疫苗的免疫原性高，转录后不能准确完成分子折叠、糖基化加工与修饰，不能外分泌，产物的分离纯化较为困难。

3. 哺乳动物细胞表达生产重组组织型纤溶酶原激活剂（rt-PA）

组织型纤溶酶原激活剂（t-PA）是体内纤溶系统的生理性激动剂，在人体纤溶和凝血的平衡调节中发挥着关键性的作用。rt-PA 主要作为溶栓药物使用。第一代溶栓药物主要包括链激酶和尿激酶，是纤溶酶原的系统性、非选择性激活剂，能导致循环系统内产生大量纤溶酶，同时伴有纤维蛋白原、循环内的纤溶酶原和血浆纤溶酶原激活物抑制物的消耗。第二代溶栓药物主要是阿替普酶（alteplase）和阿尼普酶（anistreplase）。Alteplase 根据人内源性 t-PA 的分子结构经过基因工程技术改造生产，具有纤维蛋白结合域和靶向血凝块的纤维蛋白作用，因而使循环系统内仅产生有限的纤溶酶，可减少全身纤溶酶原的消耗以及出血性并发症的发生。rt-PA 为第三代溶栓药物，于 1987 年在美国获批上市，rt-PA 一般不激活血液中的纤溶酶原，但与纤维蛋白有很强的亲和力，rt-PA 与纤维蛋白结合后，其激活纤溶酶原的作用比 rt-PA 游离时高 100 倍，而一般情况下人血液中纤维蛋白含量很低，所以不会产生非特异性全身纤溶的情况。当有血栓产生时，rt-PA 和血栓中的纤维蛋白结合，激活纤溶酶原产生纤溶酶，进而水解纤维蛋白，溶解血栓。

　　rt-PA 是由美国 Genetech 公司使用人内源性 t-PA 的分子作为模板、以 CHO 细胞表达生产，同时也是第一个使用动物细胞进行大规模生产的基因工程药物。由于 rt-PA 半衰期很短，临床剂量需求较大，其特异性表现欠佳，同时从生产到使用的成本较高，因此有学者对其分子结构进行了改造优化，利用基因工程对分子结构域进行改造或糖基化修饰，以改善其药理学特性。改造后，部分位点的氨基酸突变产生的突变体具有更长的血浆半衰期，与纤维蛋白结合的特异性和结合力更强，同时还能抵抗天然的抑制剂。

第二节　代谢工程技术与制药

一、代谢工程技术的概念与研究内容

1. 代谢工程的定义

　　代谢工程是指利用重组 DNA 技术对特定的生化反应进行修饰或引入新的反应，以定向改进产物的生产特性或者细胞的生理与生化性质。代谢工程研究的内容包括代谢分析与代谢合成两个方面。代谢分析的研究重点是确定细胞生理状态的重要参数，阐明代谢网络的控制结构以及影响代谢的关键靶标；而代谢合成研究，主要涉及各种宿主细胞中基因表达、途径酶活性的调节以及分子水平上的代谢调控等内容。

　　为改变微生物的特性，很早以前人们就开始对其代谢途径进行干预，但这种干预在很大程度上依赖于化学诱变剂和富有创造性的筛选技术来识别和挑选特定的优良菌株。尽管这些方法已在氨基酸、维生素、抗生素等产品的微生物发酵制药方面取得很大成功，但诱变本质上是一个随机的过程，其重现性较差且难以表征突变菌株的遗传和代谢特征。

　　代谢工程与随机诱变相比，其工作更具有定向性，且聚焦在目标酶的选择、途径的合理设计以及代谢通量的数据分析等方面。

2. 代谢途径及其通量

　　代谢途径及其通量是代谢工程的核心。代谢工程的实质是将代谢通量的调控方法与分子生物学技术相结合，用以指导和优化基因的表达与改造。

（1）代谢途径

　　代谢途径是指一系列可以连续进行并可客观测定的生物化学反应步骤，每个反应步骤包含了一组输入和输出的代谢物。

　　活细胞体内含有大量不同的化合物和代谢物，其中水是含量最多的组分，约占细胞物质总量的 70%；其余部分主要包括 DNA、核糖核酸（RNA）、蛋白质、脂类以及糖类。合成这些大分子物质的前体，来源于一个数量有限但会被快速利用的低分子量前体库。这些低分子量化合物是由葡萄糖或其他碳源生成的代谢物，并通过生化合成过程不断补充。根据其在细胞生物合成过程中的主要功能，它们参与的反应可分为组装反应、聚合反应、生物合成反应和功能反应。

不同的生化途径借助于参与多个途径的代谢物相互联接，这些途径通过不同分支将一个又一个反应顺序连接，形成代谢网络。此外，各途径之间还通过辅助因子来维系代谢平衡并整合代谢网络的功能，这些辅助因子包括 ATP、NADP 和 NADPH 等参与能量代谢的辅酶，它们的产生和循环把同一途径中的各个反应有机地连接起来，如图 2-4 所示。

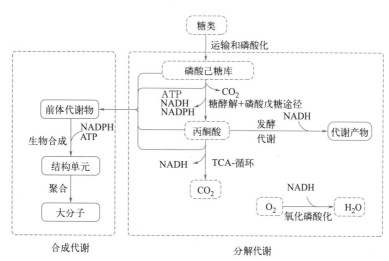

图 2-4　糖类分解代谢与合成代谢途径的关联

糖类被运输进入细胞，首先被磷酸化，然后进入磷酸己糖库。磷酸化可独立于运输过程进行，也可与之耦合进行。磷酸己糖经过糖酵解生成丙酮酸，或被用于合成一些糖类。丙酮酸可通过三羧酸循环（TCA-循环）被氧化成二氧化碳，同时也可以通过发酵途径转化成多种代谢产物。对需氧微生物来说，在糖酵解和 TCA-循环中生成的 NADH 可通过氧化磷酸化被氧化成 NAD^+，而对于厌氧微生物，NAD^+ 是通过发酵途径生成的。糖酵解途径和 TCA-循环中的一些中间代谢物可作为前体代谢物用于生物合成结构单元。这些结构单元被聚合成大分子物质，最终被组装成不同的细胞结构。

（2）代谢通量

代谢通量是指代谢反应中生成输出代谢物的速率。代谢通量是细胞生理学中的一个基本决定因素，也是代谢途径中最重要的参数。

如图 2-5（a）所示的线性途径中，通量 J 等于稳态条件下各单个反应的速率。显然，当中间代谢物的浓度调整到能使所有反应速率都相等时（$v_1 = v_2 = \cdots = v_i = \cdots = v_L$），代谢途径就达到了稳态。在瞬间过程中，各个反应速率并不相等，代谢途径的通量会发生变化，且这种变化是不清楚的。如图 2-5（b）所示的分支途径中，在中间代谢物 I 处出现分支途径，每个分支途径有相应的通量，在稳态时：$J_1 = J_2 + J_3$，并且每一个分支途径上的通量等于相应分支途径上的单个反应速率。如图 2-5（c）所示，通常认为通量 J_1 是线性途径中通量 J_2 和 J_3 的叠加。用这种方法可将图 2-5（d）所示的复杂网络分解为一些线性途径，每一个途径有其各自的通量。需要指出的是，图 2-5 所示的所有途径中，达到稳态的一个必需条件是：初始的反应速率和最终的反应速率（或分别等价于初始代谢物与最终代谢物的浓度）必须恒定，这个条件可通过在连续培养反应器（通常指恒化反应器）中保持恒定的胞外代谢浓度而实现。

3. 代谢工程的调控原理

在生物体中，生理功能的调控发生在细胞水平和分子水平上，这些调控主要是通过调节参加生化反应的各种物质的浓度来实现的。这些物质包括酶、底物、产物及调节物分子等。在一个典型的细胞中，这些

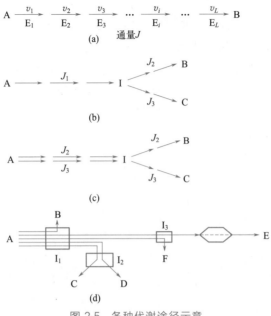

图 2-5　各种代谢途径示意

物质分子大量存在，并且参与各种特定的相互作用，尽管这些作用极其复杂，但生化系统仍可由它们达到稳定态的能力来表征。代谢调控的研究目的是阐明各个酶的活性调节机制，以及它们在分子水平上被精确调控的机制。一旦在局部水平理解了酶的调节特性，就可以利用代谢控制分析结果推断代谢途径通量的总体控制机制。

（1）聚酮抗生素的合成调控

微生物细胞内有数以万计的代谢分子，它们通过酶连接成一系列代谢通路。聚酮抗生素的合成需要初级代谢物和辅因子，这些物质通常来源于糖类、氨基酸和脂肪酸等分解代谢物。前体代谢工程是提高聚酮抗生素产量的有效方法。

链球菌在 FK520 生物合成过程中产生结构类似物 FK523。该类似物在大环内酯骨架 C-21 位具有甲基，而不是乙基（图 2-6），并且难以通过常规分离和纯化方法从 FK520 中分离。在工业生产中，需要利用制备型高效液相色谱法（prep-HPLC）分离 FK523 和 FK520，这会导致较高的制造成本。聚酮抗生素合成过程中需要多种酰基辅酶 A（CoA）作为起始底物和延伸单元，如乙酰-CoA、丙二酰-CoA 和甲基丙二酰-CoA 等。FK523 的合成源于聚酮合酶（PKS）模块中酰基转移酶对乙基丙二酰辅酶 A 或甲基丙二酰辅酶 A 的非特异性底物识别。因此，有可能通过增加细胞内乙基丙二酰辅酶 A 的水平来减少 FK523 的产生，乙基丙二酰辅酶 A 是由链球菌中的巴豆酰辅酶 A 羧化酶/还原酶（CCR）合成的。

事实证明，通过传统的突变技术和代谢工程，直接进行过表达乙基丙二酰-CoA 和丙二酰-CoA，能够有效地提高 FK520 的产量并抑制 FK523 在链球菌中的累积。

（2）转录起始的调控

当 RNA 聚合酶与编码基因上游的启动子区域相结合时，转录起始过程随即发生。转录起始调控最显著的位置位于基因的启动子区域或其邻近区域。通过控制 RNA 聚合酶与启动子结合的速率，细胞能够调节产生 mRNA 的数量，最终决定所合成酶的表达水平。该调控区域除了启动子外，还包含一个能与调节分子相结合的操纵子区域，这些调节分子能够阻止转录（负调控）或增加转录（正调控）。

最早被充分表征的操纵子之一是乳糖操纵子。如图 2-7 所示，乳糖是由葡萄糖和半乳糖构成的二糖，是该操纵子的主要调节分子。乳糖操纵子的启动子和操纵区分别是 *lacP* 和 *lacO*。*lacI* 基因编码阻遏蛋白，当缺乏乳糖时，阻遏蛋白与操纵区结合，从而完全阻碍 RNA 聚合酶与启动子的结合。在乳糖存在的条件下，乳糖操纵子的表达被乳糖诱导。乳糖（诱导物）在阻遏蛋白的特定位点结合，导致阻遏蛋白构象

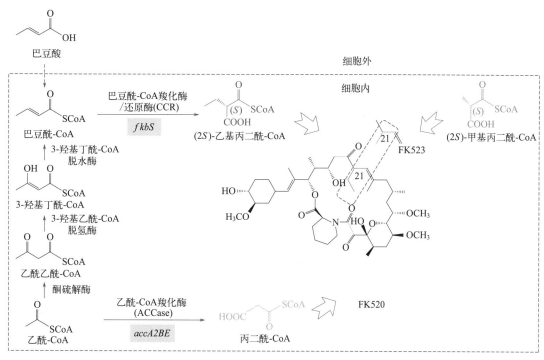

图 2-6 FK520 中辅酶 A 酯的生物合成途径

fkbS 和 *accA2BE* 为过表达靶点。在 FK520 的结构中，来自丙二酰-CoA 的碳链单元标记为浅蓝色；C21 组成
乙基丙二酰-CoA 的标记为蓝色。与 FK520 相比 FK523 的 C21 部分由甲基丙二酰-CoA 合成并标记为深蓝色

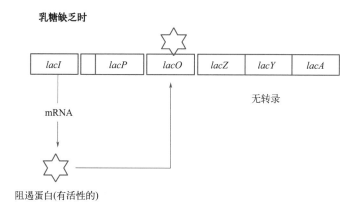

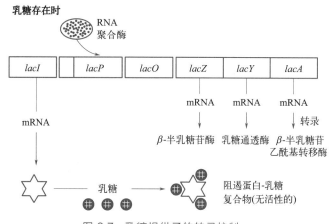

图 2-7 乳糖操纵子的转录控制

改变，从而降低阻遏蛋白与乳糖操纵子DNA结合的亲和力。因此，RNA聚合酶能够顺利结合至启动子，从而转录多顺反子mRNA编码的β-半乳糖苷酶（lacZ编码）、乳糖通透酶（lacY编码）、β-半乳糖苷乙酰基转移酶（lacA编码）。通透酶确保乳糖进入细胞，而β-半乳糖苷酶负责打开乳糖的β-1,4糖苷键，释放游离的单糖，因此乳糖操纵子是一个负调控诱导系统。

乳糖操纵子还有一个重要的正调控机制，即防止过量葡萄糖存在时产生能量浪费。大肠埃希菌分解利用葡萄糖的酶是组成型酶，当葡萄糖与乳糖同时存在时，大肠埃希菌会优先利用葡萄糖，因此生成乳糖酶对细胞而言并无实际意义。当大肠埃希菌利用葡萄糖生长时，细胞内环腺苷酸（cAMP）水平较低，而利用其他碳源生长时，cAMP水平则趋向于增高，这为乳糖操纵子提供了正调控信号。当cAMP处于高水平（表明缺乏葡萄糖）时，其能够与一种特定蛋白（CAP，即降解物激活蛋白）结合，生成CAP-cAMP复合物，进而结合乳糖操纵子上的CAP结合位点，促使下游DNA双螺旋稳定性降低，从而使RNA聚合酶与启动子结合，启动转录过程。

重组DNA技术中的表达载体，就是根据乳糖操纵子负调控模型，进行外源蛋白质诱导表达，例如胰岛素的表达等。

二、代谢工程在制药领域的应用

代谢工程不仅在基础领域有深入的研究，而且在制药领域也具有重要的应用价值。对于多糖、蛋白质、多种抗生素、活性寡肽、有机酸、维生素、氨基酸、多种药用酶类等通过生物法生产的产品，代谢工程原理的应用和突破将会对这些产品的生物生产过程的效率和经济效益产生直接的影响。在医学领域，通过应用代谢工程的原理识别确切的靶标进行药物开发、疗法设计和基因疗法的设计，会带来重大的医疗价值；利用代谢工程的概念和方法对胞内组织、整合器官和总体代谢进行分析，会给临床提供有关整个器官功能的胞内酶动力学和重要的代谢调控等信息。

第三节　蛋白质工程技术与制药

一、蛋白质工程技术概论

1. 蛋白质工程的定义

蛋白质工程的概念诞生于20世纪80年代初，早期的蛋白质工程指通过基因工程技术特异性改变目的蛋白质的结构基因，获得具有特定生物功能的蛋白质，并研究蛋白质结构与功能之间的关系的生物技术。在后基因组时代，蛋白质的结构-功能关系与特定蛋白质的合成、分离、纯化等生产技术对于生物制药尤为重要。蛋白质工程作为基因工程的进一步延伸，已成为生物制药领域中最为重要的生物技术之一。

随着生物、物理、化学和计算机技术的发展，蛋白质工程的含义也逐步拓展，指在分子生物学、结构生物学、生物信息学等学科的基础上，利用基因工程与蛋白质修饰技术手段，改造天然蛋白质的性能，优化目的蛋白质的合成、分离与纯化，使其符合社会生产需要的工程技术。

2. 蛋白质工程的研究内容与应用

蛋白质工程技术的发展主要分为4个阶段：第一个阶段是从自然界中分离蛋白质并利用它们的天然活性。第二个阶段是理性设计与定向进化，通过定向改造或者定向进化获得目的蛋白质。第三个阶段是结合蛋白质的结构数据，合理设计蛋白质组数据库，筛选所需蛋白质。第四个阶段是利用定向进化、理性设计或从头设计获得具有非天然活性的新型蛋白质。

在生物制药领域中，蛋白质工程参与了上游的药物预测、药物设计和下游的药物生产、质量监控和保存应用等多个过程，因此蛋白质工程的研究内容主要分为 2 个方面：一是解析蛋白质化学组成、空间结构与生物功能之间的关系，根据需要进行蛋白质的从头合成或分子改造，进而生产具有预期功能的目的蛋白质；二是优化目的蛋白质的生产工艺，高效地分离、纯化以获取优质目的蛋白质，满足人类社会所需。

3. 蛋白质工程药物种类

蛋白质工程药物因其疗效好、成药靶点多样、应用范围广泛、不良反应低等特点成为新药研究中发展最迅速、最活跃的部分。常见的蛋白质工程药物主要包括细胞因子、激素、溶血栓药物、多肽、疫苗和抗体等。

（1）抗体药物

抗体药物可以与相应抗原特异性地结合并调节免疫反应的活性，在疾病的诊断，癌症、自身免疫病、神经系统疾病、代谢性疾病和传染病的治疗，器官移植等方面发挥着重要的作用。抗体药物因其高特异性，低不良反应的特点，已成为近年来开发的主要一类新药，单克隆抗体已占据了医药市场最大的份额。蛋白质工程在抗体药物生产中的应用表现为在基因水平上对抗体分子进行切割、拼接、修饰，或直接合成特定的抗体基因序列，再将基因导入细胞进行表达以产生抗体，这一技术显著提高了抗体生产的速度与质量，是满足免疫治疗需求的关键技术。

（2）蛋白质工程疫苗

蛋白质工程疫苗是应用基因工程技术改造病原微生物基因组，或将抗原基因序列克隆到无毒的表达载体上，生产出的具有抗原性但无毒性的疫苗。蛋白质工程疫苗可分为以下几种：①亚单位疫苗，利用体外表达系统表达病毒的主要保护性抗原，将其作为免疫原，不含有病原体的其他遗传信息，因此具有良好的安全性，且便于规模化生产。②活载体疫苗，利用蛋白质工程表达特定抗原决定簇基因，同时确保毒性基因已去除或经过修饰，从而保持载体的免疫原性。③合成肽疫苗，利用蛋白质工程合成病原微生物的保护性多肽或表位，并将其连接到大分子载体上，再加入佐剂增强免疫反应。④病毒样颗粒疫苗，根据免疫抗原物质的天然结构进行设计，利用基因工程与蛋白质工程模拟其天然结构，以诱导体液和细胞免疫反应。

（3）蛋白质类药物

目前已上市的蛋白质类药物品类众多，包括胰岛素、干扰素、白细胞介素、人免疫球蛋白、生长激素、凝血因子、促红细胞生成素和多肽药物等。蛋白质工程技术在生产蛋白质类药物方面具有成本低、安全性高等优势，并可以对蛋白质类药物进行进一步优化以提高药物的产量、质量与治疗效果。

二、蛋白质工程技术在药物设计中的应用

蛋白质工程的最终目标是实现特定蛋白质的所需功能或特性，因此对于生物制药技术领域，特别是在药物设计和药物改进方面具有重要意义。例如，使用蛋白质工程构建的淀粉酶抑制剂，已被用于治疗肥胖；利用理性设计、计算设计和组合策略设计新型疫苗和免疫治疗剂，如开发病毒疫苗和免疫疗法等，为医学领域带来了革命性的进步。

基因操作是蛋白质工程分子设计的常用方法，遵循特殊性原则的基因操作称为理性设计，遵循多样性原则的基因操作通常称为定向进化。理性设计基于蛋白质序列和三维晶体结构的特点和对应关系，可设计出具有所需功能或特性的蛋白质。定向进化则通过物理诱变、化学物质修饰靶蛋白质，引入非特异性突变，基于自然选择和多样性理论在突变体文库中筛选出所需特性的蛋白质，无需蛋白质序列或蛋白质三维结构信息。计算生物学将蛋白质工程扩展到从头设计，根据天然蛋白质的可用三维结构及其折叠规则，使用蛋白质设计算法来定制合成蛋白质，或者利用关键残基或结构域进行饱和突变设计全新蛋白质。当没有已知的天然对应物或有效关键残基时，从头设计具有新特性的蛋白质是一个巨大的挑战。这些蛋白质工程技术使药物开发具有更高的作用效率、选择性和特异性，同时赋予药物进化性。

1. 蛋白质结构解析及功能预测

(1) 蛋白质结构的解析

蛋白质结构的解析是蛋白质工程的核心内容之一。蛋白质的一级结构是指多肽键中氨基酸的排列顺序，其决定了蛋白质的空间结构与生物功能，也是蛋白质工程设计的主要操作对象。目前高通量的蛋白质一级结构解析方法主要基于基质辅助激光解析电离-飞行时间质谱（MALDI-TOF-MS）和电喷雾质谱（ESI-MS），此外，也可以通过基因全序列信息推测氨基酸序列。蛋白质的二级结构常用圆二色谱（circular dichroism spectrum，CD spectrum）和傅里叶变换红外光谱术进行测定。CD spectrum 可以定量检测手性分子结构，如 α 螺旋和 β 折叠。傅里叶变换红外光谱术通过红外光谱定位蛋白质分子中的键和基团。

蛋白质空间结构常用的测定方法主要是 X 射线衍射、核磁共振（NMR）、三维电镜重构技术。X 射线衍射是最经典的测定生物大分子结构的方法，但其只能针对蛋白质晶体进行测定。NMR 可以分析液态自然状态下的肽链结构，分辨率也很高。三维电镜重构技术是综合电子晶体学和冷冻电子显微术、扫描隧道显微镜、波谱法、分子图形学、量子力学知识，将电子显微术、电子衍射技术与计算机图像处理相结合，分析复杂蛋白质复合体的三维结构。另外，通过结合基于分析微阵列、功能微阵列和反相微阵列的芯片法、基于质谱的高通量测定方法，搭建了结构蛋白质组学和功能蛋白质组学方法，进一步完善了蛋白质序列、修饰、蛋白质相互作用等信息。

(2) 蛋白质功能预测

随着后基因组时代关于蛋白质序列和结构的信息日益增多，通过获取并分析大量天然蛋白质的结构与功能的关系，人们建立了诸多蛋白质结构-功能数据库，如无冗余蛋白质序列数据库 UniProt、PDB 和 InterPro 等，蛋白质保守结构域数据库 CDD 等。结构生物学和计算机技术是蛋白质结构解析及功能预测的重要技术。相似序列的蛋白质可能具有相似的结构与功能，利用数据库进行氨基酸序列检索便可以推测肽链的空间结构和生物功能；反之，也可以根据特定的生物功能，设计蛋白质分子的氨基酸序列和空间结构。当前蛋白质结构预测方法主要有比较建模法、折叠识别法、二级结构预测法和从头预测法。当目标序列没有同源结构时，进行蛋白质三维结构预测必须使用从头预测方法。

2. 理性设计

蛋白质工程的理性设计主要依赖蛋白质结构数据库，根据目的蛋白质的序列、结构和作用机制等信息，通过替换、插入或缺失来突变靶标蛋白质（靶蛋白）中特定位置的特定残基或一段残基，为蛋白质引入新功能或新特性。理性设计可以避免基于随机诱变的定向进化产生的大量文库筛选工作，可有效提高药物研发、设计的效率。

确定要突变的残基是理性设计的关键步骤，通常该步骤有基于序列和基于结构两种策略。在基于序列的策略中，对同源蛋白质序列进行系统比对分析，先确定可能导致所需蛋白质特性的氨基酸，在此基础上选择目的蛋白质中可供突变的残基进行工程改造。对于具有三维晶体结构的蛋白质，可以预测活性位点处氨基酸的结构-功能关系。使用蛋白质结构可视化工具，重新设计活性位点以修改蛋白质的功能活性。如用较小的亲水残基取代较大的氨基酸，扩大蛋白质活性位点的口袋，从而使蛋白质可以容纳更大的反应底物。利用计算工具比较同源序列和结构数据库，可生成感兴趣的蛋白质的可变位点图，这为蛋白质的理性设计提供更方便快捷的选择。对于结构信息不可用且难以结晶的蛋白质，可采取二维结晶方法。二维结晶基于金属离子与表面组氨酸的配位，可实现在界面处结晶蛋白质。基于结构的策略中，结构信息可用于指导改变目的蛋白质的性质，该方法常用于提高酶的热稳定性。例如通过 SCHEMA 的算法从亲本蛋白质中选择具有低序列同一性的蛋白质片段并以最小的结构改变进行重组，可使 β-内酰胺酶和细胞色素 P450 等蛋白质的热稳定性得到增强。

3. 定向进化

定向进化是蛋白质工程中最主要的技术之一，该方法模仿达尔文学说中的自然选择，引入突变后通过迭代突变以及多轮次筛选和选择，获得具有所需功能特性的突变体。例如，通过定向进化筛选得到的草甘膦 N-乙酰转移酶的活力提高了 200 倍。定向进化的过程为，首先选择目的蛋白质并克隆相应的基因，然后使用易错 PCR（例如 QuikChange、Stratagene）、非同源重组、设计寡核苷酸的组装、序列饱和诱变和交错延伸（StEP）等技术对该基因进行随机诱变以构建突变体文库，随后经过严格的筛选和选择程序，鉴定出具有所需特性的突变体。定向进化可用于突变目的蛋白质的整个序列，因此可筛选到远离蛋白质活性位点的氨基酸。定向进化不依赖于蛋白质序列及晶体结构，其主要缺点是突变体文库规模庞大，利用蛋白质的结构和生化信息可简化定向进化的工作量。另外，用于在基因合成过程中引入受控序列突变体的 Slonomics 技术，可控制每个位置的突变频率或残基同一性，从而进一步提高定向进化的效率。

4. 半理性设计

半理性设计利用已验证的蛋白质序列、结构、功能和作用机制信息，通过预测算法来选择蛋白质序列中的关键氨基酸残基，对选定的残基或结构域进行饱和诱变，从而减少拟筛选的文库大小，提高设计效率。其算法一般以原子物理、量子物理、量子化学揭示的微观粒子运动、能量与相互作用的规律为理论基础，预测并评估数以千计的突变体在结构、自由能、结合能等方面的变化。基于计算结果，筛选出符合改造要求的突变体并进行实验验证，再根据实验结果来制订下一轮计算方案，如此循环往复，直到获得符合需求的蛋白质。例如，采用半理性设计筛选出的立体选择性转氨酶，作为生物催化剂应用于抗糖尿病药物西格列汀的工业合成，极大提高了药物生产的效率。

5. 从头设计

从头设计是根据天然蛋白质的氨基酸序列以及不同侧链的特定相互作用，利用其三维结构及折叠规则定制合成蛋白质，或者利用关键残基或结构域进行饱和突变，创建具有特定结构和功能的新型蛋白质。计算蛋白质设计工具通常包含两个主要元素：能量或评分功能，以及搜索功能。能量或评分功能分析特定氨基酸序列与支架的相容性，搜索功能对氨基酸序列以及主链和侧链的构象进行采样。结构预测和实验稳定性对从头设计的影响很大，计算蛋白质设计仅处理主链氨基酸的坐标和力场，以确定稳定性最佳的氨基酸的几何形状。在人工酶的设计中，理想化的活性位点是通过定位活性位点氨基酸的官能团，以在底物和产物之间产生最低自由能垒的方式构建的。目前研究人员已经开发了各种计算工具来支持蛋白质的从头设计，例如 METAL SEARCH、DEZYMER、ORBIT 和 Rosetta 等。从头设计可设计具有新功能的蛋白质，在药物研发领域具有很大潜力。

6. 使用非天然氨基酸进行蛋白质工程

为了探索和创造具有所需或新特性的蛋白质，蛋白质序列不再局限于典型的遗传密码功能。现在，体内和体外蛋白质都可以掺入非天然氨基酸（UAA）。UAA 的掺入能够使蛋白质产生新的功能。例如，将具有免疫原性的对硝基苯丙氨酸掺入蛋白质，可用作免疫治疗的新工具，含有这种 UAA 的蛋白质可能在免疫治疗中得到应用。再如，利用芳香族 UAA 取代荧光团或周围残基，绿色荧光蛋白和水母发光蛋白的性质得到了显著改善，因此 UAA 可与绿色荧光蛋白结合起来应用于开关传感或者蛋白质表达的可视化。但是目前含 UAA 的蛋白质普遍表现出产量低、天然活性降低和稳定性降低的情况，因此使用非天然氨基酸进行蛋白质工程仍需要更为深入且广泛的研究。

在过去十年中，蛋白质工程已成为调节蛋白质特性或设计新蛋白质的主要技术。蛋白质序列、三维结构和功能信息的更新推动着新型蛋白质设计方法的开发应用。蛋白质设计方法从定向进化和理性设计发展到半理性设计和从头设计，但仍受到对蛋白质功能、折叠、灵活性和构象变化的不完全理解的限制，其设计策略仍有待更多的探索与实践。

三、蛋白质工程技术在药物生产中的应用

蛋白质工程技术不仅改变药物活性，还可提高生物药品生产效率与质量，在药物生产中也发挥着重要

作用。

1. 重组蛋白质表达技术

重组蛋白质表达技术广泛应用于生物药品的大规模生产，常用的重组蛋白质表达载体根据表达宿主的不同可分为原核表达载体、真核表达载体以及病毒表达载体等，宿主可以为大肠埃希菌、酿酒酵母或毕赤酵母、哺乳动物细胞等。重组蛋白质表达技术常使用融合蛋白表达策略，在构建重组蛋白质表达载体时，将外源蛋白质基因与另一基因的 3′ 端序列进行融合，构建成融合基因，使克隆化基因表达为融合蛋白的一部分。融合蛋白表达通常会添加不同的表达标签，这些标签不仅有助于构成利于纯化和检测的表位，还能构成结构独特的蛋白质。常用的融合蛋白表达标签有 Flag、His、GST、MBP 等。

2. 蛋白质的修饰技术

蛋白质的修饰是指通过基因工程、共价修饰和酶的作用为目的蛋白质添加化学修饰，赋予蛋白质特定的性质以满足功能需求或者生产需求。蛋白质肽链上的修饰可通过在氨基酸残基或肽链的 C 端或 N 端引入新的功能基团来进行翻译后修饰，这些功能基团包括磷酸基、乙酰基、甲基等。能进行化学修饰的位点通常具有能在反应中作为亲核基团的功能基团，如丝氨酸、苏氨酸及酪氨酸的羟基，赖氨酸、精氨酸和组氨酸的氨基，半胱氨酸的硫醇基离子，天冬氨酸和谷氨酸的羧基等。除此之外，翻译后修饰还包括肽键的断裂，比如前肽到成熟蛋白质的加工，以及去除起始甲硫氨酸残基、二硫键的形成等。

（1）生物素化修饰

蛋白质的生物素化（biotinylation）修饰是生物素分子通过赖氨酸残基的酰化作用共价连接到蛋白质分子上的过程。链霉亲和素和生物素之间的相互作用被认为是蛋白质和配体之间最强的非共价相互作用之一，链霉亲和素四聚体对生物素具有极高的亲和力，解离常数约为 10^{-14} mol/L，因此二者的相互作用不受变性剂、去污剂、有机溶剂、蛋白水解酶、高温和 pH 变化等情况的影响。生物素和链霉亲和素的分子量相对较小，具有反应快速且不易被干扰的特点，并且不影响靶蛋白的功能，因此该方法广泛用于分子生物学和生物技术中。利用生物素与链霉亲和素、亲和素、中性亲和素的亲和力，生物素化蛋白质可被用于快速检测、鉴定和纯化。例如，生物素化蛋白质可以通过添加 HRP 偶联的链霉亲和素用于酶联免疫吸附测定（ELISA）中。一种链霉亲和素具有以高亲和力和选择性结合四个生物素分子的能力，因此具有放大信号、提高哺乳动物细胞或组织中低丰度靶标的检测灵敏度的能力。生物素依赖的临近标记方法用于检测细胞内相互作用蛋白组。利用一个 R118G 位点突变的生物素连接酶 BirA*（*表示突变型）与目的蛋白质相融合，由于球状蛋白质的平均直径是 10～15 nm，该技术的标记半径可以直接对相互作用蛋白进行生物素标记。该生物素化蛋白质在细胞中表达后作为"诱饵"，可以被链霉亲和素捕获，通过质谱鉴定并分析与其相互作用的蛋白质，可构建出细胞中不同亚细胞定位的蛋白质相互作用组。荧光标记的生物素-链霉亲和素体系，则可被应用于细胞表面标记、荧光激活细胞分选法（FACS）和其他荧光成像等。

（2）糖基化修饰

糖基化修饰在真核生物中是一种广泛存在的蛋白质翻译后修饰类型，主要分为 N-糖基化修饰、O-糖基化修饰、C-糖基化修饰以及糖基磷脂酰肌醇（glycosylphosphatidyl inositol，GPI）锚定修饰等。蛋白质糖基化可以促进蛋白质折叠，在维持蛋白质的稳定性、构型、细胞信号转导、与其他分子或蛋白质的识别和结合等方面发挥着决定性的作用。

蛋白质糖基化是影响抗原反应的关键修饰，单克隆抗体（单抗）上的 N-聚糖结构对维持抗体构象和稳定性有重要的作用。Fc 段的 N-聚糖可以稳定 IgG 的 CH2 结构域，N-糖基化修饰后，IgG 的 CH2 结构域弹性增加且不可结晶。单抗 Fc 段的 N-聚糖可以通过 CH2 结构域影响抗原和单抗分子结合产生的效应功能，Fab 段的糖基化修饰除了可能影响抗体与抗原的结合外，也可能会影响该效应功能。单抗 Fc 段的糖基化水平可以影响抗体依赖细胞介导的细胞毒性（ADCC）或补体依赖的细胞毒性（CDC），并能改变抗体的药代动力学性质，部分糖型结构还能影响抗体的免疫原性。

糖基化修饰影响蛋白质类药物的有效性、安全性和质量稳定性，因此在疫苗和单克隆抗体等药物生产中糖基化的位点、类型和丰度都是药物生产的关键质量属性。表征蛋白糖基化修饰时通常先根据蛋白质分子量的大小进行区分：完整和亚单位蛋白质水平（Top 和 Middle-up）、糖肽（Bottom-up）和游离聚糖水平。用于表征糖基化修饰的方法包括液相色谱-质谱法、半乳糖基转移酶标记法、凝集素微阵列、反相液相色谱法（RPLC）、亲水相互作用液相色谱法（HILIC）、阴离子交换色谱法（AEC）、裂解气相色谱法（PGC）以及毛细管电泳（CE），通常可与基质辅助激光解吸电离质谱（MALDI-MS）、电喷雾电离质谱法（ESI-MS）或荧光检测（FD）等技术联用等。

对蛋白质糖基化修饰的主要研究内容包括糖蛋白存在的鉴定、糖蛋白分离纯化、糖基化氨基酸位点鉴定、糖组成的确定和糖含量的测定等，然而构成糖链的单糖种类繁多以及糖链的不均一性使糖蛋白结构解析极为困难，因此在分析蛋白质糖基化的结构-功能关系仍面临巨大挑战。天然糖蛋白中，糖类分子通常连接在丝氨酸/苏氨酸的羟基或门冬酰胺的氨基上，此外也有少量 S-糖基化发生在半胱氨酸残基上。北京大学叶新山等人利用糖基硫代硫酸盐作为糖基供体，实现了水溶液中糖基在无保护条件下的一步合成，并在多肽和蛋白质底物上，在温和条件下实现多种糖型的定点糖基化修饰，从而有利于获得均一糖基化蛋白质。随着不同糖基化类型对多肽/蛋白质类药物活性的影响规律的深入研究，在疫苗和单克隆抗体等药物设计阶段需要考虑可能存在的糖基化情况，并根据糖基化情况进行分子改造以延长药物的半衰期，提高药物疗效。

（3）聚乙二醇（PEG）修饰

聚乙二醇（PEG）是一种惰性、非致癌性聚合物，是目前修饰生物活性分子和纳米粒子表面的首选聚合物之一。聚乙二醇修饰又被称为分子的 PEG 化（PEGylation），可以增强药物疏水性，蛋白质、脂质体、核酸的溶解性，从而提高其稳定性并延长半衰期。PEG 的修饰基团主要是氨基、巯基和羧基等，蛋白质分子表面游离的氨基（主要为 Lys 残基侧链的氨基）具有较高的亲核反应活性，因此，Lys 成为最常用的 PEG 修饰基因。在 PEG 与蛋白质结合之前，通常利用氰脲酰氯（又名三氯化嗪）、N-羟基琥珀酰亚胺、N,N'-羰基二咪唑等活化剂活化 PEG，形成各种聚乙二醇类修饰剂，包括琥珀酰亚胺类、氨基酸类、甲酰胺类等衍生物。随后便可在温和的反应条件下快速与蛋白质偶联。

PEG 修饰可改善蛋白质类药物的药动学和药效学性质，包括血浆半衰期延长、体内药物释放增加、肾清除率降低等；此外 PEG 修饰能够增强蛋白质的稳定性。蛋白质、多肽类药物 PEG 化后，在其表面会形成较厚的水化膜，阻止凝集、沉淀现象的产生。PEG 与脂质衍生物之间的连接键（酰基、醚基、二硫键等）修饰也可增加脂质体的稳定性。PEG 的柔性链可产生空间位阻效应，避免蛋白酶降解。PEG 修饰改善药物的体内分布，PEG 修饰后的药物在体循环中稳定性提高，滞留时间延长，尤其有利于大分子药物在具有滞留增强效应的肿瘤及炎症部位的蓄积，从而延长药物体内治疗时间。总的来说，PEG 修饰可以改善蛋白质、多肽等药物存在的问题，如增加溶解度、降低免疫原性、改善药代动力学和药效学性质、提高临床应用范围等。例如，诺和诺德公司开发的 Esperoct 是长效重组凝血因子Ⅷ（FⅧ）的 PEG 衍生物，PEG 修饰显著延长了药物的半衰期，且具有良好的安全性和耐受性。该药物 2019 年获得 FDA 批准上市，用于成人和儿童 A 型血友病患者的预防性治疗和急性治疗，将患者的输液治疗频次由每周 3 次降为每 4 天一次，并使患者的年出血率降低 96%。

3. 蛋白质的分离纯化

生物制药中药物的原料来源多样，包括动物细胞、植物组织和微生物细胞等。为获得高质量药物，通常需要利用蛋白质分离纯化技术从包含多种蛋白质、核酸、多糖等的混合物中分离出目的蛋白质，再进行蛋白质的结构和功能研究以及药物应用探索等。因此蛋白质分离纯化也是当代生物制药产业的核心技术。

重组药物的分离纯化流程一般包括固液分离、细胞破碎、浓缩与初步纯化、高度纯化，常用的纯化技术有沉淀法、电泳技术、透析法、色谱法等。沉淀法利用不同物质在溶剂中的溶解度不同来分离不同性质的蛋白质，具有简单经济的优点，是分离纯化蛋白质的常用方法。常用的沉淀方法有盐析法、有机溶剂沉淀法、等电点沉淀和亲和沉淀。电泳技术利用不同蛋白质所带电荷的差异，在电场作用下，蛋白质会向着与其电荷相反的电极移动，并呈现不同的移动距离，从而实现蛋白质的分离，常用技术有聚丙烯酰胺凝胶电泳、等电聚焦电泳和双向电泳等。透析法的原理是利用半透膜两侧液体溶质的浓度梯度及其所形成的不同渗透压，促使溶质从浓度高的一侧通过半透膜向浓度低的一侧移动。在蛋白质的纯化过程中，透析法主要用于去除盐、少量有机溶剂、生物小分子杂质，同时具有浓缩样品的作用。超滤中使用的超滤膜也是一种多微孔的半透膜，超滤可分离分子量 3000～1000000 的可溶性大分子物质或粒径大于 0.1 μm 的胶体颗粒，如蛋白质等，具有操作条件简单、无相变和处理效率高等优点，主要用于蛋白质大分子的脱盐、脱水和浓缩。色谱法是目前蛋白质工程药物生产中最常用的大规模分离纯化技术，将在第五章进行详细阐述。

经分离纯化获得的目的蛋白质，经过测序或鉴定后，通常会进行蛋白质含量的测定、蛋白质的储存、结晶以及纯度的检测。常用的蛋白质含量测定方法包括凯氏定氮法、紫外分光光度法、双缩脲法、福林酚试剂法和考马斯亮蓝法（Bradford 法）等。分离纯化获得的蛋白质产物通常根据其用途及蛋白质性质以干燥、液体、冻干或结晶的形式保存于 −20～4 ℃，以便后续使用。

四、蛋白质工程技术的应用展望

目前医药领域正处于从小分子化学疗法到生物疗法的逐步转变中，包括蛋白质疗法、基因疗法和细胞疗法在内的生物疗法越来越多地走进人们的视野。由于蛋白质是生物功能的核心成分，蛋白质工程已成为这些新兴生物疗法中常见且关键的工程技术。随着数据驱动的人工智能技术的发展，蛋白质工程在蛋白质类药物的设计领域取得进展，形成了定向进化、理性设计、半理性设计、从头设计等一系列目的蛋白质改造策略与技术，并逐步进入智能化计算设计阶段。蛋白质工程在未来的生物制药产业中将继续进行优化和深入探索，开发具有新特性和新应用价值的新蛋白质。目前蛋白质工程在生物制药中的应用主要集中于设计和生产蛋白质类生物制品/药品，通过提供抗体支架蛋白、构建增加半衰期的融合蛋白、进行 PEG 化或糖基化修饰以及突变以降低免疫原性等策略，提高蛋白质类药品的疗效。然而，蛋白质工程在疾病治疗中的应用不局限于此。蛋白质工程也可以作为药物递送载体与反馈系统参与治疗，用于改善对药物药动学和药效学的控制。天然生物系统使用多种类型的配体结合蛋白来运输和控制释放小分子，如脂质结合蛋白和血清白蛋白，蛋白质工程生产的配体结合蛋白可参与药物运输和递送。例如，使用人血清白蛋白作为药物载体，通过直接缀合或通过连接脂肪酸，已在增加小分子和蛋白质治疗剂的半衰期方面取得了显著进展。白蛋白结合形式的紫杉醇 Abraxane® 也已被 FDA 批准用于治疗某些转移性肺癌、前列腺癌和胰腺癌。未来，蛋白质工程将在生物传感、生物催化、药物代谢和蛋白质疗法等相关领域展现出巨大的应用潜力。

第四节　合成生物学技术与制药

一、合成生物学技术概述

1. 合成生物学的定义

合成生物学（synthetic biology）作为正式的学术名词，最初由德国科学家芭芭拉·荷本（Barbara Hobom）于 1980 年描述基因工程菌的时候提出。2000 年，Kool 指出合成生物学是利用有机化学和生物化学设计出能在生物系统中发挥作用的非天然合成分子的遗传工程。此后，英国工程和物理科学研究委员会对其进行了重新定义。合成生物学是指以应用为目的开展的新的人工生物途径、有机体或者生物系统的设计和构建，也包含对现有生物系统的重新设计和建造。

合成生物学的两条技术路线是设计与建造新的生物部件、装置和系统；重新设计现有的、天然的生物系统。从内容上来说，合成生物学是分子生物学、化学、数学、物理学、信息技术和工程学等交叉融合的学科，其运用工程化设计理念，通过标准化、去耦合、精简化的过程，对现有自然生物体系进行改造和优化，甚至从头设计创建具有特定功能的"人造生命"。这一过程主要通过对新的蛋白质、基因线路、信号级联及代谢网络的构建来实现。

2. 合成生物学底层技术

① DNA 测序技术：又称基因序列测定技术。桑格测序（Sanger sequencing）是第一代测序技术，一次只能获得一条长度为 700～1000 个碱基的序列，无法满足现代科学发展对生物基因序列获取的迫切需求；高通量测序（high-throughput sequencing，HTS）是对传统桑格测序的革命性变革，一次运行即可得到几十万到几百万条核酸分子的序列，被称为新一代测序或第二代测序；单分子测序技术为第三代测序技术，能够对单条长序列进行从头测序，直接得到长度为数万个碱基的核酸序列信息。除了测序通量和读长的进步之外，测序成本的大幅度下降也为合成生物学的发展铺平了前进的道路。

② 重组 DNA 技术：是根据需要利用重组工具在体外重新组合 DNA 分子，再导入受体细胞中，使它们能够在相应的细胞中扩增的遗传操作技术，不受亲缘关系的限制。运用聚合酶链反应（PCR）技术可获取 DNA 片段，利用酶切、酶连、转化等重组 DNA 的手段，可构建一系列的代谢途径，这些技术极大地促进了合成生物学的发展。

③ 基因编辑技术：是一种对目标基因进行定向编辑或修饰的技术。该技术中广泛应用的 3 种工具为锌指核酸酶（ZFN）、类转录激活因子效应物核酸酶（TALEN）和 CRISPR/Cas 系统。CRISPR/Cas9 系统通常由一系列 CRISPR 相关基因与 CRISPR 阵列组成，因其易于构建、编辑效率高等优点而被广泛应用。

④ 体内定向进化技术：定向进化是实验室条件下创造的突变，通过对突变体文库进行筛选，可找出具有期望表型的突变体。定向进化技术包括饱和诱变、易错 PCR 和 DNA 混编等。根据突变体文库构建方法的不同又可分为非理性设计、半理性设计和理性设计 3 种策略。

⑤ DNA 合成技术：DNA 合成技术是合成生物学的关键基础性技术之一，包括寡核苷酸合成技术、DNA 组装技术以及 DNA 纠错技术。DNA 合成的原理包括化学法及生物法，化学法中固相亚磷酰胺三酯合成法最为成熟且被广泛应用，而生物法合成技术目前总体尚处于原理验证阶段。

⑥ 计算机建模技术：通过计算机建模，模拟蛋白质结构等，助力合成生物学的发展。Rosetta 方法作为一种经典的基于能量函数的复合采样方法，在蛋白质同源建模、分子对接、抗体设计和新酶设计等方面都有广泛的应用。

二、合成生物学技术在制药中的应用

1. 功能元件挖掘

生物元件是在合成生物学中用于组装生物系统和分子机器的遗传元件，是遗传系统中最简单、最基本的生物积块（biobrick），是具有特定功能的氨基酸或核苷酸序列。常见的生物元件主要包括：调控元件、催化元件、结构元件、操控和感应元件等。2003 年，美国麻省理工学院合成生物学实验室成立了标准生物元件登记库（registry of standard biological parts），专门收集各种满足标准化条件的生物元件。标准生物元件登记库已收集了超过 20000 种生物元件。目前利用合成生物学技术制药所面临的主要挑战之一，是可用的生物元件和模块（器件）的种类有限、数量不足、表征描述不清楚、通用性程度不高。因此，对生物元件的挖掘和表征成为合成生物学研究的重点与基础，而基因组、转录组与元基因组的信息则是挖掘生物元件的重要源泉。

高通量测序技术的迅速发展，使许多重要植物和微生物的遗传图谱得以阐明。基因组序列已经成为深入挖掘生物功能元件和研究代谢物质生物合成机制的基础。物种的全基因组序列包含了物种起源、进化、生长发育及其活性成分合成代谢的遗传信息。通过对基因组中的功能蛋白质、转录和翻译特征序列进行分析，可以得到丰富的启动子、核糖体结合位点、蛋白质编码序列以及终止子等生物元件资源。然而，从数万个基因中筛选出可能参与特定化合物合成的生物元件，一直是一项挑战。对于特定代谢途径的分析，物种的转录组数据往往更有用，也更容易获得。因此，通过对目标途径中具有不同代谢物成分的样品进行比较分析，可以识别候选基因。差异转录分析可以在不同的样本上进行，以获得候选基因并进行进一步的功能分析。

2. 合成途径构建

基于合成生物学的原理，生物元件可以组成基因线路，构建合成途径。目前，通过合成生物学的方法构建的细胞工厂，已被广泛应用于生物制药产业当中，特别是天然产物的合成。这种方式既能有效控制原料供给，又能保护自然资源及环境，展现出作为一种绿色、高效的新型生产模式的巨大潜力和广阔前景。

随着高通量 DNA 合成成本的降低，越来越多的候选基因被优化、合成并用于构建代谢途径。许多微生物和模式植物被广泛用于重建许多重要天然产物类药的合成路径。例如，为了阐明长春花碱的复杂合成途径，研究者在 90 d 内成功地构建了 74 个菌株，每个菌株都拥有 7 个候选基因的独特组合。这项研究表明，合成生物学在微生物中解析和重建复杂生化途径方面具有巨大的潜力。再如，有研究人员利用合成生物学平台来重建三七中主要三萜的糖基化过程。这种合成生物学平台的建立规避了获得中间体和在体外表达酶的困难。

微生物系统中酶的表达通常存在翻译后修饰的问题，如细胞色素 P450，在异源微生物中表达效率低下。具有成熟高效的遗传转化体系的一些模式植物，如拟南芥、烟草等常被用于植物天然产物类药物的途径基因的异源表达。与原核生物大肠埃希菌和低等真核生物酿酒酵母相比，这些模式植物在次生代谢产物的合成途径和蛋白质的翻译后修饰上与候选基因的来源植物具有更多的相似性，因此在植物蛋白质的表达上具有一定的优势。植物的瞬时表达技术可以在相对较短的时间内将目的基因转移到细胞中，获得该目的基因短暂的高水平表达。利用瞬时表达系统生产药用蛋白质产品，包括单克隆抗体和疫苗等生物制剂，已经进入临床阶段。最近，一个基于瞬时表达的自动化高通量筛选平台已成功建立，该平台用于筛选重组蛋白质。各种技术的创新将显著加快天然药物合成途径的重建。

3. 底盘宿主优化

传统的微生物产物开发，是通过微生物经大规模发酵培养和分离提取来完成的，但是许多能直接产生有价值的活性化合物的天然菌株，有着难以培养、生长速率慢、产量低等缺点，严重限制了微生物产物的工业化生产。底盘宿主是指能够发生特定代谢反应从而实现异源高产目标化合物的宿主细胞。随着 DNA 组装技术的快速发展和应用，在充分认识微生物药物合成途径的前提下，基于合成生物学原理，将合成途径中的各个功能元件等置入异源宿主中，达到理性设计的目的。但细胞的复杂性高，人工置入的生物元件等会受到细胞内原有代谢与调控途径的影响，因此，对底盘宿主进行优化改造，使其更加适用于生产目标产物是十分必要的。随着系统生物学和合成生物学在途径识别、预测和重建工具等方面的发展，一些模式微生物如大肠埃希菌、酿酒酵母、谷氨酸棒状杆菌、枯草杆菌、链霉菌、解脂耶氏酵母等已成为实现异源表达和大规模生产高价值天然产物的理想底盘宿主。

底盘宿主优化的整体思路是在合成生物学的指导下，对生物元件进行重新设计、集成和装配，选择合适的细胞作为底盘宿主，并将新引入的代谢途径与宿主原有的代谢途径进行适配，组成全新的代谢网络，从而为目标产物的合成提供充足的前体供应，最终实现结构新颖、种类丰富的产物的定向合成。

底盘宿主的选择对目标产物的生产有着一定的影响，不同的宿主系统由于具备不同的特性，往往偏好于合成某几类特定的产物。各种模式微生物由于具备安全性、稳健性、适合高密度发酵、遗传背景清晰、基因操作体系成熟等特点，常被用来构建生产不同目标产物的底盘宿主。在选择宿主细胞时，首先应该寻找能够产生足够前体分子的生物，或者能够很好地产生自然产物的生物。其次，如果表达的外源途径含有需嵌入细胞器的酶，那么具有内膜系统的真核生物可能是首选。此外，必须考虑整个发酵过程的经济性，使用廉价基质、生长迅速、净化成本低的微生物将是理想的选择。

以大肠埃希菌和酿酒酵母为例，尽管大肠埃希菌适用于合成萜类化合物的碳骨架，但由于它缺少诸多真核生物拥有的细胞器，在蛋白质表达时缺乏后续修饰能力且没有完善的内膜系统，因此利用大肠埃希菌表达真核细胞来源的蛋白质时受到限制；而作为真核生物的酿酒酵母，具有优于大肠埃希菌的蛋白质表达和修饰能力以及完整的内膜系统，更适合作为复杂天然产物异源合成的宿主平台。例如在青蒿素合成中，酿酒酵母与大肠埃希菌相比能提供更多的前体物质，因此成为比大肠埃希菌更适合生产青蒿素的底盘宿主。确定了底盘宿主选用的菌种后，就要利用合成生物学的理念对底盘宿主进行工程化改造。

首先，精简和优化基因组。理想的底盘宿主应具有最小化的基因组，即仅包含维持细胞生长繁殖的必需基因。采用较小基因组的底盘宿主进行异源表达，可减少其他不必要的竞争路径对底物、能量等的消耗，从而提高细胞对底物和能量的利用率，使得底盘宿主能够更好地承受外源引入的代谢负担，同时可以降低异源化合物的检测和纯化难度，为天然产物的异源生产合成提供理想的底盘宿主，从而有效提高目标产物的产量。

其次，增加前体供应。除了增加外源基因的表达量外，使宿主内源相关基因的表达上调也能促进产物的生物合成。天然产物异源表达失败或产量较低可能是由于宿主内缺乏所需底物的合成途径，要想提高产量，可以通过合成生物学工程化改造的方法改变宿主的代谢途径，以适应异源表达的需求。

再次，对各类调控因子进行改造也十分必要。微生物底盘宿主复杂的生长分化过程以及与之相关的初级和次级代谢网络，往往受到多种调控因子的调控作用。这些调控因子中，既有全局性调控因子，也有只参与某个特定产物合成途径的专一性调控因子。对这些调控因子进行精确的改造，如敲除、替换和点突变等，可使原有的生物合成基因簇沉默，消除本底代谢产物的影响，从而提高目标化合物的产量。

此外，除了外源引入生产目标产物的途径，还应通过调节元件强度、模块强度以及网络模块使生产模块与底盘宿主更加适配。在底盘宿主菌株的构建和优化过程中，下调与目标产物无关的代谢通路以及引入异源模块可能会打破菌株原始的动态平衡，加重宿主细胞的负担，进而制约菌株的正常生长。如果选择的产品或某些中间体具有毒性，则还需要考虑宿主对这些化合物的耐受性，此时可以通过调整各元件和模块的强度来实现模块与底盘宿主的适配。

4. 体外合成生物学技术

体外合成生物学是一种新兴的生物合成手段，指通过合理地人工组装不同来源的酶/酶复合物、辅酶和酶载体等，在体外构建催化体系，模拟胞内的催化过程，或者完全按照人工设计的催化途径来实现体外合成。相比于细胞内复杂的生化反应网络，体外合成生物学较体内合成生物学具有更大的设计灵活性，不受胞内复杂的代谢途径、细胞活力以及细胞膜/细胞壁的影响，已受到越来越多研究者的关注，是合成生物学重要的前沿领域。

由于无细胞合成技术的高度可控性和体外代谢途径构建方法的多样性，该技术可以直接调控细胞内部生命活动，消除非必需基因调控，解除细胞生长和核心代谢调控之间的耦联，消除物质运输障碍，自由添加底物或去除产物并对过程进行监测分析，从而完成许多体内代谢途径无法实现的工作。体外合成生物学技术在结构生物学、高通量筛选、生物催化、生物医药等领域均具有巨大的应用潜力。体外合成生物学技术的核心思想是在细胞外构建多酶体系，即模仿体内代谢途径。这个系统通常包含转录和翻译所需的酶，能够脱离细胞执行中心法则（DNA—RNA—蛋白质），从而构建复杂的生化网络以获得目标产物。该技术可以视为基于三要素（代谢途径的重新构建、酶工程和反应工程）的集成式平台。代谢途径的重新构建需要根据体内代谢途径，组装相应的酶和辅酶，并且必须设计辅酶再生系统和ATP合成体系。此外，需要进行详细的热力学分析，以确保设计的代谢途径和预期相符。此项技术有许多优点，包括：①容易控制和优化反应条件；②降低副反应对产品生成效率的影响；③反应条件和底物选择较为宽泛，可以有效控制底物或中间产物的毒性。

相比于传统的微生物发酵生产，体外合成生物学技术虽然有着多方面的优势，但其未来的应用仍存在相当大的挑战，也存在一定的局限性。这种局限性表现在两个方面：①缺乏标准化的积块（酶或辅酶），导致其成本偏高。现代工业化生产的核心在于标准化和规模化，只有通过基因工程手段构建大量热稳定性高、价格低廉的酶，并研发出仿生辅酶类似物，才能大幅降低体外合成生物学技术的成本，使其可以与传统的微生物发酵进行竞争；②反应速率仍需大幅提高。对于无细胞的体外合成生物学技术，现阶段的发展目标是在确保低成本和工业化大规模生产的基础上，构建可控且高效的多酶催化体系。为实现这一目标，可以充分挖掘无细胞系统的潜能，实现更好的学习、控制和调节。

在无细胞系统中，越来越多的多酶途径被组装并合理地应用于天然和非天然合成的生物催化途径中，其中，底物、酶和辅助因子再生系统对于提高无细胞生物催化的有效性和可持续性至关重要。采用将底物流加至反应体系或在反应过程中对产物进行提取的策略，可有效避免较高的底物或产物浓度对酶的抑制作用。此外，也可通过对酶进行合理设计，使其能够耐受更高的底物或产物浓度。利用蛋白质工程的手段，如设计改造、定向进化或重建祖先蛋白质，将稳定性较差的酶替换为更稳定的耐热酶，可有效改善酶的稳定性。

相比于化学催化方法，体外合成生物学技术具有立体选择性高、反应条件温和、污染低等优点；相比于传统的发酵过程，体外合成生物学技术具有反应速率快、目标产物得率高、对有毒物质的耐受性强、设计灵活等优势。未来体外合成生物学的发展应进一步发掘其灵活性和高通量潜力，通过优化多酶体系的催化模型、代谢流分析、增加底物浓度、增加酶装载量、提高反应温度等手段加快反应速率、提高催化效率，并进一步利用其开放性的特点，融合生物学、材料学、化学、物理学、计算机与信息科学等学科优势，促进其在农业、医药、化工等众多领域的发展和广泛应用。

第五节　生物信息与组学技术

解码天然产物的合成途径对定向挖掘新天然产物、促进重要天然产物的高效合成以及新药研发至关重要。随着组学技术（基因组学、转录组学、宏基因组学、蛋白质组学、代谢组学）、生物信息技术（基因功能预测、基因簇挖掘、表达谱分析）以及分子实验技术（基因合成与组装、异源表达、基因编辑）等的快速发展，目前已经有大量的天然产物合成途径（例如青蒿素、吗啡、灯盏花素等）被完全解析。本节主要介绍生物信息与组学技术在天然产物合成元件的挖掘与设计方面的研究进展，以及深度学习技术在合成生物学领域的潜在应用价值。

一、生物信息学数据库

1. 生物信息学数据库概述

生物是拥有海量信息的实体，从古至今人们一直在寻找其背后的规律，以求对其进行解释和定义。20世纪以来，得益于科学技术的迅猛发展，从生物遗传物质 DNA 的发现，到耐高温 DNA 聚合酶的发现和应用，人们已进入了能在分子尺度上定义和改造生物体的时代，且实验产生的生物信息也可以较好地数字化。随着测序技术的发展和成本的降低，生物及其相关的核酸和蛋白质等信息也呈现出爆炸式的增长。面对如此庞大的数据量，亟需一个平台来对其进行收集与整理，因此，现代的生物数据库应运而生。收集和存储已测序的生物基因组数据是生物信息学数据库建立的初衷，在此基础上要求用户可以轻松访问，并从中搜索到自己所需要的序列信息，即管理功能。除此之外，随着测序技术的升级，越来越多的生物基因组信息将被测序，这就要求生物信息学数据库还需要具备更新功能。

2. 常用综合性数据库

美国国家生物技术信息中心（National Center for Biotechnology Information，NCBI）于 1988 年 11 月 4 日建立，是美国国立卫生研究院（NIH）下属美国国立医学图书馆（NLM）的一个分支，目的是通过提供在线生物学数据和生物信息学分析工具来帮助人类更好地认识生物学问题。NCBI 自 1992 年开始负责维护 DNA 序列数据库 GenBank，使其和另外两家数据库（EMBL 与 DDBJ）每日进行数据的更新和交换，以确保三家数据库的序列数据的一致性。此外，NCBI 的 PubMed 是生物医药领域使用最广泛的免费文献检索系统，内容包括 Medline、PreMedline、OldMedline、Publisher supplied citations，数据类型包括期刊论文、综述等，并提供其他数据资源的链接。除了常用的 PubMed、GenBank 等重要子库外，NCBI 还包含近 40 个在线的文库和分子生物学数据库资源。

欧洲生物信息研究所（EMBL-European Bioinformatics Institute，EMBL-EBI），是一个政府间国际组织的学术机构，致力于以信息学手段解答生命科学问题。该所建立于 1994 年，是欧洲分子生物学实验室（European Molecular Biology Laboratory，EMBL）的一部分。其包含的 Ensembl 是著名的基因组浏览器之一，现在仍然是提供人类和其他脊椎动物、模式生物基因组数据的集中资源站点。

（DNA Data Bank of Japan，DDBJ）是日本国立遗传学研究所建立的核酸序列数据库，于 1987 年正式开始运作，是亚洲的第一个核苷酸序列数据库。

中国国家基因库（China National GeneBank，CNGB），位于深圳市大鹏新区观音山脚下，是中国国家级基因库。目前，CNGB 已实现与 NCBI、EMBL、DDBJ 等数据库进行交换和数据共享，是继 NCBI、EMBL、DDBJ 之后世界上第四个国家级基因库。

3. 常用蛋白质数据库

蛋白质是生命的物质基础。随着越来越多数据的产生和数据库的建立，数据库之间的交流与整合是发展的必然趋势。UniProt（Universal Protein）便是这样的一个存在，是目前世界上最大的蛋白质数据库，囊括了超过 2 亿个非重复的条目。它分为两个部分：UniProtKB/Swiss-Prot 和 UniProtKB/TrEMBL。2002 年，该数据库获美国国立卫生研究院（National Institutes of Health）和美国国家科学基金会（National Science Foundation）、欧洲联盟（European Union）等机构的资助，整合了 EBI（European Bioinformatics Institute）、SIB（the Swiss Institute of Bioinformatics）、PIR（Protein Information Resource）三大数据库的资源而建立起来，统一收集、管理、注释、发布蛋白质序列数据及注释信息。目前，UniProt 已经成为欧洲生命科学大数据联盟（European Life Science Infrastructure for Biological Information，ELIXIR）的主要核心数据资源之一，并且已成为生命科学研究和生物技术开发中不可或缺的蛋白质序列信息资源（图 2-8）。

蛋白质是生命结构和物质的承担者，其序列之间的关系反映着其功能的相关性。Pfam 是一个高质量的蛋白质结构域家族数据库，其根据多序列比对结果和隐马尔可夫模型（hidden Markov models，HMMs），将蛋白质分为不同的家族。Pfam 在 35.0 版本中定义了 19632 个同源家族，其中有 70% 的条目与 UniProtKB 密切相关。Pfam 提供了蛋白质家族和结构域的完整准确的分类，被广泛用于查询蛋白质家族或蛋白质结构域的注释、结构及多序列比对信息。目前，Pfam 网站已关闭，数据托管在 InterPro。InterPro 是一个蛋白质分类和功能预测的重要网站，允许用户使用多种预测模型在其成员数据库中进行联合检索，是一个功能强大的集成数据库和诊断工具。

随着 X 射线衍射、NMR 和冷冻电镜等方法的发展，越来越多蛋白质的分子结构被解析，蛋白质及其背后的催化机制被逐步揭示，推动了结构生物学等学科的发展。PDB 是结构生物学研究中的重要资源，存储着包括使用生物大分子衍射技术、核磁共振波谱法、3D 电子显微镜和微电子衍射等技术手段获得的结构。但结晶的过程不仅费时费力，而且由于蛋白质本身的特性，许多蛋白质并不能够形成晶体，全世界

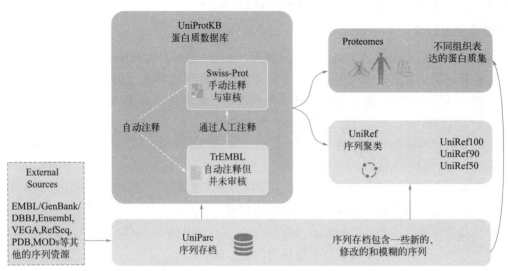

图 2-8　UniProt 的数据管理与运行

科学家在此之前也尝试过利用同源建模等技术来模拟出这些蛋白质的结构。随着谷歌旗下的 DeepMind 团队研发的基于深度学习框架的 AlphaFold 的出现，为预测蛋白质的 3D 结构这一生物学难题寻找到了新的解决途径。目前 AlphaFold 已经预测了人类蛋白质组和其他相关物种的近 10 万种蛋白质结构。

4. 其他生物相关数据库

① 代谢数据库：生物是一个复杂的有机统一体，这是生物体经过亿万年的自然进化所形成的结果。要实现对生物体的改造与利用，需要认识其复杂的代谢通路并加以改造，因此需要一种能够记录生物体内代谢通路的数据库。

京都基因与基因组百科全书（Kyoto Encyclopedia of Genes and Genomes，KEGG）是日本于 1995 年建立的包含基因组、酶促途径以及生物化学物质信息的在线数据库。它拥有多个子数据库，包括基因组数据库、生化反应数据库、生化物质数据库、疾病数据库、药物数据库以及最常用的通路数据库。KEGG 通路数据库由一系列代谢路径图构成，路径图中包含了分子互动与反应的网络图，并使之与基因组内的基因及路径所示过程的基因产物（以蛋白质为主）进行关联。在 KEGG 通路数据库中查询基因组内的基因，可以获得相关基因参与的代谢途径及其相关功能的信息。

② 天然产物相关数据库：自然界是活性天然产物的重要来源，在过去的几十年里，绝大多数抗癌、抗感染和抗菌药物都源于生命体所产生的天然产物及其衍生物，如青霉素、洛伐他汀、紫杉醇等。随着越来越多的天然产物被发现和利用，众多天然产物数据库也应运而生，其中 COCONUT 是目前最大的包含已阐明和预测的天然产物信息的开放数据库。

当前版本的 COCONUT（COlleCtion of Open Natural ProdUcTs）包含了 40 万个以上的无立体化学结构的天然产物以及它们已知的立体化学形式、文献、生物来源、地理位置和各种预测的分子特性，允许用户进行多种形式的搜索（如分子名称、InChI、InChI key、SMILES、结构、分子式），以及分子属性、子结构和相似性等高级搜索，还能以不同格式下载整个数据库或搜索结果。

二、基因组测序技术

1. 基因组测序概况

随着第三代测序技术（Nanopore 与 PacBio）的出现，基因组测序的成本、长度、效率都得到了较大提升。截至到 2022 年，NCBI 数据库中已经收录了 96000 个物种的基因组序列（病毒：24597，细菌：59655，古细菌：2580，真菌：3348，植物：992，动物：4522）。如此多的物种的基因组为大量天然产物生物合成途径的解析奠定了分子基础。

2. 基因组测序的应用

2014 年，科学家们完成了对辣椒的全基因组测序，并鉴定了负责辣椒素合成的关键基因。2016 年，根据罗汉果基因组和转录组数据，科学家们实现了罗汉果甜苷 V（mogroside V，M5）生物合成途径的完整解析。其生物合成途径可大致分为 3 个阶段：上游前体的合成阶段、中游骨架的形成阶段以及下游母核的产生及修饰阶段。2018 年，研究人员在经过 15 年的研究之后终于在长春花基因组中发现了用于合成长春花碱（vinblastine）的最后几个未知的基因，实现了长春花碱生物合成途径的完全解析。同年，罂粟的高质量全基因组测序完成，揭示了其进化历史中的主要加倍和重排事件，阐明了吗啡类生物碱合成基因簇的进化历史，为进一步开发鸦片罂粟的药用价值和揭示罂粟科乃至早期双子叶植物的进化史奠定了重要的基础。2020 年，研究人员通过构建一个高质量的雷公藤基因组，结合转录组和代谢组的多组学研究，揭示了雷公藤甲素的代谢途径，成功筛选并鉴定出细胞色素 P450（CYP728B70）基因，其编码的蛋白质可催化三步氧化反应，生成雷公藤甲素中间体 dehydroabietic acid，进而通过合成生物学策略实现其在酿酒酵母中的异源合成。2021 年，科学家们通过对盾叶薯蓣的基因组测序，利用生物信息学分析鉴定出薯蓣皂素合成的重要基因簇，解析了薯蓣皂素的生物合成途径。随后，他们通过对薯蓣皂素合成途径中的关键酶进行比较筛选以及优化调控，实现了酿酒酵母利用葡萄糖从头生物合成薯蓣皂素。该研究为薯蓣皂素生产模式的转变奠定了重要的研究基础，推进了我国甾体激素工业的发展。同年，多个研究团队同时完成了红豆杉超大基因组的测序与组装，通过注释与分析，成功解析了红豆杉中生物合成紫杉醇的关键基因簇，探索了紫杉醇合成途径的起源与进化机制，为完全解析紫杉醇的生物合成途径奠定了重要的基础。同时，研究人员通过 PacBio 和 HiC 技术组装并注释了高质量染色体级别的喜树基因组，进一步揭示了喜树中喜树碱生物合成通路可能的分子进化机制。

三、蛋白质设计技术

1. 蛋白质设计技术概况

酶是生物代谢途径中的节点，连续的酶促反应构成了丰富的天然产物代谢网络。合成生物学将来自不同物种的酶促反应重建为一条新的天然产物制造途径，但在实际应用过程中，酶的催化性质与生产要求之间存在一定差异。为了解决酶在天然产物生产过程中的问题，需要利用分子生物学、生物信息学、结构生物学和计算生物学等手段，对酶进行合理的设计与改造，从而提高其稳定性、催化活性及底物特异性等，这一过程称为蛋白质设计。

正确选择酶的设计区域可以极大提高酶理性与半理性设计成功的概率和效率。对于改善酶对底物的对映选择性和立体选择性，活性中心作为与底物直接相互作用的区域，成为首选设计区域；对于改造酶的稳定性，由于蛋白质结构对外界微观环境具有较高的敏感性，针对蛋白质表面或内部互作区域的改造效果往往明显优于其他区域；对于优化酶的催化活性，酶的活性中心是决定催化功能的关键区域，而活性中心外围结构的扰动决定了催化活性的强弱，因此在确保活性中心氨基酸准确排序的前提下，对活性中心外围结构区域进行优化是提升酶催化活性的主要手段。

2. 蛋白质设计方法

随着第三代测序技术的普及和蛋白质结构数据的丰富，依靠序列进化信息和蛋白质结构信息指导酶的理性或半理性设计是当前应用比较广泛的一种策略，其主要工作包括：基于多序列比对（multiple sequence alignment，MSA）和系统发育分析定位和识别蛋白质序列中的功能区域，探索氨基酸的保守性和共进化特性；基于蛋白质结构信息，分析活性中心及底物进出通道的氨基酸组成；利用序列信息和结构信息指导关键区域的改造，实现对底物的高效催化；把非天然氨基酸（UAA）并入氨基酸突变库，对酶进行理性设计，拓展氨基酸侧链功能基团。

根据计算过程中使用策略的不同，酶设计可以分为基于能量函数的新酶设计和基于深度学习的新酶设计。基于能量函数的新酶设计策略主要包括中国科学技术大学开发的 ABACUS 及 SCUBA 模型和华盛顿大学开发的 Rosetta 方法。ABACUS 和 SCUBA 模型分别是基于主链氨基酸和侧链氨基酸采样的统计能量函数，并结合范德瓦耳斯力能量项，适用于主链蛋白质序列设计和侧链氨基酸构象采样及设计。Rosetta 方法作为一种经典的基于能量函数的复合采样方法，在蛋白质同源建模、分子对接、抗体设计和新酶设计等方面都有广泛的应用。使用 Rosetta 方法设计新酶，需要根据目标反应的反应机制，针对过渡态构象和活性中心的几何形状，运用量子力学原理进行建模，以此为参考在蛋白质数据库（PDB）中搜索可以与过渡态模型匹配的蛋白质骨架并进行优化，之后，根据过渡态自由能及骨架与过渡态位置取向对优化后的结果进行排序，经实验鉴定功能后，结合定向进化等方法对候选酶进行进一步的优化。

酶设计技术已经成为推动合成生物学和天然产物合成发展的必不可少的工具，随着蛋白质设计技术的不断完善、蛋白质数据库的不断丰富以及计算科学的快速发展，酶设计技术获得了快速发展，然而，该技术仍存在一定的限制，如采样空间相对较大、实验验证成本高昂、对高通量筛选技术的依赖性较高、对蛋白质结构信息要求较高，使新酶设计的成功率较低且活性较差。随着数据科学和人工智能的发展，深度学习方法逐渐被应用于酶设计领域，预示着酶设计技术将迎来快速的发展，也将极大地促进合成生物学的进展。

四、深度学习技术

深度学习技术是机器学习领域的一个重要分支，近年来深度学习技术在图像识别、自然语言处理等方面的突出表现使其成为人工智能领域的焦点（图 2-9）。随着相关数据的不断累积和计算能力的不断加强，深度学习技术在生物学领域的应用也日益广泛。深度学习本质上是一种对数据进行表征学习的算法，这一方法采用自动的特征学习和分层特征提取来替代传统机器学习算法中手工获取特征的方式，更好地表征数据的深层次特征。深度学习利用人工神经网络结构模拟人类大脑的工作方式，由处理简单信号传递的人工神经元组成网络的不同层次，这些层次间相互连接，形成一个高效的信息过滤网络。在人工神经网络的不同层次中，每层神经元从其所处的环境中获取一部分信息，经过处理后向更深的层级传递，最终有效表征数据的特征。

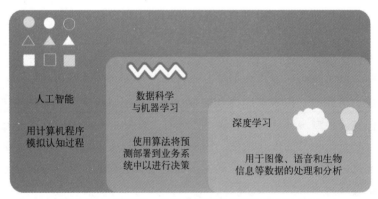

图 2-9　人工智能、机器学习和深度学习的层次关系

深度学习网络模型通过海量数据的迭代学习训练，能够实现拟合特定数据集合的隐式分布特征。与传统机器学习算法相比，深度学习更能捕捉数据分布的全局特征和高阶的相互作用模式，因此，在生物学和化学领域，深度学习技术具有较高的解决复杂问题的潜力。随着多个开源深度学习框架的流行，深度学习技术的实现难度逐渐降低，极大促进了深度学习技术在生物医药领域的应用。目前主流的深度学习框架包括 TensorFlow，PyTorch 以及国内开发的 PaddlePaddle 等，这些框架简化了数据整理编码、模型结构搭建、模型训练和优化的过程，许多在其他领域取得较好效果的网络结构，如卷积神经网络（CNN）、循环

神经网络（RNN）以及近期兴起的 Transformer 结构等，都可以方便地应用到解决生物学问题的深度学习网络中。目前，深度学习技术已在包括序列比对、蛋白质结构预测、剪接信号解码、高通量筛选、定量结构活性关系分析等多个计算生物学相关的问题上取得了突破。

深度学习技术将在天然产物利用和药物发现中发挥重要作用。通过利用来自其他领域的重大突破，如图像处理领域和自然语言处理领域，能够通过一个新的视角来看待生物和化学系统，获得新的见解。将深度学习技术应用于生物和化学领域，可以预测哪些分子可能具有治疗效果；将深度学习技术应用于活性和毒性预测等任务，可以使药物发现和筛选过程的资源密集度降低，准确性提高，成本降低。未来，研究人员也将引入多样化的方法克服深度学习技术的缺点，如训练数据有限和其他问题造成的高假阳性率等，从而将深度学习技术更好地应用于药物研发领域。

本章小结

本章从五个部分系统讲述了分子生物技术在生物制药领域中的发展与应用，包括基因工程技术与制药、代谢工程技术与制药、蛋白质工程技术与制药、合成生物学技术与制药、生物信息与组学技术。其中合成生物学是多学科交叉融合的学科，其融合了基因工程、代谢工程、蛋白质工程等方向的技术原理，将系统生物学和工程学进行了有机的整合，通过对宿主细胞进行有目标的设计与改造，实现了生物制造方式的颠覆式创新，突破了天然产物的资源限制，有效弥补了有机合成化学在生产结构复杂的天然药物方面的不足，为化合物的绿色高效合成提供了新的路线。

思 考 题

1. 分析基因工程技术、代谢工程技术、蛋白质工程技术、合成生物学技术在制药领域具体应用时的优缺点。

2. 根据本章的学习内容，完成一项特定化合物微生物细胞工厂的设计方案。

3. 搜索相关文献，撰写一篇合成生物学技术与制药相关的论文（2000～3000 字）。

【江会锋　佘文青　王峰　贾兆军】

参考文献

[1] 王凤山，邹全明．生物技术制药［M］.3 版．北京：人民卫生出版社，2016.

[2] 吴梧桐．生物制药工艺学［M］.4 版．北京：中国医药科技出版社，2015.

[3] 奉涛．溶栓药物的临床应用及其进展［J］.临床合理用药杂志，2011，4（12）：145-146.

[4] 汪少芸．蛋白质纯化与分析技术［M］.北京：中国轻工业出版社，2014.

[5] 吴敬．蛋白质工程［M］.北京：高等教育出版社，2017.

[6] 张佳唯，廉明明，石立旺，等．聚乙二醇双官能基异端修饰的研究进展［J］.中国医药生物技术，2020，15（02）：209-215＋177.

[7] 王钱福，严兴，魏维，等．生物元件的挖掘、改造与标准化［J］.生命科学，2011，23（09）：860-868.

[8] 严伟，信丰学，董维亮，等．合成生物学及其研究进展［J］.生物学杂志，2020，37（05）：1-9.

[9] 赵文婷，魏建和，刘晓东，等．植物瞬时表达技术的主要方法与应用进展［J］.生物技术通讯，2013，24（02）：294-300.

[10] 杨谦，程伯涛，汤志军，等．基因组挖掘在天然产物发现中的应用和前景［J］.合成生物学，2021，2（05）：697-715.

[11] Müller-Hill, Benno. Introduction: the lac operon a short history of a genetic paradigm［J］.1996.

[12] Smith C A . Physiology of the bacterial cell. A molecular approach［J］.Biochemical Education，1992，20（2）：124-125.

[13] Yu Z，Lv H，Wu Y，et al. Enhancement of FK520 production in Streptomyces hygroscopicus by combining traditional mutagenesis with metabolic engineering［J］.Applied Microbiology and Biotechnology，2019，103：9593-9606.

[14] Stephanopoulos G，Aristidou A A，Nielsen J．Metabolic engineering：principles and methodologies［M］.San Diego：Academic Press，

1998.

[15] Aplin C，Milano S K，Zielinski K A，et al. Evolving experimental techniques for structure-based drug design [J]. The Journal of Physical Chemistry B，2022，126 (35)：6599-6607.

[16] Bichet A，Bureik M，Lenz N，et al. The "Bringer" strategy：a very fast and highly efficient method for construction of mutant libraries by error-prone polymerase chain reaction of ring-closed plasmids. [J]. applied biochemistry & biotechnology，2004，117 (2)：115.

[17] Ezban M，Hansen M，Kjalke M. An overview of turoctocog alfa pegol (N8 - GP；ESPEROCT) assay performance：Implications for postadministration monitoring [J]. Haemophilia，2020，26 (1)：156-163.

[18] Gruenewald J，Tsao M L，Perera R，et al. Immunochemical termination of self-tolerance [J]. Proceedings of the National Academy of Sciences of the United States of America，2008，105 (32)：11276-11280.

[19] Hart D J，Waldo G S. Library methods for structural biology of challenging proteins and their complexes [J]. Current opinion in structural biology，2013，23 (3)：403-408.

[20] Higel F，Seidl A，Sörgel F，et al. N-glycosylation heterogeneity and the influence on structure，function and pharmacokinetics of monoclonal antibodies and Fc fusion proteins [J]. European journal of pharmaceutics and biopharmaceutics，2016，100：94-100.

[21] Huczyński A. FT-IR，1H，13C NMR，ESI-MS and semiempirical investigation of the structures of Monensin phenyl urethane complexes with the sodium cation [J]. Spectrochimica Acta Part A Molecular & Biomolecular Spectroscopy，2013：285-290.

[22] Kaur H. Characterization of glycosylation in monoclonal antibodies and its importance in therapeutic antibody development [J]. Critical Reviews in Biotechnology，2021，41 (2)：300-315.

[23] Li G，Dao Y，Mo J，et al. Protection-free site-directed peptide or protein S-glycosylation and its application in the glycosylation of glucagon-like peptide 1 [J]. CCS Chemistry. 2022，4 (6)：1930-1937.

[24] Li Y，Drummond D A，Sawayama A M，et al. A diverse family of thermostable cytochrome P450s created by recombination of stabilizing fragments [J]. Nature Biotechnology，2007，25 (9)：1051-1056.

[25] Lutz S，Iamurri S M. Protein engineering：past，present，and future [J]. Protein Engineering：Methods and Protocols，2018，1685：1-12.

[26] Meyer M M，Hochrein L，Arnold F H. Structure-guided SCHEMA recombination of distantly related β-lactamases [J]. Protein Engineering Design & Selection，2006，19 (12)：563-570.

[27] Meyer M M，Silberg J J，Voigt C A，et al. Library analysis of SCHEMA-guided protein recombination [J]. Protein Science，2010，12 (8)：1686-1693.

[28] Roux K J，Kim D I，Burke B，et al. BioID：A Screen for Protein - Protein Interactions [J]. Current protocols in protein science. 2018，91 (1)：19-23.

[29] Singh R K，Lee J K，Selvaraj C，et al. Protein engineering approaches in the post-genomic era [J]. Current Protein and Peptide Science，2018，19 (1)：5-15.

[30] Sinha R，Shukla P. Current trends in protein engineering：updates and progress [J]. Current Protein and Peptide Science，2019，20 (5)：398-407.

[31] Tempero M A，Pelzer U，O'Reilly E M，et al. Adjuvant nab-Paclitaxel＋Gemcitabine in Resected Pancreatic Ductal Adenocarcinoma：Results From a Randomized，Open-Label，Phase Ⅲ Trial [J]. Journal of clinical oncology：official journal of the American Society of Clinical Oncology，2023，41 (11)：2007-2019.

[32] Tobin P H，Richards D H，Callender R A，et al. Protein engineering：a new frontier for biological therapeutics [J]. Current drug metabolism，2014，15 (7)：743-756.

[33] Wang F，Niu W，Guo J，et al. Unnatural Amino Acid Mutagenesis of Fluorescent Proteins [J]. Angewandte Chemie International Edition，2012，51 (40)：10132-10135.

[34] Wohlschlager T，Scheffler K，Forstenlehner I C，et al. Native mass spectrometry combined with enzymatic dissection unravels glycoform heterogeneity of biopharmaceuticals [J]. Nature communications，2018，9 (1)：1713.

[35] Zhang Z，Zhang Y，Song S，et al. Recent advances in the bioanalytical methods of polyethylene glycols and PEGylated pharmaceuticals [J]. Journal of separation science，2020，43 (9-10)：1978-1997.

[36] Casini A，Chang F Y，Eluere R，et al. A pressure test to make 10 molecules in 90 days：external evaluation of methods to engineer biology [J]. Journal of the American Chemical Society，2018，140 (12)：4302-4316.

[37] Gengenbach B B，Opdensteinen P，Buyel J F. Robot cookies-plant cell packs as an automated high-throughput screening platform based on transient expression [J]. Frontiers in Bioengineering and Biotechnology，2020，8：393.

[38] Goldsmith M，Tawfik D S. Enzyme engineering：reaching the maximal catalytic efficiency peak [J]. Current opinion in structural

biology，2017，47：140-150.

［39］ Gruber P，Marques M P C，O'Sullivan B，et al. Conscious coupling：The challenges and opportunities of cascading enzymatic microreactors ［J］. Biotechnology Journal，2017，12（7）：1700030.

［40］ Hobom B. Gene surgery：on the threshold of synthetic biology ［J］. Medizinische Klinik，1980，75（24）：834-841.

［41］ Kwok R. Five hard truths for synthetic biology ［J］. Nature，2010，463（7279）：288-290.

［42］ Wang D，Wang J，Shi Y，et al. Elucidation of the complete biosynthetic pathway of the main triterpene glycosylation products of Panax notoginseng using a synthetic biology platform ［J］. Metabolic Engineering，2020，61：131-140.

［43］ Zhang Y H P. Simpler is better：high-yield and potential low-cost biofuels production through cell-free synthetic pathway biotransformation（SyPaB）［J］. Acs Catalysis，2011，1（9）：998-1009.

［44］ Zhu X，Liu X，Liu T，et al. Synthetic biology of plant natural products：From pathway elucidation to engineered biosynthesis in plant cells ［J］. Plant communications，2021，2（5）：100229.

［45］ Sayers E W，Bolton E E，Brister J R，et al. Database resources of the national center for biotechnology information ［J］. Nucleic acids research，2022，50（D1）：D20.

［46］ Benson D A，Cavanaugh M，Clark K，et al. GenBank ［J］. Nucleic acids research，2017，45（Database issue）：D37.

［47］ Cook C E，Lopez R，Stroe O，et al. The European Bioinformatics Institute in 2018：tools，infrastructure and training ［J］. Nucleic acids research，2019，47（D1）：D15-D22.

［48］ Howe K L，Achuthan P，Allen J，et al. Ensembl 2021 ［J］. Nucleic acids research，2021，49（D1）：D884-D891.

［49］ Fukuda A，Kodama Y，Mashima J，et al. DDBJ update：streamlining submission and access of human data ［J］. Nucleic acids research，2021，49（D1）：D71-D75.

［50］ Chen F Z，You L J，Yang F，et al. CNGBdb：China National GeneBank DataBase ［J］. Yi chuan ＝ Hereditas，2020，42（8）：799-809.

［51］ UniProt Consortium T. UniProt：the universal protein knowledgebase ［J］. Nucleic acids research，2018，46（5）：2699-2699.

［52］ Madeira F，Park Y M，Lee J，et al. The EMBL-EBI search and sequence analysis tools APIs in 2019 ［J］. Nucleic acids research，2019，47（W1）：W636-W641.

［53］ SIB Swiss Institute of Bioinformatics Members. The SIB Swiss Institute of Bioinformatics' resources：focus on curated databases ［J］. Nucleic acids research，2016，44（D1）：D27-D37.

［54］ Chen C，Huang H，Wu C H. Protein bioinformatics databases and resources. Protein bioinformatics：from protein modifications and networks to proteomics，2017：3-9.

［55］ El-Gebali S，Mistry J，Bateman A，et al. The Pfam protein families database in 2019 ［J］. Nucleic acids research，2019，47（D1）：D427-D432.

［56］ Finn R D，Coggill P，Eberhardt R Y，et al. The Pfam protein families database：towards a more sustainable future ［J］. Nucleic acids research，2016，44（D1）：D279-D285.

［57］ Blum M，Chang H Y，Chuguransky S，et al. The InterPro protein families and domains database：20 years on ［J］. Nucleic acids research，2021，49（D1）：D344-D354.

［58］ Burley S K.，Helen M B，Charmi B，et al. Protein Data Bank：the single global archive for 3D macromolecular structure data ［J］. Nucleic Acids Research，2019，47：D520-D528.

［59］ Jumper J，Richard E，Alexander P，et al. Highly accurate protein structure prediction with AlphaFold ［J］. Nature，2021，596：583-589.

［60］ Kanehisa M，Miho F，Yoko S，et al. KEGG：integrating viruses and cellular organisms ［J］. Nucleic Acids Research，2021，49：D545-D551.

［61］ Kanehisa M，Miho F，Mao T，et al. KEGG：new perspectives on genomes，pathways，diseases and drugs ［J］. Nucleic Acids Research，2017，45：D353-D361.

［62］ Sorokina M，Peter M，Kohulan R，et al. COCONUT online：Collection of Open Natural Products database ［J］. Journal of Cheminformatics，2021，13：2.

第三章

细胞工程制药

第一节 细胞工程制药概述

一、细胞工程制药的发展史、概念与意义

人类利用生物体或细胞生产有治疗作用的物质古已有之。利用微生物治疗疾病的历史可追溯至2000多年前，当时的人们用豆腐和浆糊上的霉菌治疗伤口出血和脓疮。那时所有对生物技术的运用主要依靠经验。1674年，荷兰人列文虎克（Antonie van Leeuwenhoek）用自制的显微镜观察到了"细胞"的存在，加深了人们从微观视角对这个世界的认识。从那时起，微生物学和细胞学的发展突飞猛进。1796年，英国人爱德华·琴纳（Edward Jenner）通过实验发现用牛痘可以预防天花。随后，法国著名科学家路易斯·巴斯德（Louis Pasteur）成功研制了鸡霍乱、炭疽和狂犬病疫苗。疫苗学的创立和发展是动物细胞技术产生和发展的初始动力。19世纪的后20年，德国学者罗伯特·郭霍（Robert Koch）分离了结核分枝杆菌等多种重要的传染病致病菌。第一次世界大战时期，酿酒技术转为大规模工业化生产，工业发酵技术的成熟发展给现代生物技术的发展奠定了工程学基础。1928年，英国科学家亚历山大·弗莱明（Alexander Fleming）首先发现了青霉素的抑菌活性，其后链霉素、氯霉素、土霉素等抗生素相继被发现，使得很多细菌感染和传染病得到了控制。这一时期抗生素产业的快速发展也同步促进了氨基酸、酶制剂（生化提取）工业的发展。而制药行业发生根本性变革则是由20世纪中叶诞生的一系列现代生物技术所引领的：1953年，美国科学家詹姆斯·沃森（James Watson）和英国科学家佛朗西斯·克里克（Francis Crick）发现了DNA的双螺旋结构；20世纪60年代美国科学家马歇尔·尼伦伯格（Marshall W. Nirenberg）等破译了全部遗传密码；1973年，美国科学家赫伯特·博耶（Herbert Boyer）和斯坦利·科恩（Stanley Cohen）建立了重组DNA技术；1975年，德国科学家乔治斯·克勒（Georg Kohler）和英国科学家塞萨尔·米尔斯坦（César Milstein）建立了单克隆抗体技术；1977年，DNA测序技术诞生……在这些技术的共同作用下，制药业进入了"生物技术"时代。

生物技术药物由微生物、昆虫细胞、哺乳动物细胞和植物细胞等不同系统生产，对这些生产系

统的研究则进一步推动了现代细胞工程的产生。所谓细胞工程，就是以细胞为载体，应用细胞生物学、分子生物学等理论和技术，有目的地进行基因设计和重组操作，引入重组 DNA 使细胞的某些遗传特性发生改变，提升或赋予细胞产生某种特定产物的能力，同时研究如何在离体条件下实现细胞的大规模培养以及如何有效提取目标产物的一门应用科学和技术。当特定产物为药物时，即称为细胞工程制药。它主要由上游工程（包括细胞培养、细胞遗传操作和细胞保藏）和下游工程（即利用工程细胞生产制备生物产品的过程）两部分构成。根据操作对象的不同，细胞工程制药分为动物细胞工程制药和植物细胞工程制药。根据所用技术的不同，细胞工程制药又可分为基因工程细胞制药和非基因工程细胞制药等。细胞工程涉及的技术主要包括细胞培养和转化技术、细胞融合技术、细胞器及细胞核移植技术、染色体改造技术、转基因技术和细胞大规模培养技术等。通过细胞工程可以利用无性繁殖的方式近乎无限地获得所需的产品，从而实现天然稀有或创新药物分子的大规模工业化生产。因此，细胞工程药物的发展必将为制药工业带来一次革命性的飞跃，并在维护人类的生命健康方面发挥越来越重要的作用。

二、细胞工程药物的种类

从 1982 年礼来公司生产的第一款生物技术药物"重组人胰岛素"问世以来，截止到 2020 年，FDA 共批准了几百个重组蛋白质、重组单克隆抗体以及非重组生物药品（疫苗和血液制品）。这些药品主要由微生物、哺乳动物细胞、昆虫细胞、植物细胞或转基因植物以及动物体内生产获得。不同的生产系统有各自的优点和局限。例如，单体蛋白质可能很容易在微生物宿主中表达，而那些具有复杂糖基化修饰或多个二硫键的蛋白质，如促红细胞生成素（EPO）和单克隆抗体（mAb）等，则需要哺乳动物细胞作为工程细胞来进行表达。此外，从安全性角度出发，哺乳动物细胞优先选择在系统发育上远离人类的生产系统，以防止人类病原体感染该系统。这就是中国仓鼠卵巢（CHO）细胞得到普遍使用的原因。昆虫细胞表达系统作为哺乳动物细胞表达系统的替代系统，一般采用病毒感染而不是质粒转染，常用于早期研发。随着培养基的调制和生物反应器技术的发展，各种昆虫细胞宿主、病毒载体和表达方法正在逐步得到使用；随着昆虫细胞培养工程的显著进步，昆虫细胞表达系统未来的应用范围和前景将会继续扩大。植物细胞被越来越多地应用于药用蛋白质或药用次级代谢产物的生产和制备。植物细胞提供了真核细胞的蛋白质表达环境，同时还能大大降低生产成本和哺乳动物细胞特异的病原体污染的风险。针对流感病毒和新型冠状病毒的植物疫苗，有望成为第一批在全植物中生产并供人类使用的治疗性蛋白质。就疫苗而言，植物细胞产生的蛋白质与细菌、哺乳动物细胞或昆虫细胞系统中产生的蛋白质相比有诸多优点。与细菌不同，植物细胞能够进行翻译后修饰。植物细胞能够表达不同的聚糖，这使得植物来源的蛋白质的免疫原性更强。植物细胞工程疫苗可产生病毒样颗粒（VLP），其包含目标病原体的免疫原和颗粒中的植物成分。这些植物成分，如凝集素、聚糖、皂苷和热休克蛋白，具有佐剂特性，可以进一步增强针对植物疫苗的免疫反应，同时降低疫苗配方中对佐剂的需求。不过，这种增强的免疫刺激可能导致机体对植物成分的过敏反应。此外，利用哺乳动物生产治疗性生物药物已被证明可行，其中第一个遗传工程动物（羊）生产的生物药品——重组人抗凝血酶，于 2009 年获得 FDA 的批准。根据细胞产生的药物类型的不同，细胞工程药物可分为重组蛋白质类药物、单克隆抗体类药物、疫苗类药物以及植物工程药物等类型。

1. 重组蛋白质类药物

重组蛋白质类药物是一类应用重组 DNA 或重组 RNA 技术获得的蛋白质类药物的统称，用于弥补先天基因缺陷或后天疾病等导致的机体内相应功能蛋白质的缺失。重组蛋白质类药物主要包含多肽类激素、细胞因子、重组酶等类型，详见表 3-1。

表 3-1　重组蛋白质类药物的分类、主要品种和适应证

类型	主要品种	适应证	生产系统
多肽类激素	重组人胰岛素、胰岛素类似物	糖尿病	大肠埃希菌、酿酒酵母
	重组人生长激素	儿童矮小症等	大肠埃希菌
	重组人促卵泡激素	辅助生殖治疗领域中的促进女性排卵	CHO 细胞
细胞因子	重组人干扰素 α、β、γ	乙型肝炎、丙型肝炎及多发性硬化	大肠埃希菌
	重组人粒细胞集落刺激因子	由肿瘤放疗、化疗引起的各类血细胞减少的症状，提高患者自身免疫力	大肠埃希菌
	重组人粒细胞巨噬细胞集落刺激因子		大肠埃希菌
	重组人促红细胞生成素		CHO 细胞
	重组人白介素-2、重组人白介素-11		大肠埃希菌
	重组人表皮生长因子	创面伤口的愈合恢复	大肠埃希菌
	重组人成纤维细胞生长因子		大肠埃希菌
重组酶	重组人尿激酶原	急性心肌梗死	CHO 细胞
	重组人 α-葡萄糖苷酶制剂	糖原贮积症 Ⅱ 型	丝状真菌（黑曲霉等）
其他	重组人骨形成蛋白 2	促进骨愈合	大肠埃希菌
	重组水蛭素	血栓性疾病	大肠埃希菌

2. 抗体类药物

抗体是由 B 淋巴细胞转化而来的浆细胞分泌的免疫球蛋白（Ig），每个 B 淋巴细胞株只能产生一种针对某一种特异性抗原决定簇的专有抗体。这种由一株单一细胞系产生的抗体被称为单克隆抗体，简称单抗。第一代单抗由 Kohler 和 Milstein 于 1975 年制备，它来源于小鼠的 B 淋巴细胞杂交瘤，然而，由于鼠源性单抗相对人体具有较强的免疫原性，可能导致外源性蛋白质引发"人抗鼠抗体（human anti-mouse antibody，HAMA）反应"，激活人体的效应功能。而鼠源性抗体的半衰期短，需要反复大量使用，这进一步加剧了 HAMA 反应的产生，导致抗体易被人体清除而降低药效，因此其应用受到了很大的限制。1982 年，Levy 制备了一个针对 B 细胞淋巴瘤患者肿瘤细胞的单抗，并取得了很好的治疗效果。随后，科学家们开始采用基因工程的方法生产人鼠嵌合型、人源化或全人源单抗。基因工程抗体本质上也是一类重组蛋白质，因其具有很多共性特征，故而单独列为一类。第一个上市的抗体类药物是 1986 年获得美国 FDA 批准的小鼠抗人 CD3 单抗 OKT3，用于治疗器官移植后的排斥反应。随后治疗不同肿瘤的人源化抗体类药物利妥昔单抗（rituximab）、曲妥珠单抗（trastuzumab）、西妥昔单抗（cetuximab）、贝伐珠单抗（bevacizumab）、帕博利珠单抗（pembrolizumab）等陆续上市。2003 年首次在美国上市的阿达木单抗（adalimumab）是一种重组全人源化肿瘤坏死因子单克隆抗体，主要用于治疗类风湿关节炎。近年来，单抗治疗药物迅速发展，成为代表性细胞工程药物之一（详见表 3-2）。由于单克隆抗体具有复杂的糖基化修饰和多对二硫键，所以目前完整的抗体分子都是由哺乳动物细胞所生产。

表 3-2　代表性抗体类药物及其适应证

类型	主要品种	适应证	生产系统
抗肿瘤类药物	利妥昔单抗	治疗 B 细胞非霍奇金淋巴瘤	CHO 细胞
	阿仑珠单抗	治疗慢性淋巴细胞白血病	CHO 细胞
	曲妥珠单抗	治疗 HER2 阳性乳腺癌	CHO 细胞
	贝伐珠单抗	治疗转移性结肠癌	CHO 细胞
	伊匹木单抗	治疗黑色素瘤等实体瘤	CHO 细胞
	帕博利珠单抗	治疗非小细胞肺癌等	CHO 细胞

类型	主要品种	适应证	生产系统
抗肿瘤类药物	纳武利尤单抗	治疗包括黑色素瘤、非小细胞肺癌、肝癌、膀胱癌、肾细胞癌等在内的多种癌症	CHO 细胞
	阿替利珠单抗	治疗尿路上皮癌等	CHO 细胞
	替伊莫单抗	治疗复发或难治性、低级或滤泡性 B 细胞非霍奇金淋巴瘤	CHO 细胞
	托西莫单抗	治疗 CD20 阳性复发或难治性、低级、滤泡或转化的非霍奇金淋巴瘤	小鼠杂交瘤
	吉妥珠单抗	治疗急性髓系白血病	NS0 细胞
抗自身免疫性疾病类药物	英夫利西单抗	治疗强直性脊柱炎	SP2/0 细胞
	阿达木单抗	治疗银屑病关节炎、强直性脊柱炎、克罗恩病、溃疡性结肠炎、慢性银屑病、化脓性汗腺炎和幼年特发性关节炎等	CHO 细胞
	乌司奴单抗	治疗银屑病和银屑病关节炎	SP2/0 细胞
	利妥昔单抗	治疗非霍奇金淋巴瘤	CHO 细胞
	莫罗单抗-CD3/OKT3	预防器官移植患者的急性排斥反应	小鼠杂交瘤
抗感染类药物	帕利珠单抗	RSV 感染	NS0 细胞
	阿替韦单抗、玛替韦单抗、奥西韦单抗-ebgn	埃博拉病毒感染	CHO 细胞
	Casirivimab、依米得韦单抗	COVID-19 新型冠状病毒感染	CHO 细胞
	奥托萨昔单抗	炭疽杆菌感染	CHO 细胞
其他	艾美赛珠单抗	血友病	CHO 细胞
	阿昔单抗	缺血性心脏病、抗血栓	CHO 细胞
	卡普赛珠单抗	成年获得性血栓性血小板减少性紫癜	大肠埃希菌

1989 年，比利时科学家哈默斯·卡斯特曼（Hamers Casterman）及其团队首次在骆驼外周血液中发现一种天然缺失轻链的抗体，该抗体只包含一个重链可变区（VH region）和两个常规的 CH2 与 CH3 区，随后在羊驼、鲨鱼等动物中也发现了类似结构的抗体。这种抗体又被称为 VHH 抗体。单独克隆并表达出来的重链可变区结构具有与原重链抗体相当的结构稳定性以及与抗原的结合活性，其分子质量只有 15 kDa，大小只有 2.5 nm×4 nm，因此也被称作纳米抗体。因纳米抗体结构简单，可用原核系统进行生产。2007 年由 Ablynx 公司研发的首个纳米抗体药物 caplacizumab 进入临床试验；2018 年 caplacizumab 在欧盟获批上市，用于治疗成年获得性血栓性血小板减少性紫癜（aTTP）。caplacizumab 通过重组 DNA 技术在大肠埃希菌中产生，具有约 28 kDa 的分子质量。此外，caplacizumab 在我国还被纳入了《第三批临床急需境外新药名单》。在国内，康宁杰瑞生物制药有限公司与思路迪生物医药（上海）有限公司联合开发了 KN035 产品（恩沃利单抗，以 PD-L1 为靶点，采用 VHH-FC 融合技术，使用 CHO 细胞表达生产），在 2016 年开展了临床试验，并于 2021 年底获批上市，该药物适用于不可切除或转移性微卫星高度不稳定（MSI-H）或错配修复基因缺陷型（dMMR）的成人晚期实体瘤患者的治疗。

此外，近年来基于抗体衍生出多种新型药物，如抗体偶联药物（antibody drug conjugate，ADC）、抗体寡核苷酸偶联药物（antibody oligo nucleotide conjugate，AOC）等，这也是生物制药领域重要的发展方向。

3. 疫苗类药物

疫苗是指用各类病原微生物制作的用于预防接种的生物制品。其中用细菌或螺旋体制作的疫苗亦被称为菌苗。而因为病毒的生长繁殖需在细胞中进行，故病毒类疫苗基本上都是用细胞工程进行生产制备的。

此外，部分重组亚单位疫苗也利用了细胞工程手段进行生产制备。表 3-3 列出了已上市的常见疫苗制品。

表 3-3　代表性疫苗产品及其适应证

类型	主要品种	适应证	生产系统或来源	
			全菌苗	组分苗（如有）
细菌类疫苗	百日咳疫苗	预防百日咳鲍特菌感染所致的疾病	百日咳 I 相含 1 型、2 型和 3 型凝集原的菌株	I 相 CS 菌株
	卡介苗	预防结核分枝杆菌感染所致的结核病	减毒的牛型结核分枝杆菌：上海 D2PB302 菌株（中国）	
	脑膜炎球菌多糖疫苗	预防脑膜炎球菌感染引起的疾病		脑膜炎球菌（Nm）
	流感嗜血杆菌 b 结合疫苗	预防流感嗜血杆菌感染引起的肺炎和脑膜炎等疾病		流感嗜血杆菌 b 型（Hib）
	肺炎球菌疫苗	预防肺炎球菌感染引起的疾病		肺炎链球菌
	伤寒疫苗	预防伤寒沙门菌感染引起的疾病		伤寒沙门菌 Ty2 菌
	痢疾疫苗	预防痢疾志贺菌感染引起的疾病	减毒痢疾菌株	
	霍乱疫苗	预防霍乱弧菌感染引起的疾病	霍乱弧菌	大肠埃希菌 MM2 菌株
	鼠疫疫苗	预防鼠疫耶尔森菌感染所致疾病	鼠疫耶尔森菌弱毒菌 EV	
	布鲁氏菌疫苗	预防布鲁氏菌感染所致疾病	减毒布鲁氏菌	
	炭疽疫苗	预防炭疽杆菌感染所致疾病	弱毒的芽孢炭疽杆菌	
	钩端螺旋体疫苗	预防钩端螺旋体感染所致疾病	钩端螺旋体	
	斑疹伤寒疫苗	预防立克次氏体感染所致的斑疹伤寒等疾病	斑疹伤寒立克次氏体	
病毒类疫苗	脊髓灰质炎疫苗	预防脊髓灰质炎病毒感染所致疾病	Vero 细胞	
	麻疹疫苗	预防麻疹病毒感染所致疾病	鸡胚细胞	
	风疹疫苗	预防风疹病毒感染所致疾病	Vero 细胞	
	流行性腮腺炎活病毒疫苗	预防流行性腮腺炎病毒感染所致的呼吸系统疾病	鸡胚细胞	
	水痘和带状疱疹疫苗	预防由水痘-带状疱疹病毒感染所致疾病		CHO 细胞
	流感疫苗	预防流感病毒感染所致疾病	鸡胚细胞	
	甲型肝炎疫苗	预防甲型肝炎病毒感染所致疾病	Vero 细胞	
	乙型肝炎疫苗	预防乙型肝炎病毒感染所致疾病		酵母
	轮状病毒疫苗	预防轮状病毒感染所致的腹泻等疾病	Vero 细胞	
	流行性乙型脑炎活疫苗	预防乙型脑炎病毒感染所致疾病	Vero 细胞	
	森林脑炎灭活疫苗	预防森林脑炎病毒感染所致疾病	Vero 细胞	
	狂犬病疫苗	预防狂犬病毒感染所致疾病	乳仓鼠肾细胞（BHK21 细胞）	

类型	主要品种	适应证	生产系统或来源	
			全菌苗	组分苗(如有)
病毒类疫苗	基因重组肾综合征出血热疫苗	预防汉坦病毒感染所致疾病	Vero 细胞	
	黄热病疫苗	预防黄热病毒感染所致疾病	鸡胚细胞	
	天花疫苗	预防天花病毒感染所致疾病	鸡胚细胞	
	新型冠状病毒疫苗	预防新型冠状病毒感染所致疾病	Vero 细胞	

4. 植物细胞工程药物

在无菌和人工控制条件下，采用植物细胞和组织培养技术培养植物的细胞、组织和器官，或者采用遗传操作技术改变植物或植物细胞的原有性状，所获得或生产的具有药用价值的次生代谢产物，称为植物工程制药。植物组织和细胞培养过程中所产生的次生代谢产物，或通过转基因方式产生的重组蛋白质，通常存在于细胞内，且目标组分含量相对较高，培养周期短，因此可以通过收获细胞进行提取，便于工业生产。目前，植物细胞工程药物大多处于临床前研究或临床试验阶段，例如武汉禾元生物科技股份有限公司利用水稻胚乳细胞进行植物源重组人血清白蛋白注射液等药用产品的开发。表 3-4 列出了美国 FDA 批准的植物来源药物，这些药物主要是通过提取获得的次级代谢产物混合物。

表 3-4 美国 FDA 批准的植物来源药物

类型	主要品种	适应证	生产系统或来源
植物药	Veregen	18 岁以上且具有免疫功能的外生殖器疣和肛周疣患者的局部治疗	绿茶
	Fulyzaq	缓解 HIV/AIDS 患者接受抗逆转录病毒疗法 (ART)时出现的非感染性腹泻症状	巴豆属植物
	Filsuvez	大疱性表皮松解症(EB)	桦树树皮(桦木皮层)

三、细胞工程制药展望

纵观人类药物发展史，可以发现药物的开发是随着基础科学研究的发展而螺旋式上升的过程：从成分复杂、靶向不明确的传统药物（天然提取），发展至成分清晰、机制明确的小分子药物（化学合成）。随着生物技术的发展，尤其是基因重组技术的出现，使得人们可以跨越种属，近乎无限地产生特异性更好、直接参与或调节机体生物学过程的生物大分子药物。细胞工程作为一种应用技术有力地推动了制药工业的进步和升级。未来细胞工程制药一定会朝着靶向更为精准、疗效更为确切的方向发展，例如以遗传信息及细胞作为工具的细胞-基因治疗药物。细胞-基因治疗（cell and gene therapy，CGT）包含细胞治疗和基因治疗两个部分，其通过改变细胞内的遗传信息，进而改变基因表达及相应细胞性状，最终达到治愈疾病的目的。

细胞-基因治疗的作用机制可分三种，包括：导入正常基因替代缺陷基因；导入具有治疗性的基因；直接编辑并纠正致病基因。为此，人们开发出一系列新型技术以达到上述目的，例如以病毒载体和纳米脂质体为代表的新型药物递送系统、CAR-T 细胞治疗技术以及 CRISPR-Cas9 基因编辑技术等等。随着人类科技的不断进步和人类对健康永无止境的追求，我们有理由相信，细胞工程制药的未来前景光明！

首款 CAR-T 细胞治疗药物获美国 FDA 批准上市

2017 年 7 月 12 日，美国 FDA 肿瘤药物专家咨询委员会（ODAC）召开针对诺华（Novartis）CAR-T 细胞治疗药物 CTL019（tisagenlecleucel）的评估会议，最终以 10∶0 的投票结果一致推荐批准其上市，是全球首个上市的 CAR-T 细胞治疗药物。CTL019 是一种新的嵌合抗原受体 T 细胞治疗（CAR-T 细胞治疗），用于治疗复发性或难治性儿童、青少年急性 B 淋巴细胞白血病。

CTL019 由宾夕法尼亚大学率先研发，通过在其嵌合抗原受体中引入 4-1BB 共刺激域来增强细胞反应性以及 CTL019 注入患者体内后的持续疗效，这可能有助于长时间缓解患者的痛苦。诺华在 2012 年与宾夕法尼亚大学达成合作协议，以进一步研究、开发和商业化 CAR-T 细胞治疗。费城儿童医院是研究 CTL019 对儿童患者治疗效果的第一家机构，领导了单中心试验。急性淋巴细胞白血病在 15 岁以下儿童癌症确诊病例中约占 25%，是美国儿童最常见的癌症之一。对于多次复发或难治性急性 B 淋巴细胞白血病儿童及青少年患者中，有效的治疗选择十分有限，五年无病生存率低于 30%。世界上第一例接受 CAR-T 细胞治疗的小女孩 Emily，在接受了 16 个月的化疗后病情复发。2012 年 4 月，她开始接受 CAR-T 细胞治疗，为她治疗的宾夕法尼亚大学细胞免疫疗法中心主任 Carl June 博士曾表示："当时我们非常怀疑体外培养的 T 细胞能否对抗她体内的白血病癌细胞。"这位小女孩在 5 年后来到上述 ODAC 审评会现场，成为 CTL019 直接的疗效证据。

什么是 CAR-T 细胞治疗？

嵌合抗原受体 T 细胞治疗（CAR-T 细胞治疗）是通过基因工程技术，人工改造肿瘤患者的 T 细胞，在体外培养生成大量肿瘤特异性 CAR-T 细胞，再将其回输至患者体内用以攻击癌细胞的治疗方法，是目前 T 细胞免疫疗法癌症治疗领域的"新星"。不同于 DC-CIK 等免疫疗法，CAR-T 细胞治疗表现出了良好的临床有效性。

第二节　细胞培养技术

一、动物细胞培养技术

动物细胞培养技术是利用无菌操作技术从动物体中取得组织或细胞，或利用已建立的稳定遗传的动物细胞系，在模拟动物体内生理条件的人工环境中进行培养，从而方便人们在体外对细胞生长、繁殖、分化及衰老等生命活动现象进行观察和研究，或利用体外培养的细胞生产生物制品的一门技术。通常，细胞培养泛指所有的体外培养过程，但就培养物而言，体外培养可细分为细胞培养（cell culture）、组织培养（tissue culture）和器官培养（organ culture）。其中，组织培养是指从活的生物体中取出组织或细胞，为模拟机体内生理条件，在体外建立无菌、适温和营养充足的环境，使之生长和生存，并维持其结构和功能的技术。然而，在体外培养且无其他支撑物存在的环境中，从组织块中生长出来的仍然是细胞，并且细胞在生长的同时也会发生移动，致使组织培养难以长时间维持其原有结构，最终均会变成细胞培养。而所谓的器官培养则是指采取某些措施使器官的原基、器官的一部分或整个器官在体外存活、生长，并保持其原有的三维结构和各种生理状态下的器官功能的培养技术。

1. 动物细胞的类型、特点

在体内，为了适应其功能需要，动物细胞会以三维立体的形态生长，即根据需要分化成特定的形态，以满足各种生命活动的需求。例如，神经细胞具有长分支和众多纤维，便于接受和传递刺激；红细胞呈圆盘状，使其与外界的接触面增大，有利于与周围环境进行气体交换和在血管内的流动；肌肉细胞呈纺锤形，便于更好地进行收缩伸展运动。然而，动物细胞离体培养时，上述这些分化的形态通常会发生改变。即使现有人工模拟体内环境的技术相对成熟，但人工所模拟的条件与体内实际情况仍不完全相同，所以对于体外培养的细胞，我们应将它们视作一种既保留了动物体内原细胞的部分性状和结构功能，又具有某些改变的特定的细胞群体。总体而言，体外培养的动物细胞相对单一，失去了其原有的组织结构与细胞形态，表现为细胞分化减弱或不明显（趋于单一化），或出现类似"返祖"现象、获得不死性，或变成具有恶性性状的细胞群体。

根据体外培养时动物细胞对生长基质的依赖性，即根据体外培养的细胞在培养瓶中是否贴壁生长，动物细胞可分为贴壁依赖性细胞（anchorage-dependent cell）、非贴壁依赖性细胞（anchorage-independent cell）和兼性贴壁细胞（anchorage-compatible cell）三种类型。

（1）贴壁依赖性细胞

大多数动物细胞，包括非淋巴组织细胞和许多异倍体细胞，一般在生长时需要依附在支持物上。贴壁生长以后，这些细胞的分化程度往往会降低，易失去原有细胞组织特性，形态上表现单一化，失去其在体内原有的一些特征，并且反映出其在胚层起源的情况。因此，判断细胞形态时不能按照体内组织学标准判定，常依据其贴壁生长后的形态来判断。通常，根据贴壁生长形态，这些细胞可分为四种类型。

① 成纤维型细胞（fibroblast-like cell）：与体内成纤维细胞形态相似，成纤维型细胞呈梭状或不规则三角形，细胞中央有圆形细胞核，胞质向外伸出 2～3 个长短不等的突起。此类细胞在生长时呈放射、漩涡或火焰状。此外，这类细胞与其他细胞间的接触易断开而表现出单独行动的特性，游离的单独成纤维型细胞常有几个伸长的细胞突起。除成纤维细胞外，凡是由中胚层间质起源的组织细胞，如心肌细胞、平滑肌细胞、成骨细胞、血管内皮细胞以及脂肪间充质干细胞（图 3-1）等均呈现此形态。

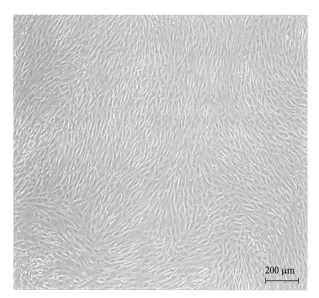

图 3-1　脂肪间充质干细胞

② 上皮样细胞（epithelioid cell）：上皮样细胞在形态上与上皮细胞类似，此类细胞呈现扁平不规则多角形，细胞中央有圆形细胞核，细胞相互依存性强，彼此连接成单层膜。生长时它们呈膜状移动，边缘细胞很少脱离细胞群而单独活动，起源于内、外胚层的细胞，如皮肤表皮细胞及其衍生物、消化管上皮细胞、肾上皮细胞（图 3-2）、乳腺上皮细胞、肺泡上皮细胞等都属于此类型。

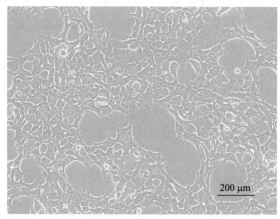

图 3-2　人肾上皮细胞（HEK 293FT）

③ 游走细胞（wandering cell）：此类细胞在支持物上分散生长，细胞胞质常伸出伪足和突起，位置不固定，呈活跃的游走和变形运动，速度快且方向不规则。当细胞密度增大、连接成片时，其形态呈多角形，不易与其他类型细胞区分。这种形态的细胞主要是具有吞噬作用的单核巨噬细胞系统的细胞（图 3-3），如颗粒性白细胞、淋巴细胞、单核细胞、巨噬细胞以及某些肿瘤细胞等。

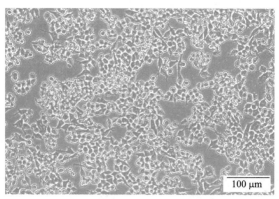

图 3-3　小鼠单核巨噬细胞白血病细胞（RAW264.7）

④ 多形细胞（polymorphic cell）：某些细胞在附着生长过程中，难以确定其生长规律及稳定的形态，这些细胞被称为多形细胞。此类细胞分为胞体和胞突两部分，胞突呈细长形，似丝状伪足，胞体略呈多角形，如神经细胞（图 3-4）。

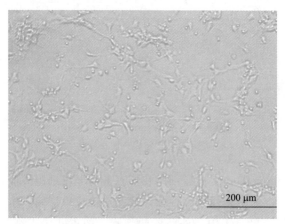

图 3-4　小鼠原代神经元细胞

（2）非贴壁依赖性细胞

某些细胞培养时不贴附于培养瓶表面，而是呈悬浮状态生长。如图 3-5 所示，这些细胞的胞体始终为球形，其生存空间大，能繁殖大量细胞，容易传代培养，但在观察细胞病变时其通常不如贴壁细胞。这些悬浮细胞主要来源于血液、脾脏或骨髓，尤其是血液中的白细胞以及某些肿瘤细胞、杂交瘤细胞属于此类。

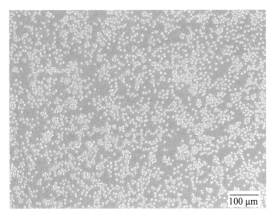

图 3-5　人 T 淋巴细胞白血病细胞（Jurkat）

（3）兼性贴壁细胞

此类细胞在培养时不严格依赖于支持物，它们在适当条件下可贴壁生长，呈上皮样细胞或成纤维型细胞形态，一定条件下还可以在培养基中以悬浮状态生长，如中国仓鼠卵巢（CHO）细胞（图 3-6）。

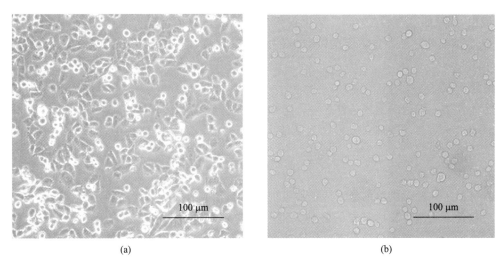

(a)　　　　　　　　　　　　　　　　　　　(b)

图 3-6　贴壁的 CHO 细胞（培养基含有血清）（a）及驯化悬浮的 CHO 细胞（培养基不含血清）（b）

2. 动物细胞培养环境及相关试剂

动物细胞无细胞壁保护，其细胞膜直接接触外界，这使得它们对物理化学因素的耐受力较弱，容易受到伤害。与细菌和植物细胞相比，动物细胞对周围环境十分敏感且对培养条件的要求更加苛刻。因此，动物细胞在体外能否生存及生活质量的好坏，取决于所提供的人工模拟环境与体内生理环境的一致性程度。概括来讲，这种人工模拟的生存环境主要包括温度、气体环境、pH、营养条件、渗透压等。

（1）无菌环境

确保无毒和无菌环境，是体外培养细胞的首要条件。细胞在活体内，依赖解毒系统和免疫系统来抵御微生物或其他有害物质的入侵。但细胞在体外培养的过程中，缺乏机体免疫系统的保护而丧失对微生物的防御能力和对有害物质的解毒能力。为保证细胞能在体外环境中生长繁殖，必须确保无菌工作区域、良好的个人卫生、使用无菌试剂和培养基以及遵循无菌操作规范。

（2）温度

温度是细胞在体外生存的基本条件之一。一旦偏离细胞培养的温度范围，细胞的正常代谢将会受到影响，严重时甚至会导致细胞死亡，所以要根据细胞取材动物的体温和通常所处的环境温度选择合适的细胞培养温度。对于大部分哺乳动物细胞，包括人体组织细胞，最适培养温度为（36.5±0.5）℃；鸟类的体温较高，一般鸟类细胞的培养温度为 38.5 ℃；对于一些变温动物如昆虫（25～28 ℃）、鱼类（20～26 ℃）等来源的细胞，由于这些变温动物的体温随环境温度改变而改变，因此这些细胞对温度的耐受范围较宽。总体来讲，体外培养的细胞对低温的耐受性比对高温的耐受性强。基于此原理，冷冻保存已经成为储存细胞的最主要手段。

（3）气体环境与 pH

体外培养的细胞对气体环境有一定的要求，气体环境主要包括氧气和二氧化碳。氧气参与三羧酸循环，产生供给细胞生长增殖的能量并合成细胞生长所需要的各种成分。大多数细胞在体外培养时需要氧气，但也有部分细胞是厌氧生长的，如转化的细胞。体外培养的细胞主要利用溶解在培养基中的氧气，但溶解的氧气若过量可能产生毒性，导致自由基水平升高，造成细胞的损伤，所以在细胞培养过程中提供正确的氧压力是至关重要的。此外，不同生长时期的细胞对氧气的需求也不同，一般细胞在培养初期对溶氧水平的要求较低，而在对数生长期或培养后期，对溶氧水平要求增加。

二氧化碳既是细胞代谢产物，也是细胞生长繁殖所需成分。其在细胞培养中的主要作用在于维持培养基的 pH。大多数细胞体外培养的适宜 pH 为 7.2～7.4。但在培养过程中，细胞所释放出的代谢产物，尤其是二氧化碳，会造成培养基的 pH 迅速下降，不利于细胞生长，因此为了尽可能长时间地将培养液中 pH 维持在适当范围，常需要借助二氧化碳-碳酸盐缓冲体系。通常情况下，体外培养细胞时，常用气体环境由 95% 的空气和 5% 的二氧化碳构成。另外，为了构建二氧化碳-碳酸盐缓冲体系，通常在培养体系中需要额外添加一定浓度的碳酸氢钠或羟乙基哌嗪乙磺酸（HEPES）（10～20 mmol/L）来维持体系的 pH。

（4）渗透压

渗透压是体外培养细胞的重要条件之一，高渗溶液或低渗溶液会引起细胞发生褶皱、肿胀甚至破裂。多数体外培养的细胞对渗透压都有一定的耐受能力，研究显示在实际应用中，260～320 mmol/L 的渗透压可适用于大多数细胞。

（5）营养条件

细胞培养过程中，用于供给细胞维持正常生理功能和合成人们所需产品的营养物质和原料的液体被称为培养基，它包含了细胞生长所需要的各种关键营养物质，包括碳水化合物、氨基酸、无机盐、维生素等。培养基作为细胞培养过程中最为重要的介质之一，直接影响着细胞的生长、代谢、分化、产品的表达及质量等。动物细胞培养基自诞生以来，已经历 100 多年的发展历程，其间历经缓冲盐溶液、天然培养基、合成培养基、无血清培养基等发展阶段。

① 缓冲盐溶液：也可称为平衡盐溶液，是最早发展的一类培养基。平衡盐溶液主要由无机盐、葡萄糖组成，其主要作用是维持细胞渗透压平衡，保持 pH 稳定及提供简单的营养，现阶段其主要用于细胞的漂洗、配制其他试剂等。目前常用的缓冲盐溶液包括 Hank's 液、Earle's 液等，前者缓冲能力较弱，适用于密闭培养；后者缓冲能力较强，适用于含有 5% CO_2 的培养条件。

② 天然培养基：天然培养基指来自动物体液或利用组织分离提取的一类培养基，如血浆、血清、淋巴液、鸡胚浸出液等。其优点是含有丰富的营养物质及各种细胞生长因子、激素等，其渗透压、pH等与体内环境相似，培养效果良好。但缺点是成分复杂，来源受限且制作过程复杂、批间差异大。目前广泛使用的天然培养基主要是牛血清，培养某些特殊细胞时也会使用人血清或马血清等其他来源的血清。

③ 合成培养基：由于血清的成分复杂，批间差异大且存在病毒等外源污染的风险，这些因素对下游生物制品的分离纯化和安全性都产生了较大的影响，因此血清在生物制药行业中的使用越来越少。基于对细胞生存、生长所需的各种营养成分、环境条件及血浆成分的分析，合成培养基应运而生。合成培养基是根据天然培养基的成分，利用化学物质模拟合成、人工设计、配制而成的培养基，其化学成分明确，组分稳定，可大量供应。最早开发的基础培养基（minimal essential medium，MEM）本质为含有盐、氨基酸、维生素和其他必需营养物的 pH 缓冲的等渗混合物。在此基础上，DMEM、IMDM、Ham's F12、RPMI-1640 等各种合成培养基相继被开发。常用合成培养基的配方本书不作详细介绍，其特性及应用的范围见表 3-5。合成培养基的种类繁多，不同培养基所含的成分及浓度不一，应根据培养细胞的类型和培养目的选择合适的培养基。

表 3-5　常见基础培养基

培养基名称	特性及应用范围
199 细胞培养基	添加适量血清后，可广泛用于多种细胞培养，并可用于病毒培养及疫苗生产等
MEM 细胞培养基	按其添加的平衡盐可分为两种类型，含有 Earle's 平衡盐类型和含有 Hank's 平衡盐类型；根据其除菌方式可分为高压灭菌型和过滤除菌型；此外，还有含非必需氨基酸的类型。MEM 细胞培养基是最基本、适用范围最广的细胞培养基之一
DMEM 细胞培养基	在 MEM 培养基的基础上改良获得，各成分含量加倍，分为低糖（1000 mg/L）和高糖（4500 mg/L）两种类型。对于细胞生长较快、附着稍差的肿瘤细胞、克隆培养，使用高糖 DMEM 细胞培养基的效果较好。常用于杂交瘤细胞培养及转染细胞培养
IMDM 细胞培养基	在 DMEM 细胞培养基的基础上改良获得，增加了部分氨基酸和胱氨酸的含量。可用于杂交瘤细胞培养，也适合作为无血清培养的基础细胞培养基
RPMI-1640 细胞培养基	专门针对淋巴细胞培养而设计，含有平衡盐溶液、21 种氨基酸、维生素等，广泛适用于多种正常细胞和肿瘤细胞的培养，也适用于悬浮细胞的培养
Ham's F12 细胞培养基	含微量元素，可在血清含量低时使用，适用于克隆化培养，Ham's F12 细胞培养基适用于 CHO 细胞，也是无血清细胞培养基中常用的基础细胞培养基
DMEM/F12 细胞培养基	将 DMEM 细胞培养基和 Ham's F12 细胞培养基按照 1：1 的比例混合，混合后营养成分丰富，血清使用量也减少，常作为开发无血清细胞培养基时的基础细胞培养基

与天然培养基相比，由于有些天然的未知成分尚且无法用已知的化学成分所替代，因此细胞培养中使用合成培养基时，必须加入一定量的天然培养基成分，以弥补合成培养基的不足。最普遍的做法是添加 5%～20% 的血清，其中 10% 的浓度最为常用，这有助于维持细胞活力，促进细胞增殖。针对不同的动物细胞，现已开发了多种商业化、个性化的低血清细胞培养基配方，其营养成分更加丰富，血清使用量可降低至 1%～3%，从而减少血清等动物来源成分对生物制品安全性的影响。

④ 无血清培养基（serum-free medium，SFM）：经历了天然培养基、合成培养基的发展阶段后，无血清培养基和无血清培养成为当今细胞培养领域的趋势。采用无血清培养可降低生产成本，简化分离纯化步骤，避免病毒污染造成的危害。无血清培养基又称为条件培养基，一般是在合成培养基的基础上，加入成分完全明确或部分明确的血清替代成分（如激素、生长因子、贴壁因子、结合蛋白及微量元素等），达到既能满足动物细胞培养的要求，又能有效克服使用血清所带来的问题的目的。除此之外，在无血清培养基的基础上，研究人员还开发了一系列新型培养基，以满足日常生产及科研的需求，这些新型培养基包括无蛋白无血清细胞培养基（protein free medium，PFM）、化学组分限定无血清细胞培养基（chemically defined medium，CDM）。PFM 完全不含或仅含有极低浓度的动物来源蛋白质，但仍有部分添加物是植物蛋白质的小水解片段或合成多肽片段，以及类固醇激素和脂类前体等，以替代动物激素、生长因子的作用。CDM 是目前工艺上最安全、最为理想的无血清培养基，其所有成分的浓度都完全明确，即使添加少量的蛋白质，这些蛋白质也是经过纯化处理，成分明确、浓度确定的蛋白质。这类培养基能够较为理想地减少生产的可变性，提高生产工艺的重复性，并有效降低纯化成本。

（6）细胞培养其他常用试剂

细胞培养常用试剂主要包括分离组织和分散细胞用的细胞分离液、调整培养液酸碱度的 pH 调整液、防止培养过程中发生污染的抗生素、检查细胞和观察研究细胞用的各种染液等。

① 细胞分离液：常用的细胞分离液有胰蛋白酶（trypsin）、乙二胺四乙酸二钠（EDTA-2Na）和胶原酶（collagenase）等。这些细胞分离液在制备原代细胞时可消化组织、分散细胞，在细胞传代时能使细胞脱离生长表面（瓶壁）并将细胞团离散成单个细胞。它们可以单独使用，也可按一定比例混合使用。

胰蛋白酶主要来自牛或猪的胰腺，其主要作用于细胞与细胞连接处的赖氨酸或精氨酸连接的肽键，使细胞间质中的蛋白质水解而使细胞分散。通常胰蛋白酶在 pH 为 8.0，温度为 37 ℃时，作用力最强。但不同细胞系对胰蛋白酶的作用浓度、温度和时间等要求不一，一般来讲浓度越大、温度越高、作用时间越长，胰蛋白酶对细胞的分离能力越大。此外，许多学者认为 Ca^{2+}、Mg^{2+} 的存在和血清、蛋白质的存在会降低其活力，所以可使用无 Ca^{2+}、Mg^{2+} 的平衡盐溶液配制胰蛋白酶溶液，当需要终止消化作用时，可加入一些血清或含血清的培养液，或使用胰蛋白酶抑制剂来终止胰蛋白酶对细胞的继续作用。

乙二胺四乙酸二钠是一种化学螯合剂，对细胞有一定的解离作用，并且毒性小、价格低廉、使用方便。其使用浓度一般为 0.02%。在实际应用中胰蛋白酶和 EDTA-2Na 通常联合使用，从而提高分散细胞的效力。

胶原酶是从溶组织梭菌（*Clostridium histolyticum*）等细菌的培养液中分离得到的一组对胶原蛋白有较强水解作用的酶。胶原蛋白富含甘氨酸、羟脯氨酸，普通的蛋白酶对其的水解作用较弱，因此对于富含甘氨酸、羟脯氨酸的组织细胞，进行细胞分散时应选用胶原酶。胶原酶种类较多，不同生化试剂公司生产的胶原酶在种类、纯度、酶活性上都有一定的差异，如何选择合适的胶原酶进行使用，可根据所要消化的组织特点，并参考文献资料的成功经验及产品使用说明来确定。

② pH 调整液：细胞对培养环境的酸碱度要求十分严格，合成培养基大都呈弱酸性，而细胞生长最适 pH 为 7.0～7.2，因此培养前一定要用 pH 调整液将培养液 pH 调至所需范围，并注意培养过程中的 pH 变化，及时换液。为了确保培养液中营养成分稳定和延长培养液的储存时间，一般在配制营养液时不会预先加入 pH 调整液，而是在使用前再加入，常用的 pH 调整液有 3.7%、5.6%、7.4% 的 $NaHCO_3$ 溶液和 HEPES 溶液。

③ 抗生素：在使用人体和动物组织材料分离或培养细胞的过程中，污染风险较高，在这种情况下常在培养液中加入适量抗生素，以预防操作不慎而产生的污染。常用的抗生素有青霉素（常用工作浓度为 100 U/mL）、链霉素（常用工作浓度为 100 μg/mL）、卡那霉素（常用工作浓度为 100 μg/mL）、庆大霉素（常用工作浓度为 50 μg/mL）、两性霉素 B（常用工作浓度为 2.5 μg/mL）等。

3. 动物细胞培养操作

根据细胞的培养过程和传代次数，可将细胞分为原代细胞和传代细胞。原代细胞也叫初代细胞，是指从生物体取出后立即培养的细胞。直接从机体内取出细胞、组织或器官，经各种酶、螯合剂或机械方法处理分散成单细胞，随后将单细胞置于合适的培养基中培养，使细胞得以生存、生长和繁殖，这一过程被称为原代培养。较为严格地说，原代培养是指成功传代之前的培养，此时的细胞保持原有细胞的基本性质，通常把第一代至第十代的培养细胞统称为原代细胞。传代培养则是细胞培养的常规保种方法之一，也是所有细胞生物学实验的基础。当细胞在培养瓶中长满后，需要将其稀释并分装至多个培养瓶，细胞才能继续生长，这一过程被称为传代培养。

（1）原代培养

在原代培养中，取材是进行组织细胞培养的第一步。取材部位是否准确，组织是否保持活性，材料处理是否恰当，直接决定着实验的成败。一般选择幼小动物进行取材，有利于细胞的成活和生长，整个取材过程要求在超净工作台或其他无菌台中进行。对于从体表或与外界相通的腔道采集的组织，应将所取的组织放入含两性霉素 B（2 mg/mL）、青霉素（500～1000 U/mL）、链霉素（500～1000 μg/mL）的培养液中浸泡 10～20 min。取材之后应立即制备细胞进行培养，否则应把组织剪成 1 mm^3 左右的小块，放入培养液中，置于 4 ℃保存，但存放时间不宜超过 24 h。

原代培养按其培养方式的不同可以分为组织块培养、贴壁细胞原代培养和悬浮细胞原代培养。组织块培养是一种简易且成功率较高的原代培养方法，即将组织剪成小块后接种于培养瓶内培养。对于来源于实体组织的细胞，常采用贴壁细胞原代培养。这一方法的首要步骤是将取来的组织标本分散成单细胞悬液。通常用机械分散法和酶消化法等方法来制备单细胞悬液，组织小块经酶消化后去除酶液，然后吹打组织获取单细胞，进行细胞计数并调整细胞浓度后，将细胞接种培养。贴壁型原代细胞在培养之初需要适当增大原代培养接种的细胞密度，以便给培养的细胞提供更多类似于体内细胞之间的相互作用，提高原代培养细胞在体外的存活率。而对于来自血液、淋巴液等的细胞，由于其在体外培养过程中大多以悬浮状态生长，因此可采用离心法对细胞进行分离，进行细胞计数并调整细胞浓度后，将细胞接种培养。悬浮的原代细胞可以通过增加培养液黏度来帮助细胞保持悬浮状态，如向培养液中加入低浓度的透明质酸复合物。

（2）传代培养

无论是组织块植块、分离（散）单细胞悬液，还是悬浮细胞培养，随着培养时间的延长，细胞分裂增殖，培养物体积越来越大，细胞越长越多。一方面，细胞可能会长满培养空间；另一方面，细胞之间的相互接触会引发接触性抑制，使细胞的生长速度逐渐减慢，甚至停止。此时需要将培养物分割成较小部分，并重新接种到另外的培养器皿中，继续进行培养，这个过程被称为传代培养。细胞传代培养应根据不同细胞类型采取不同的方法。对于贴壁型原代细胞，其长成单层时可进行传代培养。具体操作为：使用细胞分离液（胰蛋白酶、EDTA-2Na 或胰蛋白酶/EDTA-2Na 等）处理，使细胞从培养皿上脱离，加入生长液并充分吹打，制成单细胞悬液后分装，将分装好的细胞培养物，置于 37 ℃、5% CO_2 的培养箱内培养，2～3 d 后更换一次生长液，培养 3～5 d 细胞即可形成单层。原代培养的首次传代至关重要，其是建立细胞系的关键时期。首次传代的细胞长满瓶/皿底面时要及时应用，如再连续培养则易导致细胞老化，甚至脱落。

首次传代时要特别注意以下事项：①若细胞没有生长到足以覆盖瓶底表面积的 80% 以上，不要急于提早传代；②原代培养是细胞第一次离体的培养，多见上皮样细胞和成纤维型细胞混杂并存生长，传代时不同的细胞有不同的消化时间，因而要根据需要，注意观察，及时进行处理，并根据不同细胞对消化酶的耐受时间而分离和纯化所需要的建系细胞；③首次传代时，细胞接种数量要多一些，使细胞能尽快适应新环境而利于细胞的生存和增殖，提高传代的成功率。

① 组织块的传代培养：组织块植块培养一段时间后，从组织小块长出的细胞会越来越多，这些细胞不断分裂增殖，最终长满附着的生长基质表面，单层细胞相互汇合时，会发生接触性抑制现象，导致组织块培养物周围的细胞生长增殖减慢，甚至停止生长，此时培养液颜色变黄，营养物质几乎被耗尽。有时组织块边缘会因细胞的迁出而变得界限不清，影响进一步观察。此时必须将原代培养物分割并进行再培养，再培养可采用两种方法：一是将原代培养物的四周组织切去，留下植块中央部分，添加培养液继续密封培养；二是将原代培养的植块分割成几部分，稀释后重新种植在新的培养器中继续培养。

② 贴壁依赖型细胞的传代培养：对于分离（散）单细胞悬液接种后的贴壁依赖型细胞，随着培养时间的延长，细胞进行分裂增殖，数量显著增大，逐渐在培养瓶/皿底部形成完整的细胞单层，细胞之间因相互接触发生接触性抑制而停止生长。此时便需要进行传代培养。另外，分离（散）细胞培养物经过传代培养处理过程，细胞群体中一些所占比例不大的细胞类型会因传代处理而被淘汰。或在传代培养时使用不同的传代处理方法或传代强度，也可分别获取培养物中不同类型的细胞并进行培养，因此传代培养有时还

具备纯化细胞的作用。

③ 悬浮细胞的传代培养：可采用直接传代或经离心收集细胞后传代两种方法，前者是先将悬浮细胞置于培养瓶中，待其慢慢沉淀于瓶底后，吸弃 1/2～2/3 的上清液，加入 2 倍原量培养液后用吸管吹打细胞沉淀，使其分散成均匀的细胞悬液，随后将悬液分为 2 瓶，并补充至原量培养液进行培养；后者是采用离心法，用培养瓶直接离心，或将细胞悬液转移至离心管内，在 800～1000 r/min 的转速下离心 5 min，吸弃上清液，加入新的培养液至培养瓶或离心管内，用吸管吹打使细胞重新形成细胞悬液，随后将悬液均分至两个培养瓶内，补齐原量的培养液。

（3）细胞冻存与复苏

一般细胞在培养过程中各种生物学活性都会随着传代次数的增加而不断变化，因此为了维持细胞的特性，也为了节省人力物力，及时进行细胞的保存是十分必要的。细胞冻存及复苏的基本原则是"慢冻快融"，实验证明这样可以最大限度地保存细胞活力。目前细胞冻存时，多采用甘油或二甲基亚砜（DMSO）作保护剂，这两种物质能提高细胞膜对水的通透性，缓慢冷冻可使细胞内的水分渗出至细胞外，减少细胞内冰晶的形成，从而减少由于冰晶形成造成的细胞损伤。冷冻保护剂对细胞的冷冻保护效果与冷冻速率、冷冻温度和复温速率有关，还因冷冻保护剂种类的不同而有所差异。复苏细胞时，应采用快速融化的方法，以保证细胞外结晶能在很短的时间内立即融化，避免水分由于缓慢融化而渗入细胞内，形成胞内再结晶，对细胞造成损伤。

4. 动物细胞的大规模培养

自动物细胞体外培养技术开发以来，很多类型的动物细胞，包括正常细胞和肿瘤细胞都能在各种单层培养系统中生长。早期大规模培养动物细胞，是为了满足病毒肿瘤研究领域的扩展需要，后来，随着医疗、免疫学和细胞生物化工制品领域的发展，人们对动物细胞的需求量越来越多，诸如生产病毒疫苗、干扰素、激素、免疫试剂等产品都需要大规模培养动物细胞。这种生产需求，推动了动物细胞大规模培养技术的新工艺、新技术向大规模、自动化和精巧化方向发展。动物细胞培养技术能否实现大规模工业化、商业化，关键在于能否设计出合适的生物反应器（bioreactor）。由于动物细胞与微生物细胞有很大的差异，传统的微生物反应器显然不适用于动物细胞的大规模培养。目前，动物细胞培养用生物反应器主要包括：转瓶培养器、塑料袋增殖器、填充床反应器、多层板反应器、螺旋膜反应器、管式螺旋反应器、陶质矩形通道蜂窝状反应器、流化床反应器、中空纤维及其他膜式反应器、搅拌反应器、气升式反应器等。按其培养细胞的方式不同，这些反应器可分为以下三类：①悬浮培养用反应器，如搅拌反应器、中空纤维反应器、陶质矩形通道蜂窝状反应器、气升式反应器；②贴壁培养用反应器，如搅拌反应器（微载体培养）、玻璃珠床反应器、中空纤维反应器、陶质矩形通道蜂窝状反应器；③包埋培养用反应器，如流化床反应器、固化床反应器。培养方式通常分为分批培养（batch culture）、流加培养（fed batch culture）以及灌注培养（perfusion culture）等类型。以下列举几类常用的动物细胞大规模生物反应器以供参考。

（1）搅拌反应器

这是最经典、最早被采用的一种生物反应器。此类反应器与传统的微生物反应器类似，但其针对动物细胞培养的特点，采用了不同的搅拌器及通气方式。其通过搅拌器的作用使细胞和养分在培养液中均匀分布，使养分被细胞充分利用，并增大气液接触面积，有利于氧的传递。现已开发的搅拌反应器有：笼式通气搅拌器、双层笼式通气搅拌器、桨式搅拌器等。

（2）气升式反应器

1979 年，气升式反应器首次成功应用于动物细胞的悬浮培养。气升式反应器的优点包括：罐内液体流动温和均匀，产生剪切力小，对细胞损伤较小；可直接喷射空气供氧，因而氧传递效率较高；液体循环量大，细胞和养分都能均匀分布于培养液中；结构简单，利于密封并降低了造价。常用的气升式反应器有三种：内循环式气升式、外循环式气升式、内外循环式气升式反应器。

(3）中空纤维反应器

中空纤维反应器的用途较广，既可用于悬浮细胞的培养，又可用于贴壁细胞的培养。其工作原理是：模拟细胞在体内生长的三维状态，利用反应器内数千根中空纤维的纵向布置，提供近似细胞生理条件的体外生长微环境，使细胞不断生长。中空纤维是一种细微的管状结构，管壁为极薄的半透膜，富含毛细管，培养时纤维管内灌流富含氧气的无血清培养液，管外壁则供细胞附着生长，营养物质通过半透膜从管内渗透至管外供细胞生长；对于血清等大分子营养物质，必须从管外灌入，否则会被半透膜阻隔而不能被细胞利用；细胞的代谢废物也可通过半透膜渗入管内，避免了过量代谢物对细胞的毒害作用。其优点是：占地面积小；细胞产量高，细胞密度可达 10^9 数量级；生产成本低，且细胞培养维持时间长，适用于长期分泌的细胞。

🌸 **扩展阅读**

原代培养的操作步骤

① 对动物消毒后，按部位剪取所需要的脏器或肿瘤组织，放置在无菌的平皿内，倒入适量的无血清培养液或 Hank's 液，漂洗组织，洗净后吸除漂洗液并对组织进行修剪，随后将组织剪切成 1 mm³ 左右的小块。

② 用眼科镊子将剪切好的组织块夹送到培养瓶内，再用弯头吸管将组织块在瓶底均匀摆放，使每小块间距为 5 mm 左右，组织块的数量不要过多，如 50 mL 培养瓶放置 20～30 块组织块为宜。如果在培养瓶内配有盖玻片，在其上也应放置几块组织块。组织块放好后将培养瓶轻轻翻转，使瓶底朝上，慢慢沿瓶壁向瓶内注入适量培养液，盖好瓶盖。随后，将培养瓶倾斜放置在 37 ℃ 孵箱内（不要让瓶底上的组织块碰到培养液）孵育 2～4 h。

③ 待组织块稳定贴附于瓶底后，将培养瓶缓慢翻转平放，让培养液缓缓覆盖组织块；组织块培养也可不用翻转法，即在摆放好组织块后，仅向培养瓶内加入少量培养液，起到能湿润组织块的作用即可，盖好瓶盖，置于孵箱内培养 4～24 h 后再补加培养液，让培养液覆盖组织块进行培养。

④ 组织块接种培养 1～3 d 后，游出的细胞数量很少，因此在观察时动作要轻巧。培养 2～4 周时，在倒置显微镜下可见组织块周围有多边形上皮样细胞和长梭形成纤维型细胞移出生长，此时应保留需建系的细胞，去除另一种细胞。经 1～2 个月的培养后，细胞形成单层并逐渐扩大生长范围。当单层细胞占据 1/3～1/2 瓶底时，可考虑传代。

二、植物细胞培养技术

植物细胞培养技术是在细胞水平上，对植物细胞进行遗传操作和扩大培养的一种新兴技术。利用该项技术可在人工控制的条件下，将植物体的任何一部分，如器官、组织或细胞进行离体培养，使之生长为完整的植物体。此处提及的人工控制的条件主要包括营养条件和环境条件；植物体的任何一部分系指根、茎、叶、花、果以及它们的组织切片和细胞。

1. 植物细胞培养类型、特点

（1）植物细胞培养类型

植物细胞培养主要包括 5 个方面的内容：①器官培养，指对植物的根、茎、叶、花、果实以及各部原基（芽原基、根原基）的培养；②胚胎培养，指以胚珠、幼胚、成熟胚为材料的体外培养，也包括胚乳的体外培养；③组织培养，指对植物各部分组织（如茎组织、叶肉组织、根组织、中柱鞘、形成层、髓组织、薄壁组织、珠心组织等）进行体外培养，使离体组织形成愈伤组织的过程；④细胞培养，指用能保持较好分散性的植物细胞或很小的细胞团（6～7 个细胞）为材料进行的体外培养，如生殖细胞（小孢子）、叶肉细胞、根尖细胞、髓组织细胞等；⑤原生质体培养，系指借助某些方法，除去植物细胞的细胞壁，培养裸露的原生质体，使其在特定的培养基上，重新形成细胞壁并继续分裂、分化形成植株的方法。总体而言，植物细胞培养是将愈伤组织或其他易分散的组织置于液体培养基中进行震荡培养，使细胞分散成游离的悬浮细胞，通过传代培养使细胞增殖，从而获得大量细胞群体的一种技术。其中，小规模的悬浮培养通常在培养瓶中进行，大规模的悬浮培养可利用发酵罐实现。

（2）植物细胞培养特点

① 悬浮培养中的植物细胞特性：与微生物不同，植物细胞体积较大，平均直径比微生物大 30～100 倍；并且植物细胞很少以单个细胞的形式存在，通常以细胞数量为 2～200 个、直径为 2 mm 左右的非均相集合细胞团的形式存在。由于植物细胞的个体大，细胞壁僵脆且具有大的液泡，导致悬浮培养中的植物细胞对剪切力十分敏感。适当的剪切力可以改善通气条件，使植物细胞达到良好的混合与分散状态，甚至可以提高细胞密度并增加代谢产物的产量，但过高的剪切力可使细胞受到机械损伤，使细胞体积减小，细胞形态和聚集状态改变，或者影响细胞的代谢活动，导致次级代谢产物的产率降低；更为严重的是，过高的剪切力也有可能导致细胞活性的丧失。

② 植物细胞培养液的流变学特征：由于植物细胞常常趋于成团，且大多数细胞在培养过程中容易产生糖胺聚糖等物质，培养过程中氧传递效率降低，进而影响植物细胞的生长。目前人们常用黏度这一参数来描述培养液的流变学特征。培养液的黏度一方面由细胞本身和细胞分泌物等决定，另一方面还受细胞年龄、形态和细胞团大小等的影响。一般来说，植物细胞培养液的黏度随着细胞浓度的增加而显著上升。在相同的浓度下，大细胞团的培养液的黏度明显大于小细胞团的培养液的黏度。

③ 泡沫和表面黏附性：植物细胞培养时细胞容易结团，且培养过程中会分泌多糖类等物质，导致培养液的黏度增加，起泡严重。这些气泡容易被蛋白质或多糖类物质覆盖，细胞极易被包埋于泡沫中，造成非均相的培养。因此，在植物细胞培养中使用合适且高效的消泡剂也是非常重要的。

④ 悬浮细胞的生长与增殖：植物细胞的悬浮培养，同动物细胞悬浮培养相似，细胞数量随时间变化呈现出 S 形曲线。在细胞被接种到培养基的初期，细胞很少分裂，而是先适应新的生存环境，经过一个潜伏期后，细胞迅速生长繁殖，进入对数生长期，随着环境中营养物质的消耗，细胞增殖速率减慢，最后细胞停止生长，进入静止期。整个周期经历时间的长短因植物细胞的种类和起始培养的细胞密度不同而不同。

2. 植物细胞培养环境及相关试剂

植物细胞工程操作与其他研究一样，需要建立一套系列实验室，包括洗涤室、灭菌室、配制室、接种室、培养室、鉴定和移植室等。每种实验室均需配备有专用设备。依托于专用设备和培养技术，可以形成从取材培养到种苗出圃的系统化全套技术流程。除此之外，植物细胞培养与动物细胞培养类似，同样对于温度、气体环境、pH、渗透压等有着严格的要求。

（1）气体环境

绝大多数的植物细胞都更倾向于进行有氧呼吸，因此在培养过程中需要连续不断地供氧。植物细胞在培养过程中对溶解氧浓度的变化非常敏感，浓度太高或太低都会对培养过程产生不良影响，因此，进行大规模植物细胞培养时对供氧量和尾气中氧含量的监控十分重要。与微生物培养不同，植物细胞培养并不需要高的气液传质速率，而是需要控制供氧量，以保持适宜的溶解氧水平。氧气从气相到细胞表面的传递是植物细胞培养中的一个基本环节。大多数情况下，氧气的传递效率与通气速率、培养液混合程度、气液接触界面面积、培养液的流变学特性等有关，而细胞对氧气的吸收则与反应器的类型、细胞生长速率、培养基的 pH、温度、营养组成以及细胞的浓度等有关。通常采用液相体积氧传递系数（KLa）来表示氧的传递效率，事实证明液相体积氧传递系数能够显著地影响植物细胞的生长状况。此外，培养液中的通气水平也能影响植物细胞的生长。

在长春花细胞培养过程中，当通气量从 0.25 L/(L·min) 提升至 0.38 L/(L·min) 时，细胞的生长

速率可从 $0.34d^{-1}$ 提升至 $0.41d^{-1}$，然而，继续增加通气量，细胞的生长速率反而会下降。另外，培养液的溶解氧浓度对细胞培养也有一定的影响。在洋地黄细胞培养过程中，当培养基中溶解氧浓度从 10% 饱和度提升至 30% 饱和度时，细胞的生长速率从 $0.15d^{-1}$ 提高至 $0.20d^{-1}$，溶解氧浓度继续提升至 40% 饱和度时，细胞的生长速率反而降至 $0.17d^{-1}$。这说明过高的通气量对植物细胞的生长具有不利影响，会导致细胞数量的减少，这一现象很可能是由于过高的通气量导致反应器内的流体动力学特性发生了变化，也可能是由于培养液中的溶解氧水平较高，抑制了细胞的代谢活力。氧气对植物细胞的生长来说是至关重要的，CO_2 的含量水平对植物细胞的生长也有一定的影响。研究发现，在空气中混以 $2\% \sim 4\%$ 的 CO_2，能够消除过高的通气量对长春花细胞生长和次级代谢产物产率的不利影响。因此，对植物细胞培养来说，在培养液充分混合的前提下，CO_2 和氧气的浓度只有达到某一平衡时，细胞才会很好地生长，所以植物细胞培养有时也需要通入一定量的 CO_2 气体。

（2）营养条件

培养基是植物细胞、组织和器官获取各种营养物质的场所。在植物细胞的分裂和分化过程中除水分外，还需要各种营养物质的支持，诸如：各种无机营养物质、有机营养物质、生长调节物质等。因此，在对各类植物的器官、组织和细胞进行体外培养时，筛选培养基的组成成分是非常重要且必不可少的程序。

① 无机营养物质：包括需求量较大的一类元素，如氮、磷、钾、硫、钙、镁，和需求量较小的微量元素，如铁、硼、锰、铜、锌、铝。在筛选大量元素时，应根据不同植物种类的需求，合理调节硝态氮和铵态氮的比例。此外，有些植物种类还需加入钴、镍、钛、铝等无机物质，但这些物质并不是植物细胞生长所必需的元素，应根据需要酌情添加。

② 有机营养物质：在体外培养的过程中，碳、氢、氮等元素是植物细胞分裂和分化所必需的，这些元素在培养基中主要通过两种形式提供：一种是作为碳源的物质，包括蔗糖、葡萄糖和果糖；另一种是作为氮源的物质，包括氨基酸类和酰胺类化合物，如甘氨酸、门冬酰胺和谷氨酰胺等。为了促进植物细胞正常分裂、分化，培养基中还应包含一些生理活性物质，如维生素 B_1（VB_1）、维生素 B_6（VB_6）、烟酸（Vpp）、生物素（VH）、肌醇、腺嘌呤等。

③ 植物激素：植物激素是人工合成培养基中必不可少的物质，在体外培养的植物细胞的分裂、分化以及根、芽等器官的形成中起着积极的作用。常用的植物激素种类如下：生长素类，包括萘乙酸（NAA）、吲哚乙酸（IAA）、吲哚丁酸（IBA）、2,4-氯苯氧乙酸（2,4-D）；细胞分裂素类，包括激动素（KT）、6-苄基腺嘌呤（6-BA）、玉米素（ZT）及 2-异戊烯腺嘌呤（2-IP）；其他类，包括赤霉素（GA，尤其是 GA3）、脱落酸（ABA）、乙烯等。在诱导体外培养的植物细胞分裂、分化的过程中，常常需要生长素和细胞分裂素的协同作用。在对植物激素的种类和浓度进行筛选时，应依据植物种类的不同及其体内内源激素的种类和含量的不同，筛选出最适宜的植物激素种类和浓度配比。

④ 附加物：常用的附加物有琼脂、活性炭、琼脂糖、天然复合物（如椰乳、酵母提取物等）。琼脂作为培养组织和器官的支持物，在固体培养方式中不可缺少。琼脂糖（agarose）可改善细胞培养的供氧状况，在液体培养中起固定的作用。聚乙烯吡咯烷酮（PVP）、维生素 C（VC）等，可防止酚类物质转化为醌类物质，毒害植物细胞而使培养材料发生褐变。天然复合物的类别广泛，其中水解蛋白类主要包括水解酪蛋白（酪蛋白的水解产物）和水解乳蛋白（乳蛋白的水解产物）；酿酒副产品主要包括酵母提取物、麦芽；胚乳液主要为椰乳；以及其他天然液体，如马铃薯汁、香蕉汁、葡萄汁等。天然复合物对促进体外培养的植物细胞的分裂、分化具有促进作用，但由于天然复合物的成分较为复杂，难以精确进行定量、定性分析。因此，试验结果的重复性较差。

3. 植物细胞培养方式

植物细胞的培养按照培养对象的不同，可分为单倍体细胞培养和原生质体培养；按照培养基的物理状态，可分为固体培养和液体培养；按照培养过程中细胞所处的状态，可分为悬浮培养和固定化培养；按照操作方式的不同，又可分为分批培养、反复分批培养和连续培养。

（1）单倍体细胞培养

单倍体细胞培养主要利用花药在人工培养基上进行培养，可以使小孢子（雄性生殖细胞）直接发育成胚状体，然后成长为单倍体植株；或者通过诱导愈伤组织分化出芽和根，最终生长成植株。

（2）原生质体培养

植物的体细胞（二倍体细胞）经过纤维素酶处理后可被去除细胞壁，此时这些获得的除去细胞壁的细胞被称为原生质体，原生质体虽然没有细胞壁，但具有活细胞的一切特征。这些原生质体在适宜的无菌培养基中可以生长、分裂，最终发育成植株。

（3）固体培养

固体培养是在微生物培养的基础上发展起来的植物细胞培养方法。固体培养基通常使用琼脂作为凝固剂，琼脂浓度一般为 $2\%\sim3\%$。一般细胞在固体培养基的表面附着生长，而对于原生质体而言，则需将其混入培养基内进行嵌合培养，或者使原生质体在固体-液体之间进行双相培养。

（4）液体培养

液体培养同样是在微生物培养的基础上发展起来的植物细胞培养方法。液体培养可分为静止培养和振荡培养两类。静止培养不需要任何设备，适合于某些原生质体的培养。振荡培养需要摇床等设备，使培养物和培养基保持充分混合，以利于气体交换。

（5）悬浮培养

植物细胞的悬浮培养是一种使组织培养物分离成单细胞并促使其不断扩增的方法。在进行悬浮培养时，应选用容易破裂的愈伤组织进行液体振荡培养，这些愈伤组织经过悬浮培养可以分离成比较均一的单细胞。

用于悬浮培养的愈伤组织应该是易碎的，这样在液体培养条件下才能顺利获得分散的单细胞，而紧密不易碎的愈伤组织则难以达到上述目的。悬浮培养的单个细胞在 $3\sim5$ d 内即可观察到细胞分裂，经过 1 周左右的培养，单个细胞和小的聚集体会不断分裂而形成肉眼可见的小细胞团。大约培养 2 周后，这些由细胞分裂再形成的小愈伤组织团块应被及时转移到分化培养基上，并在连续光照的条件下继续培养，大约 3 周后这些小愈伤组织团块可分化成试管苗。

（6）固定化培养

固定化培养是在微生物和酶的固定化培养的基础上发展起来的植物细胞培养方法，可通过包埋技术、吸附技术和共价结合技术来固定植物细胞。目前一般用海藻酸钙（calcium alginic）来固定植物细胞，角叉聚糖（carrageenan）、琼脂、琼脂糖和聚氨酯（polyurethane）也能将细胞在正常状态下固定。另外，将细胞吸附在固体支持物上也是一种较为温和的固定化技术。此外，也可以利用固体载体通过共价键结合植物细胞的方式来将细胞固定，不过这种技术在固定化细胞技术中的应用相当有限。植物细胞或原生质体的固定化培养与悬浮培养相比，固定化培养植物细胞有以下优点：

① 固定化可使反应活性稳定，能够长期连续地进行细胞培养。

② 培养产物易于与细胞分离。

③ 固定化能够高度保持反应器内的细胞数量，能够提高反应效率。

④ 固定化易于控制生产中最适宜的环境条件、基质浓度等，使生产稳定。

因此，在植物细胞和原生质体的培养中，固定化技术已成为重要且常用的手段。植物细胞的固定化通常采用海藻酸盐、角叉聚糖、琼脂及琼脂糖、聚丙烯酰胺凝胶材料等材料，采用包埋技术来实现，很少使用其他方式。原生质体比完整的细胞更脆弱，因此，只能采用最温和的固定化方法，通常也是使用海藻酸盐、角叉聚糖和琼脂糖来固定原生质体。

第三节　细胞工程制药关键技术

近半个世纪以来，细胞工程制药技术不断地创新发展，已经在医药领域取得了巨大的成就。细胞工程制药技术在生物制药领域不仅占据了不可替代的地位，也创造了巨大的经济效益，其中涉及的关键技术是生物制药可以利用细胞工程实现的基础。本节主要阐述细胞工程制药的关键技术。

一、细胞培养重组蛋白质制药技术

1. 外源基因导入细胞的方法

利用细胞获得重组蛋白质并将其作为药物的基础是将外源基因导入细胞，并使外源基因在细胞中成功表达。导入的外源基因可以是编码某种蛋白质的特定基因，也可以是指导某种蛋白质产生的基因组。将外源基因导入真核细胞的方法根据理化性质分为化学法、物理法和生物法。

（1）化学法

化学法是指导入外源基因的物质基础为化学物质，如磷酸钙、DEAE-葡聚糖等阳离子聚合物、脂质体等。

① 磷酸钙介导法：先将待导入的 DNA 与氯化钙溶液混合，然后将含有磷酸盐的 HEPES 缓冲盐溶液与之混合，此时，带正电荷的钙离子和带负电的磷酸根离子结合，会形成磷酸钙-DNA 共沉淀物。把含有共沉淀物的混悬液加到培养的细胞上，重组 DNA 通过细胞膜的内吞作用进入细胞质。此外，磷酸钙能够通过抑制血清与细胞内核酸酶的活性来保护外源 DNA 免受降解，从而提高导入外源 DNA 的效率。磷酸钙介导法的优势是操作简便，价格低廉，因而被广泛应用。但磷酸钙介导法不适用于所有细胞种类，尤其是原代细胞（所需的 DNA 浓度较高），且重复性相对较差。

② 阳离子聚合物法：该方法的原理是带负电的 DNA 与阳离子聚合物结合形成复合物，复合物通过与细胞表面的蛋白多糖发生相互作用，进而被细胞摄取。

DEAE-葡聚糖是常用的阳离子聚合物之一，带正电的 DEAE-葡聚糖与带负电的 DNA 结合后，形成复合物。这些复合物靠近细胞表面时，可通过内吞作用进入细胞。此外，还可以借助 DMSO 或甘油，通过诱导渗透休克的方式使复合物进入细胞。

聚乙烯亚胺（polyethylenimine，PEI）是一种具有较高阳离子电荷密度的有机大分子，其分子结构中每相隔两个碳原子便有一个质子化的氨基氮原子，这使得 PEI 形成的网格在任何 pH 下均可充当质子海绵，因此 PEI 能将 DNA 缩合成带正电荷的微粒，这些微粒可以黏合到细胞表面带有负电荷的残基上，并通过胞吞作用进入细胞，之后胞吞形成的囊泡在细胞质中释放聚合物与 DNA 形成的复合物，复合物被拆解后，DNA 被释放并能自由地融合到细胞核中。

③ 脂质体法：脂质体是人工构建的由磷脂双分子层组成的膜状结构，其可以将 DNA 包裹到亲水性核心内部，也可将 DNA 络合到磷脂片层。阳离子脂质体通常由阳离子和两性离子脂质组成，在 DNA 与脂质体形成复合物的过程中，阳离子脂质体起到复合和凝集 DNA 的作用，同时也有助于复合物与细胞膜的结合。靠近细胞膜的脂质体-DNA 复合物不仅可以通过膜融合将外源 DNA 导入细胞，还可以通过胞吞作用进入细胞，随后在溶酶体的作用下，释放外源 DNA。脂质体法被广泛应用于外源基因导入细胞的实验，但阳离子脂质体普遍对细胞存在较大毒性，且在血清存在的情况下会迅速失活。

④ 非脂质体法：非脂质体法的原理与脂质体法类似，差别在于非脂质体法使用的试剂为胶束结构，能够更高效地传递核酸且显著降低细胞毒性，适用的细胞种类更广，包括各种贴壁细胞、悬浮细胞、原代

细胞。此外，非脂质体法在有或无血清的情况下拥有几乎相同的转染效率，在无血清培养的工业生产前期实验中具有优势。

（2）物理法

物理法是指通过物理改变导入外源基因的方法，包括电穿孔法、显微注射法、基因枪法等。

① 电穿孔法：细胞在瞬间电击的作用下，细胞膜的结构被短暂破坏，细胞膜上产生孔洞，导致通透性增高，DNA 以类似电泳的方式进入细胞；电击后，细胞的膜修复机制会迅速关闭孔洞，使 DNA 留在细胞内。电穿孔法转染效率高，适用于原代细胞、干细胞等多种细胞类型。但高电压脉冲可导致部分细胞因细胞膜严重受损而死亡，细胞致死率相对较高。此外，该方法中 DNA 和细胞的用量很大，研究人员需根据不同细胞类型优化电穿孔实验条件。

② 显微注射法：是利用显微操作系统（如显微操作器、特制玻璃管）和显微注射技术，使用玻璃微量移液管在微观或临近宏观水平上向微小结构中注射液体物质的方法。该方法原理简单，但需要精密操作。该方法涉及使用两个微操作器，其中移液器起到固定细胞的作用，毛细管针用于穿透细胞膜或核膜递送物质。该方法主要用于向胚胎细胞或干细胞中导入外源基因。

③ 基因枪法：基因枪是一种用于将外源 DNA、RNA 或蛋白质输送到细胞内的装置。基因枪法的具体过程为，将 DNA 包裹在重金属（钨、金等）颗粒上，金属微粒在压缩气体（氦气或氮气等）产生的冷气体冲击作用下达到一定速度，并穿过细胞壁、细胞膜、细胞质等层层结构到达细胞核，完成外源基因的导入。这种方法能够转化几乎任何类型的细胞，并且不仅限于细胞核的转化，还可以转化细胞器，包括质体和线粒体。

（3）生物法

生物法主要指采用病毒或病毒载体将外源 DNA 导入细胞的方法。由于病毒或病毒载体具有感染或模拟感染细胞的能力，因此生物法不需要人为施加外力促进外源 DNA 与受体细胞之间产生物理接触，且这种方法导入外源 DNA 的效率极高，尤其适用于难以转染的原代细胞与活体细胞。

① 逆转录病毒（retrovirus，Rv）：构建简单，装载外源基因的容量最大可达 8 kb，能够整合入宿主细胞基因组而无病毒蛋白质的表达。但该病毒仅能感染分裂期的细胞，体外制备时滴度较低，且其随机整合的特性有引起插入突变的可能。

② 腺病毒（adenovirus，Adv）：为近年来肝细胞肝癌基因治疗中报告最多的一种病毒载体。其体外制备滴度较大，装载外源基因的容量最大可达 35 kb，其不整合入宿主细胞基因组因而避免了插入突变的风险，能感染分裂细胞和非分裂细胞。但使用腺病毒易引起宿主的免疫反应而使转染效率下降，且大剂量静脉给药可能引发严重的肝脏炎症反应，因此其全身给药受到限制。有研究人员发现瘤内注射重组 Adv 后，目的基因可有效表达，但表达时间短暂，重复注射后表达效率降低且会诱发体液和细胞免疫反应。

③ 单纯疱疹病毒（herpes simplex virus，HSV）：对非分裂细胞有天然的亲和力，装载外源基因的容量可达 30 kb，体外制备滴度接近腺病毒。但构建时难以除去与细胞裂解有关的基因而对细胞的毒性较大。

④ 腺相关病毒（adeno-associated virus，AAV）：在人类体内不会引起任何病理性后果，它能感染 S 期细胞，还能将基因转入非周期（noncycling）肿瘤细胞。AAV 是一种缺陷型原病毒，对人类无致病性，能用于运载外源性重组基因组，已应用于肝细胞和肝癌细胞的基因治疗。

⑤ 其他病毒：痘苗病毒（vaccinia virus）可以在细胞中独立复制和转录，并能高效表达多个肿瘤抗原。杆状病毒（baculovirus）能够感染肝细胞和肝肿瘤细胞，并能增强肝细胞肿瘤坏死因子 α（TNF-α）、IL-1α、IL-1β 的表达。

2. 常用表达系统介绍

在细胞工程中，用于获得重组蛋白质的表达系统通常是指不同的细胞株。细胞株的开发是细胞制药的起点和基础，细胞株直接影响着产品的特定属性，如糖基化、磷酸化、羧基化、羟基化等修饰，还影响着产品的免疫原性、半衰期及生物学活性，以及生产成本、工艺复杂度等。一个好的细胞株需要具有产量高、稳定性高、符合产品质量要求以及具有可放大性等特点。常见的细胞工程用表达系统介绍如下。

（1）哺乳动物细胞表达系统

哺乳动物细胞具有和人类细胞相似的复杂翻译后修饰机制，常被用来表达具有活性的生物大分子蛋白质，而这些生物大分子功能的发挥在一定程度上依赖于翻译后修饰。因此，随着生产技术及工艺的持续发展，在人源蛋白质的生产中，哺乳动物细胞培养工艺渐渐取代了微生物发酵工艺。哺乳动物细胞表达系统根据来源可以细分为人源细胞和非人源细胞，其中，HEK293、HT-1080、Namalwa 等为人源细胞，CHO 细胞、Vero 细胞、BHK、MDCK 等为非人源细胞，在使用时需根据产物特性及生产目的选择合适的表达系统。

① 人胚胎肾细胞 293（HEK293）：1973 年，科学家从一个夭折的人类胚胎肾细胞中分离得到了原始的 HEK293 细胞。起初，这些细胞难以转化和培养，科学家们将人 5 型腺病毒 DNA 片段导入该细胞后得到最终的 HEK293 细胞。培养该细胞的常用培养基为 DMEM 培养基，补充 10% 的胎牛血清（FBS）和 1% 的青霉素/链霉素混合液（P/S），在 37 ℃、5% 的 CO_2 环境下培养。HEK293 细胞具有以下特点：a. 表达的蛋白质结构最接近其在人体内的自然构象；b. 转染效率高；c. 可悬浮培养，适用于大规模蛋白质表达；d. 在培养体系中能够快速增长，可实现高密度培养；e. HEK293 细胞与神经元细胞一样，对外界微环境的变化较为敏感，利用这一特点，其被用于药物发现及细胞毒性测试。根据不同的目的，HEK293 衍生出多种细胞系，见表 3-6。

表 3-6　HEK293 衍生细胞系

衍生细胞系	来源	特点	应用
HEK293T	向 HEK293 细胞中转入 SV40 T-antigen 基因形成的高转衍生株	使包含 SV40 ori 的质粒能够在该细胞系中显著扩增，促进表达载体的扩增和蛋白质的表达	HEK293T 细胞除了可用于各类基因的表达及蛋白质的生产，还可用于高滴度逆转录病毒及其他病毒的生产，如腺病毒及其他哺乳动物病毒
HEK293T/17	向 HEK293T 细胞中共转染 pBND 和 pZAP 质粒，获得的具有 G418 耐受性的细胞系	在保有 HEK293T 细胞的优良性能之外，还具有高转染性的特点	
HEK293T/17 SF	在 HEK293T 细胞中转入 EBV 基因形成的转化细胞系		主要用于细胞的瞬时转染及蛋白质的表达
HEK293H	将 HEK293 细胞驯化后得到的能够在无血清培养体系下快速生长，具有高转染效率及高效的蛋白质表达性能的细胞系	贴附力好	用于噬菌斑检测
HEK293E	在 HEK293 细胞中插入 EBNA-1 基因得到的细胞系	能够稳定表达 EBV 的 EBNA1 蛋白质	含有 EBV 复制起点（oriP）的重组表达质粒，能够在 HEK293E 细胞中复制，并实现蛋白质的高效表达
HEK293-6E	在 HEK293H 细胞中插入截短后的 EBNA-1 基因得到的细胞系		能够在无血清培养基中高表达生产蛋白质及病毒载体
HEK293F	一类能够在无血清培养基中高表达蛋白质的野生型 HEK293 细胞		
HEK293FT	在 HEK293F 细胞系中插入 pCMV-SPORT6TAg，Neo 质粒得到的转化细胞系	快速增殖，易转染	能够用于慢病毒载体的生产

衍生细胞系	来源	特点	应用
HEK293FTM	来源于 Flp-InTMT-RExTM293 细胞,该细胞系中转染了 ecotropic receptor 质粒 MAPPIT 报告质粒		主要用于互作蛋白的筛选
HEK293S	被驯化成能够悬浮培养且能够耐受低钙离子培养条件的 HEK293 细胞系		
HEK293SG	将 HEK293S 细胞用甲基磺酸乙酯诱变处理,经蓖麻毒素选择后再转染 pcDNA6/TR 质粒得到耐受蓖麻毒素的细胞系	缺乏乙酰氨基葡萄糖转移酶 I 活性,因此可促进蛋白质的 Man5 GlcNAc2N-聚糖型糖基化修饰	具有四环素表达抑制基因,用于四环素诱导的蛋白质表达和同源的 N-糖基化蛋白质的表达
HEK293SGGD	在 HEK293SG 细胞中转染 pcDNA 3.1-zeo-STendoT 质粒得到的细胞系		主要用于糖基化工程研究

② 人纤维肉瘤细胞（HT-1080）：HT-1080 源自一名 35 岁患有纤维肉瘤的白人男性的结缔组织,含有活化的 N-ras 癌基因。该细胞通常在含有 10%FBS 和 1%P/S 的 DMEM 培养基中,于 37 ℃、5% 的 CO_2 环境下培养。

③ 人 Burkitt's 淋巴瘤细胞（Namalwa）：Namalwa 是人 Burkitt's 淋巴瘤细胞,其中含有 EB 病毒基因组,通常在含有 10%FBS 和 1%P/S 的 RPMI-1640 培养基中,在 37 ℃、5% 的 CO_2 环境下培养。

④ 中国仓鼠卵巢细胞（CHO 细胞）：于 1957 年分离获得。如今,CHO 细胞已经成为需要复杂翻译后修饰的治疗性蛋白质生产的主要工具。这主要得益于 CHO 细胞的以下特点：a. 具有和人类似的翻译后修饰过程；b. 拥有清晰的历史背景和监管机构的认可；c. 较少的内源性分泌蛋白；d. 在无血清及化学成分限定培养基中可快速稳健地悬浮生长；e. 高度的病毒安全性；f. 细胞表达量高。原始的 CHO 细胞系后来流转到不同地方,经过不同的培养、驯化、改造和重新克隆后形成了不同种类的 CHO 细胞系（见表 3-7）。这些细胞系都保留了原始 CHO 细胞脯氨酸缺陷的特点,但在细胞形态、生长特性、蛋白质表达、代谢甚至基因组层面都有较大的差异。

表 3-7 CHO 衍生细胞系

CHO 衍生细胞系	来源	特点	应用
CHO-K1	先由野生型 CHO 细胞驯化而来,建立 CHO-K1 SV 细胞株;随后驯化形成了 CHO-K1 细胞株	CHO-K1 SV 细胞可在无血清培养基中悬浮培养;CHO-K1 细胞能够在化学成分限定培养基中悬浮培养	用于治疗性蛋白质的开发与生产
CHO-S	由原始 CHO 细胞系分离而来	可在无血清培养基中悬浮生长,并支持高密度培养	早期常被用作瞬时表达宿主细胞
CHO-DXB11	由伽马射线诱变而来,又名 DUK-XB11	DHFR 双等位基因中,一个被敲除,另一个包含一个错义突变（T137R）,因此该细胞不能有效还原叶酸而合成次黄嘌呤（H）和胸腺嘧啶（T）	DHFR 基因的非正常表达可作为筛选标记
CHO-DG44	由化学诱变和伽马射线诱变而来	DHFR 双等位基因被敲除,可以在无血清培养基中悬浮培养	
CHOZN GS CHOK1SV GS-KO	定点敲除 GS 双等位基因后获得	GS 基因缺陷型,筛选效率高,获得稳定细胞株的开发周期短,最终克隆的稳定性高	

⑤ 幼仓鼠肾细胞（BHK）：原始的 BHK 细胞株源自成纤维细胞,具有贴壁依赖性。但后来经传代驯化后 BHK 细胞可悬浮生长。BHK-21 为 BHK 细胞的一个亚克隆细胞,即克隆 13 或 C13。其常用培养基为含有 1% 非必需氨基酸（NEAA）、1 mmol/L NaP 和 10% FBS 的 MEM 培养基。

⑥ 绿猴肾细胞（Vero细胞）：Vero细胞于1962年分离自正常成年非洲绿猴的肾脏。其常用培养基为含有10%FBS的DMEM培养基，M199、MEM等合成培养基也可用于培养Vero细胞。Vero细胞具有以下特点：a. 容易建立细胞库和保存，生长速率快，可连续传代；b. 遗传性状稳定，在一定的传代次数内无致瘤性，具有优异的生物安全性；c. 对多种病毒敏感，生产的病毒滴度高；d. Ⅰ型干扰素分泌缺陷，更容易受到病毒感染；e. 贴壁能力较强，在微载体表面也能实现良好的贴附生长，容易实现放大培养。

⑦ 犬肾细胞（MDCK）：来源于考克斯班尼犬的肾脏，通常是以贴壁方式生长的上皮样细胞。其常用培养基为DMEM或M199培养基，补充胎牛血清或小牛血清。MDCK细胞具有以下特点：a. 容易建立细胞库和保存，生长速率快，可连续传代；b. 对多种病毒敏感，产毒周期短，生产的病毒滴度高；c. 病毒在MDCK细胞中连续传代后，仍能保持抗原稳定性。

（2）昆虫细胞表达系统

细胞工程制药中，最常用的昆虫细胞表达系统是Sf9细胞，即草地贪夜蛾细胞（Spodoptera frugiperda cell），该细胞有许多优点，如非贴壁依赖性、培养温度低、可在无血清培养基中增殖等，因此其适合于高密度、大规模培养，能够弥补哺乳动物细胞表达系统的部分缺点，因此被广泛用于蛋白质表达中。

Sf9细胞的优点体现在：①表达水平高，特别是细胞内蛋白质的表达，这是由于Sf9细胞的生长速率较快；②表达的蛋白质的活性高，外源基因在Sf9细胞内能进行正确折叠，完成广泛的翻译后修饰，包括磷酸化、糖基化、酰基化、信号肽切除及肽段的切割和分解等，其糖基化与哺乳动物细胞类似，使表达出的目的蛋白在结构上更接近天然蛋白质，且具有完整的生物学功能；③适合大规模培养，Sf9细胞可悬浮生长，容易放大培养，有利于大规模表达重组蛋白质；④外源基因容纳性高，Sf9细胞配套的杆状病毒能容纳大分子的插入片段，能包装大的基因片段，且杆状病毒表达系统具备在同一细胞内同时表达多个基因的能力，既可通过不同的重组病毒同时感染细胞，也可在同一转移载体上同时克隆两个外源基因，其表达产物可加工形成具有活性的异源二聚体或多聚体；⑤安全性高，杆状病毒对脊椎动物无感染性，现有研究也表明其启动子在动物细胞中没有活性，因此在表达癌基因或有潜在毒性的蛋白质时明显优于其他系统。但Sf9细胞也存在一些缺点：①外源蛋白表达处于极晚期病毒启动子的调控之下，这时由于病毒感染，细胞开始凋亡；②培养基昂贵，且需要大量的病毒。

3. 重组蛋白质的鉴定与纯化

重组蛋白质类药物一般用于临床试验或治疗疾病，对纯度要求极高，常需要达到99%以上的纯度。并且，由于蛋白质只有呈现某种特定的三级结构时才具有生理学功能，故分离纯化蛋白质必须在能够保持蛋白质构象稳定性和功能基团完整性的基础上，尽可能地提高纯化效率。此外，分离纯化过程中也要充分考虑可操作性和经济性，过于复杂、麻烦的分离纯化工艺过程，不仅加大生产成本，也有可能对蛋白质的完整结构造成不可逆转的损害。

大规模纯化蛋白质的初期阶段，处理量大，但分辨率要求不高，可先采用分步沉淀、盐析或有机溶剂沉淀等方法。对于数量不多、含量较低的蛋白质样品，则可采用分辨率和处理量中等的离子交换色谱技术，必要时，也可采用高分辨率低容量的亲和色谱技术和等电聚焦。分离纯化的各种技术的特点见表3-8。

表3-8 常用分离纯化方法的特点

方法	原理	处理量	分辨率	回收率	费用	样品条件	产物
SAS沉淀	疏水性	大	高	高	低	>1 mg/mL	高pI,低产量,高浓度
等电点(pI)沉淀	电荷	大	中	中	低	>1 mg/mL	低产量,高浓度
双液相萃取	分配系数	大	高	高	低	可含固体	高浓度萃取剂
离子交换色谱	电荷	大	中	中	中	低pI,准确pH	高pI,不同pH

方法	原理	处理量	分辨率	回收率	费用	样品条件	产物
疏水作用色谱	疏水性	中	中	中	中	高 pI	低 pI,不同 pH
聚焦层析	电荷/pI	低	中	中	高	低 pI	含两性电解质
染料色谱	化学亲和	中	中	中	中	低 pI,中性	高 pI,不同 pH
配体色谱	生物亲和	中	低	低	高	以配体而定	接近变性条件
分子筛分析	分子大小	很低	高	高	中	少量	稀释

4. 代表性重组蛋白质类药物

（1）重组人促红细胞生成素

促红细胞生成素（erythropoietin，EPO），又称红细胞生成素、红细胞刺激因子，它是由肾脏和肝脏分泌的一种激素样物质，其化学本质是一种高度糖基化修饰的蛋白质，能够促进红细胞生成。重组人促红细胞生成素的适应证为慢性肾功能衰竭导致的贫血、恶性肿瘤或化疗导致的贫血等。

建立重组人促红细胞生成素的表达细胞系，需要将携带人 EPO 基因的重组真核表达质粒 prEPO 和携带二氢叶酸还原酶基因（$dhfr$）的质粒 pDHFR 共同转染到 $dhfr$ 缺陷的 CHO 细胞中。DHFR 可被叶酸类似物氨甲蝶呤（methopterin，MTX）所抑制，随着不断提高 MTX 的浓度，绝大多数细胞会死亡，但在极少数幸存下来的具有 MTX 抗性的细胞中，$dhfr$ 基因均得以扩增。进一步选择抗氨甲蝶呤的细胞系，会导致与 $dhfr$ 基因串联在一起的外源基因发生共扩增，拷贝数可增加至几百到几千倍，使目的基因高水平表达，从而抵消氨甲蝶呤的抑制效应。筛选抗性克隆后继续培养，利用酶联免疫吸附分析确认所得到的细胞可表达 EPO。

（2）重组人神经生长因子

神经生长因子（NGF）是神经营养因子中最早被发现、目前研究最为透彻的一种神经细胞生长调节因子，具有营养神经元和促突起生长的双重生物学功能，它对中枢及周围神经元的发育、分化、生长、再生和功能特性的表达均具有重要的调控作用。

在 HEK293 细胞中表达重组人 β-NGF（recombinant human β-NGF，rh-β-NGF），可以构建一种可稳定、高效表达天然活性 β-NGF 的重组真核细胞株。用 DMEM 完全培养基（含 10% 小牛血清），在 37 ℃、5% CO_2 的环境下培养 HEK293 细胞至覆盖培养皿 60% 的单层状态，用磷酸钙共沉淀法转染纯化后的 pCMV-β-NGF-IRES-dhfr 质粒至 HEK293 细胞中；24 h 后更换培养基，并加入 50 nmol/L 的氨甲蝶呤（MTX）进行筛选。当细胞适应选择压力后，逐次递增 MTX 浓度，依次提高为 100、200、400、800 nmol/L。当细胞适应 800 nmol/L 的 MTX 后，进一步提升 MTX 浓度至 1000 nmol/L，并使用有限稀释法选择高效表达 β-NGF 的单克隆细胞株，即为 β-NGF 重组细胞株。筛选后的细胞系经鉴定后可表达 rh-β-NGF，且效率稳定。

二、单克隆抗体制药技术

1. 杂交瘤细胞技术

众所周知，当某些外源生物（细菌、病毒等）或生物大分子（蛋白质），即抗原，进入动物或人体后，会刺激机体产生免疫应答，产生针对这些抗原的抗体。抗体具有中和毒素、阻止病原体入侵以及一系列调节免疫系统的功能，是具有药物性质的生物大分子。由于抗原通常拥有数量众多的抗原表位，因此机体在自然条件下接受抗原刺激时产生的抗体往往能识别并结合多个抗原表位，即形成多克隆抗体，但其在临床医学的诊断与治疗过程中会带来诸多不便。因此，生产只针对一个抗原表位的单克隆抗体显得十分必要。

1975 年，乔治斯·科勒（Georges J. F. Kohler）和塞萨尔·米尔斯坦（César Milstein）将肿瘤细胞

与能产生抗体的 B 淋巴细胞融合，获得杂交瘤细胞，这种细胞具有肿瘤细胞的无限增殖和 B 淋巴细胞能够产生单一抗体的特性，即能够持续分泌单克隆抗体，该技术被称为杂交瘤细胞技术。他们因在生物医学领域做出了重大贡献，因此荣获 1984 年诺贝尔生理学或医学奖。

杂交瘤细胞技术的基本原理与操作步骤如下：

①动物免疫：实验前数周分次给予实验动物（如小鼠）特异性抗原，刺激其机体产生大量处于活跃增殖状态的 B 淋巴细胞；②分离 B 淋巴细胞：处死实验动物，获取脾脏并分离大量 B 淋巴细胞；③培养瘤细胞：瘤细胞需要具有基因缺陷，如 HGPRT、TK 缺陷等，用于后续融合细胞的筛选；④细胞融合：将鼠骨髓瘤细胞和 B 淋巴细胞以聚乙二醇（PEG）法进行细胞融合；⑤杂交瘤细胞的筛选：获得杂合细胞是本技术的关键，由于 B 淋巴细胞不能在体外无限增殖，骨髓瘤细胞含有基因缺陷，因此，只有从 B 淋巴细胞中获得缺陷基因补偿后，骨髓瘤细胞才能在选择培养基（HAT 培养基）中生长；⑥杂交瘤细胞的克隆化：对筛选得到的杂合细胞高度稀释后进行单细胞培养，待其增殖成一个细胞群（克隆）后，检测其产生的抗体，从中挑选出能产生所需抗体的单克隆，需要注意的是，杂交瘤细胞是准四倍体细胞，遗传性质不稳定，每次细胞有丝分裂，都可能丢失个别或部分染色体，直到细胞呈现稳定状态为止。因此，在建立杂交瘤细胞系的过程中要经过多次传代检查，存优汰劣。

获得较稳定的单克隆杂交瘤细胞后，可将其注射入哺乳动物（例如小鼠）的腹腔，然后从腹水中分离和提取单克隆抗体；或者将它们移到培养瓶或生物反应器中培养，再从培养液中回收产生的抗体（图 3-7）。

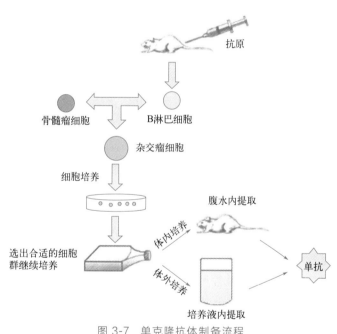

图 3-7 单克隆抗体制备流程

2. 稳定细胞系大规模生产单克隆抗体技术

通过实验动物的体内培养或体外培养来制备单克隆抗体的方法，不仅受到动物伦理学的质疑，而且明显不能满足大规模工业生产的需求，因此推动了体外生产抗体的技术革命，其中包括杂交瘤细胞在更为优化、高效的培养基中体外培养，也包括通过基因工程技术构建稳定细胞系来生产抗体。

（1）细胞的选择

哺乳动物细胞是临床抗体药物生产中广泛使用的主要表达系统。对于治疗性抗体而言，为了满足其生物活性，需要进行正确的折叠和翻译后修饰，因此用于生产治疗性抗体的宿主细胞往往选用哺乳动物细胞，主要包括：SP2/0 细胞、NS0 细胞、HEK293 细胞和 CHO 细胞，其中以 CHO 细胞应用最为广泛。

（2）稳定细胞系的构建

① 表达载体的构建与转染：生产用稳定细胞株的构建首先由表达载体的构建和细胞转染开始，具体过程为，将编码抗体的目的基因构建到载体上，再将该载体转染到宿主细胞内。常见的转染方式主要有磷酸钙介导转染、电穿孔转染、脂质体转染和逆转录病毒转染。DNA 进入宿主细胞核后，会随机整合到宿主细胞基因组中，因此其表达水平与基因拷贝数、基因整合位点的转录活性有关。随后，不同筛选试剂将被用于筛选出能够正确表达目的基因且表达水平较高的细胞池。由于此时得到的细胞池中的每个细胞特性各异，具有不同的基因整合位点、拷贝数、细胞单产和生长速率，因此需要将其中具有高产、稳定表达特性的细胞个体分离出来分别进行培养。此时通常需要获得数百甚至上千的候选克隆供进一步筛选。被筛选出来的克隆经过传代培养和分批补料（fed-batch）式培养后，比较其生长特性、代谢状况、表达量、表达产物质量等因素，筛选出最优的几个克隆进入生物反应器进行放大实验，最终确定生产用单克隆细胞株。

哺乳细胞表达载体的基本元素包括：启动子（promoter）、poly A 加尾信号（poly adenylation signal）、筛选标记（selectable marker）、克隆位点（cloning site）和复制起始位点（replication initiation site），有些载体还含有报告基因（reporter gene）。启动子一般较多采用 SV40 和 CMV 两种，CMV 启动子通常位于目的基因（轻链和重链可变区基因）之前，而 SV40 则位于筛选标记之前。

② 基于位点特异性整合技术构建高产细胞株：通过转染的方法随机获得稳定细胞系，通常是一个非常耗时且工作量巨大的步骤。近年来，位点特异性整合（site-specific integration，SSI）技术取得了显著发展，其可将编码目的重组蛋白质的目的基因整合到一个已验证的、预定的基因组"热点"上。该技术主要包含两种策略：第一种是利用诸如 Flp/FRT 系统等实现特异位点的整合，但通常都需要建立与之相应的特异性细胞系平台用于目的基因的整合；第二种是通过各种基因工程核酸内切酶介导的特异性整合，例如锌指核酸酶（ZFN）、转录激活因子样效应物核酸酶（TALENs）以及规律成簇的间隔短回文重复序列（CRISPR/Cas）系统。这些核酸酶可以诱导 DNA 双链在基因组的一个期望位置上的断裂，触发外源基因的同源定向修复或者微同源介导的末端连接，最终将外源基因插入到断裂位置上。

（3）高表达细胞株的筛选

筛选高表达单克隆细胞是细胞株构建的关键步骤，筛选标准包括抗体表达量、产品质量、代谢稳定性、细胞稳定性等。

① 阳性细胞株的筛选：筛选标记一般有两种，分别是代谢型筛选标记和抗生素型筛选标记，或者也可称为扩增型基因筛选标记和非扩增型基因筛选标记。常见的筛选标记见表 3-9。当前工业界较多采用的筛选标记为 neo 基因、二氢叶酸还原酶（DHFR）、谷氨酰胺合成酶（GS）和嘌呤霉素乙酰转移酶。G418 作为一种氨基糖苷类抗生素，是稳定转染最常用的抗性筛选试剂之一，可以抑制未转染 neo 基因的细胞的生长，利用 G418 筛选时，常用的浓度范围为 $200\sim1000~\mu g/mL$。氨甲蝶呤（MTX）为叶酸拮抗剂，在细胞内经过转换后可抑制 DHFR 的活性，抑制核酸合成，导致细胞毒性。随着 MTX 浓度的增加，绝大多数细胞死亡，但在极少数幸存下来的抗性细胞中，DHFR 基因得以扩增，目的基因拷贝数随之增加，从而提高了目的基因的表达量，利用 MTX 筛选时，常用的浓度范围为 $25\sim1000~nmol/L$。利用氨基亚砜蛋氨酸（MSX）筛选时，常利用谷氨酰胺合成酶（GS）基因系统施加压力，GS 扩增系统是新近发展的系统，具有更高的扩增效应。利用 MSX 筛选时，常用浓度范围为 $5\sim250~\mu mol/L$。嘌呤霉素（puromycin）为氨基糖苷类抗生素，其通过干扰核糖体功能来阻断哺乳动物细胞的蛋白质合成，来自链霉菌的 PAC 具有解除 puromycin 毒性的作用，在筛选的时候，puromycin 浓度一般在 $10\sim50~\mu g/mL$。

表 3-9　哺乳动物细胞表达载体中常用的筛选标记

类别	筛选标记	筛选试剂
代谢型筛选标记 （扩增型基因筛选标记）	二氢叶酸还原酶（DHFR）	氨甲蝶呤（MTX）
	谷氨酰胺合成酶（GS）	氨基亚砜蛋氨酸（MSX）

类别	筛选标记	筛选试剂
抗生素型筛选标记 （非扩增型基因筛选标记）	嘌呤霉素乙酰转移酶（PAC）	嘌呤霉素（puromycin）
	杀稻瘟菌素脱氨酶	杀稻瘟菌素
	组氨醇脱氢酶	组氨醇
	潮霉素磷酸转移酶	潮霉素
	博来霉素抗性基因	博来霉素
	氨基糖苷磷酸转移酶	新霉素（G418）

② 高表达克隆的筛选：常用的筛选克隆的方法包括有限稀释法、流式细胞仪分选法、半固体培养基筛选法等。其中有限稀释法因其成本低廉且易于操作，曾广泛运用于克隆的筛选。该法是将细胞稀释到极低的细胞密度，并将稀释好的细胞置于 96 孔板中培养，使 96 孔板中每个孔的理论细胞数小于 1 个，稀释后使用显微镜对 96 孔板整板拍照，以确保单克隆。经过一段时间的培养后使用酶联免疫吸附分析选取表达量高的细胞进一步扩大培养。有限稀释法往往需要重复执行两次，以确保单克隆细胞株的纯度。流式细胞仪分选法是将带有荧光标记的二抗和分泌抗体的细胞混合孵育，使分泌到细胞表面的抗体能够被流式细胞仪检测，从而利用流式细胞仪的分选功能筛选出抗体分泌较多的细胞。此外，随着技术的发展，可将绿色荧光蛋白（GFP）的两个基因片段作为报告基因分别整合到抗体重链和轻链的表达载体上进行共转染，当这两个片段都整合到细胞内进行表达时，能够产生绿色荧光蛋白而发出绿色荧光，在此基础上，利用流式细胞仪进行分选可得到高表达的细胞。该方法在转染完成后 48 h 即可进行检测，有效缩短了克隆筛选的时间，提高了实验效率。

3. 代表性单克隆抗体药物

单克隆抗体的应用在生物制药领域有着非常重要的意义，由于其对单个表位具有较强的特异性，几乎没有变异性，并且很容易根据需要进行修饰和定制，因此广泛用于科研、诊断和免疫治疗等领域。此外，单克隆抗体具有诸多超越多克隆抗体的优点。

（1）治疗性单克隆抗体药物

自从 1992 年 PD-1 首次在小鼠体内被发现以来，针对 PD-1/PD-L1 信号通路和 PD-1/PD-L1 拮抗剂的研究取得了重大进展。迄今为止，有大量评价 PD-1/PD-L1 免疫检查点抑制剂疗效和安全性的临床试验在不同类型的肿瘤患者中开展。卡瑞利珠单抗是 PD-1 抑制剂中的一种代表性药物。

卡瑞利珠单抗是一种具有高度选择性、人源化、高度亲和力的 IgG4 型单克隆抗体，可靶向结合表达于 $CD4^+$ 及 $CD8^+$ T 细胞、B 淋巴细胞、自然杀伤细胞及树突状细胞等免疫细胞表面的 PD-1 受体，阻断其与恶性肿瘤细胞、肿瘤浸润性树突状细胞、肿瘤浸润性淋巴细胞、抗原提呈细胞等表面表达的 PD-L1 及活化的巨噬细胞和树突状细胞（DC）表面表达的 PD-L2 之间的相互作用，解除 PD-1 通路介导的 T 淋巴细胞免疫抑制作用，进一步诱导 T 淋巴细胞的活化，重建机体免疫系统监测及杀灭肿瘤细胞的能力，最终发挥抗肿瘤作用。

卡瑞利珠单抗是由我国恒瑞医药自主研发并拥有知识产权的人源化 PD-1 单克隆抗体，是中国首个获批肝癌、肺癌及食管癌适应证的 PD-1 抑制剂，也是覆盖适应证种类最多的国产 PD-1 抑制剂。该药物于 2019 年 5 月获批上市，2020 年通过谈判将当时已获批的晚期肺癌、肝癌、食管癌和霍奇金淋巴瘤四大适应证全部纳入国家医保目录。目前我国在 PD-1/PD-L1 抑制剂领域的研发水平还在不断提高，相信在不久的将来该领域一定会迎来更为显著的突破性进展。

（2）抗体偶联性药物

单克隆抗体作为靶向药物在近 30 年来得到了迅猛的发展，大量相关药物已经进入临床试验阶段并陆续上市。相比于普通单抗药物仅靶向细胞外或细胞表面抗原的局限性，由抗体和小分子细胞毒性药物偶联而成的抗体偶联药物（antibody drug conjugate，ADC）能进入肿瘤细胞内发挥靶向杀伤作用，其降低了单抗药物和小分子细胞毒性药物的用药剂量，极大提高了小分子细胞毒性药物的治疗指数，使某些毒性强的小分子化合物的成药成为可能。

ADC兼具抗体大分子的靶向性和小分子毒素的抗肿瘤活性，其设计原理在于，小分子毒素的毒性强烈但并不适合直接给药，而利用抗体与靶抗原结合的特性将其带入肿瘤细胞，从而发挥其细胞毒性作用。靶抗原、抗体、毒素、连接子及偶联方式的选择均是影响ADC开发成功与否的关键因素。

已成功上市的抗体偶联药物，如罗氏制药的恩美曲妥珠单抗，是通过双功能基团试剂SMCC作为连接子，偶联抗HER2人源化单克隆抗体曲妥珠单抗与微管抑制剂美坦新（DM1）而制成的单抗介导的细胞毒性药物。该药物中，每分子恩美曲妥珠单抗由1分子曲妥珠单抗通过SMCC平均连接3.5个DM1分子组成。恩美曲妥珠单抗可与HER2结合，其亲和力与曲妥珠单抗类似，其与HER2结合后会触发受体介导的内化，随后在溶酶体中降解，使得DM1在细胞内释放并与微管蛋白结合，进而破坏细胞内微管网络结构，导致细胞周期停滞并引起细胞凋亡。

三、细胞培养疫苗制药技术

1. 灭活疫苗关键技术

将病原微生物经培养增殖，采用物理方法（如加热、紫外线照射或γ射线辐射）或化学（如使用甲醛、醚等）方法进行灭活处理，使其完全丧失感染性，同时保留病原体的绝大部分组分和免疫原性，这样制成的疫苗被称为灭活疫苗。灭活疫苗具有较强的免疫原性和较好的安全性。至今使用的灭活疫苗已有数十种，包括流感疫苗、狂犬病疫苗、乙脑疫苗、甲型肝炎疫苗等。

灭活疫苗的生产过程为：首先，培养细胞与活病毒。由于病毒只能在细胞中生存，因此需要找到一种能够支持病毒繁殖的细胞系，并在生物反应器中大量培养这种细胞；此外，需要选择具有代表性且适合制作为疫苗生产毒株的病毒，将病毒接入生物反应器中，使细胞迅速感染病毒，以获得足够浓度和数量的病毒。其次，灭活病毒，获得没有活性的病毒；再次，纯化病毒，将不相关的细胞杂质去除。最后，进行病毒的稀释、灌装与包装，将灭活且纯化后的病毒按一定比例稀释至合适的滴度，包装成为疫苗商品。其中，灭活疫苗的关键技术为病毒灭活与病毒纯化。

（1）病毒灭活

灭活是指破坏微生物的生物学活性、繁殖能力和致病性，但尽可能不影响其免疫原性。用于灭活微生物的化学试剂或药物被称为灭活剂。病毒的灭活过程需要将选择好的灭活剂加入生物反应器中，使病毒失活。常用的灭活剂介绍如下：

甲醛作为经典且主要的灭活剂被广泛使用。其原理是甲醛的醛基能够作用于微生物蛋白质的氨基产生羟甲基胺、作用于羧基形成亚甲基二醇单酯、作用于羟基生成羟基甲酚以及作用于巯基形成亚甲基二醇。上述反应生成的羟甲基等基团会代替蛋白质中敏感的氢原子，从而破坏生命的基本结构，导致微生物死亡。此外，甲醛还可与微生物核糖体中的氨基结合，使两个亚单位间形成交联链，亦可抑制微生物的蛋白质合成。

烷化剂是在含有烷基的分子中去掉一个氢原子基团后形成的化合物，它能与另一种化合物发生反应，将烷基引入，形成烷基取代物。这类化合物的灭活机制主要在于烷化DNA分子中的鸟嘌呤或腺嘌呤等，引起DNA单链断裂或双螺旋链交联，从而因改变DNA的结构而破坏其功能，妨碍RNA的合成，抑制细胞的有丝分裂。此外，烷化剂也可作用于酶系统和核蛋白而干扰核酸代谢。因此，这类灭活剂能破坏病毒的核酸芯髓，使病毒完全丧失感染力，而又不损害其衣壳，从而保留其保护性抗原。常用的烷化剂类灭活剂有乙酰基乙烯亚胺、二乙烯亚胺和缩水甘油醛。

苯酚，又名石炭酸，为羟基与芳烃（苯环或稠苯环）直接连接的化合物，即苯环上的一部分被羟基取代。其对微生物的灭活机制是使蛋白质变性和抑制特异酶系统（如脱氢酶和氧化酶等），导致微生物失去活性。

结晶紫是一种碱性染料，别名甲基青莲或甲紫，为绿色带有金属光泽结晶或深绿色结晶状粉末，易溶于醇，能溶于氯仿，不溶于水和醚。其对微生物的灭活机制与其他碱性染料一样，主要是其阳离子与微生物蛋白质中带负电的羟基产生静电相互作用，妨碍微生物的正常代谢，也可能扰乱微生物的氧化还原作用，使环境中的电势太高，不适于微生物的增殖而灭活。

β-丙内酯，又名为羟基丙酸-β-内酯，是一种良好的病毒灭活剂。其性状为无色有刺激气味的液体，潮湿环境下会缓慢分解成羟基丙酸，其水溶液迅速全部分解，水中溶解度为37%，能与丙酮、醚和氯仿以任意比例混合，对皮肤、黏膜及眼有强刺激性，且其液体对动物有致癌性。利用β-丙内酯灭活病毒后，能保持病毒良好的免疫原性。

（2）病毒纯化

病毒灭活后，会与细胞混合，因此需要进行分离纯化，去除不相关的杂质，获得高纯度病毒。常用的分离纯化方法包括连续离心、沉淀、过滤、萃取与膜过滤、凝胶过滤色谱、离子交换色谱、亲和色谱等。

由于制备灭活疫苗需要大量抗原，对于一些难以培养或尚不能培养的病原体，如乙型、丙型和戊型肝炎病毒以及麻风分枝杆菌等，难以获取足够的抗原制备相应的灭活疫苗；对于一些危险性大的病原体如人类免疫缺陷病毒，按传统方法制备灭活疫苗在应用中还存在较大的安全风险。

2. 减毒活疫苗关键技术

减毒活疫苗，又称弱毒疫苗，是指通过不同的方法手段，人为使病原体的毒力减弱或丧失后获得的一种由完整的微生物组成的疫苗制品。它能感染机体并在体内繁殖，但机体不会出现临床症状，而其免疫原性又足以刺激机体的免疫系统产生针对该病原体的免疫反应，当未来机体再次暴露于该病原体时，其能保护机体不患病或减轻临床症状。许多全身性感染疾病，均可通过临床感染或亚临床感染（隐性感染）使机体产生持久性乃至终身的免疫力，减毒活疫苗的原理即是类似一次轻微的人工感染过程，以模拟自然感染后机体的免疫过程。

减毒活疫苗的生产过程与灭活疫苗部分相似，主要包括细胞培养、弱毒株的选择与培养、病毒纯化以及稀释灌装。由于减毒活疫苗使用的抗原是具有活性的病毒，因此不需要进行病毒灭活，而选择抗原——合适的弱毒株及其稳定性检测是减毒活疫苗生产的关键技术。

（1）弱毒株的选择

弱毒株是指与经典或标准毒株相比，毒力较弱或更温和的毒株，弱毒株往往具有良好的抗原性和免疫原性，感染人体或动物后只引起亚临床感染症状。弱毒株根据获取来源分为2种。

① 自然弱毒株：同一种病毒的不同毒株之间，存在着毒力和免疫原性等诸多方面的差异，为了制备减毒活疫苗，需寻找和筛选自然界中毒力低且有较好免疫原性的病毒作为疫苗的弱毒株。此外，具有交叉抗原的同属异种病毒中的强毒株也可以作为疫苗的弱毒株，这种强毒株对于被接种物种来说不具有致病性，但由于其具有交叉保护性抗原，因此具有良好的免疫原性，能够提供保护性免疫。自然弱毒株由于存在于大自然中，需要花费大量的人力与物力进行毒株的分离与筛选，因此获得优质的自然弱毒株也常需要一定的运气成分。

② 人工致弱毒株：通过人为干预的方法导致强毒株毒力减弱，从而获得的弱毒株为人工致弱毒株。获得人工致弱毒株的方法分为以下几种。

a. 物理化学法：通过温和的射线、温度改变等方法获得弱毒株。

b. 生物法：可通过三种方式获得人工致弱毒株。第一种为使强毒株连续通过异种动物或异种动物细胞。这是病毒致弱的传统方法，某种病毒本身不能在异种动物体内或异种动物细胞上增殖，但经过长期适应之后，逐渐具备了在该动物体（或细胞）内增殖的能力。此种方法致弱病毒的机制是，病毒对新环境（异种动物或细胞）的适应，可能导致基因发生改变，而这些改变对于原宿主可能表现为毒力的改变。使用该方法进行病毒致弱时，每次病毒传代接种都必须采用大剂量。第二种是在同种细胞上驯化病毒。绝大部分病毒通常在实验室条件下多次传代，根据进化原理，病毒的毒性会在传代过程中逐渐变弱，直到只能导致一次温和的感染时，获得弱毒株。第三种为基因工程法，即通过基因工程技术使病毒的毒力基因突变或缺失，获得弱毒株。

（2）弱毒株的纯化与鉴定

无论用哪种方法获得弱毒株，均需要对其进行纯化，获得的单个病毒及其形成的单克隆才能作为疫苗用弱毒株。

纯化单克隆病毒常用的方法是病毒空斑（蚀斑）纯化法，该方法的具体过程为，将各稀释度的病毒液接种到单层细胞培养环境中，吸附 2 h 后，病毒完成对细胞的感染，然后在单层细胞上覆以琼脂糖。病毒感染细胞并在细胞中增殖，使细胞破裂死亡，释放出子代病毒，但由于固体介质的限制，子代病毒只能感染与最初感染细胞紧邻的细胞。经过几个增殖周期，便形成一个局限性病变细胞区，即病毒蚀斑。经中性红活细胞染料着色后，活细胞呈红色，而蚀斑区细胞则不着色，形成无色区域。理论上，当病毒液被充分稀释后，获得的每个蚀斑均源于最初感染细胞的一个病毒颗粒，即蚀斑中的病毒为一个病毒体的克隆子代，由此达到纯化病毒的目的。

一旦获得病毒单克隆，就需要进行毒力和免疫力的鉴定。这可以通过在细胞上进行初步实验，来观察细胞病变；或根据某种病毒的通用方法进行体外检测，如流感病毒的血凝抑制实验。病毒毒力的检测需要进行体内实验，即将病毒接种到实验动物身上，观察动物发生免疫反应后的症状，测定实验动物的致死率和排毒量，检测免疫后血清学与病理学变化，多方面评价弱毒株的毒力与免疫原性。

（3）弱毒株稳定性的检测与鉴定

由于弱毒株为具有活性的病毒，因此存在持续适应新环境的能力。而应用在疫苗中的弱毒株抗原需要保证品质，其核心品质之一即为弱毒株的稳定性，主要指毒株的结构、毒力、基因组序列的保守性和免疫原性等。弱毒株稳定性的检测与鉴定主要是在病毒传代多次后，对基因组序列的测定、病毒微观结构的观察以及回归体内实验中对原宿主的毒力和免疫力鉴定。一般获得弱毒株后需要进行 100 次以上的传代，并在不同代次中挑选样本完成稳定性的检测与鉴定。

3. 病毒载体疫苗关键技术

（1）疫苗常用病毒载体类型

重组病毒载体疫苗是指以病毒作为载体，用基因工程技术将外源保护性抗原基因插入到病毒基因组内并转染细胞获得重组病毒，获得的重组病毒能在机体内表达目的蛋白质，并诱导产生相应抗体，从而达到免疫接种的目的。此类疫苗多为活病毒疫苗，接种后在机体内表达保护性抗原，刺激机体产生特异的免疫反应，具有载体来源丰富、可同时诱导机体产生体液免疫和细胞免疫、用量少、免疫原性接近天然且载体本身可发挥佐剂效应等优势。多种病毒载体如痘病毒、腺病毒、疱疹病毒、水泡型口炎病毒和黄病毒株17 D 等已用于疫苗研究。目前已完成或正在开展多项载体疫苗临床前研究和临床试验，其中，以重组腺病毒、痘病毒和水泡型口炎病毒载体疫苗研究较多，分别在临床试验中取得了理想的效果。

① 痘病毒载体：痘病毒是研究最早最成功的载体病毒之一，它具有宿主范围广、增殖滴度高、稳定性好、基因容量大及非必需区基因多的特点，因此，有利于进行基因工程操作，易于构建和分离重组病毒。它还可以插入多个外源基因，并对插入的外源基因有较高的表达水平。目前已有很多重组蛋白质在该载体中成功表达，攻毒保护效率良好。

② 腺病毒载体：腺病毒作为活载体也是目前的研究热点之一。虽然腺病毒载体对外源基因的容量较小（20 kb），但它具有独特的优点：安全性高；靶细胞范围广，不仅能感染复制分裂细胞，而且能感染非复制分裂细胞；制备简便，对热不敏感，在适合的培养系统中呈高滴度增殖；可在肠道及呼吸道增殖，能诱导黏膜免疫，能制成药囊经口服途径接种以预防消化道及呼吸道感染；Ad2、Ad5 等启动子较强，能高水平表达外源基因，特别是换以更强的启动子如 CMV 早期启动子后，可进一步明显提高

外源基因的表达水平。

③ 疱疹病毒载体：随着疱疹病毒弱毒疫苗的问世及其质量的不断提高，以此为基础的活载体也逐渐成为研究焦点。疱疹病毒的基因组较大，约 150 kb，可容纳多个外源基因的插入。大多数疱疹病毒（伪狂犬病毒除外）的宿主范围较窄，其重组病毒的使用不会产生流行病学方面的不良后果。许多疱疹病毒经黏膜途径感染，构建的载体活疫苗可经黏膜途径提呈抗原，诱导特异性黏膜免疫。

（2）病毒包装

病毒载体有两种，一种是具有复制能力的病毒载体，这类病毒不仅可作为外源基因的载体，而且保持病毒本身的复制能力；另一种是复制缺陷型病毒载体，只有通过特定转化细胞的互补作用或通过辅助病毒感染才能产生传染性后代，故无免疫后排毒的隐患，同时又可表达目的抗原，产生有效的免疫保护。由于复制缺陷型病毒载体具有高安全性，因此其正逐渐成为病毒载体疫苗的首选。在病毒载体疫苗生产的过程中，如何完成病毒包装，获得能够感染细胞的重组病毒载体是关键技术。

① 腺病毒包装系统：腺病毒包装系统主要包括两大基本组分：a. 含有外源基因的腺病毒载体，目前常见的腺病毒载体均缺失了 $E1A$、$E1B$ 和 $E3$ 基因，其中 $E1A$ 和 $E1B$ 是产生活病毒所必需的基因，缺失这些基因后，病毒不再具有复制能力，$E3$ 基因产物则会提高宿主的免疫反应，且对病毒生产不重要，缺失后可提高载体对外源基因的包容力；b. 包装细胞系，通常通过基因工程技术将 $E1$ 基因导入包装细胞（HEK293 细胞株）的基因组中。

② 慢病毒包装系统：慢病毒基因结构复杂，但只有 5 个基因对于病毒包装至关重要，它们分别是：gag 基因，编码基质蛋白、衣壳蛋白和核衣壳蛋白；pol 基因，编码蛋白酶、整合酶和逆转录酶；env 基因，编码病毒外面的衣壳蛋白 gp120 和 gp41；调节基因 tat 和 rev，主要调节病毒的转录和翻译。常用的慢病毒包装系统为三质粒系统：a. 包装质粒，含有 gag、pol、tat 和 rev 基因；b. 包膜质粒，含有 env 结构基因，是生产病毒颗粒必需的基因，但 env 编码的包膜糖蛋白感染性有限，因此可将其替换成的囊泡性口炎病毒（VSV）包膜糖蛋白 G，VSV-G 感染亲嗜性增强并且更加稳定；c. 目的质粒，具有异源启动子控制下的多克隆位点及在此位点插入的外源目的基因。三种质粒按一定比例共转染细胞后可以生成含有外源目的蛋白质的病毒。

4. 重组亚单位疫苗关键技术

重组亚单位疫苗，又称基因工程亚单位疫苗（genetic engineering subunit vaccine），主要是通过重组 DNA 技术，将病原体的保护性抗原编码基因表达出来，经过目的蛋白质的分离、纯化和（或）修饰等步骤，再辅以佐剂而制成的疫苗。该疫苗仅含有病原体的免疫保护成分，且多为蛋白质，不含有有害成分，因此具有安全性好、便于生产等优点。重组亚单位疫苗生产的关键技术主要包括蛋白质的纯化与稳定以及佐剂的选择。本节仅讨论蛋白质纯化与稳定的方法。

为方便蛋白质纯化与稳定，常在重组蛋白质上添加融合标签，融合标签与包被在固相基质上的特异配基结合，使重组蛋白质定向固定并得以纯化，大大简化了重组蛋白质的检测过程，同时既能保留天然蛋白质的大部分结构，又能实现增加溶解度、防降解、促进分泌、便于纯化等功能。常见的蛋白质标签见表 3-10。

表 3-10　常见的蛋白质标签列表

标签	洗脱条件	标签的作用
Poly-Arg	增加盐浓度	纯化,固定化,检测
Hexa-Histine	低 pH,咪唑	纯化,固定化
FLAG	EDTA,低 pH	纯化,检测
3×FLAG	EDTA,低 pH	纯化,检测
C-Myc	低 pH	纯化,检测

标签	洗脱条件	标签的作用
GST	还原型谷胱甘肽	纯化,高效翻译启动
MBP	麦芽糖	纯化,高效翻译启动,提高溶解度
SUMO	非净化标签	增强表达能力和溶解度
Ub	非净化标签	高效翻译启动,提高溶解度
Strep	生物素类似物	纯化,固定化,检测
S	低 pH	纯化,固定化,检测
HAT	低 pH,咪唑	纯化
Nano	生物素类似物	纯化,固定化
SBP	生物素类似物	纯化,固定化
SPA	低 pH	纯化,检测
NusA	非纯化标签	高效翻译启动,提高溶解度
Trx	非纯化标签	高效翻译启动,提高溶解度

四、细胞治疗制药技术

细胞治疗制药技术根据功能可分为两大类,即再生与修复相关的前体细胞(主要是干细胞)治疗技术和免疫相关的细胞治疗技术。

1. 干细胞治疗技术

再生与修复相关的细胞治疗主要利用具有分化、成熟潜能的前体细胞替代病变细胞,并修复损伤的各类器官,从而恢复其正常功能。干细胞是一类能够自我复制并且能够向具有特定功能的细胞分化,具有发育全能性的细胞。自然来源的干细胞主要分为胚胎干细胞和成体干细胞。目前,干细胞治疗技术以成体干细胞的应用居多,如骨髓间充质干细胞、表皮干细胞、子宫内膜干细胞、牙髓干细胞、神经干细胞、脂肪干细胞、角膜干细胞等,此外,在干细胞治疗技术中也有使用胚胎干细胞作为种子细胞的研究。同时,人工干预诱导成体细胞成为诱导多功能干细胞(iPSC)与基因修饰干细胞作为新的治疗方法也极具应用潜力。

人间充质干细胞(human mesenchymal stem cells,MSCs)具有广泛的生物学功能,已在干细胞治疗领域中得到广泛采用。它们是具有多谱系潜能的多能祖细胞,可分化为中胚层来源的细胞类型,例如脂肪细胞、骨细胞和软骨细胞;MSCs 可通过与人体适应性免疫系统相关的淋巴细胞相互作用而迁移到炎症部位,以发挥有效的免疫抑制和抗炎作用。MSCs 分布广泛,几乎所有组织(包括胎儿和成人)中均存在MSCs,目前其已从人类骨髓、血液、脐带、脐血、胎盘、脂肪、羊膜、羊水、牙髓、皮肤、经血等许多来源中被分离和鉴定。MSCs 具备易于分离和可在体外扩大培养的特点,这为细胞治疗带来了可制造性、商业化和广泛治疗的可能性。据不完全统计,全球范围内曾经获准上市的间充质干细胞产品有 18 款,符合药品定义的有 10 款。

MSCs 的制备过程中,首先需要进行供者的合理选择及筛查,接下来完成组织采集、细胞分离、纯化、培养、保藏、鉴别、效力检测,其中,分离与纯化是生产干细胞治疗产品的基础技术与关键技术,目前常用的分离与纯化方法见表 3-11。

表 3-11 常用的 MSCs 分离与纯化方法

分离技术	分离原理	优点	缺点
贴壁培养分离法	MSCs 体外培养时具有贴壁依赖性	操作简单,成本低,不需要特定细胞标志	特异性差,异质性高,可能改变细胞特性

分离技术	分离原理	优点	缺点
密度梯度离心法	细胞的大小与密度不同	操作简单快速,不需要特定细胞标志	特异性差
膜过滤分离法	细胞大小与膜的黏附强度	操作简单快速,成本低	特异性一般,大规模使用时需优化条件
流式细胞仪分选法	荧光标记抗体结合细胞表面或内部标志性分子	特异性高,同源性高,可同步分离不同细胞	成本高,需要特定细胞标志,干扰因素多
磁珠分选法	磁性标记抗体结合细胞表面或内部标志性分子	特异性佳,同源性高,操作快速	需要特定细胞标志,有可能获得多种细胞

2. 免疫细胞治疗技术

免疫细胞治疗技术指采集人体免疫细胞,在多种免疫活性因子的作用下,经过体外培养,消除患者体内的免疫抑制因素,筛选并大量扩增免疫效应细胞,然后再将这些免疫效应细胞回输到体内,杀灭血液及组织中的病原体、癌细胞、突变的细胞。免疫细胞治疗技术可打破免疫耐受状态,激活和增强机体的免疫能力。随着分子生物学、遗传学和病理生理学的发展,免疫细胞治疗技术取得了令人鼓舞的成果,目前国内进行自体免疫细胞治疗的医院有上百家,免疫细胞治疗技术越来越受到重视,有望取代某些传统治疗方法,以解决一些难以治愈的临床疾病。

免疫细胞治疗技术包括嵌合抗原受体 T 细胞治疗（CAR-T cell therapy）、肿瘤浸润淋巴细胞（TIL）疗法、嵌合抗原受体自然杀伤细胞免疫治疗（CAR-NK cell immunotherapy）、T 细胞受体（TCR）嵌合型 T 细胞疗法、自然杀伤细胞（NK）疗法、细胞因子诱导的杀伤细胞（CIK cell）疗法等。

（1）嵌合抗原受体 T 细胞治疗（CAR-T cell therapy）

嵌合抗原受体（chimeric antigen receptor, CAR）T 细胞治疗是近年来发展非常迅速的一种细胞治疗技术。通过基因改造技术,效应 T 细胞的靶向性、杀伤活性和持久性均较常规应用的免疫细胞高,并有效克服了肿瘤局部免疫抑制微环境和打破了宿主的免疫耐受状态。目前,CAR 的信号域已从单一信号域发展为包含 CD28、4-1BB 等共刺激分子的多信号结构域,拓宽了临床应用的范围。由于 CAR-T 细胞只能识别细胞膜外的蛋白质,因此 CAR-T 细胞治疗更适用于表面抗原暴露程度更高的血液瘤,对于实体瘤效果不佳。但是,该技术也存在脱靶效应、插入突变等临床应用风险。

（2）肿瘤浸润淋巴细胞（TIL）疗法

肿瘤浸润淋巴细胞（tumor infiltrating lymphocyte, TIL）可以从手术切除的肿瘤组织中分离纯化得到,TIL 中有一部分是针对肿瘤特异性突变抗原的 T 细胞,将它们在体外大量培养后回输体内,能够有效杀伤肿瘤细胞,发挥治疗作用。由于 TIL 是在机体肿瘤产生过程中逐渐形成的,具有天然选择和富集的优势,因此 TIL 具有肿瘤特异性 T 细胞比例高且多样、可识别多种肿瘤抗原等优点。TIL 疗法是目前治疗实体肿瘤的较为有效的方法。

（3）嵌合抗原受体自然杀伤细胞免疫治疗（CAR-NK cell immunotherapy）

CAR-NK 细胞免疫治疗由 CAR-T 细胞治疗发展而来,设计原理相同。在临床应用中,该疗法比 CAR-T 细胞治疗具有更好的安全性,可激活细胞毒性的多种机制。CAR-NK 细胞免疫治疗相对安全,主要表现为 CAR-NK 细胞的寿命短。CAR-T 细胞治疗可能导致细胞因子释放综合征（CRS）,这主要是由 CAR-T 细胞分泌的 INF-γ、TGF-α、IL-1 和 IL-6 等诱导的。CAR-NK 细胞免疫治疗有望降低 CAR-T 细胞治疗中出现的 CRS 和神经毒性副作用。

（4）T 细胞受体（TCR）嵌合型 T 细胞疗法

TCR 是所有 T 细胞表面的特征性标志,它通过与 HLA 结合来判断靶细胞是否正常,免疫系统如果发现细胞内部有变异的蛋白质片段,则会对该细胞发起攻击。这意味着通过基因工程技术将识别特定靶细胞的 TCR 表达在 T 细胞表面，增强 T 细胞的识别亲和性，就可以攻击肿瘤细胞，达到治疗肿瘤的效果，这种方法被称为 TCR 嵌合型 T 细胞疗法。TCR-T 细胞能够识别细胞外和细胞内的蛋白质，鉴于超过 85％的细胞蛋白质位于细胞内，该疗法可能对实体瘤具有更好的疗效。此外，TCR 嵌合型 T 细胞疗法不仅增加了 T 细胞的数量，而且加强了 T 细胞针对肿瘤细胞的特异性识别能力，同步提高了 T 细胞对肿瘤细胞的杀伤性。

五、动物生物反应器制药技术

动物生物反应器是指将外源目的基因导入并整合到动物基因组中，使这些外源基因可以遗传给后代，并能够表达相应目的蛋白质，从而获得的个体表达系统。

1. 动物生物反应器类型

（1）乳腺生物反应器

将所需目的基因整合入载体，并添加适当的调控序列，随后将该载体转入动物胚胎细胞，使转基因动物分泌的乳汁中含有所需的药用蛋白质。从融合基因转入胚胎细胞到收集蛋白质的过程，包括胚胎植入、分娩和转基因动物的生长。转基因动物从出生到第一次泌乳，需要一定的时间，并且只有雌性动物具备泌乳能力且泌乳过程并不连续。第一个进入临床试验阶段的转基因蛋白质产物是抗凝血酶Ⅲ。牛、羊等大型家畜能对药用蛋白质进行正确的后加工，使之具有较高的生物活性，同时产奶量大，易于大规模生产，因而成为乳腺生物反应器理想的动物类型。

（2）膀胱生物反应器

膀胱生物反应器具有和乳腺生物反应器一样的优点，如收集蛋白质产物比较容易，不必对动物造成伤害。但是，膀胱生物反应器还有更好的优点，该系统从动物出生起即可收集产物，不受动物性别和是否正处于生殖期的影响。膀胱生物反应器最显著的优势在于从尿中提取蛋白质比从乳汁中提取更加简便、高效。膀胱生物反应器已成功用于人生长激素（hGH）的表达。当然，转基因动物与生物反应器是 20 世纪生命科学发展的一个里程碑，但现在仍然存在着许多急需解决的问题。

转基因动物的研究在理论和技术上尚有不完善之处，使得导入的外源基因在动物基因组中往往存在随机整合、调节失控、遗传不稳定、表达率不高等问题。要提高转基因的效率，保证外源基因的有效表达，关键是基因构建的定点整合。

2. 动物生物反应器制药应用

（1）重组人抗凝血酶Ⅲ

人抗凝血酶Ⅲ是一种人血液中重要的抗凝血因子，但其很难从人血中提取，而且由于该酶分子结构复杂，利用微生物发酵系统往往不能表达出这种酶或者表达出的重组蛋白质活性丧失，而利用哺乳动物细胞培养系统则成本太高，产量也较低，无法满足该药的临床需求。

20 世纪 80 年代中后期发展起来的转基因动物乳腺生物反应器系统则为生产这些分子结构复杂且临床需求量大的重组蛋白质类药物提供了可靠途径。重组人抗凝血酶Ⅲ是世界上第一个利用转基因动物乳腺生物反应器生产的基因工程新药，是利用转基因山羊的乳汁生产出来的，其攻克了从转基因动物生产、重组蛋白质的表达研究、重组蛋白质纯化、临床试验、上市申请到商业化产品生产等环节的诸多技术和非技术障碍，开辟了生物制药业的新纪元。转基因动物乳腺生物反应器制药将逐渐取代低效的细菌发酵制药和高成本的哺乳动物细胞制药，成为可实现的基因工程制药技术之一。

（2）重组人 C1 酯酶抑制剂

遗传性血管性水肿（HAE）是由 C1 酯酶抑制剂缺乏（C1-INH-HAE）引起的。在绝大多数遗传性血管性水肿（HAE）患者中，血管性水肿的发作是由于 C1 酯酶抑制剂（C1-INH）的数量不足或功能缺陷，导致血管通透性增加和缓激肽释放失控。C1-INH 的外源性给药是恢复该蛋白质浓度和功能活性、调节缓激肽释放、减轻或预防与 HAE 相关的皮下和黏膜下水肿的合理方法。重组人 C1 酯酶抑制剂是通过转基因兔乳腺生物反应器生产并纯化的。该药物能够恢复血浆中功能性 C1 酯酶抑制剂的水平，从而治疗急性血管性水肿的发作。

六、植物细胞制药技术

1. 植物细胞生产次级代谢产物技术

植物细胞培养技术被用于生产宝贵的次级代谢产物，这些产物可以用作食品添加剂（面粉、香精、色素）、维生素和药品的潜在来源。利用细胞培养技术生产有效且有价值的次级代谢产物十分具有吸引力。细胞培养技术已经发展成为一种研究和生产植物次级代谢产物的工具。随着次级代谢产物重要性的增加，通过优化培养来改变产物产量等可能性的研究已经达到较高的水平。在过去的四十多年中，研究集中于植物细胞培养技术的利用，特别是在日本、德国和美国。次级代谢产物被广泛应用于商业生产，如同细菌和真菌被用于生产抗生素和氨基酸。例如，用紫草细胞培养生产紫草素的极大成功，以及用黄连细胞培养生产黄连素等。

次级代谢产物代表着植物对环境压力的适应，它们可以作为对微生物、昆虫以及更高级的食草性天敌的防御、保护或攻击性化学物质。植物被病原微生物感染时，会快速激活一系列防御反应，这些反应包括细胞壁蛋白质的氧化交联、植物抗毒素的合成、水解酶的产生，以及细胞壁蛋白质与酚类物质的结合，最终可能导致高敏感植物细胞的死亡。微生物入侵植物体时，会诱导植物合成抗微生物的次级代谢产物，这种方式与紫外线照射、渗透压冲击、脂肪酸、无机盐和重金属离子等压力因素诱导植物合成次级代谢产物的方式相同。体外培养的植物细胞对我们熟知的诱导因素如微生物感染、理化因素等，在生理和形态上都会显示出相应的反应。

2. 植物细胞制药应用

植物细胞制药技术一般应用于生产各种疫苗用的抗原。1992 年，美国科学家 C. J. Arntzen 和 H. S. Mason 率先提出了用转基因植物生产疫苗的新思路，此后，国内外相继在烟草、马铃薯、番茄、苜蓿和莴苣中表达了乙型肝炎表面抗原、大肠埃希菌热敏毒素 B 亚基、霍乱毒素 B 亚基、诺瓦克病毒壳蛋白和狂犬病毒 G 蛋白等抗原，并利用在植物中表达的抗原进行了动物和人体的免疫实验，为利用转基因植物生产疫苗奠定了良好的基础。

使用转基因植物生产的药物具有以下的优点：①生物活性好。能进行有效的翻译后加工，是能够大规模也是最经济的蛋白质生产系统。②构建容易。植物细胞易再生植株，生长周期短，易于快速筛选出转基因阳性植株。该技术不仅比构建动物生物反应器节省时间，而且技术更成熟，成功率更高。③成本低。外源基因可以通过种子遗传给下一代，便于扩大种植大面积提高产量。④使用安全。表达系统中的非目的成分对动物无害，不存在其他动物病原体污染的可能，对人畜安全。⑤免疫效果好。植物细胞中的疫苗抗原通过胃内的酸性环境时可受到细胞壁的保护，直接到达肠内黏膜诱导部位，刺激黏膜和全身的免疫反应。

目前已有几十种药用蛋白质或多肽在植物中成功表达，但均处于试验阶段，距离应用仍有较远距离（见表 3-12）。

表 3-12　植物细胞制药应用举例

药物名称	基因来源	应用	植物载体
核糖体抑制蛋白	玉米	抑制 HIV	烟草
激肽酶Ⅱ	人	降压、降解缓激肽	烟草、番茄
抗体	老鼠	多种用途	烟草
抗原	细菌、病毒	口服疫苗、亚单位疫苗	烟草、马铃薯、番茄

药物名称	基因来源	应用	植物载体
脑啡肽	人	止痛、镇静剂	油菜、拟南芥
表皮生长因子	人	特殊细胞增殖	烟草
促红细胞生成素	人	调节红细胞水平	烟草
生长激素	人	刺激生长	烟草、拟南芥
水蛭素	水蛭	血栓抑制剂	油菜
人血清白蛋白	人	血容量扩充	烟草、马铃薯
干扰素	人	抗病毒	芜菁

本章小结

　　细胞工程是以细胞为研究对象，通过细胞培养技术获得自然界难以获得的珍贵产品的新兴生物技术，在制药领域具有广阔的应用前景。本章介绍了细胞工程制药的概念、历史沿革和未来展望。着重介绍了动物细胞培养技术，即利用无菌操作技术从动物体取得组织或细胞，或利用已建立的稳定遗传的动物细胞系，在模拟动物体内生理条件的人工环境中进行培养，从而便于人们在体外对细胞的生长、繁殖、分化及衰老等生命活动现象进行观察和研究，或利用体外培养的细胞生产生物制品；同时也介绍了植物细胞培养技术的研究进展；并按照重组蛋白质类药物、单克隆抗体类药物、疫苗类药物、细胞治疗类药物、动物生物反应器类药物以及植物细胞工程药物的分类，逐一详述了这些药物生产中的共性关键技术。

思 考 题

　　1. 简述细胞工程和细胞工程制药的概念和特点。
　　2. 简述细胞原代培养和传代培养的步骤。
　　3. 简述细胞冻存与复苏的原理和操作步骤。
　　4. 简述贴壁依赖性细胞生长增殖的特点。
　　5. 总结并归纳细胞培养重组蛋白质制药技术的流程与关键技术。
　　6. 比较单克隆抗体生产中不同方法的原理及各方法的关键技术。
　　7. 分析并讨论动物细胞在不同类型疫苗生产中的作用。

【刘莹　张军林　胡鹏　温振国　蔡玮琦】

参考文献

[1]　赵恺, 章以浩, 李河民. 医学生物制品学 [M]. 2 版. 北京：人民卫生出版社, 2007.

[2]　姜和, 蔡家利, 朱建伟. 生物技术制药（双语教材）[M]. 北京：科学出版社, 2016.

[3]　冯伯森, 王秋雨, 胡玉兴. 动物细胞工程原理与实践 [M]. 北京：科学出版社, 2000.

[4]　孙敬三, 朱至清. 植物细胞工程试验技术 [M]. 北京：化学工业出版社, 2006.

[5]　刘玉堂. 动物细胞工程 [M]. 哈尔滨：东北林业大学出版社, 2003.

[6]　李青旺. 动物细胞工程与实践 [M]. 北京：化学工业出版社, 2005.

[7]　朱至清. 植物细胞工程 [M]. 北京：化学工业出版社, 2003.

[8]　章静波, 黄东阳, 方瑾. 细胞生物学实验技术 [M]. 北京：化学工业出版社, 2006.

[9]　王蒂. 细胞工程学 [M]. 北京：中国农业出版社, 2003.

[10]　杨吉成. 医用细胞工程 [M]. 上海：上海交通大学出版社, 2003.

［11］ 葛驰宇，肖怀秋. 生物制药工艺学［M］. 北京：化学工业出版社，2019.

［12］ 余蓉、郭刚. 生物制药学［M］. 北京：科学出版社，2017.

［13］ 高向东. 生物制药工艺学［M］. 5 版. 北京：中国医药科技出版社，2019.

［14］ Kinch M S. An overview of FDA-approved biologics medicines［J］. Drug Discovery Today，2015，20（4）：393-398.

［15］ Sari D，Gupta K，Raj D B，et al. The MultiBac Baculovirus/Insect Cell Expression Vector System for Producing Complex Protein Biologics［J］. Adv Exp Med Biol，2016；896；199-215.

［16］ Legastelois I，Buffin S，Peubez I，et al. Non-conventional expression systems for the production of vaccine proteins and immunotherapeutic molecules［J］. Hum Vaccin Immunother，2017，13（4）：947-961.

［17］ Jagschies G，Lindskog E，Lacki K，et al. Biopharmaceuticals processing：development，design，and implementation of manufacturing processes［M］. Amsterdam：Elsevier，2018.

［18］ Fausther-Bovendo H，Kobinger G. Plant-made vaccines and therapeutics［J］. Science，2021，373（6556）：740-741.

［19］ Walsh G，Walsh E. Biopharmaceutical benchmarks 2022［J］. Nat Biotechnol，2022，40（12）：1722-1760.

［20］ Reinhart D，Damjanovic L，Kaisermayer C，et al. Bioprocessing of Recombinant CHO-K1，CHO-DG44，and CHO-S：CHO Expression Hosts Favor Either mAb Production or Biomass Synthesis［J］. Biotechnology Journal，2019，14（3）：e1700686.

［21］ Bielser J M，Wolf M，Souquet J，et al. Perfusion mammalian cell culture for recombinant protein manufacturing-A critical review［J］. Biotechnol Advances，2018，36（4）：1328-1340.

［22］ Reeves P M，Sluder A E，Paul S R，et al. Application and utility of mass cytometry in vaccine development［J］. FASEB journal：official publication of the Federation of American Societies for Experimental Biology，2018，32（1）：5-15.

［23］ Li Z，Song W，Rubinstein M，et al. Recent updates in cancer immunotherapy：a comprehensive review and perspective of the 2018 China Cancer Immunotherapy Workshop in Beijing［J］. Journal of Hematology & Oncology，2018，11（1）：142.

［24］ Kelley B，Kiss R，Laird M. A Different Perspective：How Much Innovation Is Really Needed for Monoclonal Antibody Production Using Mammalian Cell Technology［J］. Advances in Biochemical Engineering/Biotechnology，2018，165：443-462.

［25］ Shin S W，Lee J S. Optimized CRISPR/Cas9 strategy for homology-directed multiple targeted integration of transgenes in CHO cells［J］. Biotechnology and Bioengineering，2020，117（6）：1895-1903.

［26］ Patil S U，Shreffler W G. Novel vaccines：Technology and development［J］. The Journal of allergy and clinical immunology，2019，143（3）：844-851.

第四章

酶工程制药

第一节　酶工程制药理论基础

　　酶是生物体内具有催化活性和特定空间构象的生物大分子，其化学本质为蛋白质或核酸，其催化机制如图 4-1 所示。酶工程（enzyme engineering）又称蛋白质工程学，是指工业上有目的地设置反应器和反应条件，利用酶的催化功能，在一定条件下催化化学反应，生产所需产品或服务于其他目的的一门应用技术，是酶学和工程学相互渗透发展而成的一门新技术。本技术中所涉及的酶既可以是游离酶，也可以是含酶的动植物细胞、细胞破碎液，以及经过固定化、修饰等加工、改性后的酶催化剂。酶工程制药是应用酶催化技术开展药物生产、研发等实践活动的一门工程科学，涉及药物的酶法制备、成药化合物的酶法修饰、酶学诊断试剂的研发与生产、手性药物的酶法拆分等内容。当前，人口增长与资源紧张、环境恶化等矛盾日益突出，酶工程制药因其反应条件温和、催化过程选择性高而逐步发展成最具前景的绿色医药技术，尤其在分子诊断、精准治疗等领域表现出独特优势。

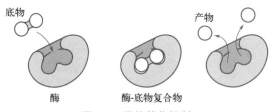

图 4-1　酶的催化机制

一、酶及其分类

1. 按照酶的化学组成进行分类

　　根据酶的化学组成成分，酶可分为单纯酶（单成分酶）和结合酶（多成分酶）。单纯酶（simple enzyme）是基本组成单位仅为氨基酸的一类酶，其催化活性仅仅取决于它的蛋白质结构。脲酶、消化道蛋白酶、淀粉酶、酯酶、核糖核酸酶等均属于单纯酶。结合酶（conjugated enzyme）发挥催化活性不仅依赖于蛋白质部分［脱辅基酶（apoenzyme，俗称酶蛋白）］，还需非蛋白质的物质，即酶的辅因子（cofactor）的参与，两者结合形成的复合物称作全酶（holoenzyme）。

结合酶的辅因子可以是金属离子，也可以是小分子有机化合物。常见的金属离子辅因子包括 K^+、Na^+、Mg^{2+}、Cu^{2+}（或 Cu^+）、Zn^{2+} 和 Fe^{2+}（或 Fe^{3+}）等，它们或是使酶具有催化活性的组成部分，或是连接底物和酶分子的桥梁，抑或是稳定酶分子构象所必需的成分。小分子有机化合物的主要作用是在反应中传递电子、质子或一些基团，常可按其与酶蛋白结合的紧密程度不同分为辅酶和辅基两大类。辅酶（coenzyme）与酶蛋白的结合相对疏松，可以通过透析或超滤除去，辅基（prosthetic group）与酶蛋白结合紧密，不易通过透析或超滤除去，辅酶和辅基的区别仅仅在于它们与酶蛋白结合的牢固程度，两者间无严格的界限。酶的催化专一性主要取决于酶蛋白部分，辅因子通常作为电子、原子或某些化学基团的载体。

大多数维生素（特别是维生素 B 族）是许多酶的辅酶或辅基的组成成分，见表 4-1。体内酶的种类很多，而辅酶（基）的种类却较少，通常一种酶蛋白只能与一种辅因子结合，成为一种特异的酶，但一种辅因子往往能与不同的酶蛋白结合构成许多种特异性酶。酶蛋白在酶促反应中主要起识别底物的作用，而酶促反应的特异性、高效率以及酶对一些理化因素的不稳定性也均取决于酶蛋白部分。

表 4-1　以维生素 B 族为主体的辅酶的形式及功能

辅酶形式	主要作用	所含维生素 B 族
硫胺素焦磷酸（TPP）	α-酮酸氧化脱羧羰基转换	维生素 B_1（硫胺素）
6,8-二硫辛酸	α-酮酸氧化脱羧	硫辛酸
辅酶 A（CoA）	酰基转换作用	泛酸
黄素单核苷酸（FMN） 黄素腺嘌呤二核苷酸（FAD）	氢原子转移	维生素 B_2（核黄素）
烟酰胺腺嘌呤二核苷酸（NAD^+） 烟酰胺腺嘌呤二核苷酸磷酸（$NADP^+$）	氢原子转移	烟酰胺
磷酸吡哆醛	氨基酸代谢	维生素 B_6
生物素	羧化作用	生物素（维生素 H）
四氢叶酸	"一碳基团"转移	叶酸
5-甲基钴胺素 5-脱氧腺苷钴胺素	甲基转移	维生素 B_{12}（钴胺素）

2. 按照酶的分子结构进行分类

根据酶的结构特点及分子组成形式，酶又可分为单体酶、寡聚酶和多酶复合物。单体酶（monomeric enzyme）只含一条肽链，分子量低，大多数水解酶属于此类。寡聚酶（oligomeric enzyme）由几条或几十条多肽链组成，每条肽链是一个亚基，单独的亚基无酶的活力。如己糖激酶和乳酸脱氢酶均含四个亚基，谷氨酸脱氢酶含六个亚基。多酶复合物（multienzyme complex）指的是若干个功能相关的酶彼此嵌合形成的复合体。多酶复合物中每个单独的酶都具有催化活性，当它们形成复合体时，可催化某一特定的链式反应，如丙酮酸氧化脱羧酶复合体，含三个酶六个辅助因子；脂肪酸合成酶复合体，含有六个酶及一个非酶蛋白质。这类多酶复合体的分子量很高。

3. 按照酶在细胞内的存在部位进行分类

根据酶在细胞内的存在部位，酶可分为胞内酶和胞外酶。胞内酶是指在合成后定位于细胞内发挥作用的酶，大多数的酶属于此类。胞外酶则是在合成后分泌到细胞外发挥作用的酶，主要为水解酶。

4. 按照酶的催化反应类型进行分类

为进一步规范酶的命名，1961 年国际酶学委员会（Enzyme Commission，EC）提出，依据酶催化反应的类型将酶进行系统分类，并以此作为酶系统命名的依据。EC 将酶分为六大类，分别为氧化还原酶类、转移酶类、水解酶类、裂合酶类、异构酶类和合成酶类。

① 氧化还原酶类　催化底物的氧化还原反应，如脱氢酶、氧化酶等。

② 转移酶类　催化底物之间基团的转移反应，如氨基转移酶、激酶、甲基转移酶、羧基转移酶等。

③ 水解酶类　催化底物的水解反应，如蛋白酶、肽酶、脂肪酶、淀粉酶等。

④ 裂合酶类　催化底物的裂解或缩合反应，如脱水酶、脱氨酶、脱羧酶、醛缩酶等。

⑤ 异构酶类　催化底物的同分异构体之间相互转换，如磷酸甘油酸变位酶、磷酸己糖异构酶。

⑥ 连接酶类　催化两种或两种以上化合物合成一种新化合物的反应。这类反应需吸收能量，通常与 ATP 的分解相耦联，ATP 分解产生的能量被用于推动合成反应的进行。

依据上述酶的系统分类方法，国际酶学委员会对每个酶进行了编号，一个酶只有一个编号。酶的系统编号由"EC"和四个阿拉伯数字组成，每个数字之间以"."隔开。"EC"是国际酶学委员会的缩写，四个数字的含义分别是：第一个数字代表大类，第二个数字代表亚类，第三个数字代表亚亚类，第四个数字是酶在亚亚类中的序号，如乳酸脱氢酶的编号为 EC 1. 1. 1. 27。

5. 核酶的分类

自 1982 年美国科学家 T. R. Cech 和 S. Altman 发现第 1 个有催化活性的天然 RNA——核酶（ribozyme）以来，越来越多的核酶被发现，人们对核酶的研究愈加广泛和深入，但是人们对其分类和命名还没有统一的原则和规定。根据酶催化反应的类型，核酶可分为剪切酶、剪接酶和多功能酶三类。根据结构特点不同，核酶可分为锤头型核酶（图 4-2）、发夹型核酶、含 I 型 IVS（intervening sequence）的核酶和含 II 型 IVS 的核酶等。根据核酶催化的底物是其本身 RNA 分子还是其他分子，核酶可分为分子内催化（incis，也称为自我催化）型和分子间催化（intrans）型两类。

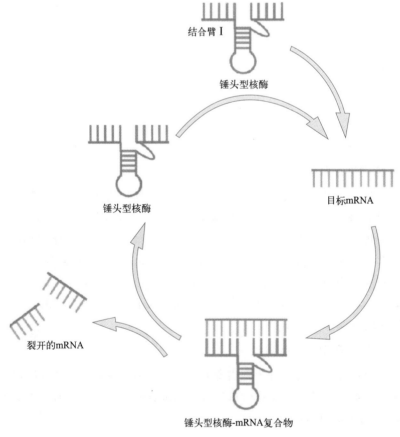

图 4-2　锤头型核酶及其催化机制

二、酶的催化特性

酶具有与普通催化剂相同的特点，即通过降低化学反应的活化能来加快反应速率，酶在反应中用量很少，且反应前后其数量、性质不变。酶只能催化热力学上允许进行的反应，对于可逆反应，酶只能缩短反应达到平衡的时间，但不改变平衡常数。除上述特性之外，酶也具有不同于普通催化剂的性质，主要包括高效性、专一性、反应条件温和以及酶促反应的可调性。酶比普通催化剂的催化效率高 $10^6 \sim 10^{13}$ 倍。酶的专一性（specificity）也称为酶的特异性，是指酶对所作用底物（substrate）的选择性。根据酶对底物的选择方式不同，酶的专一性分为绝对专一性（absolute specificity）、相对专一性（relative specificity）、光学专一性（optical specificity）和几何专一性（geometrical specificity）。绝对专一性是指一种酶只选择一种底物发挥作用；相对专一性是指一种酶选择一类底物发挥作用；光学专一性是指酶对所作用底物立体构型的选择性，如 L-氨基酸氧化酶；几何专一性是指酶对所作用底物顺反异构的选择性，如顺乌头酸酶。其中相对专一性又可分为键专一性（bond specificity）和基团专一性（也叫族专一性，group speicificity）。键专一性指酶对所作用的化学键具有选择性，如脂肪酶；而基团专一性是指酶对所作用的键及键一侧的基团的选择性，如 α-D-葡萄糖苷酶、胰蛋白酶。酶促反应通常在常温常压下进行，这得益于酶能显著降低反应的活化能（图 4-3）；而且，酶本身是具有催化功能的生物大分子，在高温、高压等极端条件下，多数酶会变性。此外，酶的活性受多种因素的调节与控制，因此具有明显的可调性。

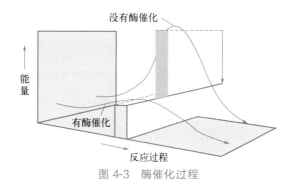

图 4-3　酶催化过程

三、影响酶催化反应的主要因素

酶的活力可受多种因素的调节控制，从而使生物体能适应外界条件的变化，维持生命活动。没有酶的参与，生物体内的新陈代谢过程几乎不可能持续进行。酶的活力通常采用酶活力单位来表示。酶促反应速率受酶浓度和底物浓度的影响，也受温度、pH、激活剂和抑制剂的影响。

1. 酶浓度的影响

酶促反应速率与酶分子的浓度成正比。当底物分子浓度足够时，酶分子浓度越高，底物转化的速率越快。但事实上，当酶浓度很高时，这种正比关系并不持续，酶促反应速率曲线逐渐趋向平缓。根据分析，这可能由于高浓度的酶环境中存在着许多的抑制剂，这些抑制剂可能来源于底物或反应的产物。

2. 底物浓度的影响

在酶促反应中，若酶的浓度为定值，底物的起始浓度较低时，酶促反应速率与底物浓度成正比，即反应速率随底物浓度的增加而增加；当反应体系中所有的酶分子都与底物结合生成中间产物后，即使再增加底物浓度，中间产物的浓度也不会增加，酶促反应速率同样不会继续增加，此时即达到最大酶促反应速率。

在底物浓度相同的条件下，酶促反应速率则与酶的初始浓度成正比。酶的初始浓度大，其酶促反应速率就大。然而在实际分析中发现，即使酶浓度足够高，随着底物浓度的升高，酶促反应速率却没有相应增加，甚至受到抑制，其原因是高浓度底物降低了自由水的有效浓度，降低了底物分子的扩散效率，从而降低了酶促反应速率；过量的底物聚集在酶分子上，生成无活性的中间产物，不能释放出酶分子也会降低反应速率。

3. 温度的影响

各种酶在最适温度范围内，酶的活力最强，酶促反应速率最大。在适宜的温度范围内，温度每升高 10 ℃，酶促反应速率可以相应提高 1~2 倍。不同生物体内酶的最适温度不同。如，动物组织中各种酶的最适温度为 37~40 ℃；微生物体内各种酶的最适温度为 25~60 ℃，但也有例外，如黑曲霉糖化酶的最适温度为 62~64 ℃；巨大芽孢杆菌、短乳酸杆菌、产气杆菌等体内的葡萄糖异构酶的最适温度为 80 ℃；枯草杆菌的液化型淀粉酶的最适温度为 85~94 ℃。可见，一些芽孢杆菌的酶的热稳定性较高。过高或过低的温度都会降低酶的催化效率（图 4-4），即降低酶促反应速率。

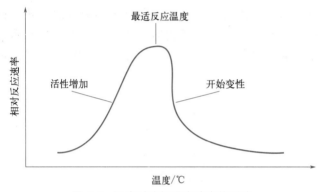

图 4-4　温度对酶促反应速率的影响

4. pH 的影响

酶在最适 pH 范围内表现出良好的催化活性，大于或小于最适 pH，都会降低酶的催化活性（图 4-5）。这主要表现在两个方面：①改变底物分子和酶分子的带电状态，从而影响酶和底物的结合；②过高或过低的 pH 都会影响酶的稳定性，进而使酶遭受不可逆破坏。人体中的大部分酶所处环境的 pH 值越接近 7，催化效果越好。但人体中胃蛋白酶的最适 pH 为 1~2，胰蛋白酶的最适 pH 在 8 左右。

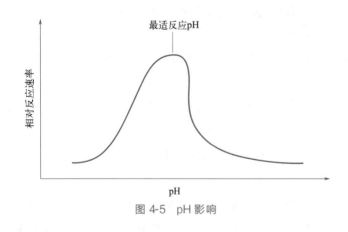

图 4-5　pH 影响

5. 激活剂的影响

能激活酶的物质称为酶的激活剂。激活剂的种类包括：

① 无机阳离子，如钠离子、钾离子、铜离子、钙离子等；

② 无机阴离子，如氯离子、溴离子、碘离子、硫酸根离子、磷酸根离子等；

③ 有机化合物，如维生素 C、半胱氨酸、还原型谷胱甘肽等。

许多酶只有当某一种适宜的激活剂存在时，才表现出催化活性或强化其催化活性，这称为对酶的激活作用。而有些酶被合成后呈现无活性状态，这种酶称为酶原，它必须经过适当的激活剂激活后才具有催化活性。

6. 抑制剂的影响

能减弱、抑制甚至破坏酶活力的物质称为酶的抑制剂。它可降低酶促反应速率。酶的抑制剂有重金属离子、一氧化碳、硫化氢、氢氰酸、氟化物、碘乙酸、生物碱、染料、对氯汞苯甲酸、二异丙基氟磷酸、乙二胺四乙酸、表面活性剂等。

对酶促反应的抑制可分为竞争性抑制和非竞争性抑制。与底物结构类似的物质争先与酶的活性中心结合，从而降低酶促反应速率，这种作用称为竞争性抑制。竞争性抑制是可逆性抑制，通过增加底物浓度，最终可解除抑制，恢复酶的活力。这类与底物结构类似的物质称为竞争性抑制剂。抑制剂与酶活性中心以外的位点结合后，底物仍可与酶活性中心结合，但酶无法展示其催化活性，这种作用称为非竞争性抑制。非竞争性抑制是不可逆的，增加底物浓度并不能解除对酶活力的抑制。这些与酶活性中心以外的位点结合的抑制剂，称为非竞争性抑制剂。

四、全细胞催化技术

全细胞催化技术（whole cell catalyzing technology）是指利用完整的生物有机体（即全细胞、组织甚至个体）作为催化剂进行化学转化，其本质是利用细胞内的酶进行催化，因此又称为生物转化（biotransformation），是一种介于发酵法和酶催化法之间的生物催化技术，其主要特点为可依赖细胞内完整的多酶体系实现酶的级联反应。与发酵法相比，全细胞催化技术克服了发酵法生产周期长、代谢产物复杂、底物转化率低、产物分离提取困难及能耗高等缺点；与酶催化法相比，全细胞中各酶系保持了其在活细胞中原本所处的状态和特定位置，这使酶的稳定性更好、半衰期更长、适应性更强、更易于实现能量和辅酶的原位再生，同时细胞内完整的多酶体系可以实现酶的级联反应，从而弥补酶催化法中级联催化过程不易实现的不足，提高了催化效率，也省去了烦琐的酶纯化过程，制备更加简单。

第二节 酶催化药物制备技术

一、酶催化制药的概念和意义

酶催化是介于均相催化与非均相催化之间的一种催化反应方式，其既可以理解为反应物与酶形成中间复合物，进而促进反应进行，也可以理解为酶表面吸附反应物后进行催化反应。这一体系是迄今为止人们所知的最高效和选择性最高的温和催化体系。此外，酶能催化一些化学上难以发生的反应，尤其是手性化合物的拆分与合成。现今，通过合理的酶工程（如酶的非水相催化、固定化酶、全细胞催化等），酶催化在制药领域展现出重要的应用价值。

酶是催化特定生物化学反应的生物催化剂。人们对于酶的利用可以追溯到很久以前。4000 多年前，我国劳动人民就发明了利用酒曲酿酒的技术；在 2500 年前的春秋战国时期则已有酱、醋的记录。1877 年，德国科学家 Wilhelm Friedrich Kühne 提出了酶这个术语；随后，Fischer 于 1894 年提出"锁钥"学说以解释酶作用的立体特异性；Buchner 发现酶的胞外作用现象。这些工作为近代酶学研究奠定了基础。

近 40 年来，酶催化在制药领域迅速发展。1984 年，Klibanov 发现酶可以在有机介质中进行催化反应，这一发现推动了酶的非水相催化技术的兴起和发展，这项技术在医药制备领域得到了广泛应用；20 世纪 70 年代，固定化酶技术的出现和发展，提高了酶的稳定性和重复利用性，降低了生产成本，扩大了酶的应用范围，推动了生物传感器和生物芯片等现代生物技术的发展。近年来，已经有很多成功利用酶催化技术生产药物的案例，如表 4-2 所示。

表 4-2 应用酶催化技术生产的药物

通用名	英文名	适应证	生产所用的酶
卡托普利	captopril	高血压	脂肪酶、L-氨基酸氧化酶、过氧化氢酶
阿托伐他汀	atorvastatin	高脂血症	酮还原酶、环氧化物水解酶、葡萄糖脱氢酶
布洛芬	ibuprofen	关节炎	环氧化物水解酶
孟鲁司特	montelukast	哮喘、过敏性鼻炎	酮还原酶、醇脱氢酶
普伐他汀	pravastatin	高胆固醇血症	细胞色素 P450
地尔硫卓	diltiazem	高血压	脂肪酶
普瑞巴林	pregabalin	癫痫	脂肪酶
萘普生	naproxen	关节炎	腈水解酶
左乙拉西坦	levetiracetam	癫痫	腈水合酶
西他列汀	sitagliptin	2 型糖尿病	氨基转移酶
辛伐他汀	simvastatin	高脂血症	酰基转移酶
头孢氨苄	cephalexin	感染性疾病	青霉素酰胺酶
波普瑞韦	boceprevir	Ⅰ 型丙型肝炎病毒	胺氧化酶
阿瑞匹坦	aprepitant	恶心呕吐	醇脱氢酶
帕罗西汀	paroxetine	抑郁症	蛋白酶

酶催化制药相较于传统的化学制药有许多优势，包括：①反应条件温和，无需强酸强碱和极端温度，能最大程度降低能耗，避免了使用特种设备；②催化效率高，比无催化剂的情况下高 $10^8 \sim 10^{20}$ 倍；③酶本身无毒无味，可以替代化学催化中难以回收的金属催化剂；④可以合成通过化学方法很难合成的产品，有利于改进工艺、合成新化合物；⑤对底物有严格的选择性和专一性，副反应少；⑥酶催化具有高度的立体选择性和区域选择性，可以获得高光学纯的手性化合物。

二、酶催化技术在制药工程中的应用

酶催化技术在传统化学合成制药中具有广泛的应用领域，这些应用主要集中在降血压药物和降血脂药物或其中间体、半合成抗生素、转化甾体、合成氨基酸等的生产。本节集中介绍酶催化技术在手性药物制备方面的应用。

20 世纪 60 年代"反应停"事件发生以来，人们深刻认识到了手性药物制备的重要性。在许多情况下，手性药物中仅有一种对映体有期望的生物活性，而其他对映体可能活性明显下降、具有不同的生物活性，甚至可能具有毒害作用。如今，制药企业依旧高度重视开发新药时的单手性控制策略，以避免副作用。当前手性药物的制备技术主要分为手性拆分和手性合成。手性药物的物理化学制备方法主要有色谱拆分、化学拆分、诱导结晶拆分、膜分离技术等，但是纯物理化学方法成本较高，立体选择性较低。酶是一种具有高度手性的生物催化剂，这与酶的高度立体选择性和区域选择性有关。

药物的手性拆分是将外消旋化合物分为两种不同对映体的方法，但产率一般只有 50%。现在一般使用化学-酶法动态动力学拆分，即在反应过程中剩余对映体通过某种方法异构化再由酶催化拆分。例如脂肪酶、蛋白酶、腈水合酶、酰胺酶等能催化外消旋化合物的不对称水解或其逆反应，得到期望的手性化合物。酶催化手性合成则是通过酶催化反应将前手性底物转化为手性产物。本节将以脂肪酶、环氧化物水解酶、腈转化酶和醇脱氢酶为例来介绍酶催化技术在手性药物制备中的应用。

1. 脂肪酶催化手性药物制备

脂肪酶是催化长链酰基甘油水解或合成的羧基酯酶，是一种常用的生物催化剂，催化反应中有30%以上涉及脂肪酶。脂肪酶具有立体选择性，不仅可以催化脂肪的水解反应，还能催化酯合成反应。

目前应用的脂肪酶大多数来源于微生物，很多品种已实现商品化。在酶催化中较常用的脂肪酶有：毛霉菌脂肪酶、假丝酵母脂肪酶、假单胞菌脂肪酶和猪胰腺中提取的脂肪酶。另外，通过基因重组技术，科学家们在原有微生物基因的基础上开发出许多具有特定功能的新型脂肪酶。

微生物来源的脂肪酶多为分泌性的胞外酶，易于分离纯化，获得高纯度的酶，适合于工业化生产。此外，脂肪酶在有机溶剂中能够保持生物活性，可有效催化水难溶性底物的生物转化，因此在有机化学领域及工业生产中具有极高的应用价值。下文将以地尔硫卓和普瑞巴林两种药物的中间体为例来介绍脂肪酶催化在手性药物制备中的应用。

（1）脂肪酶催化地尔硫卓手性中间体的合成

地尔硫卓（diltiazem）是一种钙离子通道阻滞剂，用于治疗包括变异型心绞痛在内的各种缺血性心脏病、高血压，也有减缓心率的作用。地尔硫卓有四个异构体，其中只有（+）-(2S,3S)型异构体具有高效的冠状血管舒张活性。

目前有机合成法制备地尔硫卓需要9个反应步骤，工艺路线烦琐，成本高。有研究人员使用黏质沙雷氏菌脂肪酶对化合物**1**进行手性拆分获得关键中间体化合物**2**（图4-6），将合成步骤简化至5个反应，总成本降至原来的2/3；也有研究人员利用铜绿假单胞菌脂肪酶完成这一反应步骤，产率高达49.7%，且ee值为99.9%。

图4-6 地尔硫卓关键中间体的酶促合成

（2）脂肪酶催化普瑞巴林手性中间体的合成

普瑞巴林（pregabalin）是γ-氨基丁酸类似物，是一种新型钙离子通道调节剂，具有阻断电压依赖性钙离子通道和减少神经递质释放的作用，用于治疗癫痫和减少神经疼痛。普瑞巴林的活性异构体是（S）型异构体。

辉瑞公司使用商品化脂肪酶对化合物**3**进行手性拆分制备出（S）型的中间体**4**（图4-7），而未反应的（R）型化合物**1**可以通过消旋化再进行酶催化手性拆分。酶催化步骤转化率为48%，ee值为98%，时空产率可达500 g/(L·d)。

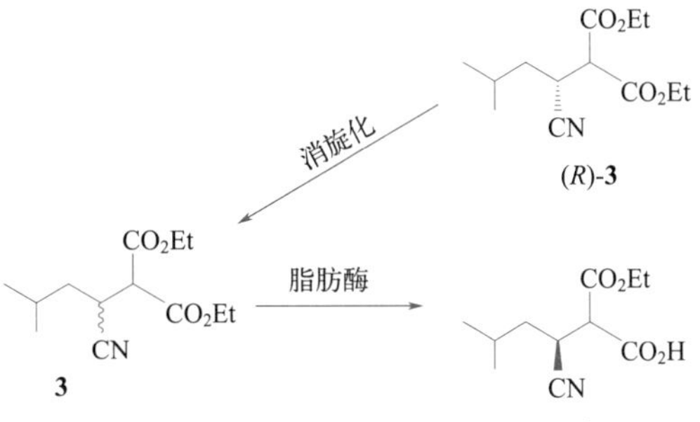

图4-7 普瑞巴林关键中间体的酶促合成

2. 环氧化物水解酶催化手性药物制备

环氧化物是一类重要的有机化合物，是许多药物的中间体。但使用化学法制备环氧化物时，立体选择性不高。制备光学纯的环氧化物可以通过酶催化的烯烃环氧化反应或环氧化物水解酶催化的手性拆分来实现，前者需要较复杂的后处理工序，因此人们一般选择环氧化物水解酶催化的手性拆分。

环氧化物水解酶能催化环氧化物进行立体选择性和区域选择性水解，得到期望构型的环氧化物。常用的环氧化物水解酶是肝微粒体环氧化物酶和微生物环氧化物酶。前者一般用于研究解毒机制，且提取困难，而后者经常用于生物催化过程。下文将以布洛芬和阿托伐他汀的关键中间体的酶催化制备为例分析环氧化物酶在手性药物制备中的应用。

（1）环氧化物水解酶催化布洛芬中间体合成

布洛芬（ibuprofen）是一种非甾体抗炎药，具有消炎、镇痛、解热的作用，广泛用于治疗类风湿关节炎、风湿性关节炎等。布洛芬有两种对映体，其中（S）型的布洛芬活性比（R）型高28倍，是主要活性异构体。

使用黑曲霉来源的环氧化物水解酶可以将化合物 **5** 进行酶催化拆分，获得（S）型的中间体 **6**（图4-8），再合成生物活性较强的（S）-布洛芬，而（R）型开环产物可通过重新消旋化实现循环利用。

图 4-8　布洛芬关键中间体的酶促合成

（2）环氧化物水解酶催化阿托伐他汀中间体合成

阿托伐他汀（atorvastatin）是一种他汀类血脂调节药，主要用于治疗高胆固醇血症和冠心病等疾病。阿托伐他汀的一个重要中间体是手性环氧氯丙烷，手性环氧氯丙烷也是芳氧丙醇胺类药物、环戊酮衍生物等药物的中间体。通过环氧化物水解酶对外消旋环氧氯丙烷进行手性拆分，可以获得手性环氧氯丙烷和副产物 3-氯-1,2-丙二醇。目前，一般在微水体系中使用催化-萃取-催化的模式进行手性拆分，产率为40%，ee 值大于99%。

3. 腈转化酶催化手性药物制备

含有氰基的有机化合物是一种重要的合成原料，它可以通过化学合成得到，且能进一步转化为具有更高价值的酰胺和羧酸。传统化学法制备腈类化合物需要较高的反应温度和强酸或强碱条件，在后续处理也会产生较多的盐，并且难以获得较高光学纯度的产品。相比之下，酶催化技术提供了一种更为温和的选择。腈转化酶催化主要涉及两种酶：腈水解酶和腈水合酶。腈水解酶能催化水解腈类化合物得到相应的羧酸，腈水合酶则可以催化腈类化合物转化为酰胺，而酰胺类化合物可以在酰胺酶的催化下转化为羧酸。

（1）腈水解酶催化的手性药物制备

腈水解酶通常包括一类由多个亚基（6～20个）组成的多聚体，也有少量以单体或二聚体的形式存在。腈水解酶主要作用于芳香腈，而较少作用于脂肪腈。

腈水解酶可以催化拆分外消旋腈类化合物，得到相应的手性羧酸，例如萘普生的手性拆分。萘普生（naproxen）是一种前列腺素（PG）合成酶抑制剂，具有消炎、镇痛、解热的作用，临床上常用于治疗风湿性关节炎和骨关节炎。萘普生的（R）构型疗效很弱，（S）-萘普生是主要活性成分。红球菌属腈水解酶可以催化化合物 **7** 生成（S）-萘普生（图4-9），ee 值为98%，但收率只有18%。

（2）腈水合酶催化的手性药物制备

腈水合酶的立体选择性较腈水解酶低，大部分腈水合酶没有或只有很小程度的立体选择性。一般而

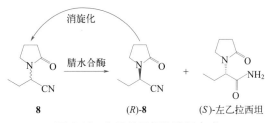

图 4-9 萘普生的酶促合成

言，腈水合酶常与具有立体选择性的酰胺酶联合应用，通常以全细胞催化的形式进行腈类化合物的手性拆分，例如化合物 **7** 的手性拆分可以使用腈水合酶和酰胺酶联合催化制备。

除了与酰胺酶联用，还可通过蛋白质工程改造腈水合酶，提高其立体选择性。左乙拉西坦就可以使用定向进化后的腈水合酶催化制备。左乙拉西坦（levetiracetam）是一种新型的抗癫痫药，广泛用于成人及 4 岁以上儿童癫痫患者部分性发作的药物治疗。左乙拉西坦的分子结构中存在一个手性中心，其（S）构型是主要活性成分。化学法拆分步骤需要使用有毒的烷化剂，且产率较低，仅为 35%。改造后的腈水合酶可以催化拆分化合物 **8** 生成（S)-左乙拉西坦（图 4-10），收率高达 43%，*ee* 值为 94%。

图 4-10 左乙拉西坦的酶促合成

4. 醇脱氢酶催化手性药物制备

手性醇的手性中心上连接有一个活泼的羟基官能团，是构建手性分子的重要砌块，在制药、精细化工行业中扮演着重要的角色。不对称还原前手性酮、酮酸或酮酯是一种简单且有效地生产对应手性醇的方法。

醇脱氢酶是一种重要的氧化还原酶，能催化醇与醛、酮之间的可逆反应。醇脱氢酶具有广泛的底物特异性，反应过程一般需要辅酶 NADH 或 NADPH 作为氢或电子的传递体。在酶催化领域中常用醇脱氢酶的来源有马肝、红平红球菌、酿酒酵母、嗜热厌氧杆菌和短乳杆菌，这些来源的醇脱氢酶已被商业化开发。催化合成药物中间体的醇脱氢酶主要有游离酶和全细胞催化两种形式，工业上约 75% 的醇脱氢酶采用全细胞催化方式，这与辅酶循环有关。

（1）醇脱氢酶催化孟鲁司特中间体合成

孟鲁司特（montelukast）是一种白三烯受体拮抗剂，是目前主要的抗哮喘药物之一。化合物 **10** 是制备孟鲁司特的关键手性中间体，化学法制备时需要添加手性还原剂，但反应条件苛刻，需要高温高压、氮气保护等条件，不利于工艺生产。而使用游离酶催化化合物 **9** 生成化合物 **10**（图 4-11），产率高达 90%，且 *ee* 值大于 99%，产量可达 100 g/L。

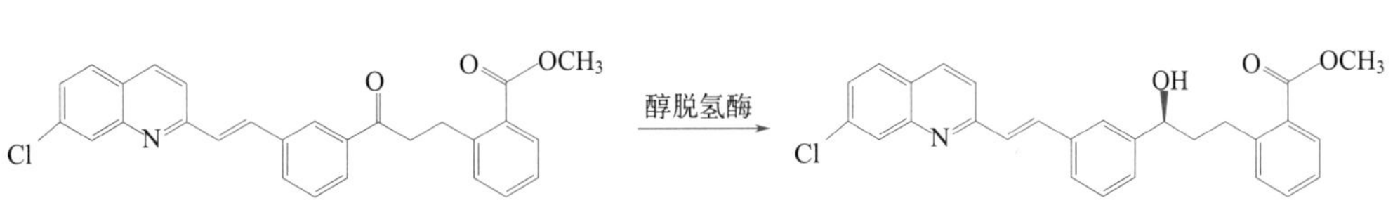

图 4-11 孟鲁司特关键中间体的酶促合成

（2）醇脱氢酶催化阿瑞匹坦中间体合成

阿瑞匹坦（aprepitant）是一种神经激肽-1（NK-1）受体阻滞剂，通过与 NK-1 受体结合来阻断 P 物质的作用，适用于预防高度致吐性抗肿瘤化疗的初次和重复治疗过程中出现的急性和迟发性恶心和呕吐。制备阿瑞匹坦的关键中间体是（R)-3,5-双三氟甲基苯乙醇。传统的催化加氢工艺需要高压加氢条件，工艺复杂，而优化后的化学合成工艺无需高压氢化条件，减少了金属催化剂的使用，通过两步反应 ee 值可提高至 99％。这一工艺优化成果曾获得美国总统绿色化学挑战奖。

随着酶催化制药技术的发展，有研究人员使用扩展青霉菌进行全细胞催化，合成了（R)-3,5-双三氟甲基苯乙醇，产率达 76％，ee 值大于 99％。国内也有课题组通过筛选获得雷弗松氏菌和棘孢木霉进行全细胞催化，产率分别为 62％和 93.4％，ee 值则分别达到 99.4％和 98％。相较于化学合成工艺，酶催化工艺具有明显优势。

第三节　酶的非水相催化技术

一、酶的非水相催化技术的概念和意义

酶在非水介质中发挥催化作用称为酶的非水相催化（enzymatic catalysis in non-aqueous system），其是酶工程制药领域中一个重要的研究方向。传统酶学认为，生物大分子（蛋白质和核酸等）只能在水溶液中发挥作用，有关酶的催化理论也是基于水溶液中的催化反应而建立起来的。然而，水对于大部分有机化合物来说并不是一个理想溶剂，因为许多有机化合物（底物）难以溶于水，并可能发生副反应（如水解、消旋化、聚合和分解反应等）。在 19 世纪末，人们已经开始研究酶在有机相中的催化性能，但早期的研究主要集中在利用有机溶剂提高底物的溶解度。直到 1984 年，克利巴诺夫（Klibanov）等在 *Science* 上发表了一篇关于酶在有机介质中的催化条件和特性的论文，明确指出酶可以在水与有机溶剂的互溶体系、水和有机溶剂组成的双液相体系和微水介质中进行催化反应。从此以后，酶的非水相催化研究开始活跃起来，形成了一个新的酶学研究领域——非水相酶学（nonaqueous enzymology）。

酶的非水相催化的主要优点有：①增强底物或产物的溶解度，非极性物质在有机溶剂中的溶解度较水溶液高；②改变反应平衡，在非水相催化中由于可逆反应的平衡点发生移动，往往有利于合成反应的进行；③能催化一些在水中无法催化的反应，如水解酶在水溶液中只能催化水解反应，难以催化其逆反应，在非水相中则可以催化水解反应的逆反应；④有利于增强酶的稳定性，这与无水状态下，酶分子空间构象更稳定和缺少引起酶分子变性失活的水分子有关；⑤在非水相体系中可以改变酶的底物特异性和选择性，这可能是因为酶分子活性中心与底物之间的结合状态发生变化；⑥减少反应过程中的微生物污染；⑦易于分离回收酶制剂，非水相体系中，大部分有机物溶于有机溶剂中，而酶不溶于有机溶剂，因此易于对酶进行回收再利用；⑧有利于分离纯化产物，从有机溶剂中分离纯化产物比从水中容易，从低沸点的溶剂中可更容易地分离纯化产物。

酶的非水相催化技术为酶在医药、精细化工、材料科学等领域的应用开辟了广阔的前景。现已报道，酯酶、脂肪酶、蛋白酶、纤维素酶、淀粉酶等水解酶类，过氧化物酶、过氧化氢酶、醇脱氢酶、胆固醇氧化酶、多酚氧化酶、细胞色素氧化酶等氧化还原酶类和醛缩酶等转移酶类中的十几种酶，在适宜的有机溶剂中具有与水溶液中相当的催化活性。这些酶在非水相体系中的催化作用已被成功用于多肽和酯类等的合成、甾体转化、功能性高分子的合成、手性药物的拆分等方面并均已取得显著的成果。非水相体系也为酶学研究发展提供了新的方法和手段。例如利用非水相体系来精准控制酶分子表面的含水量，以研究水分子和酶的结构和功能的关系；同时，通过研究酶在有机溶剂中的 X 射线晶体衍射，可以解析有机底物分子在酶表面的准确结合位点。

二、酶的非水相催化技术的主要内容

1. 酶的非水相催化反应介质

酶的非水相催化反应介质主要包括有机介质、气体介质、超临界流体介质和离子液体介质等。

（1）有机介质中的酶催化

有机介质中的酶催化是指酶在含有一定量水的有机溶剂中进行的催化反应，适用于底物、产物两者或其中之一为疏水性物质的反应。酶在有机介质中由于能够基本保持其完整的结构和活性中心的空间构象，所以能够发挥其催化功能。酶在有机介质中发挥催化作用时，酶的底物特异性、立体选择性、区域选择性、键选择性和热稳定性等都有所改变。利用酶在有机介质中的催化作用进行多肽或酯类等的生产、甾体转化、功能性高分子的合成、手性药物的拆分等方面的研究均已取得显著成果。

（2）气体介质中的酶催化

气体介质中的酶催化是指酶在气体介质中进行的催化反应，适用于底物是气体或者能够转化为气体的物质的酶催化反应。由于气体介质的密度低，容易扩散，因此酶在气相中的催化作用与在水溶液中的催化作用有明显的不同。目前这方面的研究局限性很大，因此研究相对较少，这里不予详细介绍。

（3）超临界流体介质中的酶催化

超临界流体介质中的酶催化是指酶在超临界流体中进行的催化反应。超临界流体指温度和压力超过临界点的流体，酶催化所用的超临界流体需要满足以下条件：对酶结构不产生破坏；对酶催化反应无明显的不良影响；化学稳定性高；无腐蚀性；超临界温度不能过高或过低，最好是室温；超临界压力不能太高；超临界流体应便宜易得。目前常用的超临界流体包括 CO_2、水、甲醇、乙醇、戊烷、乙烯等，其中最常用于酶催化反应的超临界流体是 CO_2。超临界流体较传统液体具有扩散系数高、黏度低和表面张力低等优点。超临界流体作为非水相催化介质能改变酶的底物特异性、区域选择性和对映体选择性，增强酶的稳定性，还可克服有机介质酶促反应中产物残留有机溶剂的缺陷。

（4）离子液体介质中的酶催化

离子液体介质中的酶催化是指酶在离子液体中进行的催化反应。离子液体（ionic liquid）是完全由离子构成的在室温条件下呈液态的低熔点盐类，具有毒性低、不易氧化、挥发性低、稳定性好等优点。酶在离子液体中具有良好的稳定性、区域选择性、立体选择性、键选择性等显著特点。

2. 非水相催化中酶的性质

酶能在非水介质中保持完整的结构和活性中心，因此能有效发挥其催化功能。但由于非水介质中有机溶剂和水对酶的柔性、酶分子间相互作用和疏水作用会产生明显影响，从而影响酶的底物结合位点、表面结构和底物性质，因此，酶在非水介质中显示出不同于水介质的催化特性。

（1）非水相中酶的底物特异性

酶在水溶液中催化反应时具有高度的底物特异性，这是酶催化反应的显著特点之一。酶的底物特异性与酶能够利用它与底物结合的自由能来加快反应的进行有关，总结合自由能变化是酶与底物之间的结合自由能和酶与水分子之间的结合自由能的差值，因此可以通过改变介质使总结合自由能发生变化，从而改变酶的底物特异性。例如，Zaks 和 Klibanov 在研究胰蛋白酶等蛋白酶在不同非水介质中催化 N-乙酰-L-氨基酸乙酯的水解反应或转酯反应时发现，在水中催化 N-乙酰-L-丝氨酸乙酯的水解效率较 N-乙酰-L-苯丙氨酸乙酯降低了约 99.98%；而在辛烷溶液中，N-乙酰-L-丝氨酸乙酯的反应性较 N-乙酰-L-苯丙氨酸乙酯高 3 倍。这是非水介质改变酶专一性的明显例证。从酶和底物的结合自由能分析，在水溶液中，酶活性中心的极性基团与极性底物形成强氢键，导致酶与底物的结合自由能升高，故在水溶液中酶倾向于与低极性底物反应，而在有机介质中，则倾向于强极性底物。另外，底物在非水介质中分配比例的变化也是影响酶的底物特异性及其催化效率的因素之一，底物和非水介质的极性会直接影响底物的分配。

（2）非水相中酶的立体选择性

酶的立体选择性又称为对映体选择性或立体异构专一性，是酶识别外消旋化合物中某种构象对映体的能力。酶的立体选择性对有机药物合成而言具有极高的应用价值，尤其是手性药物拆分。酶的立体选择性可以用立体选择系数 K_{LD} 的大小来衡量，立体选择系数越大，表明酶的立体选择性越强。

$$K_{LD} = \frac{(K_{cat}/K_m)_L}{(K_{cat}/K_m)_D}$$

式中，L 为 L 型异构体；D 为 D 型异构体；K_m 为米氏常数；K_{cat} 为酶的转换数。

在一定条件下，一个特定的酶的立体选择性保持不变，而酶的非水相催化技术则可以通过改变催化介质来改变酶的立体选择性，从而达到控制酶的立体选择性的目的，极大扩展了酶促反应的应用范围。例如，枯草杆菌蛋白酶在水溶液中催化 N-乙酰丙氨酸氯乙酯的水解反应时，立体选择系数 K_{LD} 为 $10^3 \sim 10^4$，而在有机溶剂中其 K_{LD} 小于 10。在非水相中酶的立体选择性改变可能与反应介质的亲（疏）水性的变化有关。在水和有机溶剂中，底物的两种对映体将水从酶分子的疏水性结合位点上置换出来的能力有所不同。当反应介质疏水性增大时，L 型底物置换水的过程在热力学上变得不利，使其反应性显著降低，而对于 D 型底物的影响相对较小，因此酶的立体选择性随介质疏水性的增加而降低。另外，在疏水性低的介质中，疏水性基团更易进入酶的疏水性口袋，与游离在溶剂中相比，这一过程在热力学平衡上更为有利，这使酶分子中的亲核基团易于进攻位置合适的底物分子的羟基，从而得到某个特定构型的产物。

（3）非水相中酶的区域选择性

在酶促反应中，底物某一位置上的基团被选择性地转化，而其他位置上的相同基团没有被转化，这种现象称为酶的区域选择性。酶的区域选择性系数与立体选择性系数的计算公式相似，区别在于其以基团位置替代 L/D 构型，即

$$K_{1,2} = \frac{(K_{cat}/K_m)_1}{(K_{cat}/K_m)_2}$$

式中，1、2 为底物分子的不同区域位置；K_m 是米氏常数；K_{cat} 是酶的转换数。

酶的区域选择性在非水介质中的变化主要与介质的疏水性改变有关，类似于立体选择性改变的原理。例如，用脂肪酶催化 1,4-二丁酰基-2-辛基苯与丁醇之间的转酯反应，以甲苯为溶剂时，区域选择性系数 $K_{4,1}$ 为 2，酶优先作用于底物 C-4 位上的酰基；在乙腈溶剂中，$K_{4,1}$ 为 0.5，表明酶优先作用于底物 C-1 位上的酰基。

（4）非水相中酶的热稳定性

许多酶在有机溶剂中表现出比水溶液中更高的热稳定性。酶的热变性主要有两种情况：酶暴露于高温时，随时间推移逐渐失去活性，发生不可逆失活；热诱导的瞬间和可逆的协同性去折叠。但无论是哪一种失活方式，水在其中均起着非常关键的作用，包括促进蛋白质分子的构象变化、门冬酰胺/谷氨酰胺的脱氨反应以及肽键的水解反应等有害反应。而在有机溶剂中缺少使酶热变性的水分子，也不存在水溶液中常见的导致酶不可逆失活的共价反应，酶在低水环境中表现出高度的构象刚性，这也有助于避免蛋白酶解作用的发生。例如，胰凝乳蛋白酶在水溶液中，55 ℃时半衰期只有 15 min，而在正辛烷溶液中，即使温度升至 100 ℃，半衰期也延长至 80 min。

（5）非水相中酶的"分子记忆"效应

酶在非水介质中具有的一个非常有趣的性质是"分子记忆"效应，这与酶在低水环境中具有高度的构象刚性有关。酶的"分子记忆"效应可以分为 pH 记忆和生物印迹。pH 记忆是由于酶在有机溶剂中不可能发生质子化和去质子化的过程，在从水溶液转到有机溶剂中酶能保持原先的离子化状态。例如，Zaks 和 Klibanov 在研究脂肪酶催化反应时发现，酶促反应速率与冷冻干燥前酶溶液的 pH 有密切的关系，反应的最佳 pH 恰好为脂肪酶在水溶液中的最适 pH。生物印迹则是指酶溶于含有其配体的缓冲液时，肽链与配体间的氢键等相互作用使酶的构象发生变化，改变后的新构象除去配体后在无水有机溶剂中仍可保

持。例如，将枯草杆菌蛋白酶从含有各种竞争性抑制剂的水溶液中冻干，用无水溶剂萃取除去抑制剂后置于无水溶剂中催化反应，发现相较于无配基存在下直接冻干的酶，其不仅活力高100多倍，而且底物特异性和稳定性也明显不同。当经过印迹的酶重新溶于水时，这种生物印迹效应也随之消失。

三、酶的非水相催化技术的反应体系及其在制药领域的应用

1. 酶的非水相催化的反应体系

酶在非水相体系催化和在水溶液中催化的反应体系有所不同，常见的非水相催化的反应体系有：单相共溶剂体系、两相溶剂体系、微水介质体系、胶束体系和反胶束体系。

（1）单相共溶剂体系

单相共溶剂体系是由有机溶剂和水互相混溶组成的均一体系。单相共溶剂体系一般适用于需要增加底物或产物溶解度的情况。构建该体系常用的有机溶剂有二甲基亚砜、二甲基甲酰胺、四氢呋喃、乙醇、丙酮和1,4-二氧六环等。由于该体系是均相体系，不存在传质阻力，但极性较大的有机溶剂会影响酶的催化活性，且高浓度的有机溶剂会夺取酶分子表面的结合水使酶失活，因此适用于此体系的酶较少，常见的有枯草杆菌蛋白酶和某些脂肪酶。此外该体系能降低反应体系的冰点，使酶可以在0 ℃以下催化反应。目前，在单相共溶剂体系中已成功实现过氧化物酶催化合成聚酚以及青霉素酰化酶催化合成羟氨苄青霉素。

（2）两相溶剂体系

两相溶剂体系是指由水相和疏水性较强的有机相组成的反应体系。两相溶剂体系一般适用于底物和产物两者或其中一种属于疏水化合物的催化反应。构建该体系常用的有机溶剂有烷烃、醚和氯代烷等。在两相溶剂体系中，游离酶和亲水性物质溶解于水相，固定化酶则悬浮于两相界面，酶不直接与有机溶剂接触，从而减少了有机溶剂对酶的影响；疏水性底物或产物溶解于有机相中，便于产物的回收和酶的回收再利用。如果产物溶解于有机相，那么它可能更容易从酶的活性中心释放，从而推动反应平衡向有利于产物生成的方向移动。由于该体系是两相体系，且大部分酶处于水相中，存在传质阻力，因此需要通过振荡、搅拌等方法加快反应进行。两相溶剂体系已成功用于甾体、脂质类药物的生物合成。

（3）微水介质体系

微水介质体系是由有机溶剂和微量水组成的反应体系，也就是通常所说的有机溶剂反应体系，是在非水相催化中广泛应用的一种反应体系。酶不溶于有机溶剂，一般以固定化酶、结晶态或冻干粉的形式存在于该体系中。该体系中的微量水主要是酶的结合水，对保持酶的空间构象和催化活性至关重要，而其余的水则分布于有机溶剂中。构建该体系常用的有机溶剂是甲苯、环己烷等疏水性溶剂，这可能与亲水性有机溶剂会夺取酶表面的水，导致酶变性失活有关。微水介质体系相较于前两种体系的优点主要包括：可有效抑制水解酶的水解反应，使酶催化反应向缩合反应方向进行；酶悬浮于有机溶剂中，便于酶的回收；此外，通过改变有机溶剂可调控酶的选择性。目前，在该体系中已进行了大量的酯水解、酯合成、酯交换、外消旋体的拆分、肽合成等反应以及修饰酶和固定化酶在有机溶剂体系中的反应等研究。

（4）胶束体系

胶束是指在水溶液中含有少量与水不互溶的有机溶剂，在表面活性剂的作用下形成水包油的微小液滴，适用于一些疏水性底物的生物转化。在胶束体系中，表面活性剂基团方向与反胶束体系相反，使有机溶剂和疏水性底物或产物在液滴内部，酶和亲水性底物或产物在液滴外部，反应则在胶束的两相界面上进行。目前，在胶束体系中已实现了酮洛芬酯的水解反应。

（5）反胶束体系

反胶束是一种在与水不互溶的有机溶剂中存在少量水，并在表面活性剂的作用下形成油包水结构的微小液滴。反胶束体系能较好地模拟细胞内微环境，对酶有保护和溶解作用，甚至可激发出酶的"超活性"，适用于大多数酶的催化反应。在反胶束体系中，表面活性剂的非极性基团向外与有机溶剂接触，而极性基

团排列在内部与水接触形成极性微环境。酶催化过程中，酶和亲水性底物或产物在反胶束内部，疏水性底物或产物溶解于反胶束外部的有机溶剂中，催化反应在反胶束体系的两相界面上进行。反胶束体系具有以下优点：①组成灵活性高，多种表面活性剂和有机溶剂都可以构建反胶束体系；②比表面积大，传质阻力较两相溶剂体系小；③自发形成，反胶束具有热力学稳定性，能自发形成，有利于工业规模放大；④反胶束的性质可控，通过调节温度、pH等因素可调控反胶束相特性，便于产物和酶的分离纯化；⑤便于监控反应，反胶束的光学透明性使得 UV、NMR、量热法等手段可应用于跟踪反应过程，有利于研究酶促反应动力学及其机制。目前，在反胶束体系中已进行了油脂水解、酯水解、酯交换、手性拆分和肽合成等反应。

2. 酶的非水相催化技术在制药领域的应用

酶在非水介质中可以催化多种反应，生成具有特殊功能和性质的产物，在医药行业具有重要的应用价值，显示出广阔的应用前景。下文将列举部分酶的非水相催化在制药领域的应用（表 4-3），并着重举例介绍酶的非水相催化技术在手性药物拆分、糖脂合成、多肽合成、黄酮类药物酰化等方面的应用。

表 4-3 酶的非水相催化在制药领域的应用

催化反应	酶	应用
氧化还原反应	羟化酶	甾体转化
	多酚氧化酶	芳香化合物的羟基化
	胆固醇氧化酶	胆固醇测定
	单加氧酶	二甲基二羟基苯的合成
	醇脱氢酶	醇类、酮类化合物的还原
聚合反应	脂肪酶	二酯类化合物的选择性聚合
	过氧化物酶	酚类、胺类化合物的聚合
合成反应	蛋白酶	多肽合成
	脂肪酶	青霉素 G 前体肽合成、酯类合成
	酯酶	酯类合成
酰基化反应	蛋白酶	糖类酰基化
	脂肪酶	甘醇酰基化
醇解反应	脂肪酶	二酸单酯类合成
氨解反应	脂肪酶	苯丙氨酸甲酯的氨解拆分

（1）手性药物拆分

手性化合物是指化学组成相同，但是立体结构互为对映体的两种异构体化合物。自然界中如蛋白质、氨基酸、糖类等组成生物体的基本物质都是手性化合物。当前的化学药物中，约 40% 是手性药物。部分手性药物的两种异构体的药理作用和药效差别较大，如普萘洛尔、萘普生等手性药物。手性药物的拆分一直是有机合成的难题，至今仍困扰着科学家们。酶由于具有高度的对映体选择性，一直被认为可以用于手性药物的合成与拆分。此外，酶催化反应还具有条件温和、污染小、产物光学纯度和收率高等优点。目前用于手性药物合成与拆分的酶有：脂肪酶、蛋白酶、酯酶、过氧化物酶、过氧化氢酶和 ATP 酶等，其中研究最多的是脂肪酶。酶在非水相条件下催化手性拆分和合成的实例如下。

① 萘氧氯丙醇酯的酶法拆分：萘氧氯丙醇酯是抗心律失常药普萘洛尔的重要中间体，其外消旋体可以在有机溶剂中利用假单胞菌脂肪酶催化水解，所得（R）-酯的 *ee* 值大于 95%，如果进一步对该酯进行酰化反应，同样能得到 *ee* 值大于 95% 的（R）-醇。

② 2-芳基丙酸的酶法拆分：（S）-2-芳基丙酸是消炎镇痛药布洛芬的主要活性成分。用脂肪酶在有机溶剂中可以合成 *ee* 值较高的（S）-2-芳基丙酸。

③ 苯甘氨酸甲酯的酶法拆分：苯甘氨酸的单一对映体是半合成 β-内酰胺类抗生素，如氨苄青霉素、头孢氨苄、头孢拉定等的重要中间体。利用脂肪酶在有机溶剂中催化氨解反应可以得到单一对映体。

（2）糖脂合成

糖脂是一种由糖和脂类聚合而成的聚合物。糖脂在体内具有重要作用，Planehon 等在 1991 年发现一些糖脂具有抗肿瘤的作用，例如，二丙酮缩葡萄糖丁酸酯等具有抑制肿瘤细胞生长的功能，并不会对正常细胞产生影响，同时也能增强 α 干扰素或 β 干扰素的抗肿瘤作用。此外，糖脂因其可生物降解、良好的表面活性等特性被广泛用于医药、食品等领域。

现在，糖脂的合成方法主要有化学合成法和酶促合成法两种。化学合成法已发展成熟并用于工业化生产，但其合成过程需要大量的有机溶剂，反应温度高达 140 ℃并需要金属钠作为催化剂。此外，由于糖分子上存在多个酯化位点，化学合成过程中往往会产生较多的副产物，其中一些副产物具有致癌性和致敏性。相比之下，酶作为一种生物催化剂，具有较好的区域选择性和键选择性，可以有目的地酯化糖分子上特定的羟基。例如 Klibanov 等在 1986 年用枯草杆菌蛋白酶在吡啶溶剂中催化糖和酯类的聚合反应，得到了单一位点酯化的 6-O-酰基葡萄糖酯。此后，研究人员用脂肪酶、蛋白酶等酶催化不同糖和酯类聚合，得到不同的糖脂，如蔗糖与三氯乙醇丁二酸酯聚合生成聚糖脂等。

（3）多肽合成

多肽的酶促合成一般是指利用蛋白酶的逆反应或转肽反应进行肽键合成。依据非水相催化中酶的特性，有机溶剂能改变酶催化反应的平衡方向，使用酶的非水相催化技术进行多肽的酶促合成，能使蛋白酶倾向于催化多肽合成而不是蛋白质的水解反应。这种在非水相中进行酶促合成多肽的方法，适用于较大肽段间的缩合，尤其是合成只含几个氨基酸的小肽片段。例如：①使用胰蛋白酶催化合成二肽，在乙酸乙酯中利用胰蛋白酶催化 N-乙酰色氨酸与亮氨酸合成二肽 N-乙酰色氨酰-亮氨酸；②使用蛋白酶合成天苯肽和天丙二肽，嗜热菌蛋白酶在有机溶剂中可以催化天冬氨酸和苯丙氨酸甲酯的缩合反应，还可以催化 L-天冬氨酸与 D-丙氨酸的缩合反应。除了蛋白酶外，有研究发现脂肪酶也可以用于多肽合成，且具有蛋白酶所没有的酰胺酶活性，能更好地用于多肽合成。例如，在有机溶剂中使用脂肪酶催化合成青霉素前体肽等多肽。非水相中酶促合成蛋白质较有机合成具有明显优势：反应条件温和；由于酶的高度立体选择性和区域选择性，无需添加保护基、副反应少、产物光学纯度高。

（4）黄酮类化合物酰化

黄酮类化合物是广泛分布于植物界的一类重要天然产物，具有清除自由基、抗氧化功能和多种生理活性，例如扩张血管、免疫激活、抗肿瘤、抗炎、抗菌、抗病毒、抗变应性、雌激素样作用等，在医药、化妆品和食品工业中具有重要的应用价值。但是其在脂质环境中的低溶解度和低稳定性限制了黄酮类化合物的广泛应用，为了提高其疏水性，研究人员选择对其进行酰基化修饰。化学法酰基化选择性较低，通常会使结构上的酚羟基无法实现其抗氧化作用。而酶促法具有更高的区域选择性，能提高黄酮类化合物的稳定性和抗氧化作用。目前，蛋白酶、酰基转移酶和脂肪酶等已经被应用于黄酮类化合物的酰化。

第四节　固定化酶催化技术

酶不溶于水但仍具有活性的现象，最早是由 Nelson 和 Griffin 在 1916 年发现的，据报道，从酵母液中提取的转化酶吸附于木炭上时，该酶表现出的催化活性和原酶一致。32 年后（1948 年），Summer 进一步把刀豆脲酶置于含有 30％乙醇和氯化钠的溶液中，室温放置 1～2 天，制成不溶于水的脲酶，并发现这种酶仍保留原酶的催化活性。

真正有效并积极地开展酶的固定化研究的是 Grubhofer 和 Schleith，他们曾将羧肽酶（carboxy-peptidase）、淀粉酶（diastase）、胃蛋白酶（pepsin）、核糖核酸酶（ribonuclease）固定在重氮化聚氨基聚苯乙烯树脂上。

最初的固定化酶是将水溶性酶与不溶性载体相结合，生成不溶于水的酶的衍生物，也曾被称为"水不溶酶"（water insoluble enzyme）和"固相酶"（solid phase enzyme）。但是后来人们发现，将酶包埋在凝胶内或置于超滤装置中也可实现酶的固定化，高分子底物与酶在超滤膜一边，而反应产物可以透过膜逸出，在这种情况下，酶本身仍处于溶解状态，只不过被固定在一个有限的空间内，不能自由流动。因此，水不溶性酶与固相酶的名称已不再恰当。1971 年，第一届国际酶工程会议正式建议采用"固定化酶"这一术语。

一、固定化酶与固定化细胞的概念和特点

1. 固定化酶

固定化酶（immobilized enzyme），是指被限制在一定空间内并维持催化活性的酶，能连续进行催化反应，且反应结束后该酶可以回收并重复使用。因此，无论用何种方法制备的固定化酶，都应该满足上述固定化酶的特性。例如，将一种阻挡高分子化合物透过的半透膜置于容器内，加入酶及高分子底物，使之进行酶促反应，低分子产物会连续不断地透过半透膜，而酶因不能透过半透膜而被回收利用，这种酶实质上也是一种固定化酶。

固定化酶与游离酶相比，具有以下优点：①酶的稳定性得到改进；②便于为特定用途"缝制"催化；③酶可以再生利用；④可以实现连续化操作；⑤反应所需的空间小；⑥使反应的最优化控制成为可能；⑦可得到高纯度、高产量的产品；⑧高效利用资源，减少污染。

然而，固定化酶也存在一些缺点：①固定化时，酶活力有一定损失；②工厂初始投资大，增加了生产成本；③只能用于可溶性底物，且只适用于小分子底物；④与完整菌体相比，不适用于多酶反应，特别是需要辅因子的反应；⑤胞内酶必须经过分离纯化才能固定化。

1971 年，在首届国际酶工程会议上，酶的分类得到了初步确立。酶可粗分为天然酶和修饰酶，固定化酶属于修饰酶。修饰酶中还包括化学修饰酶和用分子生物学方法在分子水平进行改良的酶等。

2. 固定化细胞

固定化细胞（immobilized cell）是指固定在水不溶性载体上，在一定的空间范围进行生命活动（生长、发育、繁殖、遗传和新陈代谢等）的细胞。固定化细胞技术是用于获得细胞产生的酶和代谢产物的一种方法，该技术起源于 20 世纪 70 年代，是在固定化酶的基础上发展而来的新技术。由于固定化细胞能进行正常的生长、繁殖和新陈代谢，所以又被称为固定化活细胞或固定化增殖细胞。通过各种方法将细胞和水不溶性载体结合，制备固定化细胞的过程被称为细胞固定化。

微生物细胞、动物细胞、植物细胞都可以制备成固定化细胞，由于微生物细胞发酵易得，固定化微生物细胞更适用于工业化生产。固定化微生物细胞具有下列显著优点：

① 固定化微生物细胞保持了细胞的完整结构和天然状态，稳定性好。

② 固定化微生物细胞保持了细胞内原有的酶系、辅酶体系和代谢调控体系，可以按照原来的代谢途径进行新陈代谢，并可进行有效的代谢调节控制。

③ 发酵稳定性好，可以反复使用或者连续使用较长的一段时间。例如，用海藻酸钙凝胶包埋法制备的黑曲霉细胞，用于生产糖化酶时可以连续使用一个月。

④ 固定化微生物细胞因其密度提高，所以可以提高产率。如利用海藻酸钙凝胶固定化黑曲霉细胞生产糖化酶，产率提高 30% 以上；用中空纤维固定化大肠埃希菌生产 β-内酰胺酶，产率提高 20 倍。

⑤ 可提高固定化工程菌的质粒稳定性。

二、固定化酶催化技术的主要内容

制备固定化酶要根据不同情况（不同酶、不同应用目的和应用环境）来选择不同的方法，但是无论选择什么样的方法，都要遵循几个基本原则：

① 必须注意维持酶的催化活性及专一性。酶的活性中心是酶发挥催化作用所必需的，酶的空间构象与酶活力密切相关。因此，在酶的固定化过程中，必须注意酶活性中心的氨基酸残基不发生变化，也就是酶与载体的结合部位不应当是酶的活性中心部位，而且要尽量避免那些可能导致酶高级结构破坏的条件。

② 为使固定化更有利于生产的自动化、连续化，其载体必须有一定的机械强度，不能因机械搅拌而破碎或脱落。

③ 固定化酶应有最小的空间位阻，尽可能不妨碍酶与底物的接近，以提高产品的产量。

④ 酶与载体必须结合牢固，从而使固定化酶能回收储藏，利于反复使用。

⑤ 固定化酶应有最大的稳定性，所选载体不与废物、产物或反应液发生化学反应。

⑥ 固定化酶成本应较低，以利于工业使用。

1. 酶的固定化方法

固定化酶的制备方法主要有物理法和化学法两大类。

物理法包括：物理吸附法、包埋法等。其中，物理吸附法包括非特异性吸附法和离子吸附法，包埋法包括网格型包埋法和微囊型包埋法。物理法制备固定化酶的优点在于酶不参与化学反应，结构保持不变，从而很好地保留酶的催化活性。但是，由于包埋物或半透膜具有一定的空间或立体阻碍作用，此种固定化酶可能不适用于部分酶催化反应。

化学法包括：结合法、交联法。结合法又分为离子结合法和共价结合法。化学法是将酶通过化学键连接到天然的或合成的高分子载体上，使用偶联剂通过酶表面的基团将酶与载体交联起来，而形成分子量更大、不溶性的固定化酶的方法。

固定化酶的固定模式如图 4-12 所示，细胞器和微生物的固定化与固定化酶在本质上是相同的，亦应尽量在温和条件下进行，在具体的制备方法上除了共价结合法和吸附法不太适用外，图 4-12 中的其他方法均可采用。

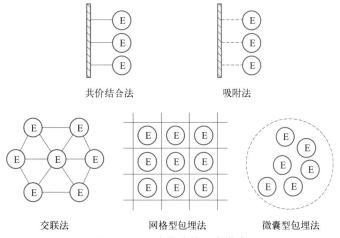

图 4-12 固定化酶的固定模式

（1）非特异性吸附法

非特异性吸附法主要通过非特异性物理吸附过程来实现酶的固定化，即酶分子通过非特异性的作用力（如范德瓦耳斯力、氢键以及亲水或疏水作用等）被固体载体所吸附，从而实现固定化。许多载体都能够通过非特异性结合来吸附酶分子。常用的吸附剂包括活性炭、氧化铝、硅藻土、多孔陶瓷、多孔玻璃、硅胶、羟基磷灰石等。采用吸附法制备固定化酶，具有操作简便、条件温和，不会引起酶变性或酶失活，且载体廉价易得，可反复使用的优点。虽然吸附法制备固定化酶有诸多优点，但由于仅依赖于物理吸附来结合酶分子的作用较弱，酶与载体结合不紧密，易发生酶分子脱落，并且酶分子在载体上的分布可能不均一，使固定化酶的催化效果减弱，从而限制了其广泛使用。表4-4列举了一些利用吸附法制备固定化酶的实例。

表 4-4　利用吸附法固定化的酶

酶	载体介质	吸附类型
酯酶	M41S 硅基介孔材料	亲水作用
青霉素酰胺酶	非孔硅土	
β-葡萄糖苷酶	MCM-41	
辣根过氧化物酶	FSM-16，MCM-41	
细胞色素 P450	MCM-41，MCM-48	
中性蛋白酶	蛭石	
果胶酯酶	聚对苯二甲酸乙二醇酯(PET)	疏水作用
蛋白酶	滑石粉	
木瓜蛋白酶	二氧化硅	
胰凝乳蛋白酶	PET	
乳酸脱氢酶	聚三氟氯乙烯(PCTFE)	
角质酶	NaY zeolite/accurel PA6	
辣根过氧化物酶	中孔硅基质	非特异性吸附
青霉素 G 酰化酶	MCM-41	
α-胰凝乳蛋白酶	硅藻土	
前列腺素合成酶	硅胶 G(含 CaSO$_4$ 的硅胶)	
酯酶	二乙胺基乙基纤维素(DEAE-纤维素)	离子吸附
荧光假单胞菌脂肪酶	Dowex66(弱阴离子型)	
天冬氨酸酶	Doulite AT(弱阴离子型)	
溴过氧化物酶	DEAE-Cellulofine	
过氧化物酶	DEAE-纤维素	

（2）离子吸附法

离子吸附法是指载体上带电的基团与酶的氨基酸残基（例如赖氨酸的 ε-氨基、谷氨酸和天冬氨酸的羧基等）上的电荷发生相互作用，从而产生吸附效应的方法。用于离子吸附的载体大致可分为三类：合成载体、衍生的合成聚合物和衍生化的交联葡聚糖。合成载体同其他吸附剂一样可直接作为吸附剂使用，如Duolite 树脂（一种离子交换树脂的商品名）可作为弱阴离子交换剂直接吸附酶分子。衍生合成聚合物是一些合成的惰性聚合物经衍生化后制备而成的离子型吸附剂，如衍生化的聚丙烯酰胺、多孔性酚醛树脂等。衍生化的交联葡聚糖包括 DEAE-纤维素、SP-纤维素、DEAE-交联葡聚糖等。表 4-4 中列举了一些通过离子吸附法实现固定化的一些酶。

（3）包埋法

酶的包埋法（entrapment）是指通过物理、化学的方法（如交联或凝胶化）将酶包裹在多孔载体中的过程。

包埋法通常使用多孔介质作为载体，如琼脂糖、海藻酸钠、卡拉胶、明胶、聚丙烯酰胺、光交联树脂、聚酰胺、火棉胶等。依据所用包埋材料和方法的不同，包埋法制备固定化酶可分为凝胶包埋法和半透膜包埋法。

① 凝胶包埋法：以多孔凝胶为载体，将酶分子包埋在凝胶的微孔而使其固定化的方法被称为凝胶包埋法。

凝胶包埋法是应用最广泛的固定化方法，不仅适用于酶分子的固定化，还适用于各种微生物、动物和植物细胞的固定化。一般来讲，酶分子的直径只有几纳米，因此在固定化过程中要控制凝胶载体的孔径小于酶分子的大小，防止已经被包埋的酶分子再次从凝胶孔隙中渗漏出来。

凝胶包埋法所使用的载体主要有琼脂、海藻酸钙凝胶、聚乙烯醇、明胶、聚丙烯酰胺凝胶和光交联树脂等。

a. 琼脂凝胶包埋法：固定化过程中先将一定量的琼脂加入一定体积的水中，加热使之溶解，然后冷却至 48～55 ℃，再加入一定量的酶溶液，迅速搅拌均匀后，趁热将混合溶液分散在预冷的甲苯或四氯乙烯溶液中，形成球状固定化细胶粒，分离后洗净备用。由于琼脂凝胶的机械强度较差，而且氧气、底物和产物的扩散较困难，故其使用受到限制。

b. 海藻酸钠包埋法：将酶液加入一定浓度的无菌海藻酸钠溶液中，充分混匀，然后用注射器将其滴入一定浓度的 $CaCl_2$ 溶液中，形成白色小珠，将小珠浸泡在 $CaCl_2$ 溶液中，于冰箱内静置过夜，滤出小珠，洗净备用。

目前，由于海藻酸钠凝胶机械强度较好，内部呈多孔结构，并且利用此方法制备固定化酶或固定化细胞时操作简便，条件温和，对细胞的毒性较小，因此该方法在固定化领域中应用较为广泛。利用此方法进行固定化的过程中，酶或胞的包埋量、海藻酸钠的浓度、小珠的直径大小对固定化效果的影响较大。现已知海藻酸钠珠体的结构与直径对酶的活力有影响，珠体的直径越小，酶活力越高，例如，直径为 0.5 mm 的珠体包埋的酶的活力是直径为 5 mm 的珠体的约 20 倍。此外，所用 $CaCl_2$ 溶液的浓度对固定化酶（或细胞）的催化活性也有直接影响。

c. 聚乙烯醇包埋法：将一定量的酶或菌悬液与无菌聚乙烯醇（PVA）溶液混匀，倾倒在平板上，加入饱和海藻酸钠溶液，置于冰箱内静置过夜。次日，用手术刀将其切成小块状，用无菌水洗净备用。

PVA 水凝胶胶囊的商品化产品，直径为 3～4 mm，厚度为 200～400 μm，形态上类似于隐形眼镜的镜片。这种类型的酶固定化材料最初于 1995 年被提出。PVA 水凝胶胶囊具有良好的机械性能、化学性质稳定、在酶催化反应过程中无副作用、能很好地维持酶活力，且价格低廉等优点，近年来作为酶固定化载体材料获得广泛的应用。

d. 明胶包埋法：配制一定浓度的明胶悬浮液，加热灭菌后，冷却至 35 ℃ 以下，随后，与一定浓度的酶或细胞悬浮液混合均匀，倒入光滑的培养皿中，置于冰箱内冷凝 2 h。取出凝胶，将其置于含戊二醛的生理盐水中浸泡 1.5 h，再取出并切割成 1～2 mm 的颗粒，将这些凝胶颗粒置于含戊二醛的生理盐水中静置 1.5 h，滤出备用。其中加入戊二醛等双功能试剂可以强化交联效果，增加凝胶的机械强度。值得注意的是，由于明胶是一种蛋白质，因此不适用于蛋白酶的包埋。

e. 卡拉胶包埋法：用生理盐水配制一定浓度的卡拉胶溶液，灭菌冷却至 45 ℃ 后与适量菌丝混合，冷却凝固后，放入 28 ℃ 恒温箱中干燥 2 h，之后切成小块，置于 2% KCl 溶液中硬化过夜。

f. 聚丙烯酰胺包埋法：先配制一定浓度的丙烯酰胺和甲叉双丙烯酰胺的混合溶液，与一定浓度的酶或细胞悬浮液混合均匀，然后加入一定量的过硫酸铵和四甲基乙二胺（TEMED），混合后使其静置发生聚合反应，随后将凝胶块用手术刀切块，获得所需形状的固定化细胞胶粒。

用聚丙烯酰胺凝胶制备的固定化细胞机械强度高，可通过改变丙烯酰胺的浓度来调节凝胶的孔径。该法适用于多种细胞和酶的固定化，如利用此方法将具有青霉素酰胺酶活性的 *E. coli* 细胞固定于聚丙烯酰胺凝胶珠中，其水解活性显著提高，且在重复使用 90 次后，其酶活力没有明显损失。但是由于丙烯酰胺单体对细胞有一定的毒害作用，因此用它作为包埋剂的研究较少。

g. 光交联树脂包埋法：选用合适种类和一定分子量的光交联树脂预聚体，如聚乙二醇二甲基丙烯酸酯（PEGM）或分子量在 1000～3000 的光交联树脂预聚体，加入 1% 左右的光敏剂（如 PEGM 的引发剂苯乙醚），随后加入水配制成一定浓度的溶液。将溶液加热至 50 ℃ 使之完全溶解，冷却后与一定量的酶、细胞或原生质体悬液混合均匀，之后用汞灯（对于 PEGM 而言）或紫外灯照射 5 min 固化，切成小块备用。

光交联树脂包埋法是一种非常经典的制备固定化酶或细胞的方法，其可以通过选择符合要求的预聚体，如适宜的链长、含有恰当的亲水或疏水性的阳离子或阴离子等，来改变树脂的孔径，从而满足不同分子量大小的酶以及细胞的固定化要求。并且此方法是在非常温和的条件下制备固定化酶凝胶制品，对固定化细胞的生长、繁殖和新陈代谢没有明显的影响。华南理工大学某研究团队利用自主研制的光交联树脂在国内率先进行了光交联树脂固定化细胞生产 α-淀粉酶和糖化酶的研究，并取得了较大的进展。

② 半透膜包埋法：又称微胶囊法，该法使用直径为几十微米到几百微米、厚度约为 25 nm 的半透膜将酶分子包埋在相对固定的微小空间中，可防止酶的脱落，避免其与微胶囊外的环境直接接触，可增加酶的稳定性。常用的包埋材料有聚酰胺、火棉胶、硝化纤维、醋酸纤维素、聚苯乙烯、壳聚糖等。张明瑞等于 1964 年提出此方法，并利用该方法成功制备出第一个人工细胞。

半透膜包埋法固定的酶或细胞体系中半透膜的空间一般为几纳米，比大多数酶分子的直径小，但固定后的酶分子不会从膜孔中渗漏出来，因此小分子底物能迅速穿过膜与酶作用，产物也能快速释放出来。但对于底物和产物都是大分子的酶，此方法的应用受到限制。目前，应用此方法固定的酶有脲酶、门冬酰胺酶、尿酸氧化酶、过氧化氢酶等。

半透膜包埋法有多种制备方法，主要包括界面沉积法、界面聚合法、表面活性剂乳化液膜包埋法等。

a. 界面沉积法：此方法的原理是高聚物在水相和有机相接触界面区域溶解度降低而发生凝聚，从而形成皮膜将酶包埋起来。常用的包埋剂有醋酸纤维素、火棉胶、聚苯乙烯和甲基丙烯酸甲酯等。具体操作为，先将酶的水溶液在含有硝酸纤维素的乙醚溶液中乳化、分散，然后加入苯甲酸丁酯，使硝酸纤维素在酶溶液周围凝聚，最后用吐温-20 去乳化后即可得到含有酶分子的火棉胶微囊。

b. 界面聚合法：在微滴的界面上通过加成或缩合反应形成水不溶性多聚体，利用这种特性制备微胶囊以包埋酶。常用的包埋剂有尼龙、聚酰胺和聚脲。

c. 表面活性剂乳化液膜包埋法：是指在酶的水溶液中添加表面活性剂，使其乳化形成液膜从而实现包埋的方法。常用的高聚物有乙基纤维素、聚苯乙烯等。包埋时，先将高聚物在有机相中乳化分散，再使乳化液在水相中分散形成次级乳化液，待有机高聚物固化后，便形成包埋有多滴酶液的微胶囊。此方法较容易实现，不发生化学反应，操作简便，并且固定化可逆，但膜较厚，不利于底物的进入和产物的释放，且有发生渗漏的可能。

（4）共价结合法

共价结合法（covalent binding）是酶分子上的非必需氨基酸侧链基团和载体的功能基团之间发生化学反应，以化学共价键连接，从而制备固定化酶的方法（图 4-13）。

共价结合法所采用的载体主要包括纤维素、琼脂糖凝胶、葡聚糖凝胶、甲壳质、氨基酸共聚物、甲基丙烯酸甲酯共聚物等。所使用的载体必须在温和条件下和酶分子发生化学反应，并且还应具有一定的机械强度和较大的表面积。

酶分子中可以形成共价键的基团主要包括氨基、羧基、巯基、羟基、酚基和咪唑基等。与载体发生化学反应的氨基酸残基不应是构成酶活性中心的组成成分，也不应是维持酶分子空间结构所必需的残基，否则固定化后的酶往往会丧失活力。

使用此方法固定酶分子时，首先应使载体活化。所谓载体活化，是指在载体上引入一些活泼基团，然后此活泼基团再与酶分子上的某一基团反应，形成共价键。

图 4-13　酶固定化的共价结合法

使载体活化的方法有很多，主要包括重氮法、叠氮法、溴化氰法和烷化法等。

① 重氮法：将含有苯氨基的不溶性载体与亚硝酸反应，生成重氮盐衍生物，使载体引入活泼的重氮基团，例如对氨基苯甲基纤维素与亚硝酸反应：

$$R—O—CH_2—C_6H_4—NH_2 + HNO_2 \longrightarrow R—O—CH_2—C_6H_4—N^+≡N + H_2O$$

亚硝酸可由亚硝酸钠和盐酸反应生成。

$$NaNO_2 + HCl == HNO_2 + NaCl$$

载体活化后，活泼的重氮基团可与酶分子中的酚基或咪唑基发生偶联反应而制得固定化酶。

$$R—O—CH_2—C_6H_4—N^+≡N + E \longrightarrow R—O—CH_2—C_6H_4—N^+≡N—E$$

② 叠氮法：含有酰肼基团的载体可用亚硝酸活化，生成叠氮化合物。此方法适用于含有羟基、羧甲基等基团的载体，如羧甲基纤维素、葡聚糖、聚氨基酸、乙烯-顺丁烯二酸酐共聚物等。例如，羧甲基纤维素的酰肼衍生物可与亚硝酸反应生成羧甲基纤维素的叠氮衍生物，其反应式如下：

$$R—O—CH\overset{O}{\underset{||}{—C}}—NH—NH_2 + HNO_2 \longrightarrow R—O—CH_2\overset{O}{\underset{||}{—C}}—N_3 + 2H_2O$$

其中，亚硝酸由亚硝酸钠与盐酸反应生成：

$$NaNO_2 + HCl == HNO_2 + NaCl$$

羧甲基纤维素的酰肼衍生物可由羧甲基纤维素（CMC）制备得到，其反应分两步进行。首先是羧甲基纤维素与甲醇反应生成羧甲基纤维素甲酯：

$$R—O—CH_2—COOH + CH_3OH \longrightarrow R—O—CH_2\overset{O}{\underset{||}{—C}}—O—CH_3 + H_2O$$

CMC　　　　　　　　　　　　　　CMC 甲酯

然后羧甲基纤维素甲酯与肼反应生成羧甲基纤维素的酰肼衍生物。

$$R—O—CH_2\overset{O}{\underset{||}{—C}}—O—CH_3 + NH_2—NH_2 \longrightarrow R—O—CH_2\overset{O}{\underset{||}{—C}}—NH—NH_2 + CH_3OH$$

CMC 甲酯　　　　　　　肼　　　　　　CMC 酰肼衍生物

羧甲基纤维素叠氮衍生物中活泼的叠氮基团可与酶分子中的氨基形成肽键，使酶固定化。

$$R—O—CH_2—CO—N_3 + H_2N—E \longrightarrow R—O—CH_2—CO—N—E$$

固定化酶

此外叠氮基团还可以与酶分子中的羟基、巯基等反应，从而制备固定化酶。

$$R—O—CH_2—CO—N_3 + HO—E \longrightarrow R—O—CH_2—CO—O—E$$

$$R—O—CH_2—CO—N_3 + HS—E \longrightarrow R—O—CH_2—CO—S—E$$

③ 溴化氰法：含有羟基的载体，如纤维素、琼脂糖凝胶、葡聚糖凝胶等，可用溴化氰活化生成亚氨基碳酸衍生物：

$$\begin{matrix} R—CH—OH \\ | \\ R—CH—OH \end{matrix} + CNBr \longrightarrow \begin{matrix} R—CH—O \\ | \quad\quad \diagdown \\ \quad\quad C≡NH + HBr \\ | \quad\quad \diagup \\ R—CH—O \end{matrix}$$

活化载体上的亚氨基碳酸基团在微碱性的条件下，可与酶分子上的氨基反应，制备成固定化酶。通过此法得到的固定化酶相对活力一般比较高，并且性质较稳定，加之该法操作方便，因此这种方法得到了广泛的应用。

$$\begin{matrix} R—CH—O \\ | \quad\quad \diagdown \\ \quad\quad C≡NH + H_2N—E \\ | \quad\quad \diagup \\ R—CH—O \end{matrix} \longrightarrow \begin{matrix} R—CH—O—CO—NH—E \\ | \\ R—CH—OH \end{matrix}$$

④ 烷化法：含羟基的载体可用三聚氯氰等多卤代物进行活化，形成含有卤素基团的活化载体。

$$R-OH \ + \ R'-Cl_3 \longrightarrow R-O-R'-Cl_2 + HCl$$

含有羟基的载体　三聚氯氰　　活化载体

活化载体上的卤素基团可与酶分子上的氨基、巯基、羟基等发生烷基化反应，制备成固定化酶。

$$R-O-R'-Cl_2 + H_2N-E \longrightarrow R-O-R'-Cl-NH-E + HCl$$
$$R-O-R'-Cl_2 + HS-E \longrightarrow R-O-R'-Cl-S-E + HCl$$
$$R-O-R'-Cl_2 + HO-E \longrightarrow R-O-R'-Cl-O-E + HCl$$

(5) 交联法

交联法（cross-linking）是利用双功能试剂或多功能试剂使酶分子间发生相互交联反应，并以共价键制备固定化酶的方法。此方法与共价结合法相似，也是通过共价键来对酶进行固定，酶分子和双功能或多功能试剂间形成共价键，从而得到三元的交联网架结构，如图 4-14 所示。

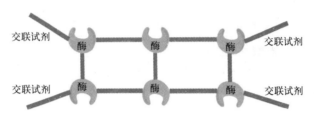

图 4-14　交联法制备固定化酶

酶分子除了发生分子间交联外，还存在着分子内交联现象。与共价结合法不同，虽然也是通过共价键实现分子的交联，但此方法不需要载体即可实现酶的固定化。通常使用的双功能交联试剂有戊二醛、己二胺、顺丁烯二酸酐、双偶氮联苯和双重氮联苯胺-2,2-二磺酸等，其中戊二醛使用最为广泛。

使用戊二醛制备固定化酶的交联方式如图 4-15 所示。

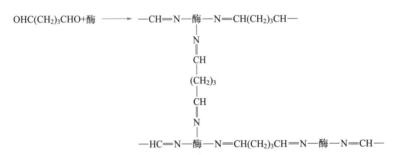

图 4-15　交联法制备固定化酶的交联方式示例

虽然交联法能使酶的结合较牢固，并可长时间使用。但此法制备固定化酶的反应条件较为剧烈，固定化酶的回收率普遍较低，并且由于酶分子中多个基团参与交联反应，使酶的活力损失比较大。再加之交联剂的价格较为昂贵，单独交联所得到的酶的活力、物理特性不能满足实际使用需求，因此该法很少单独使用。绝大多数情况下，此方法被作为包埋法或吸附法的辅助方法来使用，多种固定化方法联合此法固定得到的酶效果较好，因此在工业上使用也较为广泛。常用的联合方法包括吸附交联法和包埋交联法。

吸附交联法是将酶吸附在硅胶、皂土、氧化铝等树脂或其他大孔型离子交换树脂上，再用戊二醛试剂进行交联，也可将双功能试剂与载体反应，得到有功能性的载体，再进行酶分子的交联。

包埋交联法是指将酶液和双功能试剂（戊二醛）混合，使其凝结成颗粒很细的聚集体，再利用高分子或多糖类物质包埋成颗粒。

（6）交联酶聚集体技术

除了经典的酶固定化方法在工业中广泛使用外，为了保持传统方法的优点并且克服其不足，近年来研究人员不断尝试开发一些固定条件较为温和的方法，力求最大限度降低酶的活力损失，以达到最理想的固定化效果。交联酶聚集体是其中最具代表性的一种新型固定化的方法。

交联酶聚集体（cross-linked enzyme aggregates，CLEAs）技术，是先利用物理方法使蛋白质沉淀，随后使用交联试剂使其形成不溶性的、稳定的固定化酶的方法。这种方法属于无载体固定化的范畴，与已有的酶固定化方法相比，该固定化方法具有以下特点：

① 对酶的纯度要求不高、不需要结晶等复杂步骤，理论上能被沉淀下来的酶或蛋白质都可用该法制成交联酶（蛋白质）聚集体，因此其操作更加简便，应用范围更广；

② 获得的固定化酶稳定性好、活力高，与游离酶相比，某些酯酶的交联酶聚集体的活力甚至可提高10倍以上；

③ 成本低廉，设备简单，一般实验室都可以实行，易于推广；

④ 无需其他载体，单位体积活力高、空间效率高。

因此，CLEAs技术是一种极具发掘潜力的酶固定化方法。交联酶聚集体的制备分为两个步骤，聚集体的形成和聚集体的交联，如图4-16所示。

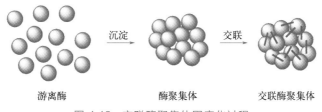

图 4-16 交联酶聚集体固定化过程

两个步骤前后连续，对最终CLEAs产品的活力和稳定性都具有重要的影响。

酶聚集体的形成实质上是将酶进行浓缩沉淀，使酶相互堆积形成超分子结构。该操作与分离纯化中的沉淀完全相同，可通过实验条件的调节保持酶的三维结构和活力。

酶聚集体的交联是指利用交联试剂将酶的物理聚集体进行共价捆绑，保持酶聚集体形成的超分子结构及活力，使其在反应体系中不易被破坏并可被回收使用。交联试剂的种类繁多，戊二醛是其中较为常用的一种。

在酶聚集体的交联中，酶的种类、交联试剂的种类与浓度、搅拌速率、交联时间及交联体系的温度和pH等都会影响最终CLEAs的活力和稳定性。如有研究人员针对几种酶的CLEAs进行了研究，发现在同样酶量的情况下，多酚氧化酶、酸性磷酸酶的CLEAs在戊二醛浓度为0.4％时活力最高，而在此戊二醛浓度的条件下，β-糖苷酶几乎不发生交联，只有当戊二醛浓度达到1.5％时才能有效交联并达到最高活力。

（7）位点特异性固定化技术

前述多种类型的酶的固定化方法，包括传统的离子吸附法、共价结合法，还是交联酶聚集体技术，在应用于制备固定化酶的过程中，对参与固定化的酶分子的结构域和氨基酸位点均缺乏选择性识别能力，这导致存在于不同结构域中的相似或相同的氨基酸残基与载体介质有着同等的结合概率。这一特点往往会引发在固定化过程中由于关键位点的修饰导致酶活力降低，并且也有可能发生多位点结合后酶结构僵化，或者使固定化酶中底物进出活性中心的通道被堵塞，这些问题是导致酶固定化后活力降低或完全失活的重要原因。这种不控制与载体介质的结合位点和结合数目的固定化方式都可归为酶的随机固定化。

与之相反，酶的定向固定化（site-directed immobilization，也称为酶的位点特异性固定化）技术不仅可以提高固定化酶的特性，如活力、稳定性等，还可实现对酶固定化模式的控制。这种固定化模式在20世纪70年代初就已有报道，但当时"位点特异性固定化"这个概念尚未被明确提出。酶的位点特异性固定化技术是指酶分子通过其特异位点与载体发生共价结合或亲和结合的固定化方法。这种特异性结合可以通过引入化学标签或特异性配体-酶、抗原-抗体的相互作用来实现。由此，与载体结合的酶分子可以以高度有序的结构被固定在载体上，从而有利于底物和酶的高效结合（图4-17）。位点特异性固定化技术有诸多优点，如可以控制酶的固定化方向、提高载体对酶分子的承载量等。与随机固定化相比，定向固定化可以使底物更好地接近酶的活性中心，避免酶分子多位点修饰和多种定位形成的空间位阻，还避免了对酶分子中重要氨基酸的非必要修饰。这些特点增加了酶催化的效率和可重复利用率。

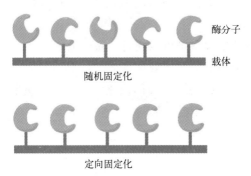

图 4-17 定向固定化酶与随机固定化酶的比较

（8）微生物细胞表面展示的定向固定化

微生物细胞表面展示技术（surface display technology）指利用微生物细胞中一些能定位于细胞膜或细胞壁的蛋白质以及多肽，与目的蛋白质或酶分子进行融合，使目的蛋白质或酶分子与其一同定位于细胞表面，从而实现在细胞表面展示目的蛋白质或酶的生物学活性。此技术在重组细菌疫苗、抗原表位分析、全细胞催化剂、全细胞吸附剂、多肽库筛选等多个领域得到广泛应用。从20世纪80年代中期表面展示技术被发现以来，许多研究已将此技术应用于多种微生物系统中，如丝状真菌系统、噬菌体系统、杆状病毒系统和酵母系统。在细菌系统中，常用于融合目的蛋白质的锚蛋白有冰核蛋白、自体转运蛋白、S层蛋白等。其中，噬菌体展示技术和酵母表面展示技术应用最为广泛。酵母表面展示技术在酶的展示方面也是定向固定化酶的一种新形式（如图4-18所示）。

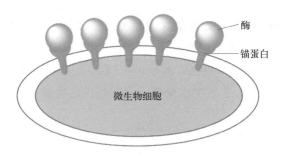

图 4-18 微生物细胞表面展示技术示意图

近年来，酵母表面展示技术发展迅速，展现出广阔的发展前景。其主要应用领域包括生物质的转化（生产生物乙醇）、生物吸附、蛋白质进化等。作为生物催化剂定向固定化各种酶，完成生物转化过程是酵母表面展示技术应用最广泛的领域之一。将酵母表面展示技术应用于非水相催化是近10年开始发展起来的，特别是利用酿酒酵母展示脂肪酶以催化有机合成的研究较为深入。例如，有研究人员将米根霉脂肪酶（ROL）展示在酿酒酵母表面，用于合成生物柴油，反应72 h后，甲酯产率达到78.6%，而在胞内过量表达 ROL 用于催化生物柴油时，则需要 165 h 才能达到 71% 的甲酯产率，这说明展示在细胞表面的酶能够更加充分地与底物接触，从而提高催化效率。再如，华南理工大学有课题组利用 Sed1p 介导的酵母表面展示技术将南极假丝酵母来源的脂肪酶（CALB）展示到毕赤酵母表面，系统研究了在非水相环境下芳香酯、生物柴油的生物合成，结果显示，固定在毕赤酵母表面的脂肪酶展现出了更好的溶剂耐受性和温度耐受性。部分反应中利用毕赤酵母展示技术进行生物催化可以消除限速步骤，提高产物的转化率。除此之外，利用酵母还成功地固定了淀粉酶、纤维素酶等酶分子。

尽管酿酒酵母表面展示技术具有广阔的发展前景，但目前仍存在很多问题。酵母蛋白质的分泌成熟过程和其他真核细胞存在一定的差异：酵母表达蛋白质的过度糖基化使表达的抗体缺乏免疫活性；由于存在多种还原性半胱氨酸（比如锌指蛋白），酵母也有可能无法有效地表达一些细胞质蛋白质和核蛋白；一些在表面展示的酶在形成融合基因时由于活性区域受到空间位阻的影响，无法与底物接近，使得酶活力降低或者缺乏生物活性；待表达的基因存在能被蛋白酶水解的位点，使得表达的蛋白质不完整；由于蛋白质分泌水平无法作为蛋白质稳定性和结构完整性的单一指标，展示的具有高度热稳定性和化学稳定性的人造蛋白质有可能没有被正确折叠；展示效率不高，无法完全将表达的蛋白质固定在细胞壁上，存在蛋白质向培养基中扩散的问题；多拷贝载体在酿酒酵母中不稳定，整合载体则由于拷贝数低导致表达的蛋白质量较少，在构建细胞表面蛋白质库时，有些蛋白质的表达量太少以至于难以鉴定；表面展示的 HBsAg 由于免疫反应较弱无法用于开发疫苗；多亚基蛋白质的过量表达对酿酒酵母具有毒性，以及酵母对于乙醇和金属离子的耐受性较低等。

2. 微生物细胞的固定化

为了避免从微生物细胞中提取酶，并利用微生物固定化的多酶系统，人们企图将整个微生物细胞直接予以固定，同时研究固定化微生物细胞的连续酶反应，用固定化微生物细胞连续生产 L-门冬氨酸，并已在工业生产中取得成功，这标志着固定化微生物细胞首次于工业生产中成功应用。随后，人们利用固定化微生物细胞，分别实现了从富马酸工业生产 L-苹果酸、从 L-天冬氨酸生产 L-丙氨酸。

根据记载，目前已有七种固定化细胞系统应用于工业化生产中（表 4-5）。其中，用葡萄糖异构酶连续生产高果糖糖浆，已成为固定化微生物细胞系统应用的重要领域。

表 4-5　固定化微生物细胞系统中的主要酶系及其应用

固定化微生物细胞中的酶	应用
氨基酰化酶	D/L-氨基酸的旋光度拆分
葡萄糖异构酶	将葡萄糖异构化为果糖
青霉素酰胺酶	生产 6-APA
天冬氨酸酶(大肠埃希菌)	生产 L-天冬氨酸
延胡索酸酶	生产 L-苹果酸
β-半乳糖苷酶	水解乳糖
L-天冬氨酸-β-脱羧酶	生产 L-丙氨酸

固定化微生物细胞能够持续增殖、休眠和死亡，但其中所含酶的活力保持不变，正如前文所述，当细胞增殖时，很难将此固定化系统与某种常规连续发酵工艺明确区分。通常，工业生产中应用的一种固定化酶，需要依赖三个固定化微生物细胞体系，我们认为，固定化微生物细胞在以下情境中具有优势：①酶为胞内酶时；②固定化过程中或之后，从细胞中提取的酶不稳定时；③微生物不含有干扰酶，即使含有任何干扰酶也能很容易失活或去除时；④基质与产品都不是高分子量化合物时。

在此情况下，我们所期望的固定化微生物细胞应具备下述优势：①无需进行酶的提取和纯化；②酶化产量在制动过程中较好；③工艺稳定、产量较高；④价格低廉。

另一方面，对于一种理想的复合生产装置，在连续操作的情况下应当考虑装液量体积。与常规分批发酵相比，使用固定化细胞所需的发酵液体积较小。因此，在连续生产工艺中，为了减少工厂污染，使用固定化细胞是非常有利的。

使用固定化微生物细胞系统时，细菌污染是一大挑战，可使用嗜热与耐高盐细菌调节反应环境从而降低污染风险。

表 4-5 中列举的应用，只是单一酶种的初级催化作用。固定化细胞虽已死亡，但其酶系既具有活力又很稳定。许多有价值的化合物，尤其是发酵生产的产品，通常皆由微生物活细胞内的各种酶系，通过多级酶促反应而合成。这些反应常需要 ATP 与其他辅酶，如 NAD^+、$NADP^+$ 以及辅酶 A 的参与。若固定化细胞保持存活状态，那么这些多酶系反应，可由它们来完成并应用于实际生产中。

细胞的种类多种多样，大小和特性各不相同，因此细胞固定化的方法也有很多种。这些方法主要可以分为吸附法和包理法两大类。用于细胞固定化的吸附剂主要有硅藻土、多孔陶瓷、多孔玻璃、多孔塑料、金属丝网、微载体和中空纤维等。包埋法制备固定化酶中常用的多孔介质，如琼脂糖凝胶、海藻酸钠、卡拉胶、明胶、聚丙烯酰胺、光交联树脂、聚酰胺、火棉胶等也可用于制备固定化微生物细胞。

3. 固定化技术的应用

随着固定化技术的不断发展，在酶工程领域，固定化技术已经发展为固定化酶、固定化细胞、固定化原生质体等多种形式，这些技术广泛应用于医药、食品、轻工业、环境保护等领域，用于制备药物中间体、重要的化合物分子、有机酸、香精、色素、疫苗、激素等重要物质。

（1）固定化酶在工业生产中的应用

现已用于工业化生产的固定化酶主要有下列几种。

① 氨基酰化酶：这是世界上第一种用于工业化生产的固定化酶。1969 年，日本田边制药公司将从米曲霉中提取分离得到的氨基酰化酶，用 DEAE-葡聚糖凝胶为载体，通过离子结合法制成固定化酶。该酶能将 L-乙酰氨基酸水解为 L-氨基酸，从而实现 D/L-乙酰氨基酸的拆分，并连续生产 L-氨基酸。剩余的 D-乙酰氨基酸经过消旋化处理，再次转化为 D/L-乙酰氨基酸，以便进行下一轮的拆分。这一工艺的生产成本仅为游离酶生产工艺成本的 60% 左右。

$$
\begin{array}{c}
\text{HNOOCCH}_3 \\
| \\
\text{RCHCOOH}
\end{array}
+ \text{H}_2\text{O} \longrightarrow
\begin{array}{c}
\text{NH} \\
| \\
\text{RCHCOOH}
\end{array}
+ \text{CH}_3\text{COOH}
$$

L-乙酰氨基酸　　　　　　　L-氨基酸　　　　　乙酸

② L-天冬氨酸酶：天冬氨酸酶是一种重要的工业用酶，主要用于酶法合成 L-天冬氨酸。L-天冬氨酸在医药食品和化工领域中有着广泛的用途，尤其是当今世界重要的两种甜味剂阿斯巴甜（aspartame）和阿力甜（alitame）合成所必需的原料。1973 年，日本科学家用聚丙烯酰胺凝胶为载体，将具有高活力天冬氨酸酶的大肠埃希菌菌体包埋，制成固定化天冬氨酸酶，用于工业化生产。随后不久，改用卡拉胶为载体制备固定化酶，也可将天冬氨酸酶从大肠埃希菌细胞中提取分离出来，再用离子结合法将其制成固定化酶，用于工业化生产。

$$
\begin{array}{c}
\text{HOOC—C—H} \\
\| \\
\text{H—C—HOOC}
\end{array}
+ \text{NH}_3 \longrightarrow
\text{HOOC—CH}_2\text{—}
\overset{\text{NH}_2}{\underset{}{\text{CH}}}
\text{—COOH}
$$

延胡索酸　　　　　　　　　　　　　　L-天冬氨酸

③ 青霉素酰胺酶：青霉素酰胺酶在医药工业中被广泛用于半合成抗生素及其中间体的制备、手性药物的拆分和多肽合成等方面。青霉素酰胺酶既可水解青霉素和扩环酸生成 6-氨基青霉烷酸（6-APA）和 7-氨基脱乙酰头孢烷酸（7-ADCA），也能用于制备半合成类抗生素。目前，通过吸附法、包埋法和共

价结合法均可实现此酶的固定化，制备的固定化酶的催化效率未出现明显降低，已被广泛应用。此外，通过交联酶聚集体（CLEAs）技术固定得到的青霉素酰胺酶在催化水解的过程中，即使经过 20 批次的重复使用依然能保持 100％的酶活力，已用于高效制备半合成抗生素。

$$青霉素 \xrightarrow{青霉素酰化} 6\text{-}APA + R\text{—}COOH$$

$$头孢菌素 \xrightarrow{青霉素酰化} 6\text{-}ADCA + R\text{—}COOH$$

④ 葡萄糖异构酶：这种固定化酶是目前生产规模最大的一种。将培养好的含葡萄糖异构酶的放线菌细胞于 60～65 ℃热处理 15 min，之后该酶便固定在菌体上，制成了固定化酶。此酶可催化葡萄糖异构化生成果糖，进而用于连续生产果葡糖浆。

⑤ 延胡索酸酶：延胡索酸酶（亦称延胡索酸水合酶，EC 4.2.1.2）是 TCA 循环中的一个关键酶，催化延胡索酸转变成 L-苹果酸这一可逆水合反应，其广泛存在于动植物和微生物中，工业上主要应用于生产 L-苹果酸。最初，人们利用聚丙烯酰胺凝胶包埋产氨短杆菌菌体来生产 L-苹果酸。随着进一步发展，人们改用卡拉胶包埋具有高活力延胡索酸酶的黄色短杆菌菌体，使 L-苹果酸的产率比前者提高了 5 倍。我国学者除了使用聚丙烯酰胺凝胶、明胶等固定化介质外，还使用卡拉胶混合凝胶（卡拉胶中加入明胶、羧甲基纤维素钠和琼脂等制成）对产氨短杆菌和黄色短杆菌进行固定化，用于生产 L-天冬氨酸，使酶的回收率提高至 90％，同时半衰期延长了 10％～20％。

$$
\begin{array}{c}
\text{HOOC—C—H} \\
\parallel \\
\text{H—C—COOH}
\end{array}
+ H_2O \longrightarrow \text{HOOC—CH}_2\text{—CHOH—COOH}
$$

延胡索酸   L-苹果酸

⑥ β-半乳糖苷酶：即 β-D-半乳糖苷半乳糖水解酶，常简称为乳糖酶，广泛存在于各种动物、植物及微生物中，可用于水解乳糖，生成半乳糖和葡萄糖，因此主要用于生产低乳糖奶、制备低聚半乳糖和乳清加工。1977 年，采用固定化乳糖酶实现了低乳糖奶的工业化连续生产。

⑦ 天冬氨酸-β-脱羧酶：天冬氨酸-β-脱羧酶是迄今为止自然界中发现的唯一一种氨基酸 β-脱羧酶，它能催化 L-天冬氨酸脱羧生成 L-丙氨酸，目前已用于生产 L-丙氨酸以及拆分 D/L-天冬氨酸以生产 D-天冬氨酸。日本在 1982 年已成功用卡拉胶固定 *P. dacunhae* 细胞，实现了 L-天冬氨酸连续工业化生产 L-丙氨酸。

$$
\text{HCOOH—CH}_2\text{—CH—COOH} \longrightarrow \text{CH}_3\text{—CH—COOH} \\
\qquad\qquad\quad |\qquad\qquad\qquad\qquad\qquad\quad | \\
\qquad\qquad\quad NH_2 \qquad\qquad\qquad\qquad\quad NH_2
$$

L-天冬氨酸   L-丙氨酸

⑧ 脂肪酶：脂肪酶具有广泛的用途，不仅可以催化甘油三酯水解生成甘油和脂肪酸，还可以催化转酯反应、酯的合成、多肽的合成、手性化合物的拆分、生物柴油的生产、植物油的脱胶等。目前，已有多种固定化脂肪酶用于工业化生产。

⑨ 植酸酶：植酸酶可以催化植酸水解生成肌醇和磷酸，固定化植酸酶已实现工业化生产，广泛用于饲料工业，使饲料中的植酸水解，以减少畜禽粪便中的植酸造成的磷污染。

（2）固定化酶在酶传感器方面的应用

酶传感器（enzymatical sensor）是由固定化酶与能量转换器（电极、场效应管、离子选择场效应管）密切结合而组成的传感装置，是生物传感器的一种，也是生物传感器领域中研究最多的一种类型。它是将生物活性物质与各种固态物理传感器相结合而形成的一种检测仪器，具有灵敏度高、准确度高、选择性好、检测限低、价格低廉、稳定性好、能在复杂的体系中进行快速在线连续监测等特点，能广泛应用于基础研究、临床生物化学检验、农业和畜牧兽医、化学分析、军事、过程控制与检测、环境监控与保护等领域。

葡萄糖传感器是生物传感器领域研究最多、商品化最早的生物传感器，在食品分析、发酵控制、临床检验等方面发挥着重要的作用。

1967 年，Updike 和 Hicks 首次研制出以铂电极为基体的葡萄糖氧化酶（GOD）电极，用于定量检测血清中的葡萄糖含量，如图 4-19 所示。该方法中葡萄糖氧化酶被固定在透析膜和氧穿透膜中间，形成一个"三明治"的结构，再将此结构附着在铂电极的表面。在施加一定电位的条件下，通过检测氧气的减少量来确定葡萄糖的含量。然而，由于大气中氧气分压的变化，会导致溶液中溶解氧浓度的变化，从而影响测定的准确性。为了避免氧气的干扰，1970 年，Clark 对其设计的装置进行了改进，新装置可以较准确地测定 H_2O_2 的产生量，从而间接测定葡萄糖的含量。此后，许多研究者采用过氧化氢电极作为基础电极，其优点是：葡萄糖浓度与产生的 H_2O_2 有当量关系，不受血液中氧浓度变化的影响。

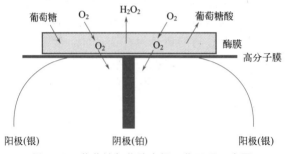

图 4-19　葡萄糖氧化酶电极工作原理示意图

目前，葡萄糖氧化酶电极测定仪已经有各种型号的商品，并在许多国家普遍应用。我国第一台葡萄糖生物传感器于 1986 年研制成功，商品化产品主要有 SBA 葡萄糖生物传感器。该传感器选用固定化葡萄糖氧化酶与过氧化氢电极构成酶电极葡萄糖生物传感分析仪，每次进样量为 25 μL，进样后 20 s 可测出样品中葡萄糖的含量，在 10～1000 mg/L 范围内具有良好的线性关系，连续测定 20 次的变异系数小于 2%。

另一种使用较为广泛的酶电极是青霉素酶电极。它由固定化的青霉素酶的酶膜与平板 pH 电极组装而成，将青霉素酶固定在聚丙烯酰胺凝胶或光交联树脂膜内，然后紧贴在玻璃（pH）电极上即可。当酶电极浸入含有青霉素的溶液中时，青霉素酶催化青霉素水解生成青霉烷酸，引起溶液中氢离子浓度增加，通过 pH 电极测量的 pH 变化即可检测样品溶液中青霉素的含量。

酶电极在分析检测样品组分时，具有快速、方便、灵敏、精确的特点，现已用于测定各种糖类、抗生素、氨基酸、甾体、有机酸、脂肪、醇类、胺类以及尿素、尿酸、硝酸、磷酸等的含量。表 4-6 列出了一些常见的酶电极。

表 4-6　一些常见的酶电极

底物	酶	电极
5′-腺苷酸	5′-腺苷酸脱氨酶	NH_4^+
过氧化物	过氧化氢酶	$Pt(O_2)$
葡萄糖-6-磷酸	硫酸酯酶＋葡萄糖氧化酶	$Pt(O_2)$
琥珀酸	琥珀酸脱氢酶	$Pt(O_2)$
硫酸酯	芳基硫酸酯酶	Pt
硫氰酸	硫氰酸生成酶	CN^-
硝酸盐	硝酸盐还原酶/亚硝酸盐还原酶	NH_4^+
草酸	草酸脱羧酶	CO_2

底物	酶	电极
青霉素	青霉素酶	pH
乳酸	乳酸脱氢酶:细胞色素 b	$Pt,Fe(CN)_4^-$
L-赖氨酸	赖氨酸脱羧酶	CO_2
L-甲硫氨酸	甲硫氨酸脱氨酶	NH_3
L-酪氨酸	酪氨酸脱羧酶	$Pt(O_2)$
苦杏仁苷	β-葡萄糖苷酶	CN^-
丁酰硫代胆碱	胆固醇酯酶	$Pt(SCH)$
胆固醇	胆固醇氧化酶	$Pt(O_2)$
尿素	脲酶	NH_3,CO_2,pH,NH_4^+
肌酐	肌酐酶(高纯度)	NH_3,NH_4^+
葡萄糖	葡萄糖氧化酶	$Pt(O_2),Pt(H_2O_2),pH$
尿酸	尿酸氧化酶	$Pt(O_2)$
NADH	醇脱氢酶	Pt

（3）固定化细胞的应用

固定化细胞目前已用于工业、医学、制药、化学分析、环境保护、能源开发等领域。在工业方面，可利用固定化微生物细胞生产各种产物：

① 酒类：固定化酵母等微生物细胞可用于生产酒精、啤酒、蜂蜜酒、葡萄酒、米酒等，部分固定化细胞已完成中试，达到工业化生产水平。

② 氨基酸：固定化氨基酸生产菌可用于生产谷氨酸、赖氨酸、精氨酸、瓜氨酸、色氨酸、异亮氨酸等氨基酸。

③ 有机酸：固定化黑曲霉等微生物细胞可生产苹果酸、柠檬酸、葡萄糖酸、衣康酸、乳酸、醋酸等有机酸。

④ 酶和辅酶：固定化微生物细胞可用于生产 α-淀粉酶、糖化酶、蛋白酶、果胶酶、纤维素酶、溶菌酶、磷酸二酯酶、门冬酰胺酶等胞外酶，以及辅酶 A、NAD^+、$NADP^+$、ATP 等辅酶。

⑤ 抗生素：固定化微生物细胞在生产青霉素、四环素、头孢霉素、杆菌肽、氨苄青霉素、头孢氨苄等抗生素方面成果显著。

⑥ 固定化微生物细胞还可以用于甾体转化、废水处理，以及有机溶剂、维生素、化工产品等的生产。

微生物传感器是由固定化微生物细胞膜和换能器紧密结合而成的。常用的微生物有细菌和酵母。微生物的固定方法主要有吸附法、包埋法、共价结合法等，其中包埋法应用最为广泛。常用的固定化载体有胶原、醋酸纤维素和聚丙烯酰胺凝胶等。固定时需采用温和的固定化条件，以保持微生物的生理功能。转换器件可以是电化学电极或场效应晶体管等，其中以电化学电极为转换器的称为微生物电极。微生物电极开发较早且较为成熟，可供选择的电化学电极品种较多，如 pH 玻璃电极、O_2 电极、NH_3 气敏电极、CO_2 气敏电极等。

根据微生物与底物作用原理的不同，微生物电极又可分为以下两类：①测定呼吸活性型微生物电极。微生物与底物作用，在同化样品中有机物的同时，微生物细胞的呼吸活性有所提高，可依据反应中氧的消耗或二氧化碳的生成来检测被微生物同化的有机物的浓度。②测定代谢物质型微生物电极。微生物与底物作用后生成各种电极敏感代谢产物，利用对某种代谢产物敏感的电极即可检测原底物的浓度。

微生物传感器已成功地用于测定可发酵性糖、葡萄糖、甲酸、乙酸、甲醇、乙醇、头孢菌素、谷氨酸、氨、硝酸盐、生化需氧量（BOD）、细胞数量等。

第五节　全细胞催化技术

一、全细胞催化技术的概念

全细胞催化技术主要指用完整的微生物细胞作为催化剂将底物转化为产物，本质上是利用胞内酶或胞壁连接酶进行反应，与游离酶催化一样具有高选择性、反应条件温和、环境友好等优点，但也具有游离酶催化所不具备的优势。

① 全细胞催化比酶催化具有更好的可操作性和经济性，因为它省去了成本高昂、操作复杂的酶提取和纯化过程，也便于产物的分离和回收利用（简单离心即可），显著降低了催化剂的成本。

② 由于细胞壁、细胞膜等结构的保护作用，细胞中的酶处于相对合适的微环境，因此全细胞催化剂具有更好的稳定性，可以多次重复使用，活性损失较小。

③ 全细胞催化剂对底物和产物的耐受性高于游离酶，允许提高底物浓度、缩小反应体积、提高空间利用率，同时高产物浓度也有利于产物的浓缩。

④ 在辅酶依赖性反应中，利用细胞自身的辅酶及其再生系统，不添加辅酶或减少辅酶添加量即可完成多步酶催化反应。

⑤ 以全细胞为催化剂时，其对反应介质的适应性大幅增加，如全细胞在非水介质中；其本身就为酶分子提供了一个天然保护屏障，故更具稳定性，可避免酶在非水介质中因构象损坏而快速失活。

此外，与传统的发酵法相比，全细胞催化技术化学成分相对简单，因此更有利于产物的分离纯化，底物转化率也更高，进一步提高了全细胞催化技术在工业生产工艺中的优势，目前，该技术已被广泛应用于手性药物合成、生物柴油、氨基酸、核苷酸、糖脂等化合物的制备领域。

然而，由于细胞质膜的传质阻力，全细胞催化体系中物质的跨膜运输也会受到限制，在一定程度上限制了全细胞催化效率，有文献报道，游离酶催化速率是全细胞催化速率的 $10 \sim 100$ 倍。因此，在全细胞催化体系的调控过程中，重视细胞膜通透性的调整，以降低细胞内外物质的传质阻力也非常必要。

二、全细胞催化反应的体系

与游离酶催化体系类似，全细胞催化体系也包括催化剂（全细胞）、底物、缓冲液等成分，同时需要对反应温度、反应液 pH 等环境因素进行调整，以适应全细胞催化反应的高效进行。

制备具有特定催化功能的全细胞是建立全细胞催化体系的首要前提，基因工程技术的快速发展为全细胞催化剂的设计、改造提供了很好的工具。通过基因重组技术，人们可赋予细胞新的代谢功能，进而实现新型全细胞催化剂的设计，在此基础上通过细胞培养、外源基因诱导表达后，即可进行细胞的收集。全细胞催化体系仅需要保留已培养的细胞作为催化剂，故细胞收集仅需通过简单的离心、压滤等操作即可完成，必要时可再将细胞进行适当洗涤。由于细胞壁、细胞膜对底物和产物扩散的限制，必要时可加入 Tween 80、Triton X-100 等表面活性剂增加通透性。由于全细胞催化体系中细胞通常不进行增殖，故可采用较高的细胞浓度，以大肠埃希菌为例，通常反应体系细胞 OD_{600nm} 可在 10.0 至 40.0 之间。

全细胞催化体系中，底物浓度、pH、温度等影响因素需要根据具体反应进行设计，如果涉及非水相催化，那么非水相体系的选择也非常重要，但由于细胞壁、细胞膜对胞内酶的保护，全细胞催化剂对非水相体系的溶剂具有较高的耐受性，故全细胞催化在非水相催化领域的应用比游离酶更加广泛。

三、全细胞催化技术的应用

1. 大肠埃希菌全细胞催化联产 L-2-氨基丁酸和 D-葡萄糖酸

L-2-氨基丁酸（L-2-aminobutyric acid，L-ABA）为手性药物合成的重要前体，其生物合成过程主要依赖于脱氢酶或氨基转移酶的催化作用，同时需要消耗大量的烟酰胺腺嘌呤二核苷酸（还原型辅酶Ⅰ，NADH），但昂贵的辅酶价格限制了该工艺在生产中的推广，而如果在催化体系中引入可同步生成 NADH 的代谢体系，则可大幅降低 L-ABA 的生产成本。葡萄糖脱氢酶（glucose dehydrogenase，GDH）催化 D-葡萄糖生成 D-葡萄糖酸，同时将氧化态的辅酶 NAD^+ 还原为 NADH，故在需要消耗 NADH 的催化体系中引入葡萄糖脱氢酶表达体系则可实现 NADH 的循环再生，故可大幅提高转化效率，降低成本。

通过共培养两株分别表达 L-苏氨酸脱氨酶（L-threonine deaminase，LTD）和共表达亮氨酸脱氢酶（LDH）和葡萄糖脱氢酶（GDH）的重组大肠埃希菌，成功实现了以 L-苏氨酸和 D-葡萄糖为底物联产 L-2-氨基丁酸（L-ABA）和 D-葡萄糖酸的全细胞催化工艺（图 4-20）。经过对转化条件的优化（温度、pH、细胞通透性、菌体量）和分批补料策略设计，最终实现了 141.6 g/L 的 L-ABA 和 269.4 g/L 的 D-葡萄糖酸的产量，底物转化率达 99%。

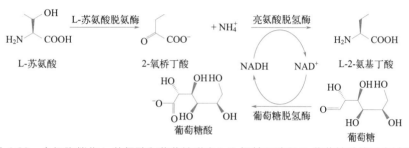

图 4-20　全细胞催化 L-苏氨酸和葡萄糖联产 L-2-氨基丁酸和 D-葡萄糖酸的反应过程

2. 重组大肠埃希菌全细胞催化 L-苏氨酸合成 2,5-二甲基吡嗪

2,5-二甲基吡嗪（2,5-dimethylpyrazine，2,5-DMP）在食品香料与医药方面具有重要的经济价值，工业上普遍采用环境不友好且反应条件苛刻的化学合成法来生产。结合代谢工程和辅因子工程策略，研究者们设计出了可高效催化 L-苏氨酸合成 2,5-DMP 的全细胞催化剂，能够实现微生物转化法合成 2,5-DMP。

近年来，研究者普遍认为 L-苏氨酸是生物合成 2,5-DMP 的重要底物，L-苏氨酸首先在苏氨酸脱氢酶的催化作用下生成 2-氨基-3-酮丁酸，然后通过 3 步自发反应生成 2,5-DMP 等产物。其中，L-苏氨酸脱氢酶（threonine dehydrogenase，TDH，编码基因 tdh）是整个生化反应的关键限速酶，因而筛选一种高活性的 TDH 对 2,5-二甲基吡嗪的生物合成极为重要。在大肠埃希菌中除了 TDH 参与 L-苏氨酸的分解代谢外，苏氨酸醛缩酶（threonine aldolase，TA，编码基因 tdcB）和苏氨酸脱氨酶（threonine deaminase，TD，编码基因 ilvA）也参与 L-苏氨酸的分解代谢，分别产生 β-羟基-α-苏氨酸和 α-酮基丁酸。因此，在以 L-苏氨酸为底物生物合成 2,5-DMP 时，TA 和 TD 的存在必将影响 L-苏氨酸合成 2,5-DMP 的转化效率。此外，除了 2,5-DMP 合成的主代谢通路外，其他代谢支路均会降低 2,5-DMP 的产率和产量。通过苏氨酸脱氢酶基因 tdh 的克隆及重组菌的构建，NADH 氧化酶基因 noxE 的克隆及重组菌的构建，苏氨酸转运蛋白 SstT 基因 sstT 的克隆及重组菌的构建，基因 kbl、tynA、ltaE 和 ilvA 的敲除，酶活力的测定、细胞培养与全细胞催化，高效液相色谱法可定性定量分析确定 2,5-DMP 的浓度，从而筛选最优的苏氨酸脱氢酶（TDH），促进 L-苏氨酸有效转化为 2,5-DMP，优化 NADH 氧化酶（NoxE）酶活力水平，提高胞内 NAD^+ 再生能力，阻断 2,5-DMP 合成途径代谢支路，降低副产物积累量，强化 L-苏氨酸转运能力，增加 L-苏氨酸消耗速率，减少 L-苏氨酸分解代谢途径，提高 L-苏氨酸转化效率。

研究发现，重组菌 Ec/TDHEc 在转化后期 2,5-DMP 合成能力明显不足，其原因可能是辅因子

NAD^+ 不足，从而影响 EcTDH 酶活力。此外，对不同转化时间后菌体存活率分析发现，重组菌 Ec/TDHEc 在转化后期细胞大量裂解死亡，而重组菌 Ec/TDHEcNoxELc 却保持较高的存活率。除了具有较高的细胞存活率外，重组菌 Ec/TDHEcNoxELc 也表现出更高的 2,5-DMP 积累量，产量达到（605.1±56.4）mg/L。在利用酿酒酵母构建高产 2,3-丁二醇重组菌株的研究中也发现了相似的结果。

最终获得的重组菌在含有 5 g/L L-苏氨酸的转化体系中，于 37 ℃、200 r/min 条件下孵化 24 h，可积累（1095.7±81.3）mg/L 的 2,5-DMP，L-苏氨酸转化率达到 76%，产物得率为 0.288 g/(g L-苏氨酸)。由此可见，构建的重组菌可以实现高效催化 L-苏氨酸合成 2,5-DMP，具有很好的工业应用潜力。

3. 重组钝齿棒杆菌全细胞催化生产 L-瓜氨酸

L-瓜氨酸是一种非必需氨基酸，在人体中易于消化和吸收。研究表明瓜氨酸在炎症和败血症的免疫应答中起到至关重要的作用，减少瓜氨酸在败血症和内毒素血症中的利用率将导致死亡率升高，补充瓜氨酸能恢复精氨酸代谢平衡，提高血浆中精氨酸的浓度，同时提高 NO 的含量。瓜氨酸在氮稳态中起到重要作用，它通过调控精氨酸和谷氨酰胺来抑制氮素循环中的不适当激活；利用瓜氨酸运输 NO，能治疗新生儿肺动脉高压症。精氨酸脱亚胺酶（ADI）存在于生物体内的 ADI 途径（即精氨酸降解途径）中，ADI 途径是某些微生物的主要能量来源。

钝齿棒杆菌 SYPA 5-5（*Corynebacterium crenatum* SYPA 5-5）是符合工业化安全生产标准的微生物菌株，发酵菌体量大，适用于全细胞催化生产高附加值产品，主要用于各种氨基酸的生产，且适用于外源酶的高效表达。选取粪肠球菌 *Enterococcus faecalis* 来源的编码 ADI 的基因 *arcA* 连接到表达载体 *pXMJ19* 上，电转化到钝齿棒杆菌 *C. crenatum* 中，可构建高效催化 L-精氨酸合成 L-瓜氨酸的重组菌株。通过重组菌 *C. crenatum* SYPA 5-5/*pXMJ19-arcA* 的构建、重组 ADI 的表达和分离纯化、ADI 酶学性质分析（包括 pH 对 ADI 酶活力和酶稳定性的影响、温度对 ADI 酶活力和酶稳定性的影响、ADI 的酶动力学研究）、*C. crenatum* SYPA 5-5/*pXMJ19-arcA* 的 5 L 罐发酵放大研究（包括初始诱导时间对重组菌酶活力的影响、诱导时长对重组酶酶活力的影响）、重组 *C. crenatum* SYPA 5-5/*pXMJ19-arcA* 全细胞催化底物浓度优化、*C. crenatum* SYPA 5-5/*pXMJ19-arcA* 的 5 L 罐多批次全细胞催化等研究，得知重组酶反应的最适温度为 37 ℃，最适 pH 为 6.5，反应条件温和，适用于工业化放大生产。重组 ADI 与 *P. plecoglossicida* 来源的 ADI 最适温度相似，但重组 ADI 在 20～50 ℃ 之间的相对酶活力优 *P. plecoglossicida* 来源的 ADI。重组 ADI 在最适反应温度 37 ℃ 下保温 5 h 后仍有 50% 以上的相对酶活力，在高温 50 ℃ 下保存 0.5 h 仍具有 37% 的相对酶活力。研究首次将 ADI 在钝齿棒杆菌中表达，并进行了 5 L 罐发酵和罐上转化，首批次转化 300 g/L L-精氨酸的转化速率高达 8.33 g/(L·h)，转化率达 99%。*C. crenatum* SYPA 5-5 表达菌株无需固定化也能进行多批次转化，大大减少了发酵原料和能源的消耗，且菌株多批次转化生产 L-瓜氨酸的累计产量的产量能达到 1940 g/L，总平均转化率高达 92.4%。构建重组 *C. crenatum* SYPA 5-5 菌株能使 ADI 在细胞体内保持较高的酶活力，反应条件温和，重组菌株符合工业化安全生产标准且细胞可多次利用，后续重组细胞与产物仅需离心便可分离，具有广阔的工业化应用前景。

本章小结

本章介绍了酶的概念、结构、分类、命名及其催化特性和非水相反应体系的组成，并结合酶催化制药领域的发展现状对固定化酶和全细胞催化体系进行了阐述和举例，对酶工程技术在药物生产、研发领域的应用进行了系统论述。

思 考 题

1. 简述酶的概念、结构及其分类。

2. 核酶与蛋白质类酶有哪些不同？试举例分析核酶在生物技术制药中的应用及其前景。

3. 酶催化的应用非常广泛，以你的理解说明酶催化在医药化工领域的应用。

4. 酶的非水相催化的定义及其优点是什么？

5. 酶在有机介质中有何催化特点？

6. 请说明如何对酶在有机溶剂中的催化活性进行调节和控制。

7. SBA 葡萄糖生物传感器是发酵行业常用的检测设备，试述其作用原理和使用方法。

8. 何谓全细胞催化？全细胞催化的体系由哪些成分组成？

9. 试对比游离酶、固定化酶、全细胞催化剂的催化特色及其应用范围。

【龚劲松　巩培　崔培梧】

参考文献

[1]　郭勇．酶工程［M］.3 版．北京：科学出版社，2009.

[2]　马延和．高级酶工程［M］.北京：科学出版社，2022.

[3]　张今，曹淑桂，罗贵民，等．分子酶学工程导论［M］.北京：科学出版社，2003.

[4]　帕特尔．立体选择性生物催化［M］.方唯硕，译．北京：化学工业出版社，2004.

[5]　宋航．手性物技术［M］.北京：化工工业出版社，2010.

[6]　陶军华，林国强，李斯．生物催化在制药工业的应用——发现、开发与生产［M］.许建和，陶军华，林国强，译．北京：化学工业出版社，2010.

[7]　周珮．生物技术制药［M］.北京：人民卫生出版社，2007.

[8]　赵广荣．现代制药工艺学［M］.北京：清华大学出版社，2015.

[9]　李荣秀，李平作．酶工程制药［M］.北京：化学工业出版社，2004.

[10]　林国强，孙兴文，洪然．手性合成：基础研究与进展［M］.北京：科学出版社，2018.

[11]　林国强，王梅祥．手性合成与手性药物［M］.北京：化学工业出版社，2008.

[12]　秦永宁．生物催化剂：酶催化手册［M］.北京：化学工业出版社，2015.

[13]　何建勇．生物制药工艺学［M］.北京：人民卫生出版社，2007.

[14]　张德华．蛋白质与酶工程［M］.合肥：合肥工业大学出版社，2015.

[15]　罗贵民．酶工程［M］.3 版．北京：化学工业出版社，2016.

[16]　郭勇．酶工程［M］.4 版．北京：科学出版社，2016.

[17]　夏焕章．生物技术制药［M］.3 版．北京：高等教育出版社，2016.

[18]　林影．酶工程原理与技术［M］.3 版．北京：高等教育出版社，2017.

[19]　陈守文．酶工程［M］.2 版．北京：科学出版社，2015.

[20]　李朝智．重组大肠杆菌全细胞催化 L-DOPA 合成羟基酪醇［D］.无锡：江南大学，2020.

[21]　吴婷婷．非水相全细胞催化豆腐果苷酰化反应的研究［D］.淮安：淮阴工学院，2020.

[22]　蔡松．基于辅酶再生及全细胞催化合成木糖醇的大肠杆菌工程菌构建［D］.武汉：湖北工业大学，2021.

[23]　谌容，王秋岩，殷晓浦，等．醇脱氢酶不对称还原制备手性醇的研究进展［J］.化工进展，2011，30（07）：1562-1569.

[24]　张蔡喆，杨套伟，周俊平，等．大肠杆菌全细胞转化联产 L-2-氨基丁酸和 D-葡萄糖酸［J］.生物工程学报，2017，33（12）：2028-2034.

[25]　Asha K，Kumar P，Sanics M，et al. Advancements in nucleic acid based therapeutics against respiratory viral infections［J］. Journal of Clinical Medicine，2019，8（1）：6.

[26]　Pollard D J，Woodley J M. Biocatalysis for pharmaceutical intermediates：the future is now［J］. Trends in Biotechnology，2006，25（2）：66-73.

[27]　Wachtmeister J，Rother D. Recent advances in whole cell biocatalysis techniques bridging from investigative to industrial scale［J］. Current Opinion in Biotechnology，2016，42：169-177.

[28]　Meghwanshi G K，Kaur N，Verma S，et al. Enzymes for pharmaceutical and therapeutic applications［J］. Biotechnology and Applied Biochemistry，2020，67：586-601.

第五章

生物制药下游分离技术

第一节　细胞破碎技术

细胞破碎是指利用特定的方法对细胞壁和细胞膜进行一定程度的破坏，释放出包含目标产品成分在内的细胞内容物的一种分离技术，是分离纯化非胞外分泌物质的必不可少的环节。

细菌的细胞壁普遍含有肽聚糖，肽聚糖的含量越多、交联度越高，细胞壁的网状结构越紧密，细胞破碎就越困难。革兰氏阳性菌的细胞壁含大量肽聚糖，占细胞壁干重的 $60\%\sim90\%$，而革兰氏阴性菌只含有约 10% 的肽聚糖，因此革兰氏阳性菌破壁更为困难。真菌的细胞壁较厚，厚度约为 $100\sim250$ nm。大多数真菌的细胞壁主要含有葡聚糖、几丁质与半纤维素，这些成分形成的复杂网状结构使真菌的细胞壁十分坚固。酵母的细胞壁约 70 nm 厚，含有结构多样的半纤维素，其最外层由甘露聚糖组成，最内层是由葡聚糖纤维组成的刚性骨架。植物细胞壁可分为初生壁和次生壁两部分。初生壁一般厚度为 $1\sim3$ μm，有弹性，由纤维素、半纤维素和果胶等多糖和蛋白质组成；次生壁厚度约为 4 μm，是在初生壁上增厚的部分，其使植物细胞具有较高的机械强度。针对不同细胞的组成特点以及破碎要求，在细胞破碎时应选择适宜的技术。

一、物理破壁法

1. 机械法

机械法是利用外界机械作用，如高压、研磨或超声波作用下产生的剪切力来破碎细胞的方法。常用的机械法有高压匀浆法、珠磨法、超声波破碎法等（表 5-1）。

表 5-1　常见机械法的作用机制和特点

分类	作用机制	特点
高压匀浆法	液体剪切作用	可获得较高的破碎率，可进行大规模制备；不适用于丝状菌和革兰氏阳性菌的破碎
珠磨法	固体间的相互剪切作用	可达较高的破碎率，可大规模操作；大分子目的产物易失活，浆液分离困难
超声破碎法	超声波的空化作用	破碎过程中升温剧烈，适用于少量样品的破碎；对酵母的破碎效果较差

（1）高压匀浆法

高压匀浆法是大规模细胞破碎的常用方法，核心设备是高压匀浆机，细胞浆液通过止逆阀进入泵体内，在高压下被迫由排出阀的小孔中高速冲出，射向撞击环，从而使细胞受到较强的液相剪切力而破碎。操作方式可以采用单次匀浆或多次循环等方式，在工业规模的细胞破碎中，对于酵母等难破碎的及浓度高或处于生长静止期的细胞，常采用多次循环的操作方法。高压匀浆法可连续操作，均质压力可以调节。工业设备常配有循环冷却系统，实验室环境下，可通过干冰等冷却介质使出口温度控制在 20 ℃ 左右。

（2）珠磨法

珠磨法被认为是最有效的一种细胞物理破碎法，核心设备为球磨机。破碎过程中需使用硬质珠子作为介质，珠子直径通常小于 1 mm。细胞浆液经过搅拌器与珠子充分混合，珠子与细胞之间互相碰撞、剪切，导致细胞壁破裂，促进胞内物质溶出。珠磨法由于细胞破碎率高、通量高以及良好的温度控制而备受关注，且劳动力强度低、细胞破碎连续化程度高，易于工业化实施。细胞破碎的程度与搅拌转速、料液的循环流速、细胞悬浮液的浓度、玻璃小珠的装置和珠体直径，以及破碎温度等因素相关。

（3）超声破碎法

超声破碎法是利用超声波振荡器发射的 15～25 kHz 的超声波，通过探头处理细胞悬浮液的细胞破碎方法。超声波通过介质传播，能够产生空化现象，大量声能被转化成弹性波形式的机械能，引起局部的剪切作用使细胞破碎。超声破碎法的破碎效率与声强、振幅、处理时间、温度、菌体种类和浓度等因素有关，其中声强和振幅对破碎效率的影响较大，强度太高易使蛋白质变性；同时，超声波振荡易引起物料温度的快速上升，对大批量样品进行破碎时应注意降温。对于酵母，超声破碎的效果较差，杆菌比球菌更易破碎，革兰氏阴性菌比革兰氏阳性菌更易破碎。

2. 非机械法

（1）干燥法

干燥法通过使用真空干燥、气流干燥、冷冻干燥等方式使细胞发生渗透性改变，部分菌体发生自溶，再利用丙酮、丁醇或缓冲液等对干燥的细胞进行处理，将胞内物质抽提出来。对于不同的细胞可采用的干燥方式不同，酵母适合采用气流干燥方式，干燥温度通常在 25～30 ℃。真空干燥多用于细菌，干燥成块的菌体需磨碎后再进行抽提。干燥法容易引起蛋白质或其他组织变性、失活，对于热不稳定的生化物质，常采用冷冻干燥的方式，从而避免或减少失活。

（2）反复冻融法

将待破碎的细胞冷却至 −80～−15 ℃，随后迅速置于室温（或不高于 40 ℃）进行融化，如此反复冻融多次可破坏细胞膜的疏水相互作用，增加细胞的亲水性，同时冷冻过程中细胞内形成的冰晶使胞内液浓度增高，从而引起细胞溶胀破碎。该法适用于细胞壁较为脆弱的菌体，但破碎效率总体较低，且可能导致某些蛋白质的变性。

（3）渗透压冲击法

渗透压冲击法的过程是将细胞置于高渗透压的介质中（如一定浓度的甘油或蔗糖溶液），待细胞达到渗透平衡后，迅速稀释介质或将细胞转入低渗的缓冲液中，此时由于渗透压的急剧变化，细胞外的水会迅速通过细胞壁和细胞膜进入细胞，引起细胞壁和细胞膜膨胀破裂。渗透压冲击法是各种细胞破碎方法中最为温和的一种，但不适用于革兰氏阳性菌的破碎。

二、化学破壁法

化学破壁法是采用有机溶剂（表面活性剂）、酸、碱等化学试剂对细胞进行处理，改变细胞壁或细胞膜的通透性，从而使胞内物质渗透出来的方法，该法也称为化学渗透法。

1. 酸碱处理法

酸碱处理法可通过调节溶液的 pH，改变蛋白质的电荷性质，使蛋白质之间或蛋白质与其他物质之间的作用力降低而易于溶解，削弱细胞壁的强度，便于后续的提取。碱处理细胞还可以溶解除细胞壁以外的大部分组分。

2. 有机溶剂处理法

脂溶性有机溶剂能溶解细胞壁的磷脂，可采用丁酯、丁醇、丙酮、氯仿和甲苯等溶剂处理并破坏细胞结构。如，用甲苯处理细胞可增大细胞壁的通透性，降低胞内产物的相互作用，使胞内物质更易释放；丙酮能够使细胞或组织快速脱水干燥，破坏蛋白质与脂质结合的化学键，促使某些结合态的酶释放到溶液中，进一步促进胞内物质的释放。有机溶剂处理法常与珠磨法联合使用。

此外，Triton X-100、牛磺胆酸钠、十二烷基硫酸钠、吐温等表面活性剂，也可促使细胞某些组分的溶解，其增溶作用有助于细胞破碎。如 Triton X-100 是一种非离子型清洁剂，对疏水性物质具有较强的亲和力，能结合并溶解磷脂，其主要作用是破坏细胞内膜的磷脂双分子层，从而使某些胞内物质释放出来。金属螯合剂，如 EDTA（乙二胺四乙酸），可与维持革兰氏阴性菌外层膜完整结构的 Ca^{2+} 或 Mg^{2+} 螯合，使大量的脂多糖分子脱落，从而破坏其细胞外膜。

三、生物酶破壁法

生物酶破壁法利用能够溶解细胞壁的酶，如溶菌酶、纤维素酶、蜗牛酶、半纤维素酶、脂酶等，处理菌体细胞，部分或完全破坏细胞壁，从而达到破碎细胞的目的。该法反应条件温和，核酸泄出量少，可选择性释出产物，并能保持相对完整的细胞外形。但其不足之处在于：①溶菌酶等酶制剂的价格高，大规模应用的成本较高；②通用性差，需要根据不同类型的菌体和目标产物选择不同的酶和反应条件；③酶解产物可能对酶解体系产生抑制作用，如葡聚糖对葡聚糖酶有抑制作用，这是胞内物质释放率低的一个重要原因。

生物酶破壁法可细分为外加酶法以及细胞自溶法两种。细胞自溶法是利用微生物自身产生的能够水解细胞壁聚合物的相关酶，通过改变体系条件，诱发微生物自溶，实现细胞破碎。影响自溶过程的因素有温度、时间、pH、缓冲液浓度、细胞代谢状态等，常采用加热法或干燥法促进微生物细胞的自溶。如将谷氨酸生产菌加入碳酸盐缓冲液（含 0.028 mol/L Na_2CO_3、0.018 mol/L $NaHCO_3$，pH 10）制成 3% 的悬浮液，加热至 70 ℃，保温搅拌 20 min，菌体即自溶。对于酵母而言，常于 45～50 ℃下保持 12～24 h 使其自溶，该法可用于工业规模。

四、破碎方法选择依据

每一种细胞破碎方法都有其自身的局限性，在具体应用时方法的选择需要考虑下列因素：细胞壁的强度、细胞处理量、产物对破碎条件（温度、化学试剂、酶等）的敏感性和破碎程度。

1. 破碎对象的细胞结构

细胞壁的强度与其网状结构中高聚物的交联程度相关，还取决于构成细胞壁的聚合物类型和细胞壁厚度，如真菌细胞壁因含有纤维素和几丁质，其强度较细菌细胞壁高，因而高压匀浆法处理时，细菌更易破碎。植物细胞由于纤维化程度大、纤维层厚，其细胞壁强度也很高，导致破碎较为困难。在机械法破碎细胞的过程中，破碎的难易程度还与细胞的形状和大小有关，如某些高度分枝的微生物，会阻塞高压匀浆器阀而影响操作。在采用化学法和酶法破碎细胞时，应根据细胞的结构和组成选择不同的化学试剂或酶，从而针对性地破坏细胞壁，实现有效的细胞破碎。

2. 细胞处理量

大规模处理细胞样品时，应优先采用机械法，该法中有专业化的设备可供选择，且破碎的机械力可以进行较大范围的调整，能够使胞内物质充分释放。机械法具有机械破碎的设备通用性强、破碎效率高、操作时间短、成本低、可适用于大多数样品等优点。但机械法的缺点是对胞内物质的释放没有选择性，浆液中核酸、杂蛋白质等含量高，料液黏度大，给固液分离带来挑战。实验室规模的细胞破碎可以选择非机械法。非机械法处理过程相对温和，胞内物质释放的选择性好，固液分离容易。但其缺点是破碎效率低，耗费时间长，部分方法成本高，仅适合小规模使用。

3. 目标产物对破碎条件的敏感性

生化物质通常稳定性较差，在设定破碎条件时，既要有较高的释放率，又必须确保产物的稳定，因此在选择破碎方法时，必须考虑目标产物自身的稳定性。在采用机械法进行破碎时，应考虑剪切力对大分子物质结构的潜在影响；在选择生物酶破壁法时，应考虑酶对目标产物是否具有降解作用；在选择有机溶剂或表面活性剂处理法时，应注意避免目的蛋白质变性。此外，破碎过程中溶液的 pH、温度、作用时间等都是影响目标产物稳定性的因素。

4. 破碎难易程度

对于无细胞壁结构的动物细胞，可考虑使用渗透压冲击法和反复冻融法，这两种方法都比较温和，但破碎作用强度也较弱。这些方法对微生物细胞并不通用，只适用于细胞壁较脆弱的微生物菌体或者细胞壁合成受抑制、强度减弱的微生物，为提高破碎效果，这些方法常与生物酶破壁法联合使用。

除上述因素外，破碎方法和破碎条件的选择还应考虑后续的提取工艺。在固液分离中，细胞碎片的大小是重要因素，太小的碎片很难分离除去，因此破碎时既要保证较高的产物释放率又不能使细胞碎片太小。因此，优化的细胞破碎方法和操作条件应实现活性产物的较高的释放率、较低的成本投入和良好的后提取工艺。

第二节 过滤与离心

生物制药的分离纯化过程主要利用待分离物系中目标物与杂质之间所存在的物理、化学和生物学性质上的差异进行分离。需分离纯化的生物活性物质常常是多相体系，即由两相或两相以上的物质所组成的体系，因此相分离是生物制药重要的分离过程。非均相体系的分离通常采用机械方法，利用非均相混合物中两相的物理性质（如密度、颗粒大小、体积等）的差异，使两相之间发生相对运动而使其分离。在生物活性物质的分离纯化过程中，经常需要使用固液分离技术，如将生物组织的提取液与细胞碎片分离，将发酵液中的细胞、菌体、细胞碎片以及蛋白质沉淀物分离。常规的固液分离技术主要包括过滤和离心。

一、过滤分离

过滤是指在外力作用下，使悬浮液中的液体通过多孔介质的孔道，而固体颗粒被截留在介质上，从而实现固液分离的操作。其中多孔介质被称为过滤介质，所处理的悬浮液被称为滤浆，通过多孔介质后的液体称为滤液，被截留下的固体颗粒堆积层称为滤渣或滤饼。传统的过滤操作是在过滤介质上方倾注含有固体颗粒的溶液，使液体通过而固体颗粒被截留。按料液流动方向的不同，过滤可分为常规过滤（conventional filtration）和错流过滤（cross-flow filtration，CFF）。

1. 常规过滤

常规过滤是指料液流动方向和过滤介质垂直的过滤方式，如图 5-1(a)。常规过滤时，过滤介质中微细孔道的尺寸可能大于悬浮液中部分小颗粒的尺寸，因此，过滤之初会有一些细小颗粒穿过介质而使滤液浑浊，但是不久后，颗粒会在孔道中发生"架桥"现象，如图 5-1(b)，形成一个滤渣层，称为滤饼。滤饼形成后，滤液变清，过滤真正开始进行。恒压下随着滤饼厚度的增加，滤速不断减慢。

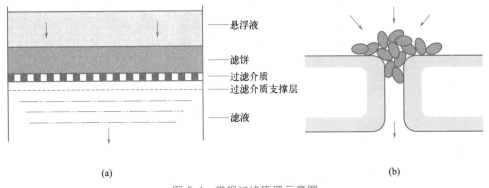

(a)   (b)

图 5-1　常规过滤原理示意图

2. 错流过滤

料液流动的方向不同于滤液流动的方向，这种过滤方式称为错流过滤，也称为切向流过滤（tangential flow filtration，TFF），如图 5-2。研究发现，如果料液以流动的方式大流量平行冲刷过滤介质表面，则过滤介质表面积累的滤饼就会减少到可以忽略的程度，从而提高过滤速度。现代膜分离技术广泛采用这种过滤方式，如微滤和超滤。它们与传统过滤方法的主要差别体现在，膜是薄且多孔的高分子材质，可渗透性较小，流体流动阻力较大。由于滤液不断地通过膜被除去，料液中悬浮物浓度越来越高，所以必须周期性地放料。与常规过滤方式相比，错流过滤具有如下优点：①过滤收率高，可进行少量多次洗涤，滤液稀释程度较低；②滤液质量好，大部分杂质可被排除，体积大于膜孔的固体，包括菌体、培养基、杂蛋白质等均不能穿过膜进入滤液，有利于后续分离和最终产品质量的提高；③减少处理步骤，有利于实现连续操作。常规过滤的鼓式真空过滤器一般需预涂助滤剂，板框过滤器则需清洗、拆装，费时费力，而错流过滤可以通过水流直接进行清洗。

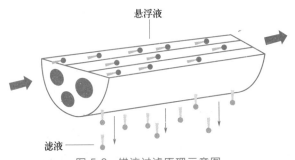

图 5-2　错流过滤原理示意图

CFF 在生物制药中具有广泛的应用（表 5-2）。在细胞培养生产中，CFF 常用于细胞收集或细胞代谢产物的分离，其基本配置参见图 5-3。图中，进料泵将料液送入过滤器，经过滤器过滤后，滤液被收集，而滤余液返回到料液罐中。为确保过滤操作的可控性，系统中还配有阀门，压力传感器，流量传感器，液位传感器，以及温度、pH、电导率传感器等。根据特定的过程要求，可通过调控多个操作参数来控制CFF 过程，其系统中各个节点的压力、流速以及运行时间等是最为重要的工艺参数。

表 5-2　CFF 在生物制药生产过程中的应用

目的	应用说明
细胞收集	从发酵液中分离细胞,在滤留物中回收细胞
代谢产物澄清	从完整细胞、细胞碎片和分子聚集物中分离目标产物,在滤出液中回收目标分子
产品分级	根据分子大小分离不同组分

目的	应用说明
产品浓缩	通过过滤除去溶剂和小分子来浓缩产品溶液,产品从滤留液中回收
渗滤	缓冲液的置换,产品从滤留液中回收

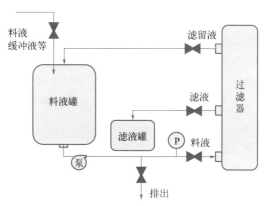

图 5-3　CFF 系统的基本配置示意图

3. 过滤介质和助滤剂

过滤介质是指能使固液混合料液有效分离的特定介质,通常指滤布或滤膜。过滤介质要求能耐酸碱、耐高温、耐化学试剂、抗拉性能好、有一定的机械强度和孔隙度。常用的滤布材料有法兰绒、帆布、斜纹布、白细布及一些合成纤维。膜材料主要有醋酸纤维素、硝酸纤维素、聚砜、聚酰胺、聚丙烯等。CFF 过滤器仅使用膜作为过滤介质,而常规过滤可使用膜或其他材料。按材质分类,过滤介质可分为天然纤维(如棉、麻、丝等)、合成纤维(如涤纶、锦纶等)、金属、玻璃、塑料及陶瓷等;按结构分类,其可分为柔性、刚性及松散性等过滤介质。

工业生产中为加快过滤速度、提高滤液质量,常使用助滤剂来增加滤渣结构的疏松性,减少滤饼阻力。助滤剂属于惰性物质,是具有一定细度及硬度而不具有压缩性的固体颗粒,在液体中不发生反应,对目标产物无吸附作用。助滤剂的材料种类丰富,如硅藻土、纸浆、石棉、纤维素等,其使用方式有三种:一是预铺法,先将硅藻土等预铺在过滤介质上,然后通入发酵液进行过滤操作;二是混合法,在发酵液中先加入一定量的助滤剂,以增加滤渣疏松性,减少滤饼阻力;三是生成法,通过化学反应产生大量无机盐沉淀物,使沉淀物发挥助滤作用,如在新霉素发酵液中加入 $CaCl_2$ 和 Na_2HPO_4,生成的 Ca_2HPO_4 沉淀可以作为助滤剂。

二、离心分离

利用离心力作为驱动力分离液相非均相体系的过程称为离心分离,其核心设备为离心机。离心机可以获得比重力沉降更高的分离因数。与微粒在重力场中受到的重力一样,人们习惯将离心力描述为在离心力场中微粒受到的力。因此,离心分离也是一种场分离技术。将微粒在同一体系中所受离心力与重力之比称为离心分离因数(K_c),这是衡量离心机械分离性能的重要参数。

$$K_c = \frac{u_T^2}{Rg}$$

式中,u_T 为切向速度;R 为旋转半径;g 为重力加速度。

根据离心分离因数,离心机可分为常速离心机($K_c < 3000$)、高速离心机($3000 \leqslant K_c \leqslant 50000$)与超速离心机($K_c > 50000$)。在离心力的作用下,密度大于液体的固体颗粒沿半径向旋转的器壁迁移(此过程称为沉降),而密度低于液体的颗粒则沿半径向旋转的轴迁移,直至到达气液界面。如果器壁是开孔的或是可渗透的,则液体会穿过沉积固体颗粒的器壁。离心分离法速度快,效率高,操作时卫生条件好,占地面积小,能自动化、连续化和程序控制,适用于大规模的分离过程。

三、超离心沉降

1924 年,Svedberg 和 Rinde 共同设计并制造了第一台超离心机,实现了在强大的离心力作用下对微小颗粒的沉降。这种设备最早用于研究金属胶体粒子,后来使用范围拓展到高分子化合物、生命科学与生物制药等领域。超离心机可以产生高达几十万倍于重力的离心力。

分析型超离心机是用于测定、分析生物大分子或其他颗粒的某些物理化学参数的离心机,可鉴定样品的纯度、探究生物分子间聚集与解离过程的特性、描述大分子构象的改变、测定沉降系数和热力学参数等。制备型超离心技术是利用不同密度、质量、大小、形状的组分粒子间沉降行为的差异,来实现分离纯化的方法。这些粒子包括生物大分子(主要是 DNA)、细胞器、病毒、细胞等。超离心技术的利用使分子生物学有了长足的发展,其分离能力强、分辨率高、条件温和,但设备要求高,较为昂贵。超离心技术包括两种方法:一种是差速离心法,另一种是密度梯度离心法。

差速离心法(differential centrifugation),又称差分离心法,是依据不同大小和密度的颗粒在离心力场中沉降速度的差异进行离心分离的方法。先将样品溶液在一定离心力场中离心一定时间,使特定组分沉降于管底,移去上层液,用同样大小的离心力多次"淘洗"沉淀物,即得颗粒大的较纯组分。随后,用加大的离心力场对上层液进行离心处理,所得沉淀再经几次"淘洗",又可获得中等大小的较纯组分。如此重复,依次提高离心力,逐级分离和纯化所需组分。

密度梯度离心法(density gradient centrifugation)具有更高的分辨能力,可以同时使样品中几个或全部组分分离。其方法是把样品置于一个密度梯度介质中进行离心。密度梯度离心法具体又可分为速度区带离心法和等密度区带离心法,两者的原理不同。

速度区带离心法[图 5-4(a)]:操作时,需将样品液置于连续或不连续密度梯度液上,控制离心时间,使所需组分穿过部分梯度液,形成分离区带,该法适用于分离颗粒大小不同而密度相近的组分,如 DNA 与 RNA 混合物、核蛋白体亚单位及线粒体、溶酶体及过氧化物酶体等。速度区带离心法中,样品应加于梯度介质的顶部、离心时间须严格控制。其分辨率受组分沉降系数、离心时间、颗粒扩散系数、介质黏度及梯度范围和形状的影响。

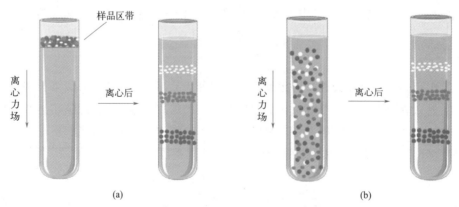

图 5-4 超离心法示意图 [速度区带离心法(a);等密度区带离心法(b)]

等密度区带离心法[图 5-4(b)]:操作时,加样位置不受限制,离心平衡后,不同密度的多组分颗粒在梯度介质中"向上"或"向下"移动,当它们移动至与介质密度相等的位置时便不再移动,形成静止区带。区带的位置、形状不受离心时间的影响,且与颗粒大小、形状无关。但离心力的大小、组分颗粒的大小和形状、介质密度梯度的斜率和形状以及体系的黏度会影响离心时间和分辨率（区带宽度）。所选用的密度梯度介质需要能自动形成密度梯度且在一定时间内保持密度相对稳定，常见的满足要求的介质主要有 $CsCl$、Cs_2SO_4、$RbCl$ 及 Rb_2SO_4 等物质。

四、过滤离心分离设备

1. 板框压滤机

板框压滤机是目前较常用的一种过滤设备。它是由多个滤板和滤框交替重叠排列而组成滤室的一种间歇操作的加压过滤机。滤板两侧铺有滤布，通过压紧装置确保滤板和滤框紧密贴合，滤框中的空间构成过滤的操作空间。在板框的上端开有孔道，从第一块滤板一直通到最后一块滤框，料液在压力下被送入，并由每一块滤框上的支路孔道送入各过滤空间。滤板表面刻有垂直的或纵横交错的浅沟，其下端有供液体排出的孔道。滤液在压力下通过滤布流入滤板表面的浅沟中，最后汇集于滤板下端的排液孔道中排出。固体颗粒被滤布截留在滤框中，一定时间后，需松开滤板和滤框，卸除滤渣。

板框压滤机的过滤面积大，能耐受较高压力差，故对不同过滤特性的发酵液适应性强，同时还具有结构简单、制造成本低、动力消耗少等优点。但是这种设备不能连续操作，设备笨重，劳动强度大，非生产的辅助时间长（包括解框、卸饼、洗滤布、重新压紧板框等），生产能力低，一般过滤速度为 $22\sim50$ L/$(m^2 \cdot h)$。为解决上述问题，可使用自动板框过滤机减轻劳动强度，通过自动清除滤饼缩短非生产的辅助时间等。

2. 真空鼓式过滤机

真空鼓式过滤机是一种工业上应用较广泛的连续操作吸滤型过滤机械设备。该设备的主体是一个能转动的水平圆筒，其表面设有一层金属网，网上覆盖滤布，筒的下部浸入滤浆中，如图 5-5 所示。转筒内部用隔板分成互不相通的多个扇形格，每格都设有细管，与位于筒中心的分配头相连。借助分配头的作用，每个扇形格依次分别与真空管和压缩空气管相连通，从而使相应的转筒表面部位分别处于被抽吸或吹送的状态。其操作过程分为吸滤、洗涤、吸洗液、刮除固形物四个阶段。

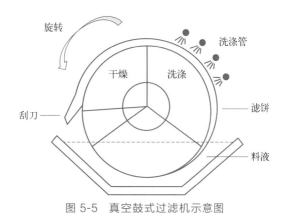

图 5-5　真空鼓式过滤机示意图

真空鼓式过滤机压差较小，主要适用于菌丝较粗的真菌发酵液的过滤，如青霉素发酵液的过滤，滤速可达 800 L/$(m^2 \cdot h)$。而对于菌体较细或黏稠的发酵液，则需在转鼓面上预铺一层厚度为 $50\sim60$ mm 的助滤剂，在鼓面缓慢移动时，利用过滤机上的一把特殊的刮刀将滤饼连同极薄的一层助滤剂（约 1 mm）一起刮去，使过滤面积不断更新，以维持正常的过滤速度。例如链霉素发酵液的过滤，采用硅藻土作为助滤剂，转鼓的转速为 $0.5\sim1.0$ r/min，滤速达 90 L/$(m^2 \cdot h)$。

3. 过滤式离心机

过滤式离心机的转鼓壁上开有均匀密集的小孔，转鼓内表面覆盖过滤介质（滤布）。加入转鼓的悬浮液随转鼓一同旋转，在离心力作用下，悬浮液中的液体流经过滤介质并由转鼓壁上的孔甩出，固体被截留在过滤介质表面，从而实现液体与固体的分离。

我国广泛应用的离心设备是三足式离心机，其立式转鼓悬挂于三根支柱上，具有稳定性好、操作平稳、进出料方便、操作简单、适应性强和占地面积小等优点，可用于分离悬浮液中直径为 0.01～1.0 mm 的颗粒和结晶状物质，在工业中其已用于收集 L-谷氨酸、L-苹果酸和蛋白质及酶类沉淀物。其缺点是处理量有限，需人工卸料，劳动强度大。

4. 沉降式离心机

沉降式离心机的转筒或转鼓壁上没有开孔，也不需要滤布，在离心力作用下，固体沉降于筒壁或转鼓壁上，余下的即为澄清的液体。对于发酵液，通常采用沉降式离心设备，因为该设备适用于固体含量较低（10%）的料液的分离，而过滤式离心设备主要用于分离晶体和母液。工业上应用的沉降式离心机有管式离心机、碟片式离心机、螺旋卸料离心机等。

（1）管式离心机

管式离心机是一种转速高、分离效率高的离心机（图 5-6）。料液由底部进入转鼓内部，筒内有沿辐射方向排列的三角挡板，可以带动液体与转筒以同一速度旋转，转速可达 10000 r/min 以上。在离心力作用下，料液分层，重液贴近转鼓壁，轻液贴近转鼓中心。重液沿筒壁和挡板的外侧向上流动，经出口流出，轻液沿三角挡板的中心内侧由另一出口流出。由液体中分离出的固体物则附着于筒壁，经一定时间后停机清洗，通过人工操作从转筒中移除固体沉淀物。

管式离心机适用于分离两种密度不同而又互不相溶的液体，对于溶液中含少量细微固体悬浮物的反应体系分离效果也较好，但通常要求料液中固体粒子的浓度不超过 0.5%。管式离心机具有构造简单、紧凑和维修方便等优点。当转鼓中沉降的固体物积累到一定量时，必须停机进行清理，这限制了其生产能力，故仅适用于小规模操作。该设备可用于从反应体系中分离菌体和细胞，也可用于从生物材料抽提液中收集少量蛋白质、酶、核酸及多糖，并能有效去除抽提液中的少量残渣。

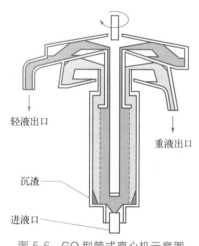

图 5-6　GQ 型管式离心机示意图

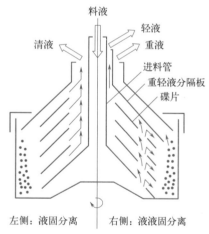

图 5-7　碟片式离心机示意图

（2）碟片式离心机

碟片式离心机的结构大体可分为机械传动、分离和输送三部分（图 5-7）。机械传动部分由电机、离合器、齿轮、油箱等组成，分离部分由转鼓、碟片架、碟片分液盖和碟片组成，输送部分由离心泵等组成，负责输送已完成分离的两种液体。欲分离的料液自碟片架顶部注入，料液进入转鼓后，在离心力作用下经过碟片架底部的通道流向外围，在这个过程中固体料渣被甩向鼓壁。转鼓内有一叠盖形金属碟片，每片上设有二排孔，碟片叠起来时可形成两个通道。液体分流于各相邻两碟片之间的空隙中，而且在每一层空隙中，轻液流向中心，重液流向鼓壁，实现轻重液分离，最后分别由通道流出，并经泵输出。

根据排渣方式，碟片式离心机可分为标准型、自动间歇排渣型、连续排渣型三种类型。标准型碟片式离心机需要人工排渣，主要用于液-液分离或含极少量固体的料液的分离。

（3）螺旋卸料式离心机

螺旋卸料离心机是一种连续操作式固液分离设备，其转动部分由转鼓与螺旋两部分组成，但螺旋与转鼓间配有差动变速器，使二者维持约1％的转速差。料液从中心管注入，进料位置约在螺旋中部，螺旋前部为沉降区，后部为甩干区。在离心力作用下，固体物被沉降于转鼓壁上，被螺旋推向小端，同时被甩干排出。液体由溢流孔排出，可通过调节溢流孔位置，适当改变固体物含水量和液体澄清度。

螺旋卸料式离心机具有如下特点：①料液浓度变化不影响分离效率，适用范围广，从1％的稀悬浮液到50％的浓悬浮液的分离均适用；②对固体颗粒的尺寸适应性好；③处理量大；④密封性好，可用于易燃、易爆物料的分离；⑤可通过调节转鼓与螺旋的转速差来提高分离效率。

螺旋卸料式离心机的转速在 2000～4000 r/min 之间，分离因数在 1000～2400 g 之间；高速沉降式螺旋卸料机，其转速在 3000～6000 r/min 之间，分离因数为 3000～4000 g，适宜处理黏性大、难分离的物料，如胰脏抽提液的澄清，其效果优于传统过滤，在发酵工业中常用于微小菌体的捕获。

五、生物制药工艺中固液分离的影响因素

大多数生物样品液或微生物发酵液都属于非牛顿流体，固液分离较困难。发酵液的流变特性与很多因素有关，主要取决于菌种和培养条件。而固液分离的难度则受多方面影响，如微生物种类、发酵液黏度及其他因素等。

不同菌种的特性相差较大，一般真菌的菌丝比较粗大，固液分离容易。对于含真菌菌体及絮凝蛋白质的发酵液，可使用真空鼓式过滤机或板框压滤机进行过滤分离。对于酵母，离心分离的方法具有较好的效果，但是对于细菌或细胞碎片的分离困难，用一般的离心分离或过滤分离方法效果较差，此时应采用絮凝等预处理手段来增大粒子颗粒，从而获得澄清的滤液。

固液分离的速度通常与黏度成反比。发酵液中含有菌体、多糖类、残留培养基及代谢产物等，其中，蛋白质占据主要成分，导致发酵液的黏度及可压缩性较高。值得注意的是，即使是同一种发酵液，不同培养批次之间也可能存在差异，从而导致过滤速度出现较大变化。影响发酵液黏度的因素包括：①菌体的种类和浓度不同，其黏度差别很大。②不同的培养基组分和用量也会影响黏度，如黄豆饼粉、花生饼粉、淀粉等培养基成分均会使发酵液的黏度增大，且残留的培养基越多黏度越高。同时，发酵后期使用的油性消沫剂也会使过滤变得困难。③菌体自溶通常会使发酵液黏度增加，为有利于过滤操作，必须正确选择发酵终点和放罐时间。④染菌的发酵液黏度也会增高。很多中药材中也含有多糖、淀粉、树胶、蛋白质等高分子物质，这些物质在提取的过程中溶出，会增加溶液体系的黏度。

发酵液的pH、温度和加热时间也会影响固液分离效果。为改善分离速度，可加入助滤剂。如过滤灰色链霉菌发酵液时，随pH降低比阻值减小，过滤速度升高。由于链霉素对热较稳定，因此将灰色链霉菌发酵液于75 ℃加热处理，使蛋白质变性凝固后可加快过滤速度，但加热时间过长也可能促进其他物质的分解。

由于药物活性成分的性质不同，不同药物对过滤分离的要求也不一样。如蛋白质类药物大多属于胞内产物，一般均需进行细胞破碎，由于细胞碎片颗粒细小，料液黏度高，因此固液分离的难度较大。实践中，可以结合其他分离方法来优化分离效果，例如，利用错流过滤代替常规过滤；利用基因工程技术改变产物的分泌途径，如使产物直接分泌到细胞外，从而省去细胞破碎步骤；采用双水相萃取技术处理细胞匀浆液，避免进行固液分离的步骤。生物分离中需要考虑的重要因素包括分离粒子的大小和形状、介质的黏度、粒子和介质之间的密度差、固体颗粒的含量、粒子凝聚或絮凝作用的影响、产品的稳定性、助滤剂的选择、料液对设备的腐蚀性、操作规模及费用等。制定固液分离工艺方案时，应对上述因素做出综合性评

估，同时考虑它们对后续工艺的影响，尽量避免引入新的杂质，给纯化操作带来更多困难。

第三节　萃取分离技术

萃取是利用物质在不同相体系中溶解度的差异而进行分离的过程。萃取分离是一种初步的分离技术，其操作并不会实现组分的彻底分离，而是使各组分达到一种相平衡状态，从而得到富集了目标产物的均相混合物。在萃取分离中，欲提取的组分称为溶质，用于萃取的溶剂称为萃取剂，萃取剂与待萃取的分散体系在特定的条件下应能够形成非均相体系，且可进行相的分离。按照相的组成不同，萃取分离可以分为固液萃取、液液萃取、反胶束萃取和双水相萃取等类型。萃取分离是医药化工领域中常用的分离技术，是生物活性物质分离纯化的重要手段，尤其是在抗生素等生产中，通过多步萃取技术成功实现了抗生素的分离与杂质的脱除。

一、固液萃取

固液萃取，也称为固液浸取，是用溶剂将固体原料中的可溶组分提取出来，使之与不溶部分分离的萃取分离技术。其中，固体原料可以是菌体、天然药材、沉淀物，也可以是载体或惰性物质。固液萃取中常用的溶剂有水、乙醇、乙酸乙酯、氯仿等。固液萃取在制药中应用广泛，尤其适用于从中草药、微生物细胞中提取目标产物或除去有害成分。固液萃取的基本原理是分子扩散及溶质在固液两相的扩散平衡，其浸取过程如下：①溶剂浸润固体颗粒表面；②溶剂扩散，渗透到固体颗粒内部微孔或细胞中；③溶质解吸溶解并扩散；④溶质扩散至固体表面；⑤溶质从固体表面扩散进入溶剂体系。

1. 固液萃取方法

常用的固液萃取方法有浸渍法、煎煮法和渗滤法。

（1）浸渍法

浸渍法常用于中草药有效成分的提取。取适当粉碎后的原料，置于有盖容器中，加入萃取剂，密闭搅拌或振摇一段时间，使有效成分浸出，随后过滤并收集上清液，滤饼经过压榨后，收集压榨液，将其与滤液合并。浸渍法适用于黏性、无组织结构、新鲜及易于膨胀的药物的萃取。该法简便易行，但浸出率较低，萃取剂中溶质浓度低，不适用于贵重药物以及有效组分含量低的药物的萃取。该法中溶剂的选用通常遵照"相似相溶"的原则，即选用与目标组分极性相似的极性溶剂。常用的萃取剂有（极性由小到大）：石油醚、苯、氯仿、乙醚、乙酸乙酯、正丁醇、丙酮、乙醇、甲醇、水、含盐水。

（2）煎煮法

煎煮法是最早使用的一种简易的固液萃取方法，即取药物加适量水煮沸，使溶质被充分煎出。该法的一般过程为：取适量药材原料粉碎或破碎成粉末，将其置于容器中并加入溶剂浸泡，浸泡适宜时间后，加热至沸腾，保持微沸状态一段时间，分离煎出液，药渣按相同方法重复煎数次（一般为2~3次），合并多次煎煮得到的煎出液并进行浓缩。

煎煮法适用于有效成分能溶于水，且在湿热条件下稳定的药材。然而，该法得到的浸出成分较为复杂，除有效成分外，部分脂溶性物质及其他杂质也有较多浸出，不利于后续精制。此外，对于含较多淀粉、黏液质、糖等成分的药材，加水煎煮后，其煎出液比较黏稠，过滤较困难。

（3）渗滤法

渗滤法是向药材粗粉中不断加入萃取剂，使其渗过药粉，从装置下部出口收集流出的浸取液的一种浸取方法。溶剂渗过药粉时，由于重力作用而向下移动，上层的萃取剂或稀萃取液不断置换出溶质，形成浓度梯度，促使溶质扩散，故该法的浸出效果优于浸渍法。然而，无组织结构的药材不宜采用渗漉法。

2. 固液萃取影响因素

（1）萃取原料的颗粒

一般来说，原料颗粒越小，固液两相接触表面积就越大，扩散效率越高，萃取效率也会相应提高。但若固体颗粒过小，可能会增加吸附作用和液体流动阻力，且可能造成可溶性杂质释放，降低萃取效率。生物制药中的原料主要包括动植物细胞或组织。对于较坚实的植物籽粒等可以选择压榨或粉碎研磨制浆法；对于植物单体细胞和菌体可以选择超声破碎法、化学破壁法、生物酶破壁法、高压匀浆法和渗透压冲击法等方法；对于较脆弱的动物组织则可以使用浸泡或组织匀浆进行处理。

（2）萃取剂

萃取剂应能快速高效地提取溶质，同时尽可能避免引入杂质。萃取剂的选择和使用一般要满足以下条件：①萃取剂对溶质选择性高、溶解度大；②萃取剂与溶质性质差异大，易分离，从而便于回收溶剂；③溶质在萃取剂中的扩散系数大；④萃取剂应价格低廉、安全低毒；⑤萃取过程中应遵循少量多次的原则，第一次萃取时萃取剂的量应大于料液中溶质充分溶解所需要的量。

（3）萃取时间

一般来说萃取时间越长，扩散越充分，萃取效率就越高，但长时间的萃取也会使杂质大量溶出。如果萃取剂是水，长时间的萃取还可能发生霉变和细菌污染，影响萃取液的质量。

（4）萃取温度

提高温度可以增加溶质的溶解度，进而提高萃取效率。然而，高温也可能使杂质进入萃取剂，增加后续纯化的难度。由于大部分生物质具有热敏性，提高温度可能会使其变性失活。

（5）萃取方式

工业生产上，萃取方式多样，包括单级循环萃取、多级串联萃取、连续逆流萃取等工艺。其中逆流萃取是指料液与萃取剂在逆向流动的过程中进行接触传质，该方式能够实现最大的传质动力，且可节省萃取剂用量，具有适用范围广、操作灵活、运行经济、环保高效等优点。

二、液液萃取

液液萃取是用一种选定的溶剂将目标组分从另一种溶剂中提取出来的方法，这两种溶剂通常不互溶或只部分互溶，并可以进行分相。在液液萃取过程中，待分离的料液称为被萃相，用于萃取的溶剂称为萃取剂，分层后含有目标组分的萃取剂称为萃取相，而萃取后的料液则称为萃余相。液液萃取操作简单，容易进行规模化操作，对热敏性组分的破坏较少。多级萃取时，溶质浓缩倍数和纯化度高，可进行连续化操作。但液液萃取通常需要使用有机溶剂作为萃取剂，还需要溶剂回收等辅助过程，且对设备和安全的要求较高。

1. 液液萃取技术的原理

液液萃取的理论基础是分配定律，即在一定温度、一定压力下，如果一种物质溶解在两个同时存在而互不相溶的溶剂中，达到平衡后，其在两相中的浓度比为一常数 K。

$$K = \frac{C_L}{C_R}$$

式中，K 为分配系数；C_L 为溶质组分在萃取相中的浓度；C_R 为溶质组分在萃余相中的浓度。

但在实际萃取过程中，人们更习惯使用表观分配系数 D 来描述溶质在两相的分配情况。

$$D = \frac{C_{AL}}{C_{AR}} = \frac{\sum C_{ALi}}{\sum C_{ARi}}$$

式中，C_{AL} 为溶质 A 在萃取相中的平衡总浓度；C_{AR} 为溶质 A 在萃余相中的平衡总浓度；C_{ALi} 为溶质 A 在萃取相中各种分子形态的平衡浓度；C_{ARi} 为溶质 A 在萃余相中各种分子形态的平衡浓度。

K 值和 D 值都反映了溶质组分在两相中的分配情况，数值越大，平衡后萃取相中溶质越多，萃取效率越高。

2. 液液萃取方法

液液萃取的操作主要包含三个步骤。

①混合：将料液和萃取剂在混合器中充分混合，使溶质转入萃取剂中；②分离：通过静置分离、离心分离等方法在分离器中使互不相溶的两相分层；③溶剂回收：回收萃取剂。液液萃取根据操作方法又可分为单级萃取、错流萃取和逆流萃取，其中错流萃取和逆流萃取属于多级萃取。

（1）单级萃取

单级萃取是只使用一个混合器和一个分离器的萃取过程。具体过程为，将料液（F）和萃取剂（S）在混合器中充分混合后，在分离器中进行分离，得到萃取相（L）和萃余相（R），然后回收萃取剂并得到产物，回收的萃取剂可以循环使用。

萃余率：
$$\varphi = \frac{\text{萃余相中溶质总量}}{\text{料液中溶质总量}} \times 100\% = \frac{1}{E+1} \times 100\%$$

理论收率：
$$1 - \varphi = 1 - \frac{1}{E+1} \times 100\% = \frac{E}{E+1} \times 100\%$$

式中，E 为萃取因素。

萃取因素是指在萃取后，溶质在萃取相和萃余相中的数量比（质量或摩尔比）。即
$$E = \frac{c_2 V_S}{c_1 V_F} = K \frac{V_S}{V_F} = K \frac{1}{m}$$

式中，V_S 为萃取剂体积；V_F 为料液体积；c_2 为溶质在萃余相的浓度；c_1 为溶质在萃取相的浓度；K 为分配系数；m 为浓缩倍数。

单级萃取的流程简单，既可以间歇操作也可以连续操作，尤其适用于萃取剂分离能力大或者对分离要求不高的情况。但是由于此方法只进行一次萃取，萃取并不完全，导致萃余相中还含有较多溶质，通过增加萃取剂虽然可改善这个问题，但同时也会降低产品浓度，增大回收溶剂的工作量。

（2）错流萃取

错流萃取是将料液经萃取后的萃余相与新加入的萃取剂重新混合，进行多次萃取的方法，其操作过程一般涉及多个混合器和分离器。在错流萃取过程中，料液经第一级萃取后的萃余相流入下一级混合器，加入新鲜萃取剂进行萃取；再将第二级的萃取剂流入第三级混合器，加入新鲜萃取剂进行萃取（图 5-8）。同理，可以进行四级、五级乃至 n 级萃取。

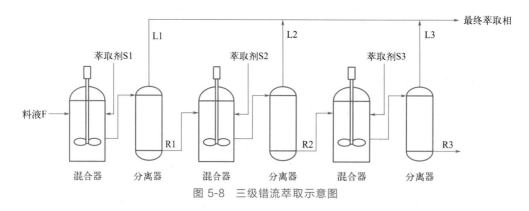

图 5-8　三级错流萃取示意图

经过 n 级萃取后，萃余率为：$\varphi = \dfrac{1}{(E_1+1)(E_2+1)\cdots(E_n+1)} \times 100\%$

理论收率为：$1-\varphi=1-\dfrac{1}{(E_1+1)(E_2+1)\cdots(E_n+1)}\times100\%$

如果 n 级萃取使用同一萃取剂，各级萃取因素相同，则

萃余率为：$\varphi=\dfrac{1}{(E+1)^n}\times100\%$

理论收率为：$1-\varphi=1-\dfrac{1}{(E+1)^n}\times100\%=\dfrac{(E+1)^n-1}{(E+1)^n}\times100\%$

错流萃取的萃取率较单级萃取高，萃取较完全，但缺点是需要消耗大量萃取剂，产物的平均浓度较低，溶剂处理量大，能耗多。

（3）逆流萃取

在逆流萃取的过程中，料液流向与萃取剂流向相反，即在第 n 级加入料液，萃余相依次流向前一级作为前一级的料液，萃取相则从第一级中加入，依次向后一级移动作为后一级的萃取剂（图5-9）。

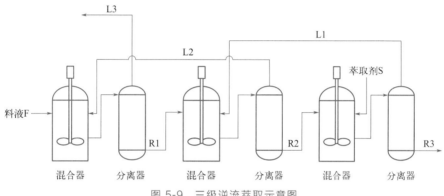

图 5-9　三级逆流萃取示意图

经过 n 级萃取后，萃余率为：$\varphi=\dfrac{E-1}{E^{n+1}-1}\times100\%$

理论收率为：$1-\varphi=1-\dfrac{E-1}{E^{n+1}-1}\times100\%=\dfrac{E^{n+1}-E}{E^{n+1}-1}\times100\%$

逆流萃取与错流萃取相比，萃取剂消耗量较少，产物浓度较高。其产物收率在三种萃取流程中最高，在医药工业生产中被普遍采用。

3. 影响液液萃取的因素

影响液液萃取效果的因素主要有 pH、萃取温度和时间、盐浓度、萃取剂和乳化作用。

（1）pH

pH 会直接影响分配系数（K）的大小，也会影响萃取的选择性。例如在酸性条件下，酸性溶质会被萃取到萃取相中，而碱性杂质则会成盐留在萃余相中；在碱性条件下，碱性溶质则会被萃取到萃取剂中，酸性杂质则成盐留在萃余相中。此外，pH 还会影响产物的稳定性，应在产物稳定的范围内选择 pH 值，例如，在 pH<2.0 时，青霉素在有机相中的分配系数显著增加，但极不稳定，因而工业上萃取青霉素时 pH 为 2.0~2.2。

（2）萃取温度和时间

温度会影响萃取的分配系数、有机溶剂与水的互溶度和药物的稳定性等方面。具体而言，温度会对分配系数产生影响，但过低的温度会使溶剂黏度增加，进而减缓传质速率，降低萃取速率。另一方面，有机溶剂与水之间的互溶度会随温度升高而增加，导致萃取效果降低。由于药物通常在高温下不稳定，因此萃

取一般在低温下进行。此外，萃取时间会影响药物的稳定性，如青霉素的提取中，随着萃取时间延长，青霉素的效价会下降。为了缩短萃取时间，应选择混合效率高的混合器及效率高的分离设备。

（3）盐浓度

加入盐析剂（如氯化钠、硫酸铵和氯化铵等）对萃取过程的影响主要有三个方面：①盐析剂与水分子结合导致游离水分子减少，使药物在水中的溶解度降低，从而使药物更易于转入到有机溶剂中；②盐析剂能减少有机溶剂与水的互溶度；③盐析剂能增大萃余相比重，有助于分相。萃取过程中，盐析剂的用量应适当，过多的盐有可能会使杂质转入萃取相，影响萃取效果。

（4）萃取剂

不同萃取剂中药物的分配系数不同，在选择萃取剂时应尽可能遵守如下原则：①分配系数尽可能大，若分配系数未知，可根据"相似相溶"的原则，选择与药物结构相近的溶剂。②选择分离因数大于1的溶剂。③料液与萃取剂的互溶度应尽可能小。④萃取剂应安全低毒、腐蚀性低。低毒性的溶剂有乙醇、丙醇、丁醇、乙酸乙酯、乙酸丁酯、乙酸戊酯等；中等毒性的溶剂有甲苯、甲醇、环己烷等；而苯、氯仿、四氯化碳等属于强毒性溶剂。⑤萃取剂的黏度应较低，便于分相。⑥溶剂应方便回收利用且廉价易得。⑦应具备良好的化学稳定性和热稳定性，不与药物发生反应。以上只是一般原则，实际应用时应根据具体情况权衡利弊，选择适当的萃取剂。医药工业生产中常用的萃取剂为乙酸乙酯、乙酸丁酯、乙酸戊酯、甲基异丁酮和丁醇等。

（5）乳化作用

萃取过程中有时会发生乳化作用形成乳状液。这种乳化作用会导致萃取相和萃余相分相困难，因此必须破坏乳化层才能达到较好的分离效果。为避免乳化作用的发生，一方面可控制料液中容易乳化的成分的含量，如通过过滤或膜处理减少蛋白质的浓度；另一方面则可在萃取过程中破除已形成的乳化层，主要方法包括加入破乳剂（例如十二烷基磺酸钠、溴代十五烷基吡啶、十二烷基三甲基溴化铵等）、电解质中和法（添加氯化钠、硫酸铵等）、吸附破乳法（例如碳酸钙、无水碳酸钠等）、高压电破乳法、加热法、稀释法、离心法和过滤法。

三、反胶束萃取

反胶束是一种由表面活性剂在非极性有机溶剂中形成的纳米尺度的聚集体，反胶束内部会形成一个对氨基酸、肽类和蛋白质有保护和溶解作用的极性微环境，从而使这些物质被萃取富集，通过分离胶束可回收其中的物质（图5-10）。反胶束萃取本质上是一种液液萃取方法，相较于传统的液液萃取，反胶束萃取处理量大、萃取率和选择性高、萃取速度快、兼具提纯和浓缩效果、操作简单可连续、易于放大生产，并可循环使用，还具有设备简单、萃取过程简易、容易控制等优点。反胶束萃取能防止一些生物大分子（例如蛋白质、酶）在非细胞环境中快速失活变性，因此特别适用于生物大分子的分离纯化。

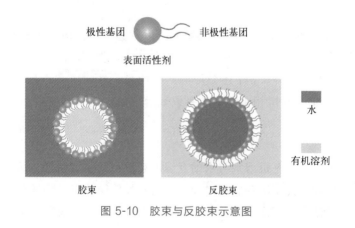

图 5-10　胶束与反胶束示意图

反胶束萃取一般包含两个过程：①萃取过程，目标组分从料液转移至反胶束中；②反萃取过程，目标组分从反胶束中转移出来。萃取过程主要发生在两相界面之间的表面活性剂层，当含有反胶束的有机溶剂与含有蛋白质的水溶液接触时，表面活性剂层在蛋白质的作用下变形，在两相界面形成包含有蛋白质的反胶束，随后反胶束扩散进入有机相中。反萃取过程则与之相反，即含有蛋白质的反胶束从有机溶剂中扩散到界面并在界面处崩裂，蛋白质从界面扩散到水溶液中。

蛋白质溶于反胶束的主要驱动力有表面活性剂与蛋白质的静电相互作用、反胶束与生物大分子的空间相互作用和反胶束与生物分子的疏水作用。其中，疏水作用会影响蛋白质在反胶束中的溶解形式，从而影响其分配系数。不同蛋白质的疏水性不同，其分配系数也不同，通常疏水性高的蛋白质具有较高的分配系数。蛋白质、氨基酸及核酸等亲水性生物大分子，都可以溶入反胶束水池中。反胶束水池的物理性能（大小、形状等）及其水的活度均对生物大分子的萃取效果产生影响。

1. 反胶束萃取方法

制备反胶束的方法主要有三种：①相转移法，把添加了表面活性剂的萃取剂与料液混合，并通过搅拌促进传质，溶质在各种力（静电相互作用、范德瓦耳斯力、疏水作用等）的作用下通过界面传质从料液转移至萃取相。这种方法形成的反胶束体系是稳定的，且有可能在低含水量条件下获得高浓度的产品。②注射法，即将料液直接注入含表面活性剂的萃取剂中，搅拌形成澄清的体系，此法易控制含水量和水池直径。③溶解法，用反胶束溶液直接与固体生物质接触，使生物质进入反胶束中。此法适用于不溶于水的生物质，且含水量可保持初始值不变，有利于反胶束萃取研究。

使用传统的液液萃取设备可满足反胶束萃取的要求，典型设备包括混合-澄清槽、离心萃取器、膜萃取器和喷淋萃取柱等。①混合-澄清槽是一种常用的液液萃取设备，由用于料液与萃取剂混合的混合器和用于相分离的澄清器组成，可进行间歇或连续的液液萃取，其缺点是反胶束相与水相混合时容易出现乳化现象，从而增加相分离时间。②离心萃取器可以减少操作时间，有效破除乳化，还可以通过温度对分配系数的影响来实现反萃取，无需引入第二水相。③膜萃取器是一种利用膜对目的蛋白质的截留作用而实现蛋白质的分离的设备，用于反胶束萃取的膜萃取器有中空纤维膜和管状超滤膜两种。中空纤维膜表面积大且无需机械分散就可以产生两相的接触面，并能减少蛋白质失活，其萃取过程中反胶束被填充在膜的空隙中，料液在膜的一侧，反萃取剂则在另一侧。膜萃取器具有制备简单、操作方便、操作稳定性好、可再生和放大等优点，但其缺点是需较高的操作压力、界面稳定性不好、压差难控制且成本较高。④喷淋萃取柱是一种液液微分萃取设备，当用于含有表面活性剂反胶束萃取时，需输入的能量很低，故不易乳化，从而缩短了相分离时间。但其缺点是连续相易出现轴向反混，导致萃取效率降低。

2. 影响反胶束萃取的因素

表面活性剂的化学结构会对萃取效率产生影响。具体而言，一方面，表面活性剂的疏水性基团与生物大分子的疏水作用，可增加大分子生物质的溶解度，显著提高生物质的萃取效率；另一方面，随着表面活性剂链长度的增加，其内部作用强度和界面密度降低，导致胶团的交换速度和渗透速率降低，进而影响萃取效率。表面活性剂的浓度能影响界面膜的稳定性、反胶束数量和萃取效率。其浓度增加时，反胶束的数量增加，萃取效率提高，但浓度过高时，会使表面活性剂在有机相无法完全溶解，有机相含水量过大发生溶胀，降低萃取效率。

此外，反胶束萃取还受表面活性剂助剂、萃取剂以及体系的 pH、温度、盐浓度、生物质性质和相比等因素的影响。

四、双水相萃取

双水相萃取是利用生物质（如蛋白质、DNA 等）在互不相溶的两水相间溶解度和分配系数不同的原理进行萃取的方法。双水相一般是两种水溶性聚合物或一种聚合物与无机盐类在水中形成两层互不相溶的匀相水溶液。不同于液液萃取和反胶束萃取，双水相萃取的两相均含有较高比例的水（75%～95%），这一特性使蛋白质等生物质能够保持天然活性，避免了在有机溶剂中变性失活。双水相萃取已被广泛地应用于生物化学、细胞生物学和生物化工等领域。采用此法提取的酶已达数十种，其分离量也达到相当可观的规模。

1. 双水相体系

两种聚合物分子间若存在斥力，那么将它们同时溶解在水中，达到平衡后可能会分成两相，使两种聚合物分别富集于两相中。一些聚合物和无机盐类也可以形成双水相体系，机制尚未完全明确，但一般认为这是由于高价无机盐的盐析作用使聚合物和无机盐倾向于分别富集在两相中。

许多聚合物能够形成双水相体系，如聚乙二醇（PEG）、葡聚糖（glucan）、聚丙二醇、聚乙烯醇、甲氧基聚乙二醇、聚乙烯吡咯烷酮、羟丙基葡聚糖、乙基羟乙基纤维素和甲基纤维素，以及聚电解质，如葡聚糖硫酸钠、羧甲基葡聚糖钠、羧甲基纤维素钠和 DEAE 葡聚糖盐酸盐。其中，在生物技术中最常使用的聚合物是聚乙二醇和葡聚糖。表 5-3 列举了常用的双水相体系。

表 5-3　常用的双水相体系

聚合物 1	聚合物 2 或盐	聚合物 1	聚合物 2 或盐
聚丙二醇	甲基聚丙二醇	聚乙烯吡咯烷酮	甲基纤维素
	甲氧基聚乙二醇		葡聚糖
	聚乙二醇		羟丙基葡聚糖
	聚乙烯醇		硫酸钾
	聚乙烯吡咯烷酮	乙基羟乙基纤维素	葡聚糖
	羟丙基葡聚糖	羟丙基葡聚糖	葡聚糖
	葡聚糖	葡聚糖硫酸钠	聚丙二醇-NaCl
	硫酸钾		甲氧基聚乙二醇-NaCl
甲基纤维素	葡聚糖		聚乙二醇-NaCl
	羟丙基葡聚糖		聚乙烯醇-NaCl
聚乙二醇	聚乙烯醇		聚乙烯吡咯烷酮-NaCl
	聚乙烯吡咯烷酮		羟丙基葡聚糖-NaCl
	葡聚糖		甲基纤维素-NaCl
	聚蔗糖	羧甲基葡聚糖钠	甲氧基聚乙二醇-NaCl
	硫酸镁		聚乙二醇-NaCl
	硫酸铵		聚乙烯醇-NaCl
	磷酸钾		聚乙烯吡咯烷酮-NaCl
	硫酸钠		羟丙基葡聚糖-NaCl
	甲酸钠		甲基纤维素-NaCl
聚乙烯醇	甲基纤维素		DEAE 葡聚糖盐酸盐-NaCl
	葡聚糖	羧甲基纤维素钠	聚丙二醇-NaCl
	羟丙基葡聚糖		甲氧基聚乙二醇-NaCl
DEAE 葡聚糖盐酸盐	聚丙二醇-NaCl		聚乙二醇-NaCl
	聚乙二醇-Li₂SO₄		聚乙烯醇-NaCl
	甲基纤维素-NaCl		聚乙烯吡咯烷酮-NaCl
	聚乙烯醇-NaCl		羟丙基葡聚糖-NaCl
甲氧基聚乙二醇	硫酸钾		甲基纤维素-NaCl

2. 双水相萃取的特点

双水相萃取可应用于蛋白质、酶、核酸、人生长激素、干扰素等的分离纯化。它具有以下优点：①易于放大生产，参数可按比例放大而不影响产率；②萃取体系传质和平衡过程快，分离迅速，回收率高；③体系含水量高（75%～90%），操作条件温和，可避免生物质变性失活；④不使用有机溶剂，不存在溶剂残留和蒸发问题；⑤配合离心设备进行分离，能实现连续操作。双水相萃取的主要缺点是：①聚合物价格高昂，难以回收；②易发生乳化现象。

3. 双水相萃取方法

以聚乙二醇体系为例，萃取流程主要由目标产物萃取、聚乙二醇循环和无机盐循环组成（图 5-13）：①目标产物萃取，使用两级双水相萃取目标产物。首先将细胞匀浆液与萃取器中聚乙二醇-无机盐体系混合，离心分相，目标产物被分配至上相，细胞碎片、核酸和杂蛋白质等被分配至下相，即完成第一级双水相萃取。收集上相并加入无机盐形成新的聚乙二醇体系，使目标组分转入无机盐相，回收目标产物，完成第二级双水相萃取。②聚乙二醇循环。双水相萃取完成后收集聚乙二醇相，通过超滤、透析或离子交换法回收聚乙二醇，回收的聚乙二醇可投入第一级双水相萃取中使用。③无机盐循环。双水相萃取完成后收集无机盐相，冷却结晶，随后离心收集无机盐，或通过电渗析、膜分离等方法回收无机盐。

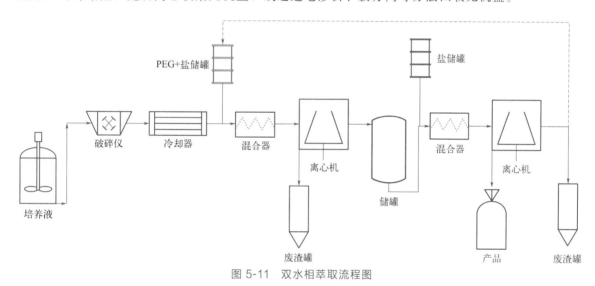

图 5-11 双水相萃取流程图

4. 影响双水相萃取的因素

形成双水相体系的聚合物的分子量和种类、盐的种类和浓度会对双水相萃取效果产生直接影响。此外，体系中的离子效应、pH、目标产物的种类及含量、温度也会影响萃取效率。

（1）聚合物的种类和分子量

不同聚合物在双水相体系中显示出不同的疏水性，可通过疏水亲和作用影响目标产物的分配。水溶液中聚合物的疏水性按下列次序递增：葡聚糖＜羟丙基葡聚糖＜甲基纤维素＜聚乙烯醇＜聚乙二醇＜聚丙三醇，而同一聚合物的疏水性质会随分子量的增加而增加。在聚合物溶液浓度不变的情况下，降低聚合物的分子量，会使可溶性生物质（蛋白质、核酸、细胞和细胞器等）更多地分配于此聚合物相。

（2）盐的种类和浓度

在双水相体系中，加入盐会影响带电生物质（蛋白质和核酸等）的分配，这主要与盐会影响生物质的表面疏水性和分配系数有关。盐的正、负离子在两相间的浓度不同，由于电中性的约束，两相间形成电位差，这是影响分配的主要因素。如在双水相萃取卵蛋白和溶菌酶时，若 pH 为 6.9，溶菌酶带正电，卵蛋白带负电，两者分别存在于上相和下相，若加入氯化钠（＜50 mmol/L）会造成上相电位低于下相电位，导致溶菌酶的分配系数增大，卵蛋白的分配系数减小。

（3）pH

pH 影响萃取效率的主要原因包括带电生物质（蛋白质）和盐的变化。pH 会影响蛋白质本身的电离，因而改变蛋白质所带电荷和分配系数，这与蛋白质是两性物质和其等电点有关。其次，pH 会影响磷酸盐的解离程度，从而影响双水相中 $H_2PO_4^-$ 和 HPO_4^{2-} 的比例，导致电位差的存在。pH 的微小变化会使蛋白质的分配系数改变 $2\sim3$ 个数量级，而加入不同的非成相盐，pH 对萃取效率的影响是不同的。

（4）温度

温度并不会直接影响双水相萃取效率，其主要影响聚合物的组成进而影响目标产物的分配系数，只有双水相体系处于临界状态时，温度才会产生较明显的影响。此外，双水相体系本身就对生物质有稳定作用，无需低温萃取，在大规模生产中多采用常温操作，从而降低系统黏度，有助于相分离和减少成本。

第四节　膜分离技术

膜分离技术以具有选择透过性的膜作为分离介质，通过在膜两侧施加一定的推动力（如浓度差、压力差或电位差等），使原料侧组分选择性地透过膜，达到分离、提纯的目的。膜分离技术条件温和、能耗低，对热敏性物质的分离与浓缩过程友好，已在生物制药行业得到了广泛的应用。

一、膜分离的类型

截留分子量是表示膜的分离性能的常用参数之一，其指的是截留率为 90% 时所对应的分子量。截留分子量在一定程度上反映了膜的孔径大小。典型的膜分离技术按照可截留物质分子的大小可分为微滤（MF）、超滤（UF）、纳滤（NF）和反渗透（RO），如图 5-12。此外，常见的膜分离技术还包括渗析（D）、电渗析（ED）及渗透蒸发（PV）等。

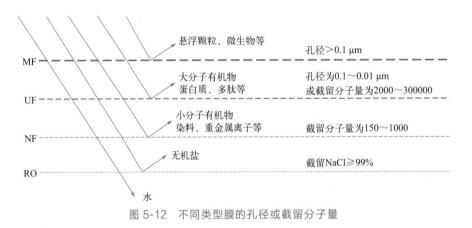

图 5-12　不同类型膜的孔径或截留分子量

1. 微滤

微滤技术是以静压差为推动力，利用筛网状过滤介质膜的"筛分"作用进行分离的膜分离技术。微孔膜是均匀的多孔薄膜，过滤孔径在 $0.025\sim10\ \mu m$ 之间，操作压力为 $0.01\sim0.2\ MPa$。微孔膜为均一的高分子材料，过滤时没有纤维或碎屑脱落，因此能得到高纯度的滤液。然而，微滤技术的不足之处在于颗粒容量较小，易被堵塞，且往往需要前置过滤的配合。微滤技术可用于微粒和细菌的过滤与检测，气体、溶液和水的净化，以及药物的除菌和除微粒。

2. 超滤

超滤技术是目前应用最广泛的膜分离技术之一。超滤膜的过滤孔径介于微滤膜和反渗透膜之间，约 5～10 nm，在 0.1～0.5 MPa 的静压差的推动下可截留分子量为 500～500000 的可溶性大分子，如多糖、蛋白质、酶等大分子及胶体，并形成浓缩液，达到溶液净化、分离及浓缩的目的。

3. 纳滤

纳滤膜是 20 世纪 80 年代在反渗透复合膜的基础上被开发出来的，纳滤是超低压反渗透技术的延续和发展分支。纳滤膜的孔径为纳米级，介于反渗透（RO）膜和超滤（UF）膜之间，具有大量纳米级的表层孔。纳滤膜主要用于截留粒径在 0.1～1 nm、分子量为 1000 左右的物质，其可以使一价离子和小分子物质透过，仅需较小的操作压（0.5～1 MPa）即可进行物质分离。纳滤中被分离物质的尺寸介于反渗透膜和超滤膜之间，恰好填补了超滤与反渗透之间的空白。纳滤技术最早应用于海水淡化，对低价离子与高价离子的分离特性良好，因此在高纯水制备中颇受瞩目，其在医药行业可用于氨基酸生产、抗生素回收等。

4. 反渗透

反渗透通过施加反向压力，逆转自然渗透过程的方向，使溶剂透过膜向低渗透压方向渗透迁移。反渗透膜大部分为不对称膜，孔径小于 0.5 nm，可截留分子量低于 500 的低分子物质。反渗透膜能截留各种无机盐、胶体物质和大分子溶质，可制得纯净的溶剂。目前，反渗透技术已经发展成为一种普遍使用的现代膜分离技术。

5. 电渗析

在电场作用下进行溶液中带电溶质粒子（如离子、胶体粒子等）的渗析称为电渗析（图 5-13）。电渗析广泛应用于化工、轻工、冶金、造纸、海水淡化、环境保护等领域，近年来已被推广应用于氨基酸、蛋白质、血清等生物制品的研究领域。

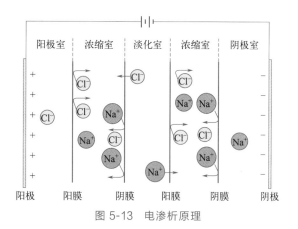

图 5-13　电渗析原理

二、膜组件及膜分离设备

膜组件是膜分离设备的重要组成单元，其结构及型式取决于膜的形状。将膜、固定膜的支撑材料、间隔物或管式外壳等组装成的一个单元称为膜组件。工业上应用的膜组件主要有板式、管式、折叠筒式、卷式、中空纤维式等五种类型。管式和中空纤维式组件也可以分为内压式和外压式两种。

1. 板式膜组件

板式膜组件是最早使用的一种膜组件，常见平板式与板框式。平板式的膜组件较为简单，即滤膜复合在支撑板两侧，支撑板为带沟槽结构。每块板为独立的分离单元，多块板构成膜堆，透过液从支撑板上方孔道中在负压作用下排出。板框式膜组件的设计类似于常规的板框过滤装置。膜被放置在可垫有滤纸的多孔支撑板上，两块多孔支撑板叠压在一起形成料液流道空间并组成一个膜单元，单元与单元之间可并联或串联连接。不同的板框式膜组件设计的主要差别在于料液流道的结构上。

2. 管式膜组件

管式膜组件是在圆管状支撑体的内侧或外侧附上半透膜而得到的管形膜分离单元。支撑体一般为多孔不锈钢管或耐压的微孔塑料管。管式膜组件按作用方式可分为外压式和内压式两种，料液流分别从管内或管外流过，透过膜的渗透溶液在管外侧被收集。对于外压式膜组件，膜则被浇铸在多孔支撑管外侧。加压的料液流从管外侧流过，渗透溶液则由管外侧渗透通过膜进入多孔支撑管内。实际应用时可根据需要设计联接成为单管和管束式的组件。

3. 折叠筒式膜组件

折叠筒式膜组件中的滤芯一般采用折叠式，其显著增加了单位体积的过滤面积，此外，双层且密集的微孔结构可提高过滤效率，延长过滤器的使用寿命。该组件可用于过滤难度较大的溶液的过滤处理。

4. 卷式膜组件

膜、料液通道网以及多孔的膜支撑体等组合在一起，围绕中心管卷紧即形成一个膜组，然后将其装入能承受压力的外壳中制成卷式膜组件。料液在膜表面通过间隔材料沿轴向流动，透过液呈螺旋形流向中心管。通过改变料液和过滤液流动通道的形式可将内部结构设计成不同的形式。目前，卷式膜组件被广泛地应用于多种膜分离过程。

5. 中空纤维式膜组件

中空纤维式膜组件是将大量的中空纤维安装在一个管状容器内，中空纤维的一端以环氧树脂与管外壳壁固封制成，也分为外压式和内压式两种。中空纤维式膜组件装填密度大，单位装填膜面积比最高可达 $30000\ m^2/m^3$，高于其他膜组件，此外，中空纤维式膜组件结构简单，操作方便，但需要在湿态下使用和保存。

三、膜分离技术的应用

膜分离技术已广泛用于生物发酵液过滤除菌及澄清，生物酶制剂、抗体、氨基酸、抗生素、维生素等各类产物下游分离纯化精制、结晶母液回收等过程。

1. 制药用水的制备

采用膜分离技术生产制药用水能有效改善传统制水工艺中因原水水质、离子交换能力变化等因素引起的水质不稳定等情况，且该技术工艺简单、能耗低、生产能力大，已经成为制药用水制备的主流方法（图5-14）。目前，采用膜分离技术制备纯水的方法主要有两种：一种是采用反渗透作为预处理，配合离子交换设备；另一种是采用两级反渗透或者以一级反渗透作预处理再配合电渗析去离子（EDI）装置。这是目前制取超纯水最为经济和环保的工艺，不需要用酸碱进行再生便可连续制取，但最初投资相对昂贵。

2. 抗生素提取

在抗生素提取工段中，膜分离技术正逐步取代传统设备，同时也达到了减量蒸发的目的，有效解决了抗生素品质差、工艺落后和生产环境差、运行成本高等问题，成为节能、提高经济效益的重要途径。目前，膜分离技术主要用于 β-内酰胺类、大环内酯类、四环素类等抗生素的分离纯化。例如，分离纯化红霉素时，溶媒萃取法和树脂吸附法的收率不高，平均在 $70\%\sim80\%$ 之间。溶媒提取时滤液含有大量可溶性蛋白质，萃取过程易发生乳化现象，溶媒单耗增加。大孔树脂吸附与离子交换时对滤液的质量要求较高，滤液中大量的无机离子影响吸附与交换过程，同时大量可溶性蛋白质的存在导致树脂污染，吸附效果

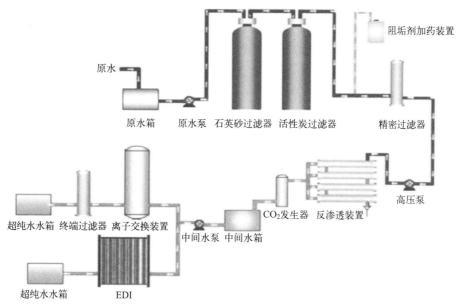

图 5-14 典型制药纯化水工艺图

变差。采用膜分离技术进行工艺改进，调节红霉素发酵液至碱性后，直接通过超滤去除大分子蛋白质、菌体和部分色素，再将超滤后的发酵液通过纳滤膜浓缩，并进一步除杂，可得到高纯度抗生素浓缩液。膜分离工艺不需要添加大量化学絮凝剂，通过纳滤消除了后续萃取过程中的乳化现象，大大提高了收率，提高了产品纯度。

四、膜污染及防治

膜分离过程中最大的问题是膜污染，主要原因来自浓差极化、凝胶极化（图 5-15）引起的凝胶层、溶质在膜表面、膜孔内的吸附，以及膜孔堵塞等现象。

1. 浓差极化（concentration polarization）

在膜分离过程中，当膜表面聚集着大量不完全透过的溶质时，溶质在膜表面附近的浓度升高，这种现象称为浓差极化。浓差极化将导致膜分离效率降低，可通过降低膜两侧压差、减少料液中溶质浓度、改善膜表面流体力学条件等措施减轻浓差极化程度，提高膜的透过流量。

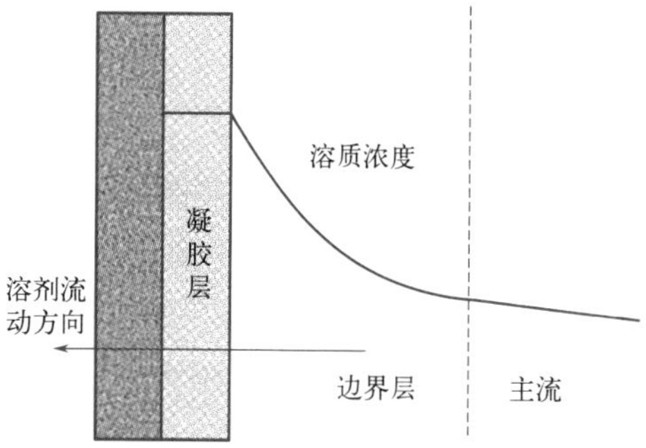

2. 凝胶极化（gel polarization）

当溶质在膜表面附近的浓度超过溶解度时，如分离含有菌体、细胞、有机高分子或其他固体成分的料液时，溶质析出并形成凝胶层，这种现象称为凝胶极化。与浓差极化不同的是，凝胶极化不可逆，需要进行膜的清洗以恢复膜的分离性能。

图 5-15 浓差极化与凝胶极化示意

清洗操作是预防膜污染的有效方法，但也是造成成本增高的重要原因。因此，在采用有效的清洗操作的同时，需要采取必要的措施防止或减轻膜污染。膜污染的防治可以从膜自身性能以及操作控制两方面进行。一方面可以对膜进行适当的预处理，如对膜进行改性、通过涂层提高抗污性或选用高亲水性的膜等方法，减轻污染程度。另一方面，对复杂物料进行分离时，将料液先进行适当的预处理，如预过滤、调节 pH、絮凝等，同时，在分离过程中，控制渗透通量、操作压力等，也可在一定程度上减少污染的发生。

为保证膜分离过程高效稳定地进行，必须对膜进行定期清洗，除去膜表面及膜孔内的污染物，恢复膜的分离性能。膜的清洗剂需根据膜的性质和污染物的性质进行选择，一般选用水、盐溶液、稀酸、稀碱、表面活性剂、络合剂、氧化剂等进行清洗。使用的清洗剂要具有良好的去污能力，同时又不能损害膜的分离性能。如果用清水清洗即恢复膜的分离性能，则无需使用其他清洗剂，可通过反向、负压清洗等方式达到更高的清洗效果。而对于蛋白质的严重吸附所引起的膜污染，可特异性地使用蛋白酶溶液清洗，如胃蛋白酶、胰蛋白酶等，从而更快恢复膜的分离性能。

第五节　吸附分离技术

吸附分离（adsorption separation）是指利用适当的吸附剂，在一定的操作条件下，使目标产物或有害成分被吸附剂吸附，富集在吸附剂表面，然后再以适当的洗脱剂将吸附的物质从吸附剂上解吸下来，从而达到浓缩和提纯目的的技术。

吸附属于一种非均相传质过程，按照吸附剂和吸附质之间的作用力来区分，吸附可分为物理吸附、化学吸附和离子交换吸附三种类型。通过分子间力（范德瓦耳斯力）产生的吸附称为物理吸附，其吸附能力主要取决于吸附质与吸附剂极性的相似性和溶剂的极性。化学吸附是指吸附剂与吸附质之间发生化学作用的吸附，其特点是吸附热较高，这是物理吸附与化学吸附的主要区别之一。化学吸附的选择性较强，一种吸附剂只对某种或特定几种物质有吸附作用。离子交换吸附是指吸附剂表面的极性分子或离子吸引溶液中带相反电荷的离子形成双电层，同时向溶液释放等量离子的交换过程，其特点是通过静电相互作用吸附带有相反电荷的离子，可通过调节 pH 或提高离子强度的方法进行洗脱。实际上，各种类型的吸附并不是孤立的，只是某种吸附发挥着主导作用。

吸附分离技术是常用的分离纯化手段，其分离速度快，吸附操作条件温和，适用于热敏性物质的分离。吸附是自发过程，吸附时可放出少量热量，因此通常无需提供额外的能量。但由于吸附容量的限制，吸附处理能力一般较小；此外，吸附的机制复杂，溶质和吸附剂间的平衡关系是非线性的。

一、吸附分离过程

吸附分离过程通常包括吸附和解吸再生两部分。其中解吸再生是吸附质脱离吸附剂的过程，此过程可分离回收吸附质产物，同时，吸附剂经冲洗后再生，恢复原状以便重新使用。最初吸附操作没有解吸再生过程，吸附剂并未循环使用，不利于大规模工业应用。随着高效吸附剂的开发，多种吸附分离循环工艺产生，使吸附分离可以进行连续化、规模化工业生产。目前吸附操作有变温吸附、变压吸附、变浓度吸附三种基本循环过程。

① 变温吸附：通常在室温下进行，而解吸在直接或间接加热吸附剂的条件下完成，利用温度的变化可实现吸附和解吸再生循环。变温吸附是最早实现工业化的循环吸附分离技术。在体系的压力保持不变的情况下，温度较低时，吸附剂对吸附质的吸附容量增加；反之，温度较高时，其吸附容量减少。

② 变压吸附：是指在较高的压力下选择性吸附气体混合物中的某些组分，然后降低压力使吸附剂解吸，利用压力的变化完成循环操作。恒定的温度下，在较高的压力下吸附剂对吸附质的吸附容量增加；反之，在较低的压力下，其吸附容量减少。变压吸附分离过程中吸附剂的再生是通过降低压力来实现的，吸附和解吸再生循环可快速完成，通常仅需数分钟甚至更短时间。

③ 变浓度吸附：此过程中，液体混合物中的某些组分在环境条件下选择性被吸附，然后用少量强吸附性液体解吸再生，因此又被称为溶剂置换。溶剂的选择应考虑其与吸附质的溶解度、沸点、气化潜热等物理化学性质的差异，以利于解吸后溶剂与吸附质的分离，从而降低分离能耗。

二、吸附分离操作

（1）槽式吸附操作

又称为接触式吸附操作，是把要处理的溶液和吸附剂一起加入带有搅拌器的吸附槽，使吸附剂与溶液充分接触，溶液中的吸附质被吸附剂吸附，经过一段时间，吸附剂达到饱和，将料浆送到过滤机中，吸附剂从液相中被滤出。该过程中，若吸附剂可回收，经适当地解吸后回收利用。槽式吸附操作所用设备主要有釜式或槽式设备，这些设备结构简单，操作容易。槽式吸附操作的代表性的应用实例为活性炭脱色。

（2）固定床吸附操作

将吸附剂均匀堆放在吸附塔中的多孔支承板上，含吸附质的流体可以自上而下流动，也可以自下而上流过吸附剂。在此吸附过程中，吸附剂保持相对固定。

固定床吸附操作具有结构简单、加工简便、操作方便灵活、吸附剂不易磨损、物料的返混少、分离效率高、回收效果好等优点。然而，固定床吸附操作的传热性能差，当吸附剂颗粒较小时，流体通过床层的压降较大，吸附、再生及冷却等操作需要一定的时间，生产效率较低。固定床吸附操作可用于气体中溶剂的回收、气体干燥和溶剂脱水等方面。

（3）流化床吸附操作

流化床吸附操作是使流体自下而上流动，且将流体的流速控制在一定的范围，保证吸附剂颗粒被托起但不被带出，处于流态化状态而进行的吸附操作。该操作的生产能力大，但吸附剂颗粒磨损程度严重，且由于流态化的限制，操作范围相对狭窄。

（4）膨胀床吸附操作

此操作中，通过向上的液体流动来平衡膨胀床，待膨胀床稳定后加入原料。吸附质被捕获在吸附剂颗粒上，而吸附剂颗粒之间增加的空间允许颗粒物不受阻碍地离开柱床，因此膨胀床适用于从细胞培养液、发酵液中吸附分离产物。此外，该操作允许物料体系含有少量微粒，其后续洗涤步骤可以方便地去除剩余的细胞、碎片或污染物。与流化床相比，膨胀床的特征在于具有低混合度，这使得它可以在一个单元操作中完成结合、捕获和浓缩步骤，从而降低分离纯化成本（图 5-16）。

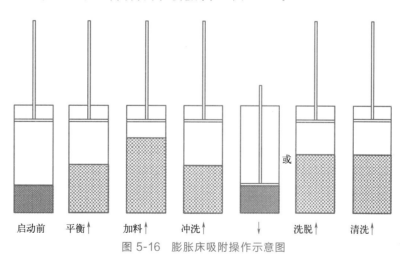

启动前　平衡↑　加料↑　冲洗↑　　↓　　或　洗脱↑　清洗↑

图 5-16　膨胀床吸附操作示意图

三、吸附剂

吸附剂被填充在吸附柱或吸附塔中，是吸附分离操作的主体介质。针对不同的物料体系和分离目标，正确选择和使用吸附剂是吸附分离技术良好应用的前提。通常工业上应用的吸附剂应满足如下需求：①具有较高的比表面积（150～1500 m^2/g）；②选择性高，对不同的物质组分具有不同的吸附量或吸附速率，其差异愈显著，分离效果愈好；③颗粒大小均匀，具有一定的机械强度和耐磨性；④有良好的物理及化学稳定性，耐热和耐腐蚀；⑤容易再生；⑥价廉易得。工业上应用最为广泛的吸附剂有活性炭、硅胶、活性氧化铝、沸石分子筛和吸附树脂等，其特性参见表5-4。

表5-4　常用吸附剂及其性能

吸附剂种类	特性
活性炭	是一种非极性吸附剂。具有很高的比表面积,活性炭表面的官能团较少,对烃类及衍生物的吸附能力强。化学稳定性好,抗酸耐碱,热稳定性高,容易再生。吸附能力在水溶液中强,在有机溶剂中较弱,故在水中的洗脱能力最弱,而有机溶剂中则较强。利用吸附性的差异,可将水溶性芳香族物质与脂肪族物质分离,单糖与多糖分离,氨基酸与多肽分离。活性炭对芳香族化合物的吸附力大于脂肪族化合物,对大分子化合物的吸附力大于小分子化合物。多用于回收气体中的有机气体,脱除废水中的有机物,脱除水溶液中的色素。一般用稀盐酸、乙醇、水洗净,在80℃干燥后即可用
硅胶	是一种亲水性的酸性极性吸附剂,由H_2SiO_3溶液经过缩合、除盐、脱水等处理制得。比表面积可达800 m^2/g。硅胶有球形、无定形、加工成型和粉末状四种。吸附力随着的水分增加而降低。含水量如超过17%,吸附力极弱,不能用作为吸附剂。对不饱和烃、甲醇、水等有明显的选择性。主要用于气体和液体的干燥、溶液的脱水
活性氧化铝	是一种碱性极性吸附剂。表面上具有官能团,为极性分子的吸附提供了活性中心。比表面积约为200～500 m^2/g,对水分有很强的吸附能力。对生物碱类的分离较为理想。碱性氧化铝不宜用于醛、酮、酯、内酯等类型的化合物的分离。不宜用于酸性成分的分离。可用于气体的干燥和液体的脱水,如芳烃等化工产品的脱水;用于空气、氢气、氯气、氯化氢和二氧化硫等气体的干燥
沸石分子筛	是一种硅铝酸金属盐的晶体,对极性分子有很大的亲和力,比表面积可达750 m^2/g,具有很强的选择性。工业上常用沸石有3A、10X、13X和ZSM5型。可用于石油馏分的分离、各种气体和液体的干燥,如分离二甲苯,空气中分离氧气
吸附树脂	是一种具有网状结构的高分子聚合物,常用的有聚苯乙烯树脂和聚丙烯酸树脂。吸附树脂有强极性、弱极性、非极性、中极性4大类。可用于废水中的有机物处理、天然产物和生物化学品的分离与精制和溶液脱色

四、吸附分离技术的应用

在生物制药领域中，吸附分离技术主要应用于原料液脱色，除臭，以及目标产物（抗生素、维生素、氨基酸、蛋白质等）的提取、浓缩和粗分离。

1. 氨基酸、蛋白质的分离与纯化

氨基酸是一类含有氨基和羧基的两性化合物，在不同的pH条件下能以正离子、负离子或两性离子的形式存在。因此，应用阳离子交换树脂或阴离子交换树脂可富集分离氨基酸。例如，当pH小于3.22时，谷氨酸在酸性介质中呈阳离子状态，可利用732强酸性阳离子交换树脂对谷氨酸阳离子进行选择性吸附，使其与发酵液中妨碍谷氨酸结晶的残糖及糖的聚合物、蛋白质、色素等非离子性杂质分离，随后经洗脱达到浓缩及提取谷氨酸的目的。再如，用阴离子交换树脂吸附纯化重组人GLP-1-Fc融合蛋白，细胞发酵液经离心澄清后获得融合蛋白溶液，将其加入阴离子交换树脂，采用梯度洗脱方式将吸附在柱子上的杂蛋白质洗脱下来；再采用等度洗脱方式收集主峰，得到目标产物重组人GLP-1-Fc融合蛋白。

2. 抗生素的分离与纯化

利用离子交换树脂可选择性地吸附分离多种离子型抗生素，回收率和产品纯度均较高。一些抗生素具有酸性基团，如苄基青霉素和新生霉素等，在中性或弱碱条件下以阴离子的形式存在，故能用阴离子交换树脂提取分离。氨基糖苷类抗生素，如红霉素、链霉素、卡那霉素等具有碱性，在中性或弱酸条件下以阳离子形式存在，阳离子交换树脂适用于它们的提取与纯化。此外，还有一些抗生素为两性物质，如四环素类抗生素，在不同的pH条件下可形成正离子或负离子，因此，阳离子或阴离子交换树脂皆能用于这类抗生素的分离与纯化，但选用时需要综合考察产品收率、纯度和提取成本。

3. 热原的脱除

热原是一类能够引起恒温动物体温异常升高的微量物质。注射剂必须进行热原的脱除。吸附分离技术

脱除热原主要通过活性炭处理，活性炭对热原的吸附作用最强，同时具备助滤脱色作用。例如，注射剂可使用0.1%~0.5%活性炭，并加热到70℃左右，保温一定时间以除去热原，也可以使用0.2%活性炭与0.2%硅藻土联合进行热原脱除。

第六节　色谱分离技术

色谱分离技术利用不同物质在不同相的选择性分配，以流动相对固定相中的混合物进行洗脱，混合物中不同的物质以不同的速度沿固定相移动，最终达到分离的效果。色谱分离技术是一组相关技术的总称，也被称为色谱法，是一种高效且实用的生物大分子分离和纯化工具，已成功用于胰岛素、干扰素、疫苗、抗凝血因子、生长激素等产品的纯化制备。

一、色谱分离的基本概念与特点

1. 流动相与固定相

色谱分离过程中携带待测组分向前移动的物质称为流动相（mobile phase）；色谱分离中固定不动、对样品产生特定作用的一相为固定相（staionary phase）。溶于流动相中的各组分经过固定相时，由于与固定相产生的综合作用（包括吸附、分配、离子吸引、排阻、亲和等作用）不同，在固定相中的滞留时间不同（图5-17），从而先后从固定相中流出。

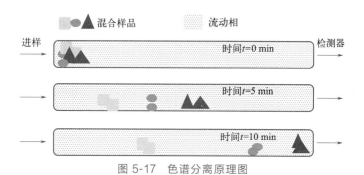

图5-17　色谱分离原理图

2. 色谱图

色谱图是指样品流经色谱柱和检测器，所得到的信号-时间曲线，又称色谱流出曲线。典型的色谱图如图5-18。

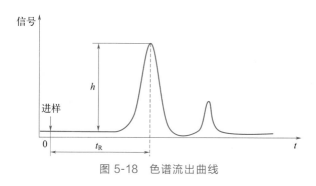

图5-18　色谱流出曲线

① 基线：在操作条件下，仅有流动相通过检测系统时所产生的信号曲线。

② 色谱峰：色谱流出曲线上的突起部分。分为对称峰与不对称峰，后者又分为前沿峰和拖尾峰。

③ 峰高与峰面积：峰高是色谱峰的顶点到基线之间的垂直距离，用 h 表示；峰面积是色谱流出曲线与基线所围成的面积。峰高与峰面积是色谱定量分析的重要依据。

④ 保留时间（t_R）：用来描述组分在色谱柱内停留时间长短的参数，称之为该组分的保留时间。当色谱分离条件一定时，每个组分都有其确定的保留时间，因此，保留时间是色谱法定性分析的重要参数。

3. 色谱分离的特点

① 高分离效能：能分离、分析性质相近的混合组分，如同系物、同位素、同分异构体、立体异构体等。能高效分离沸点相近或组分复杂的多组分混合物。

② 高灵敏度：分析型色谱的样品用量小，可分析 $10^{-14}\sim10^{-7}$ 数量级的物质。

③ 分析速度快：可实现分离、分析一次完成，自动化程度高。

④ 应用广泛：广泛应用于化学、化工、医学、环境、生命科学等多学科领域，有多种色谱方法可供选择，可用于无机、有机、高分子化合物以及生物活性大分子的分析、分离与制备。

二、离子交换色谱

离子交换色谱（ion exchange chromatography，IEC）是指使用含有离子基团的固定相，通过静电相互作用与流动相中带相反电荷的组分进行离子交换，利用不同组分离子交换能力的差异而实现各组分分离的色谱技术。通常把离子交换色谱分为阳离子交换色谱和阴离子交换色谱。

1. 离子交换色谱原理

离子交换色谱的分离介质由水不溶性基质和共价结合在基质上的带电功能基团组成，带电功能基团上还结合有可移动的与功能基团带相反电荷的反离子（又称平衡离子）。反离子可被带同种电荷的其他离子取代而发生可逆的离子交换，此过程中基质的性质不发生改变。离子交换剂所带功能基团分为酸性基团和碱性基团两类，其中带酸性功能基团的离子交换剂在工作 pH 范围内可解离出质子而带有负电荷，能够结合溶液中带正电荷的离子（阳离子），因此被称为阳离子交换剂；而带碱性功能基团的离子交换剂在工作 pH 范围内结合质子而带有正电荷，能够结合溶液中带负电荷的离子（阴离子），因此被称为阴离子交换剂。

阳离子交换色谱固定的有机阴离子有磺酸基、羧基等。阴离子基团上附着的阳离子，被通过柱子的亲和性更强的阳离子取代而被洗脱。阳离子的结合能力排序如下：$Pu^{4+}>La^{3+}>Ce^{3+}>Pr^{3+}>Eu^{3+}>Y^{3+}>Sc^{3+}>Al^{3+}>Tl^+>Ba^{2+}>Ag^+>Pb^{2+}>Sr^{2+}>Ca^{2+}>Ni^{2+}>Cd^{2+}>Cu^{2+}>Co^{2+}>Zn^{2+}>Mg^{2+}>Cs^+>Rb^+>K^+>NH_4^+>Na^+>H^+>Li^+$。

阴离子交换色谱固定的有机阳离子主要有季铵盐。原本的阳离子基团上会附着阴离子，被通过柱子的亲和性更强的阴离子取代而被洗脱。阴离子的结合能力排序如下：$OH^->SO_4^{2-}>NO_3^->Cl^->HCO_3^-$。

2. 常用分离介质

（1）基质

基质是填料中的固体支持物部分，赋予填料一定的形状，同时使配基固着或键合在其上，形成色谱填料。基质一般是多孔的、有一定刚性的固体颗粒。无机材料，如硅胶和多孔玻璃类基质，耐压高、孔径可控、可制备高效填料，但由于其易使蛋白质失活且大孔硅胶价格昂贵，因此主要用于分析领域。有机材料基质分为高分子聚合物和聚多糖类。高分子聚合物主要包括苯乙烯和二乙烯基苯聚合物、聚甲基丙烯酸酯和聚酰胺，其耐压较高，但疏水性强，孔径不好控制，一般不用于蛋白质的制备。聚多糖类主要包括纤维素、葡聚糖和琼脂糖，这类基质表面电荷呈中性，有大量羟基，亲水性强，生物相容性好，孔径易控制，制得的填料柱容量大，但机械强度差，经过交联后可以使其强度提高。

（2）配基

配基是固定在基体骨架上的功能基团，它是带电荷的基团（强离子交换剂）或是在溶液中可以解离成带电荷基团的官能团（弱离子交换剂）。其主要包括：①强阴离子交换剂（SAX），如季铵基官能团（Q）；②强阳离子交换剂（SCX），如磺酸基丙基（SP）；③弱阳离子交换剂（WCX），如羧甲基（CM），在一定的 pH 范围内可解离成羧基阴离子（—CH_2COO^-）；④弱阴离子交换剂（WAX），如二乙氨基乙基（DEAE），在一定 pH 范围内可结合质子解离成季氨阳离子 $[(CH_3CH_2)_2N^+H(CH_2)_2^-]$。

（3）反离子

与带电功能基团带相反电荷，可以移动，能与带电样品分子进行交换的离子称为反离子或抗衡离子（也称为平衡离子）。反离子与固定的带电基团的电荷相反，二者之间以静电相互作用相结合。反离子的存在分为两种情况：在强离子交换剂中它已存在；在弱离子交换剂中反离子需要在一定 pH 的溶液中才会解离形成。

3. 离子交换色谱的应用

离子交换色谱的应用范围很广，在生物制药领域主要有以下应用：

（1）水处理

离子交换色谱是一种简单而有效的去除水中杂质及各种离子的方法，广泛应用于高纯水的制备、硬水软化以及污水处理等领域。纯水可以用蒸馏的方法来制备，但蒸馏法需消耗大量的能源，而且制备量少、速度慢，很难达到高纯度。用离子交换色谱法可以大量、快速地制备高纯水。其制备过程一般为，将水依次通过 H^+ 型强阳离子交换剂，去除各种阳离子及与阳离子交换剂吸附的杂质，再通过 OH^- 型强阴离子交换剂，去除各种阴离子及与阴离子交换剂吸附的杂质，即可得到纯水。之后通过弱阳离子和阴离子交换剂进一步纯化，从而可以得到纯度较高的纯水。水处理中，离子交换剂使用一段时间后可以通过再生处理实现重复使用。

（2）分离与纯化小分子物质

离子交换色谱可广泛应用于无机离子、有机酸、核苷酸、氨基酸、抗生素等小分子物质的分离与纯化。例如在氨基酸的分析过程中，使用强酸性阳离子聚苯乙烯树脂作为固定相，将氨基酸混合液在 pH 2~3 时上柱，这时氨基酸都结合在树脂上，随后逐步提高洗脱液的离子强度和 pH，使各种氨基酸以不同的速度被洗脱下来，这也是氨基酸自动分析色谱仪的工作原理。

（3）分离与纯化生物大分子物质

离子交换色谱是从复杂组分中分离纯化蛋白质的常用色谱方法。如用 DEAE-纤维素离子交换色谱法分离与纯化血清中的蛋白质时，在一定 pH 下，血清中蛋白质的带电状况不同。阴离子交换基质能够结合带有负电荷的蛋白质，使之保留在柱子上，然后使用含盐洗脱液进行洗脱，其中结合较弱的蛋白质首先被洗脱下来，进一步提高盐浓度，可将结合较强的蛋白质组分洗脱下来。同样地，阳离子交换基质可以结合血清中带正电荷的蛋白质，也可以通过逐步增加洗脱液中的盐浓度或提高洗脱液的 pH 将蛋白质洗脱下来。

三、凝胶过滤色谱

1. 分离原理

凝胶过滤色谱，又称为分子排阻色谱或分子筛色谱，是以凝胶为固定相，利用流动相中分子量不同的物质通过凝胶网络的速率差异实现物质分离的一种色谱技术。凝胶过滤色谱具有装置简单、操作方便、重复性好、样品回收率高等特点。

凝胶为多孔网状结构，分子直径大于凝胶网孔的较大分子，被排阻在凝胶网孔外，流程较短，移动速度快；而小分子物质可完全渗透到凝胶网孔中，流程长、速度慢，最后流出；中等分子量的物质流出时间介于二者之间。

影响凝胶过滤色谱分离效果的因素主要有：①填料的颗粒大小。颗粒大，流速快，时间短，分辨率低；颗粒小，流速慢，时间长，分辨率高。②柱床高度。增加柱床高度可使分辨率增加。③装柱的好坏以及填料颗粒的均匀程度。

2. 分离介质

凝胶过滤色谱的介质应为惰性物质，应尽量减少介质的带电离子基团，避免与溶质、溶剂分子发生相互作用，从而减少非特异性吸附。凝胶珠粒应大小均匀，内部孔径也应分布均匀；此外，凝胶应具有良好的物理与化学稳定性以及较高的机械强度，并易于消毒。常见的凝胶材料包括：

(1) 葡聚糖凝胶

由分子质量为 $4\times10^4\sim20\times10^4$ Da 的葡聚糖交联聚合而成。其化学性质稳定，不溶于水、盐、弱酸、碱和一般有机溶剂，耐热、耐碱但不耐强酸。其主要型号为 G 型 Sephadex，如 G10、G15、G25、G50、G75、G100、G150、G200 等多种型号（数字为每克干胶吸水量的 10 倍），型号数字越大，吸水量越多，胶粒内的孔径越大。其根据颗粒大小分为粗、中、细、超细等规格，颗粒越细，分辨率越高，但流速也越慢。

(2) 琼脂糖凝胶

从琼脂中除去带电荷的琼脂胶，制成的不带电荷的物质为琼脂糖凝胶。琼脂糖对尿素和盐酸胍等可破坏氢键的试剂有较强的抵抗力，在 pH 为 4.0～9.0 的缓冲液中可保持稳定。琼脂糖凝胶孔径大，机械强度好，色谱流速较快，但只能分离分子量较大的分子。其根据浓度不同，分为 Sepharose 2B（2%）、4B（4%）和 6B（6%）系列，6B 系列的机械强度高，但孔径小。琼脂糖在干燥状态下易破裂，因此一般存放在含防腐剂的水溶液中，同时在存储和使用过程中应避免剧烈搅动。

3. 凝胶过滤色谱的应用

(1) 脱盐和浓缩

利用盐类小分子物质可以进入凝胶筛孔，而大分子物质被排阻在外的原理，可进行蛋白质等溶液的脱盐或缓冲液置换。凝胶过滤色谱法脱盐的速度比透析快，而且不会引起大分子物质变性。此外，利用凝胶的吸水性能，对生物大分子溶液进行浓缩也十分有效。一般常用于脱盐和浓缩是细颗粒葡聚糖凝胶 G-25。

(2) 分离生物物质

对于某些理化性质相似（如溶解度、带电性质）而分子量不同的物质，或者是蛋白质聚合体的混合溶液，采用凝胶过滤法可轻松实现分离。

(3) 去除热原物质

去除热原物质常常是各种注射剂制备过程中的一个难题。虽然已有一些方法（如活性炭吸附、离子交换吸附等）解决这个问题，但相比之下凝胶过滤色谱更为方便。在制备水解蛋白、核苷酸和酶类注射液时，采用凝胶过滤色谱法去除热原物质的效果较好。

四、疏水作用色谱

疏水作用色谱（hydrophobic interaction chromatography，HIC）是采用具有适度疏水性的填料作为固定相，以含盐的水溶液作为流动相，利用溶质分子的疏水性质差异引起的与固定相间疏水作用的不同，实现蛋白质或多肽等生物大分子分离与纯化的一种色谱方法。一般而言，离子强度（盐浓度）越高，物质所形成的疏水键越强。

1. 基本原理

非极性分子有离开水相进入非极性相的趋势，即具有所谓的疏水性（hydrophobicity），非极性溶质与水的相互作用则称为疏水效应（hydrophobic effect）。蛋白质在形成高级结构时，亲水性氨基酸残基主要分布在表面，疏水基团或侧链部分聚集并包裹在蛋白质分子内部，其余则暴露在分子表面，因而蛋白质分子表面含有很多分散在亲水区域内的疏水区，这些疏水区可能与 HIC 介质发生疏水作用，因此能够根据其疏水性的相对强弱进行分离（图 5-19）。蛋白质在 HIC 中的色谱行为不仅取决于分子表面疏水区的大小和疏水性的强弱，还取决于疏水区在分子表面的分布。

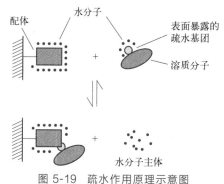

图 5-19　疏水作用原理示意图

2. 疏水作用色谱的分离介质

疏水作用色谱的分离介质由基质以及修饰基质的配基组成。常用基质有天然多糖和人工合成的聚合物，前者包括琼脂糖、纤维素、壳聚糖，后者包括聚苯乙烯、聚丙烯酸甲酯等。基质表面可进一步经疏水性强弱及选择性不同的配基修饰，常用的配基主要是烷基和芳香基，包括甲基、丙基、丁基、辛基、苯基等。

HIC 的介质应选择机械强度较大的刚性基质。若待分离物质分子量很大，且样品量较大，则应选择大孔径基质，如琼脂糖凝胶；若待分离物质分子量较小，或样品量很小，但分辨率的要求高，则可选择孔径小的基质甚至非孔型基质。在 HIC 介质中，烷基配基的链长大多在 $C_4 \sim C_8$ 之间，苯基的疏水性大致与戊基相当，因其可与溶质发生 π-π 相互作用，故与戊基有不同的选择性；寡聚乙二醇固定相的疏水性介于丁基与苯基之间。

3. 疏水作用色谱的应用

由于疏水作用色谱技术具有不改变蛋白质特性、条件温和、操作相对简便、分离纯化度高等特点，常常将其与其他简单的蛋白质纯化操作结合使用，从而使分离过程更加简单化、更易操作。疏水作用色谱的应用与离子交换色谱的应用互补，因此，可以用于分离离子交换色谱很难或不能分离的物质。目前疏水作用色谱的主要应用领域是蛋白质纯化，是血清白蛋白、膜结合蛋白、核蛋白、受体、重组蛋白及一些蛋白质类药物分子、细胞因子分离的有效手段。

五、亲和色谱

1. 技术原理

亲和色谱是利用生物大分子能够区分结构和性质非常接近的其他分子，选择性地识别其中某一种分子并与此分子可逆结合的特性而建立的一种色谱分离法，是液相色谱方法中选择性和通用性最好的技术，具有纯化过程简单、迅速，且分离效率高、纯化倍数大、产物纯度高的特点，特别适用于分离纯化一些含量低、稳定性差的生物大分子。利用这种特异性的亲和识别，可以将相互作用物质之一固定到介质上作为亲和配基，通过选择性吸附，将目的蛋白质从复杂组分中洗脱出来（图 5-20）。

亲和色谱分离蛋白质的具体过程为：首先，将包含目的蛋白质的复杂组分加载到具有适宜的缓冲体系的色谱柱上，使目的蛋白质结合亲和配基，而其他组分直接流穿。随后，将目的蛋白质从色谱柱上洗脱下来，洗脱方法包括特异性洗脱和非特异性洗脱。特异性洗脱剂含有与亲和配基或目标产物具有亲和结合作用的小分子化合物，通过与亲和配基或目标产物的竞争性结合来洗脱目标产物；非特异性洗脱是通过调节洗脱液的 pH、离子强度、离子种类或温度等降低目标产物与配基的亲和作用。洗脱完毕后，色谱柱可以通过再生重复使用。

2. 亲和配基

亲和配基需具备以下几个特点：①专一性识别或结合作用必须是可逆的，专一性决定了分离纯化后产品的纯度；②结合常数要适当，相互作用的强度决定了吸附和解吸的难易程度，通过改变配基的浓度可以

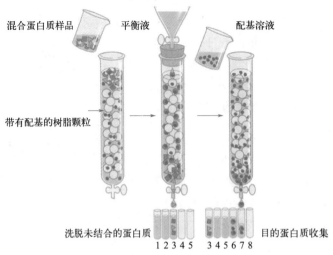

混合蛋白质样品　　平衡液　　　　　　配基溶液

带有配基的树脂颗粒

洗脱未结合的蛋白质　　1 2 3 4 5　　3 4 5 6 7 8　　目的蛋白质收集

图 5-20　亲和色谱过程

调整结合常数，当亲和势较低（$K_L \geqslant 10^{-4}$ mol/L）时，增加配基浓度有利于吸附，但配基浓度太高会使吸附力太强，导致洗脱困难，理想的配基浓度为 $1 \sim 10$ μmol/L；③稳定性好，可进行化学改性。

特异性配基一般是指与单一或很少种类的蛋白质等生物大分子结合的配基，如激素与其受体、酶与其底物、抗体与抗原等（表 5-5），它们的结合都具有很高的特异性。通用性配基一般是指特异性不强，能和某一类蛋白质等生物大分子结合的配基，如凝集素可以结合各种糖蛋白，核酸可以与 RNA 及其结合蛋白质相结合等。通用性配基对生物大分子的专一性虽然不如特异性配基，但通过选择合适的洗脱条件也可以实现很高的分辨率。并且这些配基还具有结构稳定、偶联率高、吸附容量高、易于洗脱、价格便宜等优点，在实践中也得到了较为广泛的应用。

表 5-5　常见亲和色谱作用体系

特异性	亲和体系
高特异性	抗原-单克隆抗体 激素-受体蛋白 核酸-互补碱基链段、核酸结合蛋白 酶-底物、产物、抑制剂
群特异性	免疫球蛋白-A 蛋白、G 蛋白 酶-辅酶 凝集素-糖、糖蛋白、细胞、细胞表面受体 酶、蛋白质-肝素 酶、蛋白质-活性色素(染料) 酶、蛋白质-过渡金属离子(铜、锌等) 酶、蛋白质-氨基酸(组氨酸等)

3. 亲和色谱介质

亲和色谱需要和配基结合的支撑介质，该介质需要具有最小的非特异性吸附作用，有充足的表面积，易于活化后连接配基，有良好的机械性能，并能够耐受使用的缓冲液系统。此外，支撑介质应在柱子里均匀分布，具有大孔径及良好的亲水性。亲和色谱的介质包括天然、合成和无机三种来源。

近二十年来，基于磁珠的亲和分离获得了越来越多的关注。基于磁珠和适宜的配基偶联的纯化技术可以很简单地将磁珠和包含目的抗体的样品混合孵育，结合有抗体的磁珠可以通过离心被捕获，经过洗涤、洗脱后，即可获得目的抗体。磁珠法简单、快速，适用于高蛋白质浓度样品的分离。磁珠法常用于高通量的自动操作。为了制备磁珠支持物，磁珠粒子先用多聚物包裹，使生物大分子能连接到该多聚物上。不同种类的物质如聚乙烯树脂、琼脂糖、纤维素、硅胶和多孔玻璃能够包裹不同尺寸的磁珠粒子。由于低成本和高稳定性，磁珠获得了广泛应用，并已有不同形式的商品化产品。

另一种极有前景的亲和材料是亲和膜，其可偶联亲和配基，激活后可用来捕获抗体蛋白质。该材料具有较大的表面积和较高的动态结合载量、孔隙大、传质效率优良。由于结构紧密且具有不同尺寸和配基形式，亲和膜易于实现放大生产。

4. 亲和色谱用于抗体纯化

抗体纯化一直是下游处理的一个主要技术瓶颈，亲和色谱因其具有较高的选择性、快速且操作简便，已用于抗体纯化。用于抗体纯化的亲和配基主要分为三大类：生物特异性配基、假嗜性特异性配基和合成配基。生物特异性配基是天然衍生的分子，通常具有高抗体结合亲和力。该类配基包括生物来源的抗体结合蛋白，例如细菌衍生的蛋白质、抗原、凝集素和抗体。生物特异性配基具有高特异性和选择性的特点。假嗜性生物特异性配基是一组替代配基，利用免疫球蛋白的固有特性，以及免疫球蛋白与亲和配基的多种非共价相互作用而开发的。这些配体因成本低、稳定性好、毒性低、结构良好，并且符合《药品生产质量管理规范》中卫生和灭菌条件的严格标准而成为具有巨大潜力的候选物。它们的亲和力相对低于生物特异性配基，但足以确保靶向抗体的特异性和选择性。抗体纯化中使用的一些最常见的假嗜性特异性配基包括嗜酸性配基、羟基磷灰石、L-组氨酸、螯合金属离子和混合模式配基。

六、反相色谱

根据流动相和固定相相对极性的不同，液相色谱分为正相色谱和反相色谱。流动相极性大于固定相极性的色谱方法，称为反相色谱。非极性键合相色谱可作反相色谱，在现代液相色谱中应用最广泛。

1. 技术原理

反相色谱是指利用非极性的反相介质为固定相，极性有机溶剂的水溶液为流动相，根据溶质极性（疏水性）的差异进行溶质分离与纯化的色谱法。反相色谱中溶质通过疏水作用被分配于固定相表面，而固定相表面完全被非极性基团所覆盖，表现出强烈的疏水性，因此，必须用极性有机溶剂（如甲醇、乙腈等）或其水溶液进行溶质的洗脱分离。通常反相色谱中使用两种类型溶剂作为流动相，分别表示为 A 和 B。溶剂 A 是指一种水性缓冲液，通常由水和微量的酸（0.1％左右）组成；溶剂 B 通常由有机溶剂（如乙腈中含 0.1％的酸）组成。洗脱设备都带有能够以精确比例混合两种溶剂的泵送装置（图 5-21）。

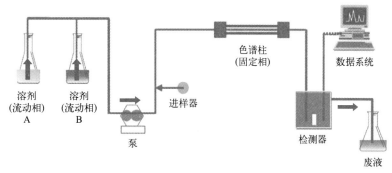

溶剂（流动相）A　溶剂（流动相）B　进样器　泵　色谱柱（固定相）　检测器　数据系统　废液

图 5-21　反相色谱设备体系

分离操作中，将目标混合物溶解在溶剂 A 中，并注入色谱柱。当它们流过固定相时，具有不同特性的物质会以不同的强度与固定相结合。为了将它们从色谱柱中释放出来，逐渐将越来越多的溶剂 B 与溶剂 A 混合后进行洗脱。各种物质均在特定浓度梯度处被释放，因此，通过测量色谱柱出口处的信号可以观察不同物质种类的峰（图 5-22）。由于溶剂 B 的比例决定了物质组分的洗脱，溶剂 B 的组成方案是反相色谱分离的关键，常用的方案是基于线性的梯度混合。

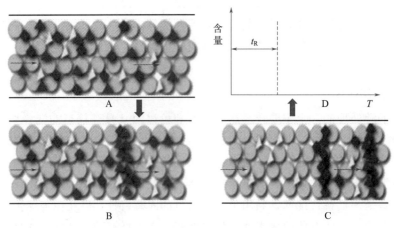

图 5-22　反相色谱分离原理示意图

2. 色谱柱的选择

溶质在反相介质上的分配系数取决于溶质的疏水性，一般疏水性越大，分配系数越大。当固定相一定时，可以通过调节流动相的组成调整溶质的分配系数。反相色谱主要应用于分子量低于5000，特别是1000以下的非极性小分子物质的分析和纯化，也可以用于蛋白质等生物大分子的分析和纯化，但由于反相介质表面具有强烈疏水性，并且流动相为低极性的有机溶剂，生物活性大分子在分离过程中容易变性失活，因此，以回收生物活性蛋白质为目的时，应注意选用适宜的反相介质。

色谱柱是反相色谱系统中非常关键的一部分，目前常用的色谱柱长度为 $30\sim250$ mm，颗粒直径为 $1.6\sim5$ μm，颗粒类型主要有全多孔和表面多孔，其中全多孔填料具有更大的柱容量、更多键合相选择的优点，表面多孔填料具有反压低、峰形好的优点。常规的键合基团柱有氰基柱、苯基柱、C_8 柱、C_{18} 柱等，其中以 C_8 柱、C_{18} 柱更为常用。

① C_{18} 柱是高效液相色谱中最为常用的通用型色谱柱。其填料是硅胶基质上键合十八烷基，有较高的碳含量和较好的疏水性，适用于大多数化合物，包括非极性、极性小分子及一些多肽及蛋白质。C_{18} 柱的类型较多，可以满足全 pH 范围的选择。

② 苯基柱与 C_{18} 柱相似，是在硅烷基上键合一个苯环。这使有些特殊的化合物（如芳香族化合物）在反相保留时，苯基柱表现出与 C_{18} 柱不同的选择性，弥补了 C_{18} 柱的一些不足。

③ 五氟苯基柱的填料颗粒是硅烷基上键合一个五氟苯基，从而提高了柱子对极性样品的保留，使柱子对卤族化合物具有更佳的选择性。

④ 氨基柱是在硅胶的硅羟基上键合了酰胺基，其保留机制比较复杂，主要用于分析极性大的化合物，如糖类化合物的分析，可以使用高有机相分析反相保留弱的化合物，在液质联用时对质谱离子化有更好的兼容性和检测灵敏度。

⑤ 裸硅胶柱是未杂化的硅胶颗粒色谱柱，常用于液质联用检测，主要用于极性化合物的分析，特别是强极性碱性水溶性化合物，如生物碱、肾上腺素系列。

3. 在生物医药领域的应用

反相色谱具有分离选择性好、分离效率高、适用范围广、流动相组成简单和重复性好等优势，可分离蛋白质、肽、氨基酸、核酸、甾体类、脂类、脂肪酸、糖类、植物碱等含有非极性基团的各种物质，是当前多肽分离中广泛应用的色谱模式。此外，反相色谱也是抗生素制备分离的主要手段，如使用 C_8 和 C_{18} 改造的硅胶柱的高压液相色谱来制备和分析多种抗生素。由于反相色谱作为产品纯化制备手段时相对价格较高，其应用领域还局限于实验研究。

生物大分子的分离多采用离子强度较低的酸性水溶液，添加一定量乙腈、异丙醇或甲醇等与水互溶的有机溶剂作为流动相进行极性调整。小分子肽类的分辨率随柱长的增加而增加，同时分辨率对流动相及流速也非常敏感，而蛋白质和核酸等生物大分子的分辨率则不然，流速越小，柱子越长，色谱峰的宽度就越大，分辨率就越小。

第七节　新型分离技术

一、分子印迹技术

分子印迹技术（molecular imprinting technology，MIT）是一种高选择性、特异性的分离和分析技术，这种技术源于抗原与抗体专一性识别，是一个为目标分子合成人工抗体的过程。分子印迹聚合物（molecular imprinted polymer，MIP）的合成是以目标分子为模板，将具有结构互补的功能单体与模板分子结合后，使用交联剂将它们聚合在一起，然后将目标分子去除，留下一系列大小、形状与目标分子相匹配的结合位点（图5-23）。MIP不仅具有类似天然抗体识别的特异性、高选择性和高结合能力等特点，还具有更好的稳定性、制备过程简单并可重复使用等优点。

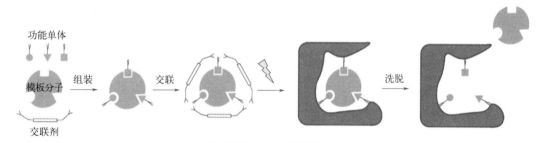

图 5-23　MIP 的制备过程

根据模板分子和功能单体之间作用力的差异，MIP 的制备方法可分为：①预组装法，功能单体通过共价键结合生成 MIP，适用于制备糖类、氨基酸类、多种芳香化合物及甾体类物质等的 MIP。②自组装法，通过氢键、静电相互作用、疏水作用以及范德瓦耳斯力等非共价作用进行制备，可应用于二胺、维生素、多肽、核苷酸碱基等化合物 MIP 的制备。③杂化法，把分子自组装和分子预组装两种方法结合起来形成的方法。④金属螯合法，利用金属离子螯合作用的立体选择性，如 Co^{2+}、Zn^{2+}、Cu^{2+}、Ni^{2+} 与常用的功能单体 1-乙烯基咪唑、乙烯多胺等都可以进行 MIP 的制备。

MIP 的突出特点是对目标分子有高度选择性，同时还具有良好的物理化学稳定性。在生物医药领域，其主要用于手性药物、中药活性成分以及生物大分子的分离与分析。如（D/L）-苯丙氨酸、（D/L）-色氨酸、（R/S）-布洛芬均可以采用 MIT 进行分离；在实验研究中，中药中黄酮类、多元酚类、生物碱类、甾体类、香豆素类和木脂素类等成分采用 MIT 方法分离时，均取得了良好的效果。但 MIT 分离生物大分子是一项富有挑战性的工作，这是由于生物大分子和聚合物单体官能团间的相互作用缺乏系统性，高吸附量的 MIP 尚未突破，从印迹分子中回收活性蛋白质也存在一定难度，尽管如此，对于分离胰岛素、免疫球蛋白、肌红蛋白、凝血酶等蛋白质的 MIT 方法均取得了突破。

二、膜反应耦合分离技术

将两种或以上的单元操作通过优化组合来实现常规工艺难以实现的分离任务或提高生产效率，这类过程被称为耦合或集成。耦合过程是指反应与分离两者相结合并相互影响的过程，典型的代表是各类膜式反应器，在这些反应器中，催化剂被固定在膜上，膜的选择性渗透作用可在反应过程中及时移走对反应有抑制作用的部分生成物或副产物，使反应加快或转化率提高。集成过程是指将两个不同的分离单元或反应与某一分离单元组合在一起的过程，其中，不同单元完成各自的功能，单元之间可以发生物料循环。

膜反应器具有反应与分离一体化的功能，其将反应与膜分离过程结合，不仅具有分离的功能，而且还提高了反应的选择性和产品的收率，因此受到了广泛的关注和研究。其在反应产物生成的同时不断地将产物转移，使反应转化始终趋向反应平衡状态，提高反应效率；对某些中间反应物为目标产物的连串反应，及时将目标产物分离，从而提高选择性，缩短生产工艺路线，达到降低能耗与充分利用资源的目的。此类膜反应器包括催化膜反应器、渗透汽化膜反应器、膜生物反应器等。

根据膜本身是否参与反应，可将膜分为惰性膜和催化膜。惰性膜本身不参与化学反应过程，只是将部分产品从反应体系中移出，达到分离的目的；催化膜本身载有催化剂，参与化学反应，膜起到催化与分离的双重作用。为增加可逆平衡反应的产物收率，催化膜反应器可以针对某个反应产物，选择性将某些产物、中间生成物及时从反应体系中移除，从而起到提高转化率、减少副产物等作用（图5-24）。

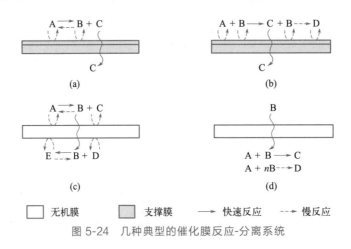

图 5-24　几种典型的催化膜反应-分离系统

三、泡沫分离技术

泡沫分离利用表面吸附原理，通过向液相中通气形成气泡，实现对溶液中溶质或颗粒的分离，因而又称泡沫吸附分离。如果待分离的溶质在溶液中为表面活性组分，则可以利用惰性气体在溶液中形成泡沫，这些泡沫可吸附并富集待分离溶质，随后收集这些泡沫，消泡后可以得到较高浓度的目标组分。自20世纪70年代以来，人们开始以阴离子表面活性剂泡沫分离DNA、蛋白质及卵磷脂等生物活性物质，并对溶菌酶、白蛋白、促性腺激素、血红蛋白、过氧化氢酶等品种建立了完善的泡沫分离工艺。泡沫分离技术具有设备简单、运行成本较低、分离条件温和等特点，可用于低温组分的回收和浓缩。为促进泡沫生成，通常需要加入少量的表面活性剂，如十二烷基磺酸钠；为持续产生气泡，需要在液相底部通入某种气体，或者使用某种装置产生气泡。泡沫分离设备的基本装置如图5-25。

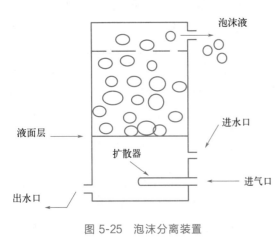

图 5-25　泡沫分离装置

泡沫分离技术可以从待分离基质中分离出微生物细胞，如酵母、小球藻、衣藻、大肠埃希菌等。例如，用月桂酸、硬脂酰胺或辛胺作为表面活性剂，对初始细胞浓度为 7.2×10^8 cfu/cm^3 的大肠埃希菌进行细胞分离，结果 1 min 内能除去 90% 的细胞，10 min 能去除 99% 的细胞。

中药皂苷类有效组分的富集与分离可以使用泡沫分离技术来实现。pH 对分离效果有一定的影响，在中性条件下，人参皂苷通过泡沫分离技术得到的收率最高，但在酸性条件下浓缩倍数最高；重楼中皂苷经泡沫分离后，在优化的工艺条件下产品纯度可达 40％左右。此外泡沫分离技术也可应用于黄酮类和内酯类化合物的初步分离和富集。

蛋白质和糖类在表面活性上存在较大差异，因此可以利用泡沫分离技术来实现蛋白质和多糖的初级分离。该法操作简单，处理量大，无需额外添加任何有机溶剂，且分离后能够降低后续纯化工作的负荷。采用环流泡沫分离技术对牛血清白蛋白（BSA）、葡萄糖、蔗糖和葡聚糖的混合体系进行分离，在接近 BSA 等电点 pH 4.0 时，BSA 获得良好的分离，回收率可达 92％。如果蛋白质组分之间在气液界面的吸附特性有较大的差异，也可以利用泡沫分离技术进行分离，如 β-乳球蛋白和牛血清白蛋白的二元复合体系，分离后 β-乳球蛋白的回收率高达 96％，而牛血清白蛋白的收率也有 83％。对于多元蛋白质体系，如乳铁蛋白、牛血清白蛋白和 α-乳白蛋白的混合液，在最佳条件下 87％的乳铁蛋白保留在残液中，而牛血清白蛋白与α-乳白蛋白在泡沫中的收率分别达到了 98％和 91％。

四、模拟移动床分离技术

模拟移动床（simulated moving bed，SMB）技术是一种基于色谱吸附分离原理的分离技术，通过周期性切换物料的进出口位置，来实现移动床内流动相物料与固定相之间的逆向接触。图 5-26 中展示了典型的四区域版本 SMB 配置，其中 B 区和 C 区是分隔带，A 区和 D 区中是再生区域。固相的运动是通过在闭合回路中串联一定数量的树脂柱列和按规定时间间隔逆时针旋转柱列来实现的，此过程通常使用 8、12 或 16 个色谱柱。除了四个区域配置外，还可以实现三、五或八个区域的组合，后两者可用于三组分分离，或将复杂的混合物分离成两个有价值的组分体系。

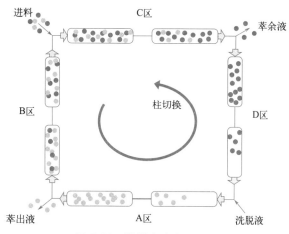

图 5-26　模拟移动床原理图

现代的 SMB 系统设计更为灵活，其特征是将两个或更多个相同的色谱柱通过多端口阀连接到流动相泵，实现所有色谱柱串联，形成一个连续的循环；每根柱子之间将随时序切换四种操作：混合组分进料—排出快速组分—排出慢速组分—加入溶剂或洗脱液再生。

SMB 系统不仅可以接近连续地进行色谱分离，而且模拟了固定相与流动相之间的逆流接触，形成最大化传质驱动力。SMB 非常适合分离二元混合物，为了纯化多组分，可以进行多次切割，从一种多组分混合物中纯化出一种或多种产品。但与单柱操作相比，SMB 投资成本较高，流程复杂，维护成本偏高。

SMB 非常适合进行糖苷化合物、抗生素、氨基酸等产品的分离纯化。该技术在低聚糖、氨基糖苷类抗生素的制备中已成熟应用于产业，在氨基酸产业中也具有竞争力，如对于 L-缬氨酸发酵液中的丙氨酸副产物，传统方法较难分离，而模拟移动床的分离效果优于普通色谱法。SMB 对中药组分的精细分离潜力较大，研究显示，该技术能够分离银杏黄酮中的少量内酯成分，可将浸膏中黄酮含量由 24％提高到 90％以上。

五、液膜分离技术

液膜通常由溶剂（水或有机溶剂）、表面活性剂（乳化剂）和添加剂（载体等）制成。溶剂构成膜的基体，表面活性剂具有亲水基和疏水基，可以定向排列以固定油水界面，稳定液膜。通常膜的内相试剂与液膜是不互溶的，而膜的内相与膜的外相是互溶的。

液膜分离可以看作萃取与反萃取两个步骤的组合，它们分别发生在液膜界面的两侧，溶质从料液相萃入膜相，并扩散到膜相另一侧，再被反萃入接收相，萃取和反萃取在同一级操作内完成，属于内耦合（inner coupling）过程。液膜分离可以实现分离与浓缩双重效果。

液膜主要有乳化液膜、支撑液膜、包容液膜、静电准液膜等形态。为增强分离效果，可以向液膜内加入载体，利用组分与载体间可逆的化学或物理作用促进传质。乳化液膜有"水-油-水"型（W/O/W）或"油-水-油"型（O/W/O）两种双重乳状液体系。将两个互不相溶的液相通过高速搅拌或超声处理制成乳状液，然后将其分散到第三种液相中，就形成了乳状液膜体系。制备时，在搅拌槽中按比例加入膜相溶液的各个组分（表面活性剂、膜溶剂、载体物质），在一定转速（1500～2000 r/min）的搅拌下，滴加一定量的内相试剂，再搅拌 10～20 min，即可制得乳化液膜。

乳化液膜分离技术的应用流程包括制乳、萃取以及破乳三个步骤（图 5-27）。萃取是将所制得的乳液与被分离的料液充分混合，使料液中待分离组分被萃取到膜内相，然后再将乳液与被处理料液分离，该步骤所用设备为混合澄清槽以及转盘塔等萃取设备，一般液膜萃取所需级数比溶剂萃取少。破乳的目的是打破乳液滴，分离膜相和内相，膜相用于循环制乳，内相试剂则可进一步回收或进行后处理。破乳的方法包括化学破乳、离心加热及高压电破乳等。

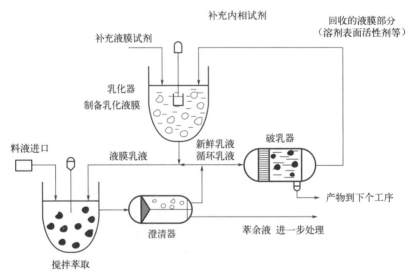

图 5-27　液膜分离技术流程示意图

生物医药领域已有大量应用液膜分离技术的研究报道，该技术在抗生素、有机酸、氨基酸的提取以及酶的包封方面均表现出十分突出的效果。液膜分离技术可以用来分离以及富集一些稳定性较弱的抗生素，常用于青霉素的提纯。使用溶剂萃取青霉素时，常需要先进行酸化，再用乙酸戊酯进行萃取，该过程是造成青霉素损失的主要原因。相比之下，如采用液膜分离技术，无需进行酸化，在 pH 5～7

的范围内即可直接进行萃取，能够避免青霉素的水解损失，同时液膜分离技术也在一定程度上实现了青霉素的浓缩。

六、磁分离技术

磁分离技术是利用不同物质在磁场中磁性的差异来分离混合物的一种新技术。基于磁体技术的发展，磁分离技术也经历了弱磁选、强磁选、高梯度磁选的超导磁选和超导磁选的四个阶段。早期的磁分离技术主要用于铁矿的富集、原料中铁杂质的去除等方面。近年来，随着现代科技的创新与融合，磁分离技术在生物医药领域也获得高速发展，实现了从基础研究到应用开发的拓展。免疫磁分离（immunomagnetic separation）技术因其选择性好、特异性强、能起到浓缩的作用，已与其他快速检测方法如电化学、光学等方法联用，应用于细胞筛选、食品安全、环境卫生监测等领域，成为生命科学研究、生物监测、食品安全监控领域最具推广价值的技术之一。

免疫磁分离技术已广泛应用于具有特异抗原的细胞株筛选。其具体过程为：先将磁珠与抗体偶联，使抗体与细胞结合，再将结合后的细胞悬液置于磁场中，结合有磁珠的细胞被磁场吸附，未结合的细胞则被留在上清液中，从而实现特定细胞的分离。免疫磁珠的制备主要包括活化、偶联与封闭三个步骤，均可在室温下进行。活化使用一定量的碳二亚胺（EDC）与 N-羟基琥珀酰亚胺（NHS），封闭可以使用 BSA。相关研究显示，磁珠分离技术分离出的阳性细胞纯度在 90％以上，阳性细胞回收率在 60％左右。

免疫磁珠分离技术已广泛用于有害微生物的检测。将具有超顺磁性的磁珠微粒表面进行化学修饰，使之与特异性抗体牢固结合，成为能与特异性抗原（待测菌）结合且有磁性的微珠，即免疫磁珠。将待监测试样与免疫磁珠在磁板背景下混合，如果有相应抗原存在，免疫磁珠就会将其捕获，形成菌体-免疫磁珠复合物。接着在适当的磁场条件下，将该复合物分离出来，再采取平板培养、PCR、ELISA、光学传感器、电化学方法等方法进行测量。免疫磁分离技术最突出的优点是特异性强，可以明显提高检测靶细菌的准确性，节约 12～18 h 的培养时间。目前，该项技术可用于金黄色葡萄球菌、致病性大肠埃希菌、李斯特菌、阪崎克罗诺杆菌等微生物的快速检测。

本章小结

药物的分离与纯化以传质分离工程学为理论基础，根据药物成分与杂质在物理和化学性质方面的差异，如分子大小、溶解度差异、带电特性、化学亲和力等的差别，选择合适的分离方法和装置，并通过合理的工艺流程和操作条件，制备出高纯度的、符合药品标准的药物原料或中间体。

本章介绍了生物制药下游分离中常用的技术方法及其基本原理，通过本章的学习，读者应掌握细胞的物理、化学破壁技术，了解常见过滤与离心方法的适用范围及设备的优缺点；掌握固液萃取、液液萃取、反胶束萃取、双水相萃取的技术原理及适用的物料类型及产品特性，了解微滤、超滤、纳滤、反渗透等膜分离技术的分离特性及膜污染的防治措施；了解吸附分离与色谱分离的技术原理，掌握离子交换色谱、凝胶过滤色谱、疏水作用色谱、亲和色谱的技术原理、分离方法以及技术适用范畴。鉴于篇幅所限，尚有一些通用分离技术（如结晶、絮凝、盐析等）及专属分离技术未在本书中介绍，读者可结合参考资料进行学习。

思 考 题

1. 哪些分离技术主要用于原料的预处理或过程处理？哪些技术主要用于最终产品的加工？哪些技术适合在工业环境中使用？

2. 生物活性组分往往存在稳定性差的问题，在高温、低 pH、金属离子、有机溶剂等环境下易变性，请思考：哪些方法适用于蛋白质的分离纯化？在进行蛋白质分离时，通常采取哪些措施避免蛋白质变性与损失？

【李恒　史劲松】

参考文献

［1］ 欧阳平凯，胡永红，姚忠. 生物分离原理及技术［M］.3 版. 北京：化学工业出版社，2019.

［2］ 余润兰. 生物分离科学与工程［M］. 长沙：中南大学出版社，2018.

［3］ 何建勇. 生物制药工艺学［M］. 北京：人民卫生出版社，2007.

［4］ 李从军，罗世炜，汤文浩. 生物产品分离纯化技术［M］. 武汉：华中师范大学出版社，2009.

［5］ 李军，卢英华. 化工分离前沿［M］. 厦门：厦门大学出版社，2011.

［6］ Jagschies G，Lindskog E，Acki K，et al. Biopharmaceutical processing：development，design，and implementation of manufacturing processes［M］. Amsterdam：Elsevier，2017.

［7］ 孙彦. 生物分离工程［M］. 3 版. 北京：化学工业出版社，2014.

第六章

生物药物质量控制与分析技术

第一节　生物药物质控要求和特点

生物药物的结构特性容易受到各种理化因素的影响，且生物药物的分离提纯工艺复杂，必须针对生产全过程，综合采用多种技术手段和管理措施，实施多层次、可追溯、科学有效的质量控制。质量控制体系是生物药物安全性与有效性研究的基础，其构建工作贯穿于药物从研发立项到上市的全过程。

一、生物制品的质量控制要求

生物药物按照来源和生产方法分为生化药物、生物技术药物及生物制品。其中生物制品（biological products）系指以微生物、寄生虫、动物毒素、生物组织作为起始材料，采用生物学工艺或分离纯化技术制备而成的生物活性制剂，其涵盖的范围广泛，包括菌苗、疫苗、毒素、类毒素、免疫血清、血液制品、免疫球蛋白、抗原、变态反应原、细胞因子、激素、酶、发酵类生物制品、单克隆抗体、DNA重组产品、体外免疫诊断制品等。

质量控制的基本要素包括检测方法、标准物质和质量标准，因此，在建立生物制品质量控制体系时，应根据生物制品的生物学、理化特性及生产工艺特点，研究开发相应的质量控制检测方法。生物制品的质量控制体系应包括安全性、有效性及可控性三个方面。需要控制生产和贮藏过程中产生的非目标成分，如残留溶剂、残留宿主蛋白质以及目标成分的聚合体及降解产物等。具体包括如下内容：

① 在生物制品生产过程中，如采用有机溶剂进行分离纯化或灭活处理等，需在后续工艺中有效去除有机溶剂，去除工艺应经过验证，以确保溶剂残留量符合相关规定。

② 生物制品有效性的检测应包括有效成分含量和生物效力的测定。

③ 生物制品质量标准中的指标均应提供相应的检测方法，以及明确的限度或要求。

④ 生物制品中可量化的质量标准应设定限度范围。

⑤ 生物制品为冻干制剂时，用于复溶的稀释剂应符合《中国药典》规定。

二、生物技术药物的质量控制要求

生物技术药物的质量控制应依据《中国生物制品规程》、《中国药典》以及各类指导原则，在生产实践中，还应参考世界卫生组织（WHO）和美国FDA发布的指南、国际人用药品注册技术协调会（ICH）指导原则等各类文件，如《人用重组DNA制品质量控制技术指导原则》、《人用单克隆抗体质量控制技术指导原则》、《预防用DNA疫苗临床前研究技术指导原则》及《生物类似药临床药理学研究技术指导原则》等。

以重组蛋白类药物为例，其生产涉及复杂的生物技术过程。重组蛋白制品的质量控制涉及蛋白质分子大小、结构特征、质量属性复杂程度以及生产过程。质量控制体系主要包括原辅料质量控制、包材、生产工艺和过程控制及制品检定等部分，应通过终产品检测、过程控制和工艺验证结合的方法，确保各类杂质已去除或降低至可接受水平。制品质量控制包括采用标准物质和经验证的方法评估已知的和（或）潜在的制品相关物质和工艺相关物质，以及采用适宜的方法对制品鉴别、生物学活性、纯度和杂质等检测进行分析。

重组蛋白类药物与化学药物具有较大差异，其分子量较大、稳定性较差，同时由于重组蛋白类药物往往在极微量下就可产生显著效应，任何微小的偏差都可能贻误病情甚至造成严重的危害，所以对重组蛋白类药物的适应证、用法用量及使用注意事项等应有明确规定，还需制定严格的质量标准，确保患者用药安全有效。检测有效成分时，除了一般的化学方法外，还需进行蛋白质特异性的检测以及异常毒性研究等。下文将对重组蛋白类药物的原材料、生产过程、纯化过程、最终产品及制剂的质量控制进行具体说明。

1. 原材料的质量控制

重组蛋白类药物的原材料主要包括表达载体、宿主细胞、克隆基因的序列。其质量控制检测方法通常包括表型鉴定、抗性检测、限制性内切酶图谱测定、序列分析与稳定性分析等。对于原材料，需要明确目的基因的来源、表达载体的结构、遗传特性以及克隆表达的过程；同时应提供宿主细胞的来源、传代历史、检定结果及其生物学特性等；还需阐明这些载体导入人的宿主细胞中的方法及载体状态，如能否整合到染色体内及其拷贝数等；提供插入的外源基因与表达载体的核苷酸序列，阐明启动与控制外源基因表达的方法及表达水平等。

2. 生产过程中的质量控制

重组蛋白类药物的生产工艺应稳定可控，以确保产品安全有效、质量可控。生产中使用的种子必须纯且稳定，在培养过程中不应出现突变或质粒丢失等。生产重组药物时，应设有种子批系统，并证明种子批无致癌且无菌、无病毒等污染，并由原始种子批建立生产用种子库。原始种子批须确证克隆基因DNA序列，明确种子批的来源、制备方式、保存及预计使用时间，以及保存与复苏时宿主载体表达系统的稳定性。除此之外，应确定在生产过程中允许的最高细胞倍增数或传代次数，并应提供最适培养条件的详细资料。

3. 纯化过程中的质量控制

对纯化工艺应进行全面研究，以确保纯化过程能够去除宿主细胞蛋白质、核酸、糖类、病毒或其他杂质以及在纯化过程中加入的有害化学物质等。在设计纯化工艺时，需监测去除这些杂质的能力并进行验证。纯化的每一步均应测定药物浓度，计算纯化倍数、收率。在纯化过程中应尽量不加入对人体有害的物质，出于工艺需要必须添加时，应设法确保这些物质后续可被除净，并在最终产品中检测其残留量，同时还应考虑这些物质多次使用的蓄积作用。

4. 最终产品的质量控制

最终产品的质量控制主要包括产品的鉴别、纯度、活性、安全性、稳定性和一致性等方面。目前可采用多种方法对重组蛋白类药物产品进行鉴定，如电泳分析、高效液相色谱分析、肽图分析、氨基酸成分分析等。纯度测定通常采用 SDS-PAGE、等电点聚焦、毛细管电泳（CE）等方法，在质量研究中需采用两种以上不同机制的分析方法相互验证；并应检测内毒素、热原、宿主细胞蛋白质、残余 DNA 等杂质的含量。生物学活性测定需采用国家机构认可的参比样品。采用细胞法测定生物学活性时，应标明其活性单位。此外，按照《中国药典》等要求，应对最终产品进行无菌试验、热原试验、毒性检查等评价，还需要对产品进行长期稳定性、一致性、纯度、分子特征和生物效价等方面的评价，以确定产品的贮藏条件和保质期等。

5. 制剂的质量控制

生物药物的制剂研究涵盖从原液到成品的生产全过程。大多数生物药物的剂型为冻干粉针剂或水针剂，冻干粉针剂的稳定性较好，但其生产成本较高；水针剂的制备过程相对简单，但其对保护剂要求较高。制剂辅料一般要求采用药用级别试剂，其质量标准按照《中国药典》中对冻干粉针剂和水针剂的有关要求执行，特殊处方试剂需提供处方设计的理由和相关的安全性资料。

三、生物药物质量控制的特点

生物药物的质量控制包括生产过程中的质量控制（包括对硬件、软件的管理）和最终目标产品的质量控制（涉及指标及方法学研究）。生物药物产品质量控制和过程控制中使用的所有分析方法都应进行充分表征、验证和记录，以确保方法符合既定标准并可获得可靠的结果。验证的基本参数包括线性、准确性、精密度、选择性/特异性、灵敏度和重复性。生物药物质量控制的特殊性在于产品本身的特性，如种属特异性、免疫原性及多功能性。具体体现在以下方面：

（1）生物药物结构确认的不完全性

生物药物多数为蛋白质、多肽或其修饰物，具有分子量相对较大、结构复杂多样性和可变性等特点，通过现有的理化方法不能完全确认其化学结构，如产品的空间构象等。

（2）生物药物质量控制的过程性

生物药物的结构容易受到各种理化因素的影响，且其分离提纯工艺复杂，因此其质量控制体系应针对生产全过程，采用化学、物理和生物学等手段进行全程、实时的质量控制。生产过程中每一环节或制备条件的改变均可能影响产品的非临床安全性。

（3）生物学活性检测的重要性

生物药物的活性与其药效和安全性有一定的相关性，因此药效学和安全性研究应关注生物学活性的测定。鉴于生物药物结构确认的不完全性，生物学活性检测成为反映生物药物结构是否遭受破坏、生产各阶段工艺是否合理和评价最终产品质量控制的重要内容，也成为非临床药理毒理、药代动力学等研究中确定剂量的依据。

第二节 生物药物的质量控制体系

一、质量控制的研究内容

为了确保用药的安全性和有效性，在药品的研究、生产及使用过程中均应进行药物的质量监督和检验，这就需要有法定的质量监督和检验的依据——药品标准。由于生物药物质量控制的特殊性，其质量标准研究内容应包括：①目标产品的均一性（理化性质、纯度、含量及质控标准）；②建立有效的生物学活性与免疫学效价测定方法；③建立国家标准品或参考品；④建立生物药物相关杂质的限量分析方法和标准，如残留 DNA、蛋白质、内毒素、病毒、工艺中有害物质的检测；⑤制订出保证生物药物临床安全有效、与 WHO 标准一致的质量控制标准和规范化检定方法。

1. 重组蛋白类药物的质量检定

（1）重组蛋白类药物原液的质量检定

① 生物学活性、比活性；

② 蛋白质含量；

③ 纯度：≥95%，采用非还原型 SDS-PAGE 法及 HPLC 法测定；

④ 分子量：采用还原型 SDS-PAGE 法、质谱法测定；

⑤ 外源性 DNA 残留量：≤10 ng/剂量；

⑥ 宿主蛋白质残留量：≤0.1% 或 0.05%；

⑦ 残余抗生素：不得检出；

⑧ 细菌内毒素：≤10 EU/剂量；

⑨ 结构确证：等电点测定、紫外吸收光谱扫描、N 末端氨基酸序列测定、肽图分析及氨基酸组成分析。

（2）重组蛋白类药物成品的质量检定

① 鉴别试验：通过免疫印迹或斑点印迹测定，结果为阳性；

② 物理检查：检查成品的外观、有无可见异物、装量；

③ 化学检查：检查成品的水分、pH；

④ 生物学活性：测定标示值的百分数范围；

⑤ 无菌检查：不得检出；

⑥ 内毒素检查：≤10 EU/剂量；

⑦ 异常毒性检查：符合规定。

2. 生物制品的质量检定

生物制品中的有效成分和无效或有害成分，需要通过物理或化学的方法才能检查出来，这是保证制品安全有效的一个重要方面。生物制品的质量检定包括理化检定、安全检定及效力检定。

（1）理化检定

① 物理性状检查，包括外观、真空度及溶解时间；

② 蛋白质含量的测定；

③ 防腐剂含量测定；

④ 纯度的检查。

（2）安全检定

① 一般安全性检查包括安全试验、无菌试验和热原试验；

② 杀菌、灭活和脱毒情况的检查；

③ 外源性污染检查；

④ 过敏性物质检查。

（3）效力检定

① 动物保护力试验（或称免疫力试验），包括定量免疫定量攻击法、变量免疫定量攻击法及定量免疫变量攻击法，定量免疫变量攻击法常用于疫苗的效力检定；

② 活疫苗的效力测定，包括活菌数测定及活病毒滴度测定；

③ 抗毒素和类毒素的单位测定，包括抗毒素单位（U）测定及絮状单位（Lf）测定；

④ 血清学试验，指的是用血清学试验检查抗体或抗原的效价。

3. 分析方法验证

分析方法必须满足一定的要求，才能保证分析结果的可靠性，从而确保药品的质量。方法验证的内容包括专属性、准确性、精密度、线性、测定范围、检测限度、定量限度、系统适用性等。

（1）专属性

生物制品的性质和组成多样，不同生物制品的检定方法各不相同，因此难以提出统一的专属性验证要求。但生物学测定方法的专属性通常与其测试原理及生物制品的组成密切相关，所以应首先从测试原理、测试用材料或供试品的组成等方面分析方法的专属性，再进行必要的验证。

（2）准确性

准确性是指测定值与真实值或认可的参考值的一致性或接近程度。生物制品的生物学活性为相对活性，一般与同时进行测定的标准品/参考品进行比较而得，所以应对活性单位进行适当的定义，或提供一个以适用的标准品/参考品为对照的计算方法。

（3）精密度

精密度是指在规定条件下对供试品多次取样进行一系列检测，各所得结果的接近程度，一般以变异系数（CV）表示，变异系数是测定值的标准差和测定值均数的比值。

（4）线性

线性是指在给定的范围内检测结果与试样中被分析物的浓度（量）直接呈线性关系的程度。线性是定量测定的基础，涉及定量测定的项目，如杂质定量试验和含量测定均需要验证线性，应在给定范围内测定线性关系。

（5）测定范围

测定范围是指能达到一定的准确性、精密度和线性时，被分析物可测定的最高和最低浓度（量）的区间。

（6）检测限度和定量限度

检测限度是分析方法能够从背景信号中检测出被测物质的最低量。定量限度是指供试品中被分析物能够被定量测定的最低量，其测定结果应具有一定的准确性和精密度。定量限度的测定可以通过直观法、信噪比法等方法。

（7）系统适用性

系统适用性是对整个分析系统进行评估的指标。系统适用性试验参数的设置需根据被验证方法的类型而定。具体验证参数和方法可参考《中国药典》有关规定。

表 6-1 为各种分析检测方法所需要进行的验证。

表 6-1　各种检测方法中通常需进行的验证

项目	鉴别试验	杂质检查		生物学活性（效价）测定	含量测定
		定量	限度		
准确性	−	+	−	+	+
精密度	−	+	−	+	+
系统适用性	+	+	+	+	+
线性	−	+	−	+	+
测定范围	−	+	−	+	+
专属性	+	+	+	+	+

项目	鉴别试验	杂质检查		生物学活性 (效价)测定	含量测定
		定量	限度		
检测限度	−	−	+	−	−
定量限度	−	+	−	−	−

注：−表示通常无需测定；+表示通常需测定。

二、生产质量管理规范的基本内容

1. 质量管理

质量管理是指确定质量方针、质量目标和质量计划，并通过质量体系中的质量策划、质量控制、质量保证和质量改进使其实现的全部活动。质量方针是确保所生产的生物药品符合预定用途和注册要求的指导准则，生物制药企业对质量的根本要求，也是生物制药企业建立质量管理体系的最终要求。

2. 物料与产品

（1）物料

对于生物制品生产所用物料的购入、储存、发放、使用等环节，应制定管理制度。生物制品生产所用物料，应符合《中国生物制品规程》和《中华人民共和国药典》的质量标准。

生物制品生产过程中使用的各种材料来源复杂，可能引入外源因子或毒性化学物质；制品组成成分复杂且一般不能进行终端灭菌，制品的质量控制仅靠成品检定难以保证其安全性和有效性。因此，对生物制品生产用原材料和辅料进行严格的质量控制，是降低制品中外源因子或有毒杂质污染风险、保证生物制品安全有效的必要措施。

菌毒种的验收、储存、保管、使用、销毁应执行国家有关医用微生物菌毒种保藏的相关规定。血液制品所用原料血浆必须购自国家批准划定的采浆单位，采浆过程和血浆质量必须符合国家规定的质量标准。动物源性的原材料应有详细记录，内容包括动物来源、动物繁殖和饲养条件、动物的健康和检疫等证明文件。用于生物制品生产和检定用的小鼠、大鼠和豚鼠等实验动物应是清洁级动物。生物制品的标签和使用说明书应按国家批准的内容印制，不得擅自更改；其验收、储存、保管、领用、发放、销毁应有专人负责，并按规定执行。

（2）产品

产品包含中间产品、待包装产品、成品。产品的管理理念和程序与物料管理基本相同。

3. 文件管理

良好的文件管理系统是质量保证体系的重要组成部分。质量保证体系的有效与否亦是通过文件反映的。文件管理系统能够避免口头交流可能引起的信息差错，并保证批生产和质量控制全过程的记录具有可溯性。因此，生物制品企业应当建立文件管理的操作规程，系统地设计、制定、审核、批准和分发文件。

4. 确认与验证

（1）确认

确认包括设计确认、安装确认、运行确认和性能确认。

（2）验证

生物制品的验证应包括制备系统、厂房洁净级别、灭菌设备（蒸汽消毒柜和干烤箱）、除菌和超滤设备、灌装及洗瓶系统、关键设备（如生物发酵管、反应罐、纯化装置等）、消毒剂消毒效果的验证。

5. 质量保证

质量保证是质量管理的一部分。只有经过质量授权人批准，每批产品符合注册批准以及药品生产、控制和放行的其他法规要求后，方可发运销售。产品放行审核包括对相关生产文件和记录的检查以及对偏差的评估。

第三节　生物药物的分析技术

生物药物分析是生物药物研发的重要组成部分，随着生物药物研发的日趋增加，控制生物药物的质量、加强药物分析检测日益受到关注。生物药物分析包括定量分析及生物学活性分析，所采用的分析检测手段来源于《中国药典》。

一、生物药物的定量分析方法

药品的含量是药品质量的真实反映。在药物分析过程中，凡以理化方法测定药品含量的称为"含量测定"，凡以生物学方法或酶化学方法测定药品效价的称为"效价测定"。生物药物的定量分析方法主要包括酶法、电泳法、理化测定法及生物检定法等。一般来说，对于原料药的含量测定，在方法的选择上应着眼于测定方法的准确性和精密度，因为原料药的纯度较高，含量限度要求严格；对于药物制剂的含量测定，应着眼于方法的专属性和灵敏度，因为制剂中有效成分的含量相对较低，测定结果又受诸多因素的影响，包括辅料的干扰以及在贮存过程中分解产物的影响等，因此制剂含量限度的范围一般较宽。

1. 酶法

（1）酶活力测定法

酶活力测定法是以酶为分析对象，测定样品中某种酶的含量或活力的方法。

（2）酶分析法

酶分析法是以酶为分析工具或分析试剂，测定样品中酶以外的其他物质的含量，通过对酶促反应速率的测定或生成物浓度的测定而检测相应物质的含量，主要用于酶、辅酶、激酶、激活剂、抑制剂等的含量测定。这类方法的变异相对较小，结果比较准确。

2. 电泳法

电泳是指带电粒子在电场中向与自身带相反电荷的电极移动的现象。电泳分析法可分为纸电泳、醋酸纤维素薄膜电泳、淀粉凝胶电泳、琼脂糖凝胶电泳及聚丙烯酰胺凝胶电泳等。

3. 理化测定法

主要有重量分析法、滴定分析法、分光光度法和高效液相色谱法。

4. 生物检定法

生物检定法（bioassay）是利用药物对生物体的作用来测定其生物学活性的一种定量方法。蛋白质类药物多为有生物学活性的物质，且其生物学活性不仅取决于药物的一级结构，与二、三级结构亦密切相关，故生物检定法是研究该类药物独特而必需的方法，主要应用于药物效价的测定、微量生理活性物质的测定及某些有害杂质的测定。由于生物体间差异的存在，生物检定结果精密度较差，而且实验操作烦琐，实验条件难以控制。因此，生物检定法主要用于无适当理化方法测定的药物。

二、生物药物的生物学活性测定方法

生物药物的活性/效价（titer）是生物药物的关键质量属性（critical quality attribute，CQA），是确保药物有效性的最重要指标。生物制品分子大、结构复杂、不稳定，导致其含量与效价可能存在不一致的问题；只有反映药品效力的生物学活性才能真实反映生物药物的效价，从而保证产品的有效性。

1. 生物学活性测定类型

（1）鉴别实验

应用免疫印迹法，或者在条件允许的情况下，将 rDNA 制品与天然产品通过生物学比较实验，确定其与天然产品是一致的。

（2）效价测定

效价测定是以制品生物学特性相关属性为基础的生物学活性定量分析，原则上效价测定方法应尽可能反映或模拟制品的作用机制。比活性（每毫克制品具有的生物学活性单位）对证明制品的一致性具有重要的价值。应采用适宜的国家或国际标准品或参考品对每批原液和成品进行效价测定，生物药物效价单位为 U、AU、IU。尚未建立国际标准品/国家标准品或参考品的，应采用经批准的内控参比品。标准品和参考品的建立或制备应符合《中国药典》中"生物制品国家标准物质制备和标定"的相关要求。

（3）特异比活性测定

在测定生物学活性的基础上，对某些制品还应用适当方法测定主要蛋白质含量，测定其特异比活性，以活性单位/重量表示。

2. 生物学活性测定方法

（1）常用的生物学活性测定方法

① 动物水平的活性测定，包括离体动物器官法及体内测定法。

② 细胞水平的活性测定，包括促细胞生长法、抑制细胞生长法及间接保护细胞法。

③ 酶学基础的活性测定，主要用于重组酶类。

④ 受体-配体、抗原-抗体结合基础的活性测定。

（2）生物学活性测定方法的选择

① 体内测定和体外测定方法

a. 体内测定：即整体动物测定，能为较大范围的重组产品的效价提供有用信息，但该法费时、昂贵、难操作及同时存在伦理问题，故大多数情况下倾向于选择体外测定方法。

b. 体外测定：可使用分离的器官或组织、原代细胞或传代细胞系进行测定，目前最常用的方法是基于连续生长、因子依赖的、克隆化的细胞系的方法，其测定结果比较准确、重现性好、经济、容易使用且便于统计分析。

② 定量、半定量、定性方法

a. 首先选择能够定量评价的方法，最好选择背景信号较低，并且对相关产品有可重复的剂量-反应曲线的方法；其次考虑半定量方法，最后考虑定性方法。

b. 对于生产工艺稳定但生物学活性测定方法复杂的情况，可采用其他替代方法（如，对于重组人生长激素，用 HPLC 定量方法代替复杂生物学活性测定方法）。

三、蛋白质类药物的分析技术

1. 蛋白质类药物的生物学活性测定

对蛋白质类药物原液及成品进行生物学活性测定时，不同测定方法规定的标准如下：

（1）动物水平的活性测定：70％～130％标示量。

（2）细胞水平的活性测定：80％～120％标示量。

（3）酶学基础的活性测定：85％～115％标示量。

（4）受体-配体、抗原-抗体结合基础的活性测定：85％～115％标示量。

2. 蛋白质类药物的鉴别

一般可以采用化学方法、紫外吸收光谱、免疫印迹及 HPLC 法鉴别蛋白质类药物的真伪。

（1）化学鉴别

利用双缩脲反应鉴别是否含蛋白质/多肽类成分。

（2）紫外吸收光谱扫描方法

测定的样品一般为原液，样品最大吸收波长应与特征波长一致，同时批与批间应一致。若重组蛋白类药物的一级结构不含芳香族氨基酸，在 280 nm 附近没有最大吸收峰出现，可不进行紫外吸收光谱测定。

（3）免疫印迹法

通常用免疫印迹（immunoblotting）和斑点印迹（dot blot）进行鉴定，当电泳结果出现两条或两条以上区带时，应该用免疫印迹进行鉴定。

（4）HPLC 法

根据待测样品（T）与标准品（S）/对照品的保留时间（t_0）的一致性进行定性分析，若 T 的 t_0 与 S 的 t_0 完全相同，则能判定 T 可能与 S 为同一物质；特别是如果色谱条件改变，T 的 t_0 与 S 的 t_0 仍能一致，则基本判定它们是同一物质。

3. 蛋白质类药物的结构确证

蛋白质的结构确证包括：等电点测定、紫外吸收光谱扫描、末端氨基酸序列测定、肽图分析及氨基酸组成分析等。

（1）等电点（pI）测定

不同蛋白质或多肽具有不同的等电点，等电点是控制重组产品生产工艺稳定性的重要指标。均一的重组蛋白质只有一个等电点，但有时因加工修饰等影响可出现多个等电点，这些等电点应被限制在一定范围内，因此等电点可以体现药物的纯度。可采用等电点聚焦（IEF）、毛细管电泳（CE）进行等电点测定。毛细管电泳法采用紫外检测，适用于某些不易染色的蛋白质或者多肽，如 EGF、hCGRP 等制品的测定。

（2）末端氨基酸序列测定

末端氨基酸序列是重组蛋白类药物的重要鉴别指标。包括：①采用埃德曼降解法或蛋白质全自动测序仪对 N 末端 15 个氨基酸残基进行测序。②采用羧肽酶降解法或 RP-HPLC 对 C 末端 1～3 个氨基酸残基进行测序，目前在我国现有法规中并未要求对 C 末端进行测序。测定结果应与理论值一致，同时批与批间应该一致。

（3）肽图分析

根据蛋白质的氨基酸排列顺序，使用各种定位裂解方法将蛋白质裂解成大小固定的多个小分子肽链，通过分离检测，形成可供鉴别的特征性指纹图谱。肽图对分析蛋白质一级结构及工艺稳定性具有重要意义；常采用的方法包括溴化氰/胰蛋白酶裂解及 HPLC、SDS-PAGE、CE、质谱法。肽图分析结果应具有特征性图谱，同时批与批间应该一致。

（4）氨基酸组成分析

氨基酸组成分析是结构分析的辅助手段，也是质量控制的重要指标。对水解后产生的氨基酸种类定量测定，获得各种氨基酸的摩尔比，可对蛋白质/多肽进行有效鉴别，一般来说试生产的前三批或工艺改变时应当测定氨基酸组成。常采用的方法：HCl/NaOH 水解（仅用于 Trp 测定）及氨基酸自动分析仪；测定结果应与理论值一致，同时批与批间应该一致。

（5）分子量测定

① 还原型 SDS-PAGE 法：适用于测定分子质量为 15～200 kDa 的蛋白质；测定值一般在理论值 ±10％范围内，同时批与批间应该一致。

② 质谱法：质谱法具有准确、快速，重复性好，测定范围广等特点。适用于测定分子量一般小于 10 kDa 的蛋白质。

（6）蛋白质二级结构测定

通常采用圆二色光谱术（CD）测定溶液状态下蛋白质二级结构。

（7）蛋白质二硫键分析

二硫键和巯基与蛋白质的生物学活性密切相关，错误的配对，不但会降低蛋白质的活性还可能增加其抗原性。对二硫键的分析虽然在常检定项目中没有规定，但在质量研究中应尽可能进行详尽的分析。有些产品中二硫键较多，用现有的技术难以将其完全分析清楚，此时可以结合其他项目的检测，如比活性等进行有效的质量控制。

（8）糖基化分析

对于蛋白质类药物，其功能的实现不仅取决于其蛋白质的序列和空间结构，也取决于蛋白质翻译后修饰等因素，其中糖基化修饰就是翻译后修饰中最主要的修饰方式之一。对蛋白质糖基化的检测分析也是衡量蛋白质类药物质量的一项重要指标。蛋白质的糖基化分析主要包括糖基化位点、分子量、糖组成、连接方式。采用的分析方法包括酶解法、质谱、LC/MS 或 GC/MS 等。

4. 蛋白质类药物的含量及纯度测定

（1）蛋白质类药物的含量测定

蛋白质类药物含量对其药效影响至关重要，因此必须对其进行检测。目前，常用的蛋白质含量测定方法有凯氏定氮法、福林酚法（Lowry 法）、双缩脲法、2,2'-联喹啉-4,4'-二羧酸法（BCA 法）及考马斯亮蓝法（Bradford 法）等方法，其中最常使用 Lowry 法和 Bradford 法。

① 凯氏定氮法：由于每一种蛋白质都含有恒定量的氮元素（约 14％～16％），因此可以通过测定样品蛋白质中的氮含量来计算蛋白质的含量。这是《中国药典》中蛋白质含量测定法的第一法。

② 福林酚法：基于蛋白质在碱性溶液中与铜生成复合物，加入磷钼酸-磷钨酸试剂可产生蓝色化合物。这是《中国药典》中蛋白质含量测定法的第二法。

③ 双缩脲法：原理是基于蛋白质的肽键具有双缩脲反应，在碱性溶液中与 Cu^{2+} 络合显蓝色。这是《中国药典》中蛋白质含量测定法的第三法。

④ 2,2'-联喹啉-4,4'-二羧酸法：依据蛋白质分子在碱性溶液中将 Cu^{2+} 还原为 Cu^{+}，2,2'-联喹啉-4,4'-二羧酸（BCA）与 Cu^{+} 结合形成紫色复合物，在一定范围内其颜色深浅与蛋白质浓度呈正比，进行蛋白质含量测定。这是《中国药典》中蛋白质含量测定法的第四法。

⑤ 考马斯亮蓝法：考马斯亮蓝 G250 可以与蛋白质的疏水微区结合，形成蓝色复合物。这是《中国药典》中蛋白质含量测定法的第五法。

（2）蛋白质类药物的纯度测定

通常只对蛋白质类药物原液进行纯度检测。常用的纯度检测方法包括聚丙烯胺凝胶电泳（SDS-

PAGE)、等电点聚焦（IEF）、毛细管电泳（CE）及高效液相色谱（HPLC）。《中国药典》对蛋白质类药物的纯度有明确要求，一般必须采用 HPLC、SDS-PAGE 或者其他两种方法相互印证，以确保纯度均应达到《中国药典》要求。

5. 残余杂质检测

蛋白质类药物中的残余杂质可能具有毒性，引起安全性问题。另外，残余杂质可能影响产品的生物学活性和药理作用，导致产品变质，同时残余杂质在某种程度上也反映了药物生产工艺的稳定性。残余杂质可分为外来污染物和产品相关的杂质两大类，具体包括宿主细胞蛋白质含量、宿主细胞 DNA 残留量、鼠源型 IgG 含量、蛋白 A 含量、残余抗生素、内毒素含量、产品相关杂质及其他杂质等。

（1）宿主细胞蛋白质含量

宿主细胞蛋白质一般简称为宿主蛋白，是指生产过程中来自宿主或培养基的残留肽等杂质。基因工程药物中宿主蛋白含量，可用 ELISA（enzyme-linked immunosorbent assay）测定。在临床中需要反复多次注射的药品，需要进行残余菌体蛋白质含量测定，常采用的方法包括双抗体夹心 ELISA 法。

（2）宿主细胞 DNA 残留量

在利用工程菌生产蛋白质类药物时，工程菌的 DNA 可能会有一定的残留，这些残留的 DNA 可能会影响药物的安全性和有效性，应测定和控制其含量。WHO 要求每一剂量药物中残余 DNA 含量不超过 100 pg。现行《中国药典》提供了残留 DNA 测定方法（通则 3407），对具体产品，如每 1.5 mg 人胰岛素宿主 DNA 残留量不得过 10 ng，注射用人生长激素中含宿主菌 DNA 残留量不得过 1.5 ng，尼妥珠单抗注射液，其外源性 DNA 残留量每 1 支/瓶应不高于 100 pg。

（3）鼠源型 IgG 含量

如在纯化过程中使用单克隆抗体亲和柱，则需对半成品进行鼠源型 IgG 含量检测。在采用鼠单克隆抗体进行纯化时，必须测定 IgG 残留量。每剂量药物中鼠源型 IgG 含量应小于 10 ng。

（4）蛋白 A 含量

蛋白 A（protein A）是一种金黄色葡萄球菌细胞壁蛋白质，能与多种哺乳动物 IgG 的 Fc 区结合，常被用作亲和色谱介质。如所用亲和柱含有蛋白 A，则必须进行蛋白 A 检测，通常采用 ELISA 方法测定，其残留量应符合《中国药典》标准。

（5）残余抗生素

如果在生产工艺中使用了抗生素，则需在纯化工艺中将其除去，而且应对终产品进行残余抗生素检测。通常采用生物法测定抗生素残余量。

（6）内毒素含量

按《中国药典》要求，可采用鲎试验（LAL）检测内毒素含量。

（7）产品相关物质

产品相关物质/杂质主要来源于生物技术制品的异质性和降解产物，需进行严格的监测和控制。

（8）其他杂质

主要包括生产和纯化过程中加入的其他物质，如铜、锌离子，甲醛，SDS 等，其含量应符合《中国药典》要求。

6. 安全性及其他检测项目

生物药物应确保符合无毒、无菌、无热原、无致敏原和降压物质等一般安全性要求，《中国药典》中列出了以下安全性检查项目：异常毒性检查、无菌检查（许多生物药物是在无菌条件下制备的，且不能高温灭菌，因此无菌检查就更有必要）、热原检查、过敏试验、降压物质检查等，此外，还需要进行药代动力学和毒理学（致突变、致癌、致畸等）的研究，具体研究方法参考《中国药典》。

本章小结

本章首先介绍了生物药物质控要求和特点；然后介绍了生物药物的质量控制体系，包括质量控制的研究内容以及生产质量管理规范的基本内容；最后介绍了生物药物的分析技术，包括生物药物定量分析方法、生物学活性测定方法以及以蛋白质类药物为例介绍了其具体分析技术。

思 考 题

1. 简述生物技术药物生产过程中的质量控制要点。
2. 简述生物制品质量检定的要点。
3. 生物药物的分析方法验证包括哪些方面？
4. 生物药物常用的生物学活性测定方法有哪些？
5. 蛋白质类药物的鉴别方法有哪些？
6. 一般可采用哪些方法进行蛋白质类药物的结构确证？

【张晓梅　史劲松　徐建国　林艳】

参考文献

［1］ 王军志. 生物技术药物研究开发和质量控制 ［M］. 3 版. 北京：科学出版社，2018.

［2］ 国家药品监督管理局. 药品生产质量管理规范.2010.

［3］ 国家药典委员会. 中华人民共和国药典：2020 版 ［M］. 北京：中国医药科技出版社，2020.

［4］ 罗晓燕，李晓东，张功臣. 药品生产质量管理教程 ［M］. 北京：化学工业出版社，2020.

第七章

生物制药行业的清洁生产与生物安全

第一节 清洁生产的概述

一、清洁生产的定义

清洁生产（cleaner production）在不同的国家有不同的称谓。美国国家环境保护局将其称为"污染预防"或"废物最小量化"。1989年，联合国环境规划署工业与环境规划活动中心（UNEPIE/PAC）首次给出了清洁生产的定义：清洁生产是指将综合预防的环境策略持续地应用于生产过程和产品中，以便减少对人类和环境的风险性。对生产过程而言，它要求节约原材料和能源，淘汰有毒原材料，减少和降低所有废弃物的数量及毒性；对产品而言，它要求减少从原材料的提炼到产品的最终处置的整个生命周期的不利影响；对服务而言，它要求将环境因素纳入设计和所提供的服务之中。2003年，《中华人民共和国清洁生产促进法》正式给出了清洁生产的概念，即不断采取改进设计、使用清洁的能源和原料、采用先进的工艺技术与设备、改善管理、综合利用等措施，从源头削减污染，提高资源利用效率，减少或者避免生产、服务和产品使用过程中污染物的产生和排放，以减轻或者消除对人类健康和环境的危害。

二、清洁生产的法规及标准

1. 国际法规及公约

1976年，欧洲共同体（简称欧共体）首次在"无废工艺与无废生产国际研讨会"提出"消除造成污染的根源"。1979年，欧共体理事会宣布全面推行清洁生产政策，在1984～1987年期间，欧共体拨款支持建立清洁生产示范项目。1989年5月，联合国环境规划署工业与环境规划活动中心制定了《清洁生产计划》并在全球范围内大力推进实施。1990年以来，联合国环境规划署（UNEP）先后举办了多次"国际清洁生产研讨会"。1992年，联合国环境与发展会议通过了《21世纪议程》。1996年，联合国环境规划署更新了"清洁生产"的定义，并在1998年9月召开的第5届国际清洁生产高级研讨会上通过了《国际清洁生产宣言》，在会上我国代表郑重地在宣言上签字并向世界承诺中国将大力推行清洁生产。2007年6

月，欧洲制定的《化学品注册、评估、许可和限制法规》在各成员国及挪威、列支敦士登、冰岛范围内正式生效。

2. 国内法规及标准

20 世纪 80 年代，中国在召开的第二次全国环境保护会议中，明确提出了环境保护的"三统一"方针，同一时期，也提出了在工业生产中将技术改造结合工业污染防治的有关规定。1992 年，中国政府首次提出了"中国清洁生产行动计划（草案）"，并在 1993 年第二次全国工业污染防治会议中确定了清洁生产在我国工业污染防治中的作用与地位。1994 年，国务院正式通过了《中国 21 世纪议程》，其中提出推行清洁生产是我国政府优先实施的重点领域。1996 年，国务院在《国务院关于环境保护若干问题的决定》中进一步明确规定要大力推广采用清洁生产工艺，1997 年，国家环境保护局在《关于推行清洁生产的若干意见》中也要求地方环境保护局将清洁生产纳入已有的环境管理政策中。1999 年，国家经济贸易委员会发布了《关于实施清洁生产示范试点计划的通知》，选择了 10 个城市和 5 个行业作为清洁生产示范试点。2002 年 6 月，第九届全国人民代表大会常务委员会第二十八次会议审议通过了《中华人民共和国清洁生产促进法》，该法自 2003 年 1 月 1 日起施行。在颁布并实施的《中华人民共和国清洁生产促进法》中，政府将中国的实际情况与国际惯例相结合，对清洁生产进行了科学的界定：清洁生产指不断采取改进设计、使用清洁的能源和原料。采用先进的工艺技术与设备、改善管理、综合利用等措施，从源头上削减污染，提高资源利用效率，减少或者避免生产、服务和产品使用过程中污染物的产生和排放，以减轻或者削除对人类健康和环境的危害。此法的出台，标志着我国在清洁生产方面跨入了全面推进的新阶段。该法案规定了清洁生产的要求和实施措施，此外，还对操纵污染物的排放和限制超标排放等行为进行了详细的规范和约束。清洁生产是政府、企业和社会共同推动低碳环保经济发展的一种重要模式，对于实现可持续发展目标具有重要意义。目前清洁生产已成为制药工业污染防治的一项基本决策和战略选择，通过加强生产全过程的污染源控制，提高生产效率和资源利用率，清洁生产可促进可持续发展，推动环境保护和经济发展相协调。国内外有关清洁生产的主要法规及标准见表 7-1。

表 7-1　有关清洁生产的主要法规及标准

发布时间	文件编号	名称
1989 年 5 月		清洁生产计划
1989 年 12 月		中华人民共和国环境保护法
1991 年 8 月	GB/T 3840—1991	制定地方大气污染物排放标准的技术方法
1993 年 7 月	GB 14554—1993	恶臭污染物排放标准
1996 年 4 月	GB 16297—1996	大气污染物综合排放标准
1996 年 10 月	GB 8978—1996	污水综合排放标准
1998 年 9 月		国际清洁生产宣言
2001 年 1 月	GB 18599—2001	一般工业固体废物贮存、处置场污染控制标准(已作废)
2002 年 1 月	GB 18918—2002	城镇污水处理厂污染物排放标准
2002 年 6 月		中华人民共和国清洁生产促进法
2002 年 12 月	GB/T 18920—2002	城市污水再生利用　城市杂用水水质(已作废)
2006 年 1 月	GB 50014—2006	室外排水设计规范[2016 版](已作废)
2006 年 6 月	GB 17167—2006	用能单位能源计量器具配备和管理通则
2007 年 6 月		化学品注册、评估、许可和限制法规
2008 年 6 月	GB 21905—2008	提取类制药工业水污染物排放标准
2008 年 6 月	GB 21907—2008	生物工程类制药工业水污染物排放标准
2008 年 8 月	GB12348—2008	工业企业厂界环境噪声排放标准

发布时间	文件编号	名称
2012 年 6 月	GB 3095—2012	环境空气质量标准
2016 年 10 月	GB/T 24001—2016	环境管理体系 要求及使用指南
2017 年 3 月	HJ 828—2017	水质 化学需氧量的测定 重铬酸盐法
2017 年 6 月(修订)		中华人民共和国水污染防治法
2018 年 10 月(修正)		中华人民共和国大气污染防治法
2019 年 5 月	GB 37823—2019	制药工业大气污染物排放标准
2020 年 9 月(修订)		中华人民共和国固体废物污染环境防治法
2020 年 9 月	GB/T 2589—2020	综合能耗计算通则
2023 年 1 月	GB 18597—2023	危险废物贮存污染控制标准
	HJ/T 91—2002	地表水和污水监测技术规范

三、生物制药清洁生产的评价体系

1. 评价体系分级及技术要求

我国政府为贯彻《中华人民共和国环境保护法》和《中华人民共和国清洁生产促进法》，指导和推动生物药品制造企业依法实施清洁生产，提高资源利用率，减少和避免污染物的产生，保护和改善环境，特制定了生物药品制造业中清洁生产评价指标体系。该指标体系依据综合评价所得分值将清洁生产企业分为三级：Ⅰ级为国际清洁生产领先水平；Ⅱ级为国内清洁生产先进水平；Ⅲ级为国内清洁生产基本水平。同时，该指标体系规定了生物药品制造业中企业清洁生产的技术要求，并将清洁生产指标分为五类，即生产工艺及设备要求、资源和能源消耗指标、资源综合利用指标、污染物产生指标和清洁生产管理指标。指标体系适用于生物药品制造业中生产企业清洁生产审核、清洁生产潜力与机会的判断、清洁生产绩效评定和清洁生产绩效公告、环境影响评价、排污许可证、环境领跑者等管理制度。

2. 评价体系指标及要求

指标体系根据清洁生产的原则要求和指标的可度量性进行指标选取。根据评价指标的性质，指标可分为定量指标和定性指标两种。定量指标选取有代表性的，能反映"节能"、"降耗"、"减污"和"增效"等有关清洁生产目标的指标，综合考评企业实施清洁生产的状况和企业清洁生产程度。定性指标主要根据国家有关推行清洁生产的产业发展和技术进步政策、资源环境保护政策规定以及行业发展规划选取，用于考核企业有关政策法规的符合性及其清洁生产工作实施情况。

各指标的评价基准值是衡量该项指标是否符合清洁生产基本要求的评价基准。定量评价指标体系中各指标的评价基准值是衡量该项指标是否符合清洁生产基本要求的评价基准。指标体系确定各定量评价指标的评价基准值的依据是：凡国家或行业在有关政策、规定等文件中对该项指标已有明确要求的，执行国家要求的数值；凡国家或行业对该项指标尚无明确要求的，则选用国内企业近年来清洁生产所达到的中上等水平的指标值。因此，定量评价指标体系的评价基准值代表了行业清洁生产的先进水平。在定性评价指标体系中，衡量该项指标是否贯彻执行国家有关政策、法规，按"是"或"否"两种选择来评定。

3. 评价方法及计算

（1）指标等级划分

清洁生产评价指标体系包括一级评价指标和二级评价指标。指标集 $X = \{x_1, x_2, \cdots, x_m\}$，其中 $x_i = \{x_{ij}\}$ 表示一级评价指标，x_{ij} 表示二级评价指标，其中 $i = 1, 2, \cdots, m; j = 1, 2, \cdots n_i$，例如，清洁生产标准将一级指标分为生产工艺及装备指标、资源能源消耗指标、资源综合利用指标、污染物产生指标和清洁生产管理等 5 个。根据实际需要将清洁生产指标划分为三个等级，指标等级集 $G = \{g_k\} = \{g_1, g_2, g_3\}$，即国际清洁生产领先水平、国内清洁生产先进水平和国内清洁生产基本水平。

（2）函数建立

不同清洁生产指标由于量纲不同，不能直接比较，需要建立原始指标的函数。记 $Y_{g_k}(x_{ij})$ 为指标 x_{ij} 对于级别 g_k 的函数，$g_k = \{级, 级, 级\}$，$k = 1, 2, 3$。若指标 x_{ij} 属于级别 g_k，则函数的值为 100，否则为 0，如公式(7-1) 所示。

$$Y_{g_k}(x_{ij}) = \begin{cases} 100, x_{ij} \in g_k \\ 0, x_{ij} \notin g_k \end{cases} \tag{7-1}$$

注：当某指标满足高级别的基准值要求时，该指标也同时满足低级别的基准值要求。

（3）综合评价指数计算

通过加权平均、逐层收敛可得到评价对象在不同级别 g_k 的得分 Y_{g_k}，如公式(7-2)。

$$Y_{g_k} = \sum_{i=1}^{m} \left(w_i \sum_{j=1}^{n_i} \omega_{ij} Y_{g_k}(x_{ij}) \right) \tag{7-2}$$

（4）清洁生产企业的评定

采用限定性指标和指标分级加权评价相结合的方法，计算企业的清洁生产综合评价指数。在限定性指标达到Ⅲ级水平的基础上，采用指标分级加权的评价方法，计算企业的清洁生产综合评价指数。根据综合评价指数，确定清洁生产水平等级。对生产企业清洁生产水平的评价，是以其清洁生产综合评价指数为依据，对达到一定综合评价指数的企业，分别评定为清洁生产领先企业、清洁生产先进企业或清洁生产一般企业。

第二节　清洁生产的要求

一、生物制药工厂环境要求

根据国家药品监督管理局《药品生产质量管理规范（2010 年修订）》生物制品附录的相关要求，生物制品生产环境的空气洁净度级别应当与产品和生产操作相适应，厂房与设施不应对原料、中间体和成品造成污染；生产过程中涉及高危因子的操作，其空气净化系统等设施还应当符合特殊要求；生物制品的生产操作应当在符合国家规定的相应级别的洁净区内进行；在生产过程中使用某些特定活生物体的阶段，应当根据产品特性和设备情况，采取相应的预防交叉污染措施；卡介苗和结核菌素生产厂房必须与其他制品生产厂房严格分开，生产中涉及活生物体的生产设备应当专用；致病性芽孢菌操作直至灭活过程完成前应当使用专用设施；炭疽杆菌、肉毒梭状芽孢杆菌和破伤风梭状芽孢杆菌制品须在相应专用设施内生产；其他种类芽孢杆菌产品，在某一设施或一套设施中分期轮换生产芽孢杆菌制品时，在任何时间只能生产一种产品；使用密闭系统进行生物发酵的可以在同一区域同时生产，如单克隆抗体和重组 DNA 制品；无菌制剂生产加工区域应当符合洁净度级别要求，并保持相对正压；操作有致病作用的微生物应当在专门的区域内进行，并保持相对负压；采用无菌工艺处理病原体的负压区或生物安全柜，其周围环境应当是相对正压的洁净区。

有菌（毒）操作区应当有独立的空气净化系统。来自病原体操作区的空气不得循环使用；来自危险度为二类以上病原体操作区的空气应当通过除菌过滤器排放，滤器的性能应当定期检查。用于加工处理活生物体的生产操作区和设备应当便于清洁和去污染，清洁和去污染的有效性应当经过验证。用于活生物体培养的设备应当能够防止培养物受到外源污染。管道系统、阀门和呼吸过滤器应当便于清洁和灭菌，宜采用在线清洁、在线灭菌系统。密闭容器（如发酵罐）的阀门应当能用蒸汽灭菌。呼吸过滤器应为疏水性材质，且使用期效应当验证，应当定期确认涉及菌种或产品直接暴露的隔离、封闭系统无泄漏风险。

1. 厂房位置选择

生物医药工业洁净厂房位置选择应根据下列基本原则，经技术经济方案比较后确定：

（1）应在大气含尘、含菌浓度低、无有害气体、自然环境好的区域；

（2）应远离铁路、码头、机场、交通要道以及散发大量粉尘和有害气体的工厂、贮仓、堆场等有严重空气污染、水质污染、振动或噪声干扰的区域。若不能远离严重空气污染区时，则应位于其最大频率风向上风侧，或全年最小频率风向下风侧。生物医药工业洁净厂房与市政交通干道边沿的最近距离不宜小于50 m。

2. 厂房平面布置

（1）工厂总平面布置

① 总平面布置除了遵循国家有关工业企业总体设计原则外，还应符合有利于环境净化，避免交叉污染等要求。

② 厂区按行政、生产、辅助和生活等划区布局。

③ 生产厂房应布置在厂区内环境清洁、人流货流不穿越或少穿越的地方，并应考虑产品工艺特点和防止生产时的交叉污染，合理布局，间距恰当。

④ 锅炉房等有严重污染的区域应置于厂区全年最小频率风向的上风侧。兼有原料药和制剂生产的药厂，原料药生产区应置于制剂生产区全年最小频率风向的上风侧。青霉素类等高致敏性药品的生产厂房的设置应考虑防止与其他产品的交叉污染，应位于医药厂房全年最小频率风向的上风侧。

⑤ 危险品库应设于厂区安全位置，并有防冻、降温、消防措施。麻醉药品和剧毒药品应设专用仓库，并有防盗措施。

⑥ 动物房的设置应符合《实验动物管理条例》有关规定，并有专用的排污和空调设施。

⑦ 厂区内主要道路的设置应符合人流与物流分流的原则。洁净厂房周围道路面层应选用整体性好、发尘少的材料。

⑧ 生物医药工业洁净厂房周围宜设置环形消防车道（可利用交通道路），如有困难时，可沿厂房的两个长边设置消防车道。

⑨ 生物医药工业洁净厂房周围应绿化。可辅植草坪或种植对大气含尘、含菌浓度不产生有害影响的树木，但不宜种花。绿化尽量覆盖厂区内露土面积。

⑩ 生物医药工业洁净厂房周围不宜设置排水明沟。

（2）室内设备布局

① 生产线设备设施布局的主要依据：生产线设备设施包括高洁净度级别的无尘车间、无菌室、清洁工具、人员更衣室、洗手设施等。这些设施必须合理布局，以确保生产环境的洁净度和设备的无菌性，同时，有助于确保生物制药工厂生产线设备设施的有效运行和生产效率的提高。

a. 工艺流程顺序：设备应尽可能按照工艺流程的顺序进行布置，确保生产流程的顺畅进行。

b. 水平和垂直连续性：布置设备时，要保证水平方向和垂直方向的连续性，避免物料的交叉往返，以提高生产效率。

c. 充分利用垂直空间：为减少输送设备和操作费用，应充分利用制药厂厂房的垂直空间来布置设备，设备间的垂直位差应保证物料能顺利进出。

d. 设备分层布置：一般情况下，计量罐、高位槽、回流冷凝器等设备可布置在较高层，反应设备可布置在较低层，过滤设备、贮罐等设备可布置在最底层。这种分层布置方式可以提高生产效率并降低操作难度。

　　e. 减少操作人员往返次数：多层制药厂厂房内的设备布置既要保证垂直方向的连续性，又要注意减少操作人员在不同楼层间的往返次数，以提高工作效率。

　　f. 安全与合规性：所有设备的布置都必须符合相关的安全规定和法规要求，确保员工的人身安全和产品的质量安全。

　　g. 清洁与维护：设备的布置应便于清洁和维护，以降低生产过程中的污染风险并提高设备的使用寿命。

　　h. 灵活性：设备的布置应具备一定的灵活性，以适应未来可能的工艺改进或产品变化。

　　② 生产设备：必须根据工艺流程进行合理布局，以提高生产效率并确保产品质量。

　　a. 生物反应器：为确保稳定的细胞生长和发酵条件，生物反应器应放置在相对独立且易于控制的环境中。它们可能需要靠近培养基和补料的储存区域，以便及时添加。

　　b. 离心机和过滤器：这些设备应靠近生物反应器，以便迅速处理发酵液。同时，考虑到废液的处理，它们也应接近废液排放系统。

　　c. 纯化系统：色谱系统、超滤系统等纯化设备，应当位于离心机和过滤器之后，以便于接收初步处理过的发酵液。此外，纯化系统可能需要接近清洗设备和检测设备，以便进行系统的日常维护和质量控制。

　　d. 冻干机：冻干机应放置在易于物料进出的位置，且其位置的选择应考虑到清洁和维护的方便性。

　　e. 灌装机：灌装机应接近冻干机或纯化系统，以便及时接收和处理生物制品。此外，灌装机还应靠近包装区域，以便快速完成产品的包装和储存。

　　f. 灭菌设备：高压蒸汽灭菌器、干热灭菌器等灭菌设备应位于清洗设备和生产物反应器之间，以便于对设备和容器进行预处理。

　　g. 储液罐和配液罐：这些设备应靠近使用点，以减少物料的输送距离。例如，细胞培养基的配制罐可能需要靠近生物反应器。

　　h. 管道系统：输送管道、阀门、泵等应合理布置，以确保物料能够顺畅、高效地从一个设备输送到另一个设备。尽量减少弯头、死角等，以降低物料残留和交叉污染的风险。

　　i. 控制系统：PLC 控制系统、SCADA 系统等应位于易于观察和操作的位置，以便于生产人员实时监控和控制生产过程。

　　j. 辅助设备：清洗设备、检测设备、包装设备等应根据其在生产过程中的作用进行合理布局。例如，清洗设备可能需要在生物反应器附近设置，而检测设备则可能需要接近质量控制实验室。

　　③ 清洗设备：用于对主生产设备进行清洗，保证生产环境的洁净度和设备的无菌性。清洗设备必须便于使用，并且能够彻底清洗各种设备。在生物制药厂中，清洗设备的布置要求主要包括以下几点：

　　a. 接近生产设备：清洗设备应布置在接近生产设备的位置，如反应釜、离心机等，以便能够及时清洗生产设备。

　　b. 满足工艺流程需求：清洗设备的布置应满足工艺流程的需求，如清洗设备的清洗能力应与生产设备的生产能力相匹配，以确保清洗效果。

　　c. 便于操作和维护：清洗设备的布置应便于操作和维护，如设备的高度、角度等应符合人类工程学原理，方便操作人员进行清洗操作。

　　d. 避免交叉污染：清洗设备的布置应避免交叉污染，如不同产品的生产设备的清洗设备应独立设置，防止不同产品之间的交叉污染。

　　e. 考虑排水和废气处理：清洗设备的布置应考虑排水和废气处理的问题，如清洗废水应能够及时排出，废气应能够得到有效处理。

　　f. 满足安全和环境保护要求：清洗设备的布置应符合安全和环境保护要求，如设备应具有防爆、防火等安全性能，废水废气排放应符合相关环境保护标准。

g. 考虑空间利用率：清洗设备的布置应考虑空间利用率，如设备应尽量布置在立体空间内，避免占用过多生产面积。

h. 灵活性：清洗设备的布置应具备灵活性，以适应不同产品、不同工艺的生产需求。例如，可以考虑采用可移动式清洗设备，方便根据生产需要进行调整。

④ 冷冻设备：用于药品的冷却和冷藏，保证药品的稳定性和质量。冷冻设备必须能够根据产品要求进行调节，并确保温度的准确性和稳定性。在生物制药厂中，冷冻设备的布置要求主要包括以下几点：

a. 靠近生产区域：冷冻设备应布置在靠近生产区域的位置，以便能够及时为生产过程提供所需的冷冻效果。

b. 满足工艺需求：冷冻设备的冷冻能力和温度范围应满足生产工艺的需求，如需要快速降温或长时间保持低温的过程。

c. 独立设置：为避免交叉污染，冷冻设备应独立设置，与其他生产设备保持一定的距离。

d. 便于维护：冷冻设备的布置应便于维护和检修，如留有足够的空间进行设备维护操作。

e. 安全防护：冷冻设备的安全防护应符合相关标准和规定，如设置安全警示标识、配备安全保护装置等。

f. 考虑节能和环境保护：冷冻设备的布置应考虑节能和环境保护要求，如采用高效的制冷系统和节能控制策略，降低能耗和排放。

g. 空间利用率：为提高空间利用率，可以考虑将冷冻设备与生产设备或其他辅助设备集成在一起，形成紧凑的生产线布局。

h. 备份和备用：对于关键的生产过程，应考虑设置备份或备用的冷冻设备，以确保生产的连续性和稳定性。

i. 监控系统：冷冻设备应配备监控系统，以便于实时监控设备的运行状态、温度、压力等参数，并进行及时调整和控制。

⑤ 实验室检测设备：用于对原材料、中间体和成品药品进行质量检测和分析，保证药品的合格性和安全性。需要综合考虑检测流程需求、分区布置、安全性、空间利用率、环境控制、灵活性、数据记录与处理、符合法规标准以及设备维护与检修等因素。通过合理的规划和布置，可以提高检测工作的效率和质量，保障实验人员的安全并满足相关法规和标准的要求。具体的布置建议包括但不限于以下几点：

a. 将大型设备如色谱仪、质谱仪等放置在实验室的中心位置，以便于实验人员操作和观察。

b. 将小型设备和辅助设备如分光光度计、离心机等放置在大型设备周围，形成紧凑的设备布局。

c. 考虑到实验室的安全和卫生要求，应在合适的位置设置紧急冲洗装置、灭火器等安全设施。

d. 为实验人员设置舒适的工作区域，配备必要的办公设施和储物空间。

e. 合理规划电源插座和网络接口的位置，确保设备的正常供电和数据传输。

f. 根据实验室的具体需求，可以在合适的位置设置专门的样品处理区、试剂储存区等功能区域。

⑥ 仓库设备：必须能够确保药品的存储条件和安全性，并且方便管理和操作。布置要求需要综合考虑分区存储、通风避光防虫防潮、安全防护措施、货架和垫仓板的选择、温湿度控制、防尘防污染、照明设备、消防设备以及验收养护室设备等因素。通过合理的规划和布置，可以确保药品在仓库中的储存环境符合规定，保障药品的质量和安全并满足相关法规和标准的要求。具体的布置建议包括但不限于以下几点：

a. 合理规划仓库的空间布局，确保各区域之间留有足够的通道和操作空间。

b. 将货架和垫仓板按照药品的分区进行合理布置，确保药品分类明确、易于查找。

c. 在仓库的合适位置设置温湿度检测仪和调节设备，确保仓库的温湿度条件符合规定。

d. 考虑在仓库设置专门的取样区域，方便进行药品的质量检测。

e. 合理规划照明设备和消防设备的位置，确保照明充足且符合安全要求，同时确保在紧急情况下能够及时采取措施。

f. 在仓库入口设置必要的清洁设施，如除尘垫、洗手池等，确保员工在进入仓库前进行必要的清洁。

g. 仓库的门窗应设置防护设施，如防盗网、防护栏等，防止外部不良因素对仓库内药品的影响。

总之，生物制药相关的生产工序的净化要求和设备布局是非常重要的，必须根据生产工艺和产品质量要求进行合理设计和管理，以确保生产环境的洁净度和设备的无菌性，并提高生产效率和产品质量。

3. 室内环境

（1）生物洁净车间的类型

按使用性质和气流流型划分，生物洁净车间大致可以分为三种类型：

① 单向流洁净车间：单向流也称为层流，其气流是从室内送风一侧平行、直线、平稳地流向相对应的回风侧，室内污染源散发出的污染物在未向室内扩散之前就被洁净空气压出房间，送入的洁净空气对污染源起到隔离作用。单向流主要用于局部区域，在生物医药产品生产中主要采用局部设置层流罩、净化工作台或生物安全柜等满足产品生产工艺要求。

② 非单向流洁净车间：将污染源散发出来的微粒等在室内扩散作为前提，用经过高效过滤器处理后的洁净空气将污染物冲淡稀释，从而保持室内的空气洁净度等级。其广泛应用于生物医药和各种工业，其空调净化系统的送回风方式通常采用顶送侧回、顶送顶回。在该类洁净生产区的技术夹层或技术夹道内会布置送回风管、排风管和各种公用动力管线等。

③ 混合型洁净车间：混合型洁净车间是将单向流与非单向流混合于同一房间内组合使用，这种形式既满足生产中较严格的洁净度等级要求，又可降低建造和运行费用。它的特点是严格要求空气洁净度的区域采用单向流，其他区域为非单向流。目前混合流应用十分广泛，如果把产品生产过程空气洁净度要求十分严格的微环境和大开间也视作混合流，可以认为混合型可应用于任何洁净度级别的生产车间。

（2）生产车间的洁净度

生物制药工厂的洁净度要求通常非常高，以确保生产环境符合相关法规和标准，并保证药品的质量和安全性。生物制药工厂的洁净度要求包括以下几个方面：

① 空气洁净度等级：根据不同的生产区域和工艺流程，生物制药工厂需要满足不同的空气洁净度等级要求。例如，一些关键的生产区域可能需要达到 ISO 5 级或更高的洁净度等级，以确保空气中的微粒和微生物污染控制在严格的范围内。

② 微粒污染控制：生物制药工厂需要对生产环境中的微粒污染进行严格控制。这通常通过使用高效的空气过滤系统、合理的气流组织和适当的清洁维护措施来实现。

③ 微生物污染控制：由于生物制药涉及活性生物物质的生产，因此需要对微生物污染进行严格控制。这包括在生产区域使用适当的消毒剂和清洁剂，以及定期对生产环境进行微生物监测。

④ 人员和物料流动控制：为了防止人员和物料的交叉污染，生物制药工厂需要实施严格的人员和物料流动控制。例如，不同洁净度等级的区域之间需要设置气闸室或更衣室，并对进出人员进行适当的清洁和消毒。

⑤ 温度和湿度控制：生物制药工厂需要对生产环境的温度和湿度进行严格控制。这不仅是为了确保员工的舒适度和生产效率，更是为了确保药品的稳定性和质量。

⑥ 压差控制：为了防止外部空气对生产环境的污染，生物制药工厂需要实施压差控制。即生产区域的空气压力需要高于外部空气压力，以防止外部空气中的污染物进入生产区域。

⑦ 监测和验证：为了确保生产环境的洁净度符合要求，生物制药工厂需要实施持续的监测和验证。这包括使用适当的仪器和方法对生产环境的空气洁净度、微粒污染、微生物污染等进行定期检测，并对检测结果进行分析和记录。

WHO（世界卫生组织）及 EU（欧洲联盟）均对洁净度级别有不同的要求。表 7-2 为我国在药品

GMP无菌药品附录中规定的空气洁净度级别，各级别微粒的数量、大小、状态均已明确指出。

表 7-2　药品 GMP 无菌药品附录洁净区（室）空气洁净度级别

洁净度级别	悬浮粒子最大允许数/m³				浮游菌 /(cfu/ m³)	沉降菌 (φ90 mm) /(cfu/4h)	表面微生物	
	静态		动态				接触碟 (φ55 mm)/(cfu/碟)	5 指手套 /(cfu/手套)
	≥0.5 μm	≥5.0 μm	≥0.5 μm	≥5.0 μm				
A 级	3520	20	3520	20	<1	<1	<1	<1
B 级	3520	29	352000	2900	10	5	5	5
C 级	352000	2900	3520000	29000	100	50	25	—
D 级	3520000	29000	不作规定	不作规定	200	100	50	—

（3）灭菌要求和灭菌技术

① 灭菌基本要求：

a. 灭菌操作需要简便，不会对人员和环境造成危害。

b. 灭菌效率要达到规定的标准，即需要确保枯草杆菌和嗜热芽孢杆菌的致死率达到一定数值。

c. 灭菌方法不能对洁净区内的设备、彩钢板、环氧树脂地面、高效送风口、回风口、玻璃等产生破坏。

d. 灭菌后不能有残留的消毒灭菌剂对药品造成污染。

e. 灭菌方法需要能够扩散至被灭菌环境的各个方位，不留死角。

② 灭菌主要技术：

a. 湿热灭菌法：这是最常用的灭菌方法，原理是以高温高压水蒸气为介质，由于蒸汽潜热大，穿透力强，容易使蛋白质变性或凝固，最终导致微生物的死亡。湿热灭菌条件通常采用 121 ℃，20 min，当提高温度时，灭菌时间相应减少。这种方法对玻璃器材的影响不大，但需要注意避免塑料制品的灭菌。

b. 干热灭菌法：在干燥环境中，通过高温使细胞内的水分蒸发，进而使微生物死亡。这种方法主要用于玻璃器皿和金属制品的灭菌。

c. 过滤除菌法：使用过滤器阻截微生物，达到除菌目的。过滤器的孔径一般小于 0.22 μm，可以有效去除细菌和病毒。这种方法主要用于对热敏感的液体和气体的除菌。

（4）送风量和排风量

在生物制药中，送风量和排风量的要求非常重要，因为它们直接影响生产环境的洁净度和员工的舒适度。送风量和排风量的要求需要根据具体的生产流程和洁净度等级来确定。

① 送风量的要求：

a. 送风量必须满足药品 GMP 对各洁净度等级的空气循环次数要求。这可以确保生产环境的空气得到及时更换，从而控制空气中的微粒和微生物污染。

b. 送风系统应有值班模式，能在生产结束后一键切换，保持送风最低风量的同时关闭排风。这可以确保在非生产时间，生产环境仍然保持一定的正压，防止外部空气污染进入。

c. 送风口的风速需要控制在合适的范围内，以确保送风能够均匀分布到整个生产区域。

② 排风量的要求：

a. 排风量需要根据生产工艺过程中产生的有害气体和废液的量来确定，以确保这些污染物能够及时排出，避免在生产区域内积累。

b. 排风口的位置需要合理设置，以确保排出的污染物不会对其他区域造成影响。

c. 排风系统需要具备防止倒灌的功能，以避免外部空气通过排风口进入生产区域。

送风量和排风量均需要根据具体的生产流程和洁净度等级来确定，并需要考虑到生产环境的舒适性、安全性和节能性等方面的因素。在实际设计过程中，还需要进行详细的计算和模拟，以确保送风和排风系统的性能能够满足生产需求。

（5）换气次数

一般空调系统的换气次数每小时只需8～10次，而工业中的换气次数最低级别为12次，最高级别则需几百次。显然，换气次数的差别造成风量能耗的巨大差异。设计时，在洁净度准确定位的基础上，应保证足够的换气次数，否则会造成运行结果不达标、抗干扰能力差、自净能力相应加长等一系列问题。生产场所和洁净度等级不同，换气次数的要求也不同，如空气洁净度等级为7级时，换气次数为15～25次/h，空气洁净度等级为8、9级时，换气次数为10～15次/h。另外，无菌室的换气次数要求更高，一般高达30次/h以上，以保证空气中微生物的数量足够少。

（6）温度和湿度

在生物制药中，温度和湿度的控制要求十分严格，以保证药品质量和生产环境的稳定。同时，也应维持操作人员的舒适性，即适宜的温湿度。具体来说，生物制药中温度和湿度控制的要求如下：

① 温度控制：根据不同的生产需求和药品特性，生物制药中各个区域的温度要求也不同。例如，一般生产区的温度通常控制在18～26 ℃，而洁净区的温度则通常控制在20～24 ℃。此外，某些特殊的生产设备或实验设备也可能需要特定的温度范围。

② 湿度控制：湿度对于药品的稳定性和生产环境的舒适性也具有重要影响。在生物制药中，相对湿度通常控制在45%RH～60%RH之间。合适的湿度水平有助于维持员工的舒适度和生产效率，并减少静电产生。

（7）人员净化

在生物制药中，人员净化是一个重要环节，要求非常严格，需要从多个方面进行控制和管理，以确保药品的质量和安全。应最大限度地减少人员对生产环境的污染，确保药品的质量和安全性。因此，进入洁净区的人员都需要严格遵守规定。主要要求如下：

① 为了避免人员自身成为污染源，人员在进入生产洁净区域前，必须接受健康检查，体表有伤口、患有传染病或其他可能污染药品的疾病的人员，不得从事直接接触药品的生产工作。

② 进入洁净生产区的人员不得化妆和佩戴饰物，特别是手表和各种珠宝等。这些都可能成为污染源，对药品造成污染。

③ 为了保证洁净区的空气洁净度和药品的安全性，人员必须按规定程序（净化、更衣和洗手）进入洁净区，尽可能减少对洁净区的污染或将污染物带入洁净区。

④ 为了维持洁净区的正压，防止外部空气污染进入，必须严格控制进入洁净区的人员数量，至少保证室内每人新鲜空气量不小于40 m³/h。

⑤ 为了减少人员对洁净区环境的影响，保持洁净区的稳定性，在洁净区工作的人员，不得串岗，应避免不必要的活动，操作时动作要轻、稳、缓。

（8）设备清洗

在生物制药中，设备清洗是一个关键环节，要求极为严格，对清洗方式、清洁剂选择、清洁程序和清洁验证等方面都有明确的规定和标准。这些规定和标准的执行，对于确保药品的质量和安全性至关重要。要求主要如下：

① 清洗方式：设备的清洗方式通常可分为手工清洗和自动清洗两种。手工清洗主要由人工持清洗工具清洗制药设备，而自动清洗则由专门的自动清洗设备按照特定的程序完成清洁过程。

② 清洁剂选择：清洁剂需要能够有效溶解残留物、不腐蚀设备且本身易被清除、对环境尽量无害或可被无害化处理。在选择清洁剂时，应尽量选用组成简单、成分确切的类型。

③ 清洁程序：清洁程序应详细规定清洁的步骤、每个步骤的清洁次数、清洁水平等，以确保设备得到全面和彻底的清洁。此外，程序中还应规定清洁剂的名称、浓度、清洁温度和时间等参数。

④ 清洁验证：为确保清洁效果，需要对清洁后的设备进行验证。这可以通过目检、擦拭取样和淋

洗取样等方法进行。每种取样方法都有其特点和适用范围，应根据设备的特性和清洁要求选择合适的方法。

二、生物制药车间的公共系统

水、蒸汽、压缩空气、惰性气体、特种气体、真空系统等生物制药的公共系统随生物处理工艺的不同，所涉及的内容和要求也不尽相同。

1. 水源

生物制药行业中的工艺支持用水，在不同工艺处理设计中具有很大的差别。普通市政用水不能满足工艺要求，不同工艺的给水系统不同，按水质要求水可分为：

① 锅炉用水：软水，或经软化过程处理的锅炉给水。

② 生物质清洁用水：按工艺分级包括预用级、直接饮用级、医疗级、医疗注射级、去离子水、超纯级。

③ 工艺冷却水：市政直供循环利用及补充。

④ 生活用水：供卫生间和澡堂使用。

2. 蒸汽

① 生物制药使用的蒸汽是低温蒸汽，饱和蒸气压为 0.8 MPa，温度在 170 ℃以下。根据换热方式的不同，可分为直接加热和间接加热，直接加热是指蒸汽直接加热工艺物料，间接加热是通过设备换热元件加热工艺物料。实际上，这两种方式仅通过不同的换热方式来供热而不供水。

② 使用直接接触物料的蒸汽温度和压力，因工艺要求不同而差别巨大，如干蒸汽，含水率很低，而气体洁净度要求高。

③ 蒸汽产生的方式不同：小工艺系统可用电加热产生蒸汽，而汽包管道的材质和洁净度要求高，汽包材质要求使用 304 不锈钢，给水要求至少在去离子水等级。

④ 小工艺系统一般在锅炉房分级处理，大工艺系统则需独立的供气站。

3. 冷冻工作站

公用冷冻机组为独立制冷系统，按终端要求可达低温－10～20 ℃。冷冻站一般均为模块化的无人工作站。公用的制冷系统主要为工艺服务，不包含独立的冷库和保鲜库。

4. 压缩空气

① 一般工艺系统中都需要设立部分生产自动化系统，包含气体执行元件，如气动阀门、气动仪表，这部分元件通过压缩气体传递动能以完成自控系统的执行。这部分气体对气体含水率和含油率没有特殊要求。

② 工艺中压缩气体主要用于气体搅拌，而工艺反应对气体洁净度有严格的要求，如含水率、含油率以及无油等，对输气管道阀门及密封件也有一定的洁净要求。

③ 工艺用气的采气系统（大气）需要远离锅炉烟污染区，并按要求设置前置分级过滤，以保证气体未压缩前的洁净度。

5. 特种气体工作站

生物制药系统在工艺过程中常用的气体为氧气、氮气、二氧化碳等，这些气体的供应方式按气体耗量可分为瓶装、槽罐、运输转存，故气体站需配有卸充系统、减压供气系统和特种气体贮罐。生物制药工艺用气体一般均处于低压范围，气体压力在 0.6 MPa 以下，供气管道前应放置油水分离器和过滤器、减压器流量仪表。特种气体站均设有专人值守，以保证运行使用安全。气体供应和卸存均为无油系统，以防气体被油脂污染。

6. 在线清洗系统（CIP）和在线灭菌系统（SIP）

小型生物制药 CIP 和 SIP 都不设立独立工作站，CIP 用水由冷水站按洁净度要求制造后供应，SIP 用高温蒸汽由锅炉房管路输送到用户终端，二者均应设立过滤器、疏水阀以及缓冲罐，以保证工艺稳定。

三、药品生产企业药品 GMP 实施的确认与验证

药品 GMP（2010 年修订）第三百一十二条给出了"确认"和"验证"的定义，确认指证明厂房、设施、设备能正确运行并可达到预期结果的一系列活动，验证指证明任何操作规程（或方法）、生产工艺或系统能够达到预期结果的一系列活动。验证的概念是广义的，对验证进行词义扩展后，验证可包括确认。

验证是检验药品生产企业是否真正实施药品 GMP 的试金石，也是一面镜子。未经验证的药品 GMP 实施带有盲目性，缺乏依据，是不可靠的。验证是一个涉及药品生产全过程、涉及药品 GMP 各要素的系统工程，是药品生产企业将药品 GMP 原则切实具体地运用到生产过程中的重要科学手段和必经之路。

GVP(good validation practice，良好的验证管理规范）是对验证进行管理的规范，是药品 GMP 的组成部分。例如，世界卫生组织（WHO）1996 年颁发的"GMP：生产过程验证指导原则"就是一部经典的 GVP。

1. 药品 GMP 对企业确定需要进行的确认或验证工作及其目标、范围的规定

药品 GMP（2010 年修订）第一百三十八条规定："企业应当确定需要进行的确认或验证工作，以证明有关操作的关键要素能够得到有效控制。确认或验证的范围和程度应当经过风险评估来确定。"

在制药企业的质量体系中，药品 GMP 与质量风险管理（QRM）是相辅相成的，药品 GMP 的确认或验证工作的范围和程度应经过 QRM（包括风险评估）来确定；而实施 QMS，又会促进企业符合药品 GMP 及其他的质量要求。

2. 如何使企业的生产、操作和检验正常进行，并保持持续的验证状态

药品 GMP（2010 年修订）第一百三十九条规定："企业的厂房、设施、设备和检验仪器应当经过确认，应当采用经过验证的生产工艺、操作规程和检验方法进行生产、操作和检验，并保持持续的验证状态。"

未经验证的药品 GMP 实施带有盲目性，缺乏依据，是不可靠的。本条内容明确了确认的范围，包括厂房、设施、设备和检验仪器，也明确了验证的范围，包括生产工艺、操作规程和检验方法。

3. 药品 GMP 对确认与验证的文件和记录的规定

药品 GMP（2010 年修订）第一百四十条规定："应当建立确认与验证的文件和记录，并能以文件和记录证明达到以下预定的目标：

（一）设计确认应当证明厂房、设施、设备的设计符合预定用途和本规范要求；

（二）安装确认应当证明厂房、设施、设备的建造和安装符合设计标准；

（三）运行确认应当证明厂房、设施、设备的运行符合设计标准；

（四）性能确认应当证明厂房、设施、设备在正常操作方法和工艺条件下能够持续符合标准；

（五）工艺验证应当证明一个生产工艺按照规定的工艺参数能够持续生产出符合预定用途和注册要求的产品。"

4. 无菌生产工艺的验证

药品 GMP（2010 年修订）无菌药品附录第四十七条规定："无菌生产工艺的验证"应当包括培养基模拟灌装试验。

应当根据产品的剂型、培养基的选择性、澄清度、浓度和灭菌的适用性选择培养基。应当尽可能模拟常规的无菌生产工艺，包括所有对无菌结果有影响的关键操作，及生产中可能出现的各种干预和最差

条件。

培养基模拟灌装试验的首次验证，每班次应当连续进行 3 次合格试验。空气净化系统、设备、生产工艺及人员重大变更后，应当重复进行培养基模拟灌装试验。培养基模拟灌装试验通常应当按照生产工艺每班次半年进行 1 次，每次至少一批。

培养基灌装容器的数量应当足以保证评价的有效性。批量较小的产品，培养基灌装的数量应当至少等于产品的批量。培养基模拟灌装试验的目标是零污染，应当遵循以下要求：

（一）灌装数量少于 5000 支时，不得检出污染品。

（二）灌装数量在 5000 至 10000 支时：

1. 有 1 支污染，需调查，可考虑重复试验；

2. 有 2 支污染，需调查后，进行再验证。

（三）灌装数量超过 10000 支时：

1. 有 1 支污染，需调查；

2. 有 2 支污染，需调查后，进行再验证。

（四）发生任何微生物污染时，均应当进行调查。

制药企业建立确认与验证的文件和记录，是一件十分重要的工作，这些文件和记录，可以用验证文件来概括，或者称为验证体系文件化。

验证要达到的预定目标，就是符合药品 GMP 要求，符合设计标准，使特定的生产工艺能够持续稳定地生产出符合既定质量标准和质量特性的产品，或者说，使特定的生产工艺按照规定的工艺参数能够持续生产出符合预定用途和注册要求的产品。当然，更高层次的预定目标是保证人体用药的安全有效。

5. 药品 GMP 对采用新的生产处方或生产工艺前的验证要求

药品 GMP（2010 年修订）第一百四十一条规定："采用新的生产处方或生产工艺前，应当验证其常规生产的适用性。生产工艺在使用规定的原辅料和设备条件下，应当能够始终生产出符合预定用途和注册要求的产品。"

生产工艺验证是指证明生产工艺的可靠性和重现性的验证。一般对新建的制药车间而言，在完成厂房、设备、设施的验证和质控计量部门的验证后，应对生产线所在的生产环境及设备的局部或整体功能、质量控制方法及工艺条件进行验证，以证实所设定的工艺路线和控制参数能确保产品的质量。

6. 药品 GMP 对影响产品质量的主要因素发生变更时的验证规定

药品 GMP（2010 年修订）第一百四十二条规定："当影响产品质量的主要因素，如原辅料、与药品直接接触的包装材料、生产设备、生产环境（或厂房）、生产工艺、检验方法等发生变更时，应当进行确认或验证。必要时，还应当经药品监督管理部门批准。"

验证是一个涉及药品生产全过程、涉及药品 GMP 各要素的系统工程。当影响产品质量的主要因素发生改变时，必须经过验证来确保这些要素得到有效控制，能够持续生产出符合预定用途和注册要求的产品，这属于再验证的范畴。

7. 药品 GMP 对清洁验证的规定

药品 GMP（2010 年修订）第一百四十三条规定："清洁方法应当经过验证，证实其清洁的效果，以有效防止污染和交叉污染。清洁验证应当综合考虑设备使用情况、所使用的清洁剂和消毒剂、取样方法和位置以及相应的取样回收率、残留物的性质和限度、残留物检验方法的灵敏度等因素。"

8. 药品 GMP 对再确认或再验证的规定

药品 GMP（2010 年修订）第一百四十四条规定："确认和验证不是一次性的行为。首次确认或验证后，应当根据产品质量回顾分析情况进行再确认或再验证。关键的生产工艺和操作规程应当定期再验证，确保其能够达到预期结果。"

WHO 的 GMP 指出："不得视确认和验证为一次性的工作，初次实施确认和验证后，应有持续的计划，该计划应根据年度回顾制订。"

9. 验证的分类

验证根据其方式可分为首次验证、同步验证、回顾性验证、再验证；

验证根据对象可分为厂房设施与设备的验证、产品工艺验证、分析方法验证、清洁验证。

10. 药品 GMP 对验证总计划的规定

药品 GMP（2010 年修订）第一百四十五条规定："企业应当制定验证总计划，以文件形式说明确认与验证工作的关键信息。"

WHO 的 GMP 指出："相关的企业文件，如质量手册或验证总计划，应有保持持续验证状态的承诺。

验证总计划书（documentation of validation master plan）是解释药品 GMP 类型的文件，起到文件规范化的作用。验证总计划（validation master plan）也称验证规划，它是指导一个项目或某个新建厂进行验证的纲领性文件。企业的最高管理层须用验证总计划给企业质量定位。执行什么样的 GMP，就有什么样的水平。验证总计划一般包括：项目概述，验证的范围，所遵循的法规标准，被验证的厂房设施、系统、生产工艺，验证的组织机构，验证合格的标准，验证文件管理要求，验证大体进度计划等内容。

验证总计划书的目的有两个：一是向国家药品监督管理局提出一种文件，以表达验证计划有关的企业责任，以及如何履行责任；二是验证总计划是管理和执行验证行为的指南。

11. 药品 GMP 对验证总计划等文件的要求

药品 GMP（2010 年修订）第一百四十六条规定："验证总计划或其他相关文件中应当作出规定，确保厂房、设施、设备、检验仪器、生产工艺、操作规程和检验方法等能够保持持续稳定。"

12. 药品 GMP 对确认或验证方案规定

药品 GMP（2010 年修订）第一百四十七条规定："应当根据确认或验证的对象制定确认或验证方案，并经审核、批准。确认或验证方案应当明确职责。"

WHO 的 GMP 指出："应明确规定实施验证的职责。验证是 GMP 的一个重要部分，应按预先制订并经批准的方案进行。"

13. 药品 GMP 对确认或验证的实施及完成后的工作规定

药品 GMP（2010 年修订）第一百四十八条规定："确认或验证应当按照预先确定和批准的方案实施，并有记录。确认或验证工作完成后，应当写出报告，并经审核、批准。确认或验证的结果和结论（包括评价和建议）应当有记录并存档。"WHO 的 GMP 指出："应撰写并保存书面报告，汇总所记录的结果和所得出的结论。"

确认/验证报告（qualification/validation report）是一份由确认/验证实施记录所组成的文件。一份确认/验证报告的内容包括：确认/验证方案所依据的参考资料、校正和确认/验证所得到的原始数据、小结和结论、再确认/验证方案、该生产过程的正式批准件等。供国家药品监督管理局检查的确认/验证报告可以是缩写本或者原件。

每一生产工序的工艺验证报告应包括以下内容：①该工序的验证目的；②工艺过程和操作规程；③使用的设备；④质量标准，取样方法和检查操作规程；⑤该工序的工艺验证报告，包括所用试验仪器校正记录、试验原始数据及整理分析、验证小结等。

14. 确认工艺规程和操作规程

药品 GMP（2010 年修订）第一百四十九条规定："应当根据验证的结果确认工艺规程和操作规程。"WHO 的 GMP 指出："应根据验证实施的结果制订生产工艺和规程。"

第三节　生物安全

一、生物安全相关概念

1. 生物安全的定义

生物安全是指在一定的时间和空间内，自然生物或人工生物及其产品对人类健康和生态环境可能产生潜在风险的防范和现实危害的控制。其定义可分为狭义和广义2种。

① 狭义生物安全。狭义的生物安全是指由于人为的操作或是人类的活动导致的生物体或其产物对人类健康、生态环境、经济和社会生活的现实损害或潜在风险，主要包括：基因技术、操作病原体（活的生物体及其代谢产物）和生物入侵等所造成的危害。

② 广义生物安全。广义的生物安全是指与生物有关的各种因素对国家社会、经济、人民健康及生态环境所产生的危害或潜在风险。它是国家安全的组成部分，涉及多个学科领域，涵盖预防医学、野生动物保护、植物保护、环境保护、生态、林业等方面。它不仅涉及现代生物技术的开发和应用，还包括了更广泛的内容，主要包括人类的健康安全、人类赖以生存的农业生物安全、与人类生存有关的环境生物安全。

目前国内对生物安全的认识大多还局限于狭义的概念。实际上，国际上对于生物安全还没有形成一个完全统一的认识，一些发达国家，如英国、澳大利亚等，已经在实际管理中开始应用生物安全的广义概念。

无论是狭义还是广义的概念，生物安全都涉及生物危害。生物危害是指一个或其中部分具有直接或潜在危害的传染因子，通过直接传染或者破坏周围环境的方式，危害人、动物以及植物的正常发育过程。

生物安全与生物危害是一个问题的两个方面，防范和控制了生物危害，也就维护了生物安全。因而，通过防范和控制生物危害，用以维护国家社会、经济及人民健康、生态环境安全是生物安全的根本任务。而防范和控制生物危害必须通过技术和管理两种手段，一般而言，防范和控制生物危害的技术，即"生物安全技术"，属于生命科学的范畴，而防范和控制生物危害的管理活动则是生物安全研究的主要内容。

2. 生物安全实验室的定义

生物安全实验室（biosafety laboratory）也称生物安全防护实验室，是通过实验室设计建造、实验设备的配置和个人防护装备的使用，通过严格遵守预先制定的标准操作程序和管理规范等综合措施，确保操作生物危险因子的工作人员不受实验对象的伤害，确保周围环境不受其污染的实验室。

二、生物安全实验室

1. 生物安全实验室的组成

生物安全实验室通常由主实验室、其他实验室和辅助用房等组成。全国已获认可的生物安全实验室有90余个，包括中国科学院武汉病毒研究所 BSL-3 实验室、武汉大学 ABSL-Ⅲ实验室、中山大学生物安全三级实验室、华中农业大学动物生物安全三级实验室、湖北省疾病预防控制中心 BSL-3 实验室等。

2. 生物安全实验室的分级及要求

根据所处理的微生物及其毒素的危害程度的不同，实验室需达到不同的防护水平。实验室不同水平的设施、安全设备以及实验操作技术和管理措施构成了生物实验室的各级生物安全水平。参照美国国立卫生研究院、美国疾病预防控制中心的标准，我国生物安全实验室分为4个等级，即一级生物安全实验室、二级生物安全实验室、三级生物安全实验室和四级生物安全实验室，分别对应Ⅰ、Ⅱ、Ⅲ、Ⅳ级生物安全标准。其中，一级生物安全实验室防护水平最低，四级生物安全实验室防护水平最高。生物安全实验室所用设施、设备和材料（含防护屏障）均应符合国家相关的标准和要求。

(1) 一级生物安全实验室

一级生物安全实验室（P1、BSL-1），也可称为基础实验室，适用于操作已知其特征的、在健康人群中不引起疾病的、对实验室工作人员和环境危害最小的微生物，如枯草杆菌、阿米巴原虫和感染性犬肺炎病毒等。不需要特殊的一级和二级屏障，除需要洗手池外，依靠标准的微生物操作即可获得基本的防护水平。

一级生物安全实验室无需特殊选址，使用普通建筑物即可，但应有防止节肢动物和啮齿动物进入的设计。每个实验室应设洗手池，洗手池宜设在靠近出口处。实验室门口处应安装挂衣装置，个人便装与实验室工作服应分开放置。实验室的墙壁、天花板和地面应平整、易清洁、不渗水、耐化学品和消毒剂的腐蚀。地面应防滑，不得铺设地毯。实验台面应防水，耐腐蚀且耐热。实验室内的橱柜和实验台应牢固。橱柜、实验台彼此之间应保持一定距离，以便于清洁。实验室如有可开启的窗户，应设置纱窗。实验室内应保证工作照明，避免不必要的反光和强光。实验室应配有适当的消毒设备。

(2) 二级生物安全实验室

二级生物安全实验室（P2、BSL-2），也可称为安全实验室，适用于操作能够引起人类或者动物疾病，但一般情况下对人、动物或环境不构成严重危害，传播风险有限，实验室感染后很少会引起严重疾病，并且具备有效治疗和预防措施的微生物，如H7大肠埃希菌，沙门菌以及甲、乙、丙型肝炎病毒等。

二级生物安全实验室需要一级屏障和二级屏障，二者都属于物理防护。一级屏障，也称一级防护或初级防护，由生物安全柜、负压安全排风罩等防护装备组成。二级屏障，也称二级防护或次级防护，是按照国家标准建设规范的生物安全实验室用以防止危险因子扩散的第二层保障，是将生物安全实验室和外部环境隔离的屏障设施。二级生物安全实验室的一级屏障为Ⅰ或Ⅱ级生物安全柜和个人防护，二级屏障则是在BSL-1的基础上增加高压消毒器和洗眼装置等。

二级生物安全实验室除了满足一级生物安全实验室的各项要求，实验室的门应带锁并可自动关闭，还应有可视窗。实验室应有足够的存储空间摆放物品以方便使用，在实验室内工作应穿专门的工作服，并戴乳胶手套。在实验室工作区域外还应当有供长期使用的存储空间，应有存放个人衣物的地方。在实验室所在的建筑内应配备高压蒸汽灭菌器，并按期检查和验证，以保证符合要求。应在实验室内配备生物安全柜。实验室内应安装洗眼设施，必要时应有应急喷淋装置。实验室应通风，如使用窗户自然通风，应有防虫纱窗。实验室应配备可靠的电力供应和应急照明，必要时，重要设备如培养箱、生物安全柜、冰箱等应设备用电源。实验室出口应有在黑暗中可明确辨认的标识。

(3) 三级生物安全实验室

三级生物安全实验室（P3、BSL-3），也可称为高度安全实验室，适用于操作能够引起人类或者动物严重疾病，比较容易直接或者间接在人与人、动物与人、动物与动物间传播的微生物，如炭疽杆菌、黄热病毒、汉坦病毒、HIV、SARS冠状病毒等。其一级屏障为Ⅱ或Ⅲ级生物安全柜、特殊的人体防护和呼吸道防护措施，以及严格的操作规范。二级屏障则是在BSL-2的基础上将实验室和进入走廊隔开，双门进入，自动关闭，排出的空气不循环，室内负压等。

三级生物安全实验室应为独立的建筑物或者在建筑物中自成隔离区（有出入控制）。它由清洁区、半污染区和污染区组成，其污染区和半污染区之间应设缓冲间。必要时，半污染区和清洁区之间应设缓冲间。在半污染区应设置可供紧急撤离使用的安全门。污染区与半污染区之间、半污染区和清洁区之间应设置传递窗，传递窗双门不能同时处于开启状态，传递窗内应设物理消毒装置。

① 三级生物安全实验室的围护结构要求：内表面应光滑、耐腐蚀、防水，以易于消毒清洁；所有缝隙应可靠密封，并具备防震、防火功能。围护结构外围墙体应有适当的抗震和防火能力。天花板、地板、墙间的交角均为圆弧形且可靠密封。地面应防渗漏、无接缝、光洁、防滑。实验室内所有的门应可自动关

闭；实验室出口应有在黑暗中可明确辨认的标识。外围结构不应有窗户；内设窗户应具有防破碎、防漏气等功能。所有出入口处应采用防止节肢动物和啮齿动物进入的设计。

② 三级生物安全实验室的送排风系统要求：应安装独立的送排风系统以控制实验室气流方向和压力梯度。应确保在使用实验室时气流由清洁区流向污染区，同时确保实验室空气只能通过高效过滤后经专用排风管道排出。送风口和排风口的布置应该是对面分布，上送下排，应使污染区和半污染区内的气流死角平流和涡流降至最低程度。送排风系统应为直排式，不得采用回风系统。由生物安全柜排出的经内部高效过滤的空气可通过系统的排风管直接排出。应确保生物安全柜与排风系统的压力平衡。实验室的送风应经初、中、高三级过滤，保证污染区的静态洁净度达到 7~8 级。实验室的排风应经高效过滤后向空中排放。外部排风口应远离送风口并设置在主导风的下风向，应至少高出所在建筑 2 m，应有防雨、防鼠、防虫设计，但不应影响气体直接向上空排放。高效空气过滤器应安装在送风管道的末端和排风管道的前端。通风系统、高效空气过滤器的安装应牢固，符合气密性要求。高效过滤器在更换前应消毒，或采用可在气密袋中进行更换的过滤器，更换后应立即进行消毒或焚烧。每台高效过滤器安装、更换、维护后都应按照经确认的方法进行检测，运行后每年至少进行一次检测以确保其性能。在送风和排风总管处应安装气密型密闭阀，必要时可完全关闭以进行室内化学熏蒸消毒。应安装风机和生物安全柜启动自动联锁装置，确保实验室内不出现正压，确保生物安全柜内气流不倒流。排风机应一备一用。在污染区和半污染区内不应另外安装分体空调、暖气和电风扇等。

③ 三级生物安全实验室的环境参数要求：相对室外大气压，污染区气压为 −40 Pa（名义值），并与生物安全柜等装置内气压保持安全合理压差，保持定向气流且各区之间气压差均匀。实验室内的温度、湿度符合工作要求且适合于人员工作。实验室的人工照明应符合工作要求。实验室内噪声水平应符合国家相关标准。

④ 三级生物安全实验室的特殊设备装置要求：有符合安全和工作要求的Ⅱ级或Ⅲ级生物安全柜，其安装位置应远离污染区入口和频繁走动区域。低温高速离心机或其他可能产生气溶胶的设备应当置于负压罩或其他排风装置（通风橱、排气罩等）之中，应将其可能产生的气溶胶经高效过滤后排出。污染区内应设置不排蒸汽的高压蒸汽灭菌器或其他消毒装置。应在实验室入口处的显著位置设置带报警功能的室内压力显示装置，显示污染区、半污染区的负压状况。当负压值偏离控制区间时应通过声、光等手段向实验室内外的人员发出警报，还应设置高效过滤器气流阻力的显示。应有备用电源以确保实验室工作期间有不间断的电力供应。应在污染区和半污染区出口处设洗手装置，洗手装置的供水应为非手动开关。供水管应安装防回流装置。不得在实验室内设置地漏。下水道应与建筑物的下水管线完全隔离，且有明显标识。下水道应直接通往独立的液体消毒系统集中收集，经有效消毒后处置。

此外，三级生物安全实验室的实验台表面应防水，耐腐蚀、耐热。实验室中的家具应牢固。为便于清洁，实验室设备彼此之间应保持一定距离。实验室所需压力设备（如泵、压缩气体等）应不影响室内负压的有效梯度。实验室应设置通信系统。实验记录等资料应通过传真机、计算机等手段发送至实验室外。清洁区应设置淋浴装置。必要时，在半污染区设置紧急消毒淋浴装置。

（4）四级生物安全实验室

四级生物安全实验室（P4、BSL-4），也可称为最（高度）安全实验室，适用于操作能够引起人类或者动物非常严重的疾病的微生物，以及我国尚未发现或者已经宣布消灭的微生物。其一级屏障为Ⅲ级生物安全柜或Ⅱ级生物安全柜加正压防护服。二级屏障则是在 BSL-3 的基础上，选用单独建筑或隔离的独立区域作为实验室，配有供气系统、排气系统、真空系统、消毒系统等。

四级生物安全实验室的设施和设备要求除达到三级生物安全实验室的要求外，还应满足以下要求：

实验室应建造在独立的建筑物内或建筑物中独立的隔离区域内，应有严格限制进入实验室的门禁措施，应记录进入人员的个人资料、进出时间、授权活动区域等信息。对于实验室运行相关的关键区域也应有严格和可靠的安保措施，避免非授权进入。实验室的辅助工作区应至少包括监控室和清洁衣物更换间。

实验室防护区的围护结构应尽量远离建筑外墙。实验室的核心工作间应尽可能设置在防护区的中部。应在实验室的核心工作间内配备生物安全型高压灭菌器。如果配备双扉高压灭菌器，其主体所在房间的室内气压应为负压，并应设在实验室防护区内易更换和维护的位置。适用于操作危害等级Ⅱ级的微生物的实验室防护区应至少包括防护走廊、内防护服更换间、淋浴间、外防护服更换间和核心工作间，外防护服更换间应为气锁。适用于操作危害等级Ⅳ级的微生物的实验室防护区应包括防护走廊、内防护服更换间、淋浴间、外防护服更换间、化学淋浴间和核心工作间，化学淋浴间应为气锁，具备对专用防护服或传递物品的表面进行清洁和消毒灭菌的条件，具备使用生命支持供气系统的条件。

如果安装传递窗，其结构承压力及密闭性应符合所在区域的要求。需要时，应配备符合气锁要求且具备消毒灭菌条件的传递窗。实验室防护区围护结构的气密性应达到在关闭受测房间所有通路并维持房间内的温度在设计范围上限的条件下，当房间内的空气压力上升至 500 Pa 后，20 min 内自然衰减的气压小于 250 Pa。

利用具有生命支持系统的正压服操作经空气传播致病的常规量微生物因子的实验室应同时配备紧急支援气罐，紧急支援气罐的供气时间应不少于 60 min/人。生命支持供气系统应有自动启动的不间断备用电源供应，供电时间应不少于 60 min。供呼吸使用的气体的压力、流量、含氧量、温度、湿度、有害物质的含量等应符合职业安全的要求。生命支持系统还应具备必要的报警装置。实验室防护区内所有区域的室内气压应为负压，实验室核心工作间的气压（负压）与室外大气压的压差值应不小于 60 Pa，与相邻区域的压差（负压）应不小于 25 Pa。适用于操作危害等级Ⅱ级的微生物的实验室，应在Ⅲ级生物安全柜或相应的安全隔离装置内操作致病性生物因子，同时具备与安全隔离装置配套的物品传递设备以及生物安全型高压蒸汽灭菌器。

实验室的排风应经过两级 HEPA 过滤器处理后排放。应可以在原位对送风 HEPA 过滤器进行消毒灭菌和检漏。实验室防护区内所有需要运出实验室的物品及其包装的表面应经过消毒灭菌。化学淋浴消毒灭菌装置应在无电力供应的情况下仍可以使用，消毒灭菌剂储存器的容量应满足所有情况下对消毒灭菌剂使用量的需求。

2020 年伊始，全球突发公共卫生安全事件。针对新型冠状病毒开展的研究所需的生物安全实验室的级别，国家也予以了规定。国家卫生健康委办公厅早在 2020 年 1 月 23 日发布了《新型冠状病毒实验室生物安全指南》第二版，强调新型冠状病毒的培养、动物感染试验应在 P3 实验室进行，未经培养的感染性材料的操作应当在 P2 实验室进行，同时采用 P3 实验室规范管理模式进行操作及防护，对于灭活材料的操作可在 P2 实验室中进行，而分子克隆等不含致病性活病毒的其他操作，可以在 P1 实验室进行。

三、生物安全管理

为了维护国家安全，防范和应对生物安全风险，保障人民生命健康，促进人类社会健康发展，需要按照相关的法律法规进行生物安全管理。所涉及的法律法规主要包括：《中华人民共和国生物安全法》（2020年 10 月 17 日由第十三届全国人民代表大会常务委员会第二十二次会议通过）、《病原微生物实验室生物安全管理条例》（2004 年 11 月 12 日中华人民共和国国务院令第 424 号公布，根据 2018 年 3 月 19 日《国务院关于修改和废止部分行政法规的规定》第二次修订）、《疫苗生产车间生物安全通用要求》（2020 年 6 月18 日国家卫生健康委、科技部、工业和信息化部、国家市场监管总局、国家药监局联合印发）、《实验室 生物安全通用要求》（2008 年 12 月 26 日由中华人民共和国国家质量监督检验检疫总局发布）、《医疗废物管理条例》（2003 年 6 月 16 日中华人民共和国国务院令第 380 号公布，根据 2011 年 1 月 8 日《国务院关于废止和修改部分行政法规的规定》修订）等。依据上述法律法规，下面将主要介绍实验室的生物安全管理和生物制药企业的安全管理。

1. 实验室的生物安全管理

生物安全管理是实验室基础设施建设中的重要组成部分。它是人们为了提高生物安全管理水准，提高人员生物安全的防护意识，防止生物安全事故的发生以及实验室内部的污染，保护公众健康和生存环境不受污染，在不改变试验对象原有的本性基础上所采取的综合措施。实验室的生物安全管理包括实验室设施设备管理、管理体系建立和经严格培训的人员管理等。它要求不同级别的实验室必须按照要求配备相应的硬件设施，建立生物安全标准化管理体系，并且由专业人员组成的生物安全管理委员会，对开展的实验活动进行严格备案，对从业人员进行规范化培训等。它涉及与病原微生物菌（毒）种、样本有关的研究、教学、检测、诊断等活动的方方面面。因此，在实验室日常监测工作中如何做好生物安全管理显得尤为重要。为了更好地开展实验室的生物安全管理，可以采取以下措施：

① 加强生物安全基础知识及危险教育。检验人员是接触医疗感染物机会最多，也是最易受伤害的群体，应该将培训重点放在他们身上。要加强实验室生物安全知识的学习和更新，熟悉生物安全装备的使用，如生物安全柜、隔离衣、防护服等的使用。提高实验室工作人员的生物安全意识，使工作人员熟知各种可能的危害。

② 加强生物安全责任管理。按照国家有关规定建立实验室生物安全责任监管体系，并设立专人负责实验室生物安全措施的落实、监管和日常管理，实验室管理层对所有员工和实验室来访者的安全负责；对有潜在感染危险的菌种以及实验材料等，要有专人严格按规定和制度进行保存和销毁；实验室的生物安全活动要主动接受生物安全、卫生、环境保护等有关部门的监督检查。

③ 提高生物安全防范意识。实验室要制定实验室安全制度、生物安全措施及操作流程，如生物安全柜、安全罩、高压灭菌器、口罩、手套、防护眼镜、防护服和急救箱等，并正确使用和操作，切实落实人员防护和环境保护措施。防止操作过程中产生的感染性气溶胶的扩散，有效保护人员和实验室内环境。

④ 加强工作人员制度管理。相关人员应接受生物安全实验室安全培训、考核，保证人员掌握必需的生物安全知识和技术，避免实验室感染，防止实验室事故。对新从事实验室技术人员必须进行上岗前体检，体检指标除常规项目外还应包括与准备从事工作相关的特异性抗原、抗体检测。不符合岗位健康要求者，不得从事相关工作。

⑤ 加强标准操作程序管理。由于生物安全实验室是专门从事具有感染性物质的研究场所，每项实验操作都可能存在感染的危险，对一项检验项目的操作应有明确的操作流程规定。流程也不是一成不变的，要在实践中检验和进一步完善。针对暴露出来的薄弱环节及时实施协调管理，与相关部门协商，避免遗漏。血液、体液标本是实验室的主要标本，也是实验室潜在危害的主要物质，血液体液检验中的安全问题尤为重要。应强调各实验室针对所操作微生物制定相应的标准操作流程，以保证所有实验室操作都在风险最小的情况下开展工作。

⑥ 加强风险防范和应急管理。实验室应尽可能通过管理体系建立和人员培训去预防各类实验室事故的发生，同时也应针对各类事故制定应急处置的最佳方案，应急处置措施包括：紧急撤离路线设置、灾害事故报告、生物学评估和检测、事故原因分析、防范措施完善、事故记录等。应急预案制定后，实验室负责人应组织实验室所有工作人员进行认真学习，并定期进行演练，让所有人都熟悉应急处置的程序和措施。

2. 生物制药企业的安全管理

由于生物制药生产过程中涉及病毒、细菌等多种病原体的传播载体，这些具有极大生物危险的感染性致病因子，无论是直接感染，还是间接地散播到环境中去，对人类以及其他动物或植物都是一个现实的或潜在的危险。因此，有必要强化生物制药企业的安全意识，提高企业的安全管理能力。

配备实验室的生物制药企业，其实验室的生物安全管理应采取前文所述措施。此外，针对生物制药企业的安全管理问题，应采取以下措施：

① 加强预防性生物安全管理意识。思想上对安全工作不重视，工作人员势必有章不循、执章不严。因此，做好生物制药企业工作人员的动态安全管理必须克服安全管理的无科学性、简单化、形式化的问题。应建立健全安全法规，制定、完善、落实各种安全管理制度，并使规章制度正规化、规范化并有效运作。应开展不同形式的安全检查，监督、检查、落实要横向到边，纵向到底，促使人们对生物制药行业的

生物安全生产活动形成自然循环规律。

②加强工作人员生物安全专业知识培训。工作人员的安全素质具体体现在工作人员的生理条件及对生物安全知识的了解掌握程度。例如，虽然工作人员的专业知识和专业技术过硬，但是对安全操作和个体防护往往疏忽，因此就有可能发生事故。应经常开展安全宣传教育，使企业工作人员熟悉和掌握安全常识和操作技能及个体防护技能；定期进行安全培训，提高企业工作人员的安全技术素质，达到生物安全操作的要求；加强基本技能的培训，使生物制药企业的工作人员成为既懂专业知识，又懂生物安全知识的合格专业人才。

③建立健全生物制药企业生物安全的操作规程及管理制度。建立健全生物安全操作规程及管理制度能够为生物制药企业工作人员免遭生物危害提供保障。生物制药企业由于产品不同，所涉及的生物危害因素也各不相同，因此必须由专业的技术人员，根据生物安全的要求，参照相关法规和文件，结合企业生产特点制定相应的安全管理制度及操作规程。根据生物制药企业工作人员所接触的不同传染源，定期对应注射不同的疫苗，增强工作人员的体质；工作人员进入相应工作区域时，应根据生物安全个人防护的配备原则穿着合适的工作服或防护服、鞋套或专用鞋等；在进行可能接触血液、体液以及其他具有潜在感染性材料的操作时，应戴手套，必要时戴防护眼镜，穿隔离衣。

④加强生物制药企业设备设施和安全工作条件的管理。根据工作区域的等级需要和标准做好设备选购、验收、安装调试，进行技术培训，掌握性能和安全使用要求。运行中的所有设施设备、个体防护装备的检测、检查、维护等，应严格按照操作规程进行。应建立设备档案，做好设备事故调查分析，严格规范设备的检查、维护和报废制度。严格按照工作区域的等级和标准规范要求，加强安全工作条件的系统规划管理和控制，防护装备和用品的使用、管理应达到标准要求。这关系到工作人员的基本人权和根本利益。因此，无论是从保护工人劳动健康出发，还是完善我国经济运行机制，都应注重员工的劳动保护，进一步改善安全生产状况，加强职业健康安全的经济和技术投入，推动我国职业健康安全管理体系的发展。

⑤加强生产环境管理。生产车间应定期消毒，方法包括加强通风、紫外灯照射或臭氧消毒法等。公共场所物体表面消毒可以采用含氯消毒剂喷洒至物体表面润湿，维持 25 min，使用抹布、拖把擦拭 2 遍。抹布、拖把要保持清洁与干燥。环境物体表面消毒可以用浸有消毒液的抹布、拖把擦拭 2 遍或用消毒液喷洒至湿润。生物制药企业处理生产所得废物垃圾，应严格依照相关法律法规执行，严防废物流失、泄漏、扩散。应对从事废物收集、运输、储存、处理的工作人员及管理人员进行相关的法律、法规、技术、安全防护及紧急处理等知识的培训。应有专人负责收集、运送、处置废物垃圾。

拓展阅读

1. 某制药厂克念菌素中毒案例

某日上午 9 点 30 分，某制药厂 302 车间开始生产克念菌素，在生产过程中产生少量粉尘。在该室操作的共有 4 人，上午 11 时左右工作结束。之后 1 名女操作工于上午 11 点 30 分左右感觉身体不舒服，随后不适感加剧。送医院就诊处理后症状缓解。此外，另有 2 名工人下午上班时也出现相同的不适状况，也至医院就诊。

通过调查了解及现场勘查，得出中毒事故原因：该车间容积小，室内打粉操作中个别工人未戴防护口罩，粉碎机内的除尘风机也未开启。另外，根据调查了解，发病就诊的 3 人都有青霉素过敏史。克念菌素是一种抗生素，主要不良反应是少数病人用药后有恶心、呕吐等不适症状。此次发病原因不排除工人操作中吸入过量克念菌素粉尘引起的不良反应。

2. 某生物药厂布鲁氏菌抗体阳性事件

某生物药厂在兽用布鲁氏菌疫苗生产过程中，使用了过期消毒剂，致使废气排放时灭菌不彻底，携带含菌发酵液的废气形成含菌气溶胶，生产时段该区域主风向为东南风，某兽研所处于该生物药厂的下风向，人体吸入或黏膜接触此菌可产生抗体阳性，造成当地部分居民和学生接触后发生布鲁氏菌抗体阳性事件。

经调查，相关部门采取一系列措施，该生物药厂多个兽药产品批准文号被撤销，8名相关责任人被处理。相关部门还专门在官方网站上针对受影响群众的疑问做出解答，强调布鲁氏菌抗体阳性和布鲁氏菌病是有区别的。布鲁氏菌抗体阳性是细菌进入机体激发体液免疫反应产生的血清抗体，一般在3~6个月达到高峰值，6个月后抗体不易检出，临床上没有症状，不需要治疗。布鲁氏菌病，则是布鲁氏菌侵入机体引起的人兽共患传染病，需要临床规范治疗。平时多以羊、牛、猪为传染源，人与人之间不会传播。

总而言之，生物制药企业要想最大限度地实现安全生产，就必须综合分析近些年企业生产中发生的重大安全事故案例，总结并汲取经验，并结合自身的实际情况采取有针对性的措施，在不断提高企业生产水平的同时，更要保障人民群众的生命和财产安全，促进生物制药行业的持续健康发展。

本章小结

本章介绍了清洁生产的定义、国内外法规及标准、国内外现状等方面的内容，介绍了生物制药对于生产环境和车间公共系统的要求及厂房、设施、设备能正确运行的一系列确认和验证标准。同时，本章也介绍了生物安全和生物安全实验室的定义，生物安全实验室的组成、分级和要求，实验室的生物安全管理，生物制药企业的安全管理等方面的内容。

思考题

1. 清洁生产的定义是什么？
2. 请从清洁生产的角度，考虑如何处理谷氨酸发酵过程中浓缩结晶后产生的废水。
3. 简述抗生素发酵生产过程中产生的主要废渣及其处理方式。
4. 在生物制药的生产环境中，需要考虑的因素有哪些？均需满足什么条件？
5. 生物制药车间的公共系统中，对各因素的要求有何共同之处？
6. 生物制药设备布局需要考虑哪些因素？
7. 生物制药工厂的洁净度要求包括哪几个方面？
8. 为什么要进行确认与验证？需确认与验证的内容有哪些？
9. 什么是生物安全？
10. 除了满足一级生物安全实验室（BSL-1）的要求，二级生物安全实验室（BSL-2）还应满足哪些要求？
11. 国家卫生健康委办公厅于2020年1月23日发布的《新型冠状病毒实验室生物安全指南（第二版）》中规定，新型冠状病毒的培养、动物感染试验应在几级生物安全实验室进行？
12. 请简述加强实验室生物安全管理的措施。

【陈平　骆健美　孟蕾】

参考文献

[1]　中华人民共和国生物安全法.2020.
[2]　新型冠状病毒实验室生物安全指南：第二版.2020.

［3］ 病原微生物实验室生物安全管理条例 . 2019.

［4］ 疫苗生产车间生物安全通用要求 . 2020.

［5］ 实验室生物安全通用要求 . 2008.

［6］ 医疗废物管理条例 . 2020.

［7］ 薛建军 . 环境工程［M］. 北京：中国林业出版社，2002.

［8］ 张绪峤 . 药物制剂设备与车间工艺设计［M］. 北京：中国医药科技出版社，2000.

［9］ 侯兰新，冯玉萍 . 现行版 GMP 简明教程［M］. 兰州：甘肃科学技术出版社，2014.

［10］ 林育真，赵彦修 . 生态与生物多样性［M］. 济南：山东科学技术出版社，2013.

［11］ 柯昌文 . 实验室生物安全应急处理技术［M］. 广州：中山大学出版社，2008.

［12］ 续薇 . 医学检验与质量管理［M］. 北京：人民军医出版社，2015.

［13］ 国家药典委员会 . 中华人民共和国药典：2020 版 .［M］. 北京：中国医药科技出版社，2020.

［14］ 王军志 . 生物技术药物研究开发和质量控制［M］. 3 版 . 北京：科学出版社，2018.

［15］ 万春艳 . 药品生产质量管理规范（GMP）实用教程［M］. 2 版 . 北京：化学工业出版社，2020.

［16］ 朱世斌，刘红 . 药品生产质量管理工程［M］. 3 版 . 北京：化学工业出版社，2022.

［17］ 孔庆新，谢奇 . 医药企业安全生产管理实务［M］. 北京：化学工业出版社，2021.

［18］ 徐文炘，李蔷，张生炎，等 . 高浓度有机废水化学和物理法处理技术综述［J］. 矿产与地质，2002（06）：369-371.

［19］ 张建华 . 谷氨酸双结晶高效提取工艺关键技术的研究与集成［D］. 无锡：江南大学，2012.

［20］ 陈冠益，刘环博，李健，等 . 抗生素菌渣处理技术研究进展［J］. 环境化学，2021，40（02）：459-473.

［21］ 陈立文，方森海，王明兹 . 抗生素发酵废菌渣的无害化及资源再利用研究进展［J］. 生物技术通报，2015，31（05）：13-19.

［22］ 王开阳 . 关于生物技术与生物安全的探讨［J］. 科技风，2017，3：130.

［23］ 施群英 . 关注生物制药企业的生物安全问题［J］. 安全，2011，3：20-21.

［24］ 裴杰，王秋灵，薛庆节，等 . 实验室生物安全发展现状分析［J］. 实验室研究与探索，2019，38（9）：289-292.

［25］ 马雪娇，卢耀勤，刘涛 . 实验室生物安全管理研究进展［J］. 中国预防医学杂志，2018，19（3）：238-240.

［26］ 国家发展和改革委员会 . 生物药品制造业（血液制品）清洁生产评价指标体系 . 2015.

［27］ 国家药品监督管理局 . 药品生产质量管理规范：2010 年修订 . 2010.

下篇
生物制药工艺与生产实践

第八章

抗微生物类药物生产工艺

第一节 概述

一、抗微生物类药物的发展简史

随着微生物学的发展，微生物间的拮抗现象被各国学者陆续发现。1874 年，William Roberts 首次发现拮抗现象，报道了真菌的生长常常抑制细菌的生长。Louis Pasteur 和 Robert Koch 观察到空气传播的芽孢杆菌能抑制炭疽杆菌的生长。尽管人们已经认识到微生物生长的抑制作用，但抗微生物类药物的研究进展仍十分缓慢，且发展过程曲折。

1928 年，英国细菌学家 Alexander Fleming 发现，污染在培养葡萄球菌的双碟上的一株霉菌能杀死周围的葡萄球菌。1929 年，Alexander Fleming 将霉菌培养物的滤液中所含有的抗细菌物质命名为青霉素并予以报道，并证实一些致病细菌能被青霉素抑制，其抗菌性能可用于化疗。然而，由于技术和其他条件限制，青霉素未能在当时得到进一步的开发和生产。20 世纪 40 年代初，青霉素成功从实验室转为规模化生产，并在第二次世界大战中发挥重要作用，拯救了无数在战争中受感染的伤病员的生命，而后普遍应用于感染性治疗。

随着微生物学、生物化学、有机化学基础理论的发展以及分子遗传学和新技术的进步，20 世纪 40 年代，抗微生物类药物的历史揭开了划时代的一页，标志着抗生素时代的开始。新抗生素的筛选方法、理性化新方法的应用，推动了 20 世纪 60 年代至 20 世纪 70 年代各国科学家智慧的积累，使抗生素研究工作飞跃前进。在这 20 年间几乎每年都有新抗生素被发现。1952 年诺贝尔生理学或医学奖获得者 Selman Waksman 是抗生素历史中另一位重要人物，他于 1943 年发现了链霉素。由于青霉素作用于革兰氏阳性菌，而链霉素作用于革兰氏阴性菌以及青霉素无效的分枝杆菌。因此，链霉素是青霉素的一种非常理想的补充，而且这两种抗生素之间无交叉抗药性。链霉素的发现改变了结核病的预后，是结核病治疗中的一场革命。

进入 20 世纪 60 年代后，性能更优的半合成抗生素开始出现。1958 年，Sheehan 研发出 6-氨基青霉烷酸（6-APA）的制备工艺，随后科学家们研制出以 6-APA 为母核的一系列半合成青霉素，如苯氧乙基青霉素、甲氧西林和氨苄西林等。1961 年，Abraham 从头孢霉菌代谢产物中发现了头孢菌素 C。得益于合成化学的进展和技术难关的攻克，科学家们将头孢菌素 C 化学裂解或酶解成 7-氨基头孢烷酸（7-ACA），并加上不同侧链，成功地合成了许多半合成头孢菌素。如今，以青霉素、头孢菌素为主体的 β-内酰胺类抗生素已成为最重要的化学治疗剂。

抗微生物类药物发展面临的最大挑战是细菌耐药问题。甲氧西林是一个典型的例子，它于 1959 年被发现，随后被用于治疗青霉素耐药金黄色葡萄球菌的感染。两年后，在英国、日本、澳大利亚等地又分离出耐甲氧西林金黄色葡萄球菌菌株。因此，有效遏制耐药菌的产生并研制更有效的抗微生物类药物一直是科学家们不断为之奋斗的目标。

二、抗微生物类药物的分类

根据抗菌谱，抗微生物类药物可分为抗细菌药物、抗真菌药物、抗病毒药物等。根据合成方式，其可分为抗生素（微生物代谢产物）、半合成或化学全合成抗菌药物。而最常用的分类方法是根据化学结构，将抗微生物类药物分为 β-内酰胺类、氨基糖苷类、大环内酯类等。下面将按照结构特征分类详细描述各类抗微生物类药物的基本情况。

1. β-内酰胺类抗生素

β-内酰胺类抗生素已广泛用于预防和治疗多种人类细菌感染。虽然该类药物可以分为青霉素、头孢菌素、碳青霉烯等亚类，但它们都具有一种称为 β-内酰胺环的化学结构，并通过与青霉素结合蛋白结合，抑制细菌肽聚糖细胞壁的合成来展现杀菌活性。然而，某些类型的细菌可以产生 β-内酰胺酶，这种酶能够破坏和灭活 β-内酰胺类抗生素。β-内酰胺酶的产生是细菌对 β-内酰胺类抗生素产生耐药性的主要机制之一。β-内酰胺酶具有不同的性质和首选底物（抗生素）。例如，有些酶针对青霉素（即青霉素酶），而有些酶针对头孢菌素（即头孢菌素酶）。迄今为止，已有 200 多种不同的 β-内酰胺酶被发现。

β-内酰胺类抗生素通常被认为是安全的，因为它们的抑菌靶点是细菌的细胞壁，而人类细胞不存在细胞壁。但在使用过程中应注意人类对抗生素的过敏反应，最可能的过敏形式是皮肤反应。过敏反应是罕见的，但在某些情况下，可能是严重的，甚至致命的。

（1）青霉素亚类

青霉素亚类 β-内酰胺类抗生素有着悠久的历史，是抗生素中最重要的一类。青霉素制剂是直接或间接地从青霉属真菌和其他土壤真菌中提取的。青霉素抗生素一般分为两大类：天然（生物合成）青霉素和半合成青霉素。天然青霉素包括青霉素 G 和青霉素 V，价格相对低廉，仍广泛应用于临床实践。

天然青霉素对青霉素酶不稳定，抗菌谱窄。它们主要对革兰氏阳性菌，包括青霉素不敏感葡萄球菌、肺炎链球菌、化脓性链球菌和口腔链球菌有效。然而，在革兰氏阳性菌中，肠球菌表现出耐药性，且肺炎链球菌耐青霉素分离株流行率的增加也值得关注。许多需氧和兼性革兰氏阴性菌也对青霉素有耐药性。天然青霉素是治疗梅毒的首选药物，其中，青霉素 G 不完全被吸收，所以主要用于静脉注射，青霉素 V 对胃酸有耐受性，是首选的口服剂型。

相比于天然青霉素，半合成青霉素对青霉素酶具有更高的抗性或更广的抗菌谱。其中，对青霉素酶稳定的青霉素包括甲氧西林、萘夫西林和苯唑西林，主要用于治疗由产生青霉素酶的葡萄球菌引起的感染。氨苄西林是第一种广谱青霉素，比青霉素具有更广泛的抗菌作用范围。氨苄西林对许多革兰氏阴性菌，包括大肠埃希菌、嗜血杆菌、志贺菌和变形杆菌均有效，但对假单胞菌、克雷伯菌和沙雷菌均无明显疗效。与天然青霉素相似，氨苄西林对青霉素酶不稳定。虽然阿莫西林（羟氨苄青霉素）与氨苄西林具有相似的抗菌谱，但与其他口服青霉素相比，阿莫西林口服后更易吸收，血浆药物浓度更高，作用时间更长。

部分半合成青霉素具有抗假单胞菌活性，如羧苄西林和哌拉西林。这些药物一般具有与氨苄西林相同的抗菌谱，但对需氧革兰氏阴性菌（包括克雷伯菌、肠杆菌和假单胞菌）表现出更强的抗菌活性，尽管它们同样对青霉素酶不稳定。

青霉素亚类 β-内酰胺类抗生素通常分布在全身各处，在许多器官和组织中具有足够高的浓度从而达到治疗目的；然而，它们不能穿过血脑屏障，除非化疗引起脑膜炎，导致屏障功能下降。此类抗生素以非代谢物的形式从肾脏排出到尿液中。过敏反应是使用此类药物时最常见的不良反应。一般来说，青霉素被认为是妊娠期可使用的最安全的抗生素。

（2）头孢菌素亚类

头孢菌素亚类是另一类重要的 β-内酰胺类抗生素，这些抗生素与青霉素亚类具有相同的作用机制。然而，它们具有更广泛的抗菌谱，对许多类型的 β-内酰胺酶具有更高的稳定性，并优化了药代动力学特性。头孢菌素类抗生素种类繁多，目前它们根据其抗菌谱特性被分为 5 代。一般来说，随着代次的增加，药物对 β-内酰胺酶更耐受，并且抗菌谱进一步拓宽。

虽然各种头孢菌素类抗生素的药理特性不同，但它们通常能很好地分布到身体的许多部位，然而，很少能穿透血脑屏障。除头孢哌酮和头孢曲松有明显的胆道排泄，大多数头孢菌素类药物主要通过尿液排出。头孢菌素类抗生素的毒性较低，与青霉素亚类一样，过敏反应是其使用时最常见的不良反应。对头孢菌素类抗生素的大部分过敏反应是皮疹，但也可能发生其他过敏反应。由于青霉素亚类和头孢菌素亚类的结构相似，对其中一类过敏的患者在使用另一类药物时可能会出现交叉反应。据报道，5%～10%的青霉素类抗生素过敏患者对头孢菌素类抗生素也存在过敏反应，因此，在可能对青霉素过敏的患者中使用头孢菌素类抗生素时需要慎重考虑。

（3）碳青霉烯亚类

碳青霉烯类抗生素是抗菌谱最广、抗菌活性最强的非典型 β-内酰胺类抗生素，因具有对 β-内酰胺酶稳定以及毒性低等特点，已经成为治疗严重细菌感染最主要的抗菌药物之一。其结构与青霉素类中的青霉环相似，不同之处在于其噻唑环上的硫原子被碳原子替代，且 C-2 与 C-3 之间存在不饱和双键；另外，其 C-6 位羟乙基侧链为反式构象，正是这个构型特殊的基团，使该类化合物与常规青霉烯的顺式构象显著不同，具有超广谱、极强的抗菌活性，以及对 β-内酰胺酶高度稳定的特性。许多多重耐药菌往往对碳青霉烯类药物敏感。然而，碳青霉烯类药物的广泛使用已导致革兰氏阴性菌（如某些肠杆菌科和假单胞菌）对碳青霉烯类药物产生了一些耐药性。碳青霉烯类药物广泛分布于体内，主要由肾脏排出。碳青霉烯类药物的不良反应与其他 β-内酰胺类抗生素相似。由于碳青霉烯类抗生素在结构上与青霉素类有关，当给青霉素过敏的患者使用时应谨慎考虑。

（4）β-内酰胺酶抑制剂

β-内酰胺酶抑制剂可与 β-内酰胺酶结合并使其失活。市售的 β-内酰胺酶抑制剂包括克拉维酸、舒巴坦和他唑巴坦。β-内酰胺酶抑制剂本身几乎没有直接的抗菌活性。然而，当与另一种抗生素联合使用时，他们将扩大抗生素的抗菌谱，并增加抗生素对 β-内酰胺酶的稳定性。不幸的是，现有的 β-内酰胺酶抑制剂并不能抑制所有类型的 β-内酰胺酶。

2. 氨基糖苷类抗生素

从结构上看，氨基糖苷类抗生素含有两个或两个以上的氨基糖单元，这些单元通过糖苷键与氨基环醇环核相连，它们是蛋白质合成的抑制剂，通过结合细菌核糖体的 30S 亚基来实现杀菌。这类抗生素包括链霉素、新霉素、卡那霉素、阿米卡星、庆大霉素和妥布霉素。氨基糖苷类抗生素对广泛的需氧和兼性革兰氏阴性菌、葡萄球菌和分枝杆菌具有较高的抗菌活性，主要用于治疗需氧革兰氏阴性菌和兼性革兰氏阴性菌（如绿脓杆菌、不动杆菌和肠杆菌）引起的感染，这些病原菌往往对多种抗生素耐药。

此外，虽然氨基糖苷类抗生素本身对肠球菌没有活性，但其与青霉素或万古霉素联合使用时可诱导协同抗菌作用，并对这些微生物产生强烈的杀菌活性。由于氨基糖苷类药物具有协同作用，常与青霉素联用治疗革兰氏阴性菌引起的严重感染。相反，由于氨基糖苷类抗生素是依赖氧运输系统进入细菌细胞的，它们对厌氧菌的作用极小。由于氨基糖苷类抗生素不能被肠道吸收，通常采用静脉注射或肌内注射的方式给药，有些也用于伤口局部治疗。静脉给药后，氨基糖苷类抗生素在细胞外间隙自由分布，但在脑脊液、眼玻璃体液、胆道、前列腺、气管支气管分泌物中的分布有限。渗透性差的氨基糖苷类药物的药效学特性包括浓度依赖性活性和显著的抗菌后效应。由于这些特性，提倡每天一次给药而不是分次给药。氨基糖苷类抗生素主要由肾脏排出。

与其他类抗生素相比，氨基糖苷类抗生素具有较高的毒性，主要包括肾毒性和耳毒性（内耳损伤），这些风险与剂量和用药持续时间有关。其中，肾毒性更常见。耳毒性不仅影响耳蜗（听力），还影响前庭（平衡）系统。它往往是永久性的，甚至在停用药物后也可能发生，它可随着药物疗程的增加而累积。

3. 大环内酯类抗生素

大环内酯类抗生素具有大环内酯环的共同结构，大环内酯环上可连接一个或多个脱氧糖。大环内酯类抗生素是一种抑菌剂，通过与敏感微生物的50S核糖体亚基可逆结合来抑制细菌蛋白质的合成。最基础的大环内酯类药物是红霉素，其他临床上重要的大环内酯类药物还包括克拉霉素和阿奇霉素。大环内酯类药物的抗菌谱与青霉素类相似，它们对革兰氏阳性菌（包括链球菌、葡萄球菌）有活性，但对肠球菌、耐青霉素葡萄球菌和大多数革兰氏阴性菌（淋病奈瑟球菌除外）无效。红霉素对流感嗜血杆菌的活性较弱，但克拉霉素和阿奇霉素对这种微生物的活性较好。因此，大环内酯类药物常用于治疗革兰氏阳性菌引起的感染，作为青霉素过敏患者的替代药物选择。

大环内酯类抗生素通常对严格的厌氧菌有效。它们对衣原体、嗜肺军团菌和支原体也有效，而许多类型的抗生素，包括β-内酰胺类抗生素，对这些病原体都无效。大环内酯类药物通常以口服形式给药，红霉素也可采用静脉注射给药。红霉素在胃酸环境有些不稳定，而克拉霉素和阿奇霉素稳定。大环内酯类药物容易扩散到大多数组织，但不能穿过血脑屏障。

在血浆中，克拉霉素和阿奇霉素的半衰期分别比红霉素（90 min）长3倍和8～16倍。大环内酯类抗生素可进入吞噬细胞并集中在吞噬细胞内，特别是阿奇霉素，吞噬细胞可以作为重要的载体，将抗生素输送到感染部位，并维持其在组织中的高浓度。由于这种独特的性质和极长的半衰期，该药物的临床效果可维持7天或更长时间，主要的清除途径是通过胆汁排泄。它们毒性低，很少出现严重的不良反应，可能的不良反应包括过敏反应、肝炎、肝酶水平升高和胃肠道紊乱（如腹泻、恶心、呕吐）。

4. 克林霉素

克林霉素特异性结合细菌核糖体的50S亚基，从而抑制蛋白质合成。克林霉素的抗菌谱一般与大环内酯类抗生素相似。重要的是，克林霉素对口腔链球菌和严格的厌氧菌非常有效，尽管在一些区域这些微生物已经出现了耐药性。因此，克林霉素主要用于治疗厌氧菌引起的感染，包括急性牙周脓肿、急性鼻窦炎和吸入性肺炎。克林霉素对需氧和兼性厌氧革兰氏阴性菌均无活性。

克林霉素可以口服或注射给药，广泛分布于体液、器官和组织，包括骨骼，但它不能穿过血脑屏障。这种药剂也集中在吞噬细胞内，在肝脏中代谢，并经胆汁和尿液排泄。使用克林霉素时，常见的不良反应是胃肠道紊乱，特别是腹泻。假膜性结肠炎是其最显著的不良反应。然而，值得注意的是，据报道，在抗生素相关结肠炎的风险方面，克林霉素和其他抗生素（如β-内酰胺类抗生素）之间没有显著差异。另一个在使用克林霉素时可能出现的副作用是皮疹。

5. 四环素类抗生素

四环素类抗生素具有中等广谱抗菌活性，通常通过可逆结合30S核糖体亚基抑制细菌蛋白质合成而发挥抑菌作用。四环素类抗生素的成员包括四环素、多西环素和米诺环素。四环素类抗生素对许多革兰氏阳性菌和革兰氏阴性菌、支原体、立克次体、衣原体和螺旋体都有活性。然而，尽管它们仍然是治疗某些特定感染（如立克次体感染）的一线药物，但由于广泛的耐药性，它们的总体用途已经减少。四环素类药物常用于β-内酰胺类和大环内酯类抗生素过敏患者的感染治疗。

四环素类抗生素通常是口服的，但也可以注射给药。乳制品，含钙、铝、锌、镁或硅酸盐的抗酸剂以及维生素和铁剂与四环素类抗生素同时服用时，会干扰胃肠道对四环素类抗生素的吸收。四环素类抗生素广泛分布于脑脊液以外的组织中，它们可以穿过胎盘，进入胎儿的骨骼和牙齿。四环素类抗生素由肝脏代谢并主要通过尿液排出，而多西环素则通过胆汁排出。此类药物使用时可能的不良反应包括胃肠道刺激和光敏反应。此类药物对牙齿的影响可能是最明显的，因为系统地给予儿童（8岁及以下）四环素类抗生素，他们的牙齿可能会出现永久性的棕色变色。孕妇使用四环素类抗生素的情况下，牙齿变色可能随后发生在他们的婴儿身上。因此，不应该给孕妇或儿童使用四环素类抗生素。

6. 喹诺酮类药物

由于抗菌谱相对狭窄和治疗用途有限，以及细菌耐药性的迅速发展，研究者对第一代喹诺酮类药物的兴趣相对较小。但氟化 4-喹诺酮类药物的引入延长了其抗菌活性周期，并推动了一项特别重要的治疗进展。喹诺酮类药物通常指的是氟喹诺酮类。氟喹诺酮类药物通过抑制细菌 DNA 的复制和转录，表现出浓度依赖性的杀菌活性。喹诺酮类药物具有广泛的抗菌谱，对革兰氏阳性菌和革兰氏阴性菌均有效，包括肠杆菌科、嗜血杆菌、卡他莫拉菌，例如环丙沙星对绿脓杆菌非常有效。

氟喹诺酮类药物已经成为一种越来越受欢迎的抗生素，用于治疗各种感染，特别是由需氧和兼性厌氧革兰氏阴性菌引起的感染，这些微生物往往对其他药物不敏感。然而，耐甲氧西林金黄色葡萄球菌（MRSA）通常对氟喹诺酮类药物具有耐药性。大多数氟喹诺酮类药物对链球菌和厌氧菌的活性不高。随着它们使用频率的增加，肠杆菌科、假单胞菌、肺炎链球菌和奈瑟菌中产生了耐药性。然而，新的氟喹诺酮类药物提高了对包括肺炎链球菌在内的链球菌的活性，这些药物通常被称为"呼吸性氟喹诺酮类药物"，包括莫西沙星。氟喹诺酮类药物口服后吸收良好，有些药物可采用非肠道给药。它们广泛分布在体内，特别是在肾脏、前列腺中。新的氟喹诺酮类药物往往有较长的半衰期，大多数氟喹诺酮类药物在肝脏中代谢，主要通过肾脏排出，但也有一些通过胆汁排出。

氟喹诺酮类药物很少出现毒副作用，最常见的不良反应为胃肠道紊乱、皮肤和中枢神经系统反应（如头痛、头晕、神志不清、失眠、情绪变化和激动）。在使用氟喹诺酮类药物治疗期间使用非甾体抗炎药物可能会增强药物对中枢神经系统的刺激作用。也有人认为，使用氟喹诺酮类药物的儿童可能会出现关节痛和关节损伤。因此，此类药物不提倡临床应用于青春期前儿童和孕妇。

7. 糖肽类抗生素

糖肽类抗生素由糖基化的环状或多环状非核糖体多肽组成。万古霉素是最重要的糖肽类抗生素之一，此外还包括替考拉宁和三个脂糖肽类抗生素（特拉凡星、奥利万星、达巴万星）。糖肽类抗生素主要通过抑制细菌细胞壁合成来发挥作用。万古霉素和替考拉宁对包括 MRSA 在内的几乎所有类型的革兰氏阳性菌都有抗菌活性，尽管它们的抗菌谱往往局限于革兰氏阳性菌。糖肽类抗生素，特别是万古霉素，在抗微生物类药物历史上曾被认为是最后一道有效的防线。然而，耐药肠球菌菌株的报告越来越多。此外，临床标本中已越来越多地分离出耐糖肽类抗生素的葡萄球菌菌株。不过，万古霉素在治疗严重的、危及生命的革兰氏阳性菌感染或由艰难梭菌引起的假膜性结肠炎治疗方面仍发挥重要作用。

糖肽类抗生素主要通过肾脏排泄。虽然万古霉素传统上被认为是一种高肾毒性药物，但最近有人提出，使用万古霉素引起的肾损害的可能性比以前假设的要小。万古霉素和替考拉宁可引起两种主要类型的速发型反应（给药后 1 h 内）：红人综合征（非 IgE 介导的超敏反应）和 IgE 介导的超敏反应。该综合征的特点是瘙痒和面部、脖子和躯干潮红。它不是真正的过敏反应，而是一种非特异性肥大细胞脱粒现象，尽管其症状与过敏反应相似。缓慢静脉注射可以将风险降到最低。

8. 甲硝唑

虽然甲硝唑是一种抗原生动物的药物，但它也可用于治疗厌氧菌引起的感染。甲硝唑对几乎所有的厌氧菌都有很高的抗菌活性，但对好氧菌和兼性细菌则没有活性。因此，甲硝唑是治疗厌氧菌感染的有效药物。这种药剂常作为抗生素的一种辅助药物，在混合需氧（或兼性）和厌氧菌感染的治疗中具有活性谱。甲硝唑对艰难梭菌有效，因此常被用作治疗假膜性结肠炎的一线药物。该药物使用过程中严重不良反应的发生是罕见的，最常见的副作用是胃肠道症状（如恶心和腹泻）和难闻的金属味（口服治疗时）。甲硝唑有一种类似于双硫仑的作用，如果在药物治疗期间饮酒，一些患者会出现腹部不适、呕吐、潮红或头痛。

9. 磺胺类药物

磺胺类药物是第一批现代抗感染药物，这些药剂竞争性地抑制微生物合成叶酸过程中对氨基苯甲酸向二氢蝶酸的转化，从而导致细菌不能合成叶酸，抑制细菌增殖。磺胺类药物毒性相对较强，此外，由于许多细菌很容易获得耐药性，磺胺类药物已被更有效、毒性更小的抗生素取代。尽管磺胺类药物不再被推荐单独使用，但仍可与二氢叶酸还原酶抑制剂（特别是甲氧苄啶）联合使用以治疗几种感染。这种联合使用具有协同抗菌作用，并可防止细菌单独对任一成分产生耐药性。

抗生素制剂甲氧苄啶/磺胺甲噁唑（即复方新诺明，TMP-SMZ）将甲氧苄啶与磺胺甲噁唑（一种磺胺类药剂）按1:5的比例组合而成。TMP-SMZ阻断叶酸生物合成途径的两个不同步骤，磺胺甲噁唑作为叶酸合成抑制剂，甲氧苄啶阻断叶酸存在下细菌核苷酸的合成，该制剂对许多革兰氏阳性菌和革兰氏阴性菌有活性。此外，该制剂还能有效抑制某些原生动物和真菌的生长。TMP-SMZ对耶氏肺孢子虫非常活跃，对肺孢子虫肺炎的防治有重要意义。TMP-SMZ也是治疗嗜麦芽窄食单胞菌和洋葱伯克霍尔德菌感染的一线药物。此药物有口服剂和静脉注射剂两种剂型，它能被胃肠道良好吸收，广泛分布于组织和液体中，特别是在尿道和前列腺。因此，TMP-SMZ通常是尿路感染和前列腺炎的首选药物。

TMP-SMZ的不良反应并不常见，但更可能发生在获得性免疫缺陷综合征患者中。常见的不良反应包括胃肠道紊乱（如恶心、呕吐、厌食）和皮肤过敏反应，其他可能的不良反应包括史-约综合征、中毒性表皮坏死松解症、血液毒性和疾病（例如，粒细胞缺乏症、再生障碍性贫血、血小板减少症、白细胞减少症、中性粒细胞减少症）、肝肾功能损害以及显著的电解质紊乱（例如，低钠血症和高钾血症）。临床应避免在孕妇、新生儿和婴儿中使用 TMP-SMZ。

三、抗微生物类药物的应用

虽然抗微生物类药物在预防和管理细菌感染方面发挥着重要作用，但其应用也存在着负面影响。如前所述，所有药物都可能出现各种不良反应，或可能与其他同时使用的药物产生相互作用，其中一些影响可能极为严重甚至危及生命。后文将讨论，不适当的抗微生物类药物治疗也会增加细菌耐药性的可能。此外，药物的成本也可能是制定药物治疗方案时需要考虑的一个重要因素。

因此，在抗微生物类药物的实际应用中必须考虑使用抗微生物类药物的必要性，而且必须适当地选择并使用抗微生物类药物。一旦细菌感染被确诊或高度可疑，抗微生物类药物的选择和治疗方案应根据具体情况而定。下文描述了选用抗微生物类药物时应考虑的因素。

1. 抗微生物类药物的抗菌谱

抗微生物类药物的选择应基于微生物检查的结果。然而，在实践中，这样的结果往往几天都得不到。因此，最初的选择是基于经验作出的，也就是说，在获得实验室数据之前，需要根据最有可能的病原体来选择药物素。通过对病人进行仔细的身体检查，观察其视觉特征和脓或化脓性渗出物的气味，通常可以预测可能的病原体。此外，感染地点、病人情况（例如：年龄、基础疾病、已接受的治疗）和当地医院或社区环境的易感性趋势的统计概率可能进一步表明可能的病原体及其抗生素易感性。

由于抗微生物类药物在系统使用时分布在全身，它可以影响正常菌群中的微生物。因此，理想的抗微生物类药物只针对致病微生物而不影响其他共生微生物。显然，与窄谱抗微生物类药物相比，使用广谱抗微生物类药物更有可能破坏这种微生物稳态并引发微生物抗微生物类药物耐药性。因此，无论是否根据微生物学检查结果选择抗微生物类药物，都应选用抗菌谱最窄、能控制感染的抗微生物类药物。抗菌谱更广泛的抗微生物类药物应在不适合使用窄谱抗微生物类药物的情况下使用。

当致病菌尚未确定，且可能的致病菌种类广泛，或当细菌对窄谱抗微生物类药物具有耐药性时，提倡使用广谱抗微生物类药物。然而，广谱抗微生物类药物的有效性应重新评估，在持续治疗期间应考虑将其降级为窄谱抗微生物类药物的可能性。使用两种或更多特定的抗微生物类药物组合可以提供协同活性对抗微生物或可以增强抗菌谱。因此，对于严重感染或极有可能发生严重并发症的患者，提倡使用多种抗微生物类药物联合治疗。值得注意的是，并不是所有的抗微生物类药物组合都能发挥协同作用，有些组合可能是对抗性的，或者只有很少或没有有利的作用。

2. 药物动力学和药效学

机体内药物效果是受感染部位的抗微生物类药物浓度和血液中药物维持抗菌作用的时间影响的。大多数抗微生物类药物分布在全身各处，但它们转移到特定的器官和组织可能会因类型而受到限制。例如，只有少数抗微生物类药物能以足够的浓度穿透中枢神经系统，用于治疗脑膜炎或脑脓肿。至关重要的是，给药的抗微生物类药物到达感染部位的浓度必须高于病原体的最低抑菌浓度。因此，在选择药物时应考虑抗微生物类药物的药代动力学和药效学特性。

3. 安全性

所有抗微生物类药物都有不同程度的毒性和不良反应。一般来说，β-内酰胺类抗生素，尤其是青霉素，被认为是安全的。大环内酯类药物、氟喹诺酮类药物和甲硝唑的毒性小，不良反应发生率低。相反，氨基糖苷类药物具有较高的肾毒性。抗微生物类药物有时会与其他药物产生相互作用，造成不良或有害的影响，抗微生物类药物可增强或降低系统用药的效果。

4. 病人的状况

基本上所有的抗微生物类药物都能穿过胎盘，并伴有一系列致畸作用。在孕妇中使用抗微生物类药物时需进行风险与效益的评估。患者在怀孕期间，特别是前三个月，必须避免使用任何不必要的药物。应该注意的是，大多数给哺乳母亲使用的抗微生物类药物也可以在她的母乳中检测到。在给母乳喂养的妇女使用抗微生物类药物时，必须考虑到这一点。青霉素可能是处于牙齿和骨骼发育阶段的婴儿和儿童最合适的候选药物。相比之下，不提倡这些患者在临床上使用四环素类抗生素（固有牙体染色）、氨基糖苷类抗生素（肾毒性和耳毒性）和氟喹诺酮类抗生素（生长中的软骨毒性）。

肾脏的代偿能力相对有限，由肾脏以保留强药理活性的形式清除的药物可能会对肾脏造成很大的负担。因此，当这些药物用于肾衰竭患者时，肾脏清除功能的损害可能导致抗微生物类药物在体内的异常积累，增加不良反应的可能性。因此，对于肾损害患者或正在接受透析治疗的患者，可能需要根据肾功能衰竭的严重程度和抗微生物类药物的类型调整剂量。由于部分特殊人群的药物代谢和排泄可能不足（婴儿）或严重恶化（老年人），抗微生物类药物的剂量和安排也可能需要针对婴儿和老年人进行调整。

5. 给药途径

抗微生物类药物通常以口服方式给药，此种给药途径方便、无痛且具有成本效益。然而，药物在胃肠道的吸收水平在个体之间有很大的差异。静脉给药可确保血浆和感染部位有足够且稳定的抗微生物类药物浓度。在严重感染或感染伴有严重并发症高风险的情况下，应静脉注射抗微生物类药物。如果患者不能耐受口服抗微生物类药物，如口服抗微生物类药物因肠道吸收障碍而不能吸收，或没有口服制剂时，首选静脉给药。对于任意取出为抗菌治疗而插入的静脉通路设备（如针、导管）的患者，持续静脉给药可能会有困难。这种情况在治疗某些类型的痴呆、精神障碍或严重智力障碍的患者时经常遇到。此时，肌内注射可能是给药途径的较优选择，尽管不是所有的抗微生物类药物都可以肌内注射。

6. 费用

治疗费用可能是选择抗微生物类药物的一个重要因素，经济实惠的抗微生物类药物往往更受欢迎。较新的药物（如广谱头孢菌素和碳青霉烯类）往往更昂贵，而较为传统的抗微生物类药物，包括青霉素和可获得的非专利药物，可能更具成本效益。此外，抗微生物类药物治疗的费用不仅是药物本身的费用，还包括给药、监测（如果需要）和在治疗失败的情况下重新治疗的费用。在给药途径中，静脉注射的费用一般比口服更高。

四、抗生素的质量管理与控制

抗生素药物通常来源于生物发酵，其以纯度低、组分变异大、化学稳定性差为特征，因此在生产及临床使用中的风险也较大。近年来，对其质量控制的焦点除强调在对产品中单个杂质的控制外，更强调对产品杂质谱（impurity profiles）的控制，此外对各种残留物（残留蛋白质、残留核酸、残留培养基）、污染物和注射液的无菌保证水平的控制也日益引起人们的关注。

1. 抗生素药物的特点

（1）抗生素的纯度一般较化学药品低

抗生素多数由微生物在工业条件下发酵，再经化学纯化、精制和化学修饰等中间过程制成。和一般的化学合成药品相比，抗生素的结构、组成更为复杂，存在多种同系物、异构体或降解物。

（2）抗生素的活性组分易发生变异

由于抗生素的生产和微生物发酵有关，微生物菌株的变异、发酵条件的改变等均可导致产品质量的波动，如庆大霉素中的 C 组分，除发现其中含有 C1a、C1、C2 和 C2a 组分外，HPLC 分析在 C1 和 C1a 之间、C2a 和 C2 之间还常发现未知组分；多组分抗生素生产菌株或发酵条件的改变，常可导致抗生素组分组成或比例的变化。

（3）抗生素的稳定性一般较化学药品差

抗生素的分子结构中通常含有较活泼的化学结构，该结构通常又为抗生素的活性中心，如 β-内酰胺类抗生素的 β-内酰胺环、链霉素中的醛基等。在生产及贮存过程中，这些活泼基团易受外界环境的影响而发生变化，导致抗生素的稳定性较一般化学药品差。

2. 抗生素质量管理与控制要点

药品在临床使用中产生的不良反应除与药品本身的药理活性有关外，还与药品中所混入的杂质有关。所以对药品中杂质的研究工作是否全面，能否将杂质完全准确地控制在一个安全、合理的范围之内，直接关系到上市药品的质量及安全性。

（1）重视新抗生素研发过程中对相关物质的研究

ICH（国际人用药品注册技术协调会）要求，化学类药品（包括抗生素）新药原料药和新制剂的研发过程中，应监测可能引入的各类杂质，包括有机杂质（反应起始物、副产物、中间体、降解产物、试剂、配位体、催化剂等）、无机杂质（试剂、配位体、催化剂、重金属、无机盐及过滤介质、活性炭等）和残留溶剂。

对于有机杂质，ICH 要求，日摄入量不超过 2 g 的药品，其新药原料药中表观含量大于或等于 0.05％的杂质（以原料药的响应因子计）需要进行报告，对大于或等于 0.1％的杂质需进行结构鉴定，对大于或等于 0.15％的杂质需进行生理活性评估，对表观含量在 0.1％以下的杂质，如其可能具有较强的生理活性或毒性作用，则应对其鉴定。而日摄入量大于 2 g 的药品，其报告限为 0.03％，鉴定限为 0.05％，评估限为 0.05％。我国制定的《化学药物杂质研究的技术指导原则》中对杂质的分类及对杂质限度的规定基本参照 ICH；其应用范围包括创新的化学药品、改剂型的化学药品、仿制的已有标准的化学药品，其不仅适用于药品的上市申请，也适用于临床研究的申请。由此可见，新药研发过程中杂质的控制，是世界各国关注的热点之一。

（2）重视对抗生素中微量毒性杂质的控制

通过对上市药品不良反应数据的监测，人们可以逐渐了解不同种类药物的主要不良反应，促使人们对药品不良反应机制的深入研究，进而揭示药品中的毒性杂质。此时，对药品中毒性杂质的控制，就显得十分迫切。通过对 β-内酰胺类抗生素过敏反应的研究，发现抗生素所致的速发型过敏反应并非由药物本身所致，而和药物中存在的致敏性高分子杂质有关，进而促使了人们对药品中高分子杂质的控制。抗菌药物中的高分子杂质按其来源通常被分为两类：外源性杂质和内源性杂质。外源性杂质包括蛋白质、多肽、多糖等，或抗生素和蛋白质、多肽、多糖等的结合物。外源性杂质一般来源于发酵工艺，如青霉素中的青霉噻唑蛋白质、青霉噻唑多肽等。其中蛋白质、多肽类杂质在抗生素过敏反应中起着重要的作用。内源性杂质系指抗菌药物的自身聚合产物，即抗生素寡聚物和多聚物的总称。这些聚合物既可来自生产过程，又可在储存期间形成。改进现代生产工艺，减少各类高分子杂质在药品中的含量，是减少临床过敏反应的关键。《中国药典》已经对多个青霉素、头孢菌素类药物中的高分子杂质的含量设定了控制标准。β-内酰胺类抗生素新药研发过程中对高分子杂质的研究，也被认为是研发过程中的关键项目。

对于药品中残留溶剂的控制，也越来越受到重视。药品中的残留溶剂是指在原料药、赋形剂以及在制剂生产过程中使用的未能完全去除的有机挥发性化合物。ICH 将药品生产及纯化过程中常用的 69 种有机溶剂按照对人体和环境的危害程度分为四类，并制定了限度标准。当生产工艺中用到这些溶剂时应对其残留量进行控制，以符合产品规范、药品 GMP 或其他基本的质量要求。《中国药典》中，残留溶剂的分类及限度标准与 ICH 的要求保持一致。而新药研发过程中通常要求对工艺中用到的所有 1、2 类溶剂和工艺后 3 步的所有溶剂的残留量进行监测。

（3）重视对多组分抗生素的组分控制

由微生物发酵生产的抗生素通常具有多组分的特征，如红霉素、吉他霉素、庆大霉素等。不同的抗生素组分通常具有不同的生物学活性及不同的毒性作用，因此保证多组分抗生素组成比例的恒定是保证其临床疗效的基础。过去采用微生物检定法测定效价，无法反映多组分抗生素组分比例的变化。从《中国药典》（2005 年版）开始，针对多组分抗生素，均采用 HPLC 法控制组分。例如红霉素，现行标准要求红霉素 A 的含量不得少于 93.0%；红霉素 B 与红霉素 C 的含量均不得过 3.0%。吉他霉素则要求对吉他霉素诸组分 A1、A3、A4、A5、A6、A7、A8、A9 和 A13 的含量分别进行控制。多组分抗生素的组分控制是当今抗生素质量控制的另一热点。

（4）重视对不稳定抗生素杂质谱的控制

对不稳定抗生素中杂质的控制理念，经历了纯度控制（purity control）、杂质控制（impurity control）和杂质谱控制（impurity profile control）三个阶段。药品中的杂质谱，系对药品中杂质的种类和量的总称；对杂质谱的控制，系要求药品中的杂质种类和含量均不能有太大的改变，特别是那些可能与毒副反应相关的杂质。对杂质谱控制的另一个作用是控制药品生产工艺的稳定性。如对头孢噻肟钠杂质谱的控制。头孢噻肟钠（cefotaxime sodium）是以发酵产品头孢菌素 C 为起始物，先经化学合成或酶催化反应生成7-氨基头孢烷酸（7-ACA），然后进行酰化反应生成头孢噻肟酸（CTAX），最后生成头孢噻肟钠（CTAX-Na）。起始物头孢菌素 C 中含有 DAO-CC、DA-CC 和 CC-LT 等杂质，它们与头孢菌素 C 的结构相似，所以在半合成步骤中会发生相同的反应，分别生成 DAO-ACA，DA-ACA 和 ACA-LT，进而生成 DAO-CTAX、DA-CTAX 和 CTAX-LT 等杂质。通过质谱的分析，可以清楚地知道每一步工艺过程中杂质的变化情况，进而分析该工艺是否为受控状态。

（5）重视注射液的无菌保证水平

药物注射剂应采用适当的物理或化学手段将产品中活的微生物杀灭或除去，从而使药品残存活微生物的概率下降至预期的无菌保证水平（sterility assurance level，SAL）。很多抗生素药品对热不稳定，易在灭菌过程中分解。如克林霉素磷酸酯注射液，湿热灭菌过程中可产生多种杂质，并且随加热时间的增加，杂质含量逐渐增加，提示该品种不适宜简单采用湿热灭菌法来实现无菌保障。因此，利用生物指示剂（嗜热脂肪芽孢杆菌）和相关物质检查同时验证热不稳定抗生素注射液的灭菌工艺，是保障其产品安全性的根本措施。

第二节　头孢菌素 C 生产工艺

一、头孢菌素 C 的结构和生物合成

头孢菌素类抗生素自发现以来一直作为重要的抗感染药物而广泛应用于临床治疗。至今，该类抗生素已发展到第五代，具体见表 8-1。

表 8-1　头孢菌素类抗生素

迭代	在 7-ACA 母核基础上的结构修饰	代表性药物	临床应用
第一代	7β-位苯甘氨酸取代衍生物，其 3 位为甲基取代物	头孢噻吩、头孢噻啶、头孢拉定	常用于呼吸道感染、中耳炎和尿路感染
第二代	3 位引入对青霉素结合蛋白具有较高亲和力的元素，如氯元素，提高其抗菌能力，在 7 位侧链引入 α-亚胺甲氧基或氨基噻唑环来增强对 β-内酰胺酶的稳定性	头孢西丁、头孢呋辛、头孢替安	常用于呼吸道感染、中耳炎和尿路感染
第三代	7、3 位取代基做了进一步的改进，比如在 7 位侧链引入氨基噻肟或 7 位引入亚胺甲氧基，以及 3 位引入甲氧基氨基	头孢噻肟、头孢他啶、头孢哌酮、头孢克肟、头孢地尼、头孢布烯、头孢曲松、头孢唑肟	主要用于各种敏感菌引起的感染
第四代	在 7 位侧链引入第三代头孢噻肟的氨噻肟基团和 3 位引入带正电荷的鎓基，使第四代头孢成为偶极离子型两性化合物，而更易扩散穿过 G⁻ 菌的细胞膜	头孢唑兰、头孢他啶、头孢吡肟、头孢噻利、头孢匹罗、头孢吡肟	用于对第三代头孢菌素耐药而对其敏感的细菌感染，亦可用于中性粒细胞缺乏伴发热患者的经验治疗
第五代	吡咯烷酮或 N-膦酰基修饰	头孢吡普、头孢洛林	可有效治疗耐甲氧西林和耐万古霉素金黄色葡萄球菌引起的感染，并可用于治疗院内铜绿假单胞菌感染

1. 头孢菌素 C 的结构

头孢菌素 C（CPC）是由顶头孢霉（*Acremonium chrysogenum*）产生的一种 β-内酰胺类抗生素。顶头孢霉是 20 世纪 40 年代由 Brotzu 教授在意大利撒丁岛附近海岸分离获得的丝状真菌，他首次描述了顶头孢霉能够产生具有抑菌作用的物质。随后有研究者在其培养液中发现了抗菌物质头孢菌素 C。1961 年，CPC 的结构被 Abraham 和 Newton 解析，并通过 X 射线晶体衍射技术得到了证实，如图 8-1 所示。结构显示头孢菌素 C 用二氢噻嗪环代替了青霉素中的噻唑环与 β-内酰胺环相连，正是由于这种结构上的差异使得头孢菌素 C 具有更强的稳定性，不易被青霉素酶破坏，从而能够杀死许多青霉素耐药菌。另外，头孢菌素 C 的不良反应发生率低，对人、畜较为安全。CPC 经化学改造后的 7-氨基头孢烷酸（7-ACA）是各头孢菌素类抗生素的重要中间体，其结构如图 8-2 所示。

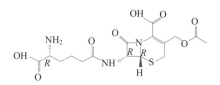

图 8-1　头孢菌素 C（CPC）的结构　　　图 8-2　7-氨基头孢烷酸（7-ACA）的结构

2. 头孢菌素 C 的生物合成

经过几十年的研究，头孢菌素 C 的生物合成途径已基本阐明。同大多数微生物中参与次级代谢产物生物合成的基因相似，参与 CPC 生物合成的基因也成簇存在于顶头孢霉的染色体上。在顶头孢霉中参与 CPC 合成的基因分别为位于Ⅶ号染色体上的"早期"基因簇和位于Ⅰ号染色体上的"晚期"基因簇。"早期"基因簇中的基因 pcbAB 和 pcbC 编码的蛋白质（ACV 合成酶和异青霉素 N 合成酶）分别负责 CPC 合成的前两步反应：在 ACV 合成酶（ACVS）催化下，L-α-氨基己二酸（L-α-aminoadipic acid）、L-半胱氨酸（L-cysteine）和 L-缬氨酸（L-valine）缩合为三肽的 ACV，再经异青霉素 N 合成酶（IPN）催化形成异青霉素 N（IPN）。cefD1 和 cefD2 位于"早期"基因簇中 pcbC 的下游，编码青霉素 N 异构化酶，负责将异青霉素 N 异构化为青霉素 N(PenN)。最后两步反应由"晚期"基因簇中的基因 cefEF 和 cefG 编码的扩环酶-羧化酶和 DAC 乙酰转移酶负责催化，最终将青霉素 N 催化为 CPC。

二、头孢菌素 C 的发酵工艺

头孢菌素 C 是顶头孢霉的繁殖和代谢产物，是广泛分布于自然界的小丝状真菌。顶头孢霉 M8650 是最早进行工业化生产头孢菌素 C 的菌株。现今世界上使用的产量很高的菌株大都是由此菌株经过反复的诱导突变和选择培育而来的。

顶头孢霉在马铃薯葡萄糖琼脂平板上生长迅速，气生菌丝为绒毛状或棉絮状，常集结成绳束状，无论是否湿润，菌落均表现为木耳型、有突起、表面多刺、质地柔软、表面可能出现放射状褶沟。其颜色初呈白色，然后变成淡粉红色，反面呈微黄色。其斜面生长状态为肠状褶皱、菌苔均匀厚实、菌丝丰富。顶头孢霉的菌丝生长到某一阶段时，会分化出许多节孢子成串生长，在顶头孢霉发酵产生头孢菌素 C 的过程中，节孢子时期是产生头孢菌素 C 的高峰时期，研究发现，圆球形节孢子比椭圆形节孢子产生的头孢菌素更多。

自工业化生产头孢菌素 C 以来，国内外众多研究学者开展了大量的研究工作，不断地优化各种生产条件，从菌种培养基的选择，到如何控制发酵过程中的关键技术参数，研究从未间断。产头孢菌素 C 的菌种生长速度较慢，工业生产一般采用四级发酵过程，种子罐扩大培养三级之后再移入发酵罐培养。取生长成熟的斜面孢子制成悬浮液，将其接种到一级种子罐中，发酵的温度设置为 28 ℃，时间为 82～96 h，培养结束后检查发酵的菌丝是否合格，合格后利用无菌管道将发酵液移入二级种子罐，发酵的温度设置为 28 ℃，时间为 40～45 h，此时菌丝的生长阶段处于对数生长期末期，然后再将其转移至三级种子罐，发酵温度设置为 28 ℃，时间为 35～40 h，在这个阶段，菌丝的生长代谢处于非常旺盛的状态，将其转移至发酵罐中，温度采用变温控制的形式，在发酵 20 h 内温度为 28 ℃，20 h 以后温度变为 25 ℃。当发酵进行至 50 h 时，大部分菌丝繁殖处于对数生长期末期，发酵液的颜色开始发生变化，由此发酵进入稳定阶段，菌丝开始大量地合成并分泌头孢菌素 C。在一系列的发酵流程中，需间歇或连续地补加碳源豆油和氮源硫酸铵，并控制溶解氧以满足菌丝生长需要，并利用氨水控制 pH，直至发酵结束，发酵时间通常为 130～140 h。

三、头孢菌素 C 的提取和精制

目前工业上主要采用多种分离纯化方法相结合的生产工艺对头孢菌素 C 进行提取和精制。即先用大孔吸附树脂从发酵液中初步分离出头孢菌素 C，然后经离子交换法纯化，最后采用络盐沉淀法进行结晶。具体工艺流程如图 8-3 所示。

1. 发酵液预处理

发酵液中有头孢菌素 C、去乙酰头孢菌素 C 及微量的去乙酰氧头孢菌素 C。用 H_2SO_4 将发酵液酸化至 pH 2.5～3.0，放置一定时间，使去乙酰头孢菌素 C(DCPC)内酯化而易于和头孢菌素 C 分离。

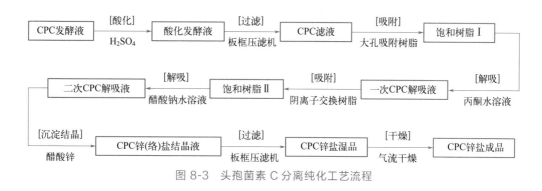

图 8-3 头孢菌素 C 分离纯化工艺流程

2. 大孔吸附树脂的吸附与解吸

使用 XAD-4 大孔吸附树脂吸附时 pH 应为 2.5~3.0，该树脂的吸附容量为 15~20 g/L；吸附完毕后用 2~4 倍吸附体积的去离子水洗涤，除去 SO_4^{2-} 等阴离子，以免干扰后续工序中离子交换树脂的纯化；然后用 15%~25%乙醇，丙酮或异丙醇水溶液来解吸。

3. 离子交换树脂的纯化

头孢菌素 C 分子中具有两个羧基和一个氨基，由于氨基碱性较弱，不能用阳离子交换树脂处理，用强碱性阴离子交换树脂吸附虽好，但解吸困难，故应采用弱碱性阴离子交换树脂来分离纯化头孢菌素 C。吸附前预先用醋酸溶液处理树脂使之成醋酸型，再开始吸附。吸附完毕，用去离子水洗涤树脂，然后以 1.5%~2.5%的醋酸钠（钾）水溶液解吸。

4. 沉淀结晶

头孢菌素 C 可与二价重金属离子 Cu^{2+}、Zn^{2+}、Ni^{2+}、Co^{2+}、Fe^{2+}、Pb^{2+} 等形成摩尔比 1∶1 的难溶性络盐微晶沉淀。利用这一原理，在头孢菌素 C 二次解吸液中可直接进行沉淀结晶。其中以锌盐使用得最普遍。

头孢菌素 C 分离纯化工艺的总体特点是将大孔吸附树脂法、离子交换法及沉淀法三者合理地结合起来，扬长避短，使头孢菌素 C 的分离纯化在收率与质量上达到较为满意的结果。

第三节 红霉素生产工艺

一、红霉素的结构和生物合成

红霉素（erythromycin）是红色糖多孢菌（*Saccharopolyspora erythraea*）的次级代谢产物，为十四元大环内酯类抗生素（包括红霉素 A~F，红霉素 A 的抑菌活性最高）。其抗菌谱和青霉素 G 相似，特别对革兰氏阳性菌及立克次氏体有抗菌活性，是治疗溶血性链球菌感染和耐药性金黄色葡萄球菌感染所引起的疾病的首选药物。同时，红霉素衍生物的兴起，大大刺激了母体红霉素的需求。其作用机制是与核糖体 50S 亚基结合，阻止蛋白质的合成。

1. 红霉素的化学结构

红霉素由红霉内酯（erythronolide）、L-碳霉糖（L-mycarose）和 D-脱氧糖胺（D-desosamine）三部分以 O-糖苷键连接而成。红霉素 A（图 8-4）作为活性最好的天然组分，区别于红霉素其他成分的特征在于大环内酯骨架的羟化和糖基单元的甲基化程度不同。

2. 红霉素的生物合成

红霉素的生物合成可以分为大环内酯骨架 6-脱氧红霉内酯 B（6-deoxyerythronolide B，6-dEB）的形成和后修饰两大步骤（图 8-5）。

6-dEB 的生物合成由 I 型聚酮合酶（polyketide synthase，PKS）复合酶系催化。该复合酶系含有 3 个亚基：DEBS1，DEBS2 和 DEBS3，包括 1 个起始模块（module）和 6 个延伸模块，涉及 3 个基本功能域（domain）：β-酮合成酶（ketosynthase，KS）、酰基转移酶（acyltransferase，AT）、酰基载体蛋白（acyl carrier protein，ACP）。起始模块中的 AT 特异性识别丙酰辅酶 A，将其转移到 ACP 上作为起始单元。起始单元随后被转移到第一个延伸模块的 KS 上，同时第一个延伸模块中的 AT 特异性识别甲基丙二酰辅酶 A，并将其转移到第一个延伸模块的 ACP 上，KS 催化起始单元丙酰基与延伸单元甲基丙二酰基缩合形成 β-酮完成第一轮延伸。其他 5 个延伸模块采用类似的机制依次线性完成缩合，连接在 PKS 上的聚酮链在每一轮延伸后都会增加两个碳单元。此外，延伸模块还分别特异性地将延伸聚酮链的 β-羰基还原成羟基、反式烯基或饱和状态，最终形成一个十四碳的聚酮链。在末端硫酯酶（thioesterase，TE）的催化下，该聚酮中间体从 PKS 上解离下来，环化形成 6-dEB。

大环内酯骨架 6-dEB 形成之后，再经历一系列后修饰反应形成成熟的终产物红霉素 A，以及包括红霉素 B、C、D 在内的中间产物。首先，细胞色素 P450 氧化酶 EryF 在 6-dEB 的 C-6 位进行羟化，形成红霉内酯 B（erythronolide B，EB）。随后糖基转移酶 EryBV 在 EB 的 C-3 位羟基上连接 L-碳霉糖，形成 3-O-碳霉糖基红霉内酯 B（3-O-mycarosyl erythronolide B，MEB）。然后另一个糖基转移酶 EryC III 在 MEB 的 C-5 位羟基上连接 D-脱氧糖胺，形成首个具有生物活性的中间体——红霉素 D。红霉素 D 在细胞色素 P450 氧化酶 EryK 的催化下完成 C-12 位的羟化，合成红霉素 C，再在 S-腺苷甲硫氨酸（S-adenosyl methionine，SAM）依赖的甲基化酶 EryG 催化下完成碳霉糖单元 C-3 位的羟甲基化，合成最终产物红霉素 A。

图 8-4　红霉素 A 的化学结构

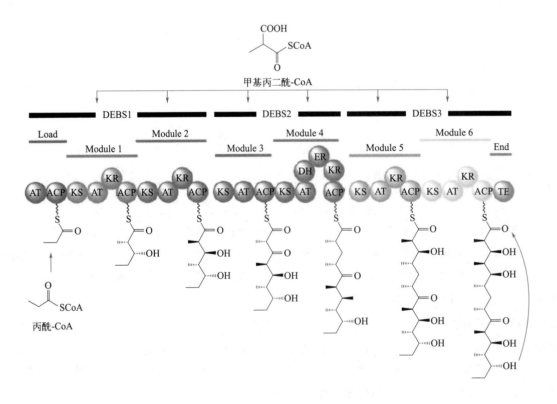

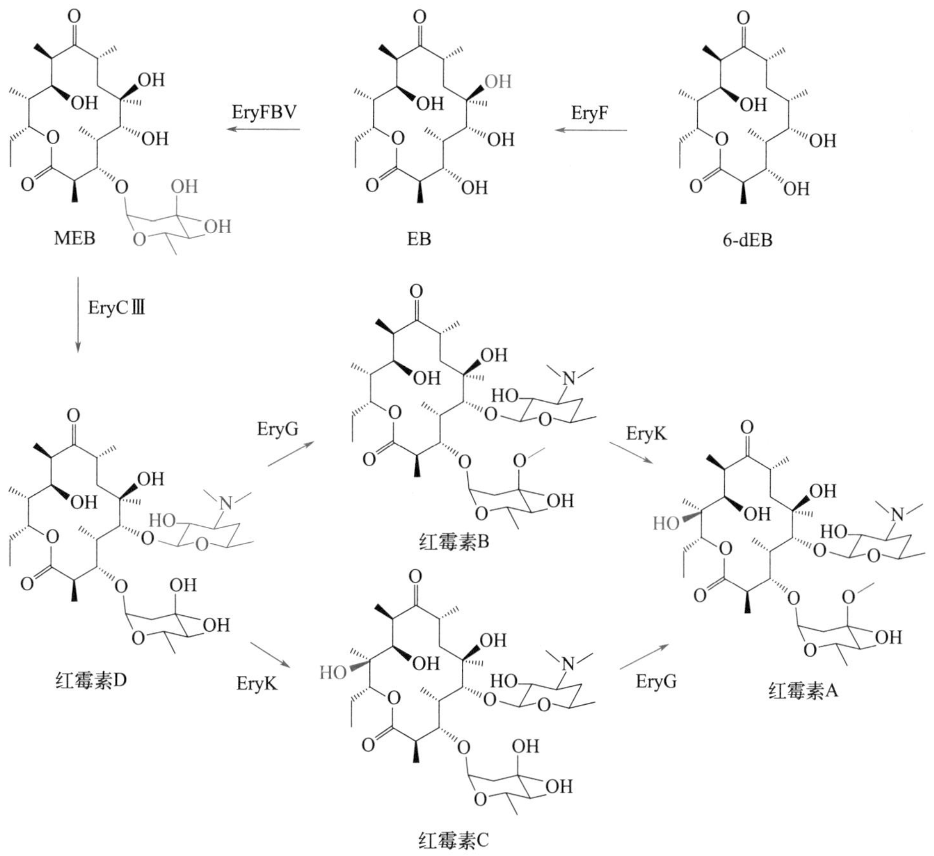

图 8-5 红霉素的生物合成途径

二、红霉素的发酵工艺

红霉素采用四级发酵培养方式生产，即挖取新鲜种子斜面（1 cm×1 cm），接种至装有 150 mL 种子培养基的 2 L 种子摇瓶中，于 220 r/min 转速下 34 ℃恒温培养 35 h 后转入一级种子罐，34 ℃培养 32 h 后转入二级种子罐，培养 36 h 后，移种至发酵罐中培养 160 h，发酵过程温度控制在 32～35 ℃。

1. 培养基

种子培养基由可溶性淀粉、葡萄糖、黄豆饼粉、玉米浆、蛋白胨、硫酸铵和磷酸二氢钾等组成。可以使用摇瓶种子液于种子罐接种，也可以使用红霉素孢子悬浮液作为种子液接种。在 34 ℃培养一段时间后，种子即可移入发酵罐进行红霉素的生物合成。种子培养基的成分和质量对种子的质量影响很大。

碳源的主要作用是提供菌体在生长过程中所需要的能量，并且碳源还是构成菌体细胞结构的重要物质。由于糖类是红霉素分子生物合成的重要碳源，当糖耗尽时由于缺乏原料合成就会停止。因此在发酵中补加碳源可以使产量增加，但同时也要补充氮源。

红霉素生产过程中一般使用有机氮源，如黄豆饼粉、玉米浆和花生饼粉。氮源的代谢是红霉素合成的一个重要因素，当适于菌体生长的氮源耗尽时，菌体停止生长，才开始合成红霉素。因此，在红霉素发酵过程中控制糖、氮的比例是十分重要的。

有机酸和醇类化合物对红霉素的发酵也有影响。丙酸是红霉素内酯的前体物质，但是丙酸对菌丝体生长具有抑制作用，所以在基础培养基中的量需要控制。正丙醇在发酵中一部分被用作原料合成红霉素内酯，表现出促进作用，另一部分则消耗在其他代谢过程中。在发酵第一阶段，正丙醇会抑制红霉素的生物合成，且抑制程度和其浓度成正比，所以在发酵中为了保证生物合成达到最大水平，一般采用连续添加正丙醇的方法。另外，无机磷对红霉素链霉菌的生长和红霉素的合成也有显著影响。

2. 发酵过程调控

（1）温度

红霉素发酵所用的菌种是中温生物，它的最适发酵温度随菌种、培养基成分、培养条件和菌体生产阶段的变化而改变。

温度的变化对红霉素发酵有两方面的影响：①影响各种酶促反应速率和蛋白质的性质；②影响发酵液的物理性质。控制温度时，在菌种生长阶段应选择最适生长温度，在产物分泌阶段应选择最适生产温度。在红霉素生产中前期培养温度宜控制在 35 ℃，中后期培养温度宜控制在 32 ℃，以获得较为理想的产率。

（2）pH

pH 对红霉素发酵的影响主要体现在三个方面：①影响酶的活力；②影响基质或中间产物的解离状态，从而影响其透入细胞或参与反应的能力；③影响产物的稳定性。红霉素生产菌的最适生长 pH 是 6.6～7.0，而红霉素生物合成的最适 pH 为 6.7～7.9，在此范围内红霉素生长菌菌丝生长良好，不自溶，发酵单位稳定。若 pH 低于 6.5，则对红霉素的生物合成不利；若 pH 高于 7.2，菌丝易自溶，且会导致红霉素 A 组分的比例降低，影响产品质量。因此，发酵培养基中应含有代谢产酸和产碱的物质以及缓冲剂（如 $CaCO_3$）等成分，使 pH 在合适的范围内波动，特别地，$CaCO_3$ 能与酮酸等反应，发挥缓冲作用，其用量十分重要。

（3）溶解氧

溶解氧浓度是红霉素发酵过程中应控制的重要参数之一，其大小直接影响红霉素产生菌菌体的生长和产物的质量。因此，选择一个最适溶解氧浓度，才有利于菌体生长和产物合成。在红霉素的发酵过程中，常见溶解氧明显下降的异常变化，原因有以下几种：①污染了好氧性杂菌；②菌体代谢发生异常，需氧要求增加；③某些设备和工艺控制发生故障或变化。因此，从发酵液中溶解氧浓度的变化，就可以了解微生物生长代谢是否正常，工艺控制是否合理，设备供氧能力是否充足等。

氧在水中的溶解度很小，所以控制溶解氧主要靠调节空气流量和搅拌速度，此外，还可以控制补料速率、调节温度、液化培养基、中间补水、添加表面活性剂等工艺措施来控制溶解氧水平。

（4）补糖、补料

糖类不仅是菌体生长所需能量的主要来源，也是菌体细胞及代谢产物的碳源物质。补糖可依据糖的消耗、pH 的高低、染菌情况、发酵液的黏度（黏度大时可多补）、体积的大小以及罐温等因素来综合考虑。

补料的作用主要是补充氮源，其不仅供给菌体生长繁殖所需的营养物质，也为红霉素合成提供前体物质或氮素来源。补料的依据有：①氨基氮的高低，如氨基氮过高，则可少补或不补；②体积的大小；③搅拌开启情况；④pH；⑤罐温。作为前体的正丙醇有促进红霉素合成的作用，如忘加或少加，会影响红霉素的合成，如过量则会影响发酵正常进行。

红霉素发酵生产过程中，采用分批培养的方法进行补糖、补料。其优点为：①可以降低底物抑制、产物反馈抑制和分解产物阻遏；②可以避免在发酵中因一次投料过多造成细胞大量生产所引起的不利影响，改善发酵液流变学的性质；③可用作控制细胞质量的手段，以提高发芽孢子的比例；④可以使发酵过程最优化。

三、红霉素的提取和精制

红霉素的分离提取方法主要包括溶剂萃取法、膜分离法、离子交换法、吸附法、沉淀法和结晶法等。传统的提取工艺流程为：

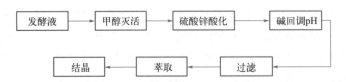

在红霉素提取工艺中，发酵液中含有大量的菌丝体、多糖和蛋白质等物质，造成红霉素的分离提取困难，并影响其质量和收率。因此，在分离提取前必须对发酵液进行预处理。目前较常用的方法是高速离心和絮凝。前者设备价格昂贵，能耗大，在实际生产中难以广泛应用；后者除菌率较高，但去除蛋白质和多糖的效果较差，导致溶液黏度很高，影响后续结晶过程。超滤作为运行能耗低、分离效率高的新型分离技术，能较好地去除蛋白质和多糖等大分子物质，可用于红霉素发酵液预处理。

传统红霉素分离提取工艺存在诸如产品质量差、提取效率低、溶剂消耗量大、环境污染严重等一系列问题。近年来，大孔吸附树脂吸附技术因其选择性好、溶剂损耗小、再生处理方便等优点在红霉素分离提取方面的应用得到了广泛认可。

红霉素发酵液（pH＝7.0）先由膜过滤进行预处理，去除发酵液中较大的杂质颗粒和部分菌体，使其满足树脂吸附条件，然后使用大孔吸附树脂对滤液进行固定床吸附，吸附完毕后以 pH 为 10.0 的硼砂-NaOH 缓冲溶液对树脂进行色素和蛋白质等杂质的洗涤，再采用乙酸丁酯作为洗脱剂将柱中红霉素洗下并使其结晶成硫氰酸盐，然后转碱、离心得红霉素。最后使用 50％的丙酮和 50％的 0.40 mol/L NaOH 溶液组成的混合溶液对树脂进行再生并重复使用（图 8-6）。

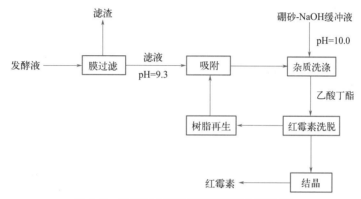

图 8-6　吸附法分离提取红霉素的工艺流程

第四节　硫酸新霉素生产工艺

一、新霉素的结构和生物合成

新霉素（neomycin）是由弗氏链霉菌（*Streptomyces fradiae*）产生的一种氨基糖苷类抗生素，可抑制细菌蛋白质的合成，对葡萄球菌、大肠埃希菌、变形杆菌、沙门菌等有较强的抑制作用，主要用于防治畜禽肠道感染、白痢、伤寒及呼吸道疾病，常用形式为硫酸盐，是国内外最为常用的兽用抗生素之一。

1. 新霉素的化学结构

新霉素是 1949 年 Waksman 等从新霉素链霉菌代谢产物中分离得到的混合物，其中含有 A、B、C 三种成分，主要成分为新霉素 B，新霉素 A 和 C 不仅活性比新霉素 B 低，而且毒性也较大。新霉素 B 的化学结构见图 8-7。

新霉素 B 是由新霉二糖胺与新霉胺缩合而成的苷。其中新霉二糖胺是新素胺和 D-核糖缩合而成的苷。新霉素 C 与 B 的区别仅在于新霉二糖胺 C-5 位上的—CH₂NH₂ 与—H 的取向不同。新霉胺就是新霉素 A，由新素胺和脱氧链霉胺缩合而成，是新霉素 B 和 C 的降解产物之一。

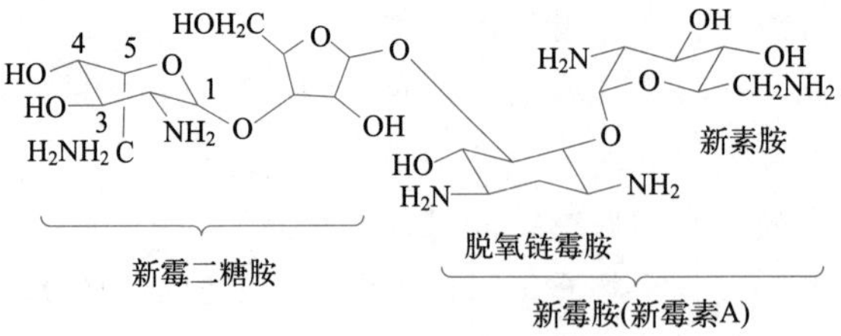

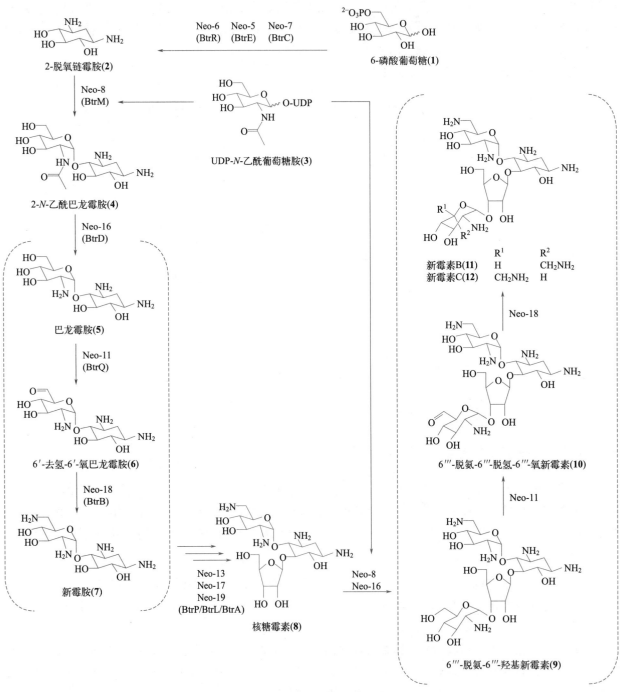

图 8-7 新霉素 B 的化学结构

2. 新霉素的生物合成

新霉素的生物合成途径见图 8-8。新霉素是首个被发现的 2-脱氧链霉胺（2-DOS）氨基糖苷类抗生素，

图 8-8 新霉素的生物合成途径

含有核糖霉素结构。核糖霉素为新霉素生物合成途径的中间产物。首先由 6-磷酸葡萄糖（**1**）合成 2-脱氧链霉胺（**2**）；然后 2-DOS 通过添加初级代谢产物 UDP-N-乙酰葡糖胺生成巴龙霉胺（**5**）；巴龙霉胺通过连续的脱氢作用和吡哆醛-5'-磷酸为基础的氨基转移反应转化为新霉胺（**7**）；新霉胺通过多步反应转化为核糖霉素（**8**）。核糖霉素添加 UDP-N-乙酰葡糖胺后，通过 6'-葡萄糖胺氧化酶（Neo-11）和 6'-含氧葡萄糖胺 L-谷氨酸氨基转移酶（Neo-18）催化作用，得到新霉素 B(**11**) 和新霉素 C(**12**)。

二、硫酸新霉素的发酵工艺

硫酸新霉素发酵工艺流程为：

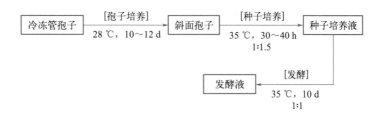

1. 孢子制备

原种湿接于平板培养基或试管斜面 28 ℃恒温培养，经单孢子分离后再做摇瓶试验证实其生产能力不低于原种，将菌落接种到产孢子斜面培养基上于 28 ℃恒温培养 10～12 d，成熟孢子保存于 4 ℃冰箱内备用，保存期不超过两个月。保存期间应经常检查保存温度，温度切忌过高，否则大大降低孢子生产能力。

2. 种子制备

（1）一级种子制备

种子液培养基配方见表 8-2。

表 8-2　5 m³ 种子液培养基所用物料表

物料名称	物料所占百分比/%	实际生产投放的物料量/kg
花生饼粉	1.0	40
豆油	0.4	16
磷酸氢二钠	0.1	4
碳酸钙	1.4	56
酵母膏	2.0～3.0	120
玉米浆	1.0	40
葡萄糖	2.0～3.0	100
蛋白胨	0.5	20
硫酸铵	0.05～0.1	4
淀粉	1.0	40

培养基在使用前应进行高压蒸汽灭菌。糖类在高温灭菌时，容易遭到破坏，特别是还原糖和氨基酸、肽类、蛋白质等有机氮源共同加热时，更容易发生化学反应，生成 5-羟甲基糠醛和棕色的类糊精。糖类还易与磷酸盐发生络合反应，形成棕色的固体色素或溶液。这些棕色物质对微生物有一定的毒性。故应将糖类和其他物料分开灭菌。

培养基冷却至 35 ℃后入罐并维持此温度进行发酵。根据培养基体积，每 450 L 接种一瓶斜面孢子，要求每瓶斜面中活孢子数量不低于一亿个。然后以 1∶1.5 的通气量通入无菌空气，搅拌培养 30～40 h 即可移种于二级种子罐，具体培养时间应根据菌体生长实况决定。

（2）二级种子制备

培养基灭菌、冷却至 35 ℃并入罐后，维持此温度。随后，以 1∶1.5 的通气量通入无菌空气，搅拌培养 30～40 h，符合移种标准后方可将种子培养液移入发酵罐。

移种标准：pH 在 7.0 左右，效价为 700 mg/mL 左右，培养液不分层、表面无泡沫，还原糖含量下降 1%，菌丝形态呈长分节状、菌丝团散开。

3. 发酵

硫酸新霉素采用补料分批发酵的模式生产。其发酵培养基配方见表 8-3。

表 8-3　100 m³ 发酵培养基所用物料表

物料名称	物料所占百分比/%	实际生产投放的物料量/kg
黄豆饼粉	0.2～1.0	400
花生饼粉	2.0～3.0	2000
豆油	0.1～0.2	100
磷酸氢二钠	0.03～0.0	634
碳酸钙	0.4～0.6	356
酵母粉	0.6～1.2	712
淀粉酶	0.025	17.5
玉米浆	0.2～0.3	210
葡萄糖	1.0～2.5	100
蛋白胨	0.6～1.2	680
硫酸铵	0.4～0.8	300
氯化钠	0.3～0.6	316
磷酸二氢钾	0.01～0.03	10
硅油	0～0.06	24
水解糖	1.0～1.2	1190

（1）温度

发酵过程中，为了使菌体生长和代谢产物的合成顺利进行，必须维持合适的温度。一方面，温度的变化会影响各种酶促反应的速率和蛋白质的性质。值得注意的是，温度对菌体生长涉及的酶促反应和代谢产物合成过程中的酶促反应的影响不同，所以应进行变温操作。另一方面，温度的变化会影响发酵液的物理性质，如发酵液的黏度、基质和氧在发酵液中的溶解度和传递速率、某些基质的分解和吸收速率，进而影响发酵的动力学特性和产物的生物合成。

影响发酵温度的主要因素有：微生物发酵热、电机搅拌产生的摩擦热，同时罐壁的散热、水分的蒸发等都会影响罐温。

罐温全程应控制在 35 ℃，在放罐前 24 h 如氨氮含量较低、还原糖含量高可升温至 37 ℃进行控制。

（2）通气搅拌

接种后先保持微量空气，随后 6 h 内按梯式逐渐增加空气流量，将流量逐步升至 1∶1.5。在此过程中，如泡沫较少，可以提前加足空气；如泡沫严重，可适量添加混合消沫油。

提高搅拌转速可以增加氧的溶解速率。在发酵过程中，不同发酵阶段对溶解氧的需求不同，故需及时调节搅拌转速。

（3）泡沫控制

使用混合油做消泡剂进行化学消泡。混合油由植物油和鱼油混合而成，其比例为 1∶1，既可增加消沫能力，又可降低成本与粮耗。为提高消沫效果，应遵循少量多次的原则加入混合油。宜喷洒加入，以使消沫剂细密地扩散在整个泡沫表面上，充分发挥其效力。

常用安装在发酵罐中的电导式或电容式泡沫探头监测泡沫，并与消泡装置或消泡剂添加装置连接控制泡沫。

（4）压力

发酵罐要保持正压以防止外界空气中杂菌的侵入。另外，罐压会引起 O_2 和 CO_2 在发酵液中分压的改变而影响其溶解度。CO_2 在水中的溶解度比氧大 30 倍，所以，罐压不宜过高，一般罐压维持在 0.04～0.05 MPa。

（5）pH

pH 对菌体生长和产物合成影响显著，可用耐高温灭菌的 pH 复合电极（由玻璃电极和参比电极组成）连续在线测定发酵液 pH。高温消毒会使一些电极阻抗升高和转换系数下降，从而引起测量上的误差。另外，电极的液接界面电位也会因电极与大分子有机物的接触而发生变化。

pH 在发酵的前 30 h 内应控制在 6.5～6.8 之间，之后可略微提高一些，但不可高过 7.3。若 pH 快超过 7.3 时，需立即补加 1% 的葡萄糖以防止 pH 继续上升。但此时若氨氮利用正常可不加糖。放罐前 36 h pH 高于 7.3 可不必处理。

三、硫酸新霉素的提取和精制

硫酸新霉素提取和精制工艺流程如下：

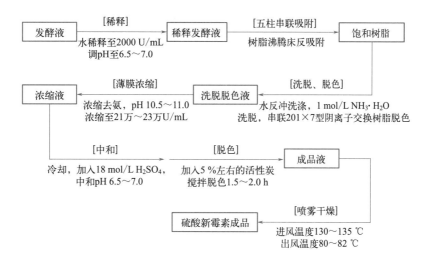

1. 吸附

采用五柱串联流化床进行反吸附。该系统具有如下优点：床层空隙率高，允许菌体细胞或细胞碎片自由通过，从而可节省离心或过滤等预处理过程，提高目标产物收率，降低分离纯化过程成本。

吸附前先将发酵液放入中间储槽，加水稀释 8～10 倍以降低发酵液黏度，使发酵单位降至 2000～2500 U/mL，这样处理后，采用沸腾床吸附时不会发生树脂逃逸，从而提高产品收率。稀释时用硫酸调节 pH 至 6.5～7.0，若 pH 过低，会影响吸附效果；若 pH 过高，新霉素解离不完全，也会影响吸附效果。

吸附时温度控制在 20～30 ℃效果最好，在不发生树脂逃逸的前提下，吸附流速越快效果越好。当主罐流出液中的新霉素浓度达到进口的 95%，即认为吸附达到饱和，转入洗脱阶段。主罐解吸完毕并完成树脂再生处理后，可立即作为下一新柱继续使用，如此实现循环操作。

2. 洗脱

洗脱以除去悬浮杂质，串联强碱性季铵Ⅰ型阴离子交换树脂（201×7 型）进行脱色。洗脱时先用软水反冲洗涤一遍，再用 1 mol/L NH$_3$·H$_2$O 洗脱，为使洗脱液浓度保持较高水平，应控制其流速，一般为吸附流速的 1/10，即每分钟的流量约为树脂体积的 1/500。

3. 浓缩

由于新霉素受高温易破坏，故需采用薄膜浓缩低温蒸发技术，使用套管式升膜蒸发设备。浓缩液用硫酸中和，中和时要事先将浓缩液冷却至 25 ℃以下再缓慢加酸，中和过程中应控制温度不超过 25 ℃。为了防止颜色变深，应添加 0.1% 亚硫酸溶液。用二氧化硫制作亚硫酸以及在使用亚硫酸的过程中应注意防毒。随后，用 5% 左右的活性炭搅拌脱色 1.5～2.0 h。

4. 干燥

硫酸新霉素属热敏性物料，故干燥采用喷雾干燥，使用离心式喷雾干燥器（图 8-9），进风温度为 130 ℃，排风温度为 80 ℃。

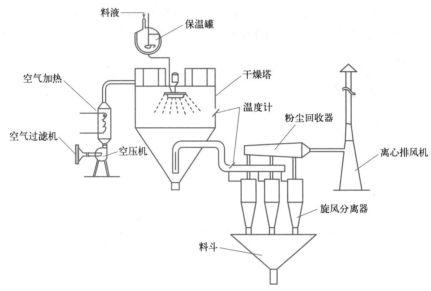

图 8-9　离心式喷雾器干燥流程图

第五节　万古霉素生产工艺

一、万古霉素的结构和生物合成

万古霉素（vancomycin），是由美国礼来公司（Lilly）开发的一种糖肽类抗生素，通过抑制细菌的生长和繁殖来杀死细菌。其作用机制是通过干扰细菌细胞壁结构中的关键组分肽聚糖来干扰细胞壁的合成，抑制细胞壁中磷脂和多肽的生成。该药是由 McCormick 等于 1956 年从印度尼西亚的土壤中筛选到的一株被称为东方拟无枝酸菌［*Amycolatopsis orientalis*，原名为东方链霉菌（*Streptomyces orientalis*）或东方诺卡氏菌（*Nocardia orientalis*）］的发酵液中分离得到的。该药于 1958 年在美国获美国 FDA 批准上市。万古霉素问世之初，由于其具有很强的耳肾毒性以及青霉素和头孢菌素类抗生素的上市使用，仅作为保留药物，治疗由少数金黄色葡萄球菌引起的严重感染性疾病，临床使用很少。后来随着 β-内酰胺类抗生素的大量使用，由耐甲氧西林金黄色葡萄球菌（methicillin-resistant *Staphylococcus aureus*，MRSA）所引起的感染逐渐流行。在这种情况下，万古霉素愈来愈受到人们的重视，人们对其药理和临床疗效进行了新的评价，认为它不仅适用于严重的革兰氏阳性菌感染，特别是对其他抗感染药物耐药或疗效不好的MRSA或耐甲氧西林表皮葡萄球菌（MRSE）及肠球菌属细菌引起的各种感染；也可以用于对β-内酰胺类抗生素过敏患者的上述严重感染，或血液透析患者的严重革兰氏阳性菌感染；并且可以作为治疗艰难梭菌引起的假膜性结肠炎的首选药物或用于甲硝唑治疗无效者。其被国际抗生素专家誉为"人类对付顽固性耐药菌株的最后一道防线"和"王牌抗生素"。万古霉素开发后近30年一直是临床上唯一应用的糖肽类抗生素。上海医药工业研究院陈代杰等人自1996年与浙江医药股份有限公司新昌制药厂合作，经过长达7年的研究开发，万古霉素于2003年9月正式获得批准并成功投产上市。该产品质量达到甚至超过进口标准，具有显著的社会经济效益。随着我国用药水平（包括对临床耐药菌的临床监测和控制措施等）、医疗水平和生活水平诸方面的不断提高和改善，以及国内生产企业市场营销策划和运作水平的逐步提高，相信万古霉素在今后临床应用方面将得到应有的重视和长足发展。

1. 万古霉素的结构

万古霉素分子是由两个基本结构，即糖基部分α-O-vancosamine-β-O-glucosyl和肽基部分中心七肽核，组成的糖肽类抗生素（图8-10）。而七肽核链是由间-氯-β-羟基酪氨酸（CHT）、3,5-二羟基苯基甘氨酸（Dpg）、精氨酸、N-甲基亮氨酸组成，其中取代基通过醚键或碳-碳键相连；糖基部分的双糖由葡萄糖和氨基糖vancosamine组成。

2. 万古霉素的生物合成

利用同位素示踪及逆向合成分析技术发现，构成万古霉素中七肽核链的氨基酸在酶的作用下生成7种非蛋白质氨基酸前体，这七种氨基酸在非核糖体肽合成酶的作用下而成，这种酶可以利用氨基酸的活性位点加载及延长蛋白，七肽核在这种酶的作用下缩合而成，然后在芳基侧链交联酶的催化下进行组合、交联修饰形成七肽骨架。此过程中的间-氯-β-羟基酪氨酸及3,5-二羟基苯基甘氨酸是由乙酸及酪氨酸通过酶催化形成的。万古霉素的糖基部分则通过GtfE和GtfD两种糖基转移酶的作用连接到糖苷配基上。

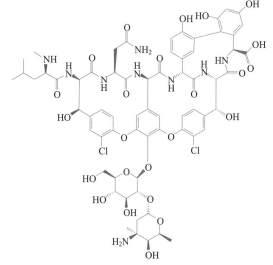

图8-10　万古霉素结构式

另外，应用逆向合成分析技术，对万古霉素的生物合成进行的研究表明，万古霉素的合成过程可以分为三个阶段：

① 小分子阶段：在酶的催化下生成装配过程中需要的小分子化合物，包括非蛋白质氨基酸及TDP-L-epivancosamine。

② 装配阶段：上一步骤中准备好的氨基酸通过腺苷化反应转换为腺苷酸，然后与邻近肽载体蛋白（PCP）上的巯基形成硫酯键，由PCP之间的缩合功能域催化肽键的形成。

③ 装配后的修饰：在这步反应中对装配产物进行化学修饰，包括氧化反应及糖基化反应。

二、万古霉素的发酵工艺

万古霉素生产菌东方拟无枝酸菌（*Amycolatopsis orientalis*）于1956年被分离筛选出来，而我国则于1968年自行研制并成功生产出国产万古霉素。目前，我国盐酸万古霉素的产量已占全球30%以上，产品质量居国际领先地位。国内生产规模最大的企业为浙江海正药业，其次为浙江医药新昌制药厂、丽珠福兴医药和华北华胜制药等。其发酵工艺流程如图8-11所示。

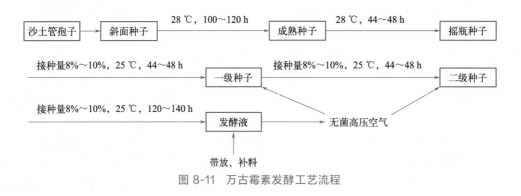

图 8-11　万古霉素发酵工艺流程

1. 菌种

万古霉素生产菌采用的是东方拟无枝酸菌的不同菌株，比如 *Amycolatopsis orientalis* V-0704、7-9、AO-1、SIPI-43491 等，是拟无枝酸菌属，革兰氏阳性菌。其菌落形态呈圆形凸起，并产生白色孢子。将长期保藏的沙土管孢子接种至试管斜面，在 28 ℃下活化 4～5 天，形成丰满的白色孢子即为成熟种子。

2. 培养基

斜面培养基采用常规高氏一号培养基。

种子培养基配方为：淀粉 4.0%，黄豆饼粉（热榨）2.0%，葡萄糖 1.5%，酵母粉 1.0%，氯化钠 0.6%，磷酸二氢钾 0.02%，氯化镁 0.02%，消沫剂 0.05%。消沫前调节 pH 至 6.8。

发酵培养基配方为：淀粉 4.0%，葡萄糖 1.0%，黄豆饼粉（热榨）2.0%，丝素粉 1.5%，磷酸二氢钾 0.02%，氯化镁 0.02%，硫酸铵 0.2%，碳酸钙 0.3%，消沫剂 0.05。消沫前调节 pH 至 6.8。

3. 种子扩大培养

成熟的斜面孢子经过摇瓶培养后，孢子萌发，形成菌丝体。以 8%～10% 的接种量，依次将种子接种至一级种子罐和二级种子罐，进行种子的扩大培养。在每一步操作过程中需要严格无菌操作，每隔 4 h 需取样进行无菌试验，避免染菌。在接入下一级种子罐或发酵罐之前，应保证种子质量。

4. 发酵工艺控制

常采用三级发酵、补料带放工艺进行万古霉素发酵生产。发酵周期为 5～7 天，起始 pH 为 6.5，当残糖含量下降至 1.5% 左右，开始补糖及其他相应成分，多耗多补，发酵过程中 pH 应控制在 7.0 左右，放罐时 pH 应控制在 7.4 左右。当发酵罐内料液过多时，需要安排一次性带放，以利于后续补料工艺的进行。

三、万古霉素的提取和精制

万古霉素是有机弱碱盐，不溶于水，而其盐酸盐溶于水，精制后的万古霉素常为其盐酸盐形式。具体提取和精制工艺流程如图 8-12 所示。

1. 发酵液的预处理

由于在万古霉素的发酵终点时发酵液的 pH 在 7.4 左右，因此在发酵液中万古霉素主要是以游离碱的形式存在的。在目的产物的分离纯化阶段，第一步是将万古霉素通过离子交换吸附转移到大孔吸附树脂（常用 D1300 型）上。此交换过程中要求万古霉素以游离酸的形式存在。因此，需要用稀酸将发酵液酸化并调节其 pH 至 3.0～3.5。考虑到稀酸在酸化的同时具有促使发酵液中蛋白质变性沉淀的作用，虽然采用草酸时对蛋白质的沉淀效果优于盐酸，但由于万古霉素产品为盐酸盐形式，因此最终仍以盐酸作为酸化剂。在此酸化过程中，同时可加入絮凝剂及助滤剂等使发酵液易于过滤，且有利于获得质量较好的发酵滤液。

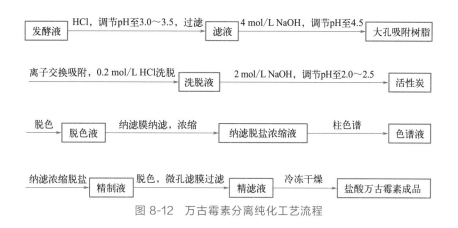

图 8-12　万古霉素分离纯化工艺流程

2. 吸附、脱盐及脱色

为了进一步将发酵滤液中的万古霉素与其他的水溶性杂质相分离，需要将发酵滤液通过装有羧酸型大孔吸附树脂的树脂柱，水洗除去其他杂质后，再采用乙醇水溶液将万古霉素解吸下来。

采用 D1300 型树脂作为吸附树脂，在将发酵滤液通过树脂柱进行吸附前，应首先用 4 mol/L NaOH 溶液将发酵滤液的 pH 回调至 4.5 左右。解吸时采用 pH 为 2.0 的 80％酸性乙醇水溶液进行操作。解吸液经 HPLC 分析检测，目标成分的积分面积比一般在 75％左右，单位浓度应在 10000 μg/mL 以上。

上述过程得到的解吸液先经纳滤浓缩脱盐，再经活性炭脱色，并加入适量的黄血盐及硫酸锌除去铁离子后，可获得万古霉素积分面积比在 75％左右、单位浓度在 80000 μg/mL 以上的脱盐脱色浓缩液。该步骤获得的脱盐脱色浓缩液的质量对于后续的柱色谱及成品质量十分重要，一般要求，经 HPLC 检测，万古霉素面积积分比应在 75％以上，万古霉素浓度不低于 80000 μg/mL。

3. 柱色谱纯化

柱色谱纯化的目的是将万古霉素进一步纯化，即将积分面积为 75％～80％的脱盐脱色浓缩液中万古霉素的含量提高到符合《中国药典》规定的含量。将浓缩液采用 0.1 mol/L NH_4HCO_3 水溶液在色谱介质为 Sephadex C-25 的柱子中进行梯度洗脱，分段收集洗脱液，经 HPLC 检测合格的部分经过纳滤浓缩脱盐得到精制液。上述精制液再经活性炭脱色、0.22 μm 微孔滤膜过滤除热原后，得到盐酸万古霉素精滤液，随后通过冷冻干燥制成盐酸万古霉素无菌原料粉。

第六节　林可霉素生产工艺

一、林可霉素的结构和生物合成

林可霉素（lincomycin），在我国也称洁霉素，是一种重要的高效广谱抗生素，是林可链霉菌产生的林可胺类抗生素。研究人员从美国林肯市的土壤中发现一种放线菌，经培养从该菌的培养液中分离出林可胺类抗生素，因此该抗生素被命名为林可霉素。林可霉素的抗菌谱包括需氧革兰氏阳性菌和部分需氧革兰氏阴性菌及厌氧菌，其敏感菌有化脓性链球菌、绿色链球菌、金黄色葡萄球菌、肺炎链球菌、梭状芽孢杆菌属、双歧杆菌属等。其抑菌机制与大环内酯类抗生素相似，即透过细胞膜与细菌核糖体 50S 亚基 23S rRNA 基因的中心环相结合，阻止细菌多肽链的延伸，以达到抑制细菌蛋白质合成的目的，最终对细菌产生抑制作用。检测林可霉素生物效价时常用的指示菌是藤黄八叠球菌。

1. 林可霉素的分子结构

林可霉素是由糖基部分（甲基硫林可酰胺，methylthiolmide，MTL）和氨基酸部分（反式-N-甲基-4-正丙基-L-脯氨酸，trans-N-methylated-4-propyl-L-proline，PPL）通过肽键连接而成。林可霉素的主要组分包括林可霉素 A、林可霉素 B、林可霉素 C、林可霉素 D、林可霉素 K 和林可霉素 S（表 8-4），我们通常所说的林可霉素是指林可霉素 A。其分子式为 $C_{18}H_{34}N_2O_6S$，分子量为 406.56。林可霉素 A 的疗效较好，其半合成的衍生物具有毒性低、抗菌活性更强的特点，如克林霉素、克林霉素磷酸酯等。在林可霉素的各种组分中，B 组分的毒性较大，且抗菌活性较低，仅为林可霉素 A 的 25%，因此生产上把 B 组分的含量作为评价林可霉素各种产品质量的一项重要指标，也是评判一个工艺好坏的重要指标。

表 8-4　林可霉素各组分的分子结构

结构式	种类	R^1	R^2	R^3	R^4	R^5
	林可霉素 A			CH_3	C_3H_7	SCH_3
	林可霉素 B			CH_3	C_3H_5	SCH_3
	林可霉素 C	OH	H	CH_3	C_3H_7	SC_2H_6
	林可霉素 D			H	C_3H_7	SCH_3
	林可霉素 K			H	C_3H_7	SC_2H_6
	林可霉素 S			CH_3	C_3H_7	SC_2H_6

2. 林可霉素的生物合成

在化学上，林可霉素被归结为林可胺类抗生素。科学家们使用同位素示踪的方法研究了林可霉素的生物合成途径，主要可以分为三个部分：氨基酸部分，即 PPL 的合成；糖基部分，即 MTL 的合成；MTL 和 PPL 的缩合、修饰。

（1）氨基酸部分的合成

氨基酸部分的合成机制目前已经明确（图 8-13），主要是葡萄糖经过糖酵解途径生成磷酸烯醇式丙酮酸（phosphoenolpyruvate，PEP），同时再经磷酸戊糖途径生成赤藓糖-4-磷酸，两者进行反应生成3-脱氧-α-阿拉伯庚酮糖酸-7-磷酸，再经脱磷酸环化形成苯环后脱水、加氢形成莽草酸，再经莽草酸途经生成酪氨酸。随后以酪氨酸为前体，在 L-酪氨酸-3-羟化酶（LmbB2）的作用下合成 L-DOPA，进而在 L-多巴-2,3-双加氧酶（LmbB1）的作用下进行分子的氧化、重排等几步反应得到中间体，最后经过未知蛋白质（LmbX）、甲基转移酶（LmbW）、γ-谷氨酸转肽酶（LmbA）、氧化还原酶（LmbY）以及 S-腺苷甲硫氨酸（S-adenosyl-L-methionine，SAM）共同作用得到 PPL，其中由酪氨酸到 PPL 的合成过程如图 8-14 所示。

（2）糖基部分的合成

目前认为 MTL 的合成途径是：5-磷酸-核糖和 7-磷酸-景天庚酮糖通过碳链的断裂及转移，生成 4-磷酸-赤藓糖和 8-磷酸-辛酮糖。随后，8-磷酸-辛酮糖经过一系列复杂反应合成 MTL。在转醛醇酶（LmbR）的催化作用下，6-磷酸-果糖与 7-磷酸-景天庚酮糖作为 C_3 供体，5-磷酸-核糖作为 C_5 受体，合成 8-磷酸-辛酮糖，随后在异构酶（LmbN）的作用下异构化，最后形成 8-磷酸-辛酮糖，8-磷酸-辛酮糖在磷酸化酶（LmbK）与 dTDP-葡萄糖合成酶

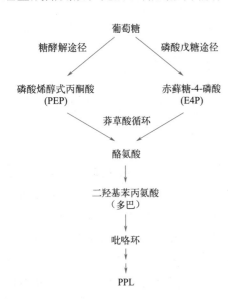

图 8-13　PPL 的合成机制

（LmbO）的催化以及 GTP 的参与下合成 GDP-辛糖，最后在糖基转移酶（LmbT）的作用下合成 MTL。具体过程如图 8-15 所示。

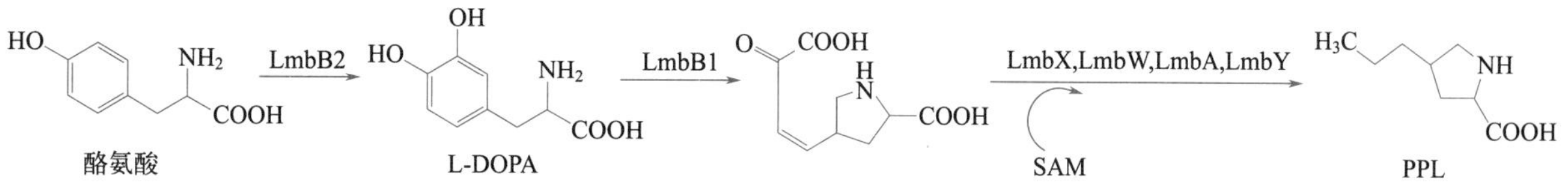

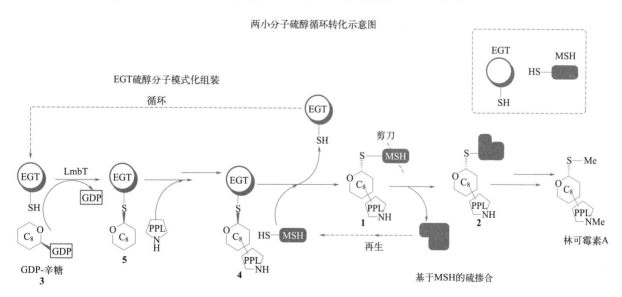

图 8-14　由酪氨酸生成 PPL 的生物合成途径

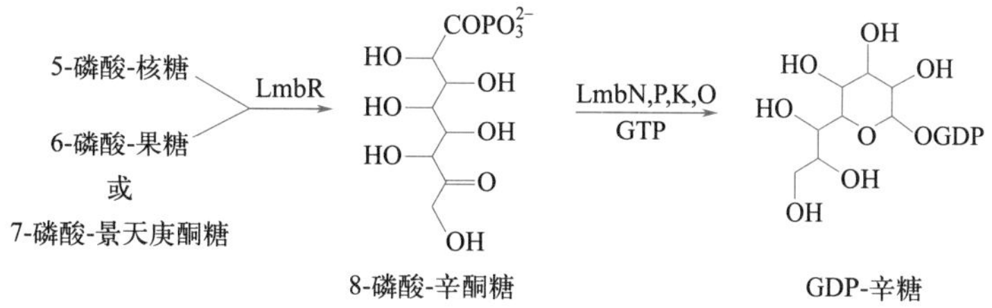

图 8-15　MTL 的生物合成途径

（3）糖基部分与氨基酸部分的缩合与修饰

GDP-辛糖在糖基转移酶（LmbT）以及 EGT-SH 的作用下合成 MTL，MTL 与 PPL 连接得到中间体物质，在依赖 MSH 的糖基转移酶（LmbV）以及放线硫醇（mycothiol，HS-MSH）的作用下麦角硫因（ergothioneine，S-EGT）被替换为 HS-MSH，并连接到 MTL 上。随后，在酰胺水解酶（LmbE）的作用下，HS-MSH 转变为 S-腺苷甲硫氨酸，得到去甲基林可霉素，最后在转甲基酶的作用下将甲基转移到PPL 上得到林可霉素。其中 MSH 与 EGT 两个小分子硫醇起到了非常重要的作用，并且在 LmbV 的作用下可以实现循环转化，为林可霉素的合成提供 S 元素。具体过程如图 8-16 所示。

图 8-16　PPL 与 MTL 的缩合与修饰

二、林可霉素的发酵工艺

我国从 1975 年开始生产林可霉素，并从菌种选育、培养基优化和发酵及提取工艺的优化等方面进行研究，以提高其产量。目前，林可霉素的生产模式为四级发酵，生产菌是林可链霉菌林可变种（*Streptomyces lincolnensis* var. *lincolnensis*），工业发酵周期为 8 d 左右，发酵控制过程复杂，发酵工艺流程如下：

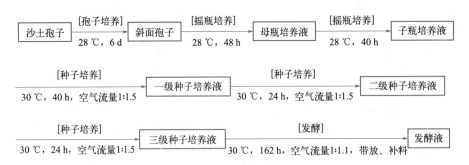

1. 菌种

对于发酵工业，一个优良稳定的菌种是至关重要的，选用的菌种应生理状态稳定，抗压能力强，能够维持较高的目的代谢产物的产量。对于林可霉素生产菌的不同菌株，国内外有很多学者使用诱变筛选以及基因改造技术进行菌种改良，诱变技术包括硫酸二乙酯和紫外复合诱变法，氯化锌、紫外线以及硫酸二乙酯三重复合诱变法，以及氯化锂（LiCl）、常压室温等离子体和紫外线三重复合诱变法；此外，也有学者通过基因改造技术对林可链霉菌的 *lmbW* 与 *metK* 基因进行同时过表达等，以诱导林可霉素 A 产量的提高，或使林可霉素 B 组分的含量下降。目前林可霉素产生菌的发酵生产水平已达到 10000 IU/mL。

2. 培养基

发酵过程中各阶段使用的培养基的配方如下：

① 斜面培养基：淀粉 1.5%，黄豆饼粉 0.5%，KNO_3 0.1%，NaCl 0.05%，K_2HPO_4 0.05%，$MgSO_4$ 0.05%，硫酸亚铁 0.001%，琼脂粉 1.8%。消沫后 pH 为 7.25。

② 摇瓶发酵培养基：葡萄糖 1.0%，黄豆饼粉 2.5%，玉米浆 0.2%，$NaNO_3$ 0.8%，NaCl 0.6%，K_2HPO_4 0.03%，$(NH_4)_2SO_4$ 0.8%，$CaCO_3$ 0.8%。消沫后 pH 为 7.0。

③ 一级种子培养基：葡萄糖 1.0%，黄豆饼粉 1.0%，淀粉 2.0%，玉米浆 3.0%，$(NH_4)_2SO_4$ 0.15%，$CaCO_3$ 0.5%。消沫后 pH 为 7.0。

④ 发酵罐发酵培养基：葡萄糖 2.75%，黄豆饼粉 2.0%，淀粉 0.45%，玉米浆 1.54%，$NaNO_3$ 0.48%，NaCl 0.85%，K_2HPO_4 0.05%，$(NH_4)_2SO_4$ 0.23%，$CaCO_3$ 0.77%。消沫前 pH 调至 8.6，消沫后 pH 调至 6.8。

⑤ 指示菌藤黄八叠球菌相关培养基：

指示菌生长培养基：葡萄糖 0.1%，蛋白胨 0.6%，酵母膏 0.4%，牛肉膏 0.15%，琼脂粉 1.2%，消沫后 pH 为 7.2。

生物效价检测培养基：葡萄糖 0.3%，蛋白胨 0.4%，酵母膏 0.2%，牛肉膏 0.2%，上层琼脂粉 0.8%，下层琼脂粉 1.1%，消沫后 pH 调至 8.0。

3. 培养方法

斜面培养：用灭菌后的竹针挑取适量菌块，将其接种到斜面培养基上，在 28 ℃ 的条件下培养 6 d 左右，观察菌丝颜色并确定其长势情况，最后放置在 4 ℃ 冰箱中备用。

母瓶培养：用灭菌后的铁铲挖取 1 cm^2 大小的菌块，将其接种到含有 25 mL 摇瓶发酵培养基的摇瓶中，随后将摇瓶置于 30 ℃ 的摇床间，以 220 r/min 的转速，培养 48 h 左右。

子瓶培养：将培养好的母瓶种子，以 10％的接种量转接入装有 60 mL 摇瓶发酵培养基中，相同环境下培养 40 h 左右。

一级种子罐培养：将培养好的子瓶种子，以 10％的接种量接种入一级种子培养基中，30 ℃恒温控制，培养 40 h，空气流量为 1：1.5。

二级种子罐培养：将培养好的一级种子，以 10％的接种量接种入二级种子培养基中，30 ℃恒温控制，培养 24 h，空气流量为 1：1.5。

三级种子罐培养：将培养好的二级种子，以 10％的接种量接种入三级种子培养基中，30 ℃恒温控制，培养 24 h，空气流量为 1：1.5。

发酵培养：通常采用四级发酵。在发酵培养基中加入 0.4％玉米油及 0.05％～0.07％的消泡剂，从而相对容易地控制发酵过程中泡沫的产生。在发酵过程中恒速通入氨水，既可以调节 pH，又可以补充氮源。当残余糖含量下降到 1 g/100 mL 时，遵循"多耗多补"的原则进行补糖，pH 应控制在 7.8～8.0，若 pH 高于 8.0，可适当多补一些糖，若 pH 低于 7.6，可考虑停止补糖或少补糖。每隔 8 h 取一次样检测残余糖含量等指标，根据消耗糖的多少，调整补加糖的速度和总量。放罐前 16 h 停止补糖。通常认为，如果发酵培养基中（NH_4）$_2SO_4$ 用量高于 0.3％，溶解磷浓度超过 100 μg/mL，将对林可霉素发酵单位的提高有一定影响。

三、林可霉素的提取和精制

林可霉素为碱性抗生素，分子结构中有一个氨基，$pK_a = 7.6$，故在酸性溶液中会解离，在碱性溶液中呈游离碱形式，临床上常用其盐酸盐，性状为白色柱状结晶性粉末，易溶于水，难溶于极性低的有机溶剂，熔点为 145～147 ℃，比旋光度 $[\alpha]_D^{25}$ 为 +137°（Cl，H_2O），紫外光谱无特异吸收。林可霉素盐酸盐干品很稳定，在 70 ℃可保存 6 个月，活性不发生改变。在酸性溶液中其活性会降低，0.1 mol/L 盐酸中，70 ℃下半衰期为 39 h。其水溶液（300～1000 IU/mL）在室温下可保存两年，于 37 ℃下放置一周，仍不会降低其活性。在林可霉素的生产工艺过程中，提取是重要环节。目前，提取工艺多数仍然是根据其为碱性抗生素，其碱易溶于有机溶剂，其盐易溶于水的特性，采用溶媒萃取法进行提取。提取和精制工艺流程大致如下：

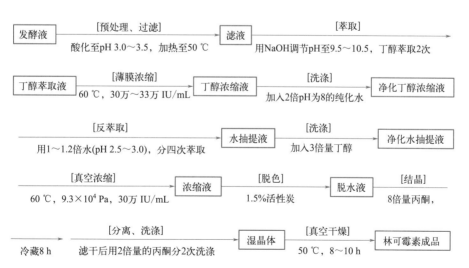

1. 发酵液预处理和过滤

发酵液中除了含有目的产物林可霉素外，还含有大量的水、菌体细胞以及未消耗完的营养物质。从经济和技术的因素考虑，通常采用草酸对发酵液进行酸化，调节 pH 至 3.0～3.5。为了便于草酸的溶解，酸化时进行加热，控温于 50 ℃左右。若 pH 没有控制在 3.0～3.5，而是调至 4.0～6.0，虽不影响过滤速度和收率，但在后续工序——提取时乳化严重，最终导致难以分离，且分离出的丁醇质量也较差。预处理后采用板框压滤机过滤，获得的滤液进行下一步萃取工序。

2. 萃取

在发酵液经酸化过滤后的滤液中，林可霉素是以盐的形式存在的。添加氢氧化钠颗粒进行调节 pH 值，同时加入萃取剂丁醇，搅拌，调节 pH 至 9.5～10.5，使林可霉素以有机碱的形式存在，并从水相转移至有机相中。为了提高萃取收率，通常重复操作 2～3 次。收集不同次的萃取液，采用薄膜浓缩，温度控制在 60 ℃，浓缩后的林可霉素浓度控制在 30 万～33 万 IU/mL 为宜。然后采用两倍纯化水（pH 8.0）进行洗涤，去除水溶性的盐和色素等杂质。洗涤后的萃取液进入下一步反萃取工序。

3. 反萃取

经萃取、浓缩、洗涤等工序后的萃取液中，林可霉素是以有机碱的形式存在的。将萃取液压入反萃取的耐酸罐，采用 HCl 调节 pH，使纯化水 pH 维持在 2.5～3.0，加入萃取液中，进行反萃取。充分搅拌均匀，采用 1～1.2 倍的纯化水，分四次萃取。合并萃取液，用三倍的丁醇进行洗涤，去除脂溶性的色素等杂质。根据质量，可重复进行萃取和反萃取工序操作。符合质量要求的反萃取液体进入下一步浓缩、脱色、结晶、干燥等工序。

4. 浓缩、脱色、结晶、干燥

将萃取和反萃取后的萃取液，采用真空浓缩的方式进一步浓缩。温度控制在 65 ℃，真空度维持在 9.3×10^4 Pa 左右，获得的浓缩液经活性炭脱色。脱色液经 8 倍体积量的丙酮，低温冷藏 8 h，促进林可霉素结晶。离心甩干后用丙酮洗涤，真空干燥（50 ℃，8～10 h）制成林可霉素成品。

本章小结

抗微生物类药物是在低浓度下就能对某些微生物有抑制或杀灭作用的一类物质的总称。本章对抗微生物类药物的发展历史进行了概述，并介绍了 β-内酰胺类抗生素（以头孢菌素 C 为例）、大环内酯类抗生素（以红霉素为例）、氨基糖苷类抗生素（以硫酸新霉素为例）、糖肽类抗生素（以万古霉素为例）和林可胺类抗生素（以林可霉素为例）等抗微生物类药物的分子结构、生物合成途径、发酵工艺流程、产物提取和精制等有关知识。

思考题

1. 抗微生物类药物的发展历程中，哪些关键突破对现代医学产生了重大影响？请列举至少三个例子。
2. 在抗微生物类药物的质量控制过程中，哪些方面的检测对保证药物的安全性和有效性至关重要？
3. 随着耐药性问题日益严重，如何平衡抗微生物类药物的研发和谨慎使用以减缓耐药性的发展？
4. 请列举几种未来抗微生物类药物研究和开发可能涉及的新型策略，并简要介绍其原理。
5. 请简述万古霉素的发酵工艺。
6. 结合林可霉素和万古霉素的结构特点，分别阐述提取工艺。
7. 影响红霉素发酵的参数有哪些？如何调控？
8. 红霉素分离提取方法有哪些？各有何优缺点？
9. 新霉素 A、B、C 的分子结构有何区别？简述其生物合成途径。
10. 新霉素种子培养基和发酵培养基有何异同？
11. 硫酸新霉素提取精制工艺中为何采用反吸附和喷雾干燥工艺？

【龚国利　万永青　罗华军】

参考文献

［1］ 杨光照，王海波．抗生素药物研究与开发［M］．北京：中国医药科技出版社，2016．

［2］ Ventola CL. The antibiotic resistance crisis：part 1：causes and threats［J］. Pharmacy and Therapeutics，2015，40（4）：277-283.

［3］ Wright G D. Something old，something new：revisiting natural products in antibiotic drug discovery［J］. Canadian Journal of Microbiology，2014，60（3）：147-154.

［4］ Lewis K. Platforms for antibiotic discovery［J］. Nature Reviews Drug Discovery，2013，12（5）：371-387.

［5］ Brown E D，Wright G D. Antibacterial drug discovery in the resistance era［J］. Nature，2016，529（7586）：336-343.

［6］ 王会会，姜明星，戴梦，等．东方拟无枝酸菌产万古霉素发酵工艺优化［J］．化学与生物工程，2021，38（06）：40-43，54．

［7］ 谢婷，刘守强，张宏周，等．林可霉素生产中三级种子罐的发酵工艺优化［J］．微生物学通报，2020，47（12）：4359-4365．

［8］ 张宏周，赖坤，谢书琴，等．盐酸林可霉素精制方法［J］．中国医药工业杂志，2021，52（09）：1244-1247．

［9］ 赵严博，安家锋，张斌，等．梯度洗脱法优化林可霉素提取工艺研究［J］．广东化工，2021，48（12）：50-51．

［10］ 李思聪，孙宇辉．氨基糖苷类抗生素生物合成研究进展［J］．中国抗生素杂志，2019，44（11）：1261-1271．

［11］ 丁振东，王珍，张泽．五种离子交换树脂对硫酸新霉素的纯化研究［J］．中国化工贸易，2020，3：213-216．

第九章

维生素类药物生产工艺

第一节 概述

一、维生素及其药物的生理功能

维生素是一类生物生长和代谢所必需的、化学结构不同的微量小分子有机化合物，对生物体的酶活力和代谢过程起重要的调节作用。维生素通常在体内不能合成，大多需从外界摄取，人体所需的维生素广泛分布于食物中。其生理作用有如下特点：

① 维生素是一种活性物质，对机体代谢起调节和整合作用，但不能给机体提供能量，也不是组织细胞的结构成分。

② 人体对维生素的需求量很少，例如成人每日所需的维生素量约为：维生素 A $0.8\sim1.7$ mg、维生素 B_1（硫胺素）$1\sim2$ mg、维生素 B_2（核黄素）$1\sim2$ mg、维生素 B_5（泛酸）$3\sim5$ mg、维生素 B_6 $2\sim3$ mg、维生素 D $0.01\sim0.02$ mg、叶酸 0.4 mg、维生素 H（生物素）0.2 mg、维生素 E $14\sim24$ μg、维生素 C $60\sim100$ mg 等。

③ 绝大多数维生素通过辅酶或辅基的形式参与体内酶促反应体系，在代谢中起调节作用，少数维生素还具有一些特殊的生理功能。

④ 人体缺乏维生素时，会发生一类特殊的疾病，称为"维生素缺乏症"。因此，人体每日需要摄入一定量的维生素，若摄入不当，反而会引发疾病。

维生素缺乏的临床表现源于多种代谢功能的失调，例如，维生素 D 在促进骨骼形成中起关键作用，其缺乏可引起一定程度上的佝偻病或骨软骨病等。大多数维生素是许多生化反应过程中酶的辅酶和辅基。例如，维生素 B_1 在体内的辅酶形式是硫胺素焦磷酸（TPP），是 α-酮酸氧化脱羧酶的辅酶；又如泛酸，其辅酶形式是 CoA，是转乙酰基酶的辅酶。各种维生素的缺乏会导致相应缺乏症的发生。

维生素通常根据它们的溶解性质分为脂溶性和水溶性两大类。脂溶性维生素主要有维生素 A、D、E、K、Q 和硫辛酸等；水溶性维生素有维生素 B_1、B_2、B_6、B_{12}、烟酸、泛酸、叶酸、生物素和维生素 C 等。目前，世界各国已将维生素的研究和生产列为制药工业的重点。近年来，我国在维生素产品的研究与开发方面也取得了显著进展，新老品种已超过 30 种。

二、维生素及辅酶类药物的生产方法

维生素及辅酶类药物在工业上大多数是通过化学合成-酶促或酶拆分法获得的（表 9-1），近年来发展起来的微生物发酵法已成为维生素生产的发展方向。

① 化学合成法：根据已知维生素的化学结构，采用有机化学合成的原理和方法，制造维生素。近代的化学合成，常与酶促合成、酶拆分等结合在一起，以改进工艺条件，提高收率和经济效益。用化学合成法生产的维生素有：烟酸、烟酰胺、叶酸、维生素 B_1、硫辛酸、维生素 B_6、维生素 D、维生素 E、维生素 K 等。

② 发酵法：采用微生物方法生产各种维生素，整个生产过程包括菌种培养、发酵、提取、纯化等。目前完全采用微生物发酵法或微生物转化制备中间体的有维生素 B_2、维生素 B_{12}、维生素 C 和生物素、烟酰胺、辅酶 Q_{10}、维生素 A 原（β-胡萝卜素）等。

③ 提取法：从生物组织中，采用缓冲液抽提、有机溶剂萃取等方式提取维生素，如从槐花米中提取芦丁、从提取链霉素后的废液中制取维生素 B_{12} 等。

在实际生产中，有的维生素的生产既用化学合成法又用发酵法，如维生素 C、叶酸、维生素 B_2 等；也有既用生物提取法又用发酵法生产的，如辅酶 Q_{10} 和维生素 B_{12} 等。

表 9-1　主要维生素类药物的特点、功能及生产方式

名称	结构特点	临床用途	生产方式
维生素 A	由紫罗兰酮、异戊烯和伯醇基组成	用于夜盲症等维生素 A 缺乏症，也适用于抗癌治疗	化学合成、发酵、提取
维生素 A 原	聚异戊二烯	同维生素 A	发酵
维生素 B_1	氨基嘧啶环和噻唑环构成	用于脚气病、食欲减退等	化学合成
维生素 B_2	核糖醇和 7,8-二甲基异咯嗪的缩合物	用于口角炎等	发酵、化学合成
维生素 B_3（烟酸、烟酰胺）	吡啶的衍生物	用于末梢痉挛、高脂血症、糙皮病等	化学合成、发酵
维生素 B_5（泛酸）	丙氨酸与二羟基二甲基丁酸缩合	用于维生素 B 群缺乏症、神经炎	化学合成
维生素 B_6	吡啶的衍生物	用于妊娠呕吐、白细胞减少症等	化学合成
维生素 B_9	蝶啶、对氨基苯甲酸和谷氨酸组成	用于神经管畸形、巨幼细胞贫血、唇腭裂等	化学合成
维生素 B_{12}	咕啉环，含钴的螯合物	用于恶性贫血、神经疾患等	发酵、提取
维生素 C	烯醇式己糖酸内酯	用于治疗坏血病贫血和感冒等，也用于防治癌症	发酵、化学合成
维生素 D	视固醇类化合物	用于佝偻病、骨软骨病等	化学合成
维生素 E	苯并二氢吡喃的衍生物	用于进行性肌营养不良症、心脏病、抗衰老等	化学合成、提取
维生素 H（生物素）	噻吩环和咪唑环结合，戊酸侧链	用于鳞屑状皮炎、倦怠等	发酵
维生素 K	二甲基萘醌衍生物	用于维生素 K 缺乏所致的出血症和胆道蛔虫病、胆绞痛等	化学合成
硫辛酸	含硫八碳酸	适用于肝炎、肝昏迷等	化学合成
辅酶 Q_{10}（泛醌）	醌及异戊烯侧链	用于治疗肝病和心脏病等	发酵、提取

三、维生素行业发展现状

维生素现已成为国际医药与保健品市场的主要大宗产品之一。我国是维生素生产和出口大国，是全球极少数能够生产全部维生素品种的国家之一。

在维生素产业链方面，维生素上游原料主要是石油化工原料及玉米、大豆等农作物。这些上游原料经加工转化为特定的中间体，进而生产出维生素。维生素的下游应用主要集中于饲料、医药化妆品及食品饮料三个应用领域。

从维生素行业现状看，维生素工业起源于欧洲，但由于发达国家地区环保监管政策的收紧，欧洲企业陆续减产甚至退出维生素工业市场，目前全球维生素产业向亚洲地区转移。从全球市场规模来看，2016～2018 年由于巴斯夫和帝斯曼停产检修、供应量减少导致全球维生素价格大涨，2018～2019 年欧洲地区维生素生产逐步恢复，全球维生素价格回调，2020～2022 年全球维生素市场规模提升，据统计，2022 年全球维生素行业市场规模约为 156.8 亿美元，同比增长 11.1%。

全球维生素行业经过整合，集中度较高。从各品类来看，维生素 A、D、E、K 等脂溶性维生素市场由欧美企业主导，如巴斯夫、DSM、ADM 等企业；维生素 B_1、B_2、B_3、B_5、B_6、B_7、B_9、B_{12} 等水溶性维生素市场由中国企业主导，如新和成、光大生物、金达威、北大荒等。

本教材将重点聚焦于采用微生物发酵法生产的维生素，以维生素 B_2、维生素 C 及烟酸的发酵法生产为例分别进行介绍。

第二节 维生素 B_2 生产工艺

一、维生素 B_2 概述

维生素 B_2 又称核黄素（riboflavin），广泛存在于动植物中，以酵母、麦糠及肝脏中含量最多。维生素 B_2 参与机体氧化还原过程，在生物代谢过程中有递氢作用，可促进生物氧化，是动物发育和微生物生长的必需因子，临床上用于治疗体内缺乏维生素 B_2 所致的各种黏膜和皮肤的炎症，如角膜炎、结膜炎、口角炎和脂溢性皮炎等。

1. 结构和性质

维生素 B_2 在自然界中多数与蛋白质相结合而存在。维生素 B_2 是由异咯嗪环与核糖构成的（图 9-1）。分子中异咯嗪环中第 1 位和第 5 位的氮原子与相邻碳原子之间存在共轭双键（由于命名的方式不同，共轭双键的氮原子数字标记不同），已接受氢原子而被还原，还原后又容易再脱氢，具有可逆的氧化还原特性。维生素 B_2 是体内多种氧化酶系统不可缺少的辅酶——黄素单核苷酸（FMN）和黄素腺嘌呤二核苷酸（FAD）的组成成分，在生物代谢过程中有递氢作用。纯品维生素 B_2 为黄褐色或橙黄色针状结晶，具有高强度荧光，味微苦，熔点约为 280 ℃（分解）。其在碱性溶液中呈左旋光学活性，$[\alpha]_D^{20}$ 在 $-120°\sim$ $-140°$（$c=0.125\%$，0.1 mol/L NaOH）之间。其在水溶液中溶解度较小且不稳定，极易溶于碱性溶液，饱和水溶液的 pH 为 6 左右，在此 pH 下相对稳定，呈黄绿色荧光，565 nm 处有特征吸收峰。

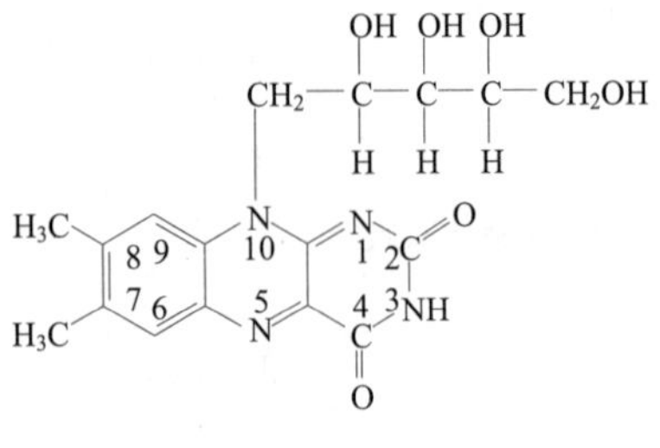

图 9-1 维生素 B_2 的结构式

2. 常用的菌株及发酵生产概况

微生物发酵法生产维生素 B_2 的历史最早可追溯至 20 世纪 40 年

代，当时维生素 B_2 生产菌主要是能够天然积累维生素 B_2 的菌株，包括产氨棒状杆菌（*Corynebacteria aminogensis*）、阿舒假囊酵母（*Eremothecium ashbyii*）和棉囊阿舒氏酵母（*Ashbya gossypii*）三种。但在早期的维生素 B_2 工业生产中，微生物发酵法在与化学合成法的竞争中一直处于劣势。由于这些菌具有发酵周期长、原料要求复杂、发酵液黏度大、后期分离困难等特点，因而未被广泛采用。1974～1984 年这十年间，利用棉囊阿舒氏酵母生产维生素 B_2 取得了较大进展，德国默克公司利用传统物理化学诱变法将维生素 B_2 产量提高至 15 g/L。随后，微生物育种技术和基因工程技术进入高速发展时期，枯草杆菌（*Bacillus subtilis*）、解脂假丝酵母（*Candida famata*）、酿酒酵母（*Saccharomyces cerevisiae*）等维生素 B_2 高产工程菌相继被构建。以重组的枯草杆菌进行维生素 B_2 发酵生产，在 3 d 时间内产量可超过 30 g/L。这些产维生素 B_2 工程菌具有发酵周期短（2～3 d）、原料要求简单、产量高等优点，在维生素 B_2 的微生物发酵生产中显示了强大的生命力。因此，微生物发酵法生产维生素 B_2 也重新得到了研究者的关注。这种生产方式生产的维生素 B_2 在 1990 年仅占 5%，如今，绝大部分产品均已采用发酵法生产。我国广济药业拥有全球最大的维生素 B_2 生产基地，2018 年的调查数据显示，广济药业生产的维生素 B_2 占市场份额最大，达 48%；其次荷兰帝斯曼（DSM）公司和德国巴斯夫（BASF）公司等生产的维生素 B_2 也占有相当大的市场份额。

目前被用于工业大规模生产维生素 B_2 的菌种有棉囊阿舒氏酵母和枯草杆菌两种：棉囊阿舒氏酵母的优势在于能够天然积累维生素 B_2，是 BASF 公司主要的维生素 B_2 生产菌，据报道经过培养基优化、优化过程控制等多种优化改进措施，基于棉囊阿舒氏酵母开发出来的维生素 B_2 工业生产菌能够在 8 d 的发酵周期内生产超过 20 g/L 的维生素 B_2；枯草杆菌是另外一种常用的维生素 B_2 工业生产菌，其优势在于生长周期短，并且显示出高效的维生素 B_2 生产能力，湖北广济制药有限公司采用的维生素 B_2 生产菌，能在 70 h 左右生产 30 g/L 以上的维生素 B_2，此产量也是目前报道的最高值。

然而，微生物发酵法生产维生素 B_2 仍然存在两方面的问题：一是目前下游分离和纯化工艺发展仍较为滞缓，导致难以获得高纯度的维生素 B_2，从而使得饲料添加剂成为目前微生物发酵法生产的维生素 B_2 的主要应用方向；二是基因工程菌在构建过程中需要使用抗生素基因，这些抗性基因的使用对于食品级或者饲料级的维生素 B_2 产品来说十分不利，容易造成抗生素滥用的情况，必须经过更为严格的工艺过程控制防止发生相关事件。

二、维生素 B_2 的发酵生产

工业上采用非基因工程菌如棉囊阿舒氏酵母和基因工程菌如枯草杆菌生产维生素 B_2 的工艺流程差别较大，下文分别对它们进行简要介绍。

1. 非基因工程菌生产工艺

该菌生产周期较长，工业上常采用三级发酵进行生产。其工艺流程图如下：

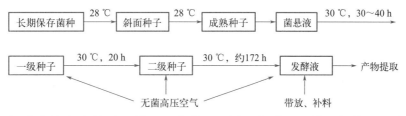

发酵培养基的主要成分为米糠油 4%，玉米浆 1.5%，骨胶 1.8%，鱼粉 2.5%，KH_2PO_4 0.1%，NaCl 0.2%，$CaCl_2$ 0.1%，$(NH_4)_2SO_4$ 0.02%。

该工艺控制过程为：将在 28 ℃下培养成熟的维生素 B_2 生产菌的斜面成熟种子用无菌水制成菌悬液，采用火焰圈封口压差法将悬液接种到一级种子罐中，30 ℃下培养 30～40 h。将一级种子液采用压差法移入二级种子罐培养，30 ℃下培养 20 h。将二级种子液利用压差移入发酵罐进行发酵，发酵温度控制为

30 ℃，到达发酵终点需 7～8 d。在此过程中应及时进行补料和带放及控制 pH、泡沫等。

在一定浓度的培养基中，通气效率是实现维生素 B$_2$ 高产与否的关键，通气效果好，可促进大量膨大菌体的形成，使维生素 B$_2$ 的产量迅速上升，同时可缩短发酵周期。因此大量膨大菌体的出现是产量提高的生理指标。在发酵后期补加一定量的油脂，能使菌体再次形成第二代膨大菌体，可进一步提高产量。

2. 基因工程菌生产工艺

基因工程菌是一类经特殊改造的生产菌株，它们通常带有多个抗生素抗性基因，可实现高产，能在发酵液中高效生产维生素 B$_2$ 至过量（过饱和析出）。其二级发酵阶段（随规模可能发生变化）生产周期短，通常不超过两天。工艺流程大致如下：

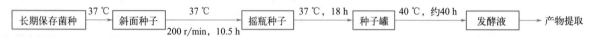

（1）培养基

生产过程中各培养基的配方如下。

① 种子培养基：10 g/L 玉米浆，12 g/L 蔗糖，4 g/L MgSO$_4$，5 g/L（NH$_4$）$_2$SO$_4$，7 g/L 酵母膏，抗生素适量。pH 为 6.8～7.2。

② 发酵培养基：30 g/L 玉米浆，20 g/L 葡萄糖，3 g/L 酵母粉，0.02 g/L ZnSO$_4$·7H$_2$O，1.5 g/L K$_2$HPO$_4$，抗生素适量。pH 为 6.8～7.2。

③ 补料培养基：100 g/L 葡萄糖，21 g/L 玉米浆，0.2 g/L KH$_2$PO$_4$。另外，单独流加氨水，以调节 pH 并补充氮源。

（2）工艺控制

将长期保存的低温菌种置于冰上融化，随后接种入试管斜面于 37 ℃ 活化，转接入摇瓶中，37 ℃ 下以 200 r/min 的转速，培养 10.5 h。之后，火焰圈封口倒入种子罐中，37 ℃ 下进行种子扩增，培养 18 h 左右，种子培养好后利用压差接入发酵罐。发酵温度控制在 40 ℃，溶解氧保持在 20% 以上，在发酵过程中通过补充氨水来调节 pH 和补充氮源，通过补料和带放控制使发酵液中微生物的营养一直处于平稳水平。

三、维生素 B$_2$ 的分离纯化工艺

维生素 B$_2$ 的分离提取过程是整个生产过程中的关键环节之一，其分离纯化工艺不仅步骤多，不易获得高收率，而且常伴随着较大的资金投入，费用约占整个生产成本的一半。然而，对于基因工程菌而言，由于维生素 B$_2$ 属于胞外型产物，直接被分泌至细胞外，故不必破碎细胞，可直接提取。维生素 B$_2$ 是小分子有机化合物，从原理上讲，可采用有机溶剂萃取、渗析、微滤、超滤、膜萃取、吸附、离子交换、化学沉淀等多种方法进行提取。

针对不同的生产方法，维生素 B$_2$ 的分离提取方法也有差别。本教材采用的提取工艺是利用维生素 B$_2$ 在酸性条件下溶解度小，在碱性条件下溶解度大及其氧化还原的特性，选用酸碱结合直接离心法，通过发酵液的酸化、沉淀、氧化、精制等多个步骤得到维生素 B$_2$ 产品。

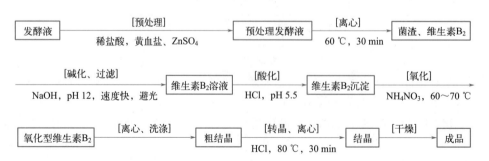

1. 发酵液的预处理

将发酵车间运送过来的发酵液，用稀盐酸（常用 1 mol/L 左右的盐酸）酸化，调节 pH 至 5.5 左右，使维生素 B_2 的溶解度降低而析出。同时，酸化的发酵液可以释放部分与蛋白质结合的维生素 B_2；然后加入黄血盐和硫酸锌，除去蛋白质等杂质，降低发酵液的黏度，破坏部分蛋白质和一些菌体，降低溶解在上清液中的维生素 B_2 的含量。

2. 提取与精制

① 加热、离心：将预处理发酵液于 60 ℃ 加热处理 30 min，之后通过离心机离心并收集沉淀部分。

② 碱化：将沉淀重新置于搅拌罐中，用 NaOH 颗粒调节 pH 至 12 左右，开始搅拌，使沉淀出来的维生素 B_2 重新溶解。然后离心去掉滤渣，收集滤液，并对滤渣进行洗涤，回收洗涤液。在此过程中要求速度快，避光，以减少维生素 B_2 分解降解。

③ 酸化：将滤液回收至酸化罐中，用盐酸调节 pH 至 5.5 左右，使维生素 B_2 充分析出。去掉大部分的上清液。

④ 氧化、离心、干燥：向酸化后的维生素 B_2 溶液中加入氧化剂 NH_4NO_3，充分搅拌，温度控制在 60～70 ℃，使维生素 B_2 转变成氧化型。对其进行离心处理后洗涤沉淀，得到维生素 B_2 粗结晶，并在 80 ℃ 左右进行干燥。

⑤ 精制：用 HCl 酸化粗结晶品，并在 80 ℃ 下加热 30 min，除去杂质，离心并收集维生素 B_2，干燥后获得高纯度的维生素 B_2 结晶。

四、维生素 B_2 药物的质量控制

《中国药典》中介绍的常见药物为维生素 B_2、维生素 B_2 片和维生素 B_2 注射液，以及核黄素磷酸钠和核黄素磷酸钠注射液。这里以维生素 B_2 为例进行描述。

本品为 7,8-二甲基-10-[(2S,3S,4R)-2,3,4,5-四羟基戊基]-3,10-二氢苯并蝶啶-2,4-二酮。按干燥品计算，含 $C_{17}H_{20}N_4O_6$ 应为 97.0%～103.0%。

1. 性状

本品为橙黄色结晶性粉末，微臭。溶液易变质，在碱性溶液中或遇光变质更快。本品在水、乙醇、CH_3Cl 或乙醚中几乎不溶，在稀 NaOH 溶液中溶解。

取本品，精密称定，用无碳酸盐的 0.05 mol/L NaOH 溶液配制成 0.5 g/100 mL 的溶液，在钠光谱的 D 线（589.3 nm）测定旋光度，测定管长度为 1 dm，测定温度为 20 ℃，30 min 内，比旋光度为 $-135°～-115°$。

2. 鉴别

在《中国药典》中介绍了三种维生素 B_2 的鉴别方法，这些方法分别利用其荧光性、对紫外和可见区域光谱的吸收特性、红外光吸收图谱的特异性等性质，分别如下：

（1）取本品约 1 mg，加水 100 mL 溶解后，溶液在透射光下显淡黄绿色并有强烈的黄绿色荧光；分成二份：一份中加无机酸或碱溶液，荧光即消失；另一份中加连二亚硫酸钠（$Na_2S_2O_4$）结晶少许，摇匀后，黄色即消退，荧光亦消失。

（2）取供试品溶液，照紫外-可见分光光度法（《中国药典》通则 0401）测定，在 267 nm、375 nm 与 444 nm 的波长处有最大吸收。375 nm 波长处的吸光度与 267 nm 波长处的吸光度的比值应为 0.31～0.33；444 nm 波长处的吸光度与 267 nm 波长处的吸光度的比值应为 0.36～0.39。

（3）本品的红外光吸收图谱应与对照的图谱（《药品红外光谱集》447 图）一致。

3. 检查

《中国药典》中要求对维生素 B_2 的酸碱度、感光黄素、有关物质、干燥失重及炽灼残渣等进行检查。

（1）酸碱度：取本品 0.50 g，加水 25 mL，煮沸 2 min，放冷，滤过，取滤液 10 mL，加酚酞指示液 0.05 mL 与氢氧化钠滴定液（0.01 mol/L）0.4 mL，显橙色，再加盐酸滴定液（0.01 mol/L）0.5 mL，显黄色，再加甲基红溶液 0.15 mL，显橙色。

（2）感光黄素：取本品 25 mg，加无醇三氯甲烷 10 mL，振摇 5 min，滤过，滤液采用紫外-可见分光光度法检测，在 440 nm 波长处测定，吸光度不得过 0.016。

（3）有关物质：所有操作在避光条件下进行，取本品约 15 mg，置 100 mL 量瓶中，加冰醋酸 5 mL 与水 75 mL，加热溶解后，加水适量稀释，放冷，再用水稀释至刻度，摇匀，作为供试品溶液；精密量取供试品溶液 1 mL，置 50 mL 量瓶中，用水稀释至刻度，摇匀，作为对照溶液。用十八烷基硅烷键合硅胶为填充剂；以 0.01 mol/L 庚烷磺酸钠的 0.5%冰醋酸溶液-乙腈-甲醇（85：10：5）为流动相；检测波长为 444 nm；进样体积 20 μL，精密量取供试品溶液与对照溶液，分别注入液相色谱仪，记录色谱图至主峰保留时间的 3 倍。供试品溶液色谱图中如有杂质峰，单个杂质峰面积不得大于对照溶液主峰面积的 0.5 倍（1.0%），各杂质峰面积的和不得大于对照溶液的主峰面积（2.0%），小于对照溶液主峰面积 0.01 倍的色谱峰忽略不计。

（4）干燥失重：取本品 0.5 g，在 105 ℃ 干燥至恒重，减失重量不得过 1.0%。

（5）炽灼残渣：取供试品 1.0～2.0 g，置已炽灼至恒重的坩埚中，精密称定，缓缓炽灼至完全炭化，放冷；加硫酸 0.5～1 mL 使湿润，低温加热至硫酸蒸气除尽后，在 700～800 ℃ 炽灼使完全灰化，移置干燥器内，放冷，精密称定后，再在 700～800 ℃ 炽灼至恒重，所得残渣重量不得过 0.2%。

4. 含量测定

所有操作在避光条件下进行，采用高效液相色谱法进行测定。

（1）色谱条件与系统适用性要求：色谱条件见有关物质项下。理论板数按维生素 B_2 峰计算不低于 2000。

（2）测定法：取本品约 15 mg，精密称定，置 500 mL 量瓶中，加冰醋酸 5 mL 与水 200 mL，置水浴上加热，并时时振摇使溶解，加水适量稀释，放冷，再用水稀释至刻度，摇匀，作为供试品溶液，精密量取 20 μL 注入液相色谱仪，记录色谱图；另取维生素 B_2 对照品，同法测定。按外标法以峰面积进行计算。

5. 维生素 B_2 的不同剂型

维生素 B_2 常见的制剂剂型有维生素 B_2 片和维生素 B_2 注射液，以及核黄素磷酸钠注射液。

第三节　维生素 C 生产工艺

一、维生素 C 概述

维生素 C(vitamin C，简称 Vc)，又名 L-抗坏血酸（L-ascorbic acid），是一种水溶性维生素，其化学名称为 L-2,3,5,6-四羟基-2-己烯酸-γ-内酯（L-2,3,5,6-tetrahydroxy-2-hexenoic acid-γ-lactone），分子式 $C_6H_8O_7$，分子量为 176.13，分子中有两个手性碳原子，故有四种旋光异构体。维生素 C 在常温下呈白色结晶，无臭，熔点为 190～192 ℃，味酸，易溶于水，微溶于醇和甘油，不溶于氯仿、乙醚，是一种弱有机酸（$K_a=2.86×10^{-8}$，p$K_a=2.54$，25 ℃，图 9-2）。

人类利用维生素 C 的历史可以追溯到远古时期。最早利用维生素 C 来治疗疾病的是古代的印第安人，他们用针叶乔木（*Thuja occidentalis*）树叶的浸泡液来治疗坏血病，后来人们发现这种树富含维生素 C，每 100 g 叶子中含有 50 mg 维生素 C。到了 18 世纪，英国舰队上的医生 James Lind 利用柠檬汁治疗患坏血病的士兵，恢复了他们的战斗力，但当时人们并不知道发挥

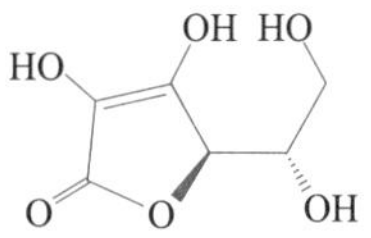

图 9-2　维生素 C 的分子结构

治疗作用的成分是维生素 C。直到 1928 年化学家 Szent-Györgyi 首次从植物中提取出维生素 C、1933 年 Haworth 和 Hirst 鉴定出它的结构以后，人们才对这种能治疗坏血病的物质有了更深的了解。从那时开始，维生素 C 或抗坏血酸的名称才被正式使用。

维生素 C 广泛存在于新鲜水果（如刺梨、猕猴桃、柑橘、西红柿、柠檬等）及蔬菜（如西蓝花、辣椒、卷心菜、土豆、莴苣等）中，在处于快速生长阶段的植物中维生素 C 含量往往更高。另外，某些动物器官（肝、肾、脑垂体等）中也含有很多维生素 C。由于大多数哺乳动物都能靠肝脏来合成维生素 C，所以它们通常不会出现维生素 C 缺乏的问题。但是人类等少数动物缺乏维生素 C 合成最终步骤中的一个酶（L-古洛糖酸内酯氧化酶），并且人体中不能储存维生素 C，所以必须从日常饮食中摄取充足的维生素 C。我国普通成年人每天的维生素 C 参考摄入量为 100 mg，孕妇和哺乳期妇女每日推荐摄入量为 130 mg。

二、维生素 C 的功能

维生素 C 是哺乳动物维持正常代谢所需的低分子营养物质，其在动物体内的含量很少。虽然维生素 C 在生理上不参与各种组织的构成，也不作为能量来源，但它在动物内参与许多重要的代谢反应，具有抗氧化、提高免疫力、促进伤口愈合等多重功能。

1. 维生素 C 参与体内的羟基化

在人体内物质代谢的很多过程中，羟基化扮演着重要的角色，而维生素 C 在羟基化中又起着必不可少的作用。

（1）促进胶原蛋白的合成

羟赖氨酸和羟脯氨酸对于维持胶原蛋白的三级结构十分重要。多肽链中的赖氨酸及脯氨酸残基分别在胶原赖氨酸羟化酶及胶原脯氨酸羟化酶的催化下发生羟基化成为羟赖氨酸及羟脯氨酸，而胶原蛋白作为一种糖蛋白，其糖链恰恰是连接在蛋白质的羟赖氨酸残基上的。维生素 C 是这些羟化酶维持催化活性所必需的辅因子之一。胶原（collagen）是结缔组织、骨及毛细血管等的重要成分，而结缔组织的生成是伤口愈合的第一步。维生素 C 的缺乏将导致毛细血管破裂，牙齿易松动、骨骼脆弱易骨折，以及创伤时伤口不易愈合。

（2）维生素 C 参与胆固醇的转化

正常情况下，体内胆固醇约有 80% 转变为胆酸后排出。胆固醇转变为胆酸时，先将环状部分羟基化，而后侧链分解。维生素 C 缺乏可影响胆固醇的羟基化。此外，肾上腺皮质类胆固醇合成中的氢化也需要维生素 C。

（3）维生素 C 参与芳香族氨基酸的代谢

苯丙氨酸羟基化成为酪氨酸的反应，酪氨酸转变为对羟基苯丙酮酸后的羟基化、脱羧、移位等步骤以及转变为尿黑酸的反应均需要维生素 C 的参与。维生素 C 缺乏时尿液中会出现大量的对苯丙酮酸。此外，维生素 C 还分别参与酪氨酸转变为儿茶酚胺，以及色氨酸转变为 5-羟色氨酸的反应，并参与肝脏生物转化过程中的其他羟基化。

2. 维生素 C 参与体内氧化还原反应

由于维生素 C 既能以氧化型又能以还原型存在，因此它既可以作为受氢体，又可以作为供氢体，在体内参与极其重要的氧化还原反应。

（1）解毒作用

在工业上或药物中，有些毒物，如 Pb^{2+}、Hg^{2+}、Cd^{2+}、As^{3+} 及某些细菌的毒素进入人体后，立即给予大量的维生素 C，可缓解其毒性。重金属离子能与人体内含巯基的酶相结合而使其失去活力，致使人体代谢发生障碍而中毒。维生素 C 能使体内的氧化型谷胱甘肽（oxidized glutathione，GSSG）还原成还原型谷胱甘肽（Reduced glutathione，GSH）。GSH 可与重金属离子结合并促使其排出体外。故维生素 C 能保护酶的活力，具有解毒作用。

（2）促进抗体的合成

血清中维生素 C 的水平和免疫球蛋白 IgG 和 IgM 的浓度呈正相关，免疫球蛋白分子中的多个二硫键是通过半胱氨酸残基的巯基（—SH）氧化而生成的，此反应需维生素 C 的参与。

（3）促进造血作用

食物中铁存在的离子形式包括 Fe^{2+} 和 Fe^{3+} 两种，人体能够吸收的只有 Fe^{2+}。铁是合成红细胞的重要材料，人体缺铁可导致缺铁性贫血，又称营养性贫血。维生素 C 具有较强的还原性，可将食物中的 Fe^{3+} 还原成 Fe^{2+}，促进铁在肠道内的吸收，有利于预防和治疗缺铁性贫血。

（4）抗氧化

维生素 C 能保持维生素 A、E 及 B 免遭氧化，促进叶酸转变为有生理活性的四氢叶酸，在一碳单位代谢及蛋白质合成中发挥重要作用。

（5）其他功能

维生素 C 能使红细胞中高铁血红蛋白还原为血红蛋白，恢复其运输氧的能力。另外，其还有促进组织新生和修补的作用。

3. 维生素 C 在抗肿瘤、抗病毒方面的作用

维生素 C 可增加淋巴细胞的生成，提高吞噬细胞的吞噬能力，促进免疫球蛋白的合成，提高 C1 补体酯酶的活力，保证补体系统正常进行连锁反应，提高机体抗病毒的能力。人体摄入的亚硝酸盐在胃酸的作用下与仲胺结合生成亚硝酸铵，但亚硝酸铵是一种致癌物质，维生素 C 能减少亚硝酸铵的合成并促进其分解。此外，维生素 C 亦具有抗人类免疫缺陷病毒的作用。

三、维生素 C 的生产

在 13 种维生素的生产中，维生素 C 的产量最大，每年约有 11 万 t 维生素 C 用于制药业（50%）、食品及饮料业（40%）和饲料行业（10%）。维生素 C 最早由瑞士化学家 Reichstein 于 1933 年用化学方法合成。此后，其工业生产发展速度极快，产量直线上升。目前维生素 C 是世界上产销量最大、应用范围最广的维生素产品。全球维生素 C 市场主要由荷兰帝斯曼（DSM）公司及中国制药企业占据。近年来，随着人民健康意识的增强和对维生素 C 功能认识的不断深入，世界市场对其需求呈快速增长趋势。我国是维生素 C 生产大国，占世界年产量的 80% 以上，年出口量占维生素类产品的 50% 以上，出口金额约占 30%，已出口至 150 多个国家和地区。目前，维生素 C 已成为集中度高的成熟产业，也是国家重点扶持和管理的典型大宗原料药。全球 6 家大型维生素 C 生产厂中，我国有 5 家，分别为东北制药、石药集团、华北制药、江山制药和后起之秀山东鲁维制药。唯一的国外维生素 C 巨头荷兰帝斯曼公司拥有大约 2.3 万吨产能。

1. 浓缩提取法

20 世纪 20、30 年代，维生素 C 的结构、性质尚不明确，人们只是经验性地从富含"还原性因子"的生物组织如柠檬、胡桃、野蔷薇、辣椒、肾上腺等中提取其产品。此法生产成本高，产量有限，远远不能满足人们日益增长的需求。直至 20 世纪 50 年代，仍有企业使用此法生产维生素 C，目前，该法已经退出工业生产实践。

2. 莱氏法

由于维生素C作用的阐明，单纯的提取法已经满足不了人们日益增加的需求。1933年，德国化学家Reichstein和Ault等通过化学法及生物法结合的方法成功实现了维生素C生产的工业化。他们以普通易得的D-葡萄糖为原料，在高温高压条件下加氢还原生成D-山梨醇，然后用醋酸菌发酵生成L-山梨糖，再经过酮化和氧化反应，得到2-酮基-L-古龙酸（2-keto-L-gulonic acid，2-KLG），最后经过盐酸酸化得到维生素C，此方法后来被称为莱氏法。莱氏法生产维生素C的工艺流程主要包括以下五个步骤：

① D-葡萄糖在镍的催化作用以及高温高压下，加氢还原成D-山梨醇。

② D-山梨醇经微生物如生黑葡萄糖酸杆菌（*Gluconobacter melanogenus*）或弱氧化醋酸杆菌（*Acetobater suboxydans*）发酵转化为L-山梨糖。

③ L-山梨糖在丙酮和硫酸的作用下，经酮化生成双丙酮-L-山梨糖，此过程在生产上俗称为丙酸化，再用苯或甲苯提取，提取液经水法除去单酮山梨糖后，蒸去溶剂而后分离出双酮糖。

④ 双酮糖在高锰酸钠的氧化作用及铂的催化作用下，经水解生成2-KLG。

⑤ 2-KLG通过烯醇化和内酯化，在酸性或碱性条件下，转化为维生素C。

该法的反应途径见图9-3。

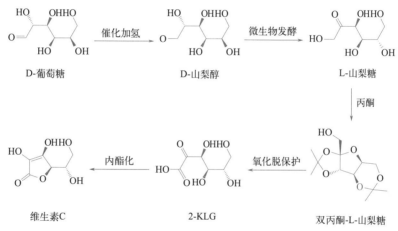

图9-3 莱氏法生产维生素C的工艺

莱氏法工艺初期，维生素C的总收率仅为15%～18%，经过不断的工艺优化，目前总收率已达到60%～65%。由于葡萄糖为大宗原料，便宜易得，中间体尤其是双丙酮-L-山梨糖的化学性质稳定，以及工艺流程的不断改进，且产品质量好，收率较高，该方法已成为目前发达国家生产维生素C的主要方法，包括瑞士Hoffmann-La-Roch公司（2003年1月维生素业务转让给了荷兰帝斯曼公司）、日本伍田公司、德国BASF和E. Merk公司。但是随着技术的进步和人们环境保护意识的提高，莱氏法的弊端逐渐显现：生产工序复杂落后，工艺路线较长，较难连续化操作，劳动强度大，收率较低，耗费大量有毒、易燃化学药品，造成严重的环境污染。因此，莱氏法已越来越不能适应日益扩大的维生素C工业的要求。

3. 生物发酵法

随着生命科学的不断发展，各国科学家对微生物发酵生产维生素C做了大量的研究工作，在理论上先后提出了L-山梨糖途径（L-sorbose pathway）、D-山梨醇途径（D-sorbitol pathway）、2-酮基-D-葡萄糖酸途径（2-keto-D-gluconic acid pathway）、L-艾杜糖酸途径（L-idonic acid pathway）、2,5-二酮基-D-葡萄糖酸途径（2,5-diketo-D-gluconic acid pathway）、D-葡萄糖途径（D-glucose pathway）等六条利用微生物发酵生产维生素C前体2-KLG的途径（图9-4），以期通过生物发酵方法来简化"莱氏法"，从而达到降低成本、提高产量的目的。

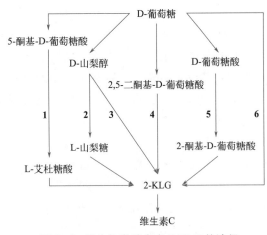

图 9-4 微生物发酵生产 2-KLG 的途径

（1）L-艾杜糖酸途径

D-葡萄糖氧化生成 D-葡萄糖酸后，先经过弱氧化醋酸杆菌氧化生成 5-酮基-D-葡萄糖酸，然后利用梭杆菌（*Fusobacterium*）进行还原或加氢反应生成 L-艾杜糖酸，再经过细菌氧化产生 2-KLG。该途径虽然每一步的转化率都很高，但是由于步骤繁多，无实用价值。

（2）L-山梨糖途径

D-山梨醇发酵生成 L-山梨糖，再经过发酵转化生成 2-KLG，即"二步发酵法"。其中由 L-山梨糖生成 2-KLG 的过程是先由 L-山梨糖转化为 L-山梨醇，再由 L-山梨醇转化为 2-KLG。美国研究人员于 1962 年最早发现许多菌株具有将 L-山梨糖转化为 2-KLG 的能力。我国在 20 世纪 70 年代发明的"二步发酵法"即此途径。

（3）D-山梨醇途径

由 D-葡萄糖高压加氢还原成 D-山梨醇，再经醋酸杆菌（*Acetobacter*）或假单胞菌（*Pseudomonas*）发酵产生 2-KLG。但该途径的产量很低，无实用价值。

（4）2,5-二酮基-D-葡萄糖酸途径

即从 D-葡萄糖开始的 D-葡萄糖串联发酵途径。由氧化葡萄糖酸杆菌或欧文菌属（*Erwinia*）菌株将 D-葡萄糖氧化成 2,5-二酮基-D-葡萄糖酸，再由棒状杆菌属或短杆菌属菌株将其转化成 2-KLG。这一方法最突出的优点是绕开了在 5.1~6.1 MPa，120~150 ℃条件下对 D-葡萄糖高压加氢制备 D-山梨醇的过程。20 世纪 70 年代中期的"葡萄糖串联发酵法"就是根据此途径发明的。

（5）2-酮基-D-葡萄糖酸途径

从 D-葡萄糖氧化生成 D-葡萄糖酸，再经发酵产生 2-酮基-D-葡萄糖酸，最后再由棒状杆菌（*Corynebaterium*）或短杆菌（*Breuibacterium*）转化生成 2-KLG。由于人们从 20 世纪 70 年代中期开展了 2,5-二酮基-D-葡萄糖酸途径的研究，这条途径早已无实用意义。

（6）D-葡萄糖途径

该途径是把"葡萄糖串联发酵法"的两株欧文菌属和棒状杆菌属菌株的相关特性结合到一株菌株中，构建"基因工程菌"，从 D-葡萄糖直接发酵产生 2-KLG。

4. 二步发酵法

二步发酵法首先由 Tengerdy 和 Huang 等于 20 世纪 60 年代提出，但最初菌种的转化率很低。日本某研究团队采用诱变技术处理筛选的菌系使其转化率提高到 46％。我国于 20 世纪 70 年代建立的维生素 C "二步发酵法"的生产工艺是目前唯一成功应用于维生素 C 工业生产的生物发酵法。二步发酵法的原理是利用两步微生物发酵实现从 D-山梨醇到 2-KLG 的转化。第一步发酵是由生黑葡萄糖酸杆菌（*G. melanogenus*）等发酵完成，第二步是由酮基古龙酸菌（*Ketogulonicigenium vulgare*）和芽孢杆菌属（*Bacillus*）的一些菌株混合发酵完成，工艺流程如图 9-5 所示。其中，*K. vulgare* 具有将 L-山梨糖转化为 2-KLG 的全部酶系，但其单独生长缓慢，必须与其他微生物混合培养。*K. vulgare* 也被称为产酸菌或小菌，与其混合培养的称为伴生菌或大菌。

国内所有维生素 C 生产厂家，除石家庄制药厂外，都已采用"二步发酵法"。该法不仅大大简化了莱氏法，省去了有毒化学药品的使用，而且该工艺大都采用液体物料进行反应，维生素 C 总收率在 60％以上。"二步发酵法"的整体生产工艺如图 9-6 所示。

（1）D-山梨醇生产

D-山梨醇主要以葡萄糖为原料采用加氢法生产。目前，制造商在 D-山梨醇生产中广泛应用了一种新

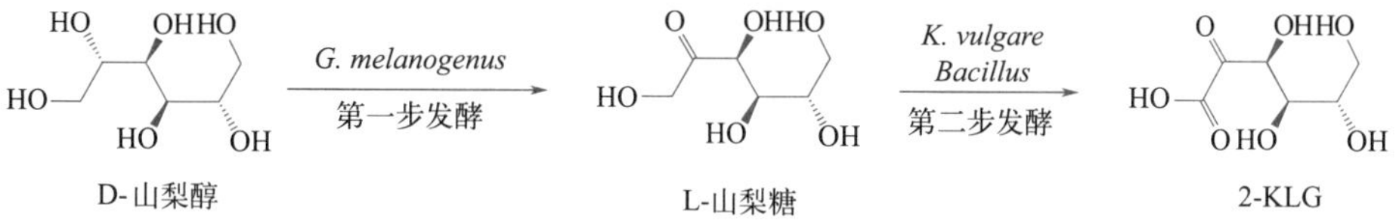

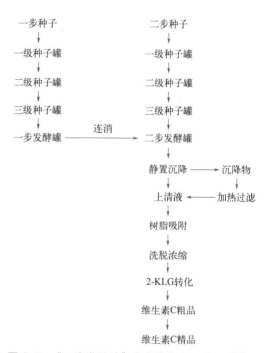

图 9-5　D-山梨醇转化为 2-KLG 的转化过程

G. melanogenus：生黑葡萄糖酸杆菌；*K. vulgare*：酮基古龙酸菌；*Bacillus*：芽孢杆菌

的连续加氢技术。该技术中，葡萄糖溶液通过高压泵被注入含有固体催化剂的柱状反应器。催化剂在反应器中处于静止状态，不受搅拌和冲击的影响。葡萄糖溶液和氢气都不断地流经催化剂表面，并完全反应。一段时间后，D-山梨醇形成并被排出。经离子交换树脂纯化、蒸发浓缩，最终得到浓度为 50%～80% 的 D-山梨醇溶液。

（2）第一步发酵

① 菌种：许多菌株表现出将 D-山梨醇转化为 L-山梨糖的能力，例如 *G. suboxydan*，*A. suboxydans* 和 *G. oxydans*。*G. oxydans* 具有高效地将 D-山梨醇转化为 L-山梨糖的能力，被我国生产企业广泛应用。*G. oxydans* 是一种专性需氧菌，采用呼吸型代谢方式，以氧气作为末端电子受体进行能量转换。该菌具有许多膜结合脱氢酶，这些酶参与糖、醇和酸的不完全氧化过程中的许多氧化反应。

② 培养基配方

种子培养基：D-山梨醇 17.5%～18%，酵母膏 0.5%，碳酸钙 0.25%，无机盐 0.4%（$MgSO_4$ 0.005%，KH_2PO_4 0.02%，$NH_4H_2PO_4$ 0.03%，K_2SO_4 0.005%）。pH 5.2～5.4。

一级种子培养基：D-山梨醇 12%～17%，玉米浆 0.3%，酵母膏 0.04%，碳酸钙 0.1%，消泡剂 0.1%。pH 5.2～5.4。

二级种子培养基：D-山梨醇 12%～17%，玉米浆 0.2%，酵母膏 0.04%，碳酸钙 0.1%，消泡剂 0.07%。pH 5.2～5.4。

三级种子培养基：D-山梨醇 12%～17%，玉米浆 0.2%，酵母膏 0.04%，碳酸钙 0.1%，消泡剂 0.05%。pH 5.2～5.4。

发酵培养基：D-山梨醇 22%～30%，玉米浆 0.2%，酵母膏 0.04%，碳酸钙 0.07%，消泡剂 0.002%。

③ 种子的制备：无菌条件下，灭菌种子培养基后将其注入斜面，用接种耙刮下菌苔，混匀后制成菌悬液，用无菌吸管吸取并接种于装有种子培养基的摇瓶中，28 ℃振荡培养。每只种子瓶合并一只血清瓶，每只种子瓶内留少许菌种液，并合并到一只种子瓶中，将此菌液涂于无检培养基做无菌检查、镜检，定糖。无菌检查应呈阴性，镜检为革兰氏阴性菌，整齐无杂菌。

取血清瓶种子液（4 ℃保存，不超过七天）接种于 0.3 m³ 一级种子罐中，32～34 ℃培养 12～20 h，经发酵率检查、镜检、无菌检查确保种子质量后，接种于 26 m³ 二级种子罐中，32～34 ℃培养 6～12 h。发酵率检查、镜检、无菌检查达到标准后，将种子接种于 27.6 m³ 三级种子罐中，32～34 ℃培养 6～12 h，发酵率检查、镜检、无菌检查合格后，保压静置以备接种发酵。

图 9-6　"二步发酵法"生产维生素 C 的工艺流程

④ 发酵过程：由于 L-山梨糖发酵是一种典型的底物抑制发酵，常采用分批发酵进行商业生产。在此过程中，底物浓度保持在 20%～25%，发酵周期为 18～24 h，分批发酵产率为 12～13g/(L·h)。发酵温度为 32 ℃，自然 pH 值，采用气升式发酵罐进行发酵生产。

（3）第二步发酵

① 伴生菌株：伴生菌株不能将 L-山梨糖转化为 2-KLG，但它可以分泌刺激转化菌株生长的激活剂，并大大提高 2-KLG 的产量。在过去的 30 年里，已有许多伴生菌株被分离出来，如条纹假单胞菌（*P. striata*）、巨大芽孢杆菌（*B. megaterium*）、苏云金芽孢杆菌（*B. thuringiensis*）、蜡样芽孢杆菌（*B. cereus*）、枯草杆菌（*B. subtilis*）、地衣芽孢杆菌（*B. licheniformis*）和嗜麦芽黄单胞菌（*Xanthomonas maltophilia*）等。此外，据报道，真核生物玫瑰孢子虫也可以作为有效的伴生菌株。目前，巨大芽孢杆菌和蜡样芽孢杆菌是工业维生素 C 发酵中应用的两种主要菌株。

② 产酸菌：与许多伴生菌株相比，目前只有一株产酸 *K. vulgare* 用于工业发酵。*K. vulgare* 是一种革兰氏阴性兼性厌氧异养土壤微生物，最适温度范围为 27～31 ℃，pH 范围为 7.2～8.5。*K. vulgare* 可以利用不同的底物生物合成 2-KLG，例如 D-山梨醇、L-山梨糖、L-古糖、L-山梨醇酮、L-半乳糖、L-idose、L-塔糖、L-古龙酮-1,4-内酯和 L-半乳酮-1,4-内酯。

③ 培养基配方

种子培养基：山梨糖 2.0%，玉米浆 0.5%，葡萄糖 0.2%，尿素 0.1%，$CaCO_3$ 0.2%。pH 6.7～7.0。

一级种子培养基：山梨糖 1.0%，玉米浆 1.0%，酵母膏 0.2%，葡萄糖 0.2%，$CaCO_3$ 0.1%，尿素 0.1%。pH 6.7～7.0。

二级种子培养基：山梨糖 1.1%，玉米浆 1.1%，酵母膏 0.1%，葡萄糖 0.2%，$CaCO_3$ 0.47%，尿素 0.1%。pH 6.7～7.0。

三级种子培养基：山梨糖 1.1%，玉米浆 1.1%，酵母膏 0.1%，葡萄糖 0.2%，$CaCO_3$ 0.1%，尿素 0.1%。pH 6.7～7.0。

发酵培养基：山梨糖 8.0%，玉米浆 1.5%，$CaCO_3$ 0.5%，KH_2PO_4 0.1%，$MgSO_4$ 0.01%，尿素 1.2%，10×10^{-6} $FeSO_4$ 0.1 mL/L。pH 6.7～7.0（其中，山梨糖与尿素应分开灭菌。其他培养基成分溶解并调节 pH 后再加 $CaCO_3$）。

④ 种子制备

a. 大小菌悬液的制备　小菌：挑取丰满、边缘整齐、菌落形态大的单菌落小菌若干，混于 3 mL 无菌水中，小菌的浓度大小以形成乳白色的悬液为准。大菌：选择大小为中型、菌落较薄、边缘整齐的菌落，挑取一环菌落的内圈于 2 mL 无菌水中，制成大菌悬液。挑取 1～2 环大菌悬液于小菌悬液中摇匀，制成大小菌混悬液。

b. 茄子瓶斜面的制备　吸取 0.1 mL 大小菌混悬液于空白培养过的茄子瓶空白斜面上，划线分开涂抹，划好的茄子瓶倒放在 29 ℃恒温培养箱内培养 3～4 d，检查斜面大小菌生长情况及无菌情况，合格的斜面放入冰箱保存，备用保存期不得超过七天。

c. 种子液的制备　向茄子瓶斜面中注入 40～60 mL 无菌水，用消过毒的接种棒刮取菌苔，混匀后制成大小菌悬浮液，用无菌吸管吸取 4 mL 大小菌悬浮液于 200 mL 或 750 mL 摇瓶中，29 ℃恒温震荡培养 20～24 h，种子液酸量达到 5 g/L 以上，即认为其是合格种子液。

取血清瓶种子液（4 ℃保存不超过 7 d），以 1%接种量将其接种于 0.5 m³ 二步一级种子罐中，于 29 ℃、14 m³/h 通气量下培养 18～24 h。经测定和镜检确保种子质量后，以 10%的接种量接种于 4 m³ 二步二级种子罐中，于 29 ℃、140 m³/h 通气量下培养 7～14 h。经检测和镜检确保种子质量后，以 10%的接种量接种于 40 m³ 二步三级种子罐中，于 29 ℃、1400 m³/h 通气量下培养 7～14 h，保压静置不超过 72 h，以备接种发酵。

⑤ 发酵过程：第二步发酵主要也是利用分批发酵的方式进行，种子在 40～44 h 内进行三级扩大培养后，

接种至气升式发酵罐，开始第二步发酵。在此过程中，发酵温度一般为 29 ℃，通过氢氧化钠调节 pH 为 7.0，初始底物浓度为 10 mg/mL，在发酵 10～30 h 时根据发酵状态补加 L-山梨糖。氧传递速率保持在 100 mmol/(L·h)，以满足细菌生长和 L-山梨糖转化的需要。发酵周期通常为 40～65 h，最终 2-KLG 浓度一般为 90～110 g/L。

（4）2-KLG 的纯化与提取

在发酵液中，2-KLG 以 2-酮基-L-古龙酸钠的形式存在。除 2-酮基-L-古龙酸钠以外，发酵液中含有大量杂质，如细胞、蛋白质、氨基酸、核酸和无机盐等。为了去除这些杂质，通过提高温度或调节 pH 对发酵液进行预处理，使一些杂质，尤其是蛋白质形成沉淀后被去除。进一步通过超滤膜分离系统纯化发酵液，并利用离子交换法将 2-酮基-L-古龙酸钠转化为 2-KLG。

（5）2-KLG 转化为维生素 C

不论在"莱氏法"还是"二步发酵法"中，2-KLG 到维生素 C 的转化都是通过化学方法实现。与传统的酸转化法相比，碱转化法在我国生产企业中得到了广泛的应用。即在浓硫酸催化下，2-KLG 和甲醇转化为 2-酮基-L-古龙酸甲酯（methyl 2-keto-L-gulonate），然后，2-酮基-L-古龙酸甲酯通过与 NaHCO$_3$ 的糖化反应转化为 L-抗坏血酸钠，最后生成维生素 C。碱转化法操作简单，反应条件温和（图 9-7）。

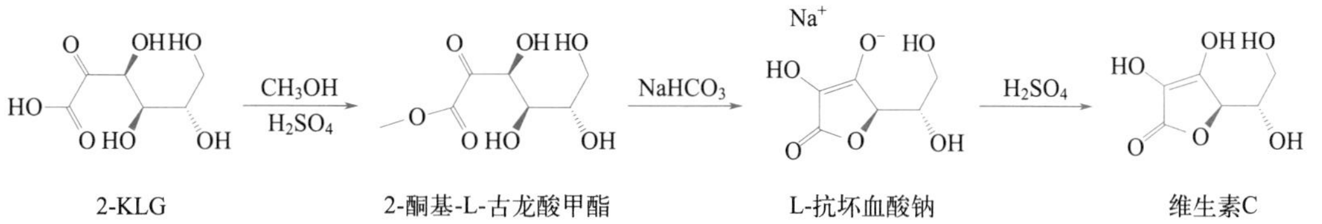

图 9-7　2-酮基-L-古龙酸转化生成维生素 C

第四节　烟酸生产工艺

一、烟酸简介

1. 烟酸的性质

烟酸，化学名为 3-吡啶甲酸，分子式为 C$_6$H$_5$NO$_2$，结构如图 9-8，又被称为尼克丁酸，是人体必需的 13 种维生素之一，属于维生素 B 族。其热稳定性好，能升华，工业上常采用升华法提纯烟酸。烟酸外观为白色或者微黄色晶体，略溶于水，微溶于乙醇，不溶于丙二醇、氯仿、醚和酯类试剂等。烟酸主要存在于动物内脏、肌肉组织，水果、蛋黄中也有微量存在，在人体内主要作为辅酶 Ⅰ（NAD$^+$）和辅酶 Ⅱ（NADP$^+$）合成的前体，在氧化还原过程中起到传递氢的作用。

图 9-8　烟酸分子结构式

2. 烟酸的用途

烟酸对人体的生长发育具有重要的作用，是一类非常重要的医药中间体，以其为原料可以合成多种药品。其常被用于如烟酸-沙利度胺、烟酸-吗啡、烟酸-甘油三酯等烟酸前体药物的合成。此外，还可将烟酸通过混合酸酐法、酰氯法与诺氟沙星、香草醛等药物进行缩合反应，进而得到活性更强、副作用更小的药物。

烟酸可被应用于动脉粥样硬化、高胆固醇血症、糙皮症和许多的皮肤问题的治疗，其在胃肠道的免疫调节中也能发挥作用。烟酸还可以调节不同类型免疫细胞（例如巨噬细胞、树突状细胞、嗜中性粒细胞和淋巴细胞）的活性。在再生医学领域，研究人员通过将无需预先脱胶的 3D 丝绸支架中加载烟酸，成功制备了一种免疫调节生物材料，这种免疫调节支架实现了烟酸的局部释放，从而最小化异物反应，可用于未来的组织工程的应用中。

烟酸还被广泛地应用在饲料添加剂中，它可以提升饲料中蛋白质的利用率，提高奶牛的产奶量以及鸡、鸭、鱼、牛、羊等禽畜肉的产量和质量。此外，烟酸还在发光材料、染料、电镀等领域发挥着不可替代的作用。

二、烟酸的生产方法

1. 烟酸的传统生产方法

烟酸的传统生产方法主要包括三大类，即催化氧化法、氧化剂氧化法以及电化学氧化法。在 20 世纪，人们在工业上以 3-甲基吡啶或者 2-甲基-5-乙基吡啶为原料，通过强氧化剂液相氧化或在高温高压下通过气相催化氨氧化得到 3-氰基吡啶，再进行水解得到烟酸。目前工业上多采用硝酸氧化法以及氨氧化法。其他的合成方法如电化学氧化法以及生物氧化法等虽然有着各种各样的好处，但是都仍处于研究阶段，距离大规模应用到工业生产中还需要一些时间。氨氧化法需要重金属作为催化剂，并且需要高温以及碱性的反应条件。硝酸氧化法需要控制反应温度以及反应时间，并且需要在高温以及强酸性条件下进行反应。这些传统方法都存在着反应条件相对苛刻，成本较高，制备过程中容易形成副产物等弊端。

2. 烟酸的生物合成法

相比于传统化学法生产烟酸，生物合成法因其反应条件温和，无需在强酸、强碱、高温、高压等苛刻条件下进行，受到人们的广泛关注。日本学者最早开展了相关的研究工作，他们在研究中发现玫瑰色红球菌（*Rhodococcus rhodochrous*）J1 中含有腈水解酶，利用这种腈水解酶可以催化 3-氰基吡啶生成烟酸，如图 9-9，其中，3-氰基吡啶可以被完全转化，烟酸最终积累浓度为 172 g/L。后又有中国学者在研究中利用大肠埃希菌异源表达恶臭假单胞菌腈水解酶，通过全细胞催化的方式，使烟酸积累终产量达到

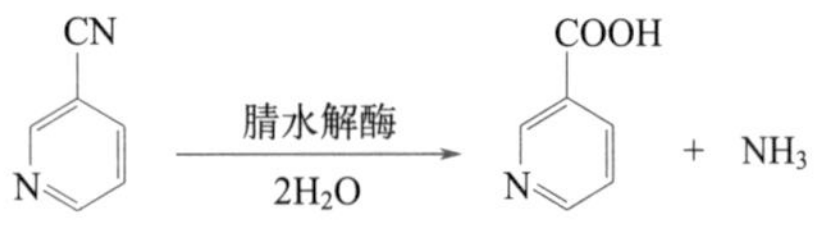

图 9-9 腈水解酶催化 3-氰基吡啶合成烟酸途径

了 541 g/L。目前的研究表明，腈水解酶具备高选择性、低成本、反应条件温和、产物纯度高等诸多优点，符合绿色化学以及原子经济性的发展理念。随着 21 世纪人们对烟酸需求量的不断增加，生物合成法制备烟酸将成为工业发展的大趋势，具有非常广阔的发展前景。

三、生物合成法生产烟酸的生产工艺

1. 生物合成关键酶腈水解酶的来源

腈水解酶在自然界中广泛存在。迄今为止，假单胞菌属（*Pseudomonas*）、红球菌属（*Rhodococcus*）、产碱杆菌属（*Alcaligenes*）、红细菌属（*Rhodobacter*）、诺卡氏菌属（*Nocardia*）、鞘氨醇单胞菌（*Sphingomonas*）、不动杆菌属（*Acinetobacter*）、芽孢杆菌属（*Bacillus*）、短根瘤菌属（*Bradyrhizobium*）、火球菌属（*Pyrococcus*）、节杆菌属（*Arthrobacter*）和嗜热芽孢菌（*Geobacillus*）等不同来源的细菌菌株，赤霉菌属（*Gibberella*）、青霉菌属（*Penicillium*）、曲霉菌属（*Aspergillus*）及镰刀霉属（*Fusarium*）等来源的丝状真菌菌株，隐球菌属（*Cryptococcus*）、球拟酵母菌属（*Torulopsis*）和外瓶霉属（*Exophiala*）等来源的酵母菌株，白芥（*Sinapis*）、芜菁（*Brassica*）、拟南芥（*Arabidopsis*）等来源的植物均被报道

存在腈水解酶活性。这些生物催化剂被用于选择性水解双腈生成单腈单酸，直接水解合成苯甲酸及苯乙酸的衍生物及烟酸等各类药物中间体，并在反应过程中表现出良好的酶学特征和催化效率。

2. 腈水解酶催化剂种类及获取方式

尽管传统研究中以野生菌游离细胞或其纯化酶作为催化剂进行腈类化合物的生物转化很常见，但是随着现代生产工艺尤其是医药工业对于催化剂的催化特征和产品质量要求的不断提升，近年来，采用通过基因工程手段构建的基因工程菌或其纯化酶作为催化剂已变得较为普遍。作为一种生物催化剂，腈水解酶大体分为天然酶和基因工程酶，实际生产中使用这两种酶的不同存在形式，包括游离细胞、纯化酶、固定化细胞或固定化酶等；其中基因工程酶还包括多种来源，如从野生菌直接克隆表达获得的重组酶、宏基因组挖掘及基因挖掘获得的新型酶以及经过分子修饰获得的改造酶等。

(1) 天然酶

腈水解酶的传统筛选方法主要以选择性筛选为主，尽管该方法工作量大、筛选周期长，但仍然是目前获取腈水解酶的主要途径。选择性筛选培养基通常是以腈类化合物及其类似物为唯一碳/氮源在固体或液体培养基中进行富集培养，经过多轮选育最终获得目的菌株。我国有学者以 0.1％的 3-氰基吡啶作为唯一氮源，经过四轮转接和最终的复筛，从选择性平板上获得一株高产真菌腈水解酶的赤霉菌（G. intermedia）CA3-1，其能够催化 3-氰基吡啶转化为烟酸。

腈水解酶的筛选还可利用反应生成产物的相应特征，在培养基中添加 pH 指示剂作为鉴别剂以提高筛选效率。如某研究团队在筛选甘氨腈水解酶的过程中在筛选平板上添加了 0.01％的溴百里香酚蓝作为指示剂以提高筛选效率，根据菌落周围颜色变化来对潜在目标菌株进行判断，可显著减少筛选工作量。另外，随着筛选方法的不断改进，近年来文献中借助灵敏的检测方法、采用微孔板进行高通量筛选的方法也表现出了一定优势。如有研究人员采用 Berthelot 法进行高通量初筛并用 HPLC 法复筛获得了一株底物谱较广的腈水解酶产生泛菌（Pantoea sp.），该菌株能较好地水解 3-羟基丙腈及 4-羟基苯乙腈等腈类化合物。又如，有研究人员利用腈水解反应中羧酸类产物可引起体系 pH 值降低的特点，选用溴百里香酚蓝作为筛选指示剂，在 96 孔微孔板中进行微量化的快速筛选，最终筛选到一株对 4-氰基吡啶表现出较高活性的黑曲霉（A. niger）。

(2) 基因工程酶

① 重组表达酶：从自然界所获得的天然催化剂是自然进化的产物，在发酵产量和催化特征方面多数会受到宿主自身条件的限制，通常无法满足工业生产的需求；而且，即使现有催化剂生产效率已达到较高水平，继续改善其催化潜力或寻找更好的催化剂对于生产工艺而言依然十分必要。从野生菌或自然环境中直接挖掘并获取酶的编码基因且在外源的成熟宿主中表达将为腈水解酶的广泛应用提供便利。获得腈水解酶的编码基因是后续工作的基础，以筛选得到的野生菌株基因组为目标，通过各种 PCR 技术进行克隆是最常见的方式。自 20 世纪 80 年代美国加州 Calgene 公司开创性地扩增获得首个来源于臭鼻克雷伯氏菌的腈水解酶编码基因，并在大肠埃希菌中成功表达出重组腈水解酶以来，大量的用于水解不同腈类底物的野生菌腈水解酶基因被克隆出来。如用于水解双腈和 3-氰基吡啶的类球红细菌（R. sphaeroides）LHS-305 及赤霉菌（G. intermedia）CA3-1 腈水解酶基因，已分别成功从相应的野生菌 DNA 中扩增获得，经外源表达后重组菌均表现出良好的腈水解酶活性。

② 宏基因组挖掘酶：由于自然界环境样品中不可培养的微生物占 99％以上，可培养获得的微生物仅不足 1％，传统筛选方法严重制约了自然环境中酶资源的发掘与利用。采用宏基因组学（metagenomics）技术则可巧妙地避开传统的分离培养过程，即提取特定环境样品中的微生物总基因组、构建小片段文库并从中筛选和挖掘功能基因。研究人员基于从不同地域采集的多个环境样品构建了一个基因组文库，进行腈水解酶活性筛选，并以该家族酶活性中心所特有的保守氨基酸残基三联体 Glu-Lys-Cys 为依据，在序列层面确定腈水解酶基因，共选取超过 200 个新的腈水解酶基因，随后，通过实验验证，确定了其中 27 条序列具有腈水解酶活性。另有研究人员从不同来源的具有代表性的土壤样品（污染的和无污染的）中构建了

多个宏基因组文库，以腈类化合物为唯一氮源筛选具有腈水解酶活性的单克隆，最终选取了一株表达腈水解酶 nit1 的大肠埃希菌（E.coli）进行后续研究。对 nit1 的序列分析结果表明，该基因序列与目前已报道的基因序列同源性均低于 66%，且这些较相似序列均未曾获得表征；以双腈为底物进行生物转化实验，结果显示 nit1 具有良好的区域选择性，能成功催化合成单腈单酸。

③ 基因挖掘酶：目前基因数据库中已登录的全基因组和其他基因序列数据正在逐步增加，尤其随着目前测序成本的不断降低，这些数据更是迅猛增长（见 GenBank 及 GOLD 等数据库）。对于从事工业酶及有机合成研究的学者来说，这无疑是一种珍贵的资源；但如何在较短时间内快速准确地从如此海量的数据库中获得所需目标基因序列成为工作的关键。随着后基因组时代的来临，"基因挖掘"技术（genome mining）逐步受到重视。该技术主要是根据实际需要、有针对性地选取某个具有代表性的探针酶为模板在数据库中进行比对和搜索，深入挖掘具有序列或结构同源性的酶基因，尤其是从未获得表征或报道的基因，进而可通过设计特异性引物从目标物种扩增该编码基因并重组表达；另外，基因合成技术的进步为廉价且快捷地合成基因序列提供了可能，因此所挖掘的序列可直接进行全合成。

借助日益成熟的生物信息学和计算机软件模拟技术，并结合针对特定宿主的密码子优化策略，人们能进一步显著提高所挖掘基因表达的成功率，相比于传统筛选，该方法在开发周期、人力物力成本、筛选效率等方面已展现出其独特优势。捷克有学者在 GenBank 数据库中搜索未获得表征或文献未报道的假定真菌腈水解酶基因，最终锁定了 3 个分别来源于串珠状赤霉菌（G.moniliformis）、黑曲霉（A.niger）CBS513.88、粗糙链孢霉菌（N.crassa）OR74A 的假定腈水解酶基因，这些基因的氨基酸序列同源性最高约为 40%；随后，按照大肠埃希菌（E.coli）表达体系的密码子偏好性进行密码子优化，并连接 pET-30a(+) 载体进行重组表达；最后，以苯乙腈为底物测定酶活力，结果表明这些基因挖掘酶均表现出较高的酶活力，尤其是黑曲霉和粗糙链孢霉菌的酶活力分别可达 2500 U/L 和 2700 U/L，约为串珠状赤霉菌的 6 倍。

④ 基因改造酶：随着现代分子生物学技术的进步，从分子层面进一步对腈水解酶催化剂进行改造逐渐成为现阶段的研究热点。目前已有改造方法包括非理性改造和理性改造；理性改造通常在熟知腈水解酶蛋白质空间立体结构、氨基酸序列以及催化机制等信息的前提下，有针对性地对腈水解酶序列进行精确设计和改造，从而获得具有催化性能改进的突变体；非理性改造是无需事先了解酶的空间结构及催化机制等信息，模拟达尔文的自然进化在体外改造酶基因，人为设定特殊的进化条件、通过高通量的筛选手段定向筛选出所需性能突变体的方法。

利用这些技术可对腈水解酶的催化活力、稳定性、底物特异性、立体选择性、副产物生成及底物耐受性等特征进行改造。有研究人员以 3-羟基戊二腈为底物在腈水解酶催化下合成 (R)-4-氰基-3-羟基丁酸（降胆固醇药物阿托伐他汀的中间体），为提高工艺效率，他们采用定点饱和突变技术改造腈水解酶，用于筛选选择性及高底物浓度下催化产率均提高的突变体，共构建了 330 个氨基酸位点上的 10528 个突变体，最终筛选获得一株选择性及活力最高的突变株 A190H 用于后续研究，在 3 mol/L 的底物浓度、20 ℃的反应温度并同时搅拌的情况下经过 15 h 转化获得了 ee 值为 98.5%、产率为 96% 的相应产物，催化剂的体积产率达到 619 g/(L·d)。德国学者在仅获得荧光假单胞菌（P.fluorescens）EBC191 腈水解酶编码基因的基础上，研究活性中心附近氨基酸残基对于催化活力和副产物酰胺生成的影响，他们采用定点突变的方式构建了活性中心 Cys 残基附近多个氨基酸残基的突变体，结果表明所构建的 163 位突变体 C163Q 在以扁桃腈为底物进行催化时酶活力降低，但扁桃酰胺生成量却显著增加。澳大利亚某研究团队采用易错 PCR 技术结合高通量筛选方法改善粪产碱菌（A.faecalis）腈水解酶的催化活力及 pH 稳定性；通过多轮易错 PCR 及后续的阳性突变位点的组合突变，获得了多株底物转化率和在低 pH 条件下稳定性显著提高的突变株，其中一株突变体在 pH 为 4.5 的条件下转化氯代扁桃腈的结果显示底物能被完全转化生成相应的有机酸。

从目前的应用情况来看，尽管工作量较大、目标不够明确，定向进化技术仍不失为一种有效的基因修饰策略。

（3）腈水解酶生产菌的发酵产酶

通过预先设计，经过人工操作，利用微生物的生命活动获得所需的酶的技术过程，称为酶的发酵生产。目前，大多数酶都采用微生物细胞进行发酵生产。

微生物的研究历史较长，并且微生物具有种类多、易培养、代谢能力强等特点，在腈水解酶的生产中得到广泛应用。

酶的发酵生产根据微生物的培养方式的不同，可以分为固体培养发酵、液体深层发酵、固定化细胞发酵、固定化原生质体发酵等。

固体培养发酵是在固体或者半固体的培养基中接种微生物，在一定的条件下进行发酵，以获得所需酶的发酵方法。我国传统的各种酒曲、酱油曲等都是采用这种方式进行生产的。其主要目的是获得所需的淀粉酶类和蛋白酶类，以催化淀粉和蛋白质的水解。固体培养发酵的优点是设备简单，操作方便，特别适用于霉菌的培养和发酵产酶。其缺点是劳动力强度大，原料利用率较低，生产周期较长。

液体深层发酵是在液体培养基中接种微生物，在一定的条件下进行发酵生产得到所需酶的发酵方法。液体深层发酵不仅适用于微生物细胞的发酵生产，也适用于植物细胞和动物细胞的培养。液体深层发酵的机械化程度较高，技术管理较严格，酶的产率较高，所产酶的质量较稳定，产品回收率较高，是目前腈水解酶发酵生产的主要方式。

固定化细胞发酵是在固定化酶的基础上发展起来的发酵技术。固定化细胞是指在水不溶性的载体上，在一定的空间范围内进行生命活动的细胞。固定化细胞发酵具有以下显著特点：细胞密度大，产酶能力强；发酵稳定性好，可以反复使用或连续使用；细胞固定在载体上，流失较少，可以在高稀释率的条件下连续发酵，利于连续化、自动化生产，发酵液中含菌体较少，利于产品分离纯化，提高产品质量。

固定化原生质体发酵是在20世纪80年代中期发展起来的技术。固定化原生质体是指固定在载体上，在一定的空间范围内进行生命活动的原生质体。固定化原生质体由于除去了细胞壁这一扩散屏障，有利于胞内物质透过细胞膜分泌到细胞外，可以使原来属于胞内产物的胞内酶等分泌到细胞外，从而可以不经过细胞破碎和提取工艺直接从发酵液中分离得到所需的发酵产物，为胞内酶等胞内物质的工业化生产开辟了新的途径。

（4）提高腈水解酶产量的措施

在腈水解酶的生产过程中，为了提高酶的产量，除了使用优良的产酶细胞，进行发酵工艺条件的优化控制外，还可以采取某些行之有效的措施，诸如添加诱导物、添加表面活性剂、表达元件工程等。

① 添加诱导物：诱导物是能够使某些酶的生物合成开始或者顺利进行的物质。例如，纤维二糖是纤维素酶的诱导物，蔗糖是蔗糖酶的诱导物等。在酶的发酵过程中，添加适宜的诱导物，在一定的条件下，可以加速酶的生物合成，从而显著提升酶的产量。

微生物发酵生产腈水解酶的诱导剂根据菌株的不同而不同，例如，重组大肠埃希菌发酵生产腈水解酶往往采用经典诱导剂IPTG进行诱导。

有时候同一种酶会有多种诱导物的情况，例如，纤维素、纤维糊精、纤维二糖等都可以诱导纤维素酶的生物合成等。在实际应用时可以根据酶的特性、诱导效果和诱导物的来源、价格等方面进行选择。

② 添加表面活性剂：细菌均有细胞膜，细胞膜由磷脂双分子层构成，具有高度选择性，用于控制胞外物质的吸收和胞内物质的分泌。如果在培养基中添加表面活性剂，其可以与细胞膜相互作用，增加细胞膜的透过性，有利于胞外酶的分泌，从而提高酶的产量。

表面活性剂有离子型和非离子型两大类。其中，离子型表面活性剂又可以分为阳离子型表面活性剂、阴离子型表面活性剂和两性离子型表面活性剂三种。

将适量的非离子型表面活性剂（如吐温等）添加到培养基中，可以加速胞外酶的分泌，使得酶的产量增加。在使用时，应当控制好表面活性剂的添加量，过多或者不足都不能取得良好效果。此外，添加表面活性剂有利于提高酶的稳定性和催化能力。由于离子型表面活性剂对细胞有毒害作用，尤其是季胺型表面活性剂，其是消毒剂，对细胞的毒性较大，不能在酶的生产中添加到培养基中。

③ 添加产酶促进剂：产酶促进剂是指可以促进产酶，但是作用机制未阐明清楚的物质。在酶的生产过程中，添加适宜的产酶促进剂往往可以显著提升酶的产量。产酶促进剂对不同细胞、不同酶的效果各不相同，现在还没有规律可循，要通过实验确定所添加的产酶促进剂的种类和浓度。

④ 表达元件工程：表达元件工程主要运用在基因工程重组工程菌发酵生产腈水解酶中。运用基因工程的手段，对表达载体上的表达元件（例如启动子、RBS 等）进行调节优化，找到与相应酶适配的表达元件，从而实现对酶的过表达。随着生物技术的进步，该策略已经成为基因工程菌生产酶的常用方法。

3. 烟酸的质量控制

根据《中国药典》，烟酸的质量控制要求具体如下。

（1）鉴别

① 取本品约 50 mg，加水 20 mL 溶解后，滴加 0.4％氢氧化钠溶液至遇石蕊试纸显中性反应，加硫酸铜试液 3 mL，即缓缓析出淡蓝色沉淀。

② 取本品，加水溶解并稀释制成每 1 mL 中约含 20 μg 的溶液，照紫外-可见分光光度法测定，在 262 nm 的波长处有最大吸收，在 237 nm 的波长处有最小吸收；237 nm 波长处的吸光度与 262 nm 波长处的吸光度的比值应为 0.35～0.39。

③ 本品的红外光吸收图谱应与对照图谱一致。

（2）检查

① 溶液的颜色：取本品 1.0 g，加氢氧化钠试液 10 mL 溶解后，依法检查，如显色，与同体积的对照液（取比色用氯化钴液 1.5 mL、比色用重铬酸钾液 17 mL 与比色用硫酸铜液 1.5 mL，加水至 1000 mL）比较，不得更深。

② 3-氰基吡啶：取本品，精密称定，加乙醇溶解并定量稀释制成每 1 mL 中约含 10 mg 的溶液，作为供试品溶液；另取 3-氰基吡啶对照品适量，精密称定，加乙醇溶解并定量稀释制成 1 mL 中约含 0.2 mg 的溶液，作为对照品溶液。照薄层色谱法试验，分别吸取供试品溶液 40 μL 与对照品溶液 5 μL，分别点于同一硅胶 GF_{254} 薄层板上，以甲苯-三氯甲烷-乙酸乙酯-冰醋酸（7.5∶5∶2∶0.5）为展开剂，展开，取出，晾干，置紫外光灯（254 nm）下检视。供试品溶液如显与对照品溶液相应的杂质斑点，其颜色与对照品溶液的主斑点比较，不得更深（0.25％）。

③ 氯化物：取本品 0.25 g，依法检查，与标准氯化钠溶液 5.0 mL 制成的对照液比较，不得更浓（0.02％）。

④ 硫酸盐：取本品 0.50 g，依法检查，与标准硫酸钾溶液 1.0 mL 制成的对照液比较，不得更浓（0.02％）。

⑤ 干燥失重：取本品，置五氧化二磷干燥器内，减压干燥至恒重，减失重量不得过 0.5％。

⑥ 炽灼残渣：取本品 1.0 g，依法检查，遗留残渣不得过 0.1％。

⑦ 重金属：取炽灼残渣项下遗留的残渣，依法检查，含重金属不得过百万分之二十。

⑧ 砷盐：取本品 1.0 g，加水 23 mL 与盐酸 5 mL 使溶解后，依法检查，应符合规定（0.0002％）。

（3）含量测定

取本品约 0.3 g，精密称定，加新沸放冷的水 50 mL 溶解后，加酚酞指示液 3 滴，用氢氧化钠滴定液（0.1 mol/L）滴定。每 1 mL 氢氧化钠滴定液（0.1 mol/L）相当于 12.31 mg 的烟酸。

本章小结

维生素是一类生物生长和代谢所必需的、化学结构不同的小分子微量有机化合物，对生物体的酶活力和代谢活性起重要的调节作用，通常不能在体内自行合成，大多需从外界摄取。本章节对脂溶性维生素以及水溶性维生素进行了系统性概述。此外，本章节重点介绍了维生素 B₂、维生素 C 以及烟酸这三种维生素的结构特征、分析鉴定、生产方式及其工艺，其中包括化学合成法、自然界提取法以及生物发酵法。

思 考 题

1. 简述维生素 B₂、维生素 C 以及烟酸的结构特点，如何选择合理的分析检测方法。
2. 总结概述生物法生产维生素 B₂、维生素 C 以及烟酸的关键步骤以及生产工艺流程。

【万永青　龚劲松　满都拉】

参考文献

［1］ 王镜岩，朱圣庚，徐长法，等. 生物化学［M］.3 版. 北京：高等教育出版社，2002.

［2］ 夏焕章，陈永正，董悦生，等. 生物制药工艺学［M］.2 版. 北京：人民卫生出版社，2016.

［3］ 陶军华，许建和，林国强，等. 生物催化在制药工业的应用：发现、开发与生产［M］. 北京：化学工业出版社，2010.

［4］ K. 布赫霍尔茨，U. T. 博恩舒尔，等. 生物催化剂与酶工程［M］. 魏东芝，马昱澍，马兴元，等译. 北京：科学出版社，2008.

［5］ 梁晓亮. 维生素全书［M］. 天津：天津科学技术出版社，2015.

［6］ Gong J S，Shi J S，Lu Z M，et al. Nitrile-converting enzymes as a tool to improve biocatalysis in organic synthesis：recent insights and promises［J］. Critical Reviews in Biotechnology，2017，37（1）：69-81.

［7］ Gong J S，Zhang Q，et al. Efficient biocatalytic synthesis of nicotinic acid by recombinant nitrilase via high density culture［J］. Bioresource Technology，2018，260：427-431.

［8］ Mathew C D，Nagasawa T，Kobayashi M，et al. Nitrilase of Rhodococcus rhodochrous J1. Purification and characterization［J］. European Journal of Biochemistry，1989，182（2）：349-356.

［9］ Liu Z Q，Dong L Z，Cheng F，et al. Gene cloning，expression，and characterization of a nitrilase from *Alcaligenes faecalis* ZJUTB10［J］. Journal of Agricultural and Food Chemistry，2011，59（21）：11560-11570.

［10］ 龚劲松，李恒，陆震鸣，等. 腈水解酶在医药中间体生物催化研究中的最新进展［J］. 化学进展，2015，27（04）：448-458.

第十章

氨基酸类药物生产工艺

第一节　概述

一、氨基酸类药物的定义及生产方法

1. 氨基酸类药物的定义

氨基酸类药物（amino acids drug）是指人为地从体外补充机体所需氨基酸以治疗因缺乏氨基酸而发生的疾病的制剂。

2. 氨基酸类原料药的生产方法

氨基酸类原料药的生产方法包括蛋白质水解法、化学合成法、生物酶法以及微生物发酵法。

（1）蛋白质水解法

蛋白质水解法是传统的氨基酸生产方法。虽然目前应用这一方法生产的氨基酸品种相对有限，但在一些发展中国家，该方法仍是许多品种氨基酸的主要生产手段。其主要包括酸水解、碱水解和酶水解等方式。

（2）化学合成法

化学合成法是采用有机合成技术生产氨基酸的一种方法。虽然化学合成法可以生产目前已知的所有氨基酸，但化学合成法生产的氨基酸含有 D 型和 L 型两种旋光异构体，其中 D-异构体不能被人体所利用。因此，用化学合成法生产氨基酸时，除了需要考虑合成工艺条件外，还要考虑异构体属性问题和 D-异构体的利用问题。

（3）生物酶法

生物酶法是利用菌体或酶来生产氨基酸的方法。此法生产氨基酸的原理是，利用化学合成法制得的廉价中间体，借助酶的生物催化作用，使许多原本用发酵法或化学合成法生产的光学活性（具有不同旋光异构体）的氨基酸能够实现工业化生产。

（4）微生物发酵法

微生物发酵法是利用微生物能够合成其自身所需的各种氨基酸的能力，通过对菌株进行诱变等处理，

选育出各种缺陷型及抗性的变异菌株，解除代谢途径中的反馈抑制与阻遏，构建出的一种以过量合成某种氨基酸为目标的氨基酸生产方法。

二、微生物发酵法生产氨基酸类药物的研究进展

1. 微生物发酵法生产氨基酸类药物的进展

1806 年，法国科学家从芦笋中分离获得了第一个氨基酸——天冬氨酸。1900 年，人们确定了氨基酸的基本结构包含一个羧基、一个氨基和一个侧链。直到 1935 年，科学家发现了苏氨酸，至此，人们已发现自然界中存在的二十种氨基酸。1986 年，英国 Chambers 等在研究动物谷胱甘肽过氧化物酶时发现了第二十一种氨基酸，即硒半胱氨酸（或称硒代半胱氨酸、含硒半胱氨酸），同时发现其由密码子 UGA 编码。2002 年，美国 Srinivasan 等在研究甲烷菌的甲胺甲基转移过程时发现了第二十二种氨基酸，即吡咯赖氨酸，同时发现其由终止密码子 UAG 编码，根据目前的报道，这种氨基酸仅存在于甲烷菌中。

1820 年，Braconnot 首次采用蛋白质酸水解法生产甘氨酸；1866 年，德国化学家里豪森利用硫酸水解小麦面筋生产 L-谷氨酸；到 1953 年，水解法已经能够用于生产绝大多数的氨基酸。第一个利用微生物发酵法生产的氨基酸是 L-谷氨酸。1956 年，日本协和公司开始选育可以将糖质原料转化为 L-谷氨酸的菌株，他们通过分离筛选获得了一株可以产 L-谷氨酸的谷氨酸棒杆菌，通过发酵放大实验，成功实现了微生物发酵法工业化生产 L-谷氨酸。L-谷氨酸钠（味精）的商业化推动了氨基酸生产的迅速发展。日本协和公司进一步选育了能够积累 L-赖氨酸、L-鸟氨酸和 L-缬氨酸的突变株，实现了利用微生物发酵法生产 L-赖氨酸、L-鸟氨酸和 L-缬氨酸。我国从 1965 年开始生产味精，并逐渐形成世界上规模最大的氨基酸发酵产业。L-谷氨酸、L-赖氨酸等大品种氨基酸的生产技术发展迅速，但是对高附加值的小品种氨基酸（L-丝氨酸、L-半胱氨酸等）的研究相对较少，产品开发也落后于国外。新技术应用和新产品开发是我国氨基酸产业今后发展的关键。

2. 氨基酸类药物的发酵生产

随着分子生物学的快速发展，氨基酸的研究、开发和应用方面均取得重大进展，利用微生物发酵法可以生产许多药用氨基酸品种，如 L-谷氨酸、L-赖氨酸、L-苏氨酸和 L-苯丙氨酸等。微生物发酵法生产各种氨基酸的菌株及发酵水平见表 10-1。

表 10-1　微生物发酵法生产各种氨基酸的菌株及发酵水平

氨基酸品种	菌株	育种策略	最高发酵水平/(g/L)
L-精氨酸	钝齿棒杆菌	代谢工程、高通量筛选	95.5
L-半胱氨酸	大肠埃希菌	合成、降解等途径改造	8.34
L-谷氨酸	谷氨酸棒杆菌	诱变筛选、生物素亚适量控制工艺、温度敏感突变株发酵工艺	220
L-谷氨酰胺	谷氨酸棒杆菌	DES 诱变	41.5
L-苏氨酸	大肠埃希菌 TRFC	代谢改造、发酵优化	124.57
L-赖氨酸	谷氨酸棒杆菌	代谢改造、发酵优化	240
L-组氨酸	大肠埃希菌	基因工程改造	66.5
L-酪氨酸	大肠埃希菌	敲除 pheA	55.54
L-亮氨酸	谷氨酸棒杆菌	加强表达 leuA、leuCD	39.8
L-异亮氨酸	大肠埃希菌	敲除 ilvA、lacI，加强表达 ilvBN^{mut}、ilvCED、ygaZH、lrp	60.70
L-缬氨酸	谷氨酸棒杆菌	敲除 ldhA、厌氧培养	227.2
L-苯丙氨酸	大肠埃希菌	敲除 tyrR、突变 aroF	72.9
L-色氨酸	大肠埃希菌	敲除 pta、tnaA	48.68

氨基酸品种	菌株	育种策略	最高发酵水平/(g/L)
L-甲硫氨酸	希利短杆菌 BhL T27	诱变筛选、发酵优化	25.5
L-脯氨酸	谷氨酸棒杆菌 ZQJY-9	解除反馈抑制、减少副产物合成、发酵罐生产	120.81
L-丝氨酸	谷氨酸棒杆菌	解除反馈抑制、减少副产物合成、强化转运	43.9
	大肠埃希菌	翻译起始区域文库筛选、上罐补料分批发酵	50

3. 氨基酸研发生产中的前沿技术

自微生物发酵法生产 L-谷氨酸获得成功后，各种氨基酸生产的新菌种、新工艺和新技术成为研发热点，为氨基酸产业的迅猛发展奠定了坚实的基础。氨基酸发酵是典型的代谢控制发酵，所谓代谢控制发酵就是利用分子生物学的技术手段和方法，在分子水平改变和调控微生物的代谢途径，最终促使目标产物大量合成。早期主要采用传统诱变手段提高氨基酸生产菌株的产量，与野生菌株相比，诱变获得的突变株往往生长较慢、为营养缺陷型，同时抗逆性较差。随着生物技术的迅猛发展，应用代谢工程育种技术定向选育氨基酸生产菌株成为研究热点。通常代谢工程育种技术包括正向代谢工程、反向代谢工程及进化代谢工程三种类型。

（1）正向代谢工程

利用重组 DNA 技术对特定的生化反应进行修饰，或引入新的代谢途径以达到提高产物合成的目的。正向代谢工程以"进、通、节、堵、出"的代谢控制策略为基础，对基因转录、蛋白质表达和代谢途径等过程进行优化，其中包括增强表达限速酶、抑制或敲除降解途径关键酶基因、解除产物反馈抑制、截断竞争代谢途径、改造转运系统、提高菌株对产物耐受能力以及调控还原力等。通过代谢工程改造获得的工程菌具有与野生菌相似的生理特性。1980 年，人们首次成功构建产 L-苏氨酸的重组大肠埃希菌。目前，越来越多的工程菌被应用于工业化生产各种氨基酸产品，如 L-谷氨酸、L-赖氨酸、L-苏氨酸、L-丙氨酸、芳香族氨基酸和支链氨基酸等。

（2）反向代谢工程

反向代谢工程是一种采用逆向思维方式进行代谢设计的新型代谢工程技术，是指在异源生物或相关模型系统中，通过推理或计算确定期望的表型，挖掘该表型的决定性因素，再通过基因改造或环境变化使该表型在特定的细胞中表达。反向代谢工程也称逆代谢工程，在生物体代谢中起着不可或缺的作用。

（3）进化代谢工程

进化代谢工程是指通过模拟自然进化中的变异和选择过程，人为添加选择压力实现微生物的进化，再从进化的菌群中筛选获得性状优异的目的菌株。作为一种全基因组水平育种技术，进化代谢工程并不依赖微生物的遗传背景，所以这种技术手段尤其适合改造遗传背景和生理特性不清晰的菌种。近年来，进化代谢工程也被称为适应性实验进化（adaptive laboratory evolution）、代谢进化（metabolic evolution）、进化适应（evolutionary adaptation）等。采用进化代谢工程的方法对菌株进行改造，还可激活菌株潜在的代谢途径，使细胞能够利用新的底物或提高底物的利用效率。例如，丹麦研究者采用进化代谢工程技术构建高产 L-丝氨酸的大肠埃希菌，通过持续的适应性进化和筛选，可以在短期内获得 L-丝氨酸生产效率更高的子代。相似的策略也已被应用于 L-赖氨酸、甲硫氨酸和 L-缬氨酸等高产菌株的筛选。氨基酸的进化代谢工程育种技术、策略及方法如表 10-2 所示。

表 10-2　氨基酸的进化代谢工程育种技术、策略及方法

育种技术	策略	方法
基于理性设计的正向代谢工程育种	基于一定的理性设计原则，从宿主菌株出发，进行目标合成途径的构建与强化、前体物供应强化、旁路代谢阻断与弱化、辅因子平衡优化、目标产物输出系统强化等	限制途径关键酶加强表达、抑制基因敲除、解除产物反馈抑制、合成代谢优化、切断竞争代谢途径、启动子优化、核糖体结合位点优化、合成途径上多基因表达强度的组合优化等

育种技术	策略	方法
基于比较组学分析的反向代谢工程育种	随着生物信息学与计算机模拟技术的不断发展，基于组学分析获得的潜在改造靶点，利用计算机模拟进行代谢预测，再进行实验室代谢工程改造	高效突变与筛选、系统生物学分析、转录表达调整等
基于高通量筛选的进化代谢工程育种	将目标基因型的筛选与容易识别的表型（如生长偶联、抗性偶联等）或易于识别的信号（如荧光信号等）相关联，实现了理性与随机策略的结合，可通过高通量筛选，提高筛选效率	基于转录调控因子的生物传感器、基于核糖开关的生物传感器

随着生物技术的迅猛发展，转录物组学技术、蛋白质组学技术与代谢组学技术也应用于氨基酸育种中。

（1）转录物组学是研究转录物组的产生和调控规律的科学。与基因组相比，转录物组是动态的，同一细胞的转录物组在不同生长时期、不同环境条件下也是变化的。细胞的功能从基因表达开始，而转录物组研究可高通量地获得基因表达的相关信息，从而将基因表达与生命现象相关联。

（2）蛋白质组是指微生物基因组表达的全部蛋白质。蛋白质组具有动态性的特征，其随微生物所处环境变化而变化，特定微生物的基因组则不变。蛋白质组学以蛋白质为研究对象，通过分析细胞内动态变化过程中蛋白质的组成、表达水平与修饰状态，揭示蛋白质之间的相互作用关系与调控规律。

（3）利用代谢组学的方法可以定性、定量地分析胞内代谢物，监测胞内某个反应的动力学模型以及代谢途径中反应的调控机制，为代谢工程改造菌株提供新的靶点以及发现新的调控机制。通过代谢组学研究分析可能会发现新的代谢产物或新的代谢途径，了解细胞内外环境对细胞的生理效应，从而促进代谢工程的发展。

目前基于转录物组学技术、蛋白质组学技术与代谢组学技术的研究构建各种氨基酸生产菌株，提高氨基酸的生产效率正成为研究的热点，随着生物信息学与计算机模拟技术的快速发展，通过各种组学技术分析获得的潜在改造靶点，可先通过计算机模拟进行结果预测，再进行代谢工程改造，这样的代谢工程改造更加具有方向性、更加高效。

第二节　L-赖氨酸生产工艺

L-赖氨酸（L-lysine，L-Lys）为目前产量最大的氨基酸品种之一，分子式为 $C_6H_{14}N_2O_2$，分子量 146.19，化学名为 L-2,6-二氨基己酸，结构式如图 10-1 所示。其临床常用药形式为盐酸赖氨酸、苄达赖氨酸、醋酸赖氨酸。盐酸赖氨酸为白色结晶或结晶性粉末，无臭，在水中易溶，在乙醇中极微溶解，在乙醚中几乎不溶。目前可采用微生物发酵法工业化生产 L-赖氨酸，即以糖类物质为原料经过微生物发酵生产 L-赖氨酸，然后再经分离纯化，获得 L-赖氨酸纯品。

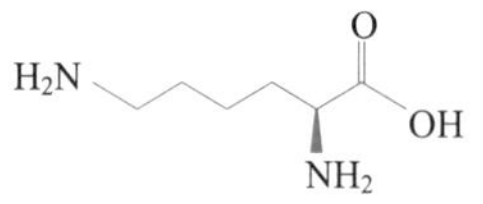

图 10-1　L-赖氨酸的结构式

一、L-赖氨酸生物合成途径

L-赖氨酸为天冬氨酸族氨基酸，葡萄糖经糖酵解途径生成丙酮酸，丙酮酸经 CO_2 固定反应生成草酰乙酸，然后经氨基化反应生成天冬氨酸；天冬氨酸在天冬氨酸激酶（AK）的催化下生成天冬氨酰磷酸，随后转化为天冬氨酸半醛，天冬氨酸半醛在二氢吡啶二羧酸合成酶（DDP 合成酶或称 PS）的催化下生成二氢吡啶 2,6-二羟酸，二氢吡啶-2,6-二羧酸经多个酶促反应后生成 L-赖氨酸。微生物体内 L-赖氨酸的生物合成涉及两种途径，即氨基乙二酸（AAA）和二氨基庚二酸（DAP）途径。其中，前者主要存在于真菌及古细菌中，后者主要存在于细菌（如谷氨酸棒杆菌）中，DAP途径如图10-2所示。

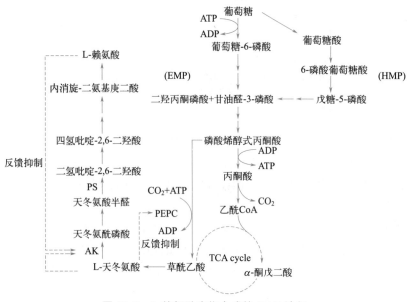

图 10-2　L-赖氨酸生物合成的 DAP 途径

二、L-赖氨酸生产菌株的选育

目前工业上用于 L-赖氨酸微生物发酵的生产菌株有谷氨酸棒杆菌、黄色短杆菌及大肠埃希菌的重组菌株。其中最重要的生产菌株为谷氨酸棒杆菌，其为革兰氏阳性菌，生长需氧，鸟嘌呤（G）和胞嘧啶（C）这两种碱基的含量为 50%～65%。1988 年，人们开始对谷氨酸棒杆菌进行全基因组测序，目前，谷氨酸棒杆菌模式菌株 ATCC13032 基因组序列已经发表（NCBI 参考序列：NC_003450.3），其基因组的染色体为环状，包含 3282708 个碱基对（3.282708 Mb），鸟嘌呤（G）和胞嘧啶（C）这两种碱基的含量为 53.8%。谷氨酸棒杆菌是第一个基因组被完整测序的革兰氏阳性菌，它是美国 FDA 认可的生产药品安全的菌株（generally recognized as safe，GRAS），因此，建立完全注释的谷氨酸棒杆菌基因组序列对于解析该菌株的生物学特性意义重大，这也是氨基酸代谢工程研究的基础。

从自然界分离得到的谷氨酸棒杆菌的生产水平往往不高，需要对菌种进行改造，提高其发酵产酸水平。目前通常采用诱变育种和基因工程育种提高菌株的生产性能。

1. 诱变育种

可采用常压室温等离子体（ARTP）诱变方法提高谷氨酸棒杆菌发酵生产 L-赖氨酸的水平，即以 L-赖氨酸生产菌株谷氨酸棒杆菌为出发菌株，采用 10.0 mg/mL 的溶菌酶酶解 90 min 制备原生质体，在考虑致死率及菌落数的条件下，利用 ARTP 处理 40 s，获得突变株，再经 96 孔微孔板初筛及摇瓶复筛，获得 L-赖氨酸产量明显提高的优良突变株。

2. 基因工程育种

（1）代谢工程改造底物葡萄糖的利用途径

葡萄糖的吸收主要依赖于 PTS 系统，该系统中，磷酸化葡萄糖时需要磷酸烯醇式丙酮酸（PEP）作为磷酸供体，值得注意的是，PEP 为 L-赖氨酸合成的前体，它的消耗将直接影响 L-赖氨酸的合成。随着研究的深入，人们发现谷氨酸棒杆菌还可通过 IolT 1/IolT 2 和 PPGK/GLK 途径吸收利用葡萄糖，这个途径无需消耗 PEP，对提高 L-赖氨酸的产量具有重要作用。

（2）代谢工程改造 L-赖氨酸的合成途径

对 L-赖氨酸合成途径的关键酶进行改造，如天冬氨酸激酶（AK），其活性受 L-赖氨酸和 L-天冬氨酸反馈抑制，对其进行定点突变能够解除 L-赖氨酸对该酶的抑制作用，从而提高 L-赖氨酸的产量。

（3）解除反馈调节

葡萄糖合成 L-赖氨酸的途径中，有三个关键限速酶，一是催化由磷酸烯醇式丙酮酸生成草酰乙酸的磷酸烯醇式丙酮酸羧化酶（PEPC），二是催化由天冬氨酸生成天冬氨酰磷酸的天冬氨酸激酶（AK），三是催化由天冬氨酸半醛生成二氢吡啶-2,6-二羧酸的二氢吡啶二羧酸合成酶（DDP 合成酶或称 PS）。其中 PEPC 受天冬氨酸的反馈抑制，AK 受 L-赖氨酸和 L-天冬氨酸的协同反馈抑制，而 PS 受亮氨酸的代谢互锁作用。解除关键限速酶的反馈抑制可以提高 L-赖氨酸的产量。

（4）增加前体物质的合成

草酰乙酸（OAA）是天冬氨酸族氨基酸合成的直接前体，在谷氨酸棒杆菌中磷酸烯醇式丙酮酸羧化酶（PEPC）被认为是 OAA 的主要补给催化酶，提高该酶的表达量，能够有效地增加 L-赖氨酸的产量。

（5）辅因子 NADPH 的供应

在谷氨酸棒杆菌中，当更多的碳流流向磷酸戊糖途径时，可以增加 NADPH 的供应。可通过失活磷酸葡萄糖异构酶基因、加强表达 1,6-二磷酸果糖酶基因或者 6-磷酸葡萄糖脱氢酶基因来达到这个目的。

（6）强化 L-赖氨酸转运途径

强化氨基酸转运是实现氨基酸高产的关键因素，在谷氨酸棒杆菌中 LysE 负责转运 L-赖氨酸和 L-精氨酸，加强 LysE 的表达可使 L-赖氨酸的产量明显增加。

根据上述策略，构建高产 L-赖氨酸的重组谷氨酸棒杆菌 L1，然后进行发酵及分离纯化。

三、L-赖氨酸的生产流程

1. L-赖氨酸生产工艺流程

L-赖氨酸的生产工艺流程如图 10-3 所示。

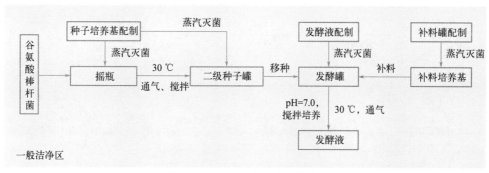

图 10-3　L-赖氨酸发酵工艺流程

2. 发酵工艺过程

（1）种子培养

采用的培养基配方为：葡萄糖 20.0 g/L，酵母粉 10.0 g/L，玉米浆 20.0 g/L，硫酸镁 0.4 g/L，尿素 10.0 g/L，硫酸亚铁 0.02 g/L，硫酸锰 0.01 g/L，生物素 0.5×10^{-3} g/L，维生素 B_1 0.2×10^{-3} g/L，pH 调至 7.0，121 ℃灭菌 20 min。从平板上挑取单菌落接种至装有 200 mL 种子培养基的 1000 mL 三角瓶中培养，30 ℃，220 r/min 下培养 16～18 h。

（2）发酵培养基配方

葡萄糖 100 g/L，玉米浆 35 g/L，糖蜜 10 g/L，甜菜碱 1.2 g/L，尿素 6.0 g/L，硫酸镁 1.6 g/L，磷

酸二氢钾 12.5 g/L，L-苏氨酸 0.015 g/L，L-赖氨酸 0.015 g/L，L-甲硫氨酸 0.05 g/L，L-天冬氨酸 0.12 g/L，$FeSO_4 \cdot 7H_2O$ 0.8×10^{-3} g/L，$MnSO_4 \cdot 3H_2O$ 0.6×10^{-3} g/L，生物素 0.08×10^{-3} g/L，维生素 B_1 0.03×10^{-3} g/L，维生素 B_{12} 2.5×10^{-6} g/L。pH 调至 7.0，121 ℃灭菌 20 min。

（3）发酵罐发酵

摇瓶培养的种子作为一级种子，将培养好的一级种子取样检查，确认无杂菌后接种至二级种子罐。一般以 5% 的接种量接入二级种子罐中；再将 10% 的适龄二级种子接种至 10～50 m³ 发酵罐中，通过调整搅拌速度和通气量将溶解氧浓度控制在 20%～30%。种子罐的大小取决于发酵罐的体积和接种量，通常采用的装料系数为一级种子罐 60%～65%，二级种子罐 60%～70%，发酵罐 65%～75%。

四、L-赖氨酸分离纯化工艺过程

采用微生物发酵法生产氨基酸，发酵液中常含有大量微生物菌体、蛋白质胶体、色素及无机盐等，因此，探索经济又高效的分离方式是实现氨基酸有效分离纯化的关键。根据氨基酸的电解特性，可以采用沉淀法、吸附法、离子交换法等对氨基酸进行分离纯化。

1. 发酵液预处理

通常采用过滤、离心的方法进行固液分离。发酵结束后，采用陶瓷膜过滤除去发酵液中的菌体和其他悬浮颗粒（细胞碎片、核酸和蛋白质的沉淀物），从而净化发酵液，以便后续分离纯化。

2. L-赖氨酸提取与精制

发酵液预处理后，可采用处理过的铵型强酸性阳离子交换树脂对 L-赖氨酸等进行分离纯化，将预处理后的发酵液上样，采用碱性溶液（如 5% 氨水）进行洗脱。离子交换色谱完毕后，对发酵液进行除氨处理。接着对料液进行真空浓缩，使 L-赖氨酸冷却结晶，再采用活性炭脱色，重结晶，最后离心烘干可得产品。L-赖氨酸分离纯化工艺流程如图 10-4 所示。

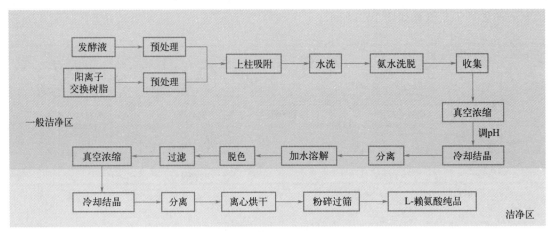

图 10-4　L-赖氨酸分离纯化工艺流程

五、L-赖氨酸的质量控制

L-赖氨酸的主要用药形式为盐酸赖氨酸、苄达赖氨酸、醋酸赖氨酸。根据《中国药典》（2020 版）二部中盐酸赖氨酸的质量标准要求，盐酸赖氨酸按干燥品计算，含 $C_6H_{14}N_2O_2 \cdot HCl$ 不得少于 98.5%，含重金属不得过百万分之十，干燥失重不得超过 0.4%，注射用盐酸赖氨酸还应检测热原。应按照《中国药典》中所示方法对 L-赖氨酸进行性状、鉴别、检查、含量测定及质量检测。

第三节　L-精氨酸生产工艺

L-精氨酸（L-arginine，L-Arg）分子式为 $C_6H_{14}N_4O_2$，分子量 174.2，化学名为 L-2-氨基-5-胍基戊酸，结构式如图 10-5 所示。精氨酸为白色结晶或结晶性粉末，几乎无臭，有特殊味，在水中易溶，在乙醇中几乎不溶，在稀盐酸中易溶。L-精氨酸能够促进人体生长激素的分泌，同时具有促进性激素分泌的作用。

一、L-精氨酸的生物合成途径

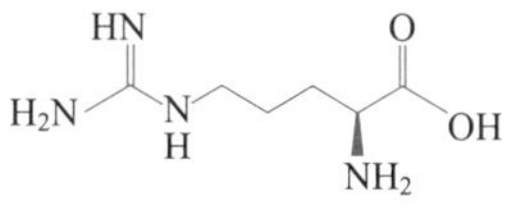

L-精氨酸是谷氨酸家族的氨基酸，在微生物体内通常以谷氨酸为前体，经一系列酶促反应合成 L-精氨酸。在微生物体内 L-精氨酸的合成途径通常有线性途径及循环途径，如图 10-6 所示。

图 10-5　L-精氨酸结构式

（1）线性途径：由 *argA* 编码的 N-乙酰谷氨酸合成酶（NAGS）催化谷氨酸合成 N-乙酰谷氨酸（NAG），再经过精氨酸操纵子 *argBCDEFGH* 编码的酶催化，最终合成 L-精氨酸。

（2）循环途径：由 *argJ* 编码的鸟氨酸氨基转移酶催化谷氨酸生成 N-乙酰谷氨酸，然后 N-乙酰谷氨酸被由 *argB* 编码的 N-乙酰谷氨酸激酶磷酸化，再经过精氨酸操纵子 *argCDJGH* 编码的酶催化，最终合成 L-精氨酸。该途径存在于大部分细菌、酵母、藻类以及植物中。

乙酰谷氨酸激酶是精氨酸合成途径的限速酶。谷氨酸棒杆菌中 *argB* 基因受精氨酸的反馈调节及阻遏蛋白 ArgR 的阻遏调节。

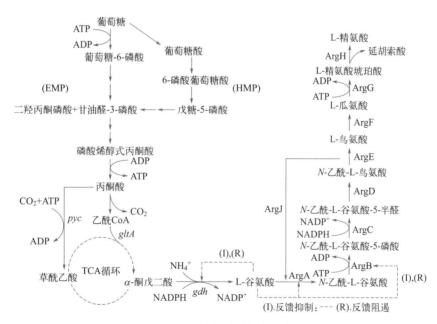

图 10-6　L-精氨酸生物合成途径

ArgA—乙酰谷氨酸合成酶；ArgB—乙酰谷氨酸激酶；ArgC—乙酰谷氨酸半醛脱氢酶；
ArgD—乙酰鸟氨酸转氨酶；ArgE—乙酰鸟氨酸脱酶；ArgF—鸟氨酸转氨甲酰酶；
ArgG—精氨琥珀酸合成酶；ArgH—精氨琥珀酸酶；ArgJ—鸟氨酸氨基转移酶

二、L-精氨酸高产菌株的选育

发酵生产 L-精氨酸的菌株主要包括谷氨酸棒杆菌、黄色短杆菌、钝齿棒杆菌以及大肠埃希菌等。从自然界分离得到的菌株往往产量不高，需要对菌种进行改造，提高其发酵产酸水平。目前通常采用诱变育种和基因工程育种提高菌株的生产性能。

（1）诱变育种

传统选育以紫外线（UV）、亚硝基胍（NTG）、硫酸二乙酯（DES）或常压室温等离子体（ARTP）等理化诱变剂处理优良的出发菌株，筛选具有 L-精氨酸结构类似物抗性的变异菌株，解除 L-精氨酸对合成途径的反馈调节，从而提高产量。

（2）基因工程育种

1983 年，日本科学家首次构建了生产 L-精氨酸的基因工程菌，通过将与精氨酸生物合成有关的基因导入谷氨酸棒杆菌中，提高了 L-精氨酸的产量。

基因工程育种的主要策略包括：
① 加强表达 L-精氨酸合成途径关键酶；
② 改造 L-精氨酸合成途径的限速酶 N-乙酰谷氨酸激酶；
③ 敲除或失活 L-精氨酸合成操纵子阻遏蛋白 ArgR、FarR 编码基因；
④ 提高菌株中辅因子 NADPH 的供应；
⑤ 重新分配 α-酮戊二酸节点的碳通量，降低 α-酮戊二酸脱氢酶系的酶活力；
⑥ 弱化副产物的生成，减少支路代谢流量。
⑦ 强化精氨酸的转运系统。

三、L-精氨酸的发酵生产

1. 发酵工艺流程

L-精氨酸的发酵工艺流程如图 10-7 所示。

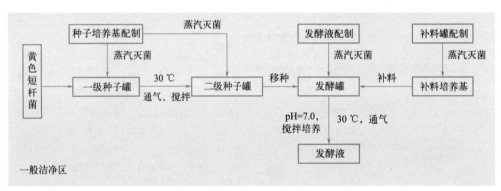

图 10-7　L-精氨酸发酵工艺流程

2. 发酵工艺过程

（1）种子培养基配方：葡萄糖 20 g/L，玉米浆 20 g/L，KH_2PO_4 1 g/L，$MgSO_4$ 0.5 g/L，尿素 3 g/L，$CaCO_3$ 30 g/L；121 ℃灭菌 20 min。

（2）斜面培养基配方：蛋白胨 10 g/L，牛肉膏 10 g/L，酵母膏 5 g/L，氯化钠 5 g/L，琼脂粉 15 g/L，pH 调至 6.8～7.0。121 ℃灭菌 20 min。

（3）发酵培养基配方：葡萄糖（淀粉水解糖）100 g/L，玉米浆 15 g/L，硫酸铵 0.5 g/L，尿素 3 g/L，KH_2PO_4 1 g/L，$MgSO_4$ 0.5 g/L，$MnSO_4$ 0.02 g/L，$FeSO_4$ 0.02 g/L，$CaCO_3$ 50 g/L；115 ℃灭菌 20 min。

（4）补料培养基配方：葡萄糖（淀粉水解糖）300 g/L，玉米浆 45 g/L，硫酸铵 15 g/L。

（5）发酵：将处于对数生长期的种子转接到发酵罐中（2 m³ 发酵罐装液量为 1.2 吨），接种量为 10％，种子由 200 L 二级发酵罐培养提供，初始通气量为 1 L/(L·min)，初始转速为 300 r/min，通过偶联转速和通气量使溶解氧水平大于 20％。用 50％氨水控制 pH 为 7.0，温度为 30 ℃左右，每间隔 12 h 取样，测定发酵液 OD_{600}、残糖浓度和 L-精氨酸浓度。

（6）分批补料：流加一定量的葡萄糖，控制底物葡萄糖浓度为 20～30 g/L。

四、L-精氨酸分离纯化工艺过程

采用发酵法生产 L-精氨酸时，发酵液中含有大量细菌菌体、蛋白质胶体、色素、无机盐等成分，如何实现经济又高效的分离方式是研究的重点。L-精氨酸为含有胍基的碱性氨基酸，根据 L-精氨酸的等电点及其解离特性，选择适当的阳离子交换树脂和阴离子交换树脂可有效实现 L-精氨酸的分离纯化，具体流程如图 10-8 所示。

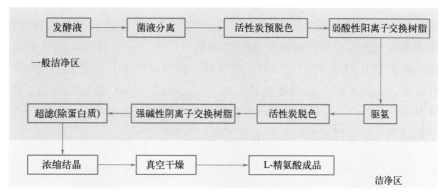

图 10-8 L-精氨酸分离纯化工艺流程

（1）发酵液预处理

采用陶瓷膜除去菌体发酵液中的菌体，加水量约为发酵液体积的 20％，滤液与洗水合并作为后续工序料液。

（2）活性炭脱色

选用活性炭 767 使 L-精氨酸发酵上清液脱色，活性炭添加量为 0.1％～1.3％。

（3）利用强碱性阴离子交换树脂纯化

首先将树脂进行预处理，然后进行上样与洗脱。将脱氨液的 pH 调至 7.0～10.0，以 2.0 r/min 的泵流速上样，并收集流出液。上样后用水洗柱，将柱中残留的精氨酸洗下来，此时泵流速为 2.5 r/min，大约用水体积为柱体积的 2～3 倍，并随时检测流出液中的 L-精氨酸。

（4）浓缩结晶

首先加入适量的活性炭进行二次脱色，即将洗脱液 pH 调至 5.0，加入 0.5％的活性炭，于 80 ℃水浴条件下脱色 60 min。然后采用旋转蒸发仪浓缩至 60 g/L 以上。最后将浓缩后的溶液过夜结晶，得到 L-精氨酸成品。

五、L-精氨酸的质量控制

L-精氨酸的用药形式为盐酸精氨酸片或者盐酸精氨酸注射液。根据《中国药典》（2020 版）二部中精氨酸质量标准要求，精氨酸按干燥品计算，含 $C_6H_{14}N_4O_2$ 不得少于 99.0％，含重金属不得过百万分之十，干燥失重不得超过 0.5％，注射用精氨酸还应检测热原。按照《中国药典》中所示方法对精氨酸进行性状、鉴别、检查、含量测定及质量检测。

第四节 L-丝氨酸生产工艺

L-丝氨酸（L-serine，L-Ser）是中性脂肪族含羟基氨基酸，也是一种非必需氨基酸，分子式为 $C_3H_7NO_3$，分子量为 105.09，化学名为 L-2-氨基-3-羟基丙酸，结构式如图 10-9 所示。L-丝氨酸是复方氨基酸输液的原料，其易溶于水，几乎不溶于非极性溶剂。

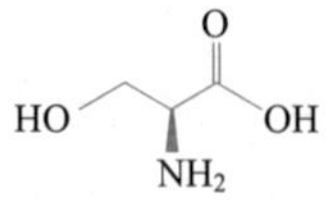

一、L-丝氨酸生物合成途径

图 10-9 L-丝氨酸结构式

谷氨酸棒杆菌中 L-丝氨酸的生物合成代谢途径如图 10-10 所示，蔗糖或葡萄糖等碳源进入细胞内经糖酵解的 5 步反应得到 3-磷酸甘油酸，然后再经过 3 步反应得到 L-丝氨酸。首先 3-磷酸甘油酸经 3-磷酸甘油酸脱氢酶（PGDH，serA 编码）催化得到 3-磷酸羟基丙酮酸，再经磷酸丝氨酸转氨酶（PSAT，serC 编码）催化得到 3-磷酸丝氨酸，最后经磷酸丝氨酸磷酸酶（PSP，serB 编码）催化得到 L-丝氨酸。合成途径中第一个关键限速酶 PGDH 受到 L-丝氨酸反馈抑制，该反应也是 L-丝氨酸合成的关键限速步骤。

在谷氨酸棒杆菌中，L-丝氨酸在 L-丝氨酸脱水酶（L-serDH，sdaA 编码）催化下降解为丙酮酸，通过丝氨酸羟甲基转移酶（SHMT，glyA 编码）催化的反应降解为甘氨酸和 C_1 单元，C_1 单元参与多种生理生化活动，对于菌体的生长与代谢过程有着重要影响。

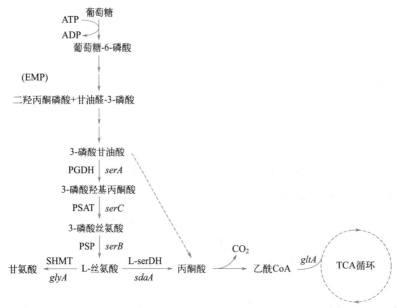

图 10-10 谷氨酸棒杆菌中 L-丝氨酸的生物合成代谢途径

PGDH—3-磷酸甘油酸脱氢酶；PSAT—磷酸丝氨酸转氨酶；PSP—磷酸丝氨酸磷酸酶；

L-serDH—L-丝氨酸脱水酶；SHMT—丝氨酸羟甲基转移酶

二、L-丝氨酸高产菌株的选育

目前谷氨酸棒杆菌发酵生产 L-丝氨酸的菌株选育策略主要包括传统诱变以及代谢工程改造策略。

1. 传统诱变

诱变在工业微生物菌种选育中已得到广泛应用，常用的诱变方法包括化学诱变和物理诱变。一种新型的诱变方法——常压室温等离子体（ARTP）诱变具有多种优势，可提高 L-丝氨酸产量。

2. 代谢工程改造

（1）解除限速酶的反馈抑制

在 L-丝氨酸合成途径中，3-磷酸甘油酸脱氢酶（PGDH）催化 3-磷酸羟基丙酮酸的合成，该酶受到 L-丝氨酸的严格反馈调控，当胞内的 L-丝氨酸浓度达到 $30~\mu mol/L$ 时，PGDH 的残留酶活力仅有 $15\%\sim17\%$。研究发现将 PGDH 碳端的 197 个氨基酸的基因序列敲除，能够有效解除其受到的 L-丝氨酸抑制作用，而且几乎不影响 PGDH 的酶活力。

（2）弱化降解途径

在谷氨酸棒杆菌中，由基因 $sdaA$ 编码的 L-serDH 将 L-丝氨酸降解为丙酮酸，由 $glyA$ 基因编码的 SHMT 将 L-丝氨酸降解为甘氨酸和一碳单位，$glyA$ 基因在谷氨酸棒杆菌中为必需基因。敲除编码 L-serDH 的基因 $sdaA$ 后，菌株的 L-丝氨酸积累量有一定程度的提高，同时以弱启动子替换基因组上 SHMT 的启动子，可以降低 L-丝氨酸降解为甘氨酸的代谢途径流量。

（3）减少副产物合成

敲除转氨酶编码基因 $alaT$ 和缬氨酸氨基转移酶编码基因 $avtA$，可以降低副产物 L-丙氨酸和 L-缬氨酸的积累，敲除乙酰羟酸合酶碳端序列，可以降低支链氨基酸的合成。

（4）强化分泌转运途径

在谷氨酸棒杆菌中，氨基酸的分泌转运主要是通过氨基酸转运蛋白完成的，加强表达分泌转运蛋白可以降低细胞内氨基酸的浓度，从而减轻反馈抑制和高浓度氨基酸的细胞毒性。据目前的报道，L-苏氨酸的转运蛋白 ThrE 在谷氨酸棒杆菌中具有分泌转运 L-丝氨酸的作用；最新研究表明，NCgl0580 具有分泌转运 L-丝氨酸的作用。

根据上述内容，有研究人员对一株从土壤中筛选获得的谷氨酸棒杆菌 SYPS-062 进行传统诱变、代谢工程改造，得到 L-丝氨酸高产菌株 SSAAI，进一步对其进行发酵研究。

三、L-丝氨酸的发酵生产

1. 发酵工艺流程

L-丝氨酸的发酵工艺流程如图 10-11 所示。

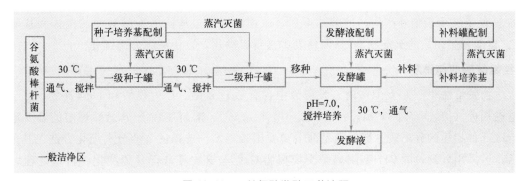

图 10-11 L-丝氨酸发酵工艺流程

2. 发酵工艺过程

（1）培养基配方

① 种子培养基：脑心浸液（BHI）3 g/L，葡萄糖 10 g/L，$(NH_4)_2SO_4$ 20 g/L，Na_2HPO_4 0.8 g/L，KH_2PO_4 0.6 g/L，$MgSO_4 \cdot 7H_2O$ 0.7 g/L；

② 发酵培养基：葡萄糖 80 g/L，$(NH_4)_2SO_4$ 20 g/L，KH_2PO_4 5 g/L，$MgSO_4 \cdot 7H_2O$ 0.8 g/L，

$FeSO_4 \cdot 7H_2O$ 0.1 g/L，$MnSO_4 \cdot H_2O$ 0.1 g/L，生物素 8×10^{-4} g/L，维生素 B_1 5×10^{-3} g/L。

（2）菌种活化及发酵准备

① 谷氨酸棒杆菌的保藏：将生长至对数生长期的谷氨酸棒杆菌菌液与 60% 的甘油等体积混合，然后置于 -80 ℃ 冻存。

② 谷氨酸棒杆菌的活化及培养：取出保藏谷氨酸棒杆菌的 2 mL 冻存管，置于冰上融化，吸取少许菌液于种子平板上三区划线，置于培养箱 30 ℃ 培养 3 d。取一环菌体接种至 20 mL 种子培养基中，于 30 ℃，120 r/min 下培养 12～16 h。待种子液的 OD_{562} 达到 25 左右时，取 1 mL 种子液接种至发酵培养基中，根据需要每间隔 12 h 进行取样。

（3）工艺流程

① 在 0.6 m^3 的种子罐中加入 0.31 m^3 的培养基，采用 138 ℃ 水蒸气对种子罐进行灭菌，冷却至 30 ℃ 时接入菌种，培养到对数生长期。

② 在 10 m^3 的发酵罐中加入 5.79 m^3 的培养基，采用 138 ℃ 水蒸气进行间接加热（使培养基的温度从 20 ℃ 升至 90 ℃），再采用蒸汽直接加热（使培养基的温度从 90 ℃ 升至 115 ℃），然后冷却到 30 ℃，待用。

③ 将种子罐中的料液放入发酵罐中，初始通气量为 1 L/(L·min)，转速为 300～900 r/min，30 ℃ 培养 2 h，后期通过偶联转速使溶解氧水平稳定在 10% 左右。控制 pH 为 7.0，温度 30 ℃，每间隔 8 h 取样，进行发酵参数测定。发酵 120 h，离心，然后进行后续的分离纯化。当发酵液中糖浓度低于 20 g/L 时，通过分批补料的方式流加一定量的糖，使补料后糖浓度维持在 30 g/L。

四、L-丝氨酸分离纯化工艺过程

采用微生物发酵法生产氨基酸，发酵液中含有大量微生物菌体、蛋白质胶体、色素及无机盐等，探索经济又高效的分离方式是实现氨基酸分离纯化的关键。根据氨基酸的电解特性，可以采用沉淀法、吸附法、离子交换法、膜过滤法、活性炭脱色法和结晶等对氨基酸进行提取纯化。而对 L-丝氨酸的提取大多采用离子交换法，离子交换过程是被分离组分在水溶液中与固体交换剂之间发生的一种化学计量分配过程。

1. 发酵液预处理

无论是胞内产物还是胞外产物，在分离纯化目的产物之前，首先要对发酵液进行预处理，将固相、液相分离后，才能对目标产物进行进一步的分离纯化。通常采用过滤、离心的方法进行固液分离。微生物发酵法生产的 L-丝氨酸属于胞外产物，发酵结束后，采用陶瓷膜过滤除去发酵液中的菌体和其他悬浮颗粒（细胞碎片、核酸和蛋白质的沉淀物），从而使发酵液得以净化，以便后续分离纯化。

2. L-丝氨酸提取与精制

采用微生物发酵法生产 L-丝氨酸时，发酵液中含有 L-丝氨酸、L-丙氨酸和 L-缬氨酸，由于这三种氨基酸的等电点相近（$pI_{Ser}=5.68$，$pI_{Ala}=6.02$，$pI_{Val}=5.97$），溶解度在 L-丝氨酸稳定的温度范围内相差也不大，所以三种物质的分离较一般的氨基酸分离要困难得多。选择适合的分离纯化方法尤其重要。发酵液预处理后，可采用处理过的 717 型阴离子交换树脂对 L-丝氨酸等进行分离纯化。将预处理后的发酵液上样，采用酸性溶液（如盐酸）进行洗脱。离子交换色谱完毕后，对料液进行真空浓缩，加入无水乙醇，使 L-丝氨酸结晶，再采用活性炭脱色并重结晶，最后离心烘干可得产品。L-丝氨酸分离纯化工艺流程如图 10-12 所示。

（1）离子交换色谱过程

采用 717 型阴离子交换树脂，将其装入离子交换罐，保证其密实。然后用氢氧化钠水溶液处理（溶液浓度为 1 mol/L）使离子交换柱呈碱性，处理完之后上样。上样后，L-丝氨酸等吸附在交换树脂上，可采用 pH 为 2 的盐酸溶液洗脱，得氨基酸溶液。

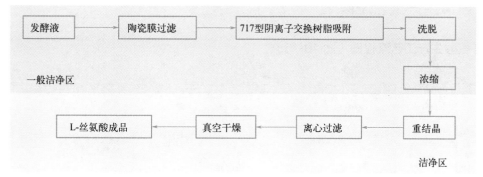

图 10-12　L-丝氨酸分离纯化工艺流程

（2）结晶过程

离子交换色谱完毕后，对料液进行浓缩。采用蒸汽加热，可将料液浓缩至原体积的 1/10，待浓缩液冷却后，加入无水乙醇，使 L-丝氨酸结晶，最后离心烘干可得产品。

分离纯化后，液相色谱测得相对于 L-丝氨酸标准品，所得产品的纯度高于 98.5%，提取精制收率为 75.1%。

五、L-丝氨酸的质量控制

根据《中国药典》（2020 版）二部中 L-丝氨酸质量标准要求，L-丝氨酸按干燥品计算，含 $C_3H_7NO_3$ 不得少于 98.5%，含重金属不得过百万分之十，干燥失重不得超过 0.2%，注射用丝氨酸还应检测热原。按照《中国药典》中所示方法对丝氨酸进行性状、鉴别、检查、含量测定及质量检测。

第五节　酶法制备 L-天冬氨酸

L-天冬氨酸（L-aspartic acid，L-Asp）又称为 L-门冬氨酸或 L-天门冬氨酸，具有抑制人体神经信息传递、加强葡萄糖磷酸酯酶的催化活性和促进脑细胞代谢的作用。其化学名为 L-2-氨基丁二酸，分子式为 $C_4H_7NO_4$，分子量为 133.10，结构式如图 10-13 所示，其在水中微溶，在乙醇中不溶，在稀盐酸或氢氧化钠溶液中溶解。

一、酶促反应生产 L-天冬氨酸

酶催化制备方法效率高、专一性强，是一种较为理想的氨基酸类药物的制备方法。目前，L-天冬氨酸的制备主要采用生物酶法（固定化酶法和游离整体细胞法），即利用 L-天冬氨酸酶催化氨与延胡索酸（富马酸）发生加成反应而得。L-天冬氨酸酶（L-aspartate ammonia-lyase，EC 4.3.1.1）是一种重要的工业用酶，属于氨裂解酶家族，最早被发现存在于兼性需氧菌中，后来被证实广泛存在于各种细菌、植物、哺乳动物和病毒中。L-天冬氨酸酶催化 L-天冬氨酸生成的反应如图 10-14 所示。

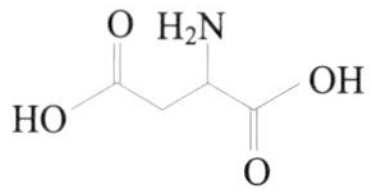

图 10-13　L-天冬氨酸的结构式 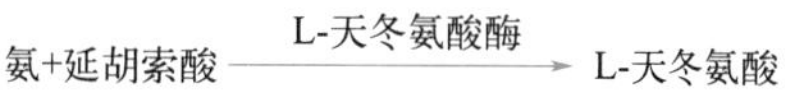　　　　　图 10-14　L-天冬氨酸的转化反应

二、L-天冬氨酸生产工艺过程

1. L-天冬氨酸生产工艺流程图（图10-15）

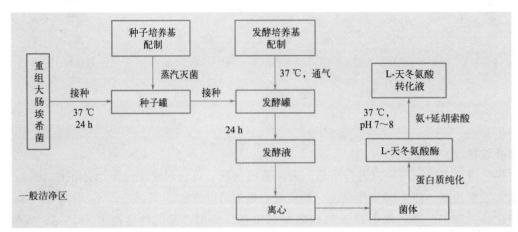

图 10-15　L-天冬氨酸的生产工艺路线

2. L-天冬氨酸酶基因的表达

采用的菌株为 E.coli 和质粒 pETDuet-1，采用的培养基为 LB 培养基，其配方为：酵母粉 5 g/L、蛋白胨 10 g/L、NaCl 10 g/L，pH 调至 7.0。发酵培养基配方为酵母膏 5 g/L、乳糖 2.5 g/L、玉米浆 15 g/L、NaCl 2.5 g/L，pH 调至 7.0。

首先通过 NCBI 中查询得 L-天冬氨酸酶氨基酸序列，将对应基因中的稀有密码子替换成大肠埃希菌偏爱密码子，接着进行 PCR 扩增，然后进行纯化，得到 PCR 纯化产物。将回收的目的基因片段连接到载体，构建重组质粒。将重组质粒通过热激法转化到 E.coli 感受态细胞中，获得表达 L-天冬氨酸酶基因的重组大肠埃希菌 A。

3. 重组菌培养

在新鲜斜面上或液体中培养种子，随后接种于摇瓶培养基中，37 ℃培养 24 h，逐级扩大培养至 1000～2000 L 的规模。培养结束后用 1 mol/L HCl 调 pH 至 5.0，升温至 45 ℃并保温 1 h，冷却至室温，高速离心收集菌体（含 L-天冬氨酸酶），备用。

4. L-天冬氨酸酶重组蛋白的纯化

利用超声破碎法对重组 L-天冬氨酸酶基因工程菌 A 进行破壁处理，上清液就是目标蛋白 L-天冬氨酸酶。采用 SDS-PAGE 来分析目的蛋白质的表达情况，然后进行蛋白质纯化，获得 L-天冬氨酸酶。

5. 转化反应

转化反应可采用全细胞转化或者纯酶转化的方式。取表达 L-天冬氨酸酶的重组菌 A 发酵液或者纯化的 L-天冬氨酸酶，与底物延胡索酸铵于 37 ℃、pH 7～8 的条件下进行转化反应，HPLC 测定 L-天冬氨酸生成量。

L-天冬氨酸酶活力测定：将表达 L-天冬氨酸酶的重组菌 A 发酵液加入 20% 延胡索酸铵底物溶液（含 1 mmol/L Mg^{2+}）中，利用高锰酸钾滴定法测定反应体系中延胡索酸的量，计算酶活力。酶活力的定义为：在 45 ℃、pH 7.5 下，每小时转化 1 μmol 延胡索酸底物的酶量为一个酶活力单位。

在转化过程中，底物浓度、反应温度及 pH 均对转化反应收率有显著影响，除此之外，金属离子对酶活力也有显著影响。

随着固定化技术的发展，目前以海藻酸钠为包埋剂、戊二醛为交联剂和氯化钙为填充剂对 L-天冬氨酸酶基因工程菌或酶进行固定化，通过包埋法固定 L-天冬氨酸酶基因工程菌，通过固定化酶催化氨与延胡索酸反应制备 L-天冬氨酸。

三、L-天冬氨酸的分离纯化

L-天冬氨酸的分离纯化工艺流程如图 10-16 所示。

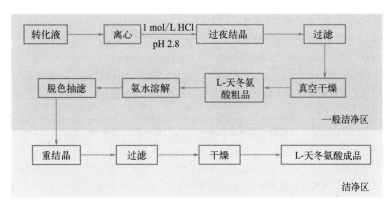

图 10-16　L-天冬氨酸分离纯化工艺流程图

转化反应结束后，离心收集上清，采用 1 mol/L HCl 调 pH 至 2.8，于 5 ℃过夜结晶，滤取结晶，冷水洗涤，于 105 ℃干燥即得到 L-天冬氨酸粗品。将 L-天冬氨酸粗品用氨水溶解，加入 1% 活性炭，70 ℃下搅拌脱色 1 h，过滤，滤液于 5 ℃过夜结晶，滤取结晶，85 ℃下真空干燥得到 L-天冬氨酸纯品。

四、L-天冬氨酸的质量控制

根据《中国药典》（2020 版）二部中 L-天冬氨酸质量标准要求，L-天冬氨酸按干燥品计算，含 $C_4H_7NO_4$ 不得少于 98.5%。含重金属不得过百万分之十，干燥失重不得超过 0.2%，注射用 L-天冬氨酸还应检测热原。按照《中国药典》中所示方法对 L-天冬氨酸进行性状、鉴别、检查、含量测定及质量检测。

本章小结

本章介绍了微生物发酵法生产 L-精氨酸、L-赖氨酸及 L-丝氨酸的菌株、生物合成途径、发酵工艺流程以及发酵过程控制优化、产物分离纯化以及产品质量控制等方面的内容。同时介绍了酶法生产 L-天冬氨酸，包括 L-天冬氨酸酶基因工程菌、L-天冬氨酸的转化反应、产物分离纯化以及产品质量控制等方面的内容。

思 考 题

1. 氨基酸的生产方法有哪些？
2. 微生物发酵生产氨基酸的常用菌种有哪些？常用的高产菌种选育方法有哪些？
3. 简述氨基酸研发生产中的前沿技术。
4. 简述 L-赖氨酸高产菌株的构建策略。
5. 简述代谢工程改造 L-丝氨酸高产菌株的策略。
6. 简述 L-精氨酸高产菌株的基因工程育种策略。

7. 简述 L-赖氨酸分离纯化工艺流程。

8. 简述 L-天冬氨酸生产工艺流程。

【张晓梅　李会】

参考文献

［1］　朱圣庚. 生物化学［M］. 4 版. 北京：高等教育出版社，2017.

［2］　陈宁. 氨基酸工艺学［M］. 2 版. 北京：中国轻工业出版社，2020.

［3］　国家药典委员会. 中国药典［M］. 北京：中国医药科技出版社，2020.

［4］　Wendisch V F. Metabolic engineering advances and prospects for a mino acid production［J］. Metab Eng，2020，58：17-34.

［5］　张晓梅，高宇洁，杨玲，等. 谷氨酸棒杆菌中氨基酸分泌转运蛋白及其代谢改造研究进展［J］. 生物工程学报，2020，36（11）：1-10.

［6］　龙梦飞，徐美娟，张显，等. 合成生物学与代谢工程在谷氨酸棒杆菌产氨基酸中的应用［J］. 中国科学：生命科学，2019，49（5）：541-552.

［7］　马倩，夏利，谭淼，等. 氨基酸生产的代谢工程研究进展与发展趋势［J］. 生物工程学报，2021，37（5）：1677-1696.

［8］　杨娟娟，马晓雨，王晓蕊，等. 谷氨酸棒杆菌基因编辑的研究进展［J］. 生物工程学报，2020，36（5）：9-19.

第十一章

甾体激素类药物生产工艺

第一节　甾体激素类药物的概述

一、甾体激素类药物的结构

1. 基本结构

甾体（steroid）又称类固醇，广泛存在于动物、植物、真菌以及个别细菌中。常见的甾体包括：动物组织中的胆固醇（也称胆甾醇，cholesterol）、胆酸（cholic acid）、脱氧胆酸（deoxycholic acid）、皮质醇（又称氢化可的松，cortisol/hydrocortisone）、皮质酮（corticosterone）等肾上腺皮质激素；睾酮（testosterone）、雄酮（androsterone）、孕酮（progesterone）和雌二醇（estradiol）、脱氢表雄酮（dehydroepiandrosterone）等性激素；植物中的薯蓣皂苷元（diosgenin）、豆固醇（stigmasterol）、谷固醇（sitosterol）、菜油甾醇（campesterol）、强心苷（cardiac glycoside）等；酵母细胞中的麦角固醇（ergosterol）等。

尽管种类繁多，但甾体都含有环戊烷多氢菲（C_{17}）的母核结构（见图 11-1），该结构由三个六元环和一个五元环组成，分别称为 A、B、C、D 环。其中，母核的 C-10 位和 C-13 位有角甲基（—CH_3），C-3、C-11、C-17 位可能有羟基（—OH）或羰基（—C＝O），A 环或 B 环可能存在双键，C-17 位上有长短不同的侧链。

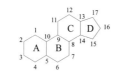

图 11-1　甾体的母核结构

2. 立体结构

天然甾体的 A、B、C 环为椅式构象，D 环为信封式构象，存在 6 个手性中心。在稠合方式上，甾体的 B、C 环都是反式，C、D 环多为反式，A、B 环有顺、反两种稠合方式。其中，A、B 环以顺式稠合时称为正系，即 C-5 位上的氢原子和 C-10 位上的角甲基都伸向环平面的前方（以实线表示），为 β 构型；A、B 环以反式稠合时称为别系（zllo），即 C-5 位的氢原子和 C-10 位的角甲基分别伸向环平面的后方（以虚线表示）和前方，为 α 构型（见图 11-2）。通常这类化合物的 C-10 位、C-13 位、C-17 位的侧链大都是

β 构型。由于甾体母核上取代基、双键位置或立体构型等的不同，形成了一系列具有独特生理功能的化合物。

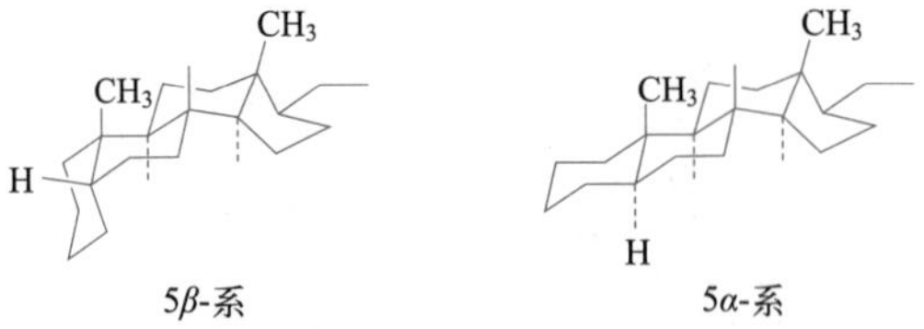

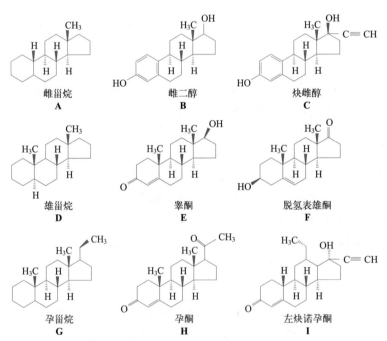

图 11-2 甾体 A、B 环的顺式和反式稠合构型

二、甾体激素类药物的分类和生理作用

天然的甾体一方面是细胞膜的重要组分，如胆固醇、麦角固醇等，其对于维持细胞膜的完整性和流动性是不可或缺的。一方面，它在生物体内发挥着激素的功能，密切参与了生殖系统、骨骼和大脑发育、生物效应调控及稳态维持等生命过程。另一方面，甾体还具有抗病毒、抗抑郁、保护神经、治疗心脑血管疾病等非激素的功能。随着甾体在临床上的应用日益广泛，逐渐形成了一类依据结构特征命名的药物——甾体激素类药物。目前，国内外已上市的甾体激素类药物达 400 余种。其中，地塞米松和倍他米松在治疗癌症、重症感染和器官移植等危重病症时疗效显著，常作为基础卫生体系的必备药物。2020 年，甾体激素类药物的全球市场销售额约 1500 亿美元，占医药销售总额的 6%，是仅次于抗生素的第二大类药物。我国是世界上最大的甾体激素类药物及其中间体的生产国，年销售额超 1000 亿元，占我国医药销售额的 8% 左右。我国生产的甾体激素类药物及其中间体中，约 70% 的产品用于出口。

根据化学结构，甾体激素类药物可分为雌甾烷类（C_{18}）、雄甾烷类（C_{19}）和孕甾烷类（C_{21}）三类。其中，雌甾烷在 C-13 位有一个甲基，雄甾烷在 C-10 位和 C-13 位各有一个甲基，孕甾烷在 C-10 位、C-13 位各有一个甲基，C-17 位有一个侧链（见图 11-3）。

图 11-3 雌甾烷类（C_{18}）、雄甾烷类（C_{19}）和孕甾烷类（C_{21}）药物的基本结构及其代表性药物

根据药理作用，甾体激素类药物可分为肾上腺皮质激素、性激素、蛋白同化激素三大类。

1. 肾上腺皮质激素

肾上腺皮质激素是肾上腺皮质所分泌的甾体激素的总称，根据生理功能可将其进一步分为盐皮质激素和糖皮质激素。前者的代表性药物是醛固酮和脱氧皮质酮等，主要作用为影响水盐代谢，促进钠离子重吸收和钾离子的排泄，临床上主要用于治疗慢性肾上腺皮质功能减退症（艾迪生病）及低钾血症。后者的代表性药物主要包括可的松、氢化可的松、地塞米松、倍他米松等，对糖、脂肪、蛋白质三大类物质的代谢都具有调节作用，并能提高机体对各种不良刺激的抵抗力，临床上主要用于抗炎、抗过敏、抗休克等。

2. 性激素

性激素是指由动物体的性腺、胎盘、肾上腺皮质网状带等组织合成的甾体激素，主要用于维持第二性征，增进两性生殖细胞的结合与孕育能力，调节代谢、更年期综合征、骨质疏松症等。根据生理功能，可将其进一步分为雌激素、雄激素和孕激素三大类。

雌激素是最早被发现的甾体激素，由雌性动物卵巢和胎盘分泌产生，能够促进女性生殖器的发育并维持第二性征，也可用于治疗卵巢功能不全、晚期乳腺癌、更年期综合征以及闭经等，还被用作一些避孕药的添加成分。天然雌激素包括雌二醇、雌酮和雌三醇。其中，雌二醇的化学名是雌甾-1,3,5(10)-三烯-3,17β-二醇，由图 11-3 中 **B** 可知，它的结构特点是存在 A 环芳构化，C-3 位的酚羟基具有弱酸性，可以使化合物溶于 NaOH 溶液，C-3 位羟基与 C-17 位羟基共平面，二者距离为 0.855 nm。雌二醇不稳定，易于代谢，口服无效，可用于治疗卵巢功能不全所引起的疾病。炔雌醇也是一种非常重要的雌激素（结构见图 11-3 中 **C**），其结构中，母核 C-17α 位引入乙炔基，使得 17β-羟基代谢受阻。它的口服活性是雌二醇的 10～20 倍，与孕激素合用具有抑制排卵和减轻突发性出血的作用，可以和炔诺酮或甲地孕酮配伍制成口服避孕药。

雄激素主要由睾丸和肾上腺皮质产生，卵巢也可少量合成。睾丸分泌的雄激素主要有睾酮、脱氢表雄酮和雄烯二酮。由图 11-3 中 **E** 可知，睾酮的结构特点是 C-4，C-5 位存在一个双键，在 C-10 位和 C-13 位各有一个角甲基，在 C-17 位存在 β-OH，存在一个 4-烯-3-酮的 UV 吸收基团。由图 11-3 中 **F** 可知，脱氢表雄酮的结构特点是 C-3 位存在一个羟基，C-5，C-6 位存在一个双键，C-17 位有一个羰基。

孕激素是雌性动物卵泡排卵后形成的黄体所分泌的激素，故又称黄体激素。其对保持妊娠、维持性周期、子宫内膜的分泌转化和蜕膜化过程具有重要作用，同时也是口服避孕药的重要成分，如孕酮。孕酮的化学结构式见图 11-3 中 **H**。它的结构特点是 C-17 位有甲基酮结构，可与高价铁离子络合显色；C-3 位为羰基，可与异烟肼反应生成腙，从而显黄色。左炔诺孕酮是一种口服避孕药（结构见图 11-3 中 **I**），其 C-18 位延长有一个甲基，左旋体是活性异构体，其孕激素效应强，且几乎不具有雌激素活性，因此应用广泛。

3. 蛋白同化激素

蛋白同化激素也称合成代谢雄激素类固醇，是将雄激素的结构改造获得的，主要用于治疗蛋白质合成减少或吸收不足、蛋白质分解亢进或损失过多所致的慢性消耗性疾病，如严重烧伤、骨折不愈合、骨质疏松症等疾病，也可用于再生障碍性贫血、白细胞减少症。此外，某些蛋白同化激素还具有恢复和增强体力、改善蛋白质代谢以及利尿降压等作用，长期使用可致水钠潴留及女性轻微男性化现象。相关产品主要有苯丙酸诺龙（nandrolone phenylpropionate）和 17α-甲基去氢睾丸素（17α-methyldehydro-testosterone）等。

第二节　甾体微生物转化工艺的概述

一、甾体微生物转化的概念

甾体激素类药物常用化学合成和微生物转化相结合的方法进行生产。其中，微生物转化法是指利用微生物细胞对甾体某一特定部位（基团）进行结构修饰，使其转化成结构上类似但更有价值的新化合物的反应。甾体的微生物转化不同于次级代谢产物的合成，主要依赖于微生物体内的一种酶或酶系发挥作用。由于微生物转化采用全细胞体系，反应过程中无需额外添加昂贵的辅因子，且细胞内微环境更有利于酶活力的充分发挥，可省去复杂的胞内酶的分离和纯化步骤。因此，微生物转化已成为甾体激素类药物及其中间体合成路线中不可缺少的关键技术。

二、微生物转化法的特点

1. 减少合成步骤，缩短生产周期

微生物胞内的一个酶促反应往往可以代替几个化学反应。例如，使用孕酮化学合成可的松需要 30 多步反应，而微生物转化法只要 3 步即可完成。以 4-甲氧基-2-甲基苯醌为起始原料用化学法合成氢化可的松时，需要近 40 步反应，且存在收率低等问题，但利用蓝色犁头霉可以在中间体 RSA 的 C-11 位一步引入 β-羟基。

2. 专一性好，副反应少，可提高产物的得率和质量，降低生产成本

例如，用微生物转化法可将 19-羟基-3,17-二酮-雄甾-4-烯一步转化为雌酚酮，收率高达 85％以上，而使用化学合成至少需要 3 步反应，得率仅为 15％～20％。化学法生产炔诺酮的得率为 3％～4％，而微生物转化法得率可达到 40％～70％。用 SeO_2 化学脱氢生产醋酸泼尼松时，产品中常含有少量有毒的 Se 元素，影响质量，而微生物转化法得到的产品中没有有毒物质的存在。

3. 可在化学法难以或者无法实现的位点上发生反应

微生物细胞内的酶催化，反应时具有高度的立体选择性和区域选择性。例如，化学法很难实现甾体 C-11 位上的羟基化，而微生物转化法可专一地进行 C-11α 位或 C-11β 位的羟基化。甾体 A 环 C-1，C-2 位脱氢反应也是目前仅能通过微生物转化法完成的代表性反应。

4. 反应条件温和，环境友好性高

微生物转化法一般在常温常压下进行，避免或减少了强酸、强碱或有毒物质的使用，对环境友好，同时，改善了工人的劳动条件，降低了操作危险性。

三、甾体微生物转化工艺过程

常见的甾体微生物转化法包括：①一步发酵转化法（边发酵边转化），这是甾体工业生产中普遍采用的方法；②静息细胞、干细胞或孢子悬浮液法（收集细胞悬浮于缓冲液），这是实验室常用的方法；③多菌种协同转化法；④固定化细胞或固定化酶转化法；⑤双水相系统转化法；⑥有机相转化法。甾体微生物转化过程一般包含菌体生产、甾体转化两个阶段。

1. 菌体生产阶段

将冻存菌种接入斜面培养基，在一定温度下培养 3～5 d。将成熟的孢子转接到摇瓶进行活化，然后转接到种子罐进行种子培养。将处于对数生长期的种子培养液转接到发酵罐，在适当的培养基和培养条件（温度、搅拌、通气量、pH）下培养至活力旺盛的对数生长后期。这个阶段主要在于创造各种良好条件使微生物尽快地生长和繁殖，在尽可能短的时间内产生转化所需的各种酶。

2. 甾体转化阶段

将底物以一定的方式（如直接加入、机械粉碎或溶于助溶剂等）加入上述培养好的发酵液中，在适当培养条件（温度、搅拌、通气量、pH）下进行底物转化。这个阶段需要将各种条件控制在适合转化反应的水平，必要时还可以加入酶的激活剂和抑制剂。

四、甾体微生物转化的影响因素

1. 甾体底物的溶解性与投料方式

甾体属于难溶性或微溶性化合物，水中溶解度一般在 $10^{-6} \sim 10^{-5}$ mol/L 之间，发酵液中的底物粉末常常聚集成团难以分散，初始底物浓度很难超过 $10 \sim 20$ mmol/L，这使得甾体底物难以与胞内的催化酶有效接触，严重影响了反应速率和产率。研究者们采取各种办法提高转化体系中甾体底物的浓度。例如，利用超声手段将底物微粉化；向发酵液中加入亲水性有机溶剂（包括乙醇、甲醇、二甲亚砜、丙二醇等）或将甾体底物在亲水性有机溶剂中制成饱和溶液后加入发酵液；使用表面活性剂（如 Tween 80、Triton X-100、卵磷脂、硅酮）；加入具有"外亲水、内疏水"特性的环糊精，使其与甾体形成复合物，从而增加其在发酵液中的溶解度，但该方法成本较高。近年来，双液相和有机相转化技术的发展，也为甾体底物难溶性问题提供了新的解决途径。

2. 甾体底物与催化酶的有效接触

甾体微生物转化过程与物质（疏水性底物和产物、亲水性营养物质）进出细胞的速率密切相关。研究者采用了很多方法提高物质进出细胞的速率，如使用细胞壁抑制剂（如肽聚糖合成的抑制剂甘氨酸和万古霉素）或生物酶（如溶菌酶）处理细胞壁后制备出原生质体以增加其通透性；加入表面活性剂或细胞膜组成成分的生物合成抑制剂（如 m-氯苯丙氨酸及 D/L-亮氨酸），破坏细胞膜的完整性；采用突变或分子生物学技术获得细胞壁或细胞膜缺损的突变株等，如敲除参与细胞被膜结构组装合成的膜转运蛋白编码基因 $mmpL3$、分枝菌酸合成的关键基因 $kasB$、阿拉伯半乳聚糖合成的关键基因 $embC$，均能在一定程度上抑制细胞被膜的合成，提高通透性，从而增加分枝杆菌对甾醇类底物的转化效率。

3. 转化产物的多样性

微生物体内的许多酶系都是非专一性的混合酶系，所以其不仅对底物表现出多样性，而且对同一底物也常发生异常转化生成异构体或其他杂质。目前主要采取以下两种方法解决转化产物多样性的问题。

① 将取代基引入底物的特定位点形成空间立体障碍，抑制异构体的形成。如，底物 C-17α 位可以引入乙醚基、乙酰基、烯烃基、烃基等取代基。研究者发现，将较大的取代基引入甾体分子 C-14 位附近的 α 面，如 17α-醋酸酯或 16α-甲基可造成 C-14α 位的空间立体障碍，抑制 C-14α-羟化酶的活力，提高 11β-羟化产物的收率。基于此，荷兰 Gist 公司使用 RS-17α-醋酸酯作为底物，获得了高收率的氢化可的松和氢化可的松-17α-醋酸酯的混合物，后者与甲醇钠反应可以轻易地水解生成氢化可的松。在这些取代基中，酯基由于可以非常便利地脱去，应用最为广泛。

② 通过菌种选育获得能够尽可能少地生成副产物的优良菌株。如研究者利用诱变育种技术得到的分枝杆菌突变株，可以分别定向高效合成雄甾-4-烯-3,17-二酮（AD）和雄甾-1,4-二烯-3,17-二酮（ADD）。随着蛋白质工程和代谢工程技术的发展，越来越多的研究者通过对甾体转化关键酶的定向进化和精细表达创建优良菌株。

第三节　甾体微生物转化的反应类型与机制

甾体微生物转化的反应类型很多，如氧化、还原、水解、酯化、酰化、异构化、卤化、溴化、A 环开环、侧链降解反应等。其中，氧化反应包括羟基化、环氧化、脱氢反应、A 环芳构化、Baeyer-Villiger 氧化等。工业上常见的甾体微生物转化反应类型见表 11-1。

表 11-1　工业上常见的甾体微生物转化反应类型

反应类型	底物→产物	微生物
11β-羟基化	RSA→氢化可的松	新月弯孢霉（*Curvularia lunata*） 蓝色犁头霉（*Absidia coerulea*）
11α-羟基化	孕酮→11α-羟基孕酮 坎利酮→11α-羟基坎利酮 17α-羟基孕酮→11α,17α-双羟基孕酮	黑根霉（*Rhizopus nigricans*） 赭曲霉（*Aspergillus ochraceus*）
9α-羟基化	AD→9α-羟基-4-雄甾烯-3,17-二酮（9α-OH-AD）	分枝杆菌（*Mycobacterium*）
15α-羟基化	左旋乙基甾烯双酮→15α-羟基左旋乙基甾烯双酮 孕酮→15α-羟基孕酮	雷斯青霉（*Penicillium raistrickii*） 亚麻刺盘孢（*Colletotrichum lini*）
16α-羟基化	9α-氟氢可的松→9α-氟-16α-羟基氢可的松	玫瑰产色链霉菌（*Streptomyces roseochromogenus*）
C-1,C-2 脱氢反应	醋酸可的松→醋酸泼尼松 氢化可的松→氢化泼尼松 17α-甲基睾丸素→17α-去氢甲基睾丸素（美雄酮）	简单节杆菌（*Arthrobacter simplex*）
侧链降解	植物甾醇/胆固醇→AD/ADD	分枝杆菌（*Mycobacterium*）
水解反应	21-醋酸妊娠醇酮→去氧皮质醇	中毛棒杆菌（*Corynebacterium glutamicum*）
A 环芳构化	19-去甲基睾丸素→雌二醇	睾丸素假单胞菌（*Pseudomonas festosteronl*）

目前研究最多的反应类型主要包括以下几种。

1. 侧链降解反应

侧链降解反应是指聚合物受到外界影响，主链未断裂时，键能较小的侧基发生消除反应，在主链上形成双键、成环或形成交联结构的过程。1964 年，研究者在分析诺卡氏菌突变株代谢胆固醇时，率先提出了侧链降解机制。1968 年，科学家全面揭示了胆固醇的代谢机制，认为微生物选择性降解甾醇侧链的机制与脂肪酸 β-氧化相似。首先，甾醇母核初步氧化后生成甾醇-4-烯-3-酮，然后在细胞色素 P450 家族的单加氧酶（如 CYP124、CYP125、CYP142、CYP143 等）的作用下，进行 C-27 位的羟基化，之后，进一步氧化成 C-27 羧酸。羧酸代谢产物的形成是甾醇侧链降解的前提，侧链只有形成羧酸的形式才能被酰基 CoA 连接酶（FadD）催化发生酯化生成甾醇 C-27-羧酰 CoA，之后进入类似于脂肪酸 β-氧化的途径，分别完成酰基 CoA 脱氢、烯酰 CoA 水合、β-羟酰 CoA 脱氢和 β-酮酰 CoA 硫解反应。经过上述类 β-氧化途径后，甾醇 C-27-羧酰 CoA 侧链完全降解，产生 C-19-甾体中间体 AD、两分子丙酰 CoA 和一分子乙酰 CoA。在部分积累 C-22-甾体中间体的微生物中侧链不完全氧化，类 β-氧化途径仅完成两轮，形成 C-22 位酮基化合物 4-BNA 和 4-BNC 等中间体。

2. 羟基化

羟基化是指向甾体分子中引入特定构型羟基的反应，是最普遍和最重要的氧化反应。利用化学法加氧是非常困难的，而利用各种微生物可以在甾体母核的不同位置进行羟基化。甾体引入羟基后，其特性（如毒性、极性和跨膜速率等）均发生显著变化，有助于提高生物利用度，进而提高甾体药物的治疗效果。值得注意的是，同一位点的羟基化会产生 α 和 β 两种构型的化合物，这种构型的变化直接影响化合物的活性。如氢化可的松与表氢化可的松仅存在 C11 位羟基构型的不同，但前者可与糖皮质激素受体结合发挥功能，后者则无法正常结合此类受体，导致二者的药用价值差异巨大。目前，受到普遍关注的羟基化主要发生在 7α、7β、9α、11α、11β、14α、15α、15β、16α、17α 位等。其中，11β、11α、9α、7β 位的羟基化产物价值尤为突出。

羟基化的关键酶一般为羟化酶，该酶多以跨膜或细胞膜锚定的形式存在，需要复杂的电子传递系统，因此，很难在微生物细胞中高活性表达。甾体羟化酶由细胞色素 P450（CYP）和 NADPH-细胞色素 P450 还原酶（CPR）两部分组成。细胞色素 P450 有三个保守区域，分别为两个血红素结合区域（HR1 和 HR2）和一个底物结合位点（SB）。另外，真核生物的细胞色素 P450 的 N 端还有一个使酶定位于内质网的信号肽序列（TR）。NADPH-细胞色素 P450 还原酶有四个保守区域，其中，两个区域分别与辅因子 FMN 和 FAD 结合，此外，还有一个 NADPH 结合位点和一个细胞色素 P450 结合位点。NADPH-细胞色素 P450 还原酶也有一个信号肽序列（TR）。

研究表明，羟化酶可以将一个氧原子引入底物分子中，另一个氧原子使还原型 NADH 或 NADPH 氧化，产生水（H_2O）。由图 11-4 可知，水分子占据了羟化酶的活性中心，即化合物 **A**。底物会替代水分子进入活性中心形成化合物 **B**。化合物 **B** 活性中心的 Fe^{3+} 并不与底物直接发生反应，而是接受由 NAD(P)H 转移到 NAD(P)H-细胞色素 P450 还原酶（CPR）的第一个电子，被还原为 Fe^{2+}，形成化合物 **C**。Fe^{2+} 进而与分子氧结合先后形成铁超氧化物络合物，即化合物 **D** 和 **E**，随后化合物 **E** 活性中心的 Fe^{3+} 获得由 NAD(P)H-转移到 NAD(P)H-细胞色素 P450 还原酶（CPR）的第二个电子，形成铁过氧化物 **F**。该化合物会迅速发生第一次质子化形成铁氢过氧化物 **G**，接着发生第二次质子化和 O—O 键的异裂，并伴随着失去一个水分子，获得高铁氧化物 **H**，即 Compound Ⅰ，这个具有极高反应活性的化合物能够夺取底物中临近 C—H 键的氢原子，形成底物自由基和高铁化合物Ⅰ，即 Compound Ⅱ，其中，羟基与底物自由基重新结合后形成的羟基化产物从活性中心被释放出来，水分子重新占据酶的活性中心，细胞色素 P450 重新恢复至起始状态，完成整个催化循环。因此，羟基化是 NAD(P)H 吸收两个电子，将氧分子的一个氧原子还原为水，另一个氧原子插入到底物分子中的过程。

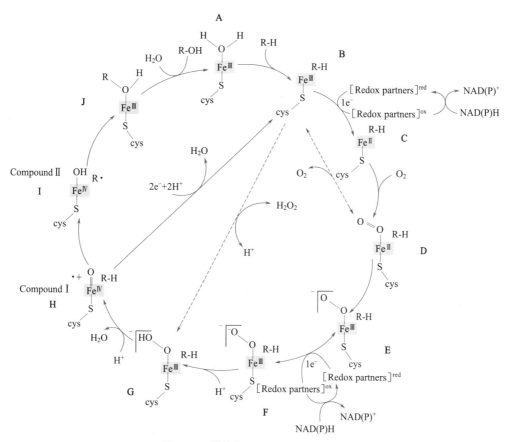

图 11-4　甾体羟化酶的循环催化机制

3. 脱氢反应

脱氢反应是指母核上的氢脱去形成不饱和双键的过程。常见的脱氢反应主要发生在甾体化合物的 C-1,2 位，而 C-4,5 位、C-5,6 位、C-6,7 位、C-7,8 位、C-9,11 位、C-16,17 位多通过化学法引入双键。其中，甾体 A 环的 C1,2 脱氢反应受到普遍关注，这是因为该反应不仅是甾体母核结构早期降解的重要步骤，而且化合物的药理活性在双键引入后成倍增加。如，醋酸可的松经 C-1,2 脱氢反应后生成的醋酸泼尼松的抗炎活性增加了 3～4 倍。目前，临床上许多重要甾体激素类药物的生产过程中均涉及甾体 C-1,2 脱氢反应，特别是大多数具有抗炎能力的肾上腺皮质激素的生产，如氢化泼尼松、地塞米松、帕拉米松、倍他米松、曲安西龙、甲基强的松龙等。因此，甾体 C-1,2 脱氢反应是工业生产氢化泼尼松及其同系物最有价值的一种反应，是工业上采取微生物转化法生产甾体激素类药物的典型代表。

研究者们对甾体 C-1,2 位脱氢反应机制进行了深入探讨，但得到的结论各不相同。早期认为甾体 C-1,2 位脱氢反应中先生成含羟基的中间体，再脱水形成双键。之后，通过比较雄甾烷假单胞菌（*Pseudomonas sterone*）产生的酶对 4-烯-3-酮甾体和 1-羟基-4-烯-3-酮类甾体进行的 C-1,2 位脱氢反应，认为其机制是直接脱去 C-1,2 位上的氢。此外，研究者研究球形芽孢杆菌（*Bacillus sphaericus*）无细胞提取物对 3-酮-4-烯甾体或 3-酮-5α-甾体的 C-1,2 位脱氢反应时发现，底物在酶的催化作用下先发生酮烯醇化，然后形成烯醇氢，与酶结合后直接脱去氢（见图 11-5）。此外，该反应需要维生素 K₂ 类的醌类物质作为辅酶参与。诺卡氏菌（*Nocardiaco rallina*）在催化甾体 C-1,2 脱氢反应时，要求底物在 C-3 位上含有羰基。无氧条件下，C-3 位上的酮基与酶的亲电残基首先发生强烈的相互作用，造成 C-2(β) 位氢键的断裂，随后蛋白质中的碱基将这个氢原子以质子的形式转移到亲核残基上。上述氢原子交换进行得很快，此后底物变成了一个负碳离子，而 C-1α 氢键同时断裂形成了一个氢阴离子，这个氢阴离子随后被转移到氧化型黄素的 N(5) 位点，最后形成 3-酮-1,4-二烯甾体。

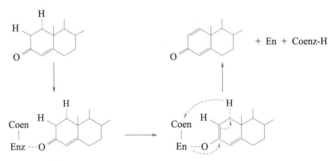

图 11-5　甾体 A 环的 C-1,2 位脱氢反应

催化甾体 C-1,2 脱氢反应的关键酶是 3-甾酮-Δ¹-脱氢酶（KsdD 或 KstD）[4-烯-3-酮甾醇：（受体）-1-烯-氧化还原酶]（EC 1.3.99.4），它属于典型的黄素蛋白，辅因子为黄素腺嘌呤二核苷酸（flavin adenine dinucleotide，FAD），该酶位于细胞膜上，存在跨膜区域，需要底物诱导。

第四节　甾体激素类药物的生产工艺

一、雄烯二酮的生产工艺

1. 雄烯二酮简介

雄烯二酮（androstenedione，AD）是从精睾或尿液中提取得到的具有雄激素作用的一种甾体，化学名称为雄甾-4-烯-3,17-二酮（androst-4-ene-3,17-dione），分子式为 $C_{19}H_{26}O_2$，为分子量为 286.41，为白色或类白色结晶性粉末，熔点为 171 ℃，几乎不溶于水，易溶于甲醇和乙酸乙酯等有机溶剂，比旋光度 $[\alpha]_D^{30} = +199°$（在氯仿中）。

AD 是重要的甾体中间体，AD 及其衍生物 ADD 可进一步制备成多种甾体激素类药物或中间体（图 11-6）。利用微生物选择性降解植物甾醇侧链是目前工业上制备 AD 及其衍生物 ADD 的主要方法，该方法具有产品纯度高、生产成本低、周期短等特点。

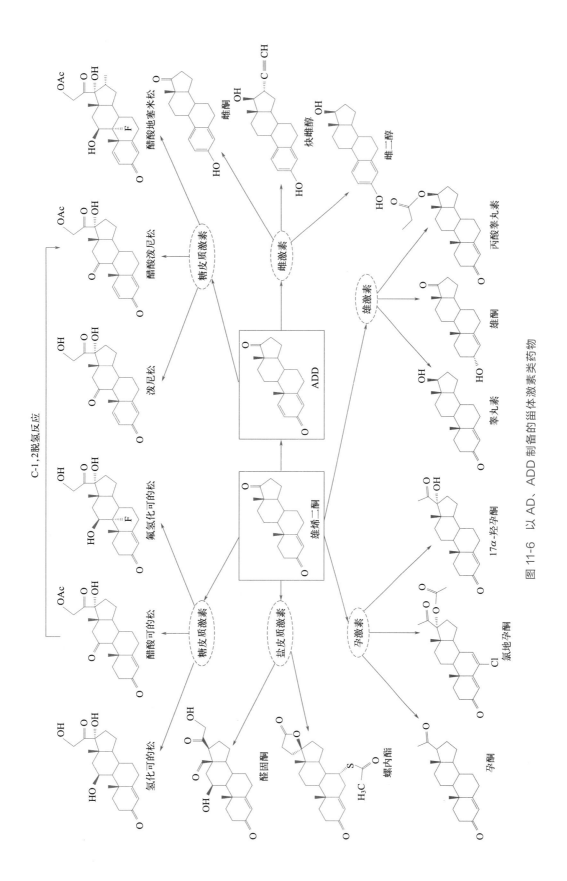

图 11-6 以 AD、ADD 制备的甾体激素类药物

2. 生产菌株

研究者从土壤、玉米粉、大豆粉等中筛选得到了多个能够降解植物甾醇生成 AD 或 ADD 的菌株，主要包括分枝杆菌（*Mycobacterium*）、串珠镰刀菌（*Fusarium moniliforme*）、米曲霉（*Aspergillus oryzae*）、大头戈登氏菌（*Gordonia neofelifaecis*）、红球菌、诺卡氏菌等。其中，分枝杆菌属的微生物由于具有高效的甾醇降解基因簇（即氧化还原酶、单加氧酶和 β-氧化酶系）、细胞壁中含有致密的分枝菌酸层，适用于油水两相发酵体系等特点，已成为工业上降解植物甾醇生成雄烯二酮的重要菌株（图 11-7），主要菌株包括新金分枝杆菌、偶发分枝杆菌（*Mycobacter foruitum*）和耻垢分枝杆菌等。近年来，研究者利用各种物理（如紫外线诱变、常压室温等离子体诱变）或化学诱变（如丝裂霉素 C、甲磺酸乙酯、亚硝基胍）、基因工程和代谢工程手段提高菌株的生产能力。

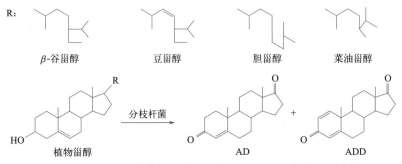

图 11-7 分枝杆菌转化植物甾醇生成 AD 和 ADD 的结构示意图

3. 生产工艺

下文以分枝杆菌降解植物甾醇生成雄烯二酮的反应为例，进行生产工艺的介绍（见图 11-8）。

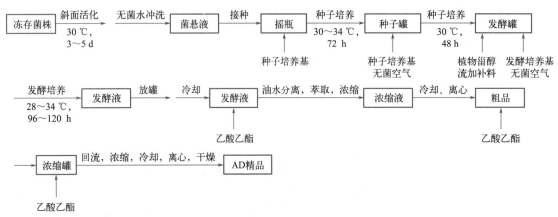

图 11-8 雄烯二酮生产工艺流程图

生产工艺过程及控制要点如下。

（1）培养基配方

① 斜面培养基：磷酸氢二钾 0.5 g/L，硫酸镁 0.5 g/L，柠檬酸铁铵 0.05 g/L，柠檬酸 2 g/L，硝酸铵 2 g/L，丙三醇 20 g/L，葡萄糖 5 g/L，碳酸钙 10 g/L，琼脂 20 g/L。

② 种子培养基：磷酸氢二钾 0.5 g/L，柠檬酸铁铵 0.05 g/L，柠檬酸 2 g/L，甘油 20 g/L，硫酸镁 0.5 g/L，硝酸铵 2 g/L，葡萄糖 5 g/L，碳酸钙 10 g/L。

③ 发酵培养基：葡萄糖 10 g/L，柠檬酸 2 g/L，柠檬酸亚铁铵 0.05 g/L，硫酸镁 0.5 g/L，磷酸氢二钾 0.5 g/L，磷酸氢二铵 3.5 g/L，植物甾醇适量（按投料比添加），豆油 15 g/L，泡敌 2 g/L，pH 调至 7.2。

（2）斜面培养

将冻存菌株接种至斜面培养基，于 30 ℃活化培养 3～5 d，采用无菌水洗下斜面上的菌体制备成菌悬液，将其 OD 值控制在 1.0±0.2。

（3）种子培养

将菌悬液以 2% 的接种量接入装有种子培养基的摇瓶中，在 30～34 ℃，pH 为 6.6～6.8，100～200 r/min 的条件下培养 72 h。取样镜检，测定菌体浓度和 pH。将种子液以 5%～10% 的接种量接种至种子罐，在温度（30±1）℃，罐压 0.05～0.10 MPa，搅拌转速 100～200 r/min，通气比 1∶0.5～1∶1，pH 7.2 的条件下，培养 48 h。取样镜检，测定菌体浓度和 pH，合格后方可压入发酵罐。

（4）发酵培养

以 7%～10% 的接种量将合格的种子液接入装有发酵培养基的发酵罐中，在温度 28～34 ℃，罐压 0.05～0.10 MPa，通气比 1∶0.5～1∶1，转速 170～200 r/min 的条件下，培养 96～120 h，发酵过程中需要将 pH 控制在 7.2～8.5。发酵结束后放罐，冷却后收集发酵液。

（5）提取

向发酵液中加入 1 倍体积的乙酸乙酯，静置后油水分离，收集油层，向其中加入三倍体积的甲醇，常温下萃取三次后静置分层。将甲醇层合并，50～60 ℃减压浓缩至小体积，冷却后离心分别得到雄烯二酮的粗品和母液。

（6）精制

将雄烯二酮粗品与 2 倍体积的乙酸乙酯混合，升温至 50 ℃打浆，然后冷却至 10 ℃，过滤得到雄烯二酮滤饼。将滤饼和 10～20 倍体积的乙酸乙酯投入浓缩罐，76～79 ℃回流约 1 h，然后 65～70 ℃减压浓缩至小体积，冷却后离心分别获得物料和母液。将所得物料铺入烤盘，80～110 ℃烤料 8 h，干燥后得到雄烯二酮精品。

4. 雄烯二酮的质量控制

（1）雄烯二酮检测项目和质量标准

雄烯二酮的检测项目和质量标准见表 11-2。

表 11-2　雄烯二酮质量标准

序号	检测项目	质量标准
1	外观	白色或类白色结晶性粉末
2	熔点	169～175 ℃
3	干燥失重	≤0.5%
4	含量	≥98%

（2）雄烯二酮的检测方法

将等体积乙酸乙酯加到发酵液样品中，超声萃取 30 min。12000 r/min 离心 10 min。之后，分别采取薄层色谱法和高效液相色谱法检测。

① 薄层色谱法：取上层乙酸乙酯溶液，6000 r/min 离心 10 min。在距硅胶板下沿 1.5 cm 处用铅笔轻轻画一条直线，在这条线上均匀取点，随后用微量进样器取 5 μL 上清液，在每个点上加样，以乙酸乙酯与正己烷（3∶7）的混合溶液为展开剂在色谱缸中展开。待溶剂前沿接近顶端时，取出硅胶板并自然风干。之后喷涂 50% 浓 H_2SO_4，置于 105 ℃烘箱中加热 30 min，得到显色的硅胶板。根据样品和标准品的比移值（R_f）、斑点颜色深浅和大小进行定性和定量分析。

② 高效液相色谱法：在 254 nm 的波长下，ADD 及 AD 都有特征吸收，而底物无特征吸收，所以用 HPLC 法在 254 nm 下对转化产物进行定量分析。具体过程为室温干燥后，用 80% 甲醇重悬样品，超声 30 min，12000 r/min 离心 20 min，样品经微滤处理（孔径 0.22 μm）后上样分析。检测条件为 C_{18} 色谱

柱（4.6 mm×250 mm），柱温 30 ℃；流动相为甲醇/水（7∶3），流速 1 mL/min，检测波长 254 nm，进样量 10 μL。根据样品和标准品的保留时间以及绘制的标准曲线，对产物进行定性和定量分析。

二、氢化可的松的生产工艺

1. 产品简介

氢化可的松（hydrocortisone，HC）又称皮质醇（cortisol），化学名为 11β,17α,21-三羟基孕甾-4-烯-3,20-二酮（11β,17α,21-trihydroxypregn-4-ene-3,20-dione），分子式为 $C_{21}H_{30}O_5$，分子量为 362.47。由其化学结构式（图 11-9）可知，氢化可的松是甾体环戊烷多氢菲，其母核的 C-3 和 C-20 位上各有一个羰基，C-4,C-5 位有一个双键，C-11 和 C-17 位各具有一个羟基。

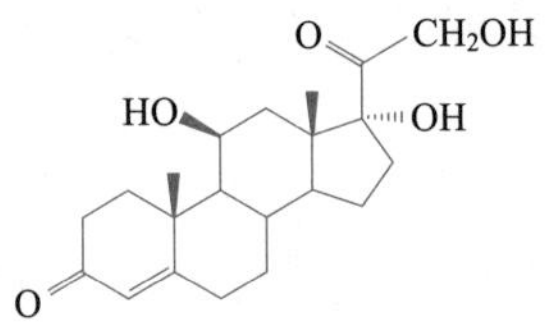

图 11-9　氢化可的松的化学结构式

氢化可的松为白色或类白色结晶性粉末，无臭，初无味，随后产生持续的苦味。其遇光逐渐变质，能溶于甲醇与乙醇（1∶40）和甲醇与丙酮（1∶80）的混合溶液，略溶于乙醇或丙酮，微溶于三氯甲烷，在乙醚中几乎不溶，在水中不溶。其溶于硫酸后放置 5 min，溶液由棕黄色转变至红色，并显绿色荧光；将此溶液倾入 10 mL 水中，溶液即变成黄色至橙黄色，并微带绿色荧光，同时生成少量絮状沉淀。其熔点为 212～222 ℃，熔融时同时分解，沸点为 566.5 ℃，可在无水乙醇中结晶，形成纹状晶体，在无水乙醇溶液中的比旋度为 +162°～+169°。

氢化可的松及其衍生物是皮质类固醇外用制剂的一线药物，也是我国甾体激素类药物中产量最大的品种。目前，中国、美国、英国、日本和法国等国的药典及欧洲药典中该药物均有收载。氢化可的松的药理作用是通过弥散作用于靶细胞，与其受体相结合，形成类固醇-受体复合物，激活的类固醇-受体复合物作为基因转录激活因子，以二聚体的形式与 DNA 上的特异性顺序链结合，调控基因转录，增加 mRNA 生成，并以此为模板合成相应蛋白质，这些蛋白质在靶细胞内可发挥类固醇激素的生理和药理效应。氢化可的松属于皮质类固醇外用制剂中的短效药，具有抗炎、抗病毒、抗休克和抗过敏等作用，临床上主要用于治疗肾上腺皮质功能减退症、先天性肾上腺皮质增生症、自身免疫病（如系统性红斑狼疮、类风湿性关节炎）、变态反应性疾病（如支气管哮喘、药物性皮炎等）、风湿性发热、痛风、严重感染等；因为能影响糖代谢，其也被用于辅助调节血糖水平；此外，其具有保钠排钾作用，可用于抢救危重中毒性感染。本品的副作用与同类药物相似，充血性心力衰竭、糖尿病等患者慎用；重度高血压、消化性溃疡、骨质疏松症患者忌用。另外，临床上不能长期使用氢化可的松等糖皮质激素类药物，否则容易产生医源性肾上腺皮质功能亢进，造成水盐代谢紊乱、负氮平衡，也可能诱发精神症状异常。

1951 年，Wendler 等利用首次利用化学法合成了氢化可的松。1952 年，Colingsworth 等利用弗氏链霉菌（*Streptomyces fradiae*）以 17α,21-二羟基-孕甾-4-烯-3,20-二酮（RS）为底物，通过 11β-羟基化反应生成了氢化可的松。除了 RS，通过微生物 11β-羟基化作用能够产生氢化可的松的底物还有 RSA（化学名为孕甾-4-烯-17α,21-二醇-3,20-二酮-21-醋酸酯）、泼尼松龙及其醋酸酯、C-17α 位上带有侧链的衍生物 [如 17α-21-（1-乙氧基乙亚基二羟基）-4-孕烯-3,20-二酮、21-醋酸基-17-羟基-孕甾-4-烯-3,20-二酮、17α-21-（1-乙基氧乙烯）-二氧-4-孕甾-3,20-二酮、RS-3,17α,21-三醋酸酯、RS-17α-醋酸酯等]。其中，应用最为广泛的是 RS 和 RSA。

2. 生产菌株

自然界中许多微生物都具有甾体 11β-羟基化能力，其中，霉菌数量最多。目前，应用于工业生产的主要是新月弯孢霉（*Curvularia lunata*）和蓝色犁头霉（*Absidia coerulea*）（表 11-3）。新月弯孢霉是弯孢霉属的多细胞真菌，可引起水稻、谷粒等谷类农作物变色，也可引起苗枯、叶斑等损害。该菌株在德国和荷兰等国被普遍采用，具有羟化酶专一性较强、转化率高、副产物少等优点，但也存在投料浓度较低、水解乙酰基的能力较弱、生产设备利用率较低、生产能力较低等问题。我国多采用蓝色犁头霉生产氢化可的松，该菌株是在 20 世纪 60 年代初由中国科学院大连化学物理研究所首次发现的。研究者利用薯蓣皂苷元-双烯半合成路线，以薯蓣皂苷元为起始原料，经裂解、氧化、水解、环氧化、沃式氧化、开环、溴化、碘代、置换等一系列化学合成反应，得到甾环 21-醋酸酯的 RSA(C21-Ac)。然后以 RSA 为底物，通过蓝色犁头霉的 11β-羟基化生产出氢化可的松（见图 11-10）。蓝色犁头酶属于单细胞微生物，菌丝分枝繁多，具有生长繁殖速度快、投料浓度高、生产周期短等优点，但羟化酶专一性较差，副产物多（一般 5～7 个），给产品的分离精制带来一定困难。

表 11-3　11β-羟基化的主要工业生产菌株

菌株	应用国家	底物	投料浓度/%	转化周期/h	收率/%
Absidia coerulea As3.65	中国	RSA	0.25	28～36	45～50
Curvularia lunata	荷兰	RS-17α-醋酸酯	0.05	12	82
Curvularia lunata VFM F-4	俄罗斯	RS	0.02～0.1	48～168	52～72.4
Curvularia lunata Mc11690	日本	RS	1	144	90
Curvularia lunata Mc11690	日本	RS-17α-醋酸酯	1	192	84
Curvularia lunata CL366/102	波兰	RS	0.05	6	65

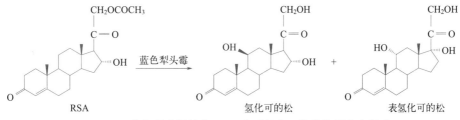

图 11-10　蓝色犁头霉转化 RSA 生成氢化可的松的反应方程式

近年来，研究者采用蓝色犁头霉和新月弯孢霉协同转化的方法显著提高了 RSA 的投料浓度，进而提高了氢化可的松的产率。此外，也有利用 ARTP-LiCl 诱变技术选育 RSA 抗性菌株、优化转化工艺（如孢子接种量、转速和培养时间等）提高菌株转化率的报道。

3. 生产工艺

下文以蓝色犁头霉转化 RSA 生成氢化可的松的反应为例，进行生产工艺的介绍（见图 11-11）。需要注意的是，该反应会生成大量的 11α-羟基化副产物。这主要是因为 C-10、C-13 位上存在角甲基，以及 11β-羟基化后引入的羟基的立体位置是竖直的，所以 11β-竖键羟基的立体位阻要比 11α-横键羟基位阻更大，从而导致了更多 11α-羟基化副产物的产生。

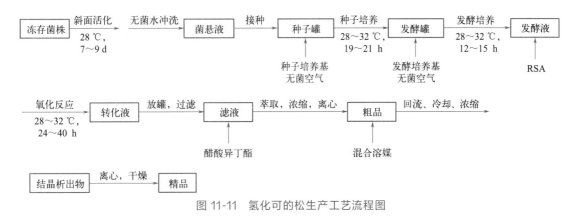

图 11-11　氢化可的松生产工艺流程图

生产工艺过程及控制要点如下:

(1) 培养基配方

① 斜面培养基:土豆 200 g/L,葡萄糖 20 g/L,琼脂 20 g/L,pH 自然。

② 种子培养基:酵母粉 2.5 g/L,葡萄糖 10.5 g/L,玉米浆 12.0 g/L,硫酸铵 5.0 g/L,pH 6.4~6.7。

③ 发酵培养基:同种子培养基。

(2) 斜面培养

将冻存菌株接种到装有 PDA 斜面培养基的茄子瓶中,28 ℃培养 7~9 d。用无菌水冲洗斜面上孢子制成菌悬液(一般浓度为 10^6~10^9 cfu/mL),供制备种子用。

(3) 种子培养

将孢子悬浮液按 1%的接种量转接到装有种子培养基的种子罐中。罐温 28~32 ℃,罐压 0.06~0.10 MPa,通气比 1:0.4~1:0.7,搅拌转速 100~200 r/min,振荡培养 19~21 h,待验证后接种。

(4) 发酵培养

将验证合格的种子培养液以 10%~20%的接种量转接至装有发酵培养基的发酵罐中。罐温 28~32 ℃,罐压 0.06~0.10 MPa,通气比 1:0.4~1:0.7,搅拌转速 100~200 r/min,培养至菌体转化酶活力最强的时间(约 12~15 h),pH 下降到 3.5~3.8,菌丝量达 1/2~2/3,取样镜检,菌体生长良好且无杂菌,即可准备投加底物。

(5) 氧化反应

确定培养液合格后,先用 5%NaOH 溶液将培养液 pH 调整到 5.5~6.0,然后将底物和工业酒精(80%~85%)按照 1:18 的比例混合,加热回流溶解 1~1.5 h 至澄清后加入发酵液,底物投料浓度为 0.15%~0.20%。需要注意的是,回流溶解时不能加热过猛,温度过高会破坏底物结构,影响转化效果。反应相关参数为:罐温 28~32 ℃,罐压 0.04~0.10 MPa,搅拌转速 100~200 r/min,通气比 1:0.4~1:1。转化过程中定期取样进行镜检和 TLC 检测,并进行氧化级别的测定。一般 24~40 h 后结束发酵,放罐的标准为 pH 6.4~7.0,氧化级别低于 1 级。冷却后收集转化液转入分离纯化工序。

(6) 提取

转化液经板框过滤后,向滤液中加入 4~7 倍体积的醋酸异丁酯,搅拌 20 min,静置 2 h,液体分层后取上层有机相,再加入醋酸异丁酯反复萃取 4~5 次。合并醋酸异丁酯萃取液,水洗 2 次,减压浓缩(真空度 0.08~0.09 MPa)后晶体析出,3500 r/min 离心分离得到氢化可的松粗品。

(7) 精制

称取粗品适量,加入 14~18 倍体积的混合溶媒(甲醇:二氯乙烷=14:86),加热回流使其全部溶解,盐水冷却至−5 ℃左右,β体粗品结晶析出,得第一次 β体(成品)。母液经减压浓缩至体积为一半时,盐水冷却,β体结晶析出,经分离得第二次 β体(称 2β),反复操作直至抽提完全。母液为油状物,弃去,结晶析出物经 3500 r/min 离心分离,干燥后得氢化可的松精品。

4. 氢化可的松的质量控制

(1) 氢化可的松的质量标准

氢化可的松的检测项目和质量标准见表 11-4。

表 11-4　氢化可的松的质量标准

序号	检测项目	质量标准
1	外观	白色或类白色粉末
2	熔点	212~222 ℃
3	干燥失重	≤0.5%
4	比旋度	+162°~+169°
5	含量	≥98.5%

（2）氧化级别的测定

由于化合物 RSA、氢化可的松和表氢化可的松的极性不同，可用混合溶媒四氯化碳-氯仿（3∶1）提取发酵液，将底物 RSA 萃取到有机相内，而氢化可的松和表氢化可的松仍留在水相。若提取液与浓 H_2SO_4 反应后出现红色（RSA 和浓硫酸反应生成红色的肾上腺皮质酮），表明有化合物 RSA 存在。红色越深，底物 RSA 的浓度越高，底物转化得越不完全，氧化级别越高。一般氧化级别分为 0、1、2、3、4、5 共六级。

（3）氢化可的松的检测方法

将等体积乙酸丁酯加到发酵液样品中，超声萃取 30 min，12000 r/min 离心 10 min。之后，分别采取薄层色谱法和高效液相色谱法检测。

① 薄层色谱法：在距硅胶板下沿 1.5 cm 处用铅笔轻轻画一条直线，在这条线上均匀取点，用微量进样器取 5 μL 离心后的上清液，在每个点上加样。以二氯甲烷、乙醚与甲醇（385∶60∶30）的混合溶液为展开剂，展开结束后取出硅胶板，薄板风干后，借助紫外线即可观察到胶板上的色谱斑点。根据样品和标准品的比移值（R_f）、斑点颜色深浅和大小进行定性和定量分析。

② 高效液相色谱法：离心后的上清液室温干燥后，用 70%甲醇重悬，超声 30 min，12000 r/min 离心 20 min，样品经微滤处理（孔径 0.22 μm）后上样分析。检测条件为 C_{18} 色谱柱（150 mm×4.6 mm，3.5 μm），柱温 25 ℃，流动相为甲醇/水（70∶30），流速 0.8 mL/min，检测波长 240 nm，进样量 10 μL。根据样品和标准品的保留时间以及绘制的标准曲线进行定性和定量分析。

三、醋酸泼尼松的生产工艺

1. 产品简介

醋酸泼尼松（prednisone acetate，PA）又称醋酸强的松，化学名为 17α,21-二羟基孕甾-1,4-二烯-3,11,20-三酮-21-醋酸酯（17α,21-dihydroxypregna-1,4-diene-3,11,20-trione-21-acetate），分子式为 $C_{23}H_{28}O_6$，分子量为 400.47，化学结构式如图 11-12。醋酸泼尼松为白色或几乎白色的结晶性粉末，无臭，味苦，在氯仿中易溶，在丙酮中略溶，在乙醇或乙酸乙酯中微溶，在水中不溶，熔点为 234～241 ℃，熔融时同时分解，比旋度为＋183°～＋190°（1%二氧六环溶液），238 nm 下吸收系数 $E_{1cm}^{1\%}$ 为 373～397。

醋酸泼尼松是一种糖皮质激素类药物，具有抗炎、抗过敏作用，临床上用于治疗各种急性严重细菌感染、严重的过敏性疾病、胶原性疾病（红斑狼疮、结节性动脉周围炎等）、风湿病、肾病综合征、严重的支气管哮喘、血小板减少性紫癜、粒细胞减少症、急性淋巴细胞白血病、肾上腺皮质功能不全、剥脱性皮炎、神经性皮炎、湿疹等。

醋酸泼尼松的生产方法包括化学法和生物法。前者主要采用二氧化硒法，但具有收率低、毒性大、环境污染严重等缺点。后者主要采用微生物转化法，具有操作简单、条件温和、环境友好性等优点。目前，工业上主要以醋酸可的松为底物，通过微生物 C-1,2 脱氢反应制备醋酸泼尼松。

2. 生产菌株

常见的甾体 C-1,2 脱氢反应菌株主要包括来自分枝杆菌属的新金分枝杆菌、耻垢分枝杆菌和偶发分枝杆菌（*Mycobacterium fortuitum*），红球菌属的红平红球菌（*Rhodococcus erythropolis*）、紫红红球菌（*Rhodococcus rhodochrous*）和赤红球菌（*Rhodococcus ruber*），类诺卡氏菌属（*Nocardioides*）的简单节杆菌（*Arthrobacter simplex*）以及戈登氏菌属（*Gordonia*）的云豹粪便戈登氏菌（*Gordonia neofelifaecis*）等。其中，简单节杆菌，也称为简单类诺卡氏菌（*Nocardioides simplex*）或简单脂肪杆菌（*Pimelobacter simplex*），由于具有专一性好、催化活性高等优点，已成为工业生产上广泛使用的醋酸泼尼松生产菌株（见图 11-12）。

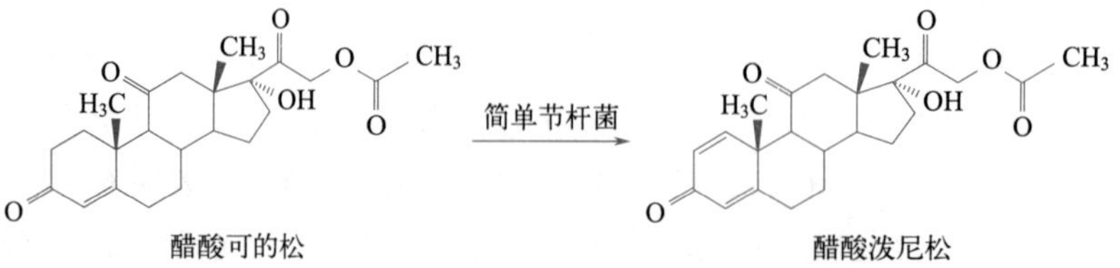

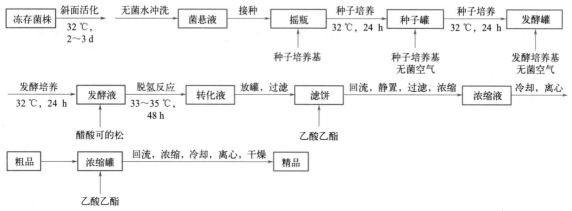

图 11-12　简单节杆菌转化醋酸可的松生成醋酸泼尼松的反应方程式

3. 生产工艺

下文以简单节杆菌转化醋酸可的松生成醋酸泼尼松的反应为例，进行生产工艺的介绍（见图 11-13）。

图 11-13　醋酸泼尼松生产工艺流程图

生产工艺过程及控制要点如下。

（1）培养基配方

① 斜面培养基：葡萄糖 10 g/L，酵母膏 10 g/L，琼脂 20 g/L，pH 7.0。

② 种子培养基：葡萄糖 10 g/L，蛋白胨 5 g/L，玉米浆 10 g/L，KH_2PO_4 2.5 g/L，pH 7.0。

③ 发酵培养基：同种子培养基。

（2）斜面培养

将冻存菌株转接于新鲜斜面培养基上，32 ℃培养 2～3 d。用无菌水从斜面上洗下菌体，制成菌悬液（一般浓度为 $10^6 \sim 10^9$ cfu/mL），供制备种子用。

（3）种子培养

将菌悬液以 5% 的接种量转接于装有 30 mL 种子培养基的 250 mL 三角瓶中，32 ℃，160 r/min 培养 24 h。将培养液以 10% 的接种量转接到种子罐，罐温 32 ℃，罐压 0.04～0.10 MPa，通气比 1∶0.3 至 1∶0.5，转速 100～160 r/min，pH 7.2～7.5，培养 24 h 后取样镜检，合格后方可转接到发酵罐。

（4）发酵培养和转化过程

将验证合格的种子培养液按 10%～20% 的接种量接入发酵罐，罐温 32 ℃，罐压 0.04～0.10 MPa，通气比 1∶0.3 至 1∶0.5，转速 100～180 r/min，培养 24 h 后取样镜检，测定菌体浓度、酶活力〔采用 TTC 法，其原理是 TTC 的氧化态是无色的，经脱氢酶还原后生成不溶性的红色甲䐶（TF），用 1% TTC 进行染色，菌液于 1 min 后开始变色，3 min 变红，15 min 变紫，记录颜色变化时间以此表示酶活力〕和 pH。合格后投入底物进行转化，底物投料浓度为 4%～10%，一般采用有机溶剂（如乙醇）助溶或将底物机械粉碎后加入（粒径小于 30 μm）。于 33～35 ℃进行转化，过程中 pH 控制在 6.5～7.0，定期取样，通过薄层色谱法监测底物的消耗和产物的生成，48 h 后结束转化，放罐，冷却，收集转化液。

（5）提取

转化液经板框过滤后得到醋酸泼尼松滤饼。将 15～20 倍体积的乙酸乙酯和醋酸泼尼松滤饼加入回流罐，76～79 ℃回流约 1 h，静置后放掉水层和菌体，上清液过滤后的滤液转入浓缩罐，65～70 ℃减压浓缩至保留少量体积，冷却后离心得到醋酸泼尼松粗品。

（6）精制

将酸酸泼尼松粗品和 15～20 倍体积的乙酸乙酯投入浓缩罐，76～79 ℃回流约 1 h，在浓缩罐浓缩（65～70 ℃）至保留少量体积，冷却后离心得到物料。将物料铺盘，80～110 ℃烤料 24 h，干燥后得醋酸泼尼松精品。

4. 醋酸泼尼松的质量控制

（1）醋酸泼尼松检测项目和质量标准

根据《中国药典》（2020 版），醋酸泼尼松的质量控制主要包括性状、鉴别、检查、含量测定、类别与贮藏。按干燥品计算，产品含 $C_{23}H_{28}O_6$ 应为 97.0%～102.0%，主要检测项目和质量标准见下表 11-5。

表 11-5　醋酸泼尼松质量标准

序号	检测项目	质量标准
1	外观	白色或类白色结晶粉末
2	熔点	235～242 ℃
3	干燥失重	≤0.5%
4	含量	≥98%

（2）检测方法

将等体积乙酸乙酯加到发酵液样品中，超声萃取 30 min，12000 r/min 离心 10 min。之后，分别采取薄层色谱法和高效液相色谱法检测。

① 薄层色谱法：取上层乙酸乙酯溶液，6000 r/min 离心 10 min。在距硅胶板下沿 1.5 cm 处用铅笔轻轻画一条直线，在这条线上均匀取点，用微量进样器取 5 μL 离心后的上清液，在每个点上点样，以二氯甲烷、乙醚与甲醇（86：12：2.4）的混合溶液为展开剂在色谱缸中展开。待溶剂前沿接近顶端时，取出硅胶板风干。借助紫外线即可观察到胶板上的色谱斑点。根据样品和标准品的比移值（R_f）、斑点颜色深浅和大小进行定性和定量分析。

② 高效液相色谱法：离心后的上清液室温干燥后，用二氯甲烷、乙醚与甲醇（86：12：2.4）的混合溶液重悬，超声 30 min，12000 r/min 离心 10 min，样品经微滤处理（孔径 0.22 μm）后进行上样分析。检测条件为：Silica 色谱柱（250 mm×4.6 mm，5 μm），柱温 30 ℃，流动相为二氯甲烷：乙醚：甲醇（86：12：2.4），流速 1 mL/min，检测波长 240 nm，进样量 10 μL。根据样品和标准品的保留时间以及绘制的标准曲线进行定性和定量分析。

 拓展阅读

甾体激素类药物的研发历程

甾体激素类药物的研发历程大致可分为五个阶段。

1. 认知阶段

20 世纪 20 年代，人们发现从动物肾上腺皮质中提取的抽提物，对施行肾上腺切除手术的动物有很好的疗效，也可挽救阿狄森病患者的生命。进一步研究发现，这些天然甾醇可表现出雄激素和雌激素样作用。

2. 生物组织提取阶段

受动物腺体提取物可用于内分泌、心血管等疾病治疗的启发，人们猜测其内容物可能具有强大的生理和药理活性。1929 年，德国化学家 Butenandt 分离得到了第一个性激素化合物——雌酮。20 世纪 30 年代初，Mayo 基金会的 Edward CK 等以动物性腺为材料，首次分离得到了可的松并鉴定了其结构。科学家们先后分离得到了雌酮、雌二醇、雌三醇、睾丸素、皮质酮等甾体激素成分。其中，德国化学家 Wieland、Windaus 和 Butenandt 分别完成了胆酸，胆固醇和维生素 D，以及雌酮、雄酮、孕酮等性激素活性成分的鉴定，从而分别荣获 1927 年、1928 年和 1939 年的诺贝尔化学奖。但这种以动物组织为原料的提取方法存在着原料收集困难、成分复杂、有效含量低等不足，难以满足巨大的应用需求。

3. 化学合成阶段

随着化学制药工业的兴起，人们开始尝试利用化学合成法生产甾体激素类药物。1937 年，巴塞尔大学的 Tadeus Reichstein 以化学法成功合成了第一种肾上腺皮质激素——去氧皮质酮 (desoxycortico-sterone)。20 世纪 30 年代中期，日本学者冢本赳夫、藤井胜也等从山萆薢中分离得到了薯蓣皂苷元。20 世纪 40 年代早期，宾夕法尼亚州立大学的 Russel Marker 发现薯蓣属植物中存在一种甾体皂苷元（俗称薯蓣皂苷元），以其为原料经三步降解即可生成孕烯醇酮，再经氧化又可合成孕酮（该过程又称 Marker 三步降解）。之后，Marker 在墨西哥找到了富含薯蓣皂苷元的小穗花薯蓣，解决了原料来源问题。以薯蓣皂苷元为原料，经 Marker 三步降解获得甾体激素类药物的生产方法促进了甾体激素类药物工业化的快速发展，形成了"薯蓣皂苷元-双烯"半合成体系（图 11-14）。1940 年，普强制药 (Upjohn) 借助反流结晶工艺从大豆油脂工业加工副产物中分离出豆甾醇，再以豆甾醇为起始物，经数步反应以化学法合成了孕酮（产率 60%，高于使用麦角甾醇半合成工艺的产率 37%）。

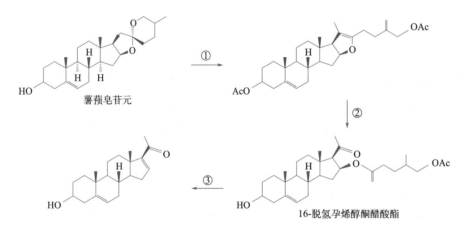

图 11-14 "薯蓣皂苷元-双烯"半合成体系
①：200 ℃，AcO₂；②：CrO₃，AcOH；③：NaOH，EtOH

虽然薯蓣皂苷元资源分布广泛，但含量高且适合开发的品种却非常有限。最初，甾体激素类药物的原料主要从墨西哥购买，生产技术被欧美国家垄断。随着甾体制药工业的快速发展，原料的需求日益增加，野生资源日益匮乏，到 20 世纪 70 年代，墨西哥把初级薯蓣原料的价格由 600 美元/t 提升到 2600 美元/t，到 80 年代末，薯蓣资源的开发利用已处于全面停顿状态，这严重制约了甾体激素类药物的生产。1984 年，我国实现了野生薯蓣植物黄姜的"野转家"人工栽培，这一突破使得甾体制药工业彻底摆脱了对野生资源的依赖，推动了"薯蓣皂苷元-双烯"生产体系的发展。

1946 年，美国 Merck 公司以脱氧胆酸作为原料，经 32 步反应化学合成出醋酸可的松 (cortisone acetate)，开辟了甾体激素类药物化学合成的新途径，但步骤十分烦琐。1949 年，Merck 公司实现了工业规模的甾体激素类药物的化学合成。与此同时，美国普强制药公司开创了以豆甾醇为起始原料（植物甾醇中分离得到）生产甾体激素类药物的工艺路线，通过化学法切断豆甾醇的 C-22 双键，再经结构修饰合成包含四大基础皮质激素在内的多种甾体激素类药物。这些化学合成工艺路线的创新改进，极大地推动了甾体激素类药物产业的蓬勃发展，但仍存在一些问题，如用单一化学方法改造天然甾体的过程操作复杂，步骤多，收率低，产品价格昂贵，环境污染和资源浪费等。更重要的是，甾体结构复杂、构型精巧，通常含有多个不对称中心，且存在特定的立体异构方面的要求，所以，在特定位点引入特定基团的难度极大，如 C-11 位引入氧、C-7 位引入羟基、C-15 位引入羟基等，而这些特定位点的特定基团对于药物的活性是必需的，或是进行下一步结构修饰的前提。

4. 化学合成与生物转化相结合阶段

1937 年，研究者利用棒状杆菌（Corynebacterium）和酵母将脱氢表雄酮（dehydroepiandoserone）转化为甾酮，这是利用微生物转化法制备甾体的首次报道。20 世纪 40 年代末期，德国生化学家 Heckes 等利用肾上腺的组织匀浆将脱氧皮质酮转化成可的松，证明了生物酶可完成化学法难以实现的直接将氧原子引入到甾体 C-11 位上的反应。1952 年，美国 Upjohn 公司的 Peterson 和 Murray 利用黑根霉（Rhizopus nigricans）将孕酮一步转化成了 11α-羟基孕酮，转化率达 80% 以上。这一发现成为甾体微生物转化的标志性事件，与化学法相比，该方法具有更强的专一性和更高的反应效率。20 世纪 50 至 60 年代，甾体激素类药物的研发进入了高峰期。1955 年，研究者以 11-脱氧皮质醇为底物，利用新月弯孢霉（Curvularia lunata）的 $C-11\beta$-羟基化作用生成了皮质醇。1958 年，我国著名的有机化学家、甾体激素类药物工业的奠基人黄鸣龙教授以薯蓣皂苷元为原料，利用黑根霉在 $16\alpha,17\alpha$-环氧孕甾-4-稀-3,20-二酮的 C-11 位引入 11α-羟基，该工作为我国生物合成与化学合成相结合的甾体医药工业奠定了坚实的基础。之后，他利用氧化钙-碘-醋酸钾试剂在 C-21 位引入乙酰基，实现了 7 步合成可的松，使中国在可的松的合成领域跨进了世界先进行列。

1960 年，美国 FDA 批准了一种由异炔诺酮和炔雌醇复配而成的口服避孕药，极大地刺激了社会对甾体激素类药物的需求。在黄鸣龙教授的领导下，我国也在 20 世纪 60 年代陆续实现了甲地孕酮、炔诺酮和氯地孕酮等口服避孕药的合成，因此，黄鸣龙教授也被誉为"中国甾体口服避孕药之父"。同一时期，我国开始使用蓝色犁头霉（Absidia coerulea）将孕甾-4-烯-17α,21-二醇-3,20-二酮-21-醋酸酯（RSA）转化生成氢化可的松。越来越多的研究表明，某些种类的细菌、酵母、霉菌和放线菌都可以使甾体的一定部位发生有价值的转化反应。

植物甾醇是一类从植物油脂中提取的天然活性物质，具有与甾体激素类药物相同的主体结构。早在 1944 年，研究者发现微生物具有转化甾醇生成有用代谢产物的能力，然而直到 20 世纪 80 年代末，该技术才在德国先令制药公司首次应用，我国则在 2010 年左右取得突破，并迅速完成了对"薯蓣皂苷元-双烯"体系的取代。目前，以植物甾醇为原料，通过微生物转化生产雄甾-4-烯-3,17-二酮（AD）、雄甾-1,4-二烯-3,17-二酮（ADD）、9α-羟基-4-雄甾-3,17-二酮（9α-OH-AD）、22-羟基-23,24-二降胆-4-烯-3-酮（4-HBC）等中间体，再经化学修饰生产目标甾体激素类药物的工艺已成功建立。与其他方法相比，以植物甾醇为原料的微生物转化体系具有原料来源稳定且廉价、反应路线短、收率高、环境友好性高等优势。

5. 合成生物学阶段

以简单碳源为原料从头合成甾体激素是该领域的前沿热点。酿酒酵母拥有麦角甾醇合成能力，因此常作为从头全合成甾体的良好底盘。1998 年，研究者以酿酒酵母为底盘，通过破坏甾醇 C-22 位脱氢酶 ERG5，阻断了麦角甾醇的合成，同时引入了拟南芥源 C-7-脱氢酶、牛源胆固醇侧链降解酶系统（P450scc、ADR 和 ADX）等外源酶系，实现了从半乳糖到孕烯醇酮的微生物全合成。随后，借助人源 3β-HSD 酶的催化，创建了从简单碳源到孕酮的人工从头合成途径，这些工作标志着微生物直接合成甾体激素类药物活性成分新阶段的开始。2003 年，有研究人员以酿酒酵母为底盘，利用基因组整合的遗传工程技术引入八种哺乳动物来源的细胞色素 P450，同时，将中间代谢物孕烯醇酮支路代谢途径关键酶敲除，实现了从葡萄糖（或乙醇）到氢化可的松的从头合成。2014 年，另有研究者在其工作基础上，通过构建胆固醇侧链降解酶（P450scc）、肾上腺皮质铁氧还蛋白（ADX）和 3β-羟基类固醇脱氢酶（3β-HSD）的表达盒，实现了在酿酒酵母内的多拷贝表达，成功将氢化可的松的产量提升到了120 mg/L，这也是目前欧洲生产氢化可的松的主要路线。此外，2011 年，研究人员在酿酒酵母中通过功能性失活 C-24 位甲基化和 C-22 位脱氢的关键酶 ERG5 和 ERG6，彻底阻断了麦角甾醇的合成，随后通过引入鱼源 C-7 位还原酶基因 DHCR7，获得了以葡萄糖为碳源，稳定生产菜油甾醇的基因工程菌株，进一步引入鱼源脱氢胆固醇还原酶基因 DHCR24，最终创建了可稳定合成胆固醇的工程化酿酒酵母。

近些年，我国在甾体活性成分的微生物全合成领域也取得了一系列重要突破。2015 年，天津大学在酿酒酵母底盘上实现了从葡萄糖到 7-DHC（合成维生素 D$_3$ 的重要前体）的从头合成。2019 年，研究者在解脂耶氏酵母底盘里建立了以葵花籽油为碳源合成菜油甾醇的途径，经基因和元器件优化，产量提升到 942 mg/L。2021 年，浙江工业大学、中国科学院天津工业生物技术研究所等研究机构以酿酒酵母为底盘，构建了薯蓣皂苷元的生物合成途径。但甾体激素类药物从头合成高效细胞工厂的构建仍然任重道远，关键原因可能在于甾体的合成路线长、反应复杂，且涉及多步难以有效异源表达重建的细胞色素 P450 催化的氧化反应。后续研究工作可围绕完整清晰的合成路径及其关键酶催化机制的解析、优良功能元件和调控元件的挖掘，尤其是一些可缩短反应步骤（如直接催化孕酮生成 16α,17α-双羟孕酮的羟化酶等）、取代化学法（如 C-6 位上的卤化酶、C-9 和 C-11 位催化环氧反应的酶等）、取代难以高活性表达的真核来源细胞色素 P450 的新酶的发现以及基于人工智能的新酶创制等方面展开。此外，还需要积极开发各种使能技术，如高活性异源表达技术、多酶组装、传感器实时监控、代谢状态精准分析、转录开关精细调控、途径组装和调控技术、基因编辑技术等。

本章小结

本章介绍了甾体激素类药物的结构、分类和生理作用，甾体微生物转化的概念、特点、转化工艺的一般阶段及其影响因素，以及甾体微生物转化的 3 个主要反应类型，包括侧链降解反应、羟基化和脱氢反应。此外，本章以雄烯二酮及其衍生物为例，对典型性激素类药物的生产工艺进行了阐述；以氢化可的松和醋酸泼尼松为例，对典型肾上腺皮质激素类药物的生产工艺进行了介绍，主要包括产品简介、生产菌株、生产工艺及其分离提取工艺等方面的内容。

思 考 题

1. 简述甾体微生物转化工艺的一般阶段、影响因素和产物常用检测方法。
2. 根据分枝杆菌转化植物甾醇生成雄烯二酮的工艺，如要提高转化效率，应采取哪些方法和控制手段？
3. 根据蓝色犁头霉转化 RSA 生成氢化可的松的工艺过程，如果要提高产品质量，应采取哪些措施？
4. 比较雄烯二酮、氢化可的松、醋酸泼尼松的质量检测项目的差异。

【骆健美　李会】

参考文献

[1] 熊亮斌，宋璐，赵云秋，等. 甾体化合物绿色生物制造：从生物转化到微生物从头合成 [J]. 合成生物学，2021，2（6）：22.

[2] 元英进. 制药工艺学 [M]. 北京：化学工业出版社，2007.

[3] 齐香君. 现代生物制药工艺学 [M].2 版. 北京：化学工业出版社，2010.

[4] Duport C. Self-sufficient biosynthesis of pregnenolone and progesterone in engineered yeast [J]. Nat Biotechnol，1998，16：186.

[5] Szczebara F M. Total biosynthesis of hydrocortisone from a simple carbon source in yeast [J]. Nat Biotechnol，2003，21：143.

[6] Ma B X. Rate-limiting steps in the *Saccharomyces cerevisiae* ergosterol pathway：towards improved ergosta-5,7-dien-3beta-ol accumulation by metabolic engineering [J]. World J Microbiol Biotechnol，2018，34：55.

[7] Zhang Y. Improved campesterol production in engineered *Yarrowia lipolytica* strains [J]. Biotechnol Lett，2017，39：1033.

[8] Xiong L B. Enhancing the bioconversion of phytosterols to steroidal intermediates by the deficiency of kasB in the cell wall synthesis of *Mycobacterium neoaurum* [J]. Microb Cell Fact，2020，19：80.

[9] Su L. Cofactor engineering to regulate NAD（＋）/NADH ratio with its application to phytosterols biotransformation [J]. Microb Cell Fact，2017，16：182.

[10] Xiong L B. Role identification and application of SigD in the transformation of soybean phytosterol to 9alpha-Hydroxy-4-androstene-3,17-dione in *Mycobacterium neoaurum* [J]. J Agric Food Chem，2017，65：626.

[11] Jing C. Production of 14α-hydroxysteroids by a recombinant *Saccharomyces cerevisiae* biocatalyst expressing of a fungal steroid 14α-hydroxylation system [J]. Appl Microbiol Biot，2019，103：8363.

[12] 贾红晨，李芳，郑鑫铃，等. 甾体微生物转化反应关键酶 3-甾酮-Δ～1-脱氢酶的研究进展 [J]. 微生物学通报，2020，47（07）：2218-2235.

第十二章

糖类、脂类药物生产工艺

第一节　概述

一、糖类、脂类药物的来源

1. 糖类药物的来源与应用

糖类作为生物体内的生物大分子之一，结构类型多样，在生命过程中发挥重要作用。糖类在自然界中含量丰富，且毒副作用小，是药物开发的重要来源。狭义的糖类药物是指结构中不含糖类以外的其他组分，主要包括多糖、寡糖、一些单糖及其衍生物等；广义的糖类药物指结构中含有糖结构的药物，如糖肽、糖脂、糖蛋白，以及糖苷类和含糖抗生素类等。此外，也有人认为以糖为作用靶点的药物也属于糖类药物。根据以上概念，目前临床上应用的很多药物都可以被视为糖类药物，如糖苷类和含糖的蛋白质类药物等。

（1）植物来源的糖类药物

植物体中糖类含量可以达到其干重的 $80\%\sim90\%$，这些糖类不仅作为结构物质，还包含大量具有生物活性的种类。中药黄芪多糖、人参多糖因具有较强的免疫调节活性在临床上用于抗肿瘤的辅助治疗。来源于海洋褐藻的海藻酸经过酸降解、丙二醇酯化、硫酸酯化和中和成盐等过程被研制成世界上第一个海洋来源的类肝素糖类药物藻酸双酯钠（结构见图 12-1），该药物在临床上用于缺血性心脑血管系统疾病和高脂血症的预防和治疗，在此基础上，人们相继开发了甘糖脂、古糖脂、聚甘古酯等海洋糖类药物。2019年 12 月，由中国科学家自主研发的治疗阿尔茨海默病的糖类药物甘露特钠胶囊（GV-971，结构见图 12-2）获得批准上市，填补了阿尔茨海默病 17 年无新药上市的空白，并于 2021 年成功纳入国家医保目录。

植物来源的多糖除了作为治疗药物之外，也是药用辅料的重要来源。从玉米、小麦颖果、马铃薯和木薯块茎提取的淀粉，来源于阿拉伯胶树茎和枝的阿拉

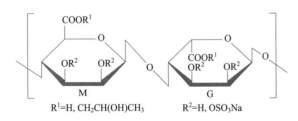

R^1=H, CH$_2$CH(OH)CH$_3$　　R^2=H, OSO$_3$Na

图 12-1　藻酸双酯钠的结构

伯胶，纤维素及其衍生物，瓜尔豆胶等植物来源的药用辅料已收载于多个国家的药典中。来源于海洋红藻的琼胶，来源于褐藻的褐藻糖胶等多糖也被广泛用于医药和食品领域。此外，不同来源的葡萄糖、半乳糖、木糖及蔗糖等单糖和寡糖也是重要的药用辅料和食品添加剂。

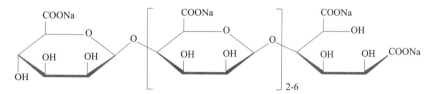

图 12-2　甘露特钠的化学结构

（2）动物来源的糖类药物

动物来源的糖类药物是目前研究最多、临床应用最早、在市场上占比最大的糖类药物，如肝素和透明质酸，市场年销售额达到几十亿美元。其中，最具代表性的是肝素类抗凝血药物，粗品肝素以新鲜的猪肠黏膜为原料，经过蛋白酶酶解释放、离子交换去除其他多糖、乙醇沉淀等过程制备而得，所得产品的分子量分布范围较宽。以大分子量肝素为原料通过酸降解、苄酯碱水解、脱氨降解、氧化降解和自由基降解等化学方法，或者利用肝素酶降解制备的低分子量肝素，可以降低肝素的血小板减少和出血风险，临床用于静脉血栓的预防和治疗、心绞痛以及心脑血管疾病的治疗。

从动物结缔组织、皮肤或鲨鱼皮、骨和其他组织分离得到的透明质酸，因具有很好的黏弹性、润滑性及保水性能被广泛用于生物医用材料和化妆品等行业。从鲨鱼、牛、猪、鸡等动物软骨组织中提取的硫酸软骨素，以及从虾、蟹等海洋甲壳动物和昆虫外壳中提取的甲壳素经部分或全部脱乙酰化获得的壳聚糖等，在食品、医药、化妆品及生物材料等领域都有应用。

（3）微生物来源的糖类药物

来源于微生物的糖类药物种类及数量较多，主要包括氨基糖苷类抗生素、大型真菌多糖及其他微生物发酵产生的多糖等。

氨基糖苷类抗生素大多由链霉菌产生，代表性的药物有卡那霉素、链霉素和核糖霉素等。此外，也有由小单孢菌产生的氨基糖苷类抗生素，如庆大霉素是由绛红小单孢菌和棘状小单孢菌产生的多组分氨基糖苷类抗生素。天然来源的氨基糖苷类化合物经过结构的修饰，可以用于制备一些新型的氨基糖苷类抗生素而用于临床，例如，奈替米星是以西索米星为原料经过结构修饰获得的半合成抗生素。

来源于真菌子实体、菌丝体和发酵液的真菌多糖作为药物在临床已有使用，例如，从香菇子实体中提取的香菇多糖是一类以 β-1,3 连接的葡萄糖为主链，具有 β-1,6 葡萄糖分支的 β-葡聚糖（图 12-3），其除了具有很好的免疫增强活性，可用于肿瘤的辅助治疗之外，还具有抗病毒及刺激干扰素形成的作用。此外，猪苓多糖、茯苓多糖、云芝多糖、紫芝多糖和银耳孢糖等真菌多糖也作为药物在临床使用。裂褶菌多糖、黑木耳多糖、猴头菌多糖、金针菇多糖、核盘菌多糖、冬虫夏草多糖和姬松茸多糖等真菌多糖也被发现具有很好的生物活性，具有很高的开发价值。

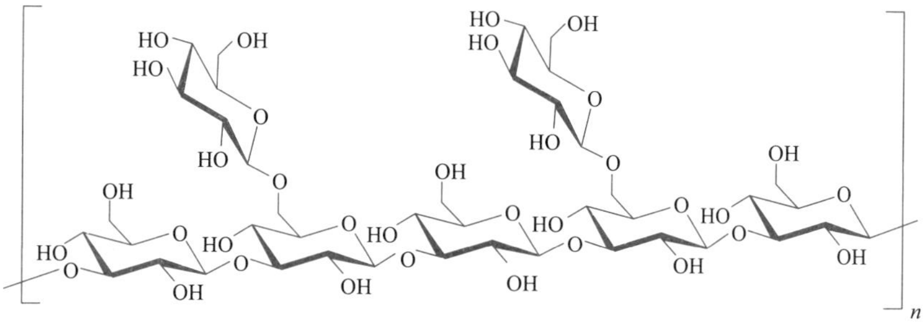

图 12-3　香菇多糖的化学结构

除了以上来源之外，其他微生物也可以产生一些具有药用价值的多糖。由游动放线菌发酵产生的阿卡波糖，是一种具有类四糖结构的 α-葡萄糖苷酶抑制剂，可用于 2 型糖尿病的治疗。以蔗糖为原料，经肠膜状明串珠菌发酵产生的高分子葡萄糖聚合物，再经水解制备的右旋糖酐可以用于代血浆。此外，由黄单胞菌发酵产生的黄原胶、出芽短梗霉菌产生的普鲁兰糖、伊乐假单胞菌发酵产生的结冷胶等微生物多糖被用作药用辅料。

2. 脂类药物的来源与应用

脂类药物（lipid drug）出自 2014 年公布的《药学名词》（第二版），广义上是指用于预防、治疗和诊断疾病的脂肪、类脂及其衍生物的总称。各类脂类药物在化学组成和结构上差异很大，大多数不溶或微溶于水，易溶于乙醚、氯仿、苯等有机溶剂。

脂类药物虽然种类少，但是具有较好的预防和治疗疾病的效果，在临床应用中拥有重要的地位。根据化学结构和组成，脂类药物主要分为胆酸类、磷脂类、固醇类、不饱和脂肪酸类、其他以及药用辅料等（表 12-1）。

表 12-1　部分脂类药物（含药用辅料）的生产方法与收录情况

种类	名称	生产方法	收录
胆酸类	去氢胆酸	胆酸经氢化制备	《中国药典》(2020 版)二部
	脱氧胆酸钠	牛胆水解液的钠盐制备	《中国药典》(2020 版)四部
	熊去氧胆酸	胆汁酸合成制备	《中国药典》(2020 版)二部
	胆酸钠	胆汁提取制备	《中华人民共和国卫生部药品标准》二部第六册
	鹅去氧胆酸	鸡、鸭、鹅等胆汁中提取	《中国药典》(1995 版)二部
	猪去氧胆酸	猪胆汁中提取	化学药品地标升国标第九册
	牛胆汁	牛羊胆分离制备	
	牛磺熊去氧胆酸	化学半合成制备	《中华人民共和国卫生部药品质量标准》维吾尔药分册
	牛磺鹅去氧胆酸		
	牛磺猪去氧胆酸		
	牛磺去氢胆酸		
固醇类	胆固醇	动物器官提取	《中国药典》(2020 版)四部
	谷固醇(软膏)	植物提取制膏	化学药品地标升国标第十四册
磷脂类	蛋黄卵磷脂	蛋黄提取	《中国药典》(2020 版)四部
	大豆磷脂	大豆提取	《中国药典》(2020 版)四部
	卵磷脂	蛋黄提取	化学药品地标升国标第九册
不饱和脂肪酸类	前列腺素 E2	提取或发酵转化	化学药品地标升国标第十五册
	亚油酸	玉米及豆油中分离	化学药品地标升国标第五册
	亚油酸乙酯	化学半合成	化学药品地标升国标第十三册
	蛹油 α-亚麻酸乙酯		化学药品地标升国标第十六册
其他	辅酶 Q_{10}	心肌提取发酵,合成	《中国药典》(2020 版)二部
	鲨肝醇	鲨鱼鱼肝油中分离	《中华人民共和国卫生部药品标准》化学药品与制剂
	角鲨烯		化学药品地标升国标第九册
	牛黄	牛胆结石干燥制备	《中国药典》(2020 版)一部
	人工牛黄	胆红素,胆酸等配制	《中国药典》(2020 版)一部

种类	名称	生产方法	收录
药用辅料	山嵛酸甘油酯	化学半合成	《中国药典》(2020版)四部
	中链甘油三酸酯		
	月桂酰聚氧乙烯甘油酯系列		
	单双硬脂酸甘油酯		
	单亚油酸甘油酯		
	油酰聚氧乙烯甘油酯		
	单油酸甘油酯		
	混合脂肪酸甘油酯(硬脂)		

各类脂类药物的结构与性质差别较大，导致它们的药理活性及临床应用也各有不同。通过归纳看来，大部分脂类药物可以用于治疗心脑血管疾病、抗炎等方面。

(1) 在心脑血管疾病中的应用

多数脂类药物能用于高脂血症、血液黏稠、动脉粥样硬化、高血压等所导致的心脏、大脑及全身组织发生的缺血性或出血性疾病的临床应用中。例如，脂肪酸类药物亚油酸、亚麻酸、花生四烯酸等，对于血脂异常、动脉硬化、心绞痛、冠心病、老年性肥胖症等等均有较好疗效，有"血管清道夫"的美誉。同样地，磷脂类药物除了能预防阿尔茨海默病外，还对糖尿病坏疽及动脉硬化等并发症有效，在药品、保健品、化妆品等领域具有广泛的应用前景。另外，谷固醇在Ⅱ型高脂血症及预防动脉粥样硬化方面疗效显著。

(2) 在抗炎方面的应用

胆色素类（主要为胆红素）和胆汁酸类（包括各种胆酸同系物）是牛黄的主要成分，可能是牛黄药效的物质基础。研究发现，胆汁酸和胆红素均可有效降低二甲苯致炎小鼠耳廓含水量，其中去氧胆酸的效果优于胆红素。在临床应用上，胆酸及其同系物均有治疗胆囊炎、消除肠道炎症的疗效。同样地，胆色素类药物也在治疗急慢性肝炎方面展现出良好的疗效。卵黄油则在治疗皮炎、胃炎、鼻前庭炎、中耳炎等炎症方面具有疗效。

(3) 在清热解毒方面的应用

胆酸类药物除了具有抗炎作用外，还展现出抗病毒感染的能力。如半合成的牛磺鹅去氧胆酸和牛磺去氢胆酸均可对抗人类免疫缺陷、流感病毒及副流感病毒的感染。卵黄油作为我国的传统中药，有消肿解毒、敛疮生肌的功效，在医药、食品、化妆品等行业具有广阔的应用前景。牛黄和人工牛黄均是清热解毒的良药，临床上用于治疗热病谵狂、咽喉肿胀等。

(4) 在药用辅料中的应用

脂类物质具有的亲水基团和亲油基团的两亲分子性质，使之成为药物乳化剂、增溶剂和溶剂的理想辅料。如天然的大豆磷脂、卵磷脂及胆固醇可有效增加乳液吸附层的Zeta电位，增强乳液反絮凝能力，从而促进乳状液稳定，适用于制备O/W型乳状液。合成的聚甘油酯，如硬脂酸双甘油酯常被用于制备纳米乳液。单油酸甘油酯和单亚油酸甘油酯则是油脂性载体的重要材料。月桂酰聚氧乙烯甘油酯系列在二氯甲烷中易溶，在水中几乎不溶，但可分散，适合作为增溶剂使用。中链甘油三酸酯，因其脂肪酸链较短、亲水性极高，具有极好的氧化稳定性和冷却稳定性，可处理各种脂溶性维生素、颜料和抗氧化剂，是色素和食用香精的理想溶剂和载体。山嵛酸甘油酯则用作片剂和胶囊的内润滑剂以及短半衰期药物的缓释剂。

(5) 在药物载体方面的应用

脂类物质在制剂载体方面的应用主要表现在脂质体的制备上。制备脂质体的材料主要是磷脂类和胆固醇。磷脂类包括以卵磷脂为主的天然磷脂和合成磷脂。后者主要有二棕榈酰磷脂酰胆碱（DPPC）、二棕桐酰磷脂酰乙醇胺（DPPE）、二硬脂酰磷脂酰胆碱（DSPC）等，它们均属于氢化磷脂类，具有性质稳定、抗氧化性强、成品稳定等特点，是国外首选的辅料。胆固醇与磷脂是共同构成细胞膜和脂质体的基础物质。胆固醇具有调节膜流动性的作用，故可称其为脂质体"流动性缓冲剂"。

除了脂质体以外，脂类物质还可以作为磷脂复合物的重要成分发挥作用。药物与磷脂形成复合物后，理化性质、生物学活性等都会发生很大程度的改变，表现出很多与母体药物不同的特性。其一般比母体药物的活性更强、生物利用度更高、毒副作用更小。如非甾体抗炎药物与磷脂络合后可使这些药物的刺激作用明显减轻；制备的双氯芬酸磷脂复合物可以延长抗炎作用。磷脂与多糖类物质如甲壳质、海藻酸盐等形成辅助剂，再与抗原形成复合物，可明显提高抗原的免疫作用。

二、糖类、脂类药物的生产方法

1. 糖类药物的生产方法

根据糖类药物来源及种类的不同，其生产方法也存在一定的差异。

分子量较小的植物或动物组织中的单糖、寡糖或衍生物由于水溶性好，能够在冷水及乙醇中溶解，因此，提取溶剂可以选择水或者一定浓度的乙醇。在提取过程中一般先将材料用乙醚或石油醚等溶剂脱脂处理，再用水或者乙醇提取，提取液经过减压浓缩后，可通过去除杂质和脱色、结晶等工艺制备，也可以通过吸附色谱和离子交换色谱制备，对于寡糖还可以通过凝胶柱色谱进行纯化。

对于多糖，需要经过碱解或者酶解的方法破坏多糖与蛋白质之间的化学键，使多糖被释放出来，再经过脱蛋白质及后续工艺获得初步产物。获得的多糖需要进一步纯化以获得纯度高、分子量及电荷均一的产品。这可以通过利用不同分子量的多糖在有机溶剂中溶解度的差异，采用分级沉淀的方法进行分离，也可以利用多糖与阳离子表面活性剂（如十六烷基三甲基溴化铵、十六烷基氯化吡啶等）能形成季铵盐络合物的原理进行分离纯化。对于含有酸性基团的多糖，可利用其具有聚阴离子的特点，采用阴离子交换树脂进行分离。此外，根据多糖分子量大小的差异，可选择具有分子筛作用的凝胶柱色谱实现对不同分子量多糖的纯化。同时，结合区带电泳、超滤和金属络合等方法，可实现对不同来源多糖的纯化。

对于微生物发酵产生的多糖，需根据产生多糖的部位，收集发酵液或者菌体，再经过预处理、除杂及纯化等过程获得所需要的多糖。

2. 脂类药物的生产方法

（1）提取法

脂类是植物和动物体内重要的营养物质，含量丰富。大部分膜脂类药物如磷脂、糖脂、甾醇等，均可以通过直接提取法制备。一般用极性有机溶剂如乙醇或丙酮进行提取，这些溶剂既能降低脂质分子间的疏水作用，又能减弱膜脂与脂蛋白间的氢键和静电相互作用。例如，胆固醇、卵磷脂均可用丙酮进行提取后精制获得。非极性脂质一般用乙醚、氯仿或苯从组织中提取，在这些溶剂中不会发生疏水作用引起的脂质聚集，例如，将鹅胆汁经 NaOH 皂化、盐酸中和、氯仿分层提取后，可以同时得到鹅去氧胆酸和胆红素。

（2）化学全合成或半合成法

天然动植物油脂或脂肪酸可以与天然醇或合成醇发生酯化反应而得到疗效更高的脂肪酸酯类物质，如各种药用脂类辅料均采用甘油与各种脂肪酸合成制备。将胆酸投入乙酸和乙酸钠溶液中，通入氯气处理后可得去氢胆酸粗品。国内基本以人工提取熊胆汁为主要途径获得牛磺熊去氧胆酸，但产品的纯度不高，不利于大规模生产。国外报道了三种主要的化学半合成法来制备该药物，其中主要方法为以熊去氧胆酸与氯甲酸乙酯或特戊酰氯反应形成酸酐，再进一步与牛磺酸反应，制备出目标产物。此外，还可以利用烟草中提取分离的茄尼醇作为侧链原料，经缩合反应接入甲基苯醌母核，完成辅酶 Q_{10} 的半合成。

（3）生物转化法

近年来，随着生物转化技术的发展，利用发酵、细胞培养及酶工程技术进行脂类药物的高效制备越来越引起人们的关注。尽管利用烟草细胞生产辅酶 Q_{10} 尚处于研究阶段，但目前人们主要倾向于用微生物发酵方式生产脂类药物，这种生产方法前景广阔。用于治疗婴儿营养缺乏症的 1,3-二油酰基-2-棕榈酰甘油（OPO）以前主要由从根毛霉中提取的一种脂肪酶催化三油酸甘油酯与棕榈酸发生反应制得，但该反应选择性较差，且转化率只有 65%；最新研究出的方法采用从不同菌中得到的两种选择性脂肪酶分别进行催化，两步反应的转化率分别达到 95% 和 96%。有报道显示，研究人员构建的能够表达前列腺素 H 合成酶和前列腺素 E2 合成酶的大肠埃希菌菌株，能够直接催化花生四烯酸转化为前列腺素 E2。国内外麦角甾醇的生产主要采用微生物发酵法，其中，大量生产麦角甾醇的主要菌株是酵母，但曲霉等微生物也被用于进行生产。

第二节　肝素的生产工艺

一、肝素的结构与性质

肝素是由 L-艾杜糖醛酸（IdoA）或 D-葡糖醛酸（GlcA）与 α-D-葡糖胺（GlcN）及其乙酰化、硫酸化衍生物通过 1,4-糖苷键连接构成的糖胺聚糖，其分子结构中含有多达 10 种单糖成分，平均分子量为 12000 ± 6000。尽管组成肝素的单糖种类很多，但肝素的主要成分为 IdoA2S 和 GlcNS6S（70%～90%），此外还包含 GlcNS 与 GlcNAc（10%～30%）、IdoA 和 GlcA（10%～20%），肝素的含硫量为 9%～12.9%，分子中的氨基葡萄糖苷是 α 型，而糖醛酸苷是 β 型。由于组成肝素的单糖种类较多，到目前为止，其精细结构还没有完全表征清楚。其基本结构如图 12-4 所示。

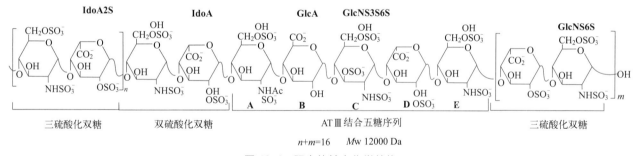

图 12-4　肝素的基本化学结构

肝素及其钠盐、钙盐为白色或灰白色无定型粉末，无臭无味，极具引湿性，易溶于水，不溶于乙醇、丙酮、二氧六环等有机溶剂，其游离酸在乙醚中有一定溶解性。其具有旋光性，化学性质包括可发生水解和降解反应、氧化反应、酯化反应、中和反应、因光异色现象等。

二、肝素的制备过程

提取肝素的原料主要是猪小肠黏膜以及牛肺等，我国生产医用肝素的原料主要是猪小肠黏膜，每根猪小肠可得到黏膜 1～2 kg，每千克黏膜可得到 5 万～6 万 U 肝素（300 mg 左右）。碱可以催化糖肽键以 β-消除的方式断裂，但强碱能使肝素失活。一般在 pH 为 8～9，50 ℃下加热 2 h，可以切开肝素连接域中木糖（Xyl）与核心蛋白质丝氨酸（Ser）之间的 O-苷键而不影响活性。

肝素在动物组织中与其他糖胺聚糖共存，并与蛋白质共价结合形成蛋白聚糖复合物，因此肝素的制备过程主要包括肝素-蛋白质复合物的提取、解离和肝素的分离纯化三个环节。肝素的提取一般采用盐解、酶解和碱解或这些方法的组合，肝素的分离纯化常用凝胶过滤、乙醇分级沉淀、季铵盐沉淀、电泳和离子交换等方法。常用的肝素提取工艺如下。

1. 盐解-季铵盐沉淀法

（1）工艺路线

盐解-季铵盐沉淀法提取肝素的工艺流程见图 12-5。

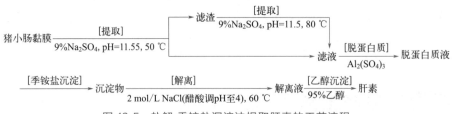

图 12-5　盐解-季铵盐沉淀法提取肝素的工艺流程

（2）工艺过程

① 提取：取适量猪小肠黏膜，加入 50％的水，并添加硫酸钠使体系中含 9％硫酸钠（0.63 mol/L），调节 pH 至 11.5，于 50 ℃进行提取（β-消除），获得的滤渣在 80 ℃下再提取 1 次；

② 脱蛋白质：加入硫酸铝，加热以去除蛋白质；

③ 季铵盐沉淀：向脱蛋白质液中加入季铵盐，以沉淀肝素；

④ 解离：将沉淀物置于 2 mol/L NaCl（醋酸调 pH 至 4）中，于 60 ℃进行解离；

⑤ 乙醇沉淀：向解离液中加入 0.9 倍体积的 95％乙醇沉淀肝素。

除此之外，提取肝素的方法还有酶解-季铵盐沉淀法，其基本过程同盐解-季铵盐沉淀法。

2. 盐解-离子交换法

（1）工艺路线

盐解-离子交换法提取肝素的工艺流程见图 12-6。

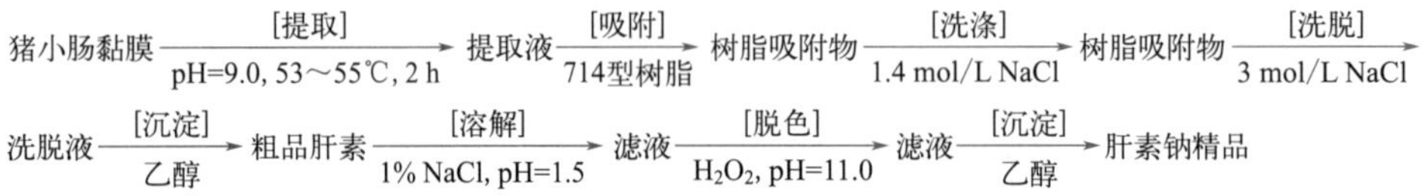

图 12-6　盐解-离子交换法提取肝素的工艺流程

（2）工艺过程

① 提取：取新鲜肠黏膜投入反应锅内，加入 NaCl 至反应体系的 3％，用 30％ NaOH 调 pH 至 9.0，于 53～55 ℃保温提取 2 h，继续升温至 95 ℃，维持 10 min，随后冷却至 50 ℃以下，过滤，收集滤液。

② 吸附：加入 714 型强碱性 Cl^- 型树脂，树脂用量为提取液的 2％。搅拌吸附 8 h，静置过夜。

③ 洗涤：收集树脂，用水冲洗至洗液澄清，滤干，用 2 倍体积的 1.4 mol/L NaCl 搅拌 2h，滤干。

④ 洗脱：用 2 倍体积的 3 mol/L NaCl 搅拌洗脱 8 h，滤干，再用 1 倍体积的 3 mol/L NaCl 搅拌洗脱 2 h，滤干。

⑤ 沉淀：合并滤液，加入等体积的 95 ％乙醇沉淀过夜。收集沉淀，用丙酮进行脱水处理，随后经真空干燥得粗品。

⑥ 精制：将粗品肝素溶于 15 倍体积的 1% NaCl，用 6 mol/L 盐酸调节 pH 至 1.5 左右，过滤至清，随即用 5 mol/L NaOH 调节 pH 至 11.0，加入反应体系 3％的 H_2O_2（浓度 30％），于 25 ℃放置。维持 pH 为 11.0，第 2 天再加入反应体系 1％的 H_2O_2，调整 pH 至 11.0，继续放置，共 48 h。用 6 mol/L 盐酸调节 pH 至 6.5，加入等体积的 95 ％乙醇，沉淀过夜。收集沉淀，经丙酮脱水真空干燥，

即得肝素钠精品。

除此之外，提取肝素的方法还有酶解-离子交换法，其基本过程同盐解-离子交换法。

三、肝素的质量控制

医用肝素系从猪肠黏膜中提取的硫酸氨基聚糖钠盐或钙盐，根据《中华人民共和国药典》（2020 版）规定，按干燥品计算，每 1 mg 抗Ⅱa 因子的效价不得少于 180 IU，抗Ⅹa 因子效价与抗Ⅱa 因子的效价比应为 0.9～1.1。

根据《中华人民共和国药典》（2020 版）二部，肝素钠的质量标准如下。

1. 性状

本品为白色或类白色的粉末；极具引湿性。本品在水中易溶。

比旋度：取本品，精密称定，加水溶解并定量稀释制成每 1 mL 中约含 40 mg 的溶液，依法测定（《中国药典》通则 0621），比旋度应不小于 +50°。

2. 鉴别

（1）抗Ⅹa 因子效价与抗Ⅱa 因子效价比应为 0.9～1.1。

（2）按照有关物质方法检查，供试品溶液主峰的保留时间应与对照品溶液主峰的保留时间一致，保留时间相对偏差不得过 5.0%。

3. 检查

分子量与分子量分布：重均分子量应为 15000～19000，分子量大于 24000 的级分不得大于 20%，分子量 8000～16000 的级分与分子量 16000～24000 的级分比应不小于 1.0。

酸碱度：取本品 0.10 g，加水 10 mL 溶解后，依法测定，pH 应为 5.0～8.0。

蛋白质：按干燥品计算，含蛋白质不得过 0.5%。

总氮量：按干燥品计算，总氮（N）含量应为 1.3%～2.5%。

溶液的澄清度与颜色：取本品 0.50 g，加水 10 mL 溶解后，溶液应澄清无色；如显浑浊，照紫外-可见分光光度法，在 640 nm 的波长处测定吸光度，不得过 0.018；如显色，与黄色 1 号标准比色液比较，不得更深。

核酸：取本品，精密称定，加水溶解并定量稀释制成每 1 mL 中约含 4 mg 的溶液，照紫外-可见分光光度法，在 260 nm 的波长处测定吸光度，不得过 0.10。

有关物质：照高效液相色谱法测定。供试品溶液色谱图中硫酸皮肤素的峰面积不得大于对照品溶液中硫酸皮肤素的峰面积（2.0%）；除硫酸皮肤素峰外，不得出现其他色谱峰。

干燥失重：取本品，置五氧化二磷干燥器内，在 60 ℃减压干燥至恒重，减失重量不得过 5.0%。

灼烧残渣：取本品 0.50g，依法检查，遗留残渣应为 28.0%～41.0%。

钠：照原子吸收分光光度法测定，按干燥品计算，含钠（Na）应为 10.5%～13.5%。

重金属：取炽灼残渣项下遗留的残渣，依法检查（《中国药典》通则 0821 第二法），含重金属不得过百万分之三十。

细菌内毒素：取本品，依法检查，每 1 单位肝素中含内毒素的量应小于 0.010EU。

残留溶剂：照残留溶剂测定法（《中国药典》通则 0861 第二法）测定。按内标法以峰面积计算，甲醇、乙醇与丙酮的残留量均应符合规定。

4. 效价

按干燥品计算，每 1 mg 抗Ⅱa 因子的效价应大于 180IU，抗Ⅱa 因子效价应为标示值的 90%～110%，抗Ⅹa 因子效价与抗Ⅱa 因子的效价比应符合规定。

第三节 右旋糖酐的生产工艺

一、右旋糖酐的结构与性质

右旋糖酐是由 D-吡喃葡萄糖连接形成的高分子葡聚糖，主链由 α-1,6 糖苷键连接，同时含有少量以 α-1,3、α-1,2 和 α-1,4 糖苷键连接的侧链，其主链上每隔约 20 个残基会连接一个侧链，85％左右的侧链为 1～2 个葡萄糖残基的短链，其结构见图 12-7。值得注意的是，受微生物种类及生长条件的影响，右旋糖酐的分子结构略有差异。

右旋糖酐为白色或类白色无定形粉末，无臭，无味，易溶于热水，不溶于乙醇，水溶液为无色或微带乳光的澄明液体。其在常温下或中性溶液中可稳定存在，遇强酸可发生分解，在较强的碱性溶液中易发生端基氧化。

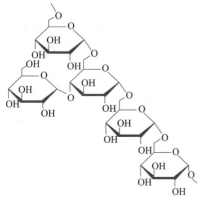

图 12-7 右旋糖酐结构示意图

二、右旋糖酐的制备工艺

右旋糖酐可通过发酵法和酶工程技术等方法制备。

1. 发酵法

（1）制备原理

发酵法是工业化生产右旋糖酐的主要方法，是以高浓度蔗糖为原料，利用蔗糖分子中的葡萄糖单元，经过肠膜状明串珠菌 L.-M-1226 号菌（*Leuconostoc mesenteroides*）发酵生成葡萄糖高分子聚合物，再经水解制备出具有不同分子量的右旋糖酐成品，其反应式如图 12-8。

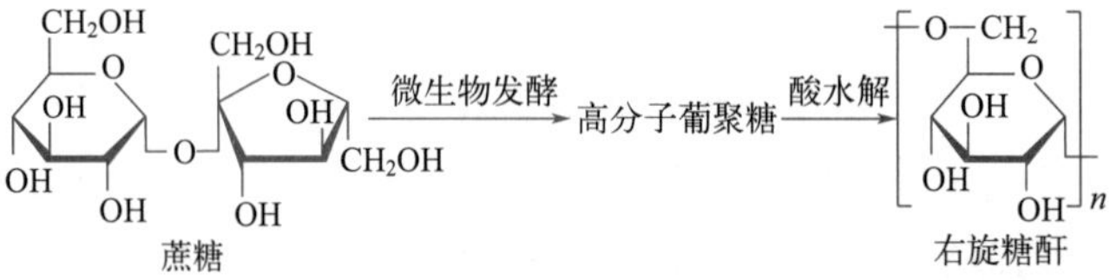

图 12-8 右旋糖酐制备的反应式

（2）工艺路线

发酵法生产右旋糖酐的工艺路线见图 12-9。

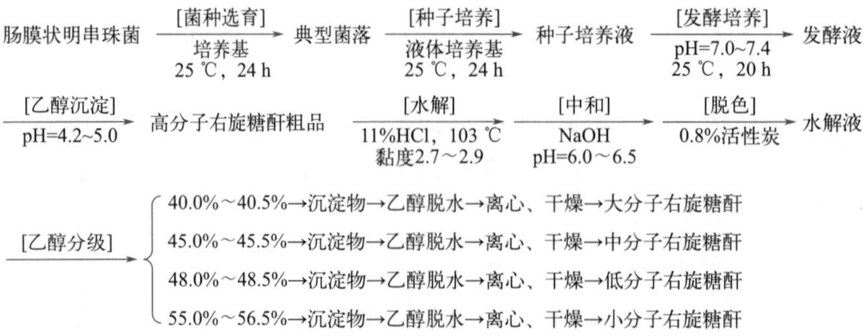

图 12-9 发酵法制备右旋糖酐的工艺路线

（3）工艺过程

① 菌种选育

a. 菌种：肠膜状明串珠菌（*Leuconostoc mesenteroides*）。

b. 培养基的配制：按质量/体积比加入蔗糖 10%，蛋白胨 0.25%，磷酸氢二钠 0.08%，加水至100%，煮沸溶解，过滤。取滤液 3 mL 分装于试管内，用纱布棉花塞塞紧，置于网格中，在 120 ℃下热压灭菌 30 min，放置冷却，置于恒温箱内，得澄清透明液体培养基供接种用。取上述液体培养基，加入琼脂 1.5%～2.0%，煮沸溶解，取 5 mL 分装于试管内，用纱布棉花塞塞紧，在 120 ℃下热压灭菌30 min，冷却，即为固体培养基。

c. 菌种纯化及培养：取固体培养基 5 支，加热熔化后，置于 50～60 ℃水浴中保温，并分别进行编号。在无菌洁净柜中将肠膜状明串珠菌菌种接种于装有固体培养基的 1 号试管中，摇匀，再蘸取此 1 号试管，接种于 2 号试管中，摇匀，依次接种至 5 号试管。然后趁热（约 50 ℃）逐管倾入对应编号的培养皿中，放平，冷却，倒置于恒温箱中，于 25 ℃恒温下培养 24 h，在培养皿板上即出现圆形、边缘整齐、中间微微凸起、透明和发黏的菌落。选种时，一般在第 3～5 号培养皿内选取，正常菌落数应以 5～20 个为准。用蜡笔在培养皿外壁划圈，选定特征明显、大小适宜的典型菌落。在无菌洁净柜中蘸取圈定的菌落，接种于装有液体培养基的试管中，在 25 ℃下培养 24 h，传 2～3 代后，进行小样发酵、水解和分级等试验，选取收率高、成分好、产量高的菌种，保存于 2～4 ℃的冰箱中备用。

② 种子培养：按上述液体培养基配方配制 400 mL（中瓶）及 4000 mL（大瓶）的培养基。将一支菌种试管（3 mL）接种于 1 只中瓶中。再取在中瓶中培养好的种子液约 100 mL，接种于大瓶中。接种后，在 25 ℃下培养 20～24 h，控制终点 pH 为 3.8～4.3。

③ 发酵及沉淀：按质量/体积比加入蔗糖 15%，蛋白胨 0.25%，磷酸氢二钠 0.15%，加水至 100%，制成发酵培养基。将发酵培养基加至发酵罐中，以 2.5% 的接种量接入种子培养液，搅拌 10～15 min，控制 pH 为 7.0～7.4，静置在 25 ℃下发酵 20～24 h，控制终点 pH 为 4.2～5.0。随后，用 85% 乙醇沉淀，60%～70% 的乙醇洗涤，得高分子右旋糖酐粗品，收率为 85%～90%。在发酵过程中只能利用蔗糖分子中的葡萄糖单元，所分解出的果糖便存留于发酵液中。

④ 水解、中和及脱色：将右旋糖酐粗品用纯水加热溶解，加入盐酸使体系中 HCl 的质量浓度为11%，在 103 ℃下水解，控制终点黏度为 2.7～2.9，以 6 mol/L 的 NaOH 溶液缓慢中和水解液至 pH 为6.0～6.5，加入无水氯化钙使其质量浓度为 0.24%，然后加入 766 型粗粒活性炭使其质量浓度为 0.8%，搅拌脱色，过滤。

⑤ 乙醇分级：不同分子量的右旋糖酐在不同浓度乙醇中的溶解度不同，分子量愈大，在乙醇水溶液中的溶解度就愈小，据此可根据调节乙醇的浓度来得到不同分子量范围的右旋糖酐产品。将体系中乙醇的浓度调节为 40.0%～40.5%，在 40 ℃下保温 22 h，离心所得的沉淀物为大分子右旋糖酐；将上清液中乙醇的浓度调节为 45.0%～45.5%，在 40 ℃下保温 22 h，离心所得的沉淀物为中分子右旋糖酐；将上清液中乙醇的浓度调节为 48.0%～48.5%，在 40 ℃下保温 22 h，离心所得的沉淀物为低分子右旋糖酐；将上清液中乙醇的浓度调节为 55.5%～56.5%，在 40 ℃下保温 22 h，离心所得的沉淀物为小分子右旋糖酐。

⑥ 离心及干燥：将上述采用乙醇分级所得的各级右旋糖酐沉淀物，用 90% 以上浓度的乙醇进行脱水和去除杂质，再经离心分离、低温干燥后可得不同分子量的右旋糖酐产品，此过程总收率在 60% 以上。

2. 酶工程技术

（1）制备原理

酶工程技术生产右旋糖酐是通过右旋糖酐蔗糖酶（也称葡聚糖蔗糖酶）来实现的，该酶以共价键的形式将酶与蔗糖连接并将蔗糖分解，释放出果糖，形成葡萄糖基-酶复合物中间体，然后催化葡萄糖聚合生成右旋糖酐。不同菌种来源、不同亚型的右旋糖酐蔗糖酶可合成不同分子量和连接方式的右旋糖酐。与传统的发酵法相比，酶工程技术可实现连续化生产，同时，所制备的右旋糖酐分子量可控且分布均匀，杂质含量低。

（2）工艺路线

酶法制备右旋糖酐的工艺路线见图 12-10。

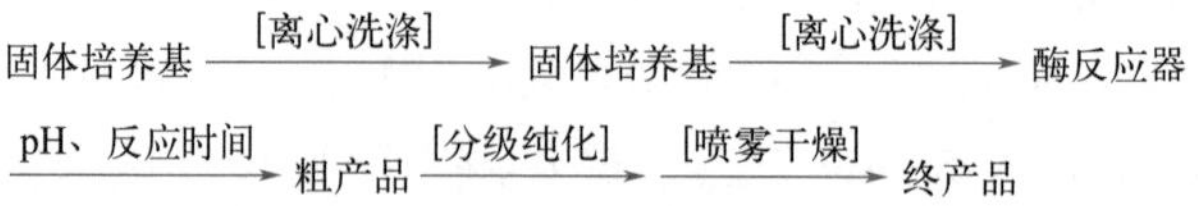

图 12-10　酶法制备右旋糖酐的工艺路线

酶法制备右旋糖酐的过程主要包括微生物培养、酶的诱导表达及一系列分离纯化获得右旋糖酐蔗糖酶，然后利用该酶直接进行右旋糖酐的合成。酶法合成产物比较单一，并且可以通过控制反应过程的 pH 以及酶反应的时间等条件获得分子量相对均一的目标产物，反应过程易于控制，产品质量高，是未来工业化制备右旋糖酐的极具潜力的方法。

三、右旋糖酐的质量控制

根据《中国药典》（2020 版）规定，药用右旋糖酐系蔗糖经肠膜状明串珠菌 *L.-M*-1226 号菌（*Leuconostoc mesenteroides*）发酵后生成的高分子葡萄糖聚合物，经处理精制而得。

根据《中国药典》（2020 版）二部，右旋糖酐的质量标准如下。

1. 性状

本品为白色粉末；无臭，在热水中易溶，在乙醇中不溶。

比旋度：取本品，精密称定，加水溶解并定量稀释制成每 1 mL 中约含 10 mg 的溶液，在 25 ℃时，依法测定（《中国药典》通则 0621），比旋度为＋190°至＋200°。

2. 鉴别

取本品 0.2 g，加水 5 mL 溶解后，加氢氧化钠试液 2 mL 与硫酸铜试液数滴，即生成淡蓝色沉淀；加热后变为棕色沉淀。

3. 检查

分子量与分子量分布：按照分子排阻色谱法（《中国药典》通则 0514）测定。右旋糖酐 20 重均分子量应为 16000～24000，10％大分子部分重均分子量不得大于 70000，10％小分子部分重均分子量不得小于 3500。右旋糖酐 40 重均分子量应为 32000～42000，10％大分子部分重均分子量不得大于 120000，10％小分子部分重均分子量不得小于 5000。右旋糖酐 70 重均分子量应为 64000～76000，10％大分子部分重均分子量不得大于 185000，10％小分子部分重均分子量不得小于 15000。

氯化物：取本品 0.10 g，加水 50 mL，加热溶解后，放冷，取溶液 10 mL，依法检查，与标准氯化钠溶液 5 mL 制成的对照液比较，不得更浓（0.25％）

氮：取本品 0.20 g，置 50 mL 凯氏烧瓶中，加硫酸 1 mL，加热消化至供试品成黑色油状物，放冷，加 30％过氧化氢溶液 2 mL，加热消化至溶液澄清（如不澄清，可再加上述过氧化氢溶液 0.5～1.0 mL，继续加热），冷却至 20 ℃以下，加水 10 mL，滴加 5％氢氧化钠溶液使成碱性，移至 50 mL 比色管中，加水洗涤烧瓶，洗液并入比色管中，再用水稀释至刻度，缓缓加碱性碘化汞钾试液 2 mL，随加随摇匀（溶液温度保持在 20 ℃以下）；如显色，与标准硫酸铵溶液（精密称取经 105 ℃干燥至恒重的硫酸铵 0.4715 g，置 100 mL 量瓶中，加水溶解并稀释至刻度，混匀，作为贮备液。临用时精密量取贮备液 1 mL，置 100 mL 量瓶中，用水稀释至刻度，摇匀。每 1 mL 相当于 10 μg 的 N）1.4 mL 加硫酸 0.5 mL 用同法处理后的颜色比较，不得更深（0.007％）。

干燥失重：取本品，在 105 ℃ 干燥 6 h，减失重量不得过 5.0％。

炽灼残渣：取本品 1.5 g，依法检查，遗留残渣不得过 0.5％。

重金属：取炽灼残渣项下遗留的残渣，依法检查（《中国药典》通则 0821 第二法），含重金属不得过百万分之八。

第四节　阿卡波糖的生产工艺

一、阿卡波糖的结构与性质

阿卡波糖（acarbose）是从游动放线菌（*Actinoplanes* sp. SE50）的发酵液中提取制备的一种具有类寡糖结构的 α-葡萄糖苷酶抑制剂，主要成分为 O-4,6-双脱氧-4-[[(1S,4R,5S,6S)-4,5,6-三羟基-3-(羟基甲基)-环己烯-2-基]氨基]-α-D-吡喃葡糖基-（1→4）-O-α-D-吡喃葡糖基-（1→4）-D-吡喃葡萄糖，结构中包括 acarviose 和麦芽糖两部分，其中 acarviose 由具不饱和 C7-环多醇的井冈霉烯胺（valienamine）和 4-氨基-4,6-双脱氧葡萄糖连接组成（图 12-11）。

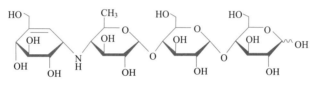

图 12-11　阿卡波糖的化学结构

二、阿卡波糖的发酵生产工艺

1. 制备原理

阿卡波糖通常通过微生物发酵的方法制备，选用犹他游动放线菌（*Actinoplanes utahensis*）为生产菌，在最佳发酵条件下培养，经离心等步骤获得发酵液，再经絮凝、过滤、离子交换树脂吸附、脱色、浓缩等精制步骤制备阿卡波糖成品。

阿卡波糖的生物合成被认为可分为 C7-环多醇 valienamine 部分的合成、4-氨基-4,6-双脱氧葡萄糖部分的合成、acarviose 核心部分的合成、阿卡波糖的合成等步骤。其中 acarviose 核心部分的合成需在环化酶 AcbSI 的催化下进行，C7-环多醇井冈霉烯胺和 4-氨基-4,6-双脱氧葡萄糖通过类似于 N-糖苷键的氨基桥相连接。在阿卡波糖的合成步骤中，acarviose 核心部分和麦芽糖也需要在特定的蛋白酶催化下相连接。

2. 工艺过程

微生物发酵生产阿卡波糖的工艺过程见图 12-12。

游动放线菌 —[斜面培养、筛选、种子培养]→ 种子培养液 —[发酵罐培养][葡萄糖、麦芽糖、氮源等]→ 阿卡波糖发酵液 —[絮凝、过滤]→ 阿卡波糖滤液 —[吸附][强酸性大孔树脂]→

—[洗脱][盐酸]→ 弱碱性阴离子交换树脂 —[脱色]→ —[纳滤]→ 强酸性大孔树脂 —[吸附]→ —[洗脱][盐酸]→ 阿卡波糖单组分 —[脱色]→ 弱碱性阴离子交换树脂 —[纳滤]→

—[精制]→ 弱酸性阳离子交换树脂 → 阿卡波糖精制液 —[纳滤]→ 阿卡波糖精制浓缩液 —[过滤]→ —[冷冻干燥]→ 阿卡波糖

图 12-12　微生物发酵生产阿卡波糖的工艺过程

(1) 阿卡波糖发酵液的制备

在适宜的温度下，将游动放线菌接种于斜面培养基，培养一定时间后，挑选生长丰满的斜面接种于种子培养基进行种子培养，然后将种子培养液接种于发酵罐中进行培养。培养过程中控制搅拌速度、通气速率等，并向发酵罐中流加葡萄糖、麦芽糖和氮源。

(2) 阿卡波糖单组分的制备

发酵液经絮凝和板框过滤，得阿卡波糖滤液。将阿卡波糖滤液用强酸性大孔树脂吸附，用盐酸洗脱。洗脱液用弱碱性阴离子交换树脂中和脱色，再经过纳滤浓缩，所得浓缩液，用强酸性大孔树脂吸附并用盐酸洗脱得阿卡波糖单组分。

(3) 阿卡波糖精制浓缩液的制备

阿卡波糖单组分用弱碱性阴离子交换树脂中和脱色，纳滤浓缩后，收集浓缩液，用弱酸性阳离子交换树脂精制，将阿卡波糖精制液纳滤浓缩，得到阿卡波糖精制浓缩液。

(4) 阿卡波糖成品的制备

阿卡波糖精制浓缩液经聚醚砜滤芯过滤，滤液冷冻干燥后得阿卡波糖成品。

三、阿卡波糖的质量控制

根据《中国药典》（2020 版）二部，阿卡波糖的质量标准如下。

1. 性状

本品为白色至淡黄色无定形粉末，无臭，在水中极易溶解，在甲醇中溶解，在乙醇中极微溶解，在丙酮或乙腈中不溶。

比旋度：取本品，精密称定，加水溶解并定量稀释制成 5 mg/mL 的溶液，依法测定（《中国药典》通则 0621），比旋度为＋168°至＋183°。

2. 鉴别

（1）在含量测定项下记录的色谱图中，供试品溶液主峰的保留时间应与对照品溶液主峰的保留时间一致。

（2）本品的红外光吸收图谱应与对照品的图谱一致（《中国药典》通则 0402）。

3. 检查

酸碱度：取本品，加水溶解并制成每 1 mL 中含 20 mg 的溶液，依法测定，pH 应为 5.5～7.5。

吸光度：取本品，加水溶解并稀释制成每 1 mL 中约含 50 mg 的溶液，照紫外-可见分光光度法，在 425 nm 的波长处测定吸光度，不得过 0.15。

有关物质：按照高效液相色谱法（《中国药典》通则 0512）测定。系统适用性溶液色谱图中，杂质Ⅳ峰、杂质Ⅱ峰、杂质Ⅰ峰与杂质Ⅲ峰的相对保留时间分别为 0.5、0.8、0.9 和 1.2。供试品溶液色谱图中如有杂质峰，杂质Ⅳ峰面积乘以 0.75、杂质Ⅱ峰面积乘以 0.63、杂质Ⅰ峰面积与杂质Ⅲ峰面积分别不得大于对照溶液主峰面积的 1 倍（1.0%）、0.5 倍（0.5%）、0.6 倍（0.6%）与 1.5 倍（1.5%），其他单个杂质峰面积不得大于对照溶液主峰面积的 0.2 倍（0.2%），校正后总峰面积不得大于对照溶液主峰面积的 3 倍（3.0%），小于灵敏度溶液主峰面积的杂质峰忽略不计。

水分：取本品，照水分测定法测定，含水分不得过 4.0%。

炽灼残渣：取本品 1.0g，依法测定，遗留残渣不得过 0.2%。

重金属：取炽灼残渣项下遗留的残渣，依法检查，含重金属不得过百万分之二十。

4. 含量测定

照高效液相色谱法（《中国药典》通则 0512）测定。按无水物计算，含 $C_{25}H_{43}NO_{18}$ 应为 95.0%～102.0%。

第五节　辅酶 Q₁₀ 生产工艺

辅酶 Q_{10}（coenzyme Q_{10}）是一种脂溶性醌类化合物，是生物体内自身合成的物质，在心脏、肝脏和肾脏等高能量需求的部位浓度高，是维持人类健康不可缺少的重要生理活性物质之一。不同来源的辅酶 Q 的侧链异戊烯单位的数目不同，人类和哺乳动物体内的辅酶 Q 侧链拥有 10 个异戊烯单位（图 12-13），故称辅酶 Q_{10}。辅酶 Q_{10} 已被证实具有抗氧化和清除自由基、抗肿瘤和提高人体免疫力、缓解疲劳和提高运动能力、防老抗衰以及保护心血管等多种功效。国家药品监督管理局已批准辅酶 Q_{10} 可作为保健食品或药物上市。其主要剂型有胶囊（含软胶囊）、注射液、胶丸、片剂等。

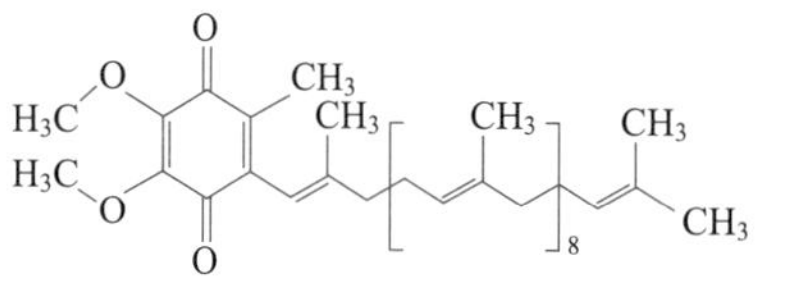

图 12-13　辅酶 Q_{10} 的化学结构

一、辅酶 Q₁₀ 的结构和性质

辅酶 Q_{10} 的化学名为 2-(3,7,11,15,19,23,27,31,35,39-癸甲基-2,6,10,14,18,22,26,30,34,38-四十癸烯基)-5,6-二甲氧基-3-甲基-p-苯醌。其为黄色至橙黄色结晶性粉末，无臭无味，遇光易分解，在三氯甲烷或丙酮中溶解，在乙醇中极微溶解，在水中不溶，熔点为 48～52 ℃。

二、辅酶 Q₁₀ 的制备方法

目前辅酶 Q_{10} 的制备方法主要有：提取分离法、化学合成法、生物合成法。

1. 提取分离法

辅酶 Q_{10} 广泛存在于各类动植物和微生物体内，例如，其在烟草、麸皮、菠菜、大豆等植物和羊、猪、牛等心脏等动物组织中含量较高，可以通过提取分离法获得。辅酶 Q_{10} 是脂溶性物质，主要采用皂化法提取。目前公开报道的获取来源有大豆、鲟鱼鱼肝、牛心肌等，基本流程是加入焦性没食子酸后进行醇碱皂化，然后通过石油醚萃取、柱色谱纯化处理制得。由于该方法原料和来源有限，产品成本高，价格昂贵，规模化生产受到了一定限制。

2. 化学合成法

科学家以香叶醇衍生物为基础，逐步催化烯丙基偶合反应完成了辅酶 Q_{10} 全合成。虽然后来人们通过改进方法，得到了满意的双键几何构型的产物，但总收率仅为 28%，并且反应条件苛刻，步骤繁琐。近年来，以烟叶中提取的茄尼醇为原料半合成辅酶 Q_{10} 逐渐成为合成的主流方法。目前半合成方法主要有侧链直接引入法、侧链延长法、母核和侧链同时增碳法、重排法等。由于受催化剂、溶剂及氧化剂的影响，中间体合成困难，产品的立体选择性和收率都不理想，大多数化学合成工艺不适合工业化生产。

3. 生物合成法

生物合成法分为细胞培养法和微生物发酵法。目前烟草中辅酶 Q_{10} 的含量较高，利用烟草细胞培养生产辅酶 Q_{10} 拥有较大优势。日本早在 20 世纪 80 年代就开始了细胞培养生产辅酶 Q_{10} 的研究，不过到目前为止还没有实现工业化生产的报道。国内研究发现，适合烟草继代培养的生长培养基为 MS 培养基（含 6-BA 0.1 mg/L、NAA 2.0 mg/L）；悬浮培养时，细胞最佳接种量为 8%，25 ℃是适合烟草细胞生长和辅酶 Q_{10} 合成的温度；培养 8 d 后，细胞干重接近 40 g/L，辅酶 Q_{10} 含量达到 6.12 mg/L；在添加的有机物和前体物质中，盐酸硫胺素、半胱氨酸、L-苯丙氨酸对辅酶 Q_{10} 的形成有很大帮助，添加这些物质后，辅酶 Q_{10} 的含量最高可达 9.0 mg/L 以上。该报道将为利用烟草细胞生产辅酶 Q_{10} 的工艺条件和反应器放大提供参考，值得进一步研究。

微生物发酵法是目前生产辅酶 Q_{10} 最主要的方法。该方法由于原料廉价丰富，产物分离过程相对简单，产物为天然品，不存在化合物手性问题，生物活性好，易被人体吸收，且可以通过发酵罐实现规模化工业生产，因此成为最有发展潜力的辅酶 Q_{10} 生产方法。辅酶 Q_{10} 主要生产菌为细菌，例如，日本利用的球红假单胞菌和韩国利用的根癌农杆菌 KCCM10413 的生产水平分别可达到 770 mg/L 和 626 mg/L。辅酶 Q_{10} 高产菌株主要采用传统诱变和基因工程进行选育。微生物发酵生产辅酶 Q_{10} 的具体工艺为：采用类球红细菌（*Rhodobacter sphaeroides*），活化培养后经三级发酵得到发酵液（周期 88 h）。将微生物发酵液过滤，干燥得到菌粉。取辅酶 Q_{10} 菌粉，用正己烷提取，随后过滤分离，合并提取液，提取液浓缩物中辅酶 Q_{10} 含量为 42.34%。向提取液中加入 NaOH 溶液（1.5 mol/L）进行皂化，离心分离（8000 r/min），得到有机相和水，再次离心分离，得到轻组分（有机相，即皂化后的提取液）。经检测，皂化后的提取液中辅酶 Q_{10} 含量为 8.12 mg/mL，浓缩物中辅酶 Q_{10} 含量为 57.38%，皂化收率为 98.15%，皂化后提取液浓缩物中辅酶 Q_{10} 含量提高了 15.04%。往浓缩物中加入 2 倍质量乙醇，加热溶解后，降温至 5 ℃结晶，离心过滤，干燥，得到辅酶 Q_{10} 成品，产品纯度达到 99.60%，总收率为 95.30%。

三、辅酶 Q_{10} 的质量标准

1. 鉴别

① 取含量测定项下的供试品溶液，加硼氢化钠 50 mg，摇匀，溶液黄色消失。

② 在含量测定项下记录的色谱图中，供试品溶液主峰的保留时间应与对照品溶液主峰的保留时间一致。

③ 本品的红外光吸收图谱应与对照的图谱一致。

2. 检查

（1）有关物质

照高效液相色谱法（《中国药典》通则 0512）测定。避光操作。

供试品溶液　取本品 20 mg，精密称定，加无水乙醇约 40 mL，在 50 ℃水浴中振摇溶解，放冷后，移至 100 mL 量瓶中，用无水乙醇稀释至刻度，摇匀。

对照溶液　精密量取供试品溶液 1 mL，置 100 mL 量瓶中，用无水乙醇稀释至刻度，摇匀。

系统适用性溶液　取辅酶 Q_{10} 对照品和辅酶 Q_9 对照品适量，用无水乙醇溶解并稀释制成每 1 mL 中各约含 0.2 mg 的混合溶液。

灵敏度溶液　精密量取对照溶液 1 mL，置 20 mL 量瓶中，无水乙醇稀释至刻度，摇匀。

色谱条件　用十八烷基硅烷键合硅胶为填充剂；以甲醇-无水乙醇（1∶1）为流动相；柱温 35 ℃；检测波长为 275 nm；进样体积 20 μL。

系统适用性要求　系统适用性溶液色谱图中，辅酶 Q_9 峰与辅酶 Q_{10} 峰之间的分离度应大于 6.5，理论板数按辅酶 Q_{10} 峰计算不低于 3000；灵敏度溶液色谱图中，主成分色谱峰高的信噪比不小于 10。

测定法　精密量取供试品溶液与对照溶液，分别注入液相色谱仪，记录色谱图至主成分峰保留时间的 2 倍。

限度　供试品溶液色谱图中如有杂质峰，单个杂质峰面积不得大于对照溶液主峰面积的 0.5 倍（0.5%），各杂质峰面积的和不得大于对照溶液的主峰面积（1.0%），小于灵敏度溶液主峰面积的峰忽略不计。

（2）顺式异构体

照高效液相色谱法（《中国药典》通则 0512）测定。避光操作，临用新制。

供试品溶液　取本品，加正己烷溶解并稀释制成每 1 mL 中约含 1 mg 的溶液。

对照溶液　精密量取供试品溶液 1 mL，置 200 mL 量瓶中，用正己烷稀释至刻度，摇匀。

系统适用性溶液　取辅酶 Q_{10} 约 10 mg，加正己烷溶解并稀释制成每 1 mL 中约含 1 mg 的溶液，加入 30％过氧化氢溶液 2 μL，置光照箱（30 ℃，1×2000）下放置 4 h。

色谱条件　用硅胶为填充剂（4.6 mm×250 mm，5 μm）；以正己烷-乙酸乙酯（97∶3）为流动相；流速为每分钟 2.0 mL；检测波长为 275 nm；进样体积 20 μL。

系统适用性要求　系统适用性溶液色谱图中，辅酶 Q_{10} 峰的保留时间约为 10 min，色谱图中相对主峰保留时间约为 0.9 的色谱峰为顺式异构体峰，顺式异构体峰与辅酶 Q_{10} 峰之间的分离度应符合要求。理论板数按辅酶 Q_{10} 峰计算不低于 3000。

测定法　精密量取供试品溶液与对照溶液，分别注入液相色谱仪，记录色谱图。

限度　供试品溶液中如有与顺式异构体保留时间一致的色谱峰，其峰面积不得大于对照溶液的主峰面积（0.5％）。

（3）炽灼残渣

取本品 1.0 g，依法检查（《中国药典》通则 0841），遗留残渣不得过 0.1％。

（4）重金属

取炽灼残渣项下遗留的残渣，依法检查（《中国药典》通则 0821），含重金属不得过百万分之二十。

3. 含量测定

照高效液相色谱法（《中国药典》通则 0512）测定。避光操作。

供试品溶液　见有关物质项下。

对照品溶液　取辅酶 Q_{10} 对照品 20 mg，精密称定，加无水乙醇约 40 mL，在 50 ℃水浴中振摇溶解，放冷后，定量转移至 100 mL 量瓶中，加无水乙醇稀释至刻度，摇匀。

系统适用性溶液、色谱条件与系统适用性要求　除灵敏度要求外，其他见有关物质项下。

测定法　精密量取供试品溶液与对照品溶液，分别注入液相色谱仪，记录色谱图。按外标法以峰面积计算。

第六节　前列腺素 E2 生产工艺

前列腺素 E2（prostaglandin E2，PGE2）是人体各种前列腺素中含量最为丰富的一种，具有多种生物学活性。PGE2 是花生四烯酸的一种小分子衍生物，由环氧合酶及前列腺素 E 合成酶产生。PGE2 是一种重要的细胞生长和调节因子，其生理功能主要表现在：扩张血管，增加器官血流量，降低血管外周阻力，降低血压；使支气管平滑肌舒张，降低通气阻力；抑制胃酸分泌，促进消化道平滑肌蠕动；具有免疫抑制和抗炎作用。国外于 1968 年开始研究 PGE2 产品并将其相继应用于临床。目前临床上该药物主要用于中期妊娠引产、足月妊娠引产和治疗性流产，PGE2、PGF2α 对各期妊娠患者的子宫均有收缩作用，以妊娠晚期最为敏感。其主要使用的剂型有前列腺素 E2 栓和灭菌前列腺素 E2 溶液，常用的给药途径有：静脉滴注、舌下含服或口服、阴道给药等。

一、PGE2 的结构和性质

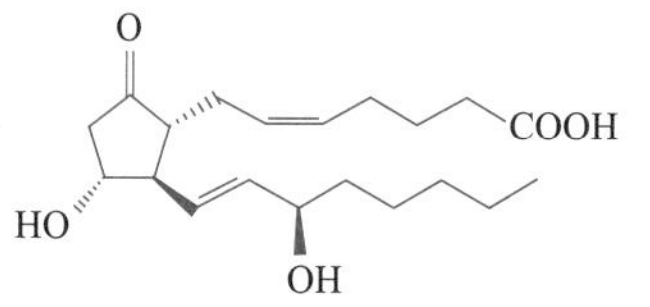

PGE2 为二十碳不饱和脂肪酸，化学名称为（5Z，11A，13E，15S）-11,15-二羟基-9-酮前列-5,13-二烯-1-酸（图 12-14）。其为白色晶体，

图 12-14　前列腺素 E2 的化学结构

熔点为 66～68 ℃，比旋度为 $-61°$（26 ℃，$c=1$，THF），在 pH<4 或 pH>8 时易水解，溶于丙酮，易溶于甲醇、无水乙醇、醋酸乙酯、氯仿等有机溶剂，微溶于水。

二、PGE2 的制备工艺

1. 羊精囊酶转化法

取 -30 ℃冷藏的羊精囊，除去结缔组织及脂肪，每 1 kg 组织添加 1 L 0.154 mol/L 氯化钾溶液，在 4000 r/min 下离心 25 min，取上清液，过滤，得清液。向残渣中加入氯化钾溶液并再提取一次，离心过滤后，合并二次的清液。随后加入 2 mol/L 枸橼酸调节 pH 至 5，在 4000 r/min 下离心 25 min，弃上清液，加入 100 mL 0.2 mol/L 磷酸盐缓冲液洗涤沉淀，再加入 100 mL $6.25×10^{-5}$ mol/L EDTA 溶液搅匀，加入 2 mol/L 氢氧化钾溶液调节 pH 至 8，得酶混悬液。取酶混悬液，根据混悬液体积，每升取氢醌 40 mg、GSH 500 mg，先用少量水溶解后，再加入酶的混悬液中，根据羊精囊质量，每 1 kg 羊精囊加入 1 g AA，搅拌通氧，升温至 37～38 ℃，孵育 1 h，得反应液。

向反应液中加入丙酮（第一次加入 3 倍体积，第二次加入 2 倍体积）提取两次，每次 0.5～1 h，过滤，合并两次滤液，45 ℃减压浓缩或薄膜浓缩，得浓缩液。加入 4 mol/L 盐酸调节 pH 至 3，加入乙醚、0.2 mol/L 磷酸盐缓冲液、石油醚分别萃取 3 次，取水层，加入 4 mol/L 盐酸调节 pH 至 3，加入二氯甲烷萃取 3 次，二氯甲烷层经水洗、无水硫酸钠脱水后，密塞，置冰箱中过夜，过滤，40 ℃以下减压浓缩得黄色油状物，即 PGS 粗品。每 1 g PGS 粗品用 15 g 100～160 目活化硅胶，湿法装柱。将 PGS 粗品溶解于少量氯仿，过柱色谱分离，依次以氯仿、氯仿与甲醇（98∶2）的混合溶液、氯仿与甲醇（96∶4）的混合溶液三种溶液洗脱，收集洗脱液，硅胶柱色谱鉴定，相同洗脱液合并，得 PGA 和 PGE 部分。将 PGE 洗脱液在 35 ℃以下浓缩，得 PGE 粗品。

每 1 g PGE 粗品用 20 g 硅胶，取 200～250 目 10 倍 PGE 质量的活化硝酸银硅胶混悬于展开剂 $[V_{乙酸乙酯}∶V_{冰醋酸}∶V_{石油醚}∶V_{水}=220∶22.5∶125∶5$（石油醚的 bp 为 90～120 ℃）］中，湿法装柱，将粗品用少量的同一展开剂溶解，上柱，洗脱，分别收集 PGE1 和 PGE2 部分。将 PGE2 部分于 35 ℃以下充氮浓缩至无醋酸味，加乙酸乙酯溶解，加水洗酸，pH 控制至 4～5，加生理盐水除银。向乙酸乙酯溶液加入无水硫酸钠干燥，充氮，密塞，置冰箱过夜，过滤，滤液于 35 ℃以下充氮浓缩，得 PGE2 晶体，经乙酸乙酯-己烷重结晶 2 次，得 PGE2 成品。

2. 前列腺素酶直接催化法

分别优化前列腺素 H 合成酶（PGHS）的编码基因、前列腺素 E 合成酶（PGES1）的编码基因、前列腺素 E 合成酶 2（mPGES2）的编码基因的核苷酸序列。构建质粒 pET28a-PGHS 以及共表达质粒 pET28a-PGHS-mPGES1 和共表达质粒 pET28a-PGHS-mPGES2。制备重组大肠埃希菌菌株 BL21（DE3）/pET28a-PGHS-mPGES1、菌株 BL21（DE3）/pET28a-PGHS-mPGES2。将上述菌株接种于含有 50 μg/mL 卡那霉素的 LB 培养基中，置于 37 ℃摇床中，250 r/min 培养 20 h，得到活化菌种；取活化菌种按照 0.8% 的接种量接种至 50 mL 含 50 μg/mL 卡那霉素的 LB 培养基，于 37 ℃培养至 OD_{600} 为 0.6～0.8，添加异丙基-β-D-硫代半乳糖苷（IPTG），使 IPTG 的终浓度为 0.2 mmol/L，于 30 ℃诱导培养 20 h 后，离心收集菌体，用 50 mmol/L、pH 8.0 的磷酸缓冲液重悬菌体至 5 mL，得到培养菌液。随后进行超声破碎得到两种破胞液，离心，取上清液，得到两种含前列腺素 H 合成酶和前列腺素 E 合成酶的粗酶液。

取花生四烯酸（终浓度为 1 g/L）溶解到 50 mmol/L、pH 8.0 的磷酸缓冲液（称量 0.2067 g $NaH_2PO_4·2H_2O$ 和 8.4757 g $Na_2HPO_4·12H_2O$ 加去离子水溶解并定容至 500 mL 容量瓶中）中，然后添加终浓度为 0.75 mg/mL 的谷胱甘肽（GSH），得到底物溶液，再向底物溶液中加入上述含前列腺素 H 合成酶和前列腺素 E 合成酶的粗酶液，粗酶液与底物溶液的体积比为 1∶1，于 26 ℃搅拌通气反应 4 h 得到反应液。经 HPLC 检测，PGE2 产量为 0.85 g/L。

3. 化学合成法

PGE2 合成策略主要是利用 Corey 内酯关键中间体，在 α 和 ω 位分别接入两个侧链，这是目前国外工业生产的主要方法。1978 年，有研究人员利用葡萄糖分子的手性中心精心地合成了前列腺素 PGE2α，葡萄糖中所有的六个碳原子都用来构成目标分子的碳架，其中 C-5 位手性保留。1985 年，又有研究者报道以一个环酯成功地合成了 PGE2。三组分偶联法加上炔环的闭合置换更是一种出色的合成方法，它可提供一条灵活和高效的 PG-1,15-内酯合成路线，而水解酶可将该内酯转化为所对应的 PGE2。如美国报道将 PGF2a 中 C-11,15 位的羟基用三乙基硅基保护，接着用六价铬试剂，如三氧化铬（CrO_3）、氯铬酸吡啶嗡盐（PCC）、重铬酸吡啶盐（PDC）或活化的二甲亚砜（Swern 试剂、Corey-Kim 试剂），氧化未保护的 C-9 位羟基成酮而得到 PGE2。

另外有报道称，在大肠埃希菌中表达 PGHS 并催化花生四烯酸形成前列腺素 H2，然后进一步利用 $SnCl_2$ 对其进行化学还原，最终得到由前列腺素 F2α、前列腺素 D2 和前列腺素 E2 组成的混合产物。20 min 内每升该混合产物可得到 130 mg PGE2 产品。

三、PGE2 的质量标准（灭菌前列腺素 E2 溶液）

1. 鉴别

① 灭菌前列腺素 E2 为无色或微黄色无菌澄清透明醇溶液。

② 本品经硝酸银硅胶（1:10，质量比）薄层鉴定，应只有 PGE2 点和微量 PGA。

③ 取本品 1 滴，加 1% 间二硝基苯甲醇 1 滴，再加 10% KOH-甲醇溶液 1 滴，摇匀，即显紫红色。

2. 鉴别

① 含银量不得超过 0.02%。

② 安全试验：取 18～22 g 健康小鼠 5 只，按 50 μg/（20 g 体重）的剂量，每小时肌内注射 1 次，连续注射 3 次，观察 72 h，应无死亡，若有一只死亡，应另取 10 只复试。

③ 热原检查：以每千克注射 60 μg（以生理盐水稀释）的剂量，照《中国药典》热原检查法测定，应符合规定。

④ 无菌试验应符合《中国药典》要求。

3. 含量测定

① PGE2 含量：每 0.5 mL 本品内应含 2 mg PGE2，其含量应不低于标示量的 85%。

② 含量测定方法：取本品一支，用无水乙醇稀释成 20 μg/mL，加等体积 1 mol/L KOH-甲醇溶液，室温下异构化 15 min，以 0.5 mol/L KOH-甲醇溶液作空白对照，于 278 nm 处测定吸光度。依下式计算：

$$\text{PGE2 含量} = \frac{\dfrac{E278}{\varepsilon278} \times M}{\text{样品浓度}} \times 100\% = \frac{\dfrac{E278}{2.68 \times 104} \times 352}{0.01} \times 100\%$$

式中　$E278$——PGE2 的测定吸光度；

　　　$\varepsilon278$——PGE2 的摩尔吸光度；

　　　M——PGE2 的分子量。

本章小结 ○──────────────────────

糖类和脂类药物的研究越来越受到人们的重视，糖类和脂类已成为药物发现的重要先导化合物。本章介绍了糖类和脂类药物的生产方法，主要包括提取法、化学合成法和生物转化法。但是尽管这两类药物的研究价值显著，目前糖类和脂类药物在临床实际应用中的占比仍相对较少。

思 考 题

1. 在糖类药物的生产过程中，如何通过工艺的改进提高糖类药物的质量？
2. 糖类和脂类药物的质量控制应该考虑哪些方面的因素？
3. 基于糖类药物的结构特点，如何选择合理的分析检测方法？
4. 结合发酵工程知识，试述如何提高微生物发酵生产多糖的产量？
5. 脂类药物生产的难点主要有哪些？

【张忠山　赵小亮】

参考文献

［1］ 齐香君 . 现代生物制药工艺学［M］. 2 版 . 北京：化学工业出版社，2016.
［2］ 于广利，赵峡 . 糖药物学［M］. 青岛：中国海洋大学出版社，2012.
［3］ 王凤山 . 糖类药物研究与应用［M］. 北京：人民卫生出版社，2017.
［4］ 丁侃 . 中药多糖结构与功能及其机制［M］. 北京：科学出版社，2016.
［5］ Kritchevky，David. Lipids，Lipoproteins，and Drugs［M］. New York：Springer Verlag New York Inc.，2012.
［6］ 金青哲 . 功能性脂质［M］. 北京：中国轻工业出版社，2013.

第十三章

重组蛋白质与多肽类药物的生产工艺

第一节　概述

随着生物工程技术的发展，尤其是抗体偶联药物（antibody-drug conjugate，ADC）的出现，重组蛋白质和多肽类药物进入人们的视野。其因针对性强、药效高、副作用低、不发生蓄积中毒，用途广泛、品种繁多，研发过程目标明确、基本原料简单易得等诸多优点，成为目前新药开发的重要领域。但其化学本质是蛋白质、多肽类生物大分子，存在稳定性差、口服难吸收、容易失活等缺点。本章将从重组蛋白质与多肽类药物的特点、常用的表达系统、高效表达的策略等方面来综合介绍该类药物的生产工艺及其最新进展。

一、重组蛋白质与多肽类药物的定义及特点

重组蛋白质和多肽类药物指用于预防、治疗和诊断的多肽和蛋白质类生物药物。多肽是 α-氨基酸以肽链连接在一起而形成的化合物，它也是蛋白质水解的中间产物。一条或多条多肽链按一定的空间结构缠绕折叠而构成蛋白质。蛋白质只有形成一定的空间结构才会具有生物活性，而要维持这种空间结构需要特定的环境，一旦环境发生变化就会影响其活性。因此重组蛋白质和多肽类药物的生产和运输对环境的要求都相当严格。此类药物具有非常多的优势，具体如下。

（1）基本原料简单易得

多肽和蛋白质类药物主要以 20 种天然氨基酸为基本结构单元依序连接而得，氨基酸为人体生长的基本营养成分，可通过微生物发酵而制备。

（2）药效高、副作用低、不蓄积中毒

多肽和蛋白质类药物本身是人体内源性物质，能通过参与、介入、促进或抑制人体内或细菌、病毒的生理生化过程而发挥作用，其副作用低、药效高、针对性强，不会蓄积于体内而引起中毒。

（3）用途广泛、品种繁多、新型药物层出不穷

多肽和蛋白质类药物是医药研发领域中最活跃、进展最快的部分，是 21 世纪最有前途的产业之一。将 20 种基本氨基酸按不同序列相互连接，可得到品种繁多、用于治疗各种类型疾病的多肽和蛋白质类药

物，这些药物对获得性免疫缺陷综合征（简称艾滋病）、癌症、肝炎、糖尿病、慢性疼痛等疾病治疗效果显著。

（4）研发过程目标明确、针对性强

借助生命科学领域取得的大量研究成果，包括对各类疾病发病机制的揭示，对体内各种酶、辅酶、生长代谢调节因子的深入认识，可以针对性地开展多肽和蛋白质类药物的研发。随着生物工程的发展，利用多种表达系统可以进行重组蛋白质和多肽类药物的工业化生产。

二、生产重组蛋白质与多肽类药物的表达系统

重组蛋白质与多肽类药物的生产表达系统主要包括原核表达系统与真核表达系统两大类。其特点与比较见表 13-1、表 13-2。原核表达系统主要包括：大肠埃希菌表达系统、枯草杆菌表达系统、链霉菌表达系统等。其主要优点有：宿主菌生长快、培养简单、操作方便、价格低廉、遗传背景清楚、基因安全、蛋白质表达量高。其主要缺点有：无法对表达时间及表达水平进行调控；表达产物的生物活性较低，原核表达系统翻译后修饰体系不完善。原核表达系统中，大肠埃希菌表达系统应用最为广泛，一般所说的原核系统主要是指大肠埃希菌表达系统。

大肠埃希菌有着遗传背景清晰（4405 个开放阅读框）、便于基因操作，表达水平高、遗传性能稳定，以及优良的工业生产性能（繁殖迅速、培养简单、方便操作），生产成本低等优点。但与此同时其也存在着很多问题，如：细胞内缺乏高效率的表达产物折叠机制，使产物通常以包涵体形式出现，且分泌机制不完善，不利于纯化；缺乏翻译后修饰系统而无法表达糖基化蛋白质和结构复杂的蛋白质；细胞质内含有各种内毒素，提高了纯化成本。

除原核表达系统以外，真核表达系统同样也在工业领域被广泛应用着。真核表达系统主要包括酵母表达系统、哺乳动物细胞表达系统、昆虫细胞表达系统、杆状病毒表达系统、转基因植物表达系统和杜氏盐藻生物反应器。其中，酵母表达系统因其具有以下优势应用最为广泛。第一，含有极强的醇氧化酶（AOX）基因启动子，用甲醇可以严格地控制外源基因表达，且表达水平高，可以达到每升数克表达产物的水平。第二，酵母细胞中外源基因可添加分泌型信号肽序列，使得表达的目的蛋白质被分泌到发酵液中。第三，培养成本低，所用碳源一般为甘油、葡萄糖及甲醇，培养基中不含有蛋白质，有利于下游的分离纯化过程，甲醇甚至可被直接用于表达诱导物。第四，外源蛋白质基因可整合到酵母的染色体上，使其随着染色体复制而复制，不易丢失，因而遗传稳定。最后，酵母细胞作为真核细胞，具有真核生物的亚细胞结构，具有糖基化、脂肪酰化、蛋白质磷酸化等翻译后修饰功能。

尽管以酵母表达系统为代表的真核表达系统存在着显著的优势，但其仍然不能充分满足蛋白质及多肽类药物在结构上的严格要求。当前，生物制药领域日益倾向于采用哺乳动物细胞作为生产细胞。哺乳动物细胞表达系统中常用的工程细胞分为两大类：一类是淋巴类细胞，及一些永生化的骨髓瘤细胞系，这些细胞不再产生其原始免疫球蛋白，常在早期用于单克隆抗体的生产。如小鼠骨髓瘤细胞 Sp2/0 和 NSO、大鼠骨髓瘤细胞 YB2/0。另一类是非淋巴类细胞，包括人宫颈癌细胞 HeLa、人胚胎肾细胞 HEK293、人纤维肉瘤细胞 HT-1080、人胚胎视网膜细胞 PER.C6、非洲绿猴肾细胞 COS-7、幼年仓鼠肾细胞 BHK-21 以及中国仓鼠卵巢（Chinese hamster ovary，CHO）细胞等。

CHO 细胞系最早由 Dr. Puck 于 1957 年分离而得，最初被应用于分子生物学的研究。目前，CHO 细胞被广泛应用于不同治疗性蛋白质的表达中，包括疫苗、重组抗体、重组单体蛋白及重组融合蛋白等，CHO 细胞已经成为生物制药领域最主要的生产细胞。CHO 细胞系在生物制药领域备受瞩目的主要原因如下：首先，CHO 细胞系具有很高的安全性（CHO 细胞基因组内不携带任何人源性病毒），CHO 细胞生产的生物蛋白质在过去二十年中有很好的安全性，因此以 CHO 细胞作为宿主细胞表达生物蛋白质往往更容易通过药物审核机构（如美国 FDA）的审批；其次，CHO 细胞可以通过悬浮驯化适应无血清培养基，并能够实现在无血清培养基中快速及高密度生长，这为药物的质量控制和大规模生产带来极大的便利

和经济效益；再次，CHO 细胞系表达的重组蛋白质能够获得类似于人源蛋白质的翻译后修饰，如翻译后的糖基化修饰、唾液酸化修饰等，生产的蛋白质较其他表达系统更加与人体天然的生物蛋白质相似。

虽然 CHO 细胞表达系统在重组蛋白质及多肽类药物的生产中有诸多优势，但其存在一个比较大的问题就是作为哺乳动物细胞表达产率低，使得重组蛋白质及多肽类药物价格高昂。因此提高 CHO 细胞的表达效率成为亟需解决的问题。

表 13-1　常用表达系统特点

类别	表达系统	系统优缺点
原核表达系统	大肠埃希菌	优点：遗传背景清楚，成本低，生长快，技术操作简单，培养条件简单。 缺点：不能对表达产物进行翻译后修饰，含有大量内毒素，容易形成包涵体
	枯草杆菌	优点：非致病性，极个别对人体有害；没有明显的密码子偏爱性，表达不容易形成包涵体；培养简单，细胞壁组成简单无脂多糖，在分泌蛋白质时不会混入内毒素；质粒和噬菌体都可以作为克隆载体 缺点：含有大量蛋白酶，会使目的蛋白质降解；存在限制和修饰系统，质粒分化和结构不稳定；难形成感受态细胞，并且持续时间短，转化率低，克隆效率低
	链霉菌	优点：致病性小，链霉菌表达系统中表达的蛋白质通常是可溶的；可使外源基因分泌表达，简化纯化分离步骤；工业规模发酵技术相当成熟。 缺点：外源基因的引入比大肠埃希菌复杂；难以转化或转化率低
真核表达系统	哺乳动物细胞	优点：能诱导高效表达，对表达的蛋白质进行正确折叠，并进行复杂糖基化修饰，蛋白质活性接近于天然蛋白质，无需去除内毒素。 缺点：周期较长，操作复杂，需要细胞房，要求无菌，成本投入高
	酵母	优点：遗传背景清楚，操作较为简便，容易进行遗传操作，有较为完善的真核蛋白质表达控制系统；能大规模表达蛋白质，可表达出胞级蛋白质。 系统缺点：甲醇诱导操作方面需要时间；甲醇毒性大，不适用于生产食品蛋白质
	昆虫	优点：细胞表达量高；表达的外源基因片段很大，最大可达到 200 kDa；可实现蛋白质的糖基化和磷酸化修饰 缺点：投入成本较高

表 13-2　原核表达系统与真核表达系统的特性比较

系统	原核表达系统	真核表达系统
优点	宿主菌生长快，培养简单，操作方便	可以进行翻译后修饰，如糖基化、磷酸化和寡聚体等高级结构的正确折叠
	价格低廉	可为分泌型，提纯工艺简单
	遗传背景清楚，基因安全	可用作基因药物，辅助疾病治疗
缺点	不能对蛋白质进行加工修饰	周期相对较长，表达量低，操作烦琐
调控方式	正调控、负调控	主要是正调控，负调控少
表达水平	高	低
糖基化修饰	无	有
磷酸化修饰	无	有
乙酰化修饰	无	有
γ-羧化修饰	无	只有哺乳动物细胞有

三、原核表达系统的高效表达策略

原核表达系统的高效表达策略以大肠埃希菌表达系统为例进行介绍。大肠埃希菌表达蛋白质时，虽然表达量大，但是表达的大都是包涵体，想要获得可溶性蛋白质，就需要进行复性，或是设计时采用可溶性表达载体，使表达产物能够分泌到胞外。为了提高原核表达系统的效率，需要对基因水平、转录水平和蛋白质表达水平进行优化，一般可以采取基因优化、载体宿主筛选、表达条件优化、诱导条件优化等策略。

1. 降低重组蛋白质合成的速率

可溶性蛋白质的产率取决于蛋白质的合成速率、蛋白质的折叠速率，以及聚集的速率。高水平表达时，肽链聚集速率一旦超过折叠速率，就会形成包涵体。因此，降低重组蛋白质合成的速率有利于提高重组蛋白质的可溶性表达。

2. 密码子优化

根据表达系统对密码子的偏好性进行密码子优化筛选。经过优化的基因序列往往能提高 mRNA 二级结构的稳定性，有利于核糖体结合的稳定性，并可促进新生肽段的正确折叠。

3. 表达温度的选择

大肠埃希菌的最适生长温度在 37~39 ℃之间，但此温度下极易生成包涵体，从而降低可溶性蛋白质的表达，而低温培养条件下表达外源蛋白质能有效地增加可溶性蛋白质的比例。

4. 诱导条件优化

摇瓶培养时，应选用处于对数生长期的菌体，其生长旺盛，有利于表达可溶性蛋白质。但处于该时期的菌体密度低。如果能保证合理的补料与充分的溶解氧水平，在较高菌浓度下诱导也同样可能获得可溶性蛋白质的高效表达。在某些情况下，诱导剂的流加能显著提高可溶性蛋白质的表达水平。

四、真核表达系统的高效表达策略

真核表达系统的高效表达策略以具有代表性的酵母表达系统进行介绍。酵母表达系统既有原核生物生长快速、表达量高的特点，又具有高等真核生物的蛋白质翻译后加工和基因表达调控的特征。长期以来，酵母作为工业微生物的主要菌种，在工业化发酵方面积累了大量的经验，这有利于将工程菌株进行产业化应用。

酵母表达外源基因的效率受很多因素影响。在基因水平上，提高和控制外源基因的转录水平是实现高表达的有效策略之一，所以筛选高效启动子显得十分重要。另外，表达载体在细胞中的拷贝数和稳定性对外源基因在酵母中的表达也有明显影响。在蛋白质水平上，需考虑表达产物的可靠性问题，其中包括外源基因在表达系统中的遗传稳定性、不同生物来源的基因在酵母中表达后加工和修饰的情况。

若外源重组蛋白质的表达产率低，产物无活性或被降解，或没有检测到蛋白质表达，可以从以下几个方面寻找原因或进行改进：

① 确定蛋白质是否对酵母细胞具有毒性，如果有毒性则选择其他表达系统。

② 目的蛋白质是否降解。如果表达的蛋白质出现降解，目的蛋白质的积累会受到严重影响。为提高表达产率，可以采用以下策略：(a) 选择蛋白酶缺陷的菌株；(b) 在培养基中添加富含氨基酸的组分和水解蛋白，降低对目的蛋白质的水解速度；(c) 采用非缓冲体系的培养基，通过改变 pH 降低蛋白酶的活力，减少表达产物的降解量。

③ 信号肽的选择。分泌表达的重组蛋白质可以简化后期的分离纯化工艺，并可减轻细胞的负荷，提高细胞生产目的蛋白质的能力，减少蛋白酶对目的蛋白质的降解。

④ 使用多拷贝序列。外源基因在酵母表达系统中的拷贝数影响外源基因的表达水平，常用的提高外源基因整合拷贝数的方法有：(a) 通过不同的转化方法提高整合拷贝数；(b) 在体外载体上多次插入目的基因片段；(c) 将载体中的基因两端连接来自宿主或其他非必需高重复的基因片段，通过同源重组而达到高拷贝整合的目的。

⑤ 提高发酵水平。通过改善培养基的组成，选择适宜的发酵参数，优化发酵工艺，提高发酵产率。甲醇可以诱导 AOX 启动子驱动重组蛋白质表达，也可诱导蛋白酶的表达，而常作为碳源的甘油对 AOX 启动子有一定的抑制作用。因而在利用甲醇诱导外源蛋白质表达时，要注意甘油和甲醇的加入比例和流加量。添加的甘油应该能在诱导时被消耗尽或保持低水平。

五、重组蛋白质类药物的研发方向

重组蛋白质类药物发展非常迅速，基因组学和蛋白质组学的发展，为重组蛋白质类药物的研发和生产提供了科学基础和创新思路。在蛋白质构效关系的指导下，通过定向改造、分子模拟与设计、翻译后修饰进行创新药物的研发是重组蛋白质类药物研发的新特点。重组蛋白质类药物的研发方向有以下几类。

（1）融合蛋白

通过基因工程，可以将比较稳定的蛋白质与小分子多肽进行融合，进而延长其代谢时间和稳定性，并且可以将两种不同功效的蛋白质进行融合，得到具有两种或两种以上功能的治疗性重组蛋白质。如胸腺肽 α_1-复合干扰素（胸腺肽 α_1-复合 IFN）、血小板生成素-干细胞因子（TPO-SCF）等。

（2）靶向性治疗蛋白质

靶向性的治疗蛋白质主要是抗体与功能性蛋白质形成的具有靶向性的融合蛋白。目前被用于开发靶向药物的抗体主要是 IgG1、IgG4 两种亚型，抗体由于分子量较大，在体内清除相对较慢、半衰期较长，因此可以长期维持药物浓度，而抗体 Fc 段介导的不同效应功能，则是药物发挥疗效的关键。单抗类靶向药的作用机制主要包括：竞争性结合受体/配体性靶点，下调关键信号通路表达而抑癌；直接的细胞毒作用，诱导细胞程序性死亡；免疫效应功能，包括抗体依赖性细胞介导的细胞毒作用（ADCC）、依赖抗体的细胞吞噬作用（ADCP），补体依赖的细胞毒性（CDC）以及免疫检查点阻断作用。

（3）长效治疗蛋白质

多肽及蛋白质类药物一般在血浆中的半衰期都比较短，长效蛋白质类药物可以获得更为稳定的血药浓度，增强疗效，降低副作用。制备此类药物的常用方法为聚乙二醇修饰蛋白质，抗体 Fc 片段融合蛋白质，人血清白蛋白融合蛋白质和高度糖基化治疗蛋白质等。对抗体 Fc 段的糖基化状态进行调节，有望增强抗体的效应功能，常用的方式是 α-岩藻糖基化。

六、多肽类药物的制备与开发

多肽类药物是指通过生物合成法或者化学合成法获得的具有特定治疗作用的多肽，广泛应用于疫苗、抗肿瘤、抗菌、内分泌疾病、心血管疾病等医疗领域，具有副作用小、特异性强、效果显著、生物活性高、用药剂量少、不易产生耐药性等诸多优点，但也存在半衰期短、不稳定、易降解、口服吸收率低等不足。目前已上市的多肽类药物已有近 100 种，如用于多发性硬化的格拉替雷；用于糖尿病的利拉鲁肽、艾塞那肽；用于前列腺癌的亮丙瑞林、曲普瑞林；用于骨质疏松的鲑降钙素、特立帕肽；用于胰腺炎的奥曲肽；用于冠心病的依替巴肽、比伐卢定。

多肽类药物的合成方法主要有生物合成法和化学合成法。生物合成法可分为天然提取法、酶解法、发酵法、基因重组法等。天然提取法是从生物组织中提取多肽物质，通常先将组织细胞破碎，再通过超声、化学试剂等物理化学方法进行提取。酶解法是利用生物酶将蛋白质降解来获得多肽，具有反应条件温和、选择性好等优势，但也存在产物多肽分离纯化难度大等不足。发酵法是利用微生物代谢发酵生产多肽，该方法生产成本低，但投入大、分离纯化难度大。目前，发酵法能直接生产的特定多肽类药物产品仍然较少。基因重组法是利用基因重组技术将基因片段转移到原核或真核细胞中进行重组表达，合成目的多肽，尤其适合长肽的制备。基因重组法中常用的工程菌为酵母及大肠埃希菌，其主要不足在于基因表达产率低、研发周期长。

多肽类药物的化学合成技术发展较快，其中突出的代表是固相肽合成法（solid-phase peptide synthesis，SPPS）。先将多肽链上第一个氨基酸的 C 端预先固定在不溶性载体树脂上，通过缩合反应将该氨基酸脱保护的 N 端与羧基已活化的第二个氨基酸进行连接，重复进行缩合、洗涤、脱保护、洗涤、下一轮缩合的过程，逐步延长肽链，直到完成多肽链的合成，接着进行切肽、修饰（根据需要）、分离纯化，最终获得目标多肽。多肽的固相肽合成法操作方便，易于实现自动化处理，且收率和纯度高，极大地促进了多肽类药物的研究发展。目前大多数多肽类药物是通过固相肽合成法进行制备的。然而对于肽类大于 30 个氨基酸的多肽，合成难度、合成成本都快速增加。近年来也涌现了一些新的多肽化学合成技术，主要包括：①微流控技术应用，使多肽产物在原位发生裂解，反应速度快，试剂微量化，重复性高，能实现自动化连续合成，高效环保。②膜强化多肽合成法，是一种将液相多肽合成与有机溶剂纳滤相结合的新方法，合成的多肽纯度高于固相合成的多肽。③在线监测和智能控制技术应用，如通过拉曼信号强度确定固相上肽的负载量；通过荧光强度判断循环反应的节点；通过实时监测反应床压力变化监控树脂膨胀与收缩情况，确定氨基酸偶联效率。④自动化多肽合成法，由程序自动化控制反应过程，大大加快了固相合成速度，消除了人为误差，重复性高。多肽类药物具有毒性低、特异性高、分子量小等独特优势。固相肽合成技术的突破，促进了多肽类药物研发的蓬勃发展，例如，研究者们已研发出具有抗肿瘤作用的 RasGAP 肽段衍生物，可用于治疗糖尿病的胰高血糖素样多肽-1（GLP-1）。

近年来，抗菌肽是多肽类药物研发的一个热点。抗菌活性肽，又称抗菌肽，是一种由生物细胞经特定的基因编码合成的多肽，其在特定外界条件诱导下被激活，具有广谱杀菌等生物活性，其菌谱不仅涉及真菌、细菌还涉及一些活性细胞。抗菌肽的生物活性主要体现在：①抗菌与抗感染活性，抗菌谱广；②抗病毒活性，蜂毒素与天蚕素在亚毒性浓度之下，对人类免疫缺陷病毒 HIV21 基因表达有抑制作用，能有效减少病毒增殖；③抗肿瘤活性，肿瘤细胞的骨架并不成熟，抗菌肽可以快速地插入细胞脂膜并形成离子通道，发挥对肿瘤细胞的损坏作用，并且，抗菌肽可以特异性地杀灭部分肿瘤细胞；④抗寄生虫活性，抗菌肽可以实现对人类和动物源寄生虫的杀灭作用，对于美洲锥虫病以及疟疾具备较为突出的治疗作用。此外，抗菌肽还具备一定的抗精子、胚胎活性、溶血活性以及神经细胞毒性等多方面的生物学活性。

抗菌肽的抗菌机制主要是其自身结构与细菌细胞膜上的离子产生静电相互作用，通过相互吸引与细菌细胞膜结合，使抗菌肽转化为二级结构，平行或垂直于细胞膜，再通过毯式模型（carpet model）、桶板模型（barrel-stave model）或环形孔洞模型（torodial pore model）穿透细胞膜（见图 13-1），形成的这种离子通道使膜内的大量内容物外流，从而发挥抑菌作用。

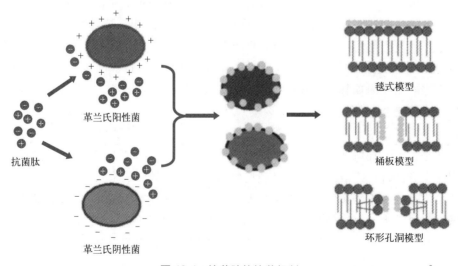

图 13-1 抗菌肽的抗菌机制

第二节　重组人干扰素 α2b 的大肠埃希菌表达与制备

一、干扰素的分类与特点

干扰素（interferon，IFN）是 1957 年由瑞士研究人员 Jean Lindenmann 和英国病毒生物学家 Alick Isaacs 首先发现的。他们在利用鸡胚绒毛尿囊膜研究流感干扰现象时，发现细胞能产生一种细胞因子，这种细胞因子是一类具有多种生物学活性的糖蛋白，是由病毒进入机体后诱导宿主细胞产生的。

1. 干扰素的分类

根据氨基酸排列顺序和特异性识别受体的不同，干扰素可分为Ⅰ型、Ⅱ型和Ⅲ型干扰素。

根据干扰素的理化性质的不同，干扰素又分为 α、β、γ 三种。IFNα 是由人白细胞产生，又称为人白细胞干扰素，根据个别氨基酸的不同，IFNα 又分为 IFNα2a、IFNα2b 及 IFNα2c 等几种亚型，它们的抗病毒效果基本相同；IFNβ 由人成纤维细胞产生，又称为成纤维细胞干扰素；IFNγ 由特异性抗原刺激 T 淋巴细胞产生，又称为免疫干扰素。IFNα、IFNβ 又统称为Ⅰ型干扰素，IFNγ 归类为Ⅱ型干扰素。

根据临床上的使用，干扰素可分为普通型干扰素和长效干扰素。普通型干扰素，半衰期在 4～6 h 之间，在肌内注射或皮下注射后 3～8 小时达到血药浓度峰值，注射 24 h 后体内残留的干扰素很少或无法检测到，因此，为了维持干扰素的有效血药浓度，需要多次用药（如每周 3 次）。聚乙二醇干扰素是一种长效干扰素，在干扰素分子上交联了一个无活性、无毒性的聚乙二醇分子，从而延缓了干扰素注射以后吸收和清除的速度，使半衰期延长，只需每周注射 1 次，即可维持有效的血药浓度。

2. 人干扰素 α2b

人干扰素 α2b 具有广谱抗病毒、抗肿瘤、抑制细胞增殖以及提高免疫功能等作用。干扰素与细胞表面受体结合，诱导细胞产生多种抗病毒蛋白质，抑制病毒在细胞内繁殖；干扰素对肿瘤细胞具有直接抑制作用，能够调节宿主抗肿瘤免疫反应并通过抑制、分解肿瘤细胞生长所需因子等作用改变宿主与肿瘤细胞的关系；干扰素能增强巨噬细胞的吞噬功能，增强淋巴细胞对靶细胞的细胞毒性和自然杀伤细胞的功能。其可用于急慢性病毒性肝炎（乙型、丙型等）、尖锐湿疣、毛细胞白血病、慢性粒细胞白血病、淋巴瘤、艾滋病相关性卡波西肉瘤、恶性黑色素瘤等疾病的治疗。一般利用携带有人白细胞干扰素 α2b 基因质粒的重组假单胞菌或大肠埃希菌生产。

二、重组人干扰素 α2b 的发酵工艺

在原核细胞表达外源基因，尤其是以大肠埃希菌为宿主菌高效表达外源基因时，表达的蛋白质常常在细胞质内聚集，形成包涵体（inclusion body），以包涵体形式存在的蛋白质分子不具有正确的天然三维结构，不具有生物学活性，因此需要通过复性操作获得具有预期生物学活性的蛋白质。目前上市的重组蛋白质及多肽类药物中，90％以上以大肠埃希菌作为表达系统，而大肠埃希菌表达的蛋白质中有一半会形成包涵体，因此，包涵体蛋白质的复性成为制约基因工程产品产业化的关键因素之一，也是整个包涵体蛋白质生产过程的关键。

1. 菌种库的建立、传代及保存

从原始菌种库出发，传代、扩增后，冻干保存，作为主代菌种库（master cell bank，MCB），主代菌种库不得进行选育工作。对主代菌种库中的菌种传代、扩增后，用甘油管保存，作为工作菌种库（working cell bank，WCB）。工作菌种库也可由上一代工作菌种库传出，但每次限传三代。每批主代菌种库均进行划种LB琼脂平板、涂片革兰氏染色、对抗生素的抗性、电镜检查、生化反应、干扰素表达量、表达的干扰素型别、质粒检查的检定，合格后方可投产。原始菌种库、主代菌种库和工作菌种库于−70℃以下保存。

工作菌种库建立及保存的具体操作如下。

① 培养基制备。生产过程中使用的培养基均按一定工艺要求配制。

② 接种、转移及培养。取12支主代菌种库菌种接至大摇瓶内，摇床培养，至吸光值（OD值）为5.5±1.0。将已培养好的摇瓶种子液转移至种子罐中，通入无菌空气，培养至OD值符合放罐要求（OD值为8.0±2.0）。种子罐培养结束后，无菌操作下将种子液转移到离心管中，离心15 min，加入新鲜菌种培养基，将菌体制成菌悬液，并加入甘油使其浓度达到18%，分装于Eppendorf管中，每支管中悬液体积为（1.0±0.2）mL。

③ 保存。分装完毕后于−20℃放置16～20 h，在−70℃下可保存3年。

2. 发酵工艺

(1) 菌种制备

取−70℃下保存的甘油管菌种（工作种子批），于室温下融化。然后，接入摇瓶，培养温度为30℃，pH为7.0，250 r/min活化培养（18±2）h后，进行吸光值测定和发酵液杂菌检查。

(2) 种子罐培养

将已活化的菌种接入装有30 L培养基的种子罐中，接种量为10%，培养温度为30℃，pH为7.0，级联调节通气量和搅拌转速，控制溶解氧水平为30%，培养3～4 h，当OD值达到4.0以上时，转入发酵罐，进行二级放大培养，同时取样进行显微镜检查和LB培养基划线检查，控制杂菌。

(3) 发酵罐培养

将种子液通入含300 L培养基的发酵罐中，接种量为10%，培养温度为30℃，pH为7.0，级联调节通气量和搅拌转速，控制溶解氧水平为30%，培养4 h。然后控制培养温度为20℃，pH为6.0，溶解氧水平为60%，继续培养5～6.5 h，同时进行发酵液杂菌检查。当OD值达9.0±1.0后，用5℃冷却水快速降温至15℃以下，以减缓细胞衰老，或者将发酵液转入收集罐，加入冰块或冷却使温度迅速降至10℃以下。

(4) 菌体收集

将已降温至10℃以下的发酵液转入连续流离心机，16000 r/min离心收集菌体沉淀。对菌体进行干扰素含量、菌体蛋白质含量、菌体干燥失重、质粒结构一致性、质粒稳定性等项目的检测。将菌体于−20℃冰柜中保存时，不得超过12个月。每保存3个月，需检查一次活性。

三、重组人干扰素α2b的分离纯化工艺

1. 菌体裂解

对菌体称重，按每100 g菌体加入500 mL含EDTA的Tris缓冲液（TE）的比例制成菌悬液、搅匀后加入蔗糖至质量分数为30%，加入溶菌酶至浓度为0.2 mg/mL，混匀后于37℃水浴锅上水浴1 h。随后冷却至4℃，分多批进行超声破碎，每批取溶菌酶处理过的菌悬液置于碎冰碴上。设置超声破碎仪参数，如超声10 s，间隔5 s，功率800 W，超声99次，重复4次，如有条件也可以直接用高压均质机进行破碎。

2. 包涵体的提取与净化

① 将破碎后的菌体，于4℃、10000 g下离心10 min，上清液留样1 mL。

② 加入适当体积的洗涤缓冲液重悬沉淀，于4℃、10000 g下离心10 min，上清液留样1 mL。重复

3 次。

③ 加入适当体积的 TE 洗涤沉淀，于 4 ℃、10000 g 下离心 10 min，弃上清液。重复 2 次。

④ 将收集到的包涵体置于－20 ℃下保存。

3. 包涵体溶解及复性

① 将收集得到的包涵体用 TE 配置成 0.5 g/mL 的包涵体悬液。

② 用滴管将包涵体悬液滴加到 9 倍体积的 8 mol/L 盐酸胍中，边滴加边搅拌，待包涵体全部溶解后缓慢加入 4 倍体积的 TE。

③ 将得到的溶液灌入透析袋中，浸入超过 10 倍体积的预冷至 4 ℃的水中进行透析，每隔 3 小时换一次水，换 3 次，此时透析袋中溶液的盐酸胍浓度小于 0.5 mmol/L。

④ 倒出透析袋中的透析液，于 4 ℃、10000 g 离心 10 min，分别收集沉淀和上清液，如离心后的上清液仍不澄清，可再进行一次过滤。

⑤ 调节收集到的上清液中的盐浓度使 NaCl 的浓度为 100 mmol/L、CH_3COONH_4 的浓度为 25 mmol/L，用冰乙酸调节上清液 pH 为 4.5 后于 4 ℃放置。

4. 酸沉淀

① 取透析、离心后的样品，用截留分子量为 10000 的膜超滤浓缩至 OD_{280} 为 1.1 左右。

② 取出超滤后的样品，用冰乙酸调节 pH 至 4.0。

③ 放入 32 ℃的水浴锅中水浴 12～15 h。

④ 酸沉淀后的样品，于 4 ℃、10000 g 离心 10 min，分别收集沉淀和上清液。

5. 色谱

① 阴离子交换色谱。上样前，先用 0.01mol/L 磷酸缓冲液（pH 8.0）平衡树脂。上样后，用相同缓冲液冲洗，采用盐浓度线性梯度 5～50 mS/cm 进行洗脱，配合 SDS-PAGE 收集干扰素峰，在 2～10 ℃进行。

② 浓缩和透析。合并阴离子交换色谱洗脱的有效部分，调整溶液 pH 至 5.0，电导值为 5.0 mS/cm，在 10 ku 超滤膜上，2～10 ℃下用 0.05 mol/L 乙酸缓冲液（pH 5.0）进行透析。

③ 阳离子交换色谱。上样前，先用 0.1 mol/L 乙酸缓冲液（pH 5.0）平衡树脂。上样后。用相同缓冲液冲洗。在 2～10 ℃，采用盐浓度线性梯度 5～50 mS/cm 进行洗脱，配合 SD-PAGE 收集干扰素峰。

④ 浓缩。合并阳离子交换色谱洗脱的有效部分，在 2～10 ℃，用 10 ku 超滤膜进行浓缩。

⑤ 凝胶过滤色谱。上样前，先用含有 0.15 mol/L NaCl 的 0.01 mol/L 磷酸缓冲液（pH 7.0）清洗系统和树脂，上样后，在 2～10 ℃下，用相同缓冲液进行洗脱。合并干扰素部分，最终蛋白质浓度应为 0.1～0.2 mg/mL。

⑥ 无菌过滤分装。用 0.22 μm 滤膜过滤干扰素溶液，分装后，于－20 ℃以下的冰箱中保存。

四、重组人干扰素 α2b 的质量控制

1. 原液的鉴定

① 依据《中国药典》（2020 版）的方法对其生物活性进行检测，并检测其蛋白质浓度，进一步计算其比活性，每 1 mg 蛋白质应不低于 1×10^8 IU。

② 分别用 15% 的 SDS-聚丙烯凝胶电泳法或用适合分离范围 5～60 kDa 的凝胶色谱柱进行纯度检测，纯度要求不低于 95%。

③ 需要对分子量和等电点进行检测，要求分子质量在（19.2±1.9）kDa，等电点分布在 5.5～5.8 之间。

④ 用全波长分光光度计对原液进行测定。

2. 半成品和成品检定

(1) 生物学活性测定

将生长 $24\sim48$ h 的 WISH 细胞（于含 10% 小牛血清的 MEM 培养基）配成细胞浓度约为 $3\times10^5/mL$ 的悬液，以 $100~\mu L$/孔的量加到 96 孔细胞培养板上。同时设立标准品对照，体积与样品相同。在含 5% CO_2、$37~℃$ 孵箱中培养 $4\sim6$ h 后，每孔加入 4 倍体积的系列稀释的干扰素样品 $100~\mu L$，样品用含 7% 小牛血清的 MEM 培养液稀释，于 $37~℃$ 培养 $18\sim24$ h。弃上清液后用含 3% 小牛血清的 MEM 培养基稀释的 VSV 病毒（100TCID50）攻击，然后于含 5%CO_2、$37~℃$ 孵箱中培养 24 h 左右。弃掉培养板中的上清液，每孔加入 $40~\mu L$ 的结晶紫液室温染色 30 min，弃掉染液，用自来水冲洗残余的染液，用滤纸吸干后每孔加入 $100~\mu L$ 的脱色液脱色，在自动酶标仪上于 570 nm 波长处测定每孔的吸收值。分别以干扰素 α 国家标准品和干扰素 β 国际标准品的效价值在自动酶标仪上计算样品的效价值。

(2) 蛋白质含量测定

分别采用紫外分光光度法、BCA 法及劳里法测定原液中的蛋白质浓度。BCA 蛋白质浓度检测试剂盒可按试剂盒说明书操作。

(3) 等电聚焦

取干扰素原液 0.5 mL，用超滤装置浓缩后，进行等电聚焦电泳。

(4) 细菌内毒素含量测定

由于制品中含有 SDS，因此将样品用无热原注射用水稀释，使所含的 SDS 量低于 0.025% 后，再按照《中国药典》（二部）的方法，并测定样品中细菌内毒素的含量。

(5) 肽图测定

样品用超纯水透析过夜，冷冻干燥，加入 0.025 mol/L NH_4HCO_3（pH 8.0）溶解，以 1：100 加入胰蛋白酶，$25~℃$ 处理 16 h，放于 $4~℃$ 冰箱待用。样品的分离检测色谱柱为 C_{18} 色谱柱，流动相 A 为 0.1% 三氟乙酸，流动相 B 为 0.1% 三氟乙酸乙腈，检测波长为 214 nm，梯度洗脱程序为线性梯度：$0\sim70$ min，流动相 B 从 0%$\sim$70%。

(6) 其他检定项目

按照《中国生物制品规程》（2000 年版）的要求和方法进行。

第三节　重组人白介素-11 的酵母表达与制备

一、人白介素-11 的生物学特性

白介素-11（interleukin-11，IL-11）是一种多功能细胞因子，由骨髓基质细胞分泌，可明显促进骨髓内造血细胞的增殖，诱导巨核细胞的成熟及分化，美国 Genetics Institute 公司利用基因工程技术首先成功研制出重组人白介素-11 产品，该产品已于 1997 年经美国 FDA 批准上市，是目前治疗放化疗引起的血小板减少症及放化疗后肠黏膜损伤较有效的药物。IL-11 的生物学特性如下。

(1) 参与机体免疫反应

体外、体内实验证明，IL-11 能参与原发性、继发性免疫反应，调节特异性抗原抗体反应。在体外，IL-11 能促进 IL-6 依赖的浆细胞瘤细胞增殖和 T 细胞依赖性 B 细胞的发育。在含 IL-11、促红细胞生成素（EPO）的培养基中，原始细胞可分化成巨噬细胞。

（2）参与造血调控

IL-11、G-CSF、IL-6 协同 IL-3 刺激人类和鼠类巨核细胞集落形成；其中 IL-11 在巨核细胞生长、成熟中起着重要的调节作用，并能提高血小板数。IL-11 可特异性缩短造血干细胞细胞周期中的 G_0 期，联合 IL-4 能促进原始造血前体细胞集落形成。协同 IL-3 或干细胞因子（SCF），IL-11 可使原始多系造血祖细胞扩增，同时可促进多系集落形成细胞（CFC）、红系爆式形成单位（BFU-C）、红系集落形成单位（CFU-E）的分化。

（3）过度表达时的生理反应

有研究人员通过实验研究当人源 IL-11 过度表达时小鼠的生理表现。给予受体小鼠致死剂量照射后进行小鼠骨髓移植，其中供体小鼠骨髓细胞已被携带人源 IL-11 基因的逆转录病毒转染。经过一定时间的恢复，受体小鼠高表达 IL-11，并出现一系列反应，包括：脂肪丢失、胸腺萎缩、血浆蛋白质水平的转变、频发性眼睑炎、机体兴奋等。在受体小鼠外周血中，出现持续的血小板水平增高，脾脏中髓系祖细胞水平高于原来的 20 倍，但循环白细胞总数没有改变。

总之，IL-11 为一种造血生长因子，能促进造血干细胞以及巨噬祖细胞的增殖，并且可诱导巨噬细胞成熟，从而增加血小板数量。IL-11 单独或与其他细胞因子（IL-3、SCF 或 EPO）联合有能刺激鼠和人骨髓细胞和胎肝细胞多个时期的红细胞生成的作用。IL-11 能调节骨髓祖细胞的分化和成熟。另外，IL-11 还具有影响非造血细胞活性的作用，包括调节肠道上皮细胞生长（胃肠道溃疡治愈）、促进破骨细胞增殖、参与神经生成、刺激体内外急性反应、抑制脂肪形成、诱导发热反应等。

二、重组人白介素-11 的发酵工艺

1. 巴斯德毕赤酵母表达系统

巴斯德毕赤酵母（*P. pastoris*）属于甲醇酵母的一种，可在一定浓度的甲醇环境中生长，并能以甲醇作为唯一的碳源和能源生长。其最适生长温度一般在 20～30 ℃，在 pH 4～7 的条件下生长良好。它是单细胞真核生物，具有生长快、存活率高、容易培养等优点，而且易于遗传操作、能对表达的外源蛋白质进行一定的翻译后修饰、不产生有毒产物，对环境影响较小，可以在廉价的培养基中良好生长，容易实现工业化生产，被认为是表达外源蛋白质的合适宿主。目前，巴斯德毕赤酵母已发展成为较成熟的蛋白质生产的表达系统，有超过 500 种不同来源的蛋白质在毕赤酵母中实现了表达，其中不乏已实现产业化的、表达量较高的药用蛋白质（表 13-3）。

表 13-3　已在毕赤酵母中实现产业化的药用蛋白质

蛋白质类药物	专利授权公司	产业化用途
艾卡拉肽	Dyax，USA	治疗血管神经性水肿
重组人奥克纤溶酶	Thrombo Genics，Belgium	治疗玻璃体黄斑粘连
重组人胰岛素	Biocon，Indian	治疗低血糖
重组人弹性蛋白酶抑制剂	Ablynx，Belgium	治疗囊性纤维化
菌丝霉素抗菌肽	Novozymes，Denmark	治疗细菌感染
重组人血管增生抑制素	Sigma Aldrich，USA	治疗肿瘤血管增生
重组人血清白蛋白串联干扰素 α	GenScript，USA	治疗病毒感染
胶原蛋白	Fibrogen，USA	皮肤填充剂

2. 外源蛋白质在毕赤酵母中的高效表达策略

毕赤酵母表达系统受到外源基因本身特性、菌种特性、表达环境以及发酵工艺等诸多因素的影响，其

对于不同外源蛋白质的表达情况也表现出较大差异。为解决这一难题，国内外研究人员尝试使用了各种策略，如密码子优化、高拷贝菌株筛选、引导肽筛选、敲除蛋白酶基因和甘油转运基因、共表达促折叠因子和透明颤菌血红蛋白，以及诱导条件、辅助表达物添加和发酵工艺的优化，各种提高表达的策略如图 13-2 所示。

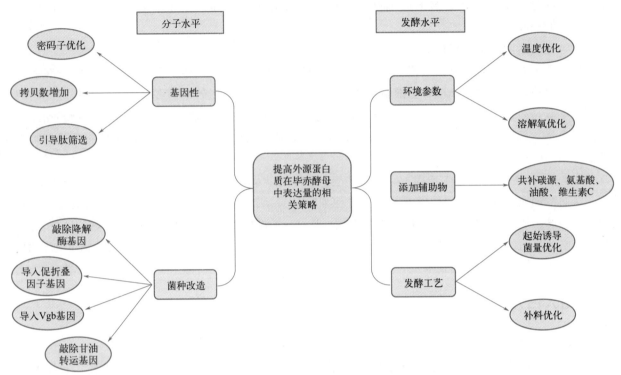

图 13-2　外源蛋白质在毕赤酵母中高效表达的相关策略

　　为实现外源蛋白质在毕赤酵母中的高效表达，一方面可在分子水平上对外源基因进行改造，提高外源基因和表达菌株的适配性，以较低的时间和经济成本实现产量的大幅增加，同时对表达系统进行深入的改造与优化，包括敲除降解酶基因、甘油转运基因，导入蛋白质折叠因子等，以期获得更优秀的生产菌株；另一方面可进行小试发酵工艺优化，包括温度优化、溶解氧优化、补料优化和添加辅助物等策略，探索出最佳发酵工艺，为大规模生产创造条件。

3. 重组人 IL-11 的毕赤酵母发酵工艺

（1）培养基配方

酵母浸出粉胨葡萄糖琼脂（YPD）种子培养基：酵母粉 10 g/L，蛋白胨 20 g/L，葡萄糖 20 g/L。

初始发酵培养基：硫酸铵 88.7 g/L，硫酸钙 10 g/L，硫酸钾 18.2 g/L，硫酸镁 14.9 g/L，甘油 40 g/L，4.4 mL/L 微量盐（PTM1），消泡剂 0.01%，磷酸二氢钾 37.0 g/L（单独灭菌）。

甘油补料培养基：甘油 500 g/L，PTM1 12 mL/L。

甲醇补料培养基：甲醇 100%，PTM1 12 mL/L。

蛋白胨酵母粉补料培养基：蛋白胨 200 g/L，酵母粉 100 g/L。

（2）种子制备

活化：取适量原始菌种（甘油管）涂布于 YPD 平板中，置 30 ℃培养箱孵育 4 h。

种子液制备：用接种环在 YPD 平板上划取 1 cm² 左右的菌群，接种于 YPD 种子培养基中，于 30 ℃、500 r/min 下培养 24 h。种子液体积用量一般为发酵培养基初始体积的 10%。

（3）工艺控制

该工艺共分三个阶段，共约 95 h，整个过程中发酵液的 pH 用浓氨水控制，溶解氧水平用空气和氧气混合控制。

甘油培养阶段：甘油浓度为 40 g/L，培养温度为 30 ℃，pH 6.0，溶解氧水平为 40％。甘油耗尽后，菌体 OD_{600} 可达 60～80。该阶段是为了使酵母达到一定的生物量，由于甘油的存在，AOX1 酶的催化活性完全受到抑制。

甘油流加阶段：待第一阶段甘油耗尽（溶解氧水平突然跃升）即可进行甘油流加，50％甘油（含 12 mL/L PTM1）以 24 mL/（L·h）的速率进行补加，约 4 h 后，菌体 OD_{600} 大概在 120～150，停止补加。该阶段主要是为了进一步提高酵母生物量，同时激活 AOX1 酶的催化活性。

甲醇流加阶段：第二阶段结束后，发酵半小时左右，其目的是将抑制蛋白质表达的甘油代谢副产物（如乙酸等）彻底消耗。待溶解氧水平和 pH 均明显上升后，添加 0.5％甲醇，待甲醇流量检测器读数稳定后，以该读数值为控制点进行 100％甲醇（含 12 mL/L PTM1）反馈流加，诱导初期添加 1％酵母粉、2％蛋白胨、0.3％干酪素、5 mmol/L EDTA、0.1 mol/L 精氨酸及 0.1％吐温 20，温度控制在 25 ℃，pH 为 6.8，此后每隔 24 h 添加一次 0.3％干酪素和 0.1％吐温 20。诱导温度控制在 22 ℃，总诱导时间约 70 h。放罐时蛋白质表达总量在 1.2 g/L 以上。

三、重组人白介素-11 的分离纯化工艺

1. 硫酸铵沉淀

由于酵母发酵上清液的成分复杂，盐浓度较高，且含有培养基及灭菌过程中产生的色素，所以在纯化前要先用硫酸铵沉淀蛋白质，离心后复溶再上柱色谱。硫酸铵溶液密度较大，蛋白质沉淀物容易悬浮，不易分离。

工艺操作：先将 1 倍发酵液体积的 3 mol/L 硫酸铵加入发酵液，1000 r/min 离心 2 min 后，再加入约 5 倍发酵液体积的 3 mol/L 硫酸铵进行沉淀，1000 r/min 离心 2 min，收集沉淀。蛋白质悬浮是由于发酵液中存在一些低密度的脂蛋白，在吐温等影响下容易与各种蛋白质结合，其密度低于硫酸铵溶液，从而导致沉淀悬浮。先用低浓度的硫酸铵处理，让低密度的蛋白质先相互结合并通过离心去除，再通过高浓度硫酸铵进一步沉淀，可获得更好的沉淀效果。

2. 离子交换色谱

该步骤的目的是将硫酸铵沉淀的蛋白质复溶，进行初步纯化，得到纯度大于 85％的样品。由于 IL-11 的等电点较高，为 11.7，采用阳离子交换色谱是一个极其有效的分离方法。先用一个较低电导的 Tris-HCl 缓冲液将阳离子交换柱平衡，然后加入蛋白质样品，让其吸附在柱子上，再用平衡缓冲液冲洗柱子，使离子交换柱上结合不紧密的杂质被洗出，然后逐步提高电导，洗出杂蛋白质和目标蛋白质，使不同等电点的蛋白质实现分离。

工艺操作：配制平衡缓冲液和洗脱缓冲液Ⅰ（20 mmol/L Tris-HCl 含 5 mmol/L EDTA，pH 8.5）、洗脱缓冲液Ⅱ（0.5 mol/L NaCl）。向超滤浓缩液中加入约 2 倍体积的缓冲液Ⅰ，使样品 pH 为 7.5，电导率小于 5 mS/cm，用于上样。

用平衡缓冲液平衡好柱子后，开始上样。上样完毕后用 2 倍柱床体积的平衡缓冲液冲洗柱子。两个进样口分别进洗脱缓冲液Ⅰ、洗脱缓冲液Ⅱ，并按一定配比洗脱目标峰。在 4 L 内先用 15％缓冲液Ⅱ洗脱，再用 30％缓冲液Ⅰ洗脱目标蛋白质。最后用两倍柱床体积的 100％缓冲液Ⅱ洗脱缓冲液再生柱子。

3. 疏水作用色谱

该步骤的目的是通过疏水作用色谱去除内毒素、核酸、色素及其他小分子杂质，纯化重组人 IL-11。目标峰 RP-HPLC 纯度大于 95％。

疏水作用色谱利用疏水作用程度的差异来进行物质分离。不同物质具有不同的疏水基团，它们和疏水介质的非极性基团的结合能力不同。在高盐条件下内毒素发生凝集，核酸和蛋白质发生解离，因此内毒素、核酸无法与疏水介质结合。同时有些小分子物质和杂质的疏水性质与目标蛋白质不同。鉴于目标蛋白质的疏水性，为避免目标蛋白质失活，选用中等疏水强度填料对目标蛋白质进行选择吸附，然后通过$(NH_4)_2SO_4$梯度洗脱对样品进行纯化。

工艺操作：分别配制预处理缓冲液 [3.2 mol/L $(NH_4)_2SO_4$-10 mmol/L Tris-HCl 溶液，pH 8.5]、平衡缓冲液 A [1.6 mol/L $(NH_4)_2SO_4$-10 mmol/L Tris-HCl 溶液，pH 8.5] 和洗脱缓冲液 B [10 mmol/L Tris-HCl 溶液，pH 8.5]。向离子交换色谱后的样品中加入等体积预处理缓冲液，混合均匀用于上样。用平衡缓冲液平衡好柱子后，开始上样，上样完毕后，用 2 倍柱床体积的平衡缓冲液冲洗柱子，然后在 10 L 内以平衡缓冲液 A（90％）-B（10％）洗脱，随后 5 L 内由以平衡缓冲液 A（90％）-B（10％）洗脱至平衡缓冲液 A（60％）-B（40％），再在后 5L 内洗脱至平衡缓冲液 B（100％）洗脱目标蛋白质。

4. 脱盐色谱

该步骤的目的是通过凝胶分子筛色谱脱盐，制备 IL-11 原液。

凝胶分子筛填料的颗粒含有许多不同大小的孔，具有一定分子量分布的样品从柱中通过时，较小的分子停留的时间比大分子停留的时间长，整个样品中的各组分将按分子量大小顺序分离。IL-11 中间体经过 Phenyl 疏水作用色谱、CM 离子交换色谱两次色谱纯化后，蛋白质纯度已经达到原液的要求，但溶液中还存在大量 $(NH_4)_2SO_4$。利用 Sephadex-G25-Coarse，可以迅速有效地分离盐分。

配制平衡和洗脱缓冲液：5 mmol/L，磷酸盐缓冲液，pH 7.5。用平衡液平衡好柱子后，开始上样和洗脱样品。该色谱采用循环上样的方法，每次循环上样的体积为柱体积的 30％，洗脱液体积为柱床的 2.4 倍。收集目标峰时，还需经除菌过滤器过滤，收集在无菌、无热原的玻璃容器内。

5. 无菌过滤

无菌过滤的目的是通过微孔滤膜过滤，去除溶液中的微生物，防止原液保存过程中被污染。

操作步骤：将过滤器和滤膜进行灭菌处理；过滤器（已装上滤膜）经 121 ℃、0.1 MPa 湿热灭菌 20 min。在 100 级层流罩内进行检漏及过滤。将滤器上腔与分子筛色谱柱流出口相连，滤器流出口盖在已干热灭菌的三角烧瓶上。

四、重组人白介素-11 的成品和成品检定

重组人 IL-11 含有 179 个氨基酸，比成熟的天然人 IL-11 在 N 端多一个氨基酸，分子质量为 19 kDa，等电点为 11.7。按照《人用重组 DNA 制品质量控制技术指导原则》的要求制定质量标准。

① 活性测定方法建立：B9-11 系浆细胞瘤起源的细胞系，用 B9-11 细胞依赖株建立 IL-11 MTT 活性测定法。在一定稀释范围内，测得的 OD 值约为 0.1～1.1。同时用英国国家生物制品检定所（NIBSC）提供的国际标准品校正，样品与标准品的回归曲线相平行。计算 3 批重组人 IL-11 原液的比活性，均应大于 8×10^6 IU/mg。

② 理化特性分析：用 SDS-PAGE 和 Waters 2690 HPLC 分析系统分析产品纯度，肽图分析为理化分析的重要项目，在样品中加入一定量的 Trypsin 消化，每 80 min 进样一针。在第 12 针后重组人 IL-11 已被完全酶切，肽图基本一致，最佳酶切时间为 16～18 h。

③ 鉴别实验采用免疫印记法，结果应呈阳性。

④ 微量杂质含量分析：残余 DNA 含量应小于 100 pg/剂量，菌体蛋白质含量应小于 0.01％，内毒素含量应小于 0.2 EU/剂量（标准为 10 EU/剂量）。

第四节　重组人促红细胞生成素的 CHO 细胞生产工艺

一、人促红细胞生成素的特点

促红细胞生成素（EPO）也叫红细胞生成素，是由肾脏分泌的一种活性糖蛋白，作用于骨髓中红系造血祖细胞，能促进其增殖、分化。其是由 Bonsdorff 和 Jalsvisto 在 1948 年发现的，主要用于治疗肾功能受损引起的贫血。现在研究表明，肾功能受损的病人，如慢性肾衰竭的病人，促红细胞生成素的生成受阻，可导致贫血。正常人体血液中促红细胞生成素的含量为 10～18 mU/mL。当人体处于缺氧的环境时，促红细胞生成素的含量可以提高 1000 倍以上。

1. 促红细胞生成素的种类与应用

（1）天然促红细胞生成素

天然的促红细胞生成素以人或动物的血、尿等为材料，经生物化学方法纯化得到。天然人促红细胞生成素一般以两种形式存在，分别是 EPO-α 和 EPO-β，这两种形式的促红细胞生成素的主要差别是糖基化程度不同。EPO-α 含有较多的 N-乙酰葡糖胺，总含糖量比 EPO-β 高。

（2）重组人促红细胞生成素

重组人促红细胞生成素，是以基因重组技术生产的人促红细胞生成素，主要是通过基因重组技术将人促红细胞生成素的 cDNA 克隆到表达载体上，然后转染进表达体系中，通过发酵工程技术生产得到人促红细胞生成素。重组人促红细胞生成素的氨基酸组成与天然人促红细胞生成素相同，同时也具有相同的生物学活性。同天然促红细胞生成素一样，根据糖型的不同，重组人促红细胞生成素主要分为 α 和 β 两种。在众多表达系统中表达出的人促红细胞生成素中，由 CHO 细胞表达的重组人促红细胞生成素的活性最高，工业化生产也最成熟。因此现在市面上的重组人促红细胞生成素主要由 CHO 细胞表达。

（3）重组人促红细胞生成素的临床应用

促红细胞生成素在大量动物实验和临床试验中都被证实有促进红细胞生产的作用，其主要作用于红系集落形成单位（CFU-E），通过结合 CFU-E 中的促红细胞生成素受体，加速 CFU-E 的分化和增殖，促进红细胞的生成。其被批准的适应证主要有肾性贫血、艾滋病相关贫血、癌症相关贫血等。此外，促红细胞生成素尚有潜力用于自体供血、术后贫血、骨髓移植、再生障碍性贫血、类风湿关节炎贫血、骨髓增生异常综合征引起的贫血、镰状细胞贫血、地中海贫血等。

2. 促红细胞生成素的理化性质

促红细胞生成素是由 166 个氨基酸组成的糖蛋白，糖基化的位点为 $Asn24$、$Asn28$、$Asn83$ 和 $Ser126$，有两对二硫键（$Cys7-Cys61$ 和 $Cys29-Cys33$）。其分子质量为 $34～36$ kDa（SDS-PAGE 测得）、30.4 kDa（超滤测得）和 60 kDa（凝胶电泳测得）。促红细胞生成素前体带有 27 个氨基酸的信号肽，在分泌到胞外时信号肽会被切掉。

圆二色谱表明人促红细胞生成素的肽链骨架中 50% 为 α 螺旋，其余为无规则卷曲结构，其中两个反向平行的 α 螺旋组成类似于生长激素的结构。促红细胞生成素分子中，糖链占分子量的 39%，糖键结构也已明确。126 位 O-糖链的主要组成为 N-NeuNAc α2→3Gal β1→3（NeuNAc α-6）Gal NAcOH-丝氨酸。N 连接的寡糖链主要由 N-乙酰氨基半乳糖、唾液酸构成，基本都以 α2→3 连接方式唾液酸化。天然和重组人促红细胞生成素仅在唾液酸的含量方面有微小差异，其他糖键结构并无不同。未经 O-糖基化的重组人促红细胞生成素的体内外活性及体内清除速率与完全糖基化的无差别，N-糖基化不完全的重组人促红细胞生成素的体外活性正常，而体内活性则降低为体外活性的 1/500，糖基化促红细胞生成素的等电点为 4.2～4.6。未经糖基化的促红细胞生成素对热和 pH 变化不稳定，等电点为 9.2。

3. 促红细胞生成素研究概况

在重组 DNA 技术尚未出现之前，天然人源的促红细胞生成素主要是从含有高浓度促红细胞生成素的尿液中纯化而来，远远无法满足临床及科研的需求。有研究人员最初从人类基因文库中克隆并测序得到了编码促红细胞生成素的 DNA 片段，与此同时通过核酸探针的方法从 λ 噬菌体 cDNA 文库中筛选得到编码促红细胞生成素的 cDNA 片段，并以此构建了 SV40 启动子驱动的表达载体。随后，其通过猴肾成纤维细胞 COS-1 进行了瞬时表达，得到了具有一定生物学活性的重组人促红细胞生成素（rhEPO）。

另有研究人员利用昆虫细胞 SF9 中的杆状病毒表达系统进行 rhEPO 的表达，其表达量比 COS-1 瞬时表达提高了很多，但表达的 rhEPO 糖基化水平要比天然的 EPO 糖基化水平低一些，分子量相对较小，活性较低。此外，rhEPO 还在 B 淋巴细胞白血病 BALL-1 细胞、家蚕细胞以及大肠埃希菌中进行过表达，但都存在一定问题。其中用大肠埃希菌表达的 rhEPO 只具备体外抗原结合活性，不具备生物学活性。随着哺乳动物细胞表达体系的成熟发展，可以悬浮培养、可分泌表达且产物具有较为完整的糖基化、生物安全性好的 CHO 细胞成为生产 rhEPO 的首选。CHO 表达得到的 rhEPO 与天然的促红细胞生成素各项指标均相似。

二、重组人促红细胞生成素培养工艺

基于目前基因工程和促红细胞生成素生产情况，本节以 CHO 细胞表达体系为例，从目的基因获得、表达载体构建、表达细胞株构建、细胞培养和大规模培养等方面对促红细胞生成素的表达工艺进行全面阐述。

1. 获取编码人促红细胞生成素的基因

在人类基因组未测序完成前，获取编码人促红细胞生成素的基因主要有两种方法。第一种是提取人胎肝基因组，通过设计特异性引物，经聚合酶链式反应扩增出人促红细胞生成素的基因片段，然后再进行体外拼接。另一种方法是提取人胎肝 RNA，通过逆转录合成 cDNA 文库，然后进行文库筛选进而得到人促红细胞生成素基因。目前已拥有完整的人类基因组信息，因此可以通过基因合成的方法得到编码人促红细胞生成素的 DNA。在得到编码人促红细胞生成素的目的基因后，可以通过限制性内切酶酶切再将其连接到所需要的表达载体上，构成重组载体。常用的载体有 pDSVL 和 pSV2 这两种质粒，带有二氢叶酸还原酶（DHFR）基因。也可用 pcDNA3.1 作为表达载体，不含有 DHFR 基因。

2. 构建人促红细胞生成素基因表达载体

从人胎肝中提取总 RNA，通过 1.2% 的琼脂糖凝胶电泳检测 RNA 的完整性（从 18S 及 28SRNA 的位置和相对质量进行判断）。取 5μg 总 RNA 为模板，利用反转录试剂盒逆转录，得到 cDNA 的第一链。将所得到的产物按 1:10 稀释，取 1 μg 作为模板，利用特异性引物，以 Taq 酶作为 DNA 聚合酶，经 PCR 扩增出编码人促红细胞生成素的 DNA 片段。PCR 产物经 1% 的琼脂糖凝胶电泳检测其大小。然后通过 PCR 产物纯化试剂盒将其纯化，得到的产物通过 Hind Ⅲ 和 Xba Ⅰ 双酶切，再用 PCR 产物纯化试剂盒将其纯化。通过 T4 DNA 连接酶将酶切纯化后的目的基因和酶切纯化后的载体片段 4 ℃ 连接过夜。将连接产物转化进大肠埃希菌 DH5α 中，涂于带有氨苄青霉素抗性的 LB 培养基的平板，并在单菌落长出后挑选适量单菌落进行菌落 PCR。对有目的条带的单菌落进行测序。将测序结果与编码人促红细胞生成素基因一致的菌株扩大培养，制备可以表达人促红细胞生成素的重组质粒（pcDNA3.1-rhEPO，见图 13-3）。

3. 促红细胞生成素表达细胞株的构建

以野生型中国仓鼠卵巢细胞 K1 为宿主细胞。将液氮罐中保存的细胞取出，置于 37 ℃ 水浴锅中使其快速融化。在无菌超净台内将融化的细胞转移至 10 mL 离心管内，再添加 5 mL PBS 溶液，800 r/min 下离心 5 min。吸弃上清液，加入 5 mL 完全培养基（含 10% FBS 的 Ham's F12K 培养基），重悬细胞，并转移至 T75 细胞培养瓶中，在细胞培养箱中培养，培养条件为 37 ℃，5% CO_2。将状态良好 CHO-K1 细胞以 1×10^5 个细胞/mL 的密度接种到 6 孔板中培养，当 6 孔板内的细胞汇合度达到 50% 时，利用 Lipofectamine 3000 试剂将 pcDNA 3.1-rhEPO 质粒转染到细胞中。于第 2 天添加 3 mg/mL G418 作为筛选压力，经过三天加压筛选后，收集贴壁的活细胞。然后采用有限稀释法挑选单克隆细胞株。对挑选

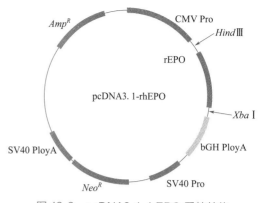

图 13-3　pcDNA3. 1-rhEPO 质粒结构

出来的单克隆细胞株进行表达促红细胞生成素能力检测，常用的方法有斑点印迹（Dot blot）和免疫印迹（Western blot），具体操作方法如下。

使用 dot blot 检测贴壁细胞内目的蛋白质的表达情况进行初步筛选。取细胞表达上清液 5 μL 点至 NC 膜上，自然晾干或烘干，在干净的抗体孵育盒的封闭液中室温震荡封闭 2 h，弃封闭液，每 10 min 更换 TBST 洗膜，洗涤三次；孵育一抗 EPO 抗体，依据说明书用 TBST 稀释抗体后使用，室温震荡孵育 2 h，结束后每 10 min 更换 TBST 洗膜，洗涤三次；孵育二抗山羊抗小鼠 IgG，同样依据说明书用 TBST 稀释抗体后使用，室温震荡孵育 2 h，结束后每 10 min 更换 TBST 洗膜，洗涤三次；沥干 NC 膜上的 TBST，放在凝胶成像仪内，膜上均匀涂抹 200 μL ECL 超敏显影液进行显影。

Western blot 检测贴壁细胞内目的蛋白质的条带大小是否正确。首先制备样品，将上样缓冲液与细胞表达上清液以 1∶4 的比例混匀，沸水浴 5 min；之后上样，电泳条件为 80 V 30 min，110 V 70 min。电泳结束后切去浓缩胶进行转膜，转膜条件为冰浴 100 V 70 min。转膜结束后用牛奶进行封闭，之后孵育一抗、孵育二抗及显影操作同 Dot blot。

4. 促红细胞生成素的生产工艺

常规培养动物细胞的方法是用培养基将细胞放在不同的容器中进行培养。一般培养容器体积很小，而且培养基成分不能根据细胞生长的需要随时调整，细胞所分泌的产物是有限的，无法满足实验室研究和实际应用的需要。而利用生物反应器进行大规模连续培养能从根本上解决这些问题。

生物反应器配件完善，无菌操作安全可靠，保温和气体交换可靠，能保持 pH 稳定、监视控制自动化，产物的收集和新液的补充能连续进行，载体有足够的比表面积，非常适合基因工程细胞的高密度、高表达连续培养。但不同的细胞株，其最适生长和表达条件不完全相同，培养时应研究其最适条件。

(1) 种子细胞制备

① 将保存的细胞快速置于 37 ℃ 水浴锅中，无菌，800 r/min 下离心 5 min。

② 将细胞转移至 150mL 三角摇瓶中，载液量为 30 mL，在震荡培养箱中培养，培养条件为 37 ℃，5% CO_2，110 r/min。

③ 连续传代，直至细胞状态达到最好。

④ 然后将状态良好的细胞以 1×10^6 个/mL 的接种量逐级放大。

(2) 反应器流加培养

① 取 5 L 流加发酵罐，121 ℃ 蒸汽灭菌 30 min。

② 待发酵罐冷却后，无菌条件下加入无血清 CHO-CD 培养基 3 L，校准电机，接入无菌空气和二氧化碳，加热控温至 37 ℃。

③ 待发酵罐内状态稳定后，pH 保持在 7.0，转速为 100 r/min，温度为 37 ℃，溶解氧水平为 50%～

80%。将种子细胞按 1×10^6 个/mL 的接种量进行接种。

④ 37 ℃培养 5 天，降温至 34 ℃，每天流加总体积 5%的流加培养基，并保证葡萄糖含量维持在 3 g/L。控制溶解氧和 pH 保持相对稳定。

⑤ 当细胞活率低于 80%时结束发酵，过滤，离心。上清液于 4～8 ℃短期保存，-80 ℃长期保存。

利用生物反应器培养工程细胞时，为实现促红细胞生成素的高表达，不仅要有合适的培养及表达条件，而且要关注动物细胞的特性。在刚接种细胞时，要适当调低搅拌速度，以减少剪切力对细胞的损伤。在发酵的前期要保证细胞最优的生长条件，使其在最短的时间内达到最高的细胞密度。达到高细胞密度后，需要进行降温处理，将细胞周期停留在间期，使得培养基中的物质最大化地转化为产物——促红细胞生成素。当细胞活率降至 80%时要及时终止发酵，防止细胞大量破裂而引入其他蛋白质，增加后续分离纯化的困难。

葡萄糖作为细胞生长和表达中必不可少的碳源之一，其消耗程度可直接反应细胞的状态。当细胞生长旺盛时，葡萄糖的消耗极快，因此想要细胞生长和表达保持比较良好的状态就必须保证培养基中葡萄糖的含量充足。但过高的葡萄糖含量会使得细胞发生过度的糖酵解反应，产生大量乳酸，不利于细胞的生长和表达。因此，在发酵生产促红细胞生成素的时候严格控制葡萄糖含量，使其既满足细胞生长表达需要，又不会使细胞产生过量乳酸。

三、重组人促红细胞生成素分离纯化工艺

由 CHO 细胞发酵生产的促红细胞生成素的分离纯化工艺如下。

(1) 发酵液处理

将发酵结束后的细胞培养液过滤，低温离心得到无细胞上清液。并用醋酸调节 pH 至 5.0～5.2，随后用 0.22 μm 微孔滤膜过滤。

(2) 蓝色葡聚糖色谱

将促红细胞生成素在较低离子强度和 pH 下与蓝色葡聚糖结合，随着离子强度和 pH 的增加其会与介质分离，被洗脱下来。首先用三倍柱体积的平衡缓冲液（20 mmol/L NaAc，5 mmol/L CaCl$_2$，0.1 mol/L NaCl，pH 5）平衡色谱柱；10 ℃下，以 10%～20%柱体积/min 的流速将调节好 pH 的无细胞上清液缓慢上柱；5 ℃下，以相同流速用平衡缓冲液 1（20 mmol/L NaAc，5 mmol/L CaCl$_2$，0.25mol/L NaCl，pH 5）淋洗 1 个柱体积，再用平衡缓冲液 2(20 mmol/L Tris-HCl，5 mmol/L CaCl$_2$，pH 6.5）淋洗 2 个柱体积；5 ℃下，以相同流速用洗脱缓冲液（100 mmol/L Tris-HCl，5 mmol/L CaCl$_2$，1 mol/L NaCl，pH 6.5）进行洗脱，收集所有洗脱峰。用盐酸调节 pH 至 6.9，4 ℃保存。

(3) 疏水作用色谱

促红细胞生成素结合到介质上后可以通过含有异丙醇的缓冲液将其洗脱下来。利用三倍柱体积的平衡缓冲液（20 mmol/L Tris-HCl，5 mmol/L CaCl$_2$，0.75 mol/L NaCl，10%异丙醇，pH：6.9）平衡色谱柱。随后，将蓝色葡聚糖色谱的洗脱液加入 10%的葡聚糖，27℃下，以 20%～30%柱体积/min 的流速上柱。相同温度下，以相同流速用平衡缓冲液 1（20 mmol/L Tris-HCl，5 mmol/L CaCl$_2$，0.75mol/L NaCl，10%异丙醇，pH 6.9）淋洗 1 个柱体积，再用平衡缓冲液 2（20 mmol/L Tris-HCl，5 mmol/L CaCl$_2$，0.75 mol/L NaCl，19%异丙醇，pH 6.9）淋洗 2 个柱体积。以相同流速用洗脱缓冲液（20 mmol/L Tris-HCl，5 mmol/L CaCl$_2$，0.75 mol/L NaCl，27%异丙醇，pH 6.9）进行洗脱，收集所有洗脱峰。用大约 3 个柱体积的稀释缓冲液（20 mmol/L Tris-HCl，5 mmol/L CaCl$_2$，pH 6.9）稀释，这一步可以使产品纯度达到 90%。

(4) 羟基磷灰石色谱

在这种介质上的促红细胞生成素结合可以在更低的磷酸盐浓度下被洗脱下来。先用四倍柱体积的平衡

缓冲液（20 mmol/L Tris-HCl，5 mmol/L CaCl$_2$，0.25 mol/L NaCl，9%异丙醇，pH 6.9）平衡色谱柱。将疏水作用色谱得到的洗脱液，在 15 ℃下，以 20%～30%柱体积/min 的流速上柱。相同温度下，以相同流速用平衡缓冲液 1（20 mmol/L Tris-HCl，5 mmol/L CaCl$_2$，0.75 mol/L NaCl，9%异丙醇，pH 6.9）淋洗 1 个柱体积，再用平衡缓冲液 2（10 mmol/L Tris-HCl，5 mmol/L CaCl$_2$，pH 6.8）淋洗 2 个柱体积。以相同流速用洗脱缓冲液（10 mmol/L Tris-HCl，10 mmol/L K$_3$PO$_4$，5 mmol/L CaCl$_2$，pH 6.8）进行洗脱，收集所有洗脱峰。这一步可以使产品纯度达到 95%。

（5）DEAE 葡聚糖色谱

在此步骤中，在较高离子浓度下可以将结合的促红细胞生成素洗脱下来。用 12 倍柱体积的 100 mmol/L Na$_3$PO$_4$/ K$_3$PO$_4$ 缓冲液（pH＝7.5）平衡色谱柱。将羟基磷灰石色谱得到的洗脱液，于 5 ℃下，以 20%～30%柱体积/min 的流速上柱。相同温度下，以相同流速用平衡缓冲液 1（10 mmol/L Na$_3$PO$_4$/ K$_3$PO$_4$，pH 7.5）淋洗 5 个柱体积，再用平衡缓冲液 2（30 mmol/L NaAc）淋洗 10 个柱体积。之后用大约 10 个柱体积的平衡缓冲液进行洗涤。以相同流速用洗脱缓冲液（10 mmol/L Na$_3$PO$_4$/ K$_3$PO$_4$，80 mmol/L NaCl，pH 7.5）进行洗脱，收集所有洗脱峰。过滤除菌，分装保存。这一步可以使产品纯度达到 99%。

另外，人促红细胞生成素的分离方法还有亲和色谱。第一步先将 CM 亲和色谱柱用 Na-HAc-异丙醇活化，再用 20 mmol/L Tris-HCl 平衡。将含有促红细胞生成素的液体经 0.22 μm 的滤膜过滤后上柱，并用三个柱体积以上的平衡液平衡。然后用 0～2 mol/L NaCl，20 mmol/L Tris 洗脱液进行梯度洗脱。收集洗脱峰，用 10 mmol/L Tris 透析液透析过夜。透析好的蛋白质上预先平衡好的 DEAE 离子交换柱，用 0～1 mol/L NaCl-Tris 洗脱液梯度洗脱，收集洗脱峰，获得人促红细胞生成素纯化组分。

四、重组人促红细胞生成素原液和半成品检定

1. 蛋白质含量

依据《中国药典》（2020 版）的方法进行蛋白质含量的检测，蛋白质含量应不低于 0.5 mg/mL。

2. 活性检测

① 体内活性检测

依据人促红细胞生成素（EPO）可刺激网织红细胞生成的作用，给小鼠皮下注射 EPO 后，其网织红细胞数量随 EPO 注射剂量的增加而升高。利用网织红细胞数与红细胞数的比值变化，来反映 EPO 的体内生物学活性。体内比活性要求为每 1 mg 蛋白质应不低于 1.0×10^5 IU。

② 体外活性检测

对于促红细胞生成素的体外活性检测，已有酶联免疫分析试剂盒上市，试剂盒配有标准促红细胞生成素。依照产品说明书，将产品进行稀释后，进行酶联免疫分析，依照其 OD 值以内标法计算产品相对于标准品的活性。

3. 纯度检测

① 电泳法：用非还原型 SDS-聚丙烯酰胺凝胶电泳法，考马斯亮蓝染色，分离胶的胶浓度为 12.5%，加样量应不低于 10 μg，经扫描仪扫描，纯度应不低于 98.0%。

② 高效液相色谱法：亲水硅胶体积排阻色谱柱，排阻极限 300 kDa，孔径 24 nm，粒度 10 μm，直径 7.5 mm，长 30 cm；流动相为 3.2 mmol/L 磷酸氢二钠-1.5 mmol/L 磷酸二氢钾-400.4 mmol/L 氯化钠，pH 7.3；上样量应为 20～100 μg，在波长 280 nm 处检测，以人促红细胞生成素色谱峰计算的理论板数应不低于 1500。按面积归一化法计算人促红细胞生成素纯度，应不低于 98.0%。

4. 分子量和等电点检测

用还原型 SDS-聚丙烯酰胺凝胶电泳法，考马斯亮蓝 R250 染色，分离胶的胶浓度为 12.5%，加样量

应不低于 1 μg，分子质量应为 36～45 kDa。

等电点检测参照等电聚焦电泳法进行，同时做阳性对照，电泳图谱应与阳性对照品一致。

5. 吸收光谱

用全波长分光光度计对样品进行光谱扫描，最大吸收峰应为 279 nm±2 nm；最小吸收峰应为 250 nm±2 nm；在 320～360 nm 处应无吸收峰。

6. 唾液酸含量测定（间苯二酚显色法）

用酸水解方法将结合状态的唾液酸变成游离状态，游离状态的唾液酸与间苯二酚反应生成有色化合物，再用有机酸萃取后，测定唾液酸含量。每 1 mol 人促红细胞生成素应不低于 10.0 mol。

7. 外源性 DNA 残留量

每 10000 IU 人促红细胞生成素应不高于 100 pg。

8. 细菌内毒素检查

利用鲎试剂来检测或量化由革兰氏阴性菌产生的细菌内毒素，要求每 10000 IU 人促红细胞生成素应小于 2 EU。

9. CHO 细胞蛋白质残留量

采用双抗体夹心酶联免疫法检测，应不高于蛋白质总量的 0.05%。

10. 牛血清白蛋白残留量

采用酶联免疫法测定供试品中残余牛血清白蛋白（BSA）含量，要求应不高于蛋白质总量的 0.01%。

11. 肽图

应与人促红细胞生成素对照品一致。

12. N 端氨基酸序列

用氨基酸序列分析仪测定，N 端序列应为：Ala-Pro-Pro-Arg-Leu-Ile-Cys-Asp-Ser-Arg-Val-Leu-Glu-Arg-Tyr。

本章小结

本章介绍了重组蛋白质与多肽类药物的定义及特点，并重点阐述了重组蛋白质与多肽类药物的生产工艺，比较了大肠埃希菌、酵母、CHO 细胞三种常用的表达体系，并分别介绍了这三个表达体系生产的重组人干扰素 α2b、重组人白介素-11 及重组人促红细胞生成素的发酵、分离纯化工艺及产品质量控制方面的内容。

思 考 题

1. 重组蛋白质与多肽类药物在生产过程中如何保持其活性？
2. 基于重组蛋白质与多肽类药物的特点，应采用哪些分析方法进行质量控制？
3. 在重组蛋白质与多肽类药物的生产过程中，如何通过工艺的改进提高重组蛋白质与多肽类药物的质量？
4. 重组蛋白质与多肽类药物的生产难点主要有哪些？
5. 试论述酵母表达系统与大肠埃希菌表达系统的优缺点。
6. 大肠埃希菌表达过程中包涵体的定义及包涵体表达的优缺点是什么？

7. 大肠埃希菌表达中包涵体变复性的目的及其方法是什么？

8. 提高目标蛋白质在大肠埃希菌中表达策略有哪些？

9. 试述重组蛋白质类药物的发展现状？

【窦文芳　陈蕴　李会】

参考文献

［1］　傅一鸣，王清明，安利国．蛋白质和多肽药物长效性研究进展［J］．生命科学，2008，020（002）：258-262.

［2］　R. M. 坎普，B. 威特曼-利伯德，T. 乔里-帕帕多普洛，等．蛋白质结构分析：制备、鉴定与微量测序［M］．北京：科学出版社，2000.

［3］　戎晶晶，刁振宇，周国华．大肠杆菌表达系统的研究进展［J］．药物生物技术，2005，12（6）：416-420.

［4］　范翠英，冯利兴，樊金玲，等．重组蛋白表达系统的研究进展［J］．生物技术，2012，22（002）：76-80.

［5］　朱泰承，李寅．毕赤酵母表达系统发展概况及趋势［J］．生物工程学报，2015（06）：929-938.

［6］　Wurm F. CHO Quasispecies—Implications for Manufacturing Processes［J］.Processes，2013，1（3）：296-311.

［7］　Dahodwala H，Lee K H. The fickle CHO：a review of the causes，implications，and potential alleviation of the CHO cell line instability problem［J］. Curr Opin Biotechnol，2019，60：128-137.

［8］　王钢，陈尘，李强．大肠杆菌体系外源蛋白表达速度的调控策略［J］．过程工程学报，2013，13（006）：1075-1080.

［9］　傅小蒙，孔令聪，裴志花，等．毕赤酵母表达系统优化策略概述［J］．中国生物工程杂志，2015，35（10）：86-90.

［10］　辛中帅，张彦彦，晋小雁，等．我国已上市治疗用重组蛋白多肽类产品分析［J］．中国药事，2019（9）.

［11］　俞媛瑞，王雪峰，王桂瑛，等．鸡肉中生物活性肽的研究进展［J］．食品研究与开发，2019，40（22）：220-224.

［12］　陈晨．抗菌肽生物活性及其影响因素［J］．化工设计通讯，2020，46（08）：153-154.

［13］　徐珂，张丽萍，张园园，等．微生物源抗菌肽表达系统研究进展及改造策略［J］．河北科技大学学报，2019，40（05）：454-460.

［14］　段明华，裴瑾，徐仁华，等．重组人干扰素 α2b 原液的制备［J］．沈阳药科大学学报，2009，26（5）：405-408.

［15］　解福生，庞甲佩，刘海峰．重组人白介素-11 的研究进展［J］．食品与医药，2006，8（4）：9-12.

［16］　王丹丹，史长松．干扰素生物学作用及雾化治疗研究进展［J］．现代临床医学，2018，44（6）：474-476.

［17］　郑龙，田佳鑫，张泽鹏，等．多肽药物制备工艺研究进展［J］．化工学报，2021，72（07）：3538-3550.

第十四章

抗体药物生产工艺

第一节　抗体药物概述

一、抗体药物发展历史

抗体治疗最早可以追溯到中国古代接种"人痘"以预防天花的记载。国际上一般公认的人痘接种术最早起源于 10 世纪的中国，但据中国的一些史书记载，种痘始于唐朝。唐代孙思邈在《备急千金要方》中介绍："治小儿身上有赤黑疵方：针父脚中，取血贴疵上，即消。"及"治小儿疣目方：以针及小刀子决目四面，令似血出，取患疮人疮中汁黄脓敷之。莫近水，三日即脓溃根动，自脱落。"由此可见，唐代的人们已经认识到"以毒攻毒"的原理，已出现了人痘接种术。但当时的种痘术只是在民间秘密流传。清朝学者董玉山在《牛痘新书》中提到："考上世无种痘诸经，自唐开元间，江南赵氏始传鼻苗种痘之法。"

据清代《癸巳存稿》记述，康熙二十七年（公元 1688 年），俄国最先派人来我国"学痘医"。不久，痘医之术由俄国人通过丝绸之路传入土耳其，英国驻土耳其大使蒙塔古的夫人于 1717 年又将此术传入英国。1796 年 5 月，詹纳将从一个奶场女工手上的牛痘脓疱中取出来的物质给一个八岁的男孩詹姆斯·菲普斯接种后，男孩没有出现天花病症。

1890 年，Emil Adolf von Behring 和 Shibasaburo Kitasato 证明，给动物注射小剂量的破伤风或白喉类毒素，动物血清中会形成一种保护物质，这种物质可以有效地转移到受体体内，它们最初被称为"抗毒素"、"沉淀素"、"凝集素"甚至"试剂"。1901 年，Paul Ehrlich 开创了"侧链"理论，设想一些细胞携带着可以释放到血清中的侧链，这个理论为免疫学与免疫疗法的研究奠定了基础。

1937 年，瑞典物理学家 Arne Wilhelm Kaurin Tiselius 通过电泳技术证明了抗体也是一种蛋白质，并将其称为 γ 球蛋白。1950 年，Korngold 和 Lipari 发现，四链结构可以细分为不同功能的片段，主要是 Fc（可结晶片段）和 Fab（抗原结合片段，有时也被称为抗体片段）。1953 年，英国生物化学家 Frederick Sanger 成功解析出胰岛素的化学结构，从而为科学家们解析抗体结构指明了方向。1963 年，Edelman 与 Rodney Robert Porter（Sanger 的第一个博士研究生）结合两人多年的研究结果，提出了比较成熟的抗体分子模型。他们认为，抗体的结构是由两条重链和两条轻链组成的"Y"型对称结构，其中一条轻链和一条重链的一半组成了"Y"型结构的分支。抗体识别抗原的特异性结合位点位于"Y"型结构的两个分支的顶端，轻链和重链都有一部分包含其中。

1975 年，免疫学家 Georges Kohler 和 César Milstein 将免疫过后的小鼠脾细胞与骨髓瘤细胞融合，形成的杂交瘤细胞既能制备溶血素（抗 SRBC 抗体）的单克隆抗体（单抗），又可无限增殖，从而创立了具有划时代意义的杂交瘤细胞技术，他们也因此获得了 1984 年的诺贝尔生理学或医学奖。

1984 年，Morrison 等人在基因水平上将鼠单抗可变区与人 IgG 恒定区连接在一起，成功构建了第一个人-鼠嵌合抗体，这在一定程度上减弱了人抗鼠抗体反应（HAMA），推动了基因工程抗体的研究。

1986 年，强生公司的 Orthoclone OKT3 成为第一个被美国 FDA 批准的单抗药物，用于预防肾脏移植后的宿主排斥反应。该单克隆抗体药物来源于小鼠，氨基酸序列均为鼠源。

1988 年，Parmley 等首次报道了噬菌体表面表达技术，第一次获得了噬菌体表面表达的具有天然蛋白质功能的蛋白质分子。随后，Hoogenboom 等人将轻链基因插入噬菌体载体的左臂，重链基因插入噬菌体载体的右臂，连接后包装成噬菌体，建立了第一个噬菌体抗体库。

1997 年，Boder 等科学家第一次建立了酵母表面展示系统，同年，Abgenix 公司成功研制出 XenoMouse 技术，可以制备出高亲和力的人源化抗体。该技术的基本原理是将小鼠的全套抗体基因除去，同时将人抗体的部分轻链、重链基因插入到小鼠的染色体中，这样小鼠受抗原刺激后就可以产生以人抗体基因为主的重排抗体，即产生人源化抗体。百时美施贵宝旗下 Medarex 公司的 HuMAb-MouseTM 技术与安进旗下 Abgenix 公司的 XenoMouse 技术是目前最为成熟的人源化小鼠技术。

自从 1986 年第一个鼠源性单抗药物问世以来，经过 30 多年的快速发展，单抗药物目前已经成为全球生物制药领域中增长最快的细分领域，诞生了数个年销售额超过 50 亿美元的"超级重磅药物"。截至 2022 年 2 月，美国 FDA 累计批准了 109 款抗体药物，包括 12 款 ADC、4 款双特异性抗体抗肿瘤药物和 93 款单抗药物。全球抗体药物市场连续 8 年保持 10% 以上的增速，2021 年首次突破 2000 亿美元，相比 2020 年增长了 16.5%。近年来，我国抗体药物产业也有了迅速的发展，目前已有 31 个国产抗体药物获批上市。2021 年国家药品监督管理局新批准了 17 款抗体药物，其中单克隆抗体生物类似药有 10 款，获批的国产单克隆抗体新品种有 7 款。单克隆抗体药物包括抗肿瘤抗体药物、免疫检查点抑制剂、自身免疫性疾病治疗药物等，其中，抗肿瘤抗体药物占比最大，会通过抗体依赖细胞介导的细胞毒作用（ADCC）或补体依赖的细胞毒作用（CDC）介导抗肿瘤作用。除此之外，还有抗体偶联药物（ADC），这是一种通过连接子将抗体与具有生物学活性的小分子细胞毒性药物连接起来的新型高效生物药。

注射用曲妥珠单抗是基因泰克公司开发的一种针对 HER-2 蛋白细胞外结构域（ECD）的重组人源化单克隆抗体（Mab），是通过将小鼠抗体（克隆 4D5）的互补决定区域插入到人类 IgG1 框架中构建的，也是美国 FDA 批准的唯一一种治疗转移性乳腺癌（MBC）的 HER-2 靶向疗法。阿达木单抗（adalimumab）为抗人肿瘤坏死因子（TNF）的人源化单克隆抗体，先后在国家药品监督管理局获批了 2 个适应证，分别是类风湿关节炎、强直性脊柱炎。纳武利尤单抗是一种靶向 PD-1 的单克隆抗体，通过抑制 PD-1/PD-L1 通路解除免疫机制，增强抗肿瘤免疫反应，从而起到抗肿瘤的作用，2014 年其首次在美国 FDA 获批，已获批包括黑色素瘤、非小细胞肺癌在内的多种肿瘤治疗适应证。2021 年 5 月，国家药品监督管理局（NMPA）已受理抗体偶联药物（ADC）戈沙妥珠单抗的生物制品上市许可申请，这是一款靶向 Trop-2 的新型、首创的抗体偶联药物（ADC），由靶向 TROP-2 抗原的人源化 IgG1 抗体与化疗药物伊立替康（一种拓扑异构酶 I 抑制剂）的代谢活性产物 SN-38 偶联而成，该药用于治疗先前已接受过至少 2 种系统疗法、其中至少 1 种疗法治疗转移性疾病的不可切除性局部晚期或转移性三阴性乳腺癌（mTNBC）成人患者。

传统单克隆抗体具有生产成本高、耗时长、在组织和肿瘤中穿透力差、长期使用会引起机体免疫排斥反应的缺点，而纳米抗体具备传统抗体不具备的分子量小和穿透性强的优势，成为目前抗体研究的主要方向之一。骆驼科动物体内存在一种天然缺失轻链和重链 CH1 恒定区的重链抗体（heavy-chain-only antibodies，HCAbs），它由重链的 CH2 与 CH3 恒定区、铰链区和重链可变区（variable region of heavy chain，VH region）构成，其保留了完整的抗原结合能力，且分子量低、分子较小，因此也被称为纳米抗体。2018 年 9 月 3 日，欧洲药品管理局（EMA）批准赛诺菲纳米抗体药物 Caplacizumab 用于治疗成年获得性血栓性血小板减少性紫癜（aTTP）。其是首个特异性的 aTTP 治疗药物，也是首个上市的纳米抗体药物。

二、杂交瘤细胞技术及应用

1975 年，德国学者 Kohler 和 Milstein 成功将骨髓瘤细胞和产生抗体的 B 淋巴细胞融合为杂交瘤细胞。这种杂交瘤细胞既具有可产生只针对某一特定抗原决定簇的单克隆抗体的 B 淋巴细胞特性，同时也具有瘤细胞无限增殖的特性。这项技术开启了抗体制备和使用的新时代。

1. 小鼠杂交瘤细胞技术

小鼠杂交瘤单克隆抗体因其来源稳定、后期易制备、产量高，成为免疫检测分析和疾病早期筛查中使用最为普遍的抗体。杂交瘤细胞技术可在组织或细胞水平上应用抗原与单克隆抗体（mAb）特异性结合的免疫学原理进行反应，还可以与多种免疫组织化学方法，如免疫荧光法、免疫酶法、免疫胶体金技术及放射自显影法等结合而广泛地使用于各种场景，如在组织细胞内进行抗原定位、识别病原体、揭示病变与抗原的关系。下文将对杂交瘤细胞技术流程进行简要介绍。

（1）小鼠杂交瘤细胞技术原理与流程

迄今为止，传统的杂交瘤细胞技术因其成本低、可持续生产、操作性好以及在临床诊断方面的优势等特点，仍然是制备单克隆抗体的主要方法之一。杂交瘤细胞技术的基本原理是将经抗原免疫的小鼠脾细胞和小鼠骨髓瘤细胞在体外融合在一起，融合后的杂交瘤细胞兼具骨髓瘤细胞无限增殖和脾细胞分泌抗体的能力。杂交瘤细胞技术的主要流程为：抗原制备、免疫后的动物脾细胞与瘤细胞融合以获得杂交瘤细胞、筛选杂交瘤细胞中获得分泌目标抗体能力的阳性单克隆杂交瘤细胞、扩大培养阳性单克隆杂交瘤细胞、经过 HAT 和 HT 选择性培养基的筛选和间接酶联免疫吸附分析（enzyme-linked immunosorbent assay，ELISA）的筛选确认、体外培养或体内诱生法获得大量的单克隆抗体（图 14-1）。

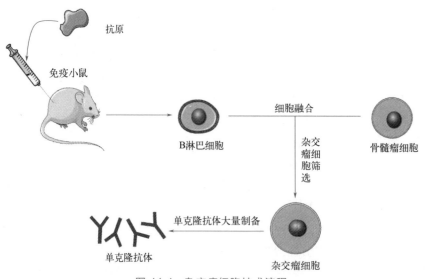

图 14-1　杂交瘤细胞技术流程

（2）实验动物的选择

实验动物的选择在杂交瘤细胞技术中极为重要，也是形成单克隆抗体的必要条件。常用的实验动物有小鼠、大鼠、仓鼠以及天竺鼠等。与其他动物相比，BALB/c 小鼠具备得天独厚的免疫条件（多数个体于

6月龄以后出现免疫球蛋白过多症，表现为IgG1和IgA量的增加），通常作为首选动物。另外，雌性小鼠比雄性小鼠更容易饲养。因此，6～8周龄的雌性BALB/c小鼠是首选实验动物。除此之外，为减少个体差异对实验的影响，在抗原足够的条件下应选用3～6只小鼠同时进行免疫。

（3）免疫原

免疫原包括人工抗原、天然蛋白质、重组蛋白质等，杂交瘤细胞融合中的B淋巴细胞从免疫原免疫的动物体内获得。一般来说，免疫原的纯度决定了免疫反应的特异性。因此，通常采用超速离心、超滤膜过滤、沉淀、透析以及有机试剂提纯等手段纯化抗原以提高免疫反应的特异性，同时简化后期抗体的筛选和纯化过程。一般情况下，免疫小鼠的方法是腹腔或皮下注射5～50 μg的免疫原，免疫原需要低毒性且有合适的pH，以保证顺利产生所需抗体。如用甘胆酸（GCA）半抗原与牛血清白蛋白（BSA）结合成完全免疫母鸡，生成单链抗体（ScFv）文库，通过噬菌体显示方法分离抗GCA scFvs，这些抗体被用于GCA的高通量免疫测定中来进行肝细胞癌（HCC）的初步诊断。

（4）免疫佐剂

免疫佐剂（immunoadjuvant）又称非特异性免疫增生剂，其本身不具有抗原性，但同抗原一起或预先注射到机体内后，能非特异性地改变机体对该抗原的特异性免疫应答。灭活疫苗、亚单位疫苗和DNA重组疫苗的免疫原性一般较差，常通过添加免疫佐剂来提高其免疫原性。免疫佐剂是与疫苗抗原混合，增强疫苗免疫原性并保护其效力的物质，对机体无不良影响。目前，常见的免疫佐剂有铝佐剂、弗氏佐剂等传统佐剂，以及γ干扰素（IFN-γ）、白细胞介素（interleukins，ILs）、脂质体、免疫刺激复合物（ISCOMs）、CpG寡脱氧核苷酸、中药多糖、纳米材料等新型免疫佐剂。应用最广泛的免疫佐剂则为油包水乳状液，即油乳佐剂，又名弗氏佐剂，分为弗氏不完全佐剂（IFA）与弗氏完全佐剂（CFA）2种。

（5）杂交瘤细胞阳性克隆的筛选

当杂交瘤细胞生长到占据普通低倍镜（100倍）下视野的1/4时，可及时抽取上清液进行抗体检测。测定抗体的方法须能可靠、迅速、简便地同时检测大量样品，常用的检测方法有放射免疫分析（RIA）、酶联免疫吸附分析（ELISA）、免疫荧光法、间接血凝试验、溶血空斑试验、微量中和试验等。

2. 杂交瘤细胞技术在免疫分析方法中的应用

杂交瘤细胞技术在疾病诊断、疾病治疗、疾病发病机制研究以及农业和食品安全诊断等方面有广泛的应用。

ELISA是酶免疫测定技术中应用最广泛的技术，其将已知的抗原或抗体吸附在固相载体表面，使酶标记的抗原或抗体与被固定在固相载体表面的抗原或抗体发生反应，通过酶催化底物产生颜色变化，用洗涤法将液相中的游离成分除去后再进行定量测定。该技术主要分为夹心法、间接法和竞争法。对新型冠状病毒（COVID-19）S蛋白的准确定量是疫苗研发的基础，利用灭活新冠病毒免疫山羊制备的多克隆抗体作为包被抗体，鼠抗S蛋白特异性单克隆抗体作为检测抗体，建立的对S蛋白进行快速定量的双抗体夹心ELISA检测方法，可用于新冠疫苗产品及工艺阶段样品中S蛋白抗原含量的测定。

荧光免疫分析（fluorescence immunoassay，FIA），是利用荧光性物质可在特定波长下激发的荧光信号来检测待测物含量的技术。该方法将荧光性物质标记于待测物（抗原）上，当标记后的待测物与抗体特异性结合后，形成的免疫复合物将携带所标记的荧光性物质，随后通过测定该荧光性物质的发光强度，可检测待测物的含量。荧光免疫分析根据标记示踪物的不同可划分为时间分辨荧光技术、荧光微球技术、上转发光技术和量子点荧光技术。PCV2是猪圆环病毒相关疾病的主要病原体，可引起猪的免疫抑制，进而继发感染多种病毒，造成猪的死亡，对养猪业造成巨大的经济损失。为此，研究人员针对PCV2 Cap蛋白的单克隆抗体，并利用一种荧光标记物（藻红蛋白）标记制备的一抗，建立了直接免疫荧光检测方法，为PCV2的实验室诊断提供了一种快速检测方法。荧光免疫色谱技术是基于抗原抗体特异性免疫反应的新型膜检测技术。通过杂交瘤细胞技术，研究人员获得了灵敏度高且针对纤溶酶-α$_2$纤溶酶抑制剂复合物（PIC）新抗原的单克隆抗体，并将其作为固相抗体和检测抗体应用于荧光免疫色谱平台，建立了 PIC 荧光免疫色谱检测方法。利用杂交瘤细胞技术，也有研究人员获得了高灵敏的抗甘胆酸（glycocholic acid，GCA）单克隆抗体，建立了基于甘胆酸单克隆抗体的荧光免疫色谱分析试纸，可用于检测患者尿液中甘胆酸的含量。

第二节　基因工程抗体制备工艺

一、基因工程抗体

基因工程抗体（genetic engineering antibody）是根据不同目的和需要，对抗体基因进行加工、改造和重新装配，然后导入适当的受体细胞进行表达得到的抗体分子。基因工程抗体所指范畴，包括完整的抗体分子、抗体可变区（Fv）、单链抗体（ScFv）、抗原结合片段 [Fab 或（Fab′)2]，以及其他为改善抗体药物的某些性质而产生的各种抗体衍生物。1984 年，Morrison 等将鼠单抗可变区与人 IgG 恒定区在基因水平上连接在一起，成功构建了第一个基因工程抗体即人-鼠嵌合抗体（human-mouse chimeric antibody）。此后，各种基因工程抗体大量涌现。1986 年，Jones 等用鼠源单抗的 CDR 区置换人 IgG 的 CDR 区，成功构建了第一个重构抗体（reshaped antibody），也称 CDR 移植抗体（CDR grafting antibody）。1991 年，Padlan 等提出以抗体为参照改造替换鼠源单抗的表面氨基酸残基，得到表面重塑抗体（resurfacing antibody）。此后，包括 Fab、Fv、ScFv、双体分子、单域抗体等在内的多种单价小分子抗体以及发展迅猛的双特异性抗体、多特异性抗体陆续构建成功。

1. 基因工程抗体的特点

与鼠源性单克隆抗体相比，基因工程抗体具有许多优点：

① 通过基因工程技术的改造，可以最大程度降低抗体的鼠源性，甚至消除人体对抗体的排斥反应。

② 基因工程抗体的分子较小，穿透力强，更易达到病灶的核心部位。

③ 可以根据治疗的需要，制备多种用途的新型抗体。

④ 可以采用原核细胞、真核细胞或植物等多种表达系统大量生产抗体分子，成本大大降低。

2. 基因工程抗体的应用

（1）在治疗肿瘤方面的应用

抗体治疗已经成为继手术、化疗、放疗、激素治疗后第五大肿瘤临床治疗手段。目前，治疗肿瘤的抗体药物已经不再局限于靶向治疗，生长因子的中和封闭抗体、受体信号转导阻断抗体、抗血管生成抗体（anti-angiogenesis antibody）等多种类型抗体的出现为肿瘤的抗体治疗提供了广阔的空间。相对于其他肿瘤生物治疗手段，抗体药物具有选择性强、毒副作用小、药理机制明确、药效显著、安全性好等优势。

（2）在治疗病毒感染方面的应用

病毒感染由于与细菌感染不同，至今无特异性治疗药物，而特异性人源抗病毒抗体已被多方面证实可用于防治由许多病毒引起的疾病。这些病毒性疾病包括由 RNA 或 DNA 病毒，如正黏病毒科、副黏病毒科、黄热病毒科、甲病毒科、沙粒病毒科、小 RNA 病毒科、嗜肝 DNA 病毒科以及疱疹病毒科等病毒引起的疾病。

（3）在治疗自身免疫病方面的应用

抗 TNF-α 的全人源单抗，可用于类风湿关节炎、脓毒症和炎性肠病；抗 IL-8 全人源单抗，对银屑病、类风湿关节炎、慢性阻塞性肺疾病等有一定的疗效；抗整合素的单克隆抗体，可用于治疗多发性硬化和局限性回肠炎；抗 C5 抗体对系统性红斑狼疮、膜性肾病、狼疮性肾炎、银屑病、类风湿关节炎、天疱疮等自身免疫病有一定疗效。

（4）在治疗哮喘方面的应用

针对哮喘的抗体药物有很多种。例如，抗 IgE 的人源化单抗，能和游离的 IgE 结合，阻断 IgE 和肥大细胞及嗜碱性粒细胞的相互作用，代表性的品种有奥马珠单抗；抗 IL-5 的单抗，能减少哮喘病人血液和唾液中的嗜酸性粒细胞，而嗜酸性粒细胞的活性是哮喘发生的主要病因；抗 CD23 的灵长类动物来源单抗，能够和 CD23 结合，通过调节 IgE 的生成控制哮喘等疾病的病程。

（5）在治疗移植排斥方面的应用

Thymoglobulin 是兔源抗 T 细胞上多种受体的兔源多克隆抗体，用于与免疫抑制剂联合治疗肾移植急性排斥。巴利昔单抗（basiliximab）是抗 IL-2 受体（CD25）的嵌合型单抗，与二元或三元免疫抑制剂疗法联用，可预防肾移植急性排斥反应。达利珠单抗（daclizumab）是抗 IL-2 受体（CD25）α 链的人源化单抗，与二元或三元免疫抑制剂疗法联用，可预防肾移植急性排斥反应。莫罗单抗（muromonab）-CD3 是抗 CD3 的鼠源单抗，用于肾移植的急性同种移植物排斥治疗。

（6）在治疗心血管疾病方面的应用

抗血小板抗体药物已经作为治疗血栓性疾病的有效手段在临床上广泛应用。对兔瞬时缺血模型的研究证明，抗白细胞抗体药物（如 Hu23F2G，是人源化抗 CD11/CD18 单抗）具有有效降低再灌注损伤的功能。其他抗体药物，如恩莫单抗（enlimomab），是人源化抗细胞间黏附分子（ICAM-1）抗体，不增加缺血或出血性脑梗死病人再发作的危险，具有安全、稳定的生物学活性。

二、噬菌体抗体库技术

噬菌体抗体库（phage antibody library）技术是利用 PCR 扩增出抗体的全套可变区基因，通过噬菌体展示技术，把 Fab 段或单链抗体（ScFv）表达在噬菌体表面，通过"吸附—洗脱—扩增"的过程筛选并富集特异性抗体的技术。这一技术将表型和基因型联系在一起，将抗体识别抗原的能力和噬菌体扩增的能力结合在一起，是一项极为高效的表达、筛选体系，在生物技术领域极具应用前景。

1. 噬菌体抗体库的构建

抗体的抗原结合部位是由轻链、重链可变区（VL、VH region）共同组成的。利用 PCR 技术能十分方便地从 B 淋巴细胞中获得编码 VH 和 VL 的基因。从 B 淋巴细胞 mRNA 逆转录形成的 cDNA 及染色体基因组 DNA 均可作为扩增的模板来建立可变区基因文库。进一步构建 VH 或 VL 基因组合文库的方法有多种，如将 VH 和 VL 基因分别克隆到不同噬菌体载体上，再将两载体在体内或体外重组，或将 VH 与 VL 基因依次克隆在同一载体上，从而组建表达 Fab 段基因，或经 PCR 装配在一起得到 ScFv，再克隆到人噬菌体载体上。

在丝状噬菌体（M13、Fd）外壳蛋白质基因的信号肽序列与编码成熟蛋白质的序列之间插入抗体可变区基因并不影响其表达系统。抗体融合在噬菌体外壳蛋白质的 N 端，所表达出来的抗体片段（Fab 或 ScFv）不形成包涵体，可以自发折叠成天然状态，恢复其生物学活性。抗体片段呈现在活性噬菌体的表面，与包被在固相或液相介质上的特异性抗原结合，可以快速高效地从大量克隆中筛选表达特异性抗体的噬菌体。筛选出的噬菌体在被酸或碱洗脱后，可以重复感染大肠埃希菌使阳性克隆得到大量富集。重复"吸附—洗脱—扩增"的过程是一种在体外条件下模拟体内多次抗原刺激后产生高亲和力抗体的过程，通过降低抗原的浓度以及增加吸附后洗涤的强度和次数，可筛选出高亲和力的抗体，由此，即可轻易对容量达 10^8 以上的抗体库进行筛选。

2. 噬菌体抗体库技术的原理

噬菌体抗体是在噬菌体表面表达的抗体分子 Fab 或 ScFv，这种表达是通过 Fab 段或 ScFv 与噬菌体外壳蛋白质（pⅢ或 pⅧ蛋白质）形成融合蛋白质而实现的，其特点是它既可以识别相应抗原并与之结合，其相应载体（即噬菌体）又能够感染宿主菌进行再扩增，将 B 淋巴细胞全套可变区基因克隆出来，组成噬菌体抗体的群体，即噬菌体抗体库。根据抗体基因来源和组成的不同，噬菌体抗体库可分为天然抗体库、免疫抗体库、半合成抗体库和转基因鼠抗体库。

噬菌体抗体库技术的核心是三项实验技术的发展：一是简并引物的设计，从杂交瘤细胞中扩增出全套抗体可变区基因的 PCR 技术；二是在大肠埃希菌进行分泌表达，表达出有结合功能的免疫球蛋白分子片段；三是噬菌体展示技术的建立。

3. 噬菌体抗体库技术的应用

自 1989 年首次报道利用噬菌体抗体库技术制备单克隆抗体以来，该技术已有了长足的发展。人们现已成功地从天然抗体库中筛选出很多抗半抗原、蛋白质、多糖和病毒粒子的抗体。抗体库有望用于传染病的预防、多种疾病的影像学诊断、靶向治疗和基因治疗及利用抗体信息设计药物等方面。

研究人员从无艾滋病临床症状而有 HIV 抗体的人体骨髓内提取 RNA，构建了第一个 HIV 的噬菌体抗体库，并从该库中获得了一组抗 gp120 的人源噬菌体 Fab 单克隆抗体，这些抗体与 HIV 抗原有很高的亲和力，并具有阻断 gp120 分子与 CD4 结合及抑制 HIV 感染敏感细胞的作用。最近有报道称，从抗体库中筛选出了 HIV-1 的 Rev（HIV-1 基因表达的磷酸蛋白质调节物）和 Tat（HIV-1 基因表达的激活因子）抗体，由于 Rev 和 Tat 比中和抗体所识别的 gp120 的遗传稳定性要强得多，可能这类抗体在防治艾滋病方面更有应用前景。研究者从人源抗体库中还筛选出许多其他单抗，如抗麻疹病毒、破伤风类毒素、呼吸道合胞病毒、乙型肝炎病毒、单纯疱疹病毒糖蛋白和 TNF-α 的单抗等，它们具有临床诊断和治疗的应用前景。另外，噬菌体抗体库技术在寄生虫感染、自身免疫病、心血管疾病以及肿瘤的治疗方面也已发挥作用。

三、单链抗体制备技术

单链抗体（single chain Fv，ScFv）是由一条连接肽（linker）将 VH 和 VL 连接在一起形成的两个可变区首尾连接的单一肽链，由于其容易构建与表达，是目前报道最多的基因工程抗体。ScFv 可通过 VH-连接肽-VL 或 VL-连接肽-VH 两种方式构建，两种方式都不影响 ScFv 的特异性和亲和力。但有报道称，在大肠埃希菌分泌表达时，ScFv 的分泌效率与 VH 和 VL 的取向有关，尽管表达总量相同，但 VL-连接肽-VH 比 VH-连接肽-VL 的分泌量要高 20 倍。连接肽既连接 VH 和 VL，又保持一定的灵活性，使 VH 和 VL 的功能区间折叠后认可配对。此连接肽已成为"通用 linker"，广泛应用于 ScFv 的构建，ScFv 的结构见图 14-2。

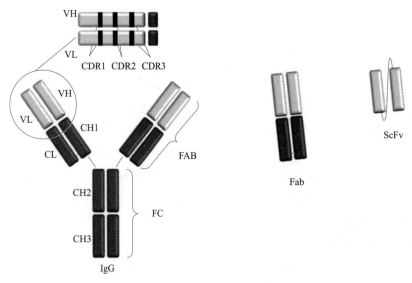

图 14-2　ScFv 的结构示意图

1. 单链抗体的构建过程

（1）引物的设计和合成

根据 Ig 基因的特点和已发表的小鼠 VH 和 VL 基因序列，研究人员设计出了若干套分别对应不同亚类 Ig 框架区序列 FR1 和 FR4 的通用引物。为便于克隆，在引物的两端都引入了合适的核酸内切酶识别序列，VH 基因的 5′ 端为 Xho I，3′ 端为 Spe I；VL 基因的 5′ 端为 Xba I，3′ 端为 EcoR I。扩增较好的一套引物序列如下：

VH 反向引物：5′—GG <u>CTCGAG</u>GAGGTTCAGCTGCAGCAGTCTGTGCC—3′
Xho I

VH 正向引物：5′—GG <u>ACTAGT</u>TGCAGAGACAGTGACCGGAGTCC—3′
Spe I

VL 反向引物：5′—CC <u>TCTAGA</u>GACATTGTGATGACCCAGTCTCC—3′
Xba I

VL 正向引物：5′—CC <u>GAATTC</u>TTTTATTTCCAGCTTGGTGCCTC—3′
EcoR I

（2）PCR 扩增 VH 和 VL 基因

PCR 扩增 VH 和 VL 基因的流程见图 14-3。

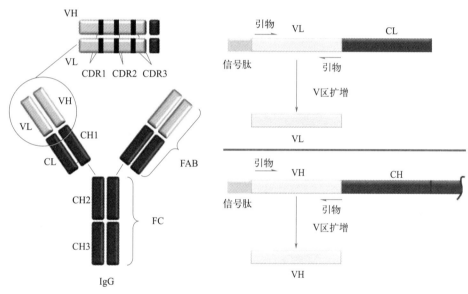

图 14-3　PCR 扩增 VH 与 VL 基因的流程

（3）目的基因的克隆和鉴定

扩增产物经琼脂糖凝胶电泳回收纯化以后，用 Xho I 和 Spe I 双酶切 VH 扩增产物，用 Xba I 和 EcoR I 双酶切 VL 扩增产物，酶切产物经回收纯化，分别与经同样处理的质粒 pUC19 连接。于 16 ℃ 下连接反应 12 h 以上，产物转化至 JM109 感受态细胞。由于 pUC19 转入 JM109 后能产生 α 互补作用，细胞在含 IPTG 和 X-gal 的 LB 平板上生长时会形成蓝色菌落；相反，将插入目的基因的重组质粒转入 JM109 则会导致白色菌落形成。提取白色菌落的质粒 DNA，然后进行双酶切鉴定。对双酶切鉴定的重组子进一步进行测序鉴定。

（4）表达载体的构建及在大肠埃希菌中的表达

设计外源基因在大肠埃希菌中表达，需要外源基因在大肠埃希菌中表达所需要的元件，如转录起始必需的启动子、操纵子序列以及与之相对应的调控基因，翻译起始所必需的核糖体识别序列和基因克隆及筛选的必备条件等。大肠埃希菌的遗传背景清楚、培养操作简单、转化和转导效率高、生长繁殖快、成本低廉，可以快速大规模地生产抗体，尤其是没有糖基化要求的小分子抗体。大肠埃希菌表达外源基因产物的水平远高于其他表达系统，表达的目的蛋白质的量甚至能超过细菌总蛋白质含量的 30%，因此大肠埃希菌是目前应用最广泛的蛋白质表达系统。图 14-4 是构建单链抗体的流程。

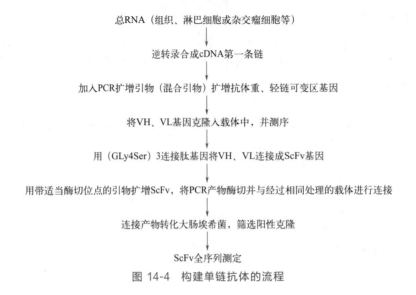

总RNA（组织、淋巴细胞或杂交瘤细胞等）

↓

逆转录合成cDNA第一条链

↓

加入PCR扩增引物（混合引物）扩增抗体重、轻链可变区基因

↓

将VH、VL基因克隆入载体中，并测序

↓

用（GLy4Ser）3连接肽基因将VH、VL连接成ScFv基因

↓

用带适当酶切位点的引物扩增ScFv，将PCR产物酶切并与经过相同处理的载体进行连接

↓

连接产物转化大肠埃希菌，筛选阳性克隆

↓

ScFv全序列测定

图 14-4　构建单链抗体的流程

2. 单链抗体的优点与应用

（1）单链抗体的优点

① 分子量小，免疫原性低，应用于人体时不易产生抗异体蛋白的免疫反应；

② 容易进入实体瘤周围的微循环甚至实体瘤内部；

③ 血液循环和全身清除较快，半衰期短，肾脏蓄积很少，不容易对全身正常组织产生不利影响；

④ 无 Fc 段，不易与具有 Fc 受体的非靶细胞结合，用于免疫诊断时成像清晰，本底很低；

⑤ 抗体基因构建比较简单，易于操作和改造；

⑥ 可在细菌中表达，可大量生产，从而有效降低成本；

⑦ 与毒素、前体药物转化酶、放射性同位素、细胞因子等效应分子结合，可构建出多种双功能抗体分子，大大拓展了单链抗体的临床应用范围。

（2）单链抗体的应用

近年来，单链抗体在生物医学领域取得了显著的进展，尤其在肿瘤诊断和治疗方面展现出巨大潜力。

① 在肿瘤诊断中的应用：单链抗体用于放射性显影时，能快速进入瘤体组织和血液循环，不易与非靶细胞结合，在肿瘤定位诊断时图像清晰。针对多种肿瘤相关抗原，如 HER2、PSMA 和 CEA 等的单链抗体，已被用于肿瘤的定位诊断。此外，同时应用 γ 干扰素与单链抗体，可以提高肿瘤部位的信号强度，明显增强显像效果。

② 在肿瘤治疗中的应用：

a. 重组免疫毒素。将单链抗体基因 C 末端与毒素基因相连，经表达后得到单链抗体与毒素的融合蛋白。常用的毒素有假单胞菌外毒素（PE）、蓖麻毒素、白喉毒素等。

b. 单链抗体与细胞因子的融合蛋白。将单链抗体与细胞因子（如 IL-2、TNF 和 IFN）融合，增强抗肿瘤效果。如 PD-L1 和 IL-2 的双特异性融合蛋白，显示出良好的抗肿瘤活性。

c. 抗体导向酶-前体药物疗法（ADEPT）。即将单链抗体与药物代谢酶相连用于治疗肿瘤，利用抗体的导向作用，将前体药物的专一性活化酶输送到肿瘤组织部位，使前体药物特异性地在肿瘤组织内转化为活性分子，从而发挥抗肿瘤作用。目前，已有多个 ADEPT 进入临床试验阶段，如针对叶酸受体 α 的 M96-1。

d. 双特异性单链抗体。其是指将两种单链抗体分子融合在一起生成的具有两种不同抗原结合特性的抗体分子，它的一个"臂"专门识别并结合靶细胞的表面抗原，另一个"臂"专门识别并结合免疫活性细胞表面的活性分子，不仅实现了对肿瘤细胞的精准定位，而且能有效激活免疫细胞的杀伤功能。Tucatinib 是一种针对 HER2 阳性乳腺癌的双特异性单链抗体药物，具有两个不同的抗原结合部位，一个结合 HER2 受体，另一个结合 CD3 受体，这种设计使得 Tucatinib 能够激活免疫细胞对肿瘤细胞的杀伤作用。

e. 放射性同位素标记的单链抗体。放射性同位素标记的单链抗体也可以用于肿瘤的治疗。George 等用 ^{186}Re 或 ^{188}Re 标记针对 erbB-2 的单链抗体 741F8-1，用于肿瘤的放射免疫治疗，效果良好。

③ 中和毒素和对病毒感染的治疗：针对特定毒素和病毒抗原的单链抗体可用于体内中和毒素和治疗病毒感染，从而阻断病理过程的进一步发展，起到抗感染的作用。

④ 细胞内免疫：将单链抗体基因导入细胞并促使其在特定亚细胞部位表达，利用抗体能与抗原特异性结合的特性，调节或改变细胞生物学活性，达到预防或治疗疾病的目的。不含信号肽的单链抗体基因可以在细胞质内表达，带有核定位信号或内质网驻留信号的单链抗体基因可以分别定位于细胞核或粗面内质网进行特异性表达。细胞内表达的单链抗体同样具有抗原特异性结合的特性，能与特定的蛋白质结合并抑制其功能，最典型的例子是艾滋病的胞内免疫治疗。抗人类免疫缺陷病毒（HIV）外壳蛋白质 gp120 的单链抗体在细胞粗面内质网内定位表达，从而起到抑制人类免疫缺陷病毒复制的作用。

四、小分子抗体制备技术

1. 小分子抗体的类型与特点

小分子抗体因其分子量小、穿透性强、抗原性低、可在原核系统表达及易于基因工程操作等优点而受到人们的重视，成为基因工程抗体家族的主要成员和研究热点。常见的单价小分子抗体包括 Fab 段、ScFv、Fv 段、二硫键稳定的 Fv 段单域抗体、超变区等；多价小分子抗体有双链抗体（diabody）、三链抗体（triabody）、微型抗体（minibody）等；特殊类型的小分子抗体有双特异性抗体和催化抗体等。双特异性抗体（bispecific antibody，BsAb），也称为双功能性抗体（bifunctional antibodies，BFA），是将一种抗体分子与另一种抗体分子或功能分子如毒素、酶、细胞因子、放射毒素等结合，形成具有特异性高、针对性强、用量少、副作用小的优点，在肿瘤临床治疗中有着重要的意义。

2. 小分子抗体的表达研究

小分子抗体的表达系统包括细菌、酵母、哺乳动物细胞、昆虫细胞、植物表达系统和体外翻译系统等。由于每种小分子抗体的一级结构、理化性质和生物学活性各不相同，因此每种小分子抗体的表达都有其特殊性。适合一种小分子抗体的表达系统可能不适合另一种小分子抗体的表达。表达系统的选择取决于小分子抗体的类型、性质及其他因素，同时还要考虑目的产物的表达量和纯度的要求。

大肠埃希菌（$E.coli$）表达系统常用来表达小分子抗体，其特点是表达量高。相对于哺乳动物细胞表达系统来说，$E.coli$ 生长速度快，DNA 转化效率高，因此可以在很短的时间内获得目的蛋白质并对其进行纯化和分析。采用 $E.coli$ 进行抗体工程研究花费较少，这是 $E.coli$ 表达系统被广泛使用的原因之一。有研究人员在 $E.coli$ 25F2 中表达了一株人源化 Fab 抗体（HuMab4D5-8Fab'），产量高达 2 g/L。与此形成鲜明对比的是，许多表达系统单链抗体的表达量极低，即使将周质腔中的沉淀进行复性也不能使其产量达到应用水平。因此，在表达一种新的抗体时必须确认几个关键影响因素：①该抗体的表达位置是细胞质、培养液，还是周质腔中可溶性表达，抑或是周质腔中包涵体；②最佳诱导时间，一般情况下，短时诱导有利于从周质腔中获得可溶性表达产物，长时间诱导后的表达产物可能位于培养上清液中或在周质腔中形成包涵体；③诱导温度，室温或 25 ℃下诱导的结果常常优于 37 ℃，因为较慢的蛋白质合成速度不会给细菌的向外转运途径造成过重的负担。

真核细胞具有一套完整的合成、组装和分泌蛋白质的细胞装置，因此产生的抗体分子与天然蛋白质一样能形成链间和链内二硫键，维持正确的蛋白质构象以及翻译后糖基化修饰，并分泌到细胞外，成为功能性抗体分子。目前用于表达小分子抗体的真核细胞有：酵母、昆虫细胞、COS 细胞、CHO 细胞等。昆虫细胞表达系统是近几年出现的另一种重组蛋白质表达系统，它的主要优点是表达效率较高。转化细胞培养上清液中的重组蛋白质表达量一般为 1～500 mg/L。外源基因的高表达受多种因素的影响，优化的培养基和培养工艺是一个重要方面。昆虫细胞对氧需求旺盛，需要加强通氧，但由此产生的剪切力也会对细胞生长带来不利影响。克服了这些外在影响因素后，还需要考虑外源基因本身的性质，基因本身的性质对蛋白质的表达水平也有重要影响。

哺乳动物细胞表达系统可以正确识别真核蛋白质的合成、加工和分泌信号，具有完整的翻译后修饰系统。但是，该表达系统表达效率较低，且需要大规模培养动物细胞来生产表达产物，成本较高。使用异源启动子、增强子和自我复制型选择标记可以增加小分子抗体的表达量。许多研究小组使用低拷贝细胞系获得了高于亲本杂交瘤细胞嵌合抗体表达量的重组小分子抗体。

毕赤酵母（*Pichia pastoris*）表达系统是近年常用的表达系统，小分子抗体在毕赤酵母中的表达量一般在 50 mg/L 以上。有研究人员用酵母分泌表达了 2 种不同的单链抗体，最高水平达到 250 mg/L。另有研究人员在巴斯德毕赤酵母表达系统中分泌表达了人源化 Fab 抗体片段，其表达量为 50 mg/L，经过中试研究，在发酵罐中的表达量达 400 mg/L。

五、纳米抗体制备技术

1. 纳米抗体

1993 年，Hamers-Casterma 等报道了在骆驼血清中存在着 IgG1、IgG2、IgG3 三种抗体，其中 IgG1

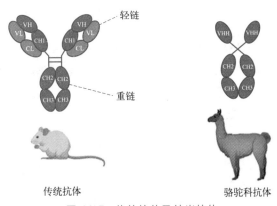

图 14-5 传统抗体及纳米抗体

属于传统抗体，而 IgG2 和 IgG3 为天然缺失轻链的抗体，即重链抗体（如图 14-5）。这种特殊的抗体在美洲驼体内占血清抗体的 45％，在野生的骆驼科物种中占据 75％。与传统的抗体比较，重链抗体虽然缺失轻链以及 CH1 结构域，但是其仍然能够同抗原结合。这说明重链抗体的可变区能够单独形成完整的抗原结合位点。克隆其可变区得到的只由一个重链可变区组成的抗体片段称为 VHH（variable domain of heavy chain of heavy chain antibody），其晶体结构呈椭圆形，直径 2.5 nm，长 4 nm。因为其体积是纳米范围的，因此这种来自骆驼的单域抗体片段被命名为纳米抗体。

2. 纳米抗体的结构与特性

重链抗体包含两个恒定区 CH2、CH3 和独特的重链可变区（VHH 区）。一个剪接位点的突变，使得重链抗体缺失 CH1 结构域及锚定在 CH1 结构域中的全部轻链可变区，且 VHH 胚系基因序列与人类的 VH3 基因家族高度同源。与传统抗体 VH 相似，VHH 含有 4 个框架区（FRs），与 3 个与抗原结合的互补决定区（CDRs）共同形成免疫球蛋白的核心结构，相较于传统抗体，重链抗体的 CDR3 区有着更为长的氨酸序列（如图 14-6）。

纳米抗体是目前已知最小的抗体片段，与传统的 IgG 型抗体（15000）或常见的基因工程小分子如 Fab 抗体（约 45000）、ScFv 抗体（约 30000）相比，其分子量仅为 15000。纳米抗体仅含有一个结构域，不含

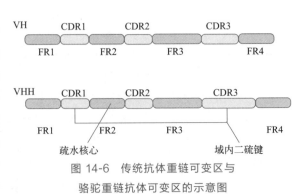

图 14-6 传统抗体重链可变区与骆驼重链抗体可变区的示意图

有连接肽，所以结构极其稳定。研究显示，纳米抗体在 4 ℃的条件下保存几个月都不会影响其蛋白质活性，37 ℃的条件下保存一周后，其仍能保持 80％的抗原结合能力，将其长时间放置于 90 ℃的条件下仍能通过退火重新获得抗原结合能力。纳米抗体分子存在结构域内二硫键，所以其在强变性剂、蛋白酶以及极端 pH 条件下也表现出不容易变性失活或变性后仍可复性的特点。同时，相对于传统的抗体来讲，纳米抗体虽缺少轻链可变区，但仍能拥有较高的亲和力。研究表明，经免疫文库获得的纳米抗体可以达到纳摩尔级的亲和力，与 ScFv 抗体片段类似，并且具有较好的特异性。而且纳米抗体具有较好的可溶性，由于传统抗体的重链轻链是成对出现的，他们之间是基于疏水作用配对到一起，当单独表达单个重链或者轻链可变区时，往往会出现聚集沉淀的情况。但纳米抗体本身就不涉及和轻链配对，由于其自身氨基酸序列，纳米抗体具有较好的溶解性，尤其是在基因工程菌中（如大肠埃希菌）进行大批量表达时，不容易形成不溶包涵体。基于其具有的这些潜在优势，纳米抗体已经被广泛地应用于科学研究，并显示出潜在的商业价值。

3. 纳米抗体的制备

噬菌体展示技术（phage display technique，PDT）是一种将大量外源 DNA 片段与经过改造的噬菌体外蛋白质的编码基因进行融合表达，形成噬菌体库，再利用抗原筛选特定表达型获取对应基因型的新型生物选择技术，具有操作简单、成本低、通量高等优点，在抗体筛选、疫苗研制、多肽药物筛选等领域有巨大的优势。目前已建立并被广泛使用的噬菌体展示系统主要有丝状噬菌体展示系统、λ 噬菌体展示系统、T4 噬菌体展示系统和 T7 噬菌体展示系统，其中 T7 噬菌体展示系统属于 C 端展示，可展示带有终止密码子的外源基因片段，且具有复制时间短、胞内蛋白质可进行组装、克隆产量高、操作便捷等特点，在不同领域被广泛应用。

利用噬菌体展示技术筛选纳米抗体的主要流程包括羊驼免疫、噬菌体文库构建及噬菌体展示和筛选 3 个主要步骤，最终获得特异性纳米抗体的基因序列，然后以此构建原核或真核表达系统大量制备目标纳米抗体。

4. 纳米抗体的应用

由于纳米抗体具有高亲和力、抗原特异性强以及能够降低分子结晶构象熵等特点，其被广泛地应用于蛋白质的构象、蛋白质结晶、蛋白质间相互作用以及 DNA 与蛋白质间的相互作用研究和蛋白质细胞内定位研究。虽然单克隆抗体在此领域也被应用，但是作为膜蛋白的结晶伴侣，纳米抗体显示出了更佳的优势，这可能是因为传统抗体 VL 和 VH 间内在的弹性作用以及铰链的存在影响了结晶过程。

癌症的提前诊断及感染部位的定位在治疗过程中十分重要，理想的成像介质应该具有信噪比低、特异性好、渗透性好的特点。纳米抗体的体积极小，具有较好的组织浸透性，并且可以与靶标特异性、高亲和力地结合，由于不具备 Fc 区，所以其也有着较短的半衰期。因此纳米抗体可以被应用在光学分子影像、超声分子影像、核磁共振成像领域。

在基于抗体的治疗方法上，纳米抗体也可以很好地发挥其优良的特性。单克隆抗体体积大，不易于侵入肿瘤组织，且存在 Fc 片段易引起补体反应。而现有的一些小分子抗体如 ScFv 或 Fab 容易产生聚集，没有良好的稳定性，导致其亲和力不足。由于纳米抗体的低廉制造成本和独特的性质，如高亲和力、高度可溶性、良好的稳定性、良好的药物代谢动力学性质，这种新型小分子抗体具有代替传统抗体的潜在优势。如用抗布式锥虫的纳米抗体与截断的人锥虫因子融合，对非洲锥虫产生裂解活性，可用于非洲人类锥虫病的治疗。纳米抗体同 β-内酰胺酶融合，导入靶肿瘤附近，这种基于抗体的酶前体药物在小鼠体内试验获得了令人满意的效果。同导致淀粉样变性的血液凝固相关因子结合的纳米抗体，为治疗阿尔茨海默病和血友病提供了一个理想工具。

尽管到目前为止还没有相关的纳米抗体药物被批准应用于临床治疗，但是治疗风湿性关节炎、动脉血栓和 IBD 的三种药物的研发已经进行到临床前试验阶段，运用纳米抗体治疗疾病的策略已基本成熟。然而纳米抗体在临床治疗上还要克服很多难题，如在长时间和重复应用后会产生潜在的免疫原性，研究人员对纳米抗体进行了人源化，但是这种改变是否会降低免疫原性还有待证实。

第三节　抗体药物生产工艺及发展方向

抗体药物生产工艺涉及目标细胞株的筛选、培养及工艺放大，培养基的优化及调整，纯化与精制，关键质量属性的评估与分析等过程。本节以哺乳动物细胞培养技术的工艺开发和放大为例，介绍细胞培养工艺、抗体纯化工艺、质量控制以及代表性抗体药物的生产与发展情况。

一、生产抗体的细胞株培养工艺的开发和放大

1. 细胞培养模式及培养基的开发

哺乳动物细胞培养技术是指在人工条件下（特定 pH、温度、溶解氧、搅拌速度等），在生产反应器中培养细胞用于生产生物制品的技术，包括培养方式、培养基、培养条件的开发和优化。在特定的工程细胞株的基础上，细胞培养工艺一定程度上将决定产品的产率和质量，尤其是翻译后修饰水平等。目前细胞培养模式主要分为分批培养、流加培养和灌流培养。分批培养难以及时补充营养物质且代谢废物不能有效去除，常导致细胞密度不高、培养时间短及表达量低。流加培养是动物细胞大规模培养的主流工艺，其根据细胞对营养物质的持续消耗和需求，及时补充浓缩的营养物或培养基，使细胞密度和目标抗体均达到较高水平，并且操作简易、可放大、灵活性和重复性好。灌流培养是通过细胞截留装置以一定速率添加新鲜营养液，并以相同速率排除上清液，可解决营养物质耗竭和代谢副产物积累之间的矛盾，显著提高细胞密度和目标抗体表达量，并利于维持抗体活性，从而减小设备尺寸和提高单位体积产率。灌流培养技术在产物产量、质量及成本等方面的优势，使其已成为哺乳动物细胞培养工艺研究领域的热点。

细胞培养基是细胞株生产抗体药物时的关键物料，直接影响了产品的产量、质量及安全性。至今，细胞培养基已经从早期的含血清培养基发展到无血清培养基、无动物源培养基、无蛋白质培养基和化学成分限定培养基等，有效解决了早期培养基因添加血清易被病毒或支原体污染，且成分复杂后续分离纯化困难的问题，从而有效推动了生物药物的研发。目前工业界常用的培养基开发策略是基于细胞代谢、培养基成分消耗和工艺表现调整的多种开发方法相结合的反复优化过程，主要包含：①现有培养基筛选；②改变组分和浓度；③培养基上清液成分分析；④单一组分浓度滴定；⑤正交试验设计；⑥代谢流分析，最终确保细胞生长与生理活动所需的营养达到平衡，减少副产物的生成，并结合预设质量指标，达到高密度、高细胞活力、产物高表达及改善产物质量的目的。

2. 细胞培养工艺的设计与优化

动物细胞对培养环境比较敏感，其生长与表达水平容易受到环境参数的影响，包括温度、pH、溶解氧、渗透压等。细胞培养温度一般设置为 37 ℃，过高或过低都可能抑制细胞生长。近年来，部分研究显示降低培养温度能诱导 G_1 期细胞的积累，从而提高蛋白质的表达水平；但也有研究表明降低培养温度不仅不能提高产物表达水平，还会抑制细胞的增殖和降低活细胞数量，影响产物的积累和唾液酸含量。因此，温度对产物表达及其质量的影响需取决于细胞系和表达产物的种类。pH 对细胞生长代谢、产物表达及产物质量有显著影响，通常需控制在 7.0 左右，常可采用补加碱性物质（如碳酸钠）调节 pH 或用半乳糖替代葡萄糖以减少乳酸生成来控制培养基 pH。合适的溶解氧水平是细胞生长和产物表达的重要前提，一般控制在 30%～70%，过高或过低都可能会对细胞生长、产物表达和糖基化水平产生不利的影响。溶解氧水平升高将提高抗体的半乳糖苷化水平，并且细胞在高溶解氧水平下会导致抗体甲硫氨酸氧化程度加

剧，影响产品的空间结构和生物学功能。渗透压对产物表达的影响也较为显著，高渗透压条件下细胞容易发生凋亡，在培养基中添加一些抗渗透压的保护剂，如甘氨酸甜菜碱、甘氨酸、脯氨酸和苏氨酸等，可有效缓解高渗透压引起的细胞凋亡问题。工艺参数对抗体产量及质量影响显著，因此在工艺开发前，应预设目标产物的目标质量指标和关键质量属性。抗体药物的功能属性主要包括影响药物代谢动力学和药物效应动力学的药效属性及免疫原性、毒性等安全属性以及抗体的多聚体、片段、糖基化、电荷异构体、二硫键、氧化、脱酰胺化等质量属性。

3. 产物收获工艺设计与优化

产物收获工艺是指从培养液中去除细胞和细胞碎片，并澄清含有抗体产物的细胞培养上清液。哺乳动物细胞培养技术在实现高密度培养或增加培养时间的同时，导致宿主细胞蛋白质、DNA、脂类、细胞碎片等杂质显著增加，给产物收获带来挑战。

产物收获的方法一般有切向流过滤、深层过滤和离心等。切向流过滤以压力为推动力，培养液经多次再循环方式，根据分子尺寸切向通过膜表面，比膜截留分子量大的目标分子得到保留，小分子和缓冲液穿过膜。通常 $0.22\ \mu m$ 孔径的切向流过滤膜可用于分离收获液，但对于高密度细胞的分离就需要采用更开放的孔径处理杂质，如深层过滤。深层过滤是由纤维素、多孔滤剂（如硅藻土）和带电荷的离子树脂黏合剂构成，带正电的深层过滤还可去除一定的内毒素、病毒和 DNA。在中试或规模较小的工业生产中，深层过滤较为常用，一般采用三级过滤，即初级处理整个细胞和大颗粒、二级清除胶体和亚微米颗粒、三级（孔径小于 $0.2\ \mu m$ 的膜过滤器）控制微生物。在较大规模的生产中，常使用离心结合深层过滤模式，通过离心去除大颗粒后，采用孔径范围为 $0.22\sim4\ \mu m$ 的两种不同的深层过滤器截留较大和较小的颗粒，可以提高过滤和澄清效率。

4. 细胞培养工艺的中控检测

整个培养过程需及时监测细胞的生长情况，并依据生产系统特点确定监测频率及指标，进而确定工艺属性参数。常规的中控检测项目有生化数据、细胞密度、细胞活力、产量等，每次收获后应检测抗体含量、关键质量属性、微生物负荷（微生物限度/无菌检查）、细菌内毒素及支原体。而且应根据生产所用材料的特点，在合适的阶段进行常规或特定的外源病毒污染检查。对于限定细胞传代次数的生产方式，还需对终末细胞库按照《中国药典》的要求进行全面检查，同时对至少 3 批收获物进行外源病毒检测，确保纯化工艺去除/灭活病毒的能力，保障抗体药物的安全性。

5. 细胞培养工艺放大的策略和关键参数控制

细胞培养工艺的放大策略及生物反应器的强化操作是动物细胞大规模培养过程的核心之一。随着生物反应器规模的逐级放大，其混合能力和气液传质能力变差，流体剪切能力变化，细胞始终处于 pH、温度、溶解氧和剪切力等时间/空间不均一的微环境中以及高二氧化碳浓度状态下。基于"质量源于设计"理念，分析与关键质量属性密切相关的、因生物反应器体积扩大而变异的关键工艺参数，降低生物反应器内因时空分布不均及二氧化碳累积导致产品质量下降的风险。同时采用实验设计（design of experiments，DOE）等方法将过程参数与关键质量属性相关联，创建设计空间，使用在线/离线的电极、细胞计数仪、生化/HPLC 检测等手段，在确定的设计空间内对上述关键中控点进行有效管理，确保放大策略的有效实施及培养过程的稳定控制。

二、抗体纯化工艺的开发和放大

1. 纯化工艺概述

纯化的目的是将抗体与工艺相关杂质和产品相关杂质分离。抗体纯化要利用抗体与杂蛋白质间内在的差异来除去杂蛋白质的污染。工艺相关杂质包括培养基成分、培养过程中的添加物、细胞、细胞碎片、宿主细胞蛋白质（HCP）、宿主细胞核酸及亲和蛋白质 A 色谱脱落的配基等。产品相关杂质包括抗体蛋白质降解片段、聚集体及电荷变异体等。潜在病毒主要是宿主细胞自身的内源性病毒样颗粒及工艺过程中可能引入的外源病毒。抗体纯化工艺为通用性平台工艺，首先要对细胞培养液进行预处理，常用离心法除去培养液中的细胞和细胞碎片；随后用亲和色谱浓缩抗体，再用阴阳离子交换色谱、疏水作用色谱等精制；最后降低 pH 灭活样品中的病毒得到抗体原液。杂质的主要性质如表 14-1。

表 14-1 抗体纯化中存在的主要杂质及其性质

	主要杂质	分子大小	等电点	疏水性
工艺相关杂质	宿主细胞蛋白质	近 75%处于 25~75 kDa	近 70%小于 6.0	部分疏水性
	宿主细胞核酸	10~1000 kDa ≤500 nm	pKa＜2	与介质骨架存在疏水性吸附
	脱落蛋白质 A	Native PrA:42 kDa rPrA:34.3 kDa SuRe:27 kDa	Native PrA:pI 5.1 rPrA:pI 4.5 SuRe:pI 4.9	PrA 疏水性小于 mAb；PrA-mAb 复合物疏水性大于 mAb
	内毒素	单体:10~20 kDa 聚集体:1000 kDa,0.1 μm	pI 3.1,某些过百万分子量的高聚体内毒素的电荷不外露	含有疏水性类脂 A
	培养基成分(如胰岛素、消泡剂和重金属等)	—	—	—
产品相关杂质	聚集体	大于单体	与单体相同,但较单体带有更多电荷	强于单体
	降解片段	小于目标分子	—	—
	电荷变异体	与单体相当	与单体接近	与单体接近
	疏水变异体	与单体相当	与单体接近	与单体接近
潜在病毒	一般通过模型病毒进行验证	X-MuLV:80~110 nm SV40:40~50 nm MMV:18~24 nm PRV:150~200 nm Reo3:50~70 nm	X-MuLV:pI 5.8 SV40:pI 5.4 MMV:pI 6.2 PRV:pI 7.4~7.8 Reo3:pI 3.9	—

（1）亲和色谱

在抗体药物的纯化技术中，以蛋白质 A 为配体的亲和色谱法是下游纯化工艺的基础，也是抗体纯化的金标准（图 14-7）。葡萄球菌蛋白质 A 是最早发现的免疫球蛋白结合分子之一，其具有五个同源域（E，D，A，B 和 C），可以高亲和力、特异性地结合各种物种免疫球蛋白的 Fc 区。蛋白质 A 亲和色谱法纯化

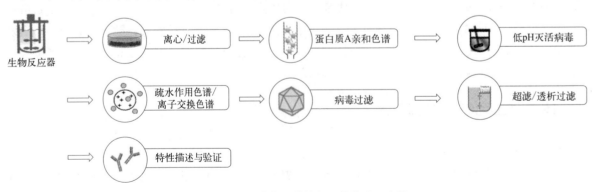

图 14-7 抗体药物下游纯化工艺流程示意图

过程包括将含有靶抗体的澄清细胞培养物在中性 pH 条件下上样到固定有蛋白质 A 配体的亲和色谱柱上，通过配体与抗体之间的相互作用来选择性结合靶抗体，最后降低流动相 pH 实现产物解吸，一步纯化可使蛋白质纯度达 95% 以上。蛋白质 A 亲和色谱工艺受多种条件的影响，工艺优化的重点包括动态载量、杂质清洗、洗脱条件、填料寿命等。

① 动态载量：蛋白质 A 对抗体有着高度的亲和力且纯化效果优异，但其成本高昂，约占抗体下游生产工艺成本的 30%，因此优化亲和色谱介质的动态载量是纯化工艺中影响经济效益的关键因素。蛋白质 A 亲和色谱法的动态载量可利用单一流速在上样停留 5～6 min 的条件下测定，通常是 20～40 g/L。近年来，为克服蛋白质 A 亲和色谱法成本高昂、稳定性不佳、可能从基质载体上脱落的缺陷，一系列以多肽、适配体及化学小分子为抗体识别新配体以及膜材料、多孔聚合物、磁性纳米材料等为新载体的新型抗体纯化方法被开发，它们表现出更高的生化稳定性、可媲美蛋白质 A 的亲和选择性和更佳的动态载量（图 14-8），未来有望在工业生产上展现更大的应用空间。

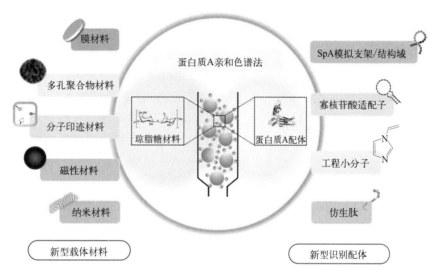

图 14-8　蛋白质 A 亲和色谱法及新型载体材料和识别配体

② 杂质清洗：宿主细胞蛋白质等杂质会与蛋白质 A 配基和琼脂糖介质骨架之间存在非特异性吸附作用，因此上样后需去除非特异性吸附杂质，常用高盐溶液或偏碱性缓冲液清洗，降低杂质干扰。

③ 洗脱条件：因为蛋白质 A 与抗体之间的结合受到静电相互作用的显著影响，因此常用酸性洗脱（pH 3.0～3.5）条件解离两者，达到抗体分离纯化的目的。但是，抗体在低 pH 条件下易形成可溶性大分子聚集物及不可溶性微粒，导致抗体纯度下降，影响产品的质量和安全性。

④ 蛋白质 A 配基脱落：细胞培养液蛋白质上清液中可能含有蛋白酶，在上样过程会对蛋白质 A 进行水解导致蛋白质 A 从分离介质上脱落下来，并混于洗脱液中与抗体结合。这些残留在抗体溶液中的蛋白质 A 会引起人体免疫应答反应，影响患者生命健康，因此后续精制纯化过程需特别注意除去水解后的蛋白质 A。

⑤ 填料寿命：填料的长期使用对降低抗体纯化工艺成本至关重要。因此，在完成富集后，有效清洗纯化介质、延长蛋白质 A 填料的使用寿命十分关键。天然蛋白质 A 在强碱清洗条件下会发生降解，因此常用碱性高盐溶液（0.01 mol/L NaOH，1 mol/L NaCl）进行清洗，或用尿素或盐酸胍进行清洗，但是这些方法涉及成本及废液处理等问题不适用于大规模生产。为改善天然蛋白质 A 的耐碱能力，科学家们通过对蛋白质 A 进行重组，替换蛋白质 A 中易于在碱性条件下降解的门冬酰胺，提高填料寿命。此外，分离介质使用寿命与上清液的澄清度也密切相关，减少上清液的杂质，有利于延长分离介质的使用寿命。

（2）离子色谱工艺的设计与优化

经蛋白质 A 亲和色谱完成初步纯化后，需利用阴/阳离子交换色谱去除残留的宿主细胞蛋白质、DNA、脱落蛋白质 A、聚集体、片段和变异体等，满足产品质控需求。多数单抗的等电点偏中性和碱性，因此其在中性 pH 条件下会从阴离子交换色谱上流穿出来，而宿主细胞蛋白质（为混合物，等电点分布跨度从酸性到碱性，酸性区域等电点的蛋白质在中性 pH 条件下呈阴离子状态）、DNA（pH 4.0 以上）、脱落蛋白质 A（等电点在 4.9～5.1）、聚集体、病毒及内毒素等杂质在该 pH 条件下呈阴离子状态，因此被吸附在介质上与抗体进行了有效分离。可见，pH 的调节对阴离子交换色谱十分有效，常用的操作 pH 是 7.0～8.0，pH 越高越利于负电性杂质的吸附，但同时需确保目标抗体的收率，尤其需要注意，高 pH 条件下抗体的脱酰胺反应和水解的风险会显著提高。

阴离子交换色谱完成后，还需借助阳离子交换色谱进一步去除杂质。尤其是酸性 HCP、DNA、脱落蛋白质 A（等电点为 5.1）和内毒素在弱酸性条件（pH 5.0～6.0）下主要带负电荷，而目标抗体带正电荷，因此在合适的 pH 下，这些杂质将在流穿和中间清洗步骤中被有效去除，而吸附的抗体经洗脱后实现了进一步的精制纯化。Sp Sepharose FF 是生物制药中广泛使用的一类阳离子交换介质。

2. 病毒灭活和去除工艺

哺乳动物细胞培养的生物制品，其下游工艺须有效除去潜在的病毒污染物，《人用单克隆抗体质量控制技术指导原则》也建议加入病毒去除/灭活方法。一般规定整个工艺总病毒去除能力至少为 10 log，并含有两个有效的病毒去除/灭活步骤。常用的病毒去除/灭活方法包括：低 pH 孵育、加热、溶剂/去污剂处理、纳滤等，如在蛋白质 A 色谱后用加热与 3 mol/L KSCN 共处理的方法去除病毒，效果非常理想，对不同样本病毒的去除能力至少达到了 13 log，但是使用该方法前应综合考虑目标抗体分子的稳定性。一般抗体常用的低 pH 灭活病毒的条件为：pH 3.3～3.8，室温下孵育 45～60 min。其中抗体浓度、pH 和温度对灭活效果影响显著。有时，仅低 pH 孵育、纳滤两步不能达到总去除能力 10 log 以上的要求。所以，还需要对每一步色谱的病毒去除效果进行验证。

三、抗体药物的质量控制

根据相关法规、指导原则的要求及产品自身特性，抗体原液检定主要包括各种理化分析、活性测定、残留杂质分析等，成品除含量与活性测定外，还需要对安全性和注射剂的常规项目进行质控。抗体产品的电荷异质性和尺寸异质性，对抗体活性、免疫原性、药代动力学及稳定性均有影响，也是整个生产工艺的重要指征，所以电荷和尺寸异质性分析也是单抗生产工艺优化、生产过程控制及放行分析中不可或缺的检测项目。《中国药典》（2015 版）新增了"单克隆抗体类生物治疗药物总论"，这是抗体药物质量控制和质量标准制定最重要的指导原则之一。本节主要对抗体药物的产品质量控制方面进行简要介绍，具体质量控制要求及对应方法和要求详见表 14-2。

表 14-2　抗体药物的常见质量属性分析方法及评价参数

类别	质量属性的研究方法学	评价参数
高级结构	二硫键配对方式（液质联用/二级质谱）	含二硫键的肽段鉴定
	圆二色谱	近紫外图谱
		远紫外图谱
	二级结构相对比例（傅里叶变换红外光谱）	二级结构相对比例
	热力学转变温度（差异扫描量热法）	每个区域的转换温度
糖基化	糖基化位点分析（液质联用/二级质谱）	氨基酸位点
	糖谱组成分析（亲水液相荧光标记法）	糖谱组成比例
		G_0 的比例

类别	质量属性的研究方法学	评价参数
分子量异质性	分子筛纯度分析	主峰百分比
	非还原毛细管电泳纯度分析	主峰百分比
	还原毛细管电泳纯度分析	非糖基化重链百分比
		轻重链百分比
	蛋白质分子尺寸(动态光散射法)	直径(nm)
电荷异质性	离子交换色谱分析	酸区百分比
		主峰百分比
		碱区峰形
	毛细管等电聚焦分析	主峰等电点
		所有峰的等电点范围
生物学活性	结合能力分析(酶联免疫吸附分析)	相对结合活性
	ADCC效应分析(基于细胞的活性分析法)	相对生物学活性
	亲和力研究(生物膜干扰法)	C1q 亲和力
		FcRn 亲和力
		FcγRIIIa 亲和力
		FcγRIa/IIa/IIb 亲和力
工艺相关杂质	残留 DNA(荧光定量 PCR)	<10 pg/mg
	宿主蛋白质残留(酶联免疫吸附分析)	$<1\times10^8$
	蛋白质 A 残留(酶联免疫吸附分析)	$<1\times10^7$

1. 分子量测定与结构确证

抗体由两条重链和轻链以链间二硫键连接形成,其分子量可通过十二烷基硫酸钠聚丙烯酰胺凝胶电泳(还原型 SDS-PAGE)、基质辅助激光解析电离飞行时间质谱(MALDI-TOF-MS)等技术测定,并与理论相对分子量进行比较,从而初步评估抗体结构是否正常(图 14-9)。抗体药物的常规质控中,需引入已全面分析的理化对照品对其结构进行系统分析,包含 N-末端氨基酸序列测定、肽图、二硫键分析、糖基化分析等。N-末端氨基酸测定是抗体一级结构鉴定的方式之一,常可采用埃德曼降解法实现。如果抗体的 N-末端封闭(如由甲酰基、乙酰基、焦谷氨酰等封闭),还需采用相应方法去封闭后,再进行测定。液质肽图分析是进一步鉴定抗体一级结构的重要手段,但由于抗体的空间结构复杂、紧密,为保证后续酶切效果,在蛋白酶酶解前,需利用尿素等化学或物理方法将抗体变性,再以二硫苏糖醇等还原剂打开二硫键,并对还原后的游离巯基进行烷基化保护,最后通过胰蛋白酶等酶解抗体为肽段,经色谱分离后再以质谱分析,通过质谱鉴定结果与酶解特性综合分析确证各肽段的序列。

IgG1 型抗体含有 16 条二硫键,链内、链间二硫键的正确配对能有效维持抗体药物的空间结构并确保其生物学功能。二硫键的确定常可通过液质肽图或质量指纹图谱法实现,即在非还原条件下,抗体经蛋白酶直接酶切后,部分肽段仍可通过二硫键连接在一起,通过质谱鉴定可分析出抗体的二硫键配对方式。糖基化分析主要依据抗体自身的理化特性,结合理化对照品通过唾液酸含量、寡糖图谱分析等进行控制。寡糖图谱分析是对糖苷酶从抗体上切下的糖链进行衍生、纯化后,通过液相色谱分离可确定各寡糖链所占的比例,并可依据供试品唾液酸、各寡糖峰面积与对照品的相应比例进行判定。通过 N-末端氨基酸序列测定、液质肽图分析、二硫键分析、糖基化分析等评估,结合与理化对照品的比对分析,可以有效确保抗体生产工艺的稳定及批间一致性。

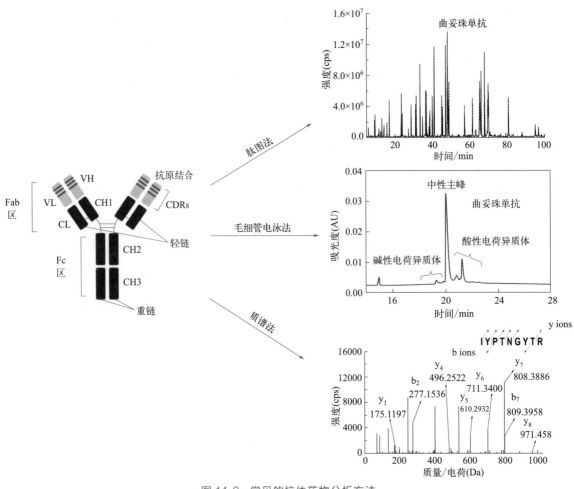

图 14-9 常见的抗体药物分析方法

2. 纯度分析与蛋白质含量测定

蛋白质纯度检查是抗体药物检测的重要指标之一。但是从抗体制剂中检出少量的杂蛋白质是很困难的，这归因于杂蛋白质的含量可能低于很多测定方法的检测下限，因此按规定需利用两种或以上不同原理的技术（如 SDS-PAGE、HPLC、毛细管电泳法）进行测定，从等电点、分子量、疏水性、电荷异质性等不同角度证明抗体样品的均一性（表 14-3）。例如，非还原型 SDS-PAGE 是蛋白质纯度分析的常用方法，加样量不低于 5 μg 时，可用银染色法染色（检测限为 1～10 ng）；加样量不低于 10 μg 时，用考马斯亮蓝 R-250 染色（检测限为 0.1 μg）。结果应无明显杂蛋白质显现，经扫描仪扫描测定，目标抗体量应不低于总蛋白质量的 95％或 98％。

表 14-3 几种抗体药物纯度分析方法的比较

特性	还原型 SDS-PAGE	HPLC	毛细管电泳法
分离机制	分子量	极性、非极性分配，分子大小、离子交换	电荷等
耗时	几小时	120 min 以内	30 min 以内
分辨力	好	好	好
上样量	10～50 μL	10～50 μL	1～50 nL
灵敏度级别	ng～μg	ng～μg	pg
检测方式	染色(可见、荧光、银染)、放射自显影	紫外、荧光、折射、电化学、放射性等	同 HPLC
制备级	中	中	微量级
样品回收	容易	容易	困难

此外，准确的抗体含量测定对产品的分装、比活性计算、残留杂质的限量控制等意义重大。在质量控制中，此项目主要用于原液比活性计算和成品规格的控制。常用方法包含 Folin-酚试剂法（劳里法）、染色法（Bradford法）、凯氏定氮法、双缩脲法、紫外吸收法、酶联免疫吸附分析和 HPLC 法等（表 14-4）。以紫外吸收法为例，由于抗体中含有芳香族氨基酸（如色氨酸），因此抗体在 280 nm 处有特征吸收峰；在该波长下抗体溶液的吸光度与其含量呈正比关系，根据吸光度和不同制品的消光系数，可进行定量测定，测定范围常在 0.2～2 mg/mL。该方法快速简单、无破坏性、可直接测定无需标准品、不消耗样品，但结果可能受样品中嘌呤、嘧啶等吸收紫外光的物质或配方中光吸收物质的干扰，因此应结合产品特点对方法进行充分验证。

表 14-4 常用蛋白质定量分析方法的比较

方法	蛋白质用量/(mg/mL)	是否破坏蛋白质	技术复杂性	方法变异系数/%
双缩脲法	0.5～5	是	简单、快速	5
劳里法	0.05～5	是	显色慢、试剂多	5
凯氏定氮法	0.05～3	是	干扰、复杂、慢	0.154
紫外吸收法	0.05～2	否	简单、快速、易受干扰	0.439
酶联免疫吸附分析	微量	否	简单、快速、高灵敏度	
染料结合法	0.01～0.05	是	简单、快速	3.75

3. 等电点分析

等电聚焦电泳是抗体等电点测定的常用方法，其利用两性电解质在电场中自动形成 pH 梯度，使蛋白质可以依据等电点差异被分离。抗体迁移至其等电点的 pH 位置上时净电荷为零而停止泳动，此时，可用银染色或考马斯亮蓝染色进行定位。由于溶媒中存在的盐会破坏 pH 梯度，因此可采用透析、超滤、过柱等方法进行脱盐。测定抗体的等电点时，由于其糖基化的不均一使抗体所带电荷不同，测定结果中会出现多个电泳条带，因此抗体的等电点测定结果通常为一个 pH 范围，并且应与已全面分析的理化对照品一致。

4. 异质性分析

抗体药物由于生物制造工艺的差异，常呈微观不均一性及异质性，通常由许多结构复杂的变异体组成，包括糖基化、电荷、分子量大小等相关的变异体，这些变异体在大小、电荷、效价、免疫原性等方面都有所不同。产品在贮存、运输、保存等过程中也会产生异质性，产品的异质性与质量有关。因此，需明确鉴定抗体药物的结构变化，以确保药物安全性和有效性。

① 电荷变异体

采用适当的、经过验证的方法，如采用包括但不限于毛细管电泳（CE）、毛细管等电聚焦电泳、阳离子交换色谱法（CEX-HPLC）、HPLC-MS 等方法进行检测，分析抗体药物的电荷变异体情况。

② 糖基化修饰和唾液酸分析

采用适当的、经过验证的方法，对供试品的糖基化成分进行分离、标记，并采用包括但不仅限于 CE 或 HPLC 等方法进行检测。

③ 应用于修饰抗体的检测

根据所修饰抗体的类型、修饰特性，采用适合的方法进行检测，或用参比品进行比较。检测方法应符合已验证的系统适应性要求，供试品测定结果应在该产品的规定范围内。

5. 生物学活性分析

(1) 生物学活性测定

生物学活性测定是确保抗体有效性的重要质控指标。抗体与靶标结合后，通过细胞因子信号的阻断、补体系统的活化、耦联毒素杀伤等生物学作用发挥其治疗功效。生物学活性测定主要在体外建立相应的细胞评价模型，模拟其作用机制产生客观的全程量效反应，并通过与活性标准品的比较对抗体的生物学活性进行评价。根据作用机制，生物学活性测定主要分为补体依赖的细胞毒性法、细胞/生长因子信号通路阻断后产生的杀伤活性中和或细胞增殖抑制法、报告基因测定等方法。

（2）结合活性测定

竞争 ELISA 是最常用的抗体结合活性测定方法。首先在 96 孔板上包被可溶性抗原，再用系列梯度稀释的供试品、标准品与一定浓度的酶标抗体竞争结合包被抗原，将抗体浓度与吸光度的量效关系进行拟合分析后，计算供试品、标准品的 EC_{50} 值来评价抗体的结合活性。近年来发展的流式细胞仪法能克服竞争 ELISA 法制备相应抗原的缺点，而且细胞表面抗原的空间结构接近于天然存在形式，测定结果将更为客观。而基于表面等离子共振的结合活性分析法，能实时动态监测抗原抗体的结合反应，并测定亲和常数等反应参数。

6. 相关杂质分析

（1）产品相关杂质

采用适当的、经过验证的方法，对供试品氧化产物、脱酰胺产物或其他结构不完整性分子进行定量分析。方法应符合已验证的系统适应性要求，供试品测定结果应在该产品规定的范围内。如目标产品为经过修饰的抗体类型，则应根据其修饰后分子特性，采用适合的方法对相应的特殊杂质进行检测，或用参比品进行比较。

（2）工艺相关杂质

重组抗体一般由哺乳动物细胞表达生产，因此需要对制品中来自表达体系及纯化过程中可能存在的工艺相关杂质（主要包括残余 DNA、残余宿主细胞蛋白质、残留蛋白质 A 等）进行限量控制。其中针对宿主细胞蛋白质、蛋白质 A（亲和纯化柱的配基）的残留限量检测主要采用夹心 ELISA 法。如目标产品为经过修饰的类型，则应根据修饰工艺，采用适合的方法对相应的特殊杂质进行检测，或与参比品进行比较。

7. 其他常规质量分析

其他常规质量分析项目包括外观及性状、溶解时间、pH、渗透压、装量/装量差异、不溶性微粒检查、可见异物、水分、无菌检查、细菌内毒素、异常毒性等，均应符合现行版《中国药典》的相关规定。

四、典型抗体药物介绍

1. 单克隆抗体

单克隆抗体具有靶向性强、特异性高、毒副作用低等众多优点，是近年来制药界的研发热点。据 *Nature Reviews Drug Discovery* 统计报道，2021 年美国 FDA 批准了第 100 个单克隆抗体（多塔利单抗）上市，具有 35 年研发历史的单抗（图 14-10）从此进入"百抗时代"。目前全球药物销售额前 100 位中，接近一半为生物制品，其中艾伯维的阿达木单抗持续多年霸占榜首，2021 年销售额已达 206 亿美金。阿达木单抗是一种针对 TNF-α 的重组全人源单克隆抗体，可阻断 TNF 与其两种细胞表面受体的相互作用，具有高亲和力和特异性。阿达木单抗已在全球范围内获得 10 余种不同适应证，被认为是治疗银屑病、关节炎最好的一线药物之一。中国于 2010 年进口其原研药，目前国内已有 5 家企业（百奥泰、海正生物、信达生物、上海复宏汉霖、神舟细胞工程）获得该品种生物类似药批准文号。

2. 抗体偶联药物

抗体偶联药物（ADC）是一类通过化学偶联子将单抗药物和小分子细胞毒素（如微管破坏药物、DNA 损伤药物等）偶联起来的药物，其结合了单抗的肿瘤靶向性和细胞毒性药物杀灭肿瘤的高效性，被誉为抗肿瘤药物中的智能生物导弹，是恶性肿瘤靶向治疗领域的研究热点。ADC 的作用机制主要

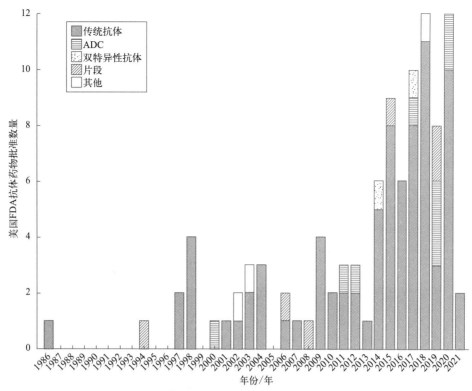

图 14-10　美国 FDA 批准上市的抗体药物分布情况

为，其进入体内后，单抗部分与表达肿瘤抗原的靶细胞特异性结合，促使 ADC 被肿瘤细胞内吞进入溶酶体进行降解，小分子细胞毒性药物在胞内以高效活性形式被足量释放，从而对肿瘤细胞实现精准杀伤。

　　吉妥珠单抗是美国 FDA 第一个加速获批上市的 ADC，其由靶向 CD33 单抗、可裂解腙键和卡奇霉素偶联构成（结构式如图 14-11），最初以高剂量单药疗法用于经历了首次复发、年龄大于等于 60 岁、不适合其他细胞毒性药物化疗的 CD33 阳性急性髓系白血病（AML）成人患者。然而其上市后，大量临床试验未能继续证实这款药物的临床获益，并显示其与化疗相比具有更高的毒性后，2010 年辉瑞公司主动将该药物撤出美国市场。由于 AML 患者对靶向药物的需求长期未得到满足，因此研究人员对不同剂量、不同疗程的

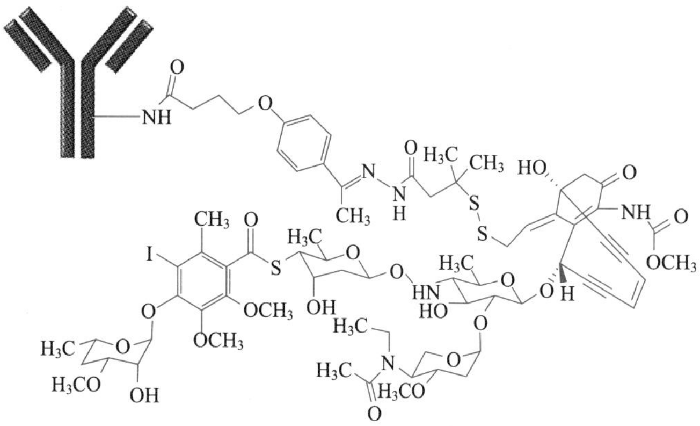

图 14-11　吉妥珠单抗的结构示意图

吉妥珠单抗进行了系统评价，2017 年 9 月，低剂量吉妥珠单抗再次获得美国 FDA 批准，用于新诊断的 CD33 阳性 AML 成人患者以及年龄大于等于 2 岁、CD33 阳性、复发或难治性 AML 儿童和成人患者。

　　恩美曲妥珠单抗是第二代 ADC，在安全性和小分子的杀伤毒性方面优于初代 ADC，其由靶向人类表皮生长因子受体 2（HER2）的单抗以非剪切硫醚键偶联 3~4 个美登素（DM-1）构成，在治疗 HER2 阳性转移乳腺癌方面表现出比拉帕替尼和卡培他滨联合方案更好的效果，针对早期乳腺癌辅助治疗的疗效也优于经典的曲妥珠单抗。德曲妥珠单抗同为靶向 HER2 的 ADC，由可剪切二肽键偶联曲妥珠单抗和喜树碱衍生物伊立替康构成，用于三线治疗 HER2 阳性或转移性乳腺癌，可获得 61% 的缓解率。

靶向抗体和小分子毒素的偶联方式对 ADC 的稳定性和生物学活性影响巨大。为克服前两代 ADC 因异质性高对生产工艺和临床应用带来的挑战，第三代 ADC 将主要采用定点偶联策略通过基因工程技术引入活性基团氨基酸，包括半胱氨酸定点突变、引入非天然氨基酸和谷氨酰胺转移酶等酶促反应偶联方法以及二硫键改造等，以提高抗体和毒素的偶联率、ADC 均一性及其药代动力学特征，并降低药物的毒副作用。

3. 双特异性抗体

双特异性抗体（BsAb）是新型的第二代抗体，它能靶向两个不同的抗原或抗原表位，通过阻断或激活双靶点信号通路，从而更好地介导免疫细胞对肿瘤细胞的杀伤作用，减少肿瘤细胞逃逸，获得比单抗甚至抗体联用更好的临床疗效，现已被开发用于治疗恶性肿瘤、血友病等重大疾病（图 14-12）。双特异性抗体通常是通过化学偶联、重组 DNA 或细胞融合的方式，将不同的重/轻链组合，从而产生能够同时特异性结合两个不同抗原的人工抗体。截至 2022 年 7 月，全球共有七款双特异性抗体获批上市。

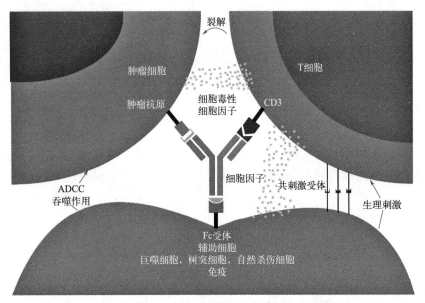

图 14-12　IgG 类双特异性抗体作用机制示意图

卡妥索单抗（catumaxomab）是全球首款双特异性抗体药物，于 2009 年在欧盟获批上市用于恶性腹水的治疗，其包含两个不同的抗原结合位点和一个功能性的 Fc 片段，因此能分别与上皮细胞黏附分子（EpCAM）和 T 细胞 CD3 结合，而功能性 Fc 域可以活化 Fcγ 受体 I-、Ⅱa-以及Ⅲ-阳性附属细胞，其抗肿瘤活性主要依赖于 T 细胞介导的溶解作用、抗体依赖细胞介导的细胞毒作用及吞噬作用。但是因给药途径限制（腹腔内注射给药）以及商业竞争原因，catumaxomab 于 2017 年退市。

随着双特异性抗体的快速发展，2021 年美国 FDA 加速批准了强生公司研发的 EGFR/c-Met 双抗（埃万妥单抗）上市，用于治疗经美国 FDA 批准测试确认患有 EGFR 外显子 20 插入突变的局部晚期或转移性非小细胞肺癌（NSCLC）患者，这些患者接受铂类化疗期间或之后发生了疾病进展。

本章小结

本章介绍了抗体药物的发展历史、杂交瘤细胞技术及免疫分析方法的应用、基因工程抗体（包括噬菌体抗体库、单链抗体、小分子抗体、纳米抗体）制备技术及应用、抗体药物生产的细胞培养工艺、抗体药物纯化工艺、抗体药物的质量控制等方面内容。

思 考 题

1. 简述杂交瘤细胞技术的原理以及杂交瘤细胞技术需要重点考虑的因素？
2. 对比噬菌体抗体库技术、单链抗体制备技术、纳米抗体制备技术的优缺点。
3. 在治疗肿瘤和治疗自身免疫病方面，如何合理地选择基因工程抗体技术？
4. 结合抗体药物生产工艺知识，可以采用哪些纯化技术提高产品的纯度，并降低有害杂质残余量？
5. 请根据本章介绍的相关法规、指导原则及蛋白质药物产品自身特性，简述抗体药物质量控制指标及对应的关键技术。

【赵肃清　巩培　王启钦】

参考文献

[1]　马雪璟，李润涵，侯百东．单克隆抗体的出现与发展 [J]．科学通报，2020，65 (Z2)：3078-3084.

[2]　蒋卉，胡志强．单克隆抗体药物的技术发展和应用进展 [J]．山东化工，2020，49 (6)：77-78.

[3]　姜倩倩，刘京贞，苏瑞强．单克隆抗体药物进展 [J]．药物生物技术，2005 (4)：64-68.

[4]　李进，李胜男，王兵．抗体药物的研究进展 [J]．楚雄师范学院学报，2007 (3)：41-46.

[5]　付志浩，徐刚领，黄璟，等．单克隆抗体药物研发进展 [J]．中国药事，2021，35 (11)：1253-1268.

[6]　Béné M C．The wonderful story of monoclonal antibodies [J]．International Journal of Laboratory Hematology，2019，41：8-14.

[7]　Nahta R，Esteva F J．Herceptin：mechanisms of action and resistance [J]．Cancer letters，2006，232 (2)：123-138.

[8]　严昊，冯建远，张子仪，等．纳米抗体的制备与临床应用研究进展 [J]．中国畜牧兽医，2021，48 (2)：685-694.

[9]　梅雅贤，王玥，罗文新．纳米抗体在传染病的预防、诊断和治疗中的应用 [J]．中国生物工程杂志，2020，40 (10)：24-34.

[10]　张琳琳．杂交瘤技术制备单克隆抗体研究进展 [J]．生物学教学，2016，41 (8)：2-5.

[11]　He Q，Liu Z，Liu Z，et al．TCR-like antibodies in cancer immunotherapy [J]．Journal of Hematology & Oncology，2019，12 (1)：1-13.

[12]　方水琴，刘程，马俊飞，等．小鼠杂交瘤单克隆抗体快速制备技术研究进展 [J]．生物工程学报，2021，37 (7)：2293-2306.

[13]　任娟．杂交瘤技术与单克隆抗体 [J]．新疆畜牧业，2014 (4)：26-27.

[14]　杨建发，彭轺，高洪．杂交瘤技术在病理学中的应用 [J]．动物科学与动物医学，2001 (6)：33-35.

[15]　Cui X，Vasylieva N，Wu P，et al．Development of an indirect competitive enzyme-linked immunosorbent assay for glycocholic acid based on chicken single-chain variable fragment antibodies [J]．Analytical chemistry，2017，89 (20)：11091-11097.

[16]　赵思俊，孙晓亮，曲志娜，等．新型免疫佐剂研究进展 [J]．中国动物检疫，2016，33 (7)：58-61.

[17]　于得静，张添琪，孟凡茹，等．免疫佐剂的研究进展 [J/OL]．经济动物学报：1-6.

[18]　高明，邵军军，常惠芸，等．免疫佐剂研究进展 [J]．安徽农业科学，2015，43 (34)：204-206，210.

[19]　郭仁．单克隆抗体技术 [J]．自然杂志，1984 (2)：124-127.

[20]　石超，吕长鑫，冯叙桥，等．酶联免疫吸附技术在食品检测分析中的研究进展 [J]．食品安全质量检测学报，2014，5 (10)：3269-3275.

[21]　张玉超，刘旭东．基于单克隆抗体的双酚 A 间接竞争酶联免疫分析法的建立 [J]．食品研究与开发，2020，41 (17)：172-177.

[22]　周剑青．以多聚赖氨酸为载体的双酚 A 包被抗原制备及其免疫分析研究 [D]．广州：广东工业大学，2013.

[23]　李妮，钏鸿云，吴晓燕，等．新型冠状病毒 S 蛋白抗体制备及双抗体夹心 ELISA 抗原检测方法的建立 [J]．病毒学报，2022，38 (1)：14-20.

[24]　姜腾．基于荧光免疫技术即时检验定量分析仪设计及配套试剂的性能研究 [D]．成都：西南交通大学，2019.

[25]　梅朱园．PCV2 Cap 蛋白单克隆抗体的制备和直接免疫荧光检测方法的建立 [D]．哈尔滨：东北农业大学，2021.

[26]　陈慧，邓春泉，何燕燕，等．一种 PIC 荧光免疫层析检测方法的建立 [J]．生物技术，2021，31 (1)：38-45.

[27]　陈莹珊．甘胆酸的单克隆抗体制备及免疫分析方法研究 [D]．广州：广东工业大学，2019.

[28]　李德山．生物技术制药 [M]．北京：中国农业出版社，2018.

[29]　胡斌．噬菌体抗体库技术研究进展 [J]．生物学教学，2004，29 (6)：3-4.

[30]　赵蕾，林源，李本强，等．基因工程小分子抗体及其在动物疾病研究中的应用 [J]．中国兽药杂志，2011 (2)：41-46.

［31］ 邓宁，向军俭，黄峙. 小分子抗体技术研究进展［J］. 生物学通报，2004，39（8）：1-3.

［32］ 王楠. 基于蛋白质芯片的高通量特异性纳米抗体制备研究［D］. 福州：福建农林大学. 2016.

［33］ 严昊，冯建远，张子仪，等. 纳米抗体的制备与临床应用研究进展［J］. 中国畜牧兽医，2021，48（2）：685-694.

［34］ Carter P，Kelley R F，Rodrigues M L，et al. High level Escherichia coli expression and production of a bivalent humanized antibody fragment［J］. Nature Biotechnology，1992，10（2）：163-167.

［35］ Eldin P，Pauza M，Hieda Y，et al. High-level secretion of two antibody single chain Fv fragments by Pichia pastoris［J］. Journal of Immunological Methods，1997，201（1）：67-75.

［36］ 邓宁，粟宽源，王珣章，等. 人源性抗 HBsAg 抗体 Fab 段在酵母中的表达［J］. 生物工程学报，2002，18（5）：546-550.

［37］ Lobova D，Čížek A，Celer V. The selection of single-chain Fv antibody fragments specific to Bhlp 29.7 protein of Brachyspira hyodysenteriae［J］. Folia Microbiologica，2008，53（6）：517-520.

［38］ Wemmer S，Mashau C，Fehrsen J，et al. Chicken ScFvs and bivalent ScFv-C（H）fusions directed against HSP65 of Mycobacterium bovis［J］. Biologicals，2010，38（3）：407-414.

［39］ Abi-Ghanem D，Waghela S D，Caldwell D J，et al. Phage display selection and characterization of single-chain recombinant antibodies against Eimeria tenella sporozoites［J］. Veterinary Immunology and Immunopathology，2008，121（1-2）：58-67.

［40］ Zimmermann J，Saalbach I，Jahn D，et al. Antibody expressing pea seeds as fodder for prevention of gastrointestinal parasitic infections in chickens［J］. BMC Biotechnology，2009，9（79）：1-22.

［41］ Hamers-Casterman C，Atarhouch T，Muyldermans S，et al. Naturally occurring antibodies devoid of light chains［J］. Nature，1993，363（6428）：446-448.

［42］ 张琼琼，方明月，栗军杰，等. 哺乳动物细胞灌流培养工艺开发与优化［J］. 生物工程学报，2020，36（6）：1041-1050.

［43］ 王军志. 生物技术药物研究开发和质量控制［M］.3 版. 北京：科学出版社，2018.

［44］ 陈泉，卓燕玲，许爱娜，等. 蛋白 A 亲和层析法纯化单克隆抗体工艺的优化［J］. 生物工程学报，2016，32（6）：807-818.

［45］ 孙文改，苗景赟. 抗体生产纯化技术［J］. 中国生物工程杂志，2008，28（10）：141-152.

［46］ 朱文文，李梦林，张金兰. 单克隆抗体药物质量分析质谱技术研究进展［J］. 药学学报，2020，55（12）：2843-2853.

［47］ 高凯，陶磊，王军志，等. 重组抗体药物的质量控制［J］. 中国新药杂志，2011，20（19）：1848-1855.

［48］ 张怡轩. 生物药物分析［M］.3 版. 北京：中国医药科技出版社，2019.

［49］ 何华. 生物药物分析［M］. 北京：化学工业出版社，2003.

［50］ 吴海岚，刘君，刘凤华，等. 全球抗体偶联药物研发态势分析［J］. 国际生物制品学杂志，2021，44（1）：38-43.

［51］ 陈敏. 双特异性抗体的免疫原性［J］. 中国临床药理治疗杂志，2021，26（10）：1208-1212.

［52］ Mullard A. FDA approves 100th monoclonal antibody product［J］. Nature reviews. Drug discovery，2021，20（7）：491-495.

［53］ Zarrineh M，Mashhadi I S，Farhadpour M，et al. Mechanism of antibodies purification by protein A［J］. Analytical biochemistry，2020，609：113909.

［54］ Ramos-de-la-Peña A M，González-Valdez J，Aguilar O. Protein A chromatography：Challenges and progress in the purification of monoclonal antibodies［J］. Journal of separation science，2019，42（9）：1816-1827.

［55］ Walsh S J，Bargh J D，Dannheim F M，et al. Site-selective modification strategies in antibody-drug conjugates［J］. Chemical Society Reviews，2021，50（2）：1305-1353.

［56］ Dean A Q，Luo S，Twomey J D，et al. Targeting cancer with antibody-drug conjugates：Promises and challenges［C］. MAbs，Taylor & Francis，2021，13（1）：1951427.

［57］ Weidanz J. Targeting cancer with bispecific antibodies［J］. Science，2021，371（6533）：996-997.

［58］ Syed Y Y. Amivantamab：first approval［J］. Drugs，2021，81：1349-1353.

［59］ Wang X，Xia D，Han H，et al. Biomimetic small peptide functionalized affinity monoliths for monoclonal antibody purification［J］. Analytica chimica acta，2018，1017：57-65.

第十五章

核苷酸类药物生产工艺

第一节　概述

一、核苷酸类药物的用途及生产方法

1. 核苷酸类药物的定义

核苷酸类药物是以各种具有不同功能的寡聚核糖核苷酸或寡聚脱氧核糖核苷酸为原料形成的药物。广义上的核苷酸类药物还包括核酸适体（aptamer）、抗基因（antigene）、核酶（ribozyme）、反义核酸（antisence nucleic acid）、RNA 干扰剂等类型。由于其具有特异性针对致病基因的特点，具有特定的靶点和作用机制，因此核苷酸类药物具有广泛的应用前景。

2. 核苷酸类药物的应用

随着人们对核苷酸类药物的研究越来越深入，该类药物在医药领域的应用越来越广泛，成为新药发现和研制的重要方向。20 世纪 70 年代以来，核苷酸及其衍生物因其在治疗心脑血管疾病、抗肿瘤、抗病毒等方面的独特疗效而受到广泛关注。以核苷酸为原料可合成 CDP-胆碱、SAM、CTP、UTP、cAMP、UDP-乙酰葡糖胺、UDP-葡萄糖、反义核苷酸、核酸疫苗等上百种化合物，相关产品的销售额已超过百亿美元，并且还有三百多个候选化合物正处于研究阶段。

此外，在食品行业中，核苷酸类产品也有着十分广泛的应用，其由最初的食品助鲜剂已扩展为具有提高生物体免疫功能的功能性食品添加剂，可以添加到面包、饼干等食品中；在我国、日本、美国及欧洲的部分国家，核苷酸已被允许作为营养强化剂添加到婴儿奶粉中。在农业领域，核苷酸可作为植物生长调节剂促进农作物的生长，也可以作为饲料添加剂，增加动物的免疫力，提高动物对细菌、真菌的抗感染能力，并具有促进动物生长和改善肉质的作用。

3. 核苷酸类药物的生产方法

目前主要有三种生产工艺来生产核苷酸类药物，即化学合成法、RNA 酶解法和生物合成法。

(1) 化学合成法

化学合成法合成核苷酸主要是利用磷酰化试剂（氯化氧磷）在特定的溶剂下（磷酸三乙酯）对未保护的核苷进行磷酰化，选择性地得到 5'-核苷酸，该方法的收率在 90％以上。由于磷酰化试剂非常活泼，为避免副产物的形成，反应必须在 0 ℃左右进行，能耗很大；而且化学合成法所涉及的试剂（如氯化氧磷和磷酸三乙酯）是剧毒试剂，环境污染较大、生产成本偏高。此外，化学合成法制造的核苷酸可能有少量有机溶剂残留，该方法主要用于制备医药中间体中的核苷酸类化合物。

(2) RNA 酶解法

RNA 酶解法主要是利用桔青霉发酵生产出的 5'-磷酸二酯酶（核酸酶 P1）水解从酵母中提取的 RNA，可得到四种 5'-核苷酸的混合物，经离子交换树脂分离纯化后可以得到四种核苷酸（钠）的单体。完整的工艺包括从糖质原料培养高 RNA 表达酵母、提取 RNA、酶解 RNA、分离纯化核苷酸和干燥包装等过程。RNA 酶解法是制造核苷酸较为通用且安全的方法，该法生产的核苷酸主要应用于食品添加剂领域和医药市场。

(3) 生物合成法

利用含有特定生物酶的微生物，将核苷酸的前体物质（腺苷、尿苷、胞苷、腺嘌呤、尿嘌呤、胞嘌呤、乳清酸等）转化为相应的核苷酸（腺苷酸、尿苷酸、胞苷酸等）。相比化学合成法，该法生产的产品安全性好，生产过程环保，且比核糖核酸酶解法更具有灵活性。

二、生物合成法生产核苷酸类药物的研究进展

核苷酸的衍生物在临床上对多种疑难疾病有着良好的治疗效果，促进了核苷酸在医药市场中的快速发展。经过四十多年的发展，核苷酸产业规模由 20 世纪 60 年代的几个品种发展到如今上百个品种，这些核苷酸原料可合成上百种化合物，主要用于心脑血管疾病、肿瘤、病毒感染等疾病的治疗和辅助治疗。

目前，国内外核苷酸的生产技术主要为化学合成法和生物合成法两种，其中生物合成法优势明显。我国主要采用麦芽根提取的核酸酶 P1 进行核苷酸的生产，而国外主要采用桔青霉降解 RNA 的生产技术。生物合成法生产核苷酸类药物是技术发展趋势，该法中的常用菌株主要有产氨短杆菌和酵母。日本某制药企业利用产氨短杆菌生产尿苷酸（UMP），转化率为 74％，产率高达 28 g/L；相比之下，上海师范大学和山东大学的研究团队利用产氨短杆菌生产 UMP，但产率偏低。然而，我国研究人员积极尝试利用酵母生产 UMP，转化率达到 95％，产率为 12 g/L，同时也利用酵母进行腺苷酸的生产，其转化率达 92％，产率为 19.6 g/L，这为生物合成法大规模合成核苷酸奠定了良好的基础。

第二节　核苷酸生产工艺

单链特异性核酸酶中应用最广泛的是核酸酶 P1（5'-磷酸二酯酶，EC 3.1.30.1）和核酸酶 S1。核酸酶 P1 在 1961 年被发现并命名后，就被用于工业化生产核苷酸类产品。1964 年，上海轻工业研究所和中国科学院微生物研究所开始研究核酸酶 P1 的生产方法。目前国内外核酸酶 P1 的生产主要采用麦芽根提取和桔青霉（*Penicillium citrinum*）发酵两种方式，但麦芽根提取的核酸酶杂酶含量多，对于工业生产不利，而桔青霉发酵生产的核酸酶 P1 具有酶解效率高、发酵条件简单等优点，因此桔青霉发酵是目前核酸酶 P1 生产的主要方式。

一、桔青霉生产菌株的选育

1. 桔青霉生产菌株概述

桔青霉（*Penicillium citrinum*）属于不对称青霉组，绒状青霉亚组，桔青霉系。菌落生长有局限，生长 10～14 天后菌落直径为 2～2.5 cm，表面有放射状沟纹，大多数菌系为绒状，少数菌系则为絮状，菌落呈艾绿色，反面呈黄色至橙色，培养基颜色与菌落相仿或带粉红色，渗出液为淡黄色。其分生孢子梗大多自基质生出，也有部分自菌落中央的气生菌丝长出，长度一般为 50～200 μm，宽度为 2.2～3 μm，壁光滑，一般不分枝。其帚状枝结构由 3～4 个轮生而略散开的梗基构成，长度为 12～20 μm，宽度为 2.2～3 μm。每个梗基上簇生 6～10 个略密集而平行的子梗，长度为 8～11 μm，宽度为 2～2.8 μm。分生孢子呈球形或近似球形，直径为 2.2～3 μm，表面光滑或近似光滑，分生孢子链为明确的分散柱状。此菌分布广泛，除土壤外，常见于腐烂的水果、蔬菜、肉类和储藏的粮食上。

2. 桔青霉高产菌株的选育

通过新型低能离子束诱变技术进行菌种筛选，获得高产核酸酶 P1 的桔青霉菌株。离子束诱变是一种将物理诱变和化学诱变特性集于一身的综合诱变方法，能够在低剂量注入、细胞损伤较轻的情况下，强烈地影响生物细胞的生理、生化性能，造成遗传物质的基本单位——碱基的改变，诱发染色体结构变异。采用能量为 10 keV 的 N^+ 离子对桔青霉菌进行诱变处理和筛选（图 15-1），对初筛获得的两百株菌株进行复筛，获得一株酶活力达 5200 U/mL 的菌株，稳定表达 30 代后用于发酵罐放大试验（表 15-1）。

桔青霉单菌落平板

桔青霉孢子扫描电镜(2000倍)

桔青霉孢子扫描电镜(10000倍)

图 15-1　离子束诱变后桔青霉电镜照片

表 15-1　连续培养情况

培养代数	1 代	2 代	3 代	10 代	20 代	30 代
酶活力/(U/mL)	5218	5234	5367	5125	5202	5228

二、核酸酶 P1 的发酵生产

核酸酶 P1 的生产方法主要有固态发酵法、深层发酵法以及固定化液体发酵法。固态发酵（solid state fermentation，SSF）法操作简单，成本低，利用麸皮等农作物为原料也能够得到较高酶活力的粗酶液。但是由于这些农产品成分非常复杂，想获得纯的核酸酶 P1 较为困难和烦琐。深层发酵法利用现代发酵技术，通过装在发酵罐中的各种传感器和控制单元，可以较好地控制发酵的温度、pH、溶解氧水平。桔青霉通用的发酵工艺参见图 15-2，其液体发酵条件为：发酵温度 30 ℃，通风 1∶0.4，培养时间 50～70 h。液态发酵的菌丝体和发酵液较易分离，因此液态发酵是目前生产核酸酶 P1 粗酶液的主要方法。此外，采用固定化液体发酵法也可以用于核酸酶 P1 的生产，将菌丝体固定在谷梗或其他一些惰性的材料上进行较长时间的发酵，可以提高细胞的利用率和生产强度，尤其是利用某些惰性材料为载体，有助于保持酶活力、简化发酵液的成分，便于核酸酶的提取和纯化。

三、核糖核酸酶解制备核苷酸

核酸酶 P1 是一种磷酸二酯酶，该酶作用于 RNA 或 DNA 单链中的 3′,5′-磷酸二酯键，生成 5′-核苷酸，同时该酶也有 3′-磷酸单酯酶活性，能够分解单核苷酸或寡聚核苷酸中的 3′-磷酸单酯键。影响核酸酶

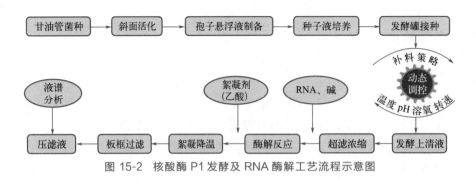

图 15-2 核酸酶 P1 发酵及 RNA 酶解工艺流程示意图

P1 催化活性的因素很多，主要有温度、pH、金属离子和一些有机试剂。核酸酶 P1 的温度适用范围比较广，是一种热稳定酶，在 45~75 ℃都有催化活性；其在 pH 5~8 都有较强的活力，其最适 pH 与底物类型、溶液的离子种类和离子强度有关。对酵母核酸而言，最适 pH 为 5.0。利用核酸酶 P1 水解从酵母提取的 RNA，可以获得四种 5'-核苷酸的混合物。

四、核苷酸的分离纯化

1950 年，Cohn 等采用强碱性阴离子交换树脂 Dowex-1（聚苯乙烯-二乙烯苯磺酸型）分离四种 5'-核苷酸的混合物，正式建立了离子交换色谱分离核苷酸的方法。他们的工艺是先采取阳离子交换树脂进行初步分离，通常所用的树脂为强酸性 732 型树脂，混合物上柱液 pH 调至 1.5。UMP 由于不带正电荷，先随洗脱剂流出，另外三种核苷酸，由于存在不同程度的氨基的解离，所带正电荷量不同，与树脂的吸附能力不同。其中 AMP 所带正电荷量最多，与树脂的吸附力最强，需要采用 3% 的 NaCl（含 0.1 mol/L 的 HCl，pH 为 1.0）才能将其洗脱下来。GMP 和 CMP 具有相似的吸附和解离性质，在洗脱时两者相互混杂在一起，难以分离，需要进一步采用阴离子交换柱再进行分离。洗脱液采用纳滤可以进行浓缩，同时去除小分子的杂质。结晶操作可以采用乙醇法进行结晶，可得到含量为 98% 以上的不同级别的产品。成品干燥主要采用真空干燥或双锥干燥的方法。

水解产物含有多种杂质，分离 4 种核苷酸具有一定的难度。主流的纯化过程主要包括脱色、阳离子交换、阴离子交换、纳滤浓缩、结晶等步骤。酶转化后的混合液首先经过脱色柱吸附，脱除其中的絮状物及部分色素。脱色液再进入阳离子交换系统，通过分步洗脱分别得到 GMP、CMP、AMP 洗脱液，再利用纳滤浓缩得到高浓度料液，并通过结晶工艺获得高纯度组分。阳离子交换柱流出的 UMP 中仍然含有较多的色素及其他杂质，需通过阴离子交换柱进一步纯化，才能得到纯度较高的单体 UMP，后续再进行纳滤浓缩和结晶操作可得到高纯度组分（图 15-3）。

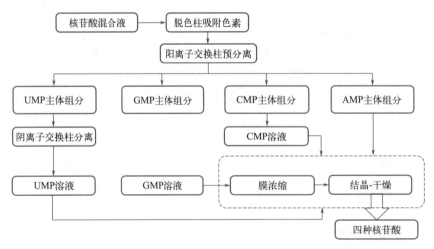

图 15-3 核苷酸分离工艺示意图

第三节　腺苷三磷酸生产工艺

腺苷三磷酸（adenosine triphospohate，ATP），又名三磷酸腺苷、腺嘌呤核苷三磷酸，简称腺三磷。ATP 的分子结构由三部分构成：一个腺苷（adenosine）分子、一个核糖（ribose）分子和三个磷酸基团（phosphate groups）。这三个磷酸基团通过高能磷酸酯键连接在一起，在水解时会释放大量的能量，供细胞进行各种生命活动。ATP 是一种重要的能量分子，参与了生物体内的众多代谢过程，对生物体的生命活动至关重要，同时也在许多疾病的诊断和治疗中发挥着重要作用。ATP 药物能改善心脏和大脑的能量代谢，临床上常用于治疗心脑血管疾病；ATP 在生化研究和生物学分析检测试验中也有重要的应用价值。

在细胞中，ATP、ADP（腺苷二磷酸，adenosine diphosphate）及 AMP（腺苷一磷酸，adenosine monophosphate）之间存在着动态平衡。当细胞需要能量时，ATP 分子通过水解一个磷酸基团，转化为ADP，并释放能量。当细胞有多余能量时，ADP 可以通过磷酸化作用重新生成 ATP。这种相互转化过程在细胞内不断进行，以满足细胞对能量的需求。

纯净的 ATP 为白色或类白色粉末或晶体，无臭，有吸湿性，在水溶液中可解离成离子形式，因此具有极性，易溶于水等极性溶剂，而不溶于乙醇、氯仿或乙醚等有机溶剂。

一、腺苷三磷酸的发酵生产

1. 发酵原理

ATP 可通过两种方式生产：一是以腺嘌呤为前体用发酵法直接生产，二是以 AMP 为原料，经过磷酸化作用生成 ATP。同样，AMP 也可通过两种方式生产：一是以腺嘌呤为前体发酵生产，二是先发酵生产腺苷，再经微生物磷酸化或化学方法磷酸化制得 AMP。

（1）腺苷三磷酸的前体腺苷一磷酸和腺苷的发酵生产

核苷酸补救途径（salvage pathway）是生物体合成核苷酸的两种途径之一，主要利用游离碱基或核苷，通过简单的反应合成核苷酸，与从头合成途径相比，补救途径在能量消耗和氨基酸消耗方面更为经济（图 15-4）。产氨短杆菌 ATCC 6872 等菌株可利用补救途径将嘌呤转化成相应的嘌呤核苷酸，特别是以腺嘌呤为前体发酵生产腺苷一磷酸时，产氨短杆菌补救途径的高活性和磷酸酯酶活力相对较弱的特点有利于核苷酸的生成和积累。

此外，以腺嘌呤为前体，通过微生物发酵也可以生产腺苷。1962 年，Nara 等把兼具链霉素抗性和酪氨酸缺陷型的枯草杆菌 160（Sm^r＋try$^-$）菌株经再一次诱变得到的嘌呤缺陷型菌株，在添加由丙二胺化学合成的腺嘌呤的培养基中培养，其能够累积大量的腺苷。培养基的碳源以葡萄糖为佳，如添加少量核糖可增加腺苷的产量；氮源以蛋白胨、肉膏、酪氨酸为佳；添加生物素能提高腺苷产量，即添加 1～2 mg/mL 的腺嘌呤，培养 40 h，可积累 1 mg/mL 的腺苷。

对于腺苷的直接发酵生产，出发菌株一般选用具有强烈降解核苷酸酶系的枯草杆菌或其他芽孢杆菌。为了积累腺苷，具有腺苷分解作用的核苷酶或核苷磷酸化酶的活力必须微弱，且必须解除 AMP 类物质终产物的反馈调节，这可通过选育抗代谢类似物突变株来实现；同时，还需要切断从 AMP 向 IMP 转化的通路，使 AMP 脱氨酶的活力被显著削弱或完全丧失。理想的突变菌株应缺失 IMP 脱氢酶，形成黄嘌呤缺陷型，为了防止回复突变，可进一步诱变使其丧失 XMP 氧化酶的功能，即选育鸟嘌呤缺陷型的菌株。

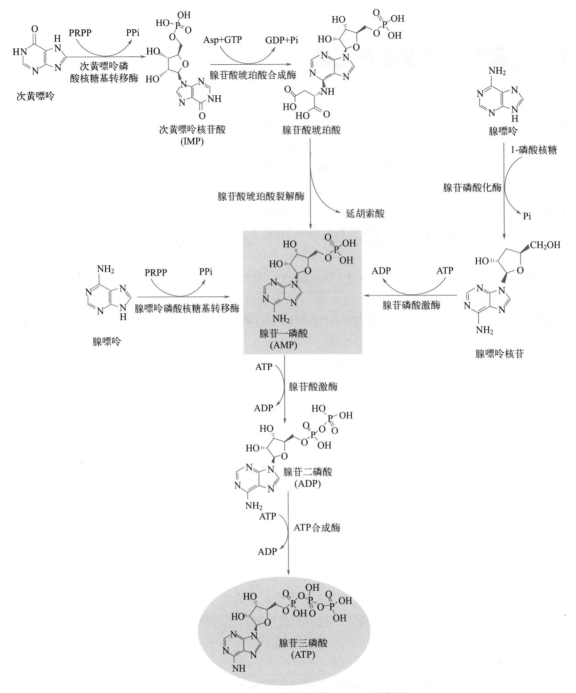

图 15-4　AMP 的三条补救途径及 ATP 的合成

（2）腺苷的微生物磷酸化

通过微生物的磷酸化作用可将肌苷、腺苷、鸟苷等核苷分别转变成 IMP、AMP、GMP 等，并将 AMP 转变为 ADP、ATP，将 GMP 转变为 GDP、GTP。面包酵母和清酒酵母的酶制剂可使 AMP 磷酸化为 ADP 和 ATP，并伴随有葡萄糖的降解。使用磨碎的面包酵母或丙酮干燥的面包酵母菌体，在葡萄糖发酵条件下添加 AMP 或腺苷，进行磷酸化。所加入的 AMP 或腺苷被高效地磷酸化为 ATP 和 ADP，反应 3 h 后约有 72% 的 AMP 被磷酸化为 ATP。

腺苷磷酸化生成 ATP 的过程仅在使用丙酮干燥菌体时可有效进行，若使用风干菌体或活菌体，AMP 的磷酸化几乎不能进行。在使用丙酮干燥菌体的催化体系中，磷酸盐缓冲液的浓度是重要控制参数，优化后磷酸盐缓冲液的浓度是 1/3 mol/L，当磷酸盐缓冲液的浓度为 1/9 mol/L 或 2/3 mol/L 时，磷酸化反应不能发生。如使用研碎菌体，磷酸化的最适磷酸盐缓冲液浓度为 1/4 mol/L。在该催化体系中，ATP 的生成机制可以认为是利用葡萄糖分解时获得的能量，通过底物水平磷酸化，由 AMP 或腺苷经 ADP 生成 ATP。体系中高浓度的磷酸能够抑制磷酸酯酶的作用，而 AMP 能够解除高磷酸盐浓度产生的抑制作用。

（3）发酵法生产 ATP

以产氨短杆菌 B1-787 发酵生产 ATP 为例，菌种经种子扩大培养后，移入发酵罐，在适当的培养基、温度、pH、通气及搅拌条件下培养 40 h，再加入前体物质腺嘌呤及表面活性剂和尿素，控制条件继续培养，使腺嘌呤不断转化为 ATP。发酵结束后，发酵液经适当的预处理后，过滤得到滤液，经活性炭吸附柱吸附和氨水乙醇溶液洗脱，获得 ATP 溶液。ATP 的磷酸基在碱性氨水乙醇中解离成阴离子，经阴离子交换柱吸附后，用一定离子强度的溶剂洗脱，收集得到 ATP 粗品，再用结晶法获得 ATP 精品（图 15-5）。ATP 发酵体系中需要使用高浓度磷酸盐，添加表面活性剂可以提高 ATP 产量，加入氨基酸、维生素等可促进营养缺陷型生产菌株的生长，防止发酵过程中回复突变的发生，有利于稳定发酵，提高 ATP 产量。

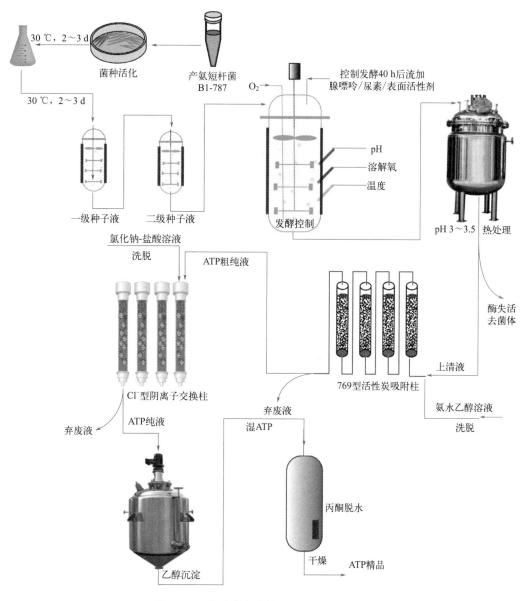

图 15-5　发酵生产腺苷三磷酸的工艺路线

2. 发酵培养基与工艺条件

（1）菌种培养基成分

培养基成分：葡萄糖 10％，$MgSO_4 \cdot 7H_2O$ 1％，尿素 0.3％，$CaCl_2 \cdot 2H_2O$ 0.01％，玉米浆适量，磷酸氢二钾 1％，磷酸二氢钾 1％，pH 为 7.2。

各级种子培养时间为 0～24 h，接种量为 7％～9％，pH 控制在 6.8～7.2。

（2）菌种发酵培养条件

将菌种接种到发酵罐中培养，温度为 28～30 ℃，24 h 前通气量为 0.5∶1，24 h 后通气量为 1∶1，40 h 后投入腺嘌呤 0.2％、椰子油酰胺 0.15％、尿素 0.3％，并升温至 37 ℃，pH 控制为 7.0。

二、ATP 的分离纯化

1. 发酵液预处理

ATP 发酵液的杂质含量较高，包括腺苷二磷酸等极性较强的杂质，腺苷一磷酸、腺苷等极性较弱的杂质，磷酸核糖、无机盐、未被酶解彻底的腺苷一磷酸，以及分子量小于 10000 的各种多肽、有机酸、类脂质还有多糖以及色素等。根据 AMP 转化为 ATP 过程中酶转化液的主要组成部分，预处理的目的是改善酶转化液的流体性质，以利于离心和过滤操作，同时较多地去除酶转化液中的酸性蛋白质，提高树脂有效吸附容量。

有学者对 ATP 发酵液进行了如下处理：先将发酵液的 pH 调至 4.5，加热使蛋白质变性沉淀，离心，调节上清液 pH 至 2.0 后上活性炭柱（活性炭柱先用 8％丙酮的乙醇溶液预处理）。用蒸馏水洗涤柱子，再换用含 1％氨水、50％乙醇的水溶液洗脱柱子，收集洗脱液，真空浓缩除去氨水后上 Dowex-1×2（Cl⁻型）柱（200～400 目），先用 0.1 mol/L HCl 洗脱出 AMP 和 ADP，再换用 0.2 mol/L HCl 洗脱 ATP，将含 ATP 的洗脱液收集，调节 pH 至 7.0，加入 0.25％醋酸钡溶液，得 ATP 钡盐沉淀，将此沉淀物真空干燥，可得白色 ATP 钡盐。

我国早期的 ATP 的预处理工艺如下：将发酵液冷却，加高氯酸沉淀蛋白质，离心，去除酵母残渣，取上清液上活性炭柱，再用酒精-氨水-蒸馏水（5∶2∶3 体积比）进行洗脱，对收集液进行蒸发处理以除去游离氨后再上 Cl⁻型离子交换柱，依次用 0.01 mol/L HCl 和 0.07 mol/L NaCl、0.02 mol/L HCl 和 0.2 mol/L NaCl 混合液洗脱 AMP、ADP、ATP。将收集的 ATP 洗脱液用乙醇沉淀，用冷丙酮研磨，经真空干燥后得 ATP 钠盐。该方法分离效果较好，能克服重金属沉淀法带来的污染，又能在活性炭分离中将大部分杂质除去，产品色泽浅，含量在 75％以上，总提取收率在 45％左右。

目前，在预处理阶段，膜法脱除杂质的工艺被广泛应用。先采用盐酸酸化，调节酶转化液 pH 为 2.0，使蛋白质变性而沉淀，通过离心去除；再通过超滤操作去除发酵液中残留的蛋白质，并降低发酵液的色度，从而提高树脂对 ATP 的吸附容量和选择性。该方法可以避免使用活性炭柱或离子交换柱，处理效率高。

2. 提取与精制技术单元

（1）重金属沉淀与阳离子交换柱结合法

早期的 ATP 分离工艺采用汞盐沉淀法，待 ATP 发酵结束后，先用高氯酸沉淀蛋白质，离心除沉淀后，将上清液与硝酸高汞溶液反应生成乳白色汞盐沉淀。沉淀物悬浮于蒸馏水中，再以硫化氢分解汞盐，并除去黑色硫化汞沉淀，所得 ATP 清液经阳离子交换树脂进一步脱除汞离子，沉淀结晶，制得 ATP 成品。这种方法需要接触大量的有毒物质，既影响人体健康又影响产品质量和纯度，而且反应中间产物 ADP 无法单独回收，ATP 含量常常不能达到要求，目前已经很少采用。

（2）弱碱性阴离子交换树脂分离法

1986 年，Ghiocet 报道了一种采用弱碱性树脂分离 ATP 的方法，他们先用弱碱性阴离子交换树脂 Vionit AT-1X-4 吸附 ATP，再用 0.1 mol/L HCl、0.2 mol/L NaCl 溶液洗脱，经乙醇沉淀，得到 ATP 钠盐。这种方法的优点是树脂稳定，能重复使用，工艺简单，收率可达 65%。

（3）阴阳离子交换树脂联合分离法

这是一种提取 ATP 的改良方法，适合工业规模的生产。先将发酵液离心得上清液，上清液通过强碱性苯乙烯系阴离子交换树脂，依次用水、含 0.3% NaCl 的 0.01 mol/L HCl、含 0.3% NaCl 的 0.05 mol/L HCl 洗脱，分别得到腺苷、AMP、ADP、ATP。ATP 洗脱液调节 pH 至 4.0，先通过三根 701 型阴离子交换串联柱，直到全部 ATP 液通过完毕。用 NaOH 液洗脱得 ATP 浓缩液，将此浓缩液过 732 型阳离子交换树脂，用盐酸调 pH 至 3.0，再通过 122 型阳离子交换柱脱色，流出液调 pH 至 3.0，于 20～25 ℃ 保温，加 2 倍体积相同温度的乙醇，得到针状结晶。丙酮洗涤结晶进行脱水，并使用五氧化二磷干燥，得色泽洁白的 ATP，所得 ATP 含量大于 85%，收率约为 75%。该工艺所得产品纯度高，但流程偏长。

（4）纳滤操作

离子交换流出液较多，产物浓度低，可以通过纳滤操作进行浓缩和脱杂。采用循环纳滤操作方式，纳滤操作压力为 1.5～2.0 MPa，纳滤浓缩液浓度控制在 60～80 g/L，透过液在 260 nm 处的吸光值应小于 0.05。纳滤结束后，料液移交至浓缩工段。

（5）浓缩操作

采用真空浓缩设备进一步浓缩料液。用真空把纳滤浓缩液抽至浓缩罐，打开循环水泵，使真空度达到 0.09 MPa 以上。打开蒸汽阀门加热料液，温度稳定在（50±2）℃。根据液相检测结果，物料浓度达到 130～150 g/L，即可泵送至结晶工序。

（6）结晶干燥工艺

在结晶之前需要使用超滤脱除较大分子的杂质。过超滤膜后，料液进入洁净区乙醇结晶罐进行结晶。待结晶充分形成后，含有结晶的混悬液通过放料阀，被放到三足离心机内进行离心分离，在离心期间，当母液基本脱除后，可缓慢均匀地在离心机中注入洗涤液淋洗晶体，洗涤结束后再离心一定时间使洗涤液充分甩干。甩干后的晶体经双锥式真空干燥装置或流化床干燥设备进一步干燥。

三、腺苷三磷酸的质量控制

AMP、ADP 和 ATP 均有强烈的紫外吸收，并且分子量适中，可以用高效液相色谱法进行分离检测以测定含量。

（1）检测波长

取 AMP、ADP 和 ATP 标准品溶液，于 180～400 nm 波长范围内进行扫描，在 207 nm 和 271 nm 处各有一个吸收峰。尽管 207 nm 处吸收最大，但流动相的干扰较大，因此通常将 271 nm 作为高效液相色谱的检测波长。

（2）流动相

AMP、ADP 和 ATP 三者的极性较大，在普通反相色谱条件下保留值偏低，难以达到很好的分离度，因而采用具有离子对的流动相。在偏酸性磷酸水溶液中，核苷酸以负离子形式存在，加入适量三乙胺，质子化的胺离子与核苷酸负离子结合形成离子对复合物，使其易被反相色谱柱非极性表面所吸附而使其保留值增大。流动相的 pH 及离子对浓度变化对 AMP、ADP 和 ATP 色谱分离具有一定影响，降低 pH、减小离子对试剂浓度都会使三者的保留时间明显减小，且 AMP 和 ADP 不能完全分离，ATP 的峰响应值也会减小。最佳流动相是：甲醇与 6‰磷酸水溶液（三乙胺调节 pH 至 6.6）的体积比为 11∶89。

（3）色谱条件

采用汉邦色谱柱 Lichrospher-5-C_{18}（4.6 mm×250 mm，5 μm）及上述流动相，流速为 1.0 mL/min；检测波长为 271 nm；进样体积为 20 μL；柱温为室温。在该色谱条件下，AMP、ADP 和 ATP 三种物质能完全达到基线分离。

本章小结

本章介绍了核苷酸类药物的基本用途，概述了核苷酸类药物的生产方法，并具体介绍了RNA酶解法的生产工艺、三磷酸腺苷的发酵制备工艺。

思 考 题

1. 简述核苷酸类药物的用途。
2. 描述发酵法生产ATP的工艺。
3. 请简述UMP与AMP，ATP与AMP的分离原理。

【朱晨杰　陈晓春　谭卓涛　沈涛】

参考文献

[1] Tanaka H，Sato Z，Nakayama K. Production of Nucleic Acid-related Substances by rermentative procecess [J]. Agr. Biol. Chem，1968，32（6）：721-726.

[2] 中国科学院上海实验生物研究所核酸研究所，上海药用辅料厂. 发酵法制备腺嘌呤核苷三磷酸 [J]. 生物化学与生物物理进展，1974，37-42.

[3] 程金芬，俞慧君. 发酵法生产ATP新工艺 [J]. 工业微生物，1992，22（6）：28-32.

[4] 王镜岩，朱圣庚，徐长法. 生物化学（下册）[M]. 2版. 北京：高等教育出版社，2002.

第十六章
疫苗生产工艺

第一节　概述

一、疫苗的定义及分类

1. 疫苗的定义

疫苗（vaccine）一词来源于拉丁文中的"vaccinia（牛痘）"，这是因为疫苗最初因牛痘而得名。如今，人们将一切通过注射或黏膜途径接种，诱导机体产生针对特定致病原的特异性抗体或细胞免疫，从而使机体获得保护或消灭该致病原的能力的生物制品统称为疫苗，包括蛋白质、多糖、核酸、活载体或感染因子等。以前，人们曾将细菌性抗原制剂称为菌苗，将病毒性抗原制剂称为疫苗，近年来科学界将二者均称为疫苗。接种疫苗，可使机体产生免疫力，从而达到预防或治疗相应疾病的目的。

2. 疫苗的分类

疫苗按成分性质可分为减毒活疫苗、灭活疫苗、结合疫苗、基因工程疫苗等；按剂型可分为液体疫苗和冻干疫苗；按接种途径可分为注射用疫苗、划痕用疫苗、口服疫苗和喷雾剂疫苗。

（1）减毒活疫苗（live-attenuated vaccine）

通过人工方法，将病原体毒力降低到可使机体产生模拟自然感染的隐性感染、诱发理想的免疫应答而不产生临床症状的疫苗，称为减毒活疫苗。理论上减毒活疫苗有潜在致病风险，减毒株有可能发生逆行突变而在人体内恢复毒力。常见的减毒活疫苗包括卡介苗（bacille Calmette-Guérin，BCG）、口服脊髓灰质炎疫苗（oral polio virus vaccine，OPV；俗称糖丸）、麻疹减毒活疫苗、乙型脑炎减毒活疫苗等。

（2）灭活疫苗（inactivated vaccine）

用物理或化学方法将具有感染性的完整病原体杀死，使其失去致病力但保留抗原性，接种后可刺激机体产生针对其抗原的免疫应答，从而预防该病原体感染的疫苗，称为灭活疫苗。灭活疫苗往往需要多次接种，须定期加强免疫。常见的灭活疫苗包括肺炎球菌多糖疫苗、伤寒疫苗、乙型脑炎灭活疫苗等。

（3）类毒素（toxoid）

将细菌外毒素用甲醛处理后，使其失去毒性但保留抗原性而制成的疫苗，称为类毒素。类毒素能刺激机体产生抗毒素，从而预防相应疾病。常见类毒素有白喉类毒素、破伤风类毒素等。

（4）亚单位疫苗（subunit vaccine）

通过去除病原体中与激发保护性免疫无关甚至有害的成分，提取具有免疫原性的抗原成分而制备的疫苗，称为亚单位疫苗。如从百日咳鲍特菌中提取的百日咳毒素和丝状血凝素等保护性抗原成分，可制成无细胞百日咳亚单位疫苗。

（5）结合疫苗（conjugate vaccine）

用化学方法将细菌多糖共价结合在蛋白质载体上所制备的多糖-蛋白质结合疫苗，称为结合疫苗，其可提高细菌疫苗多糖抗原免疫原性。如流感嗜血杆菌 b 结合疫苗、脑膜炎球菌结合疫苗及肺炎球菌结合疫苗。

（6）基因工程疫苗（gene engineering vaccine）

指使用重组 DNA 技术克隆并表达保护性抗原基因，利用表达的抗原产物或重组体本身制成的疫苗，也称遗传工程疫苗（genetically engineered vaccine）。基因工程疫苗主要包括重组亚单位疫苗、基因缺失活疫苗、重组载体活疫苗、核酸疫苗和蛋白质工程疫苗 5 种。

二、疫苗的研制

近年来，随着对病毒、细菌等病原体研究的不断深入，以及生物化学、分子生物学、免疫学等相关学科的发展，疫苗的研制技术得到了极大的发展。如今，许多感染性疾病已经可以通过接种疫苗得到预防。除感染性疾病外，疫苗的应用范畴已外延至非感染性疾病（自身免疫病、癌症、过敏等）的预防中。疫苗的作用也已不再局限于预防疾病（预防性疫苗），还可用于某些疾病的治疗（治疗性疫苗）。

疫苗的研制涵盖工艺开发、临床试验和检定方法研究等多个方面。疫苗的研制一般要经历以下过程：

（1）分析病因和病原

为防治疾病，研制疫苗时首先要分析病因，如研制针对传染病的疫苗，应先分离细菌、病毒、螺旋体、真菌、寄生虫等病原体，再研究感染过程中机体免疫系统的反应，最后确定免疫原。

（2）疫苗的临床前研究

利用各种传统工艺和分子生物学技术研制出可能作为疫苗的抗原。无论是全颗粒病原体或亚单位抗原，均应进行各种体外试验，并选择适当动物进行安全性和免疫原性试验。

（3）疫苗的临床研究

在明确病原体、制造出作为疫苗的抗原且临床前研究取得满意结果后，即可开始申请新药临床试验（investigating new drug，IND）。在美国受理 IND 的机构为美国 FDA，在中国为国家药品监督管理局药品审评中心。IND 被批准后，在管理机构的监管下按顺序进行各期临床试验并对结果应用统计学方法分析。

（4）申请生产执照

Ⅲ 期临床试验结果证明疫苗安全性和有效性后，在得到有关部门批准后进行生产，试生产的疫苗一般还要进行追踪临床观察。现已逐渐建立了一套完整的管理制度，包括《药品生产质量管理规范》（药品 GMP）、《良好实验室规范》（GLP）和《药物临床试验质量管理规范》（GCP）。

三、疫苗的生产

和其他药物不同，疫苗的受众绝大部分是健康的个体，这对其生产提出了更高的要求。疫苗生产过程的设计、监督在所有药品中最为严格。只有将科学的生产工艺，严格、高效的管理体系，完善的质量控制与产品检测手段，全面的监管措施结合起来，才能够确保生产出安全、有效的疫苗。疫苗的基本生产步骤可大致分为抗原的获得、抗原的分离和纯化、疫苗的配制。

1. 抗原的获得

对于减毒活疫苗和灭活疫苗而言，这一步实际上是病原体自身的扩增，以得到足够的原料用于后续的灭活或亚单位分离工艺。例如，病毒需要在细胞中增殖，细菌病原体则需要利用培养基在生物反应器中进行培养扩增。对于重组蛋白质疫苗来说，这一步则是含有目的基因序列的宿主细胞的扩增，从而为下一步分离纯化重组蛋白质做准备。重组蛋白质可以用细菌、酵母、昆虫细胞或哺乳动物细胞来表达，也可以使用腺病毒、痘病毒等作为载体，将编码重组蛋白质的目的基因插入病毒基因组进行表达。

2. 抗原的分离和纯化

本步骤是从培养、扩增后的基质中释放抗原，并且通过一系列方法将抗原分离、纯化。这一阶段的具体方案根据疫苗类型的不同而有所差异。对于病毒类灭活疫苗来说，可能仅须将分离出来的病毒进行灭活处理即可；对于基因重组疫苗来说，则需要进行一系列复杂的柱色谱、沉淀、超滤等操作。

3. 疫苗的配制

在设计疫苗制剂的配方时，既要保证其经过合适的接种方式进入人体后能够有效分布，又需要使疫苗具有足够的稳定性。疫苗配方中可包括增强免疫应答的佐剂、延长保质期的稳定剂和/或防腐剂。疫苗的配制是根据验证的最佳配方，将疫苗的主成分——免疫原和佐剂、稳定剂等成分混合均匀，然后将配制好的半成品疫苗灌装至经彻底清洗的无菌、无热原的单剂量或者多剂量容器中，并使用适宜的技术方法密封容器。

四、疫苗质量控制与检定

由于组成、性质以及生产工艺的不同，疫苗和其他药品相比有其独特的性质，必须对疫苗生产的全过程进行质量控制，方可保证其安全、有效。疫苗的质量受到生产人员、生产设施/设备、物料、生产工艺过程以及生产环境等多个方面的影响，因此应对疫苗生产的全过程进行风险分析，全面考虑影响疫苗质量的各种潜在风险并加以有效控制。《中华人民共和国疫苗管理法》规定，疫苗应当按照经核准的生产工艺和质量控制标准进行生产和检验。

第二节　灭活疫苗生产工艺

灭活疫苗是一种经典的疫苗形式，也是一种易于快速研究和制备的有效疫苗。过去的经验表明，基于人类已经非常娴熟地掌握了病毒类灭活疫苗制备技术，一旦有病毒性传染病发生，人们在考虑研发针对该病毒的疫苗时，优先选择就是灭活疫苗。本节主要从灭活疫苗生产的细胞/毒种建库、哺乳动物细胞发酵培养、病原体灭活、灭活疫苗纯化以及质量控制几个方面阐述灭活疫苗的生产流程。

一、细胞/毒种建库

1. 细胞建库

最初的灭活疫苗生产多使用原代细胞。原代细胞的特点是容易获得，细胞没有转化性质，但容易出现批间差异，而且需要较大的场地饲养动物，容易带来外源因子的污染。相比较而言，传代细胞具有细胞可建库、批间差异小、背景清楚的特点，有利于大规模培养。

现在大部分疫苗倾向于使用传代细胞进行生产，常用于疫苗生产的传代细胞有 vero 细胞、MDCK 细胞、CHO 细胞、HEK293 细胞以及昆虫细胞等。这些传代细胞系往往于 20 世纪 50 年代或者 60 年代分离、转化获得，保存于美国典型培养物保藏中心（ATCC）或者欧洲细胞培养物保藏中心（ECACC）并建立相应的种子资源库。疫苗生产企业向上述保藏中心申请后获得少量的种子资源，各自建立用于灭活疫苗生产的原始种子库（primary cell bank，PCB）、主细胞库（master cell bank，MCB）和工作细胞库

（working cell bank，WCB）。原始种子库是由一个原始细胞群体发展的传代稳定的细胞全体，或经过克隆培养而形成的均一细胞群体，通过检定证明适用于生物制品生产或检定。在特定条件下，将一定数量、成分均一的细胞悬液，定量均匀分装于一定数量的安瓿或适宜的细胞冻存管，于液氮或−130 ℃以下冻存即为原始种子。将原始种子通过规定的方式进行传代、增殖后，在特定的倍增水平或传代水平同次均匀地混合成一批，定量分装于一定数量的安瓿或适宜的细胞冻存管，保存于液氮或−130 ℃以下，经全面检定合格后，即可以作为主细胞库，用于工作细胞库的制备。工作细胞库由主细胞库细胞传代扩增制成。主细胞库的细胞经传代增殖，达到一定代次水平的细胞，合并后制成一批均匀的细胞悬液，定量分装于一定数量的安瓿或适宜的细胞冻存管中，保存于液氮或−130 ℃以下，经全面检定合格后即为工作细胞库。

种子细胞作为疫苗生产的最主要的原材料，所建细胞库要经过严格的检测才能够用于灭活疫苗的生产，细胞检定项目见表 16-1。

表 16-1　细胞检定项目的基本要求

检测项目		MCB	WCB	生产终末细胞（EOPC）[①]
细胞鉴别		+	+	（+）
细菌、真菌检查		+	+	+
分枝杆菌检查		（+）	（+）	（+）
支原体检查		+	+	+
细胞内、外源性病毒因子检查	细胞形态观察及血吸附试验	+	+	+
	体外不同细胞接种培养法	+	+	+
	动物和鸡胚体内接种法	+	—	+
	逆转录病毒检查	（+）	—	+
	种属特异性病毒检查	（+）	—	—
	牛源性病毒检查	（+）	（+）	（+）
	猪源性病毒检查	（+）	（+）	（+）
	其他特定病毒检查	（+）	（+）	（+）
染色体检查		（+）	（+）	（+）
成瘤性检查[*]		（+）	（+）	—
致瘤性检查[*]		（+）	（+）	—

注："＋"为必检项目，"—"为非强制检定项目。（＋）表示需要根据细胞特性、传代历史、培养过程等情况要求的检定项目。＊表示 MCB 或 WCB。

① 生产终末细胞，是指在或超过生产末期时收获的细胞，尽可能取按生产规模制备的生产末期细胞。

2. 毒种建库

疫苗候选株应经过筛选以确定疫苗株。首先，疫苗候选株应从免疫原性强的毒株中选择，其抗原性能够代表大多数的流行病毒株。其次，在适当的条件下对疫苗候选株进行灭活处理，同时保持其原有的免疫原性。再次，考虑该疫苗候选株能否适应某一个传代细胞系及能否规模化培养而获得大量病毒。筛选过程中，疫苗候选株的历史来源，培养细胞类型、代次培养记录以及病毒的遗传性状稳定性均需经过充分的研究，确保满足所有标准后才可被确定为疫苗株。

随后，利用经过筛选确定的疫苗株建立疫苗株毒种原始种子库、主种子库和工作种子库。作为疫苗生产用的种子库，必须经过严格的检测，合格后才能使用。检测的项目一般应包括鉴别试验、病毒滴度测定、外源污染因子检查（无菌、分枝杆菌、支原体、外源病毒因子检查）、主要功能基因和遗传标志物测定、免疫原性检查、动物神经毒力试验、动物组织致病力或感染试验、全基因序列测定等。

灭活疫苗生产用毒种，应参照《人间传染的病原微生物目录》，依据病原微生物的传染性、感染后对个体或者群体的危害程度，分类进行管理。具体分类如表 16-2。

表 16-2　病毒灭活疫苗生产用毒种

疫苗品种	生产用毒种	分类
乙型脑炎灭活疫苗	P3 实验室传代株	三类
双价肾综合征出血热灭活疫苗	啮齿类动物分离株(未证明减毒)	二类
人用狂犬病灭活疫苗	狂犬病病毒(固定毒)	三类
甲型肝炎灭活疫苗	减毒株	三类
流感全病毒灭活疫苗	鸡胚适应株	三类
流感裂解疫苗	鸡胚适应株	三类
森林脑炎灭活疫苗	森张株(未证明减毒)	二类

二、哺乳动物细胞发酵培养

哺乳动物细胞系可广泛应用于重组蛋白质、单克隆抗体以及疫苗等生物制品的生产。细胞培养是指从体内组织中取出细胞，在体外模拟体内环境的条件下，使其生长繁殖，并维持其结构和功能的一种培养技术。细胞培养的培养物可以是单个细胞，也可以是细胞群。体外培养的细胞主要呈现悬浮和贴壁两种状态，并且在培养过程中，细胞会表现出一些固有的生长特性：接触抑制和密度抑制、自分泌和旁分泌等。此外，贴壁型细胞在体外生长增殖的过程中，存在反复贴壁的现象。充分认识这些培养特点，对于维持细胞的正常形态和生理功能十分重要。维持细胞在体外正常生长、增殖需要为其提供适宜的生长环境，其中培养基是细胞生长所需营养物质的主要来源，而其他各种试剂，包括平衡盐溶液、消化液、pH 调整液等，对细胞培养体系的维持也必不可少。对于不同类型的细胞及其研究目的，选用合适的培养基至关重要，它直接影响到细胞培养的效果。选择合适的培养基后，可以逐步实现哺乳动物细胞的发酵培养。目前常见的哺乳动物细胞培养方式有微载体培养、篮式反应器培养和全悬浮培养三种模式。

1. 微载体培养

微载体培养采用微小颗粒作为细胞贴附的载体，这些颗粒可提供相当大的贴附面积。由于载体体积微小，比重较轻，在轻度搅拌下即可使细胞悬浮在培养液中，最终使细胞在载体表面繁殖成单层。微载体培养是一种新兴的大规模细胞培养技术，是当前贴壁依赖性细胞大规模培养的主要方法。它具有均相培养兼具平板培养和悬浮培养的优势、培养条件（温度、pH、二氧化碳浓度等）容易控制并且培养过程系统化、自动化、不易被污染。

2. 篮式反应器培养

篮式反应器又称固定床生物反应器，通过固定床（内有填充材料聚酯切片 disc 载体）使培养基循环，培养过程中细胞在填充物的表面或内部生长。液体培养基在循环过程中流经床层，细胞被截留在载体中，此过程剪切力低，对细胞损伤小，通过分批或连续灌流的方式，可延长细胞培养的时间。然而，篮式反应器不能直接取样观察细胞状态，其反应器规模放大也受到一定的限制。中国生物研究团队研发出了"沸腾床"篮式反应器，成功实现 300 L 规模化罐群培养，解决了脊髓灰质炎灭活疫苗、新型冠状病毒灭活疫苗的产能问题。

3. 全悬浮培养

细胞悬浮培养（suspension culture）是当前国际上生物制品生产的主流模式，指的是一种在受到不断搅动或摇动的液体培养基里，培养单细胞及小细胞团的组织培养系统，是非贴壁依赖性细胞的一种培养方式。悬浮培养技术发展较快，逐渐趋向成熟，其工艺优点是操作便捷、产率高、易放大，缺点是技术较为复杂、产物回收量大、培养液利用率低。悬浮培养工艺还适用于许多工程细胞，例如 CHO、HEK293、杂交瘤、SP2/0、NSO 细胞等的培养。

三、病原体灭活

灭活是在需要进行微生物灭活的生物制品生产中最关键、最基本的技术之一，不仅可防止病原体的扩散，还可提高生物制品的安全性。灭活方法有物理方法和化学方法两种。其中，物理灭活方法包括热灭活、紫外线灭活和γ射线灭活等，化学灭活方法有甲醛、β-丙内酯（BPL）灭活等。使用化学灭活剂是生物制品灭活的重要方法之一，也是疫苗生产中最常用的方法。

1. 物理灭活

热灭活方法最早是由 Salmon 和 Smith 在 1889 年制备禽霍乱灭活苗时开始使用，但后续在研制淋球菌苗时研究人员发现热灭活会破坏菌体蛋白质的活性，影响其免疫原性。目前，除部分诊断抗原的制备中仍采用该方法外，热灭活法已在疫苗生产领域逐渐被淘汰。紫外线虽也可灭活病原体，但曾发生过紫外线灭活的强毒重新活化的例子，因此该方法也较少使用。γ射线是原子核能级跃迁蜕变时释放出的射线，是波长短于 10^{-8} cm 的电磁波，具有较高的能量，可彻底摧毁病原体的核酸，使其失活，这是物理学与生物学相互结合的一种新型物理灭活方法。目前在白蛋白、蛋白酶抑制剂等一些制品的生产中使用γ射线进行灭活。

2. 化学灭活

（1）甲醛

甲醛是灭活疫苗中使用最早、最广泛的灭活剂，《中国药典》（2020 版）三部中 80% 以上的灭活疫苗均以其作为灭活剂。甲醛的灭活作用主要来源于其具有强烈的还原作用。使用甲醛作为灭活剂，工艺成熟，价格低廉，但该方法可破坏病毒的抗原特性，且灭活时间较长，一般需要在 37～39 ℃处理 24 h 或更长时间。甲醛的使用浓度一般为 0.1%。为保留抗原的特性，避免这些不足之处，在使用甲醛作为灭活剂时，应当遵循浓度低、时间短、确保彻底灭活等原则，必要时可在灭活后加入焦亚硫酸钠，以终止其反应。

（2）β-丙内酯（BPL）

自 1984 年 β-丙内酯（BPL）被用于灭活狂犬病病毒制备狂犬病疫苗以来，这一化合物引起了科研人员的广泛关注，现已被应用于多种人和动物疫苗的科研及生产中。BPL 是一种杂环类化合物，对病毒具有较强的灭活作用（比甲醛的灭活作用强 25 倍）。其灭活机制是通过与嘌呤碱基（主要是鸟嘌呤）反应改变病毒核酸结构，从而达到灭活病毒的目的，但不破坏病毒的蛋白质。另外，BPL 易水解为 β-羟基丙酸，该产物是人体脂肪代谢物，无毒害作用，因此无需考虑其在疫苗中的残留。在国外 BPL 已广泛用于生产各种疫苗，在我国其主要用于狂犬病疫苗、新冠疫苗的制备。

四、灭活疫苗纯化

在疫苗的纯化过程中，需要将所需的目的产物（如微生物本身或亚单位等成分）从培养物中分离出来，并进一步纯化，去除杂质，使最终的目标疫苗成分纯度达到 90% 以上。历史上由简单提纯得到的疫苗曾发生过多起重大疫苗事故和灾难，这促使人们对疫苗的纯度、无菌性和安全性等提出了更高的要求。正因此，疫苗分离与纯化的研究方兴未艾。近年来，在传统和新型疫苗的制备中，应用先进的分离纯化技术是提高疫苗效力、降低副反应的有效手段。下文将对目前国内外疫苗纯化中常用的方法进行介绍。

1. 超速离心法

离心是利用高速旋转产生的强大的离心力，加快液体中颗粒的沉降速度，从而分离样品中不同沉降系数和浮力密度的物质的过程。在实验室规模纯化病毒性疫苗主要采用超速离心法，其中最常用的为密度梯度离心法。其原理是通过在溶液中加入少量大分子物质，改变溶液密度，在离心力的作用下，密度较大的物质下沉，密度小的物质上浮，最终达到重力与浮力平衡，形成大分子带状物，进而达到分离效果。

2. 凝胶过滤色谱法

凝胶过滤色谱（gel filtration chromatography）又称为排阻色谱或分子筛方法，主要根据蛋白质的大小和形状，即蛋白质的质量进行分离和纯化。色谱柱中的填料是某些惰性的多孔网状结构物质，小分子物质能进入其内部，流程较长，而大分子物质却被排除在外部，流出路程短，当混合溶液通过凝胶过滤色谱柱时，溶液中的物质根据分子量的不同被分离。在疫苗纯化中，凝胶过滤色谱多用于精制纯化或最终纯化阶段，凝胶过滤色谱主要用于产品脱盐、更换缓冲溶液，或者去除分子量大于或小于所需产品的杂质。

3. 离子交换色谱法

离子交换色谱是根据在一定 pH 条件下，蛋白质所带电荷不同而进行的分离方法。离子交换色谱介质由共价结合带电荷基团的固体多孔基质构成。根据交换介质所带电荷可分为阴离子交换色谱和阳离子交换色谱。在色谱过程中，电荷相反的料液与基质结合，被吸附在色谱柱内，而未结合的料液被流穿液体洗脱，进而达到分离的目的。

4. 疏水作用色谱法

疏水作用色谱（hydrophobic interaction chromatography，HIC）是根据分子表面疏水性差别来分离蛋白质和多肽等生物大分子的一种较为常用的方法。不同的分子由于疏水性不同，它们与疏水作用色谱介质之间的疏水相互作用强弱不同，疏水作用色谱就是依据这一原理分离纯化蛋白质和多肽等生物大分子的。

五、灭活疫苗生产的质量控制

质量控制贯穿疫苗的研发、注册、生产及上市的全生命周期，其中生产过程质量控制是降低疫苗安全性风险的关键一环。灭活疫苗的生产用原料/辅料应经过严格的检验，例如细胞和毒种要在洁净环境下建库并经过中国药品食品检定研究院检定合格后才能够使用。灭活疫苗的生产应遵循《药品生产质量管理规范》要求，在符合 GMP 的条件下进行。生产工艺应经过验证，并获得国家药品监督管理局相关部门的批准。生产工艺包括发酵培养、灭活、纯化、疫苗配制等关键过程的参数应受控、在可接受范围内。作为灭活疫苗生产的核心环节，灭活过程尤其应受到关注，每一批次疫苗均应进行灭活验证检验。灭活疫苗的生产过程应严格进行控制，确保所生产的疫苗在出厂和上市后的质量完全达到国家批准的质量标准。

第三节　多糖结合疫苗的制备

一、概述

早在 20 世纪初期人们就认识到，把半抗原类小分子与载体蛋白相结合，可以产生免疫原性。从那以后，这一方法被成功用于提高（多）糖类的免疫原性。我们现在已经知道的是，载体蛋白可以确保辅助性 T 细胞参与激活针对半抗原或多糖特异的 B 淋巴细胞，使其产生抗体。相比之下，多糖（或具有重复结构的其他大分子）更可能是通过直接激活 B 淋巴细胞而诱导免疫反应，无需辅助性 T 细胞的参与，这类抗原即为 TI（不依赖于胸腺的）抗原，然而 TI 抗原不能形成记忆 B 细胞，尤其在 2 岁以下的婴幼儿人群中难以诱导出足够的保护力。因此，可采用多糖结合疫苗（glycoconjugate vaccines）策略，即将具有可变结构和数量的多糖单元与非糖单元（蛋白质或短肽、脂类）通过共价键连接形成疫苗，多以多糖-蛋白质结合为主。其中，非糖单元发挥类似佐剂的作用，激活辅助性 T 细胞继而促进 B 淋巴细胞的成熟与分化，形成记忆 B 细胞，从而提供长期免疫保护。目前上市使用的细菌多糖结合疫苗主要针对肺炎链球菌、流感嗜血杆菌、脑膜炎球菌以及伤寒沙门菌（表 16-3）。

表 16-3　目前商用的细菌多糖结合疫苗

疫苗名称	多糖单元	非糖单元	针对人群	最早批准时间
肺炎球菌结合疫苗（pneumococcal conjugate vaccine，PCV）				
PCV7	血清型 4、6B、9V、14、18C、19F、23F	CRM197	2 岁以下儿童；5 岁以下易感儿童	2000 年
PCV10	PCV7＋1、5、7F	TT/DT/HiD	42 天～2 岁儿童	2009 年
PCV13	PCV10＋3、6B、19A	CRM197	42 天～6 岁儿童；65 岁以下成人	2010 年
PCV15	PCV13＋22F、33F	CRM197	42 天～89 天婴幼儿；50 岁以上成人	2020 年Ⅲ期临床
PCV20	PCV13＋8、10A、11A、12F、15B、22F、33F	CRM197	18～49 岁成人；60～64 岁老年人	2021 年 Ib 临床 2020 年
脑膜炎球菌结合疫苗（meningococcal conjugate vaccine，MCV）				
MenC	血清型 C	CRM197/DT	3～5 月婴儿	1999 年
MenACWY-D	血清型 A、C、Y、W	DT	9～18 月/2～55 岁	2005 年
Hib-MenC-TT	PRP/血清型 C	TT	6 周～2 岁	2006 年
Hib-MenCY-TT	PRP/血清型 C、Y	TT	6 周～18 月	2006 年
MenACWY-CRM	血清型 A、C、Y、W	CRM197	2～18 月/2-55 岁	2010 年
MenA-TT（MenAfriVac）	血清型 A	TT	1～29 岁	2010 年（成人剂）2014 年（儿童剂）
MenACYW	血清型 A、C、Y、W	TT	≥6 周	2016 年
MenACWYX	血清型 A、C、Y、W、X	TT/CRM197		Ⅲ期临床
MenB-FHbp	血清型 B	FHbp	10～25 岁 B 群高风险	2013 年
MenB-4C	血清型 B	FHbp、NhbA、NadA、PorA	≥2 月；10～25 岁 B 群高风险	2015 年
流感嗜血杆菌 b 结合疫苗（Haemophilus influenzae type b conjugate vaccine，Hib）				
PRP-CRM	PRP	CRM197	6 周～岁	2009 年
PRP-D		DD	2 月～5 岁	2018 年
PRP-T		TT	6 周/2 月以上	1993 年/2016 年
PRP-OMPC		OMPC	6 周/2 月以上	2019 年
DTaP-IPV/Hib		TT	≥6 周	2013 年
伤寒结合疫苗（typhoid conjugate vaccine，TCV）				
Vi-rEPA	Vi 微荚膜多糖	rEPA	≥2 岁	2001 年
Vi-TT		TT	≥6 个月	2015 年
Vi-DT		DT	≥6 个月	2021 年Ⅱ期临床
Vi-CRM197		CRM197	≥6 个月	2011 年Ⅱ期临床
OPS/COPS 结合疫苗	O-多糖/核心多糖	TT/CRM197/鞭毛蛋白/微孔蛋白		2020 年动物实验

注：CRM97—白喉毒素的交叉反应物（cross-reacting material）；TT—破伤风类毒素（tetanus toxoid）；DT—白喉类毒素（diphtheria toxoid）；OMPC—脑膜炎球菌外膜蛋白复合物（meningococcal outer membrane protein complex）；HiD—流感嗜血杆菌蛋白质 D（*H. influenzae* protein D）；MenC—脑膜炎球菌 C 型；MenA—脑膜炎球菌 A 型；MenW—脑膜炎球菌 W 型；MenY—脑膜炎球菌 Y 型；MenB—脑膜炎球菌 B 型；FHbp—H 因子结合蛋白（factor H binding protein）；NhbA—奈瑟菌肝素结合抗原（neisserial heparin binding antigen）；NadA—奈瑟菌黏附素 A（neisserial adhesin A）；PorA—孔蛋白 A（porin A）；PRP—多聚核糖基核糖醇磷酸盐（polyribosylribitol phosphate）；DTaP-IPV/Hib—含脊髓灰质炎灭活疫苗、无细胞白百破疫苗和 B 型流感嗜血杆菌疫苗的五联疫苗；rEPA—重组铜绿假单胞菌外毒素 A（recombinant exotoxin of *Pseudomonas aeruginoxa*）；OPS—O-多糖（O-polysaccharide）；COPS—核心多糖（core O-polysaccharide）。

二、糖-蛋白质结合疫苗的研制

1. 糖链

天然的高分子量细菌多糖属于非胸腺依赖性抗原（thymus independent antigen，TI 抗原），其与载体蛋白结合后，仍能保留部分 TI 抗原的特性。然而，低分子量低聚糖结合后能最大化 T 细胞依赖的抗原识别、获得最好的载体辅助并较易制备结合物。因此，多糖在结合前通常会进行解聚处理。目前已有多种化学方法和酶法可用于特异性降解多糖，主要包括水解法（利用酸、碱或葡聚糖酶水解）、氧化法和消除法（包括碱或裂解酶介导的 β-消除反应）。此外，超声波降解法也可促进压力诱导下的多糖降解。然而，这些方法的缺点是它们会对糖苷键进行随意剪切，如果活化糖分子需要一个特殊的末端基团，则会降低结合量。化学解聚法对于一个特定的键来说几乎是非特异性的，因此通常会导致细菌抗原中重要侧基团如乙酰基、丙酮酸盐或糖侧链的丢失。而在条件允许，采用特殊的细菌或病毒酶进行切割，既避免了潜在毒性试剂的使用，也实现了切割的高特异性。此外，特定链长的低聚糖也可通过化学合成获得，这些低聚糖可通过与一个连接臂实现与蛋白质的结合。

2. 载体蛋白

许多蛋白质，包括菌毛、外膜蛋白（outer membrane protein，OMP）和病原菌分泌的毒素，尤其是类毒素，都可作为糖类抗原的载体。其中，破伤风类毒素和白喉类毒素是使用最广泛且最易被接受的载体蛋白。然而，将脱毒的细菌毒素用作载体蛋白也存在一些缺点，化学脱毒过程会产生点突变，从而使毒素的物理和化学性质发生改变，影响结合效率。这些蛋白质与大量的糖类结合后，蛋白质的构象特征受到影响，从而抑制了 T 细胞表位或 B 细胞表位的暴露。由于对结合进行预调节可保持载体蛋白的 T 细胞活化特性，因此以上缺陷可能从量上限制了糖类与蛋白质的结合。如果结合过程本身能够减弱细胞毒性，细菌毒素通常比其相应的类毒素更具有优势。目前已有一些经改造的载体蛋白如 CRM_{197}（白喉毒素的无毒类似物）被研制出来，这些蛋白质与天然毒素具有同样的优点，在不影响其载体性质的前提下，均可结合少量或大量的糖类。尽管白喉毒素和破伤风毒素衍生的蛋白质已被证明在动物模型及人体试验中均是有效的载体蛋白，但仍应考虑可能存在的抗载体蛋白抗体引起的诸如超敏性和抑制抗糖反应等问题，当结合的载体蛋白是多价的或以联合疫苗形式出现时，这些副反应显得尤为明显。

3. 化学结合（连接）

为使糖分子获得胸腺依赖性抗原（thymus dependent antigen，TD 抗原）特性，必须通过共价键将糖链与载体蛋白相连，其他非共价结合形式已被证明不能有效达到以上目的。

目前已有许多广泛使用的或潜在的技术可用于生物有机分子（包括糖类和蛋白质）之间的结合。这些方法主要包括还原型胺化反应、酰胺化反应、醚化反应，此外还有二硫化反应、硫代氨甲酰反应、O-烷基异脲化反应、重氮结合反应等。通过还原型胺化反应、酰胺化反应、形成硫醚键或这些方法的组合所产生的化学结合，具有高度的稳定性。由于某些糖组分的不稳定性，结合时所采用的条件必须尽可能地温和。因此，反应参数（如 pH、温度、反应时间和化学试剂等）必须尽可能地避免造成蛋白质变性或不必要的糖链水解。结合后的连接稳定性也是极为重要的，贮存时大量的去连接将会导致免疫原性的丢失或结合物 TD 特性的丢失。

4. 糖-蛋白质的比例

糖分子与蛋白质结合的间隔和密度会对结合物诱导免疫反应的能力产生显著影响。一旦糖抗原与载体蛋白相结合，对这两部分的相对比例进行估计可以提供结合物结构的相关信息。为了达到合适的比例，必须从产物中去除未结合的物质，可用的方法有超滤、液相色谱法、电泳或示差沉淀等。在某些情况下，从结合物中分离出天然糖类可能比较困难，因为这两种组分都具有高分子量特性，因而不能通过色谱法实现分离。如果结合物中含有大量的未结合多糖，动物试验所使用的剂量的精确度将下降。此外，糖抗原以相对大量的 TI 抗原形式与其结合后的 TD 抗原形式相伴时，可能会对免疫反应产生不利的副作用。长期贮存的结合物也可能会部分解聚或导致糖抗原的去结合，进而影响糖-蛋白质的比例。

三、19F 型肺炎链球菌多糖-蛋白质结合疫苗的制备

最初，针对肺炎链球菌血清型 19F 的糖-蛋白质结合疫苗（Pn19FTTd）是选取平均分子质量为 350 kDa 的糖分子，以破伤风类毒素作为载体蛋白，通过硫醚键间隔偶联构建的，其中，高分子量或低分子量的糖抗原与蛋白质的比例分别为 2.5∶1 和 0.25∶1。这类结合疫苗的制备方法如下。

1. 肺炎链球菌血清型 19F 的菌体糖分子

① 为降低天然 Pn19F PS（分子质量 1250 kDa）的分子大小，于冰上超声处理多糖溶液（10 mg/mL，溶于 0.01 mol/L 的磷酸缓冲液中，pH 7.5）1.5 min。

② 凝胶渗透色谱法（gel permeation chromatography，GPC）-HPLC 检测分子量的降低情况，用 PBS 洗脱，流速为 1 mL/min，并以普鲁蓝多糖作为标准品进行校准。

③ 利用竞争性 ELISA 比较超声后多糖的抗原性：以高滴度兔抗 Pn19F PS IgG 血清于 37 ℃预吸附 100 μg/mL 胞壁脂多糖（CP）和不同量的超声产物及天然 Pn19F PS，共同预孵育 30 min。将上述样品转移至天然 Pn19F PS 包被的板上。ELISA 检测多糖和破伤风类毒素抗体识别。该检测将确定断裂多糖的重要抗原表位。

2. 偶联多糖和蛋白质

① 将 35 mg 多糖（350 kDa）溶于 0.005 mol/L 的磷酸缓冲液（pH 7.2）中，使其浓度为 5 mg/mL，冷却至 2.5 ℃并超声。

② 用 1 mol/L 的 NaOH 调节 pH 至 10.5。

③ 将溴化氰溶液（22.2 mg，0.21 mmol）加到 890 μL DMFA（N,N-二甲基甲酰胺）中，混匀。

④ 使溶液在 pH 10.5 保持 5 min，之后用 1 mol/L HCl 调节 pH 至 7.2。

⑤ 将二氨基丁烷溶液（185 mg，2.1 mmol）加到 4.63 mL 蒸馏水中，pH 保持在 7.2。

⑥ 室温孵育 45 min，在蒸馏水中透析反应液。

⑦ 过滤浓缩透析液，然后进行真空干燥。

⑧ 在 1.1 mL，0.1 mol/L 乙酰吗啉缓冲液（pH 8.5）中溶解 22.4 mg 经过修饰的多糖，并与溶于 400 μL 二甲基乙酰胺中的 60 mg（0.26 mmol）SATA（S-乙酰巯基乙酸琥珀酰亚胺酯）混匀。

⑨ 室温孵育 1 h，加入 100 μL 乙酸终止反应。

⑩ 丙酮沉淀 SATA 修饰的多糖（Pn19F-SATA），真空干燥。

⑪ 水中溶解干燥物，超滤纯化。

⑫ 在 70 μL DMFA 中溶解 N-琥珀酰溴乙酸（N-succinimidyl bromoacetate，9.9 mg，0.04 mol）后和溶于 1.2 mL 0.1 mol/L 磷酸缓冲液（pH 8.0）的破伤风类毒素（TT）（17.5 mg）混匀。

⑬ 室温下经 1.5 h 反应后，超滤混合物后用 1 mL 0.1 mol/L 含 5 mmol/L EDTA 的磷酸盐缓冲液（pH 7.5）平衡。

⑭ 加入溴乙酰化 TT 溶液得到 SATA 修饰的碳水化合物。制备理论比例为 0.25∶1 的糖-蛋白质结合物，混匀溶于 410 μL 水中的 6.5 mg Pn19F-SATA 和溶于 765 μL 0.1 mol/L 磷酸缓冲液中的 11 mg TT（pH 7.5，含 5 mmol/L EDTA），之后和 27.5 μL 2 mol/L 羟胺孵育（溶于 0.1 mol/L 磷酸盐缓冲液中，pH 7.5，含 5 mmol/L EDTA），通过 GPC-HPLC 获得结合产物。

⑮ 室温孵育 43 h，在 0.1 mol/L 磷酸缓冲液（pH 7.5，含 5 mmol/L EDTA）中加入 2-氨基乙醇（2-aminoethanethiol，50 mg/mL）封闭剩余的溴乙酸。为获得糖-蛋白质比为 0.25∶1 的结合物，加入 101 μL 2-氨基乙醇。为获得糖-蛋白质比为 2.5∶1 的结合物，加入 10.1 μL 2-氨基乙醇。

⑯ 继续孵育 6 h，超滤纯化结合物并且用 PBS 平衡。

⑰ GPC-HPLC 分离结合物。

3. Pn19F-TT 糖-蛋白结合物的分析

① 反应终止后，用夹心 ELISA 法测多糖和蛋白质，以确定结合物。

② GPC-HPLC 分离结合物，在 280 nm（蛋白质吸收波长）处 UV 检测洗脱峰和折射率。

③ 对各收集组分进行糖及蛋白质分析，确认共结合物。

④ 以竞争性 ELISA 比较 Pn9F-TT 结合物与天然荚膜多糖的免疫原性。

⑤ 火箭免疫电泳检测非结合的多糖和蛋白质的水平。

⑥ 选择含游离多糖和蛋白质比例最低的结合物用于下一步免疫实验。

4. ELISA 测定抗体

① TT（2 mg/mL，溶于 0.04 mol/L 碳酸盐缓冲液，pH 9.6）室温包被微滴板 2 h，用于检测抗 TT 抗体。

② Pn19F PS（10 μg/mL，溶于 PBS）37 ℃包被微滴板 5 h，4 ℃孵育过夜，用于检测抗 Pn19F PS 抗体。

③ 水-吐温洗板，加入 37 ℃预热的血清样品（3 或 4 倍稀释于 PBS 吐温溶液），37 ℃孵育 2 h。

④ 水-吐温洗板，加入辣根过氧化酶标记的羊抗鼠抗体（稀释于含 0.5% BSA 的 PBS 吐温溶液），37 ℃孵育 2 h。

⑤ 水-吐温洗板，加入底物 TMB（四甲基联苯胺，tetra-methylbenzidine，0.1 mg/mL）和 0.01%（体积分数）H_2O_2（用 0.11 mol/L 乙酸钠溶液配制，pH 5.5），显色。

⑥ 孵育 10～30 min，加入 100 μL 2 mol/L H_2SO_4 终止反应。

⑦ 用 ELISA 酶标仪读数 A_{450}。

🌱 **扩展阅读**

---

23 价肺炎球菌多糖疫苗

23 价肺炎球菌多糖疫苗可以用于预防 1、2、3、4、5、6B、7F、8、9N、9V、10A、11A、12F、14、15B、17F、18C、19A、19F、20、22F、23F 和 33F，23 种肺炎链球菌血清型引起的肺炎球菌性疾病，例如脑膜炎、菌血症、肺炎、中耳炎等。调查发现，儿童及 60 岁以上老年人群中肺炎链球菌引发的肺炎发病率是青年人群的 3 倍，死亡率达 20%～25%。世界卫生组织（WHO）已将肺炎球菌性疾病列为需"极高度优先"（优先等级最高）使用疫苗预防的疾病。因此，及早进行预防性疫苗的接种，可以为体质较弱的家人构建起免疫屏障，获得抵抗疾病的免疫力，这也是目前普遍推荐的对抗传染病的最有效方法之一。但要注意，23 价肺炎球菌多糖疫苗在两岁以内的婴儿体内难以产生有效的保护性抗体，故它主要适用于两岁以上的人群，如老年人和肺炎链球菌感染高风险人群，通常只需要接种一剂。但存在感染肺炎链球菌高危因素者，如果首次接种后已超过 5 年，建议再次接种以加强免疫。另外，对于免疫功能低下的人群也可以予以接种。

第四节　核酸疫苗生产工艺

一、概述

长期以来，传统疫苗学为人类在疫苗方面的研究奠定了稳定的基础，而以基因工程疫苗为核心的新型疫苗研发也已有 30 多年。基因工程乙肝疫苗、人乳头瘤病毒疫苗、出血热疫苗，以及一些多联多价疫苗等的成功研制，既显示了新型疫苗的优势，也反映了新型疫苗研发的难度。新型疫苗研究致力于克服常规技术不能或很难解决的问题，例如难培养的病原体、容易变异的病原体、容易诱发严重免疫病理反应的病原体，甚至有些具有潜在致癌性的病原体，这都需要采用新型疫苗技术对其进行改造。

核酸免疫（nuclear acid immunization）又称基因免疫（genetic immunization），是指将含有编码抗原蛋白质目的基因的质粒载体直接注入人体，通过宿主细胞的转译系统表达目的抗原并诱导机体产生免疫应答的一项新技术。该技术可在机体内选择性表达目的产物，引起类似于疫苗接种的免疫应答，故有基因免疫、DNA 免疫、核酸免疫之称，其免疫物质为核酸疫苗（nuclear acid vaccine），是 20 世纪 90 年代研究开发的第三代疫苗。核酸疫苗可分为 DNA 疫苗、病毒载体疫苗和 RNA 疫苗三类。本节将以复制缺陷型重组腺病毒载体疫苗为例对核酸疫苗的生产工艺进行详述。

二、重组腺病毒的简介

将编码特定病原体免疫原性蛋白质的基因插入已有腺病毒疫苗株基因组的某个部位，使之高效表达，制成重组腺病毒载体疫苗，以诱导特定免疫应答。重组腺病毒载体疫苗表达的保护性抗原无需纯化，可依靠重组腺病毒在体内表达，直接刺激机体产生特异性免疫保护反应，其免疫原性接近天然状态，且载体本身可发挥佐剂效应以增强免疫效果。目前大多数临床载体是由 5 型腺病毒（adenovirus serotype 5，Ad5）载体衍生而来，这是最常见和研究最深入的血清型。

根据其在人体内繁殖的特点，重组腺病毒载体疫苗可分为复制竞争型与复制缺陷型两类（见表 16-4）。复制竞争型载体疫苗与减毒活疫苗相似，可在机体内繁殖，疫苗用量少，保护性抗原产生量多，免疫效果好，但不良反应与所用载体微生物的感染特性相近。复制缺陷型载体疫苗免疫接种后不会产生感染性子代病毒，免疫效果相对较弱，疫苗用量大，成本较高，但十分安全。

表 16-4　复制竞争型及复制缺陷型腺病毒载体的相关性质

	重组腺病毒载体疫苗	
	复制竞争型	复制缺陷型
高表达能力	+	+
插入重组蛋白质的表达	+	+
宿主病毒蛋白质的表达	+	－
致癌性	+	－
蛋白质在体外的长期表达能力	－	+
规模化生产的可能	+	+
在动物模型中进行基因治疗的应用	+	+
在动物模型中作为疫苗的应用	+	+

腺病毒具有广泛的宿主范围，成功研制的减毒腺病毒活疫苗基本无副作用。重组腺病毒被用作基因转移载体时表现出如下优点：

① 能够在体内感染多种类型的细胞，并能诱导针对特定抗原的免疫反应。

② 能够在感染单个细胞时，不受细胞复制的影响而表达其携带的基因。

③ 能够以注射、口服和气雾的形式进行个体接种，而且能将表达基因有效地转入人体细胞。

④ 能够诱导较强的系统免疫反应及局部的黏膜免疫反应。

⑤ 具有较好的遗传稳定性，可排除其回复原有毒力表型的可能。

⑥ 病毒基因组的突变使其在靶细胞中失去复制能力，而病毒基因组的不表达则防止了感染细胞被免疫反应清除。

⑦ 已去除病毒基因中的有害成分。

⑧ 能够携带较大的外源基因片段。

⑨ 能够在优化确定的强启动子的控制下，实现特定免疫原的高效表达。

⑩ 重组体的构建相对简单。

⑪ 能够在组织培养体系中繁殖高滴度的病毒（大于 10^{10} pfu/mL）。

值得注意的是，在曾感染过载体微生物的机体中，因机体对载体微生物已具有免疫力，接种相应载体疫苗后，一方面会因再次免疫的加强作用，形成对载体的优势免疫反应，另一方面会因已存在的载体免疫，影响重组微生物（载体疫苗）的繁殖，减少目标抗原的表达量，进而影响目标抗原的免疫效果。所以，复制竞争型载体疫苗的安全性、复制缺陷型载体疫苗免疫效果弱以及机体对载体疫苗中载体自身的免疫反应，已成为影响载体疫苗研究的重要问题。

三、以人复制缺陷型腺病毒为载体的重组新型冠状病毒疫苗的制备

腺病毒载体疫苗单剂次接种能够使机体产生足够的免疫力，并且可提高接种者的顺应性。重组新型冠状病毒疫苗 Ad5-nCoV 是我国研发的第一个腺病毒载体新冠疫苗，属于复制缺陷型，下文将介绍该病毒疫苗的制备工艺。

1. S 蛋白基因优化及合成

重组新型冠状病毒疫苗的目标抗原为新型冠状病毒毒株（Genbank 编号：NC＿045512.2）的 S 蛋白。通过对 S 蛋白基因进行优化，提高 S 蛋白的表达水平，从而提高了疫苗的免疫原性。S 蛋白基因优化之后，在翻译起始密码子前面加入 Kozak 序列，并在整个序列上游插入酶切位点 *Eco*R I ，下游插入酶切位点 *Hind* Ⅲ，对基因序列进行合成。

2. 构建载体和 S 蛋白体外表达鉴定

（1）构建载体

对合成的基因序列分别用 *Hind* Ⅲ 和 *Sal* I ，或 *Sma* I 和 *Sal* I 进行双酶切，回收目的基因片段，将其连接至 AdMax 腺病毒系统的穿梭质粒 pDC316 上，转化 DH5-α 感受态，涂布至 Amp^r LB 平板，挑单克隆进行菌落 PCR 鉴定，并对 PCR 鉴定为阳性的克隆进行测序验证。S 蛋白基因序列未进行优化的质粒记为 pDC316-nCoV_S，S 蛋白基因优化后的质粒记为 pDC316-nCoV＿Sopt。pDC316-nCoV_Sopt 质粒图谱如图 16-1 所示。

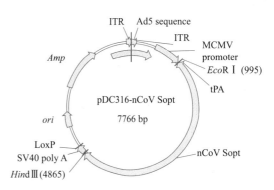

图 16-1　pDC316-nCoV_Sopt 质粒图谱

同时，使用重叠延伸 PCR 的方法，扩增原始信号肽 S 蛋白基因优化序列，连接至 pDC316 载体，记为 pDC316-nCoV_oriSIP-Spot；扩增 tPA 信号肽 S 蛋白基因未优化序列，连接至 pDC316 载体，记为 pDC316-nCoV_tPA-S；tPA 信号肽 S1 蛋白（S1 蛋白为 S 蛋白的 12-685 位氨基酸的截短型蛋白质）基因优化序列，连接至 pDC316 载体，记为 pDC316-nCoV_S1opt；以及 tPA 信号肽 S1 蛋白基因原始序列，连接至 pDC316 载体，记为 pDC316-nCoV_S1。

（2）S 蛋白的体外表达鉴定

① 转染：将 HEK293 细胞以 8×10^5 细胞/孔的密度接种至 6 孔板中，于 37 ℃、5％CO_2 细胞培养箱中培养过夜。转染前 1 h，将培养基换成新鲜的含 2％FBS 的 DMEM 培养基，每孔加入 2 mL。转染时，每个转染孔取对应质粒 2 μg，加入 200 μL 无 FBS 的 DMEM 培养基，混匀，加入转染试剂 3 μL，轻轻混匀，室温放置 15 min。将质粒和转染试剂混合液轻轻滴加到 6 孔板中，轻摇混匀。细胞于 37 ℃、5％CO_2 细胞培养箱中培养，5 h 后将培养基换成新鲜的含 10％FBS 的 DMEM 培养基，48 h 后收集细胞，制备样品，进行 Western Blot 检测。

② 样品制备：转染 48 h 后，小心地吸弃培养基，用 PBS 重悬细胞，500 g 离心 5 min，弃上清。细胞用 200 μL RIPA 缓冲液（另外添加适量蛋白酶抑制剂和核酸酶）重悬，冰浴 15 min，4 ℃条件下 12000 r/min 离心 5 min，取上清，加入 1/3 体积含有 200 mmol/L DTT 的 4×SDS-PAGE 上样缓冲液，95 ℃加热 5 min，

冻存，用于 Western blot 检测。

③ Western blot 检测：使用 10 孔的 4%～20%SDS-PAGE 梯度胶进行 SDS-PAGE，上样量为每孔 30μL。电泳条件为 80V，15 min；180 V，直到溴酚蓝刚好从凝胶中出来为止。将 SDS-PAGE 胶上的蛋白质通过电转仪转移到硝酸纤维素膜上，电转条件为 300 mA，1 h。电转完成后，将硝酸纤维素膜用 5%脱脂奶粉封闭 1 h，然后以 1：2000 的稀释度加入抗 S 蛋白兔多克隆抗体，4 ℃放置过夜。将膜用 WB 洗涤液洗涤 4 次，每次于摇床上摇动 5 min。然后加入以 1：10000 稀释于 5%脱脂奶粉的 HRP 标记的羊抗兔 IgG 抗体，室温孵育 1 h。用 WB 洗涤液将膜洗涤 4 次，使用蛋白印迹 HRP 化学发光检测试剂盒进行化学发光反应，使用化学发光成像仪采集不同曝光时间的图像。

3. 重组腺病毒包装、制备和鉴定

(1) 重组腺病毒包装

将以上构建好的载体 pDC316-nCoV_Sopt、pDC316-nCoV_oriSIP-Sopt 和 pDC316-nCoV_S1opt 分别与 AdMax 腺病毒系统的骨架质粒 pBHGlox_E1，3Cre 共转染 HEK293 细胞进行重组腺病毒的包装。

① 转染前一天，将 HEK293 细胞接种于 6 孔板中，每孔接种 8×10^5 个细胞，培养基为 MEM 培养基（含 10%FBS），置于 37 ℃、含 5%CO_2 细胞培养箱中培养过夜。

② 转染当天换液，用新鲜的含 10%FBS 的 MEM 培养基继续培养。待细胞生长至底面积的 80%～90% 时，取骨架质粒（pBHGlox_E1，3Cre）和穿梭质粒，用 TurboFect 转染试剂进行转染。具体步骤为：

a. 每个转染孔取骨架质粒 3.2 μg，穿梭质粒 0.8 μg，混合均匀；质粒用 400 μL Opti-MEM 培养基进行稀释。

b. 取 6 μL TurboFect 转染试剂加入稀释于 Opti-MEM 培养基的质粒，轻轻混匀。

c. 将转染试剂和质粒混合物室温放置 20 min，然后加到细胞中。

③ 转染后第二天，将长满的细胞传代于 25 cm² 细胞培养瓶中，用含 5%FBS 的 MEM 培养基继续培养，每天观察，待细胞长满瓶底时，再传入 75 cm² 细胞培养瓶中，每天观察细胞出毒迹象。出毒现象为细胞变大变圆，呈葡萄状，并开始出现明显噬斑现象。待细胞大部分病变并从底部脱落时进行收毒。

④ 将出毒的细胞重悬，500 g 离心 10 min，弃上清液，细胞用 2 mL PBS 重悬，先后置于 −70 ℃冰箱和 37 ℃水浴锅中反复冻融三次。12000 g 离心 10 min，收集含病毒的上清液，弃沉淀。

(2) 重组腺病毒鉴定

① PCR 扩增蛋白 S 及 S1 蛋白全序列及测序鉴定：使用 pDC316 载体的通用引物，扩增 S 蛋白或 S1 蛋白的全序列。取 50 μL 疫苗候选株毒种液，加入 2 μL 蛋白酶 K，50 ℃消化 30 min 释放病毒基因组，以此为模板扩增 S 蛋白和 S1 蛋白基因序列。

PCR 扩增条件为：

毒种基因组	1.0 μL
上游引物	1.0 μL
下游引物	1.0 μL
dNTP Mix	4.0 μL
Pyrobest DNA 聚合酶	0.5 μL
10×缓冲液	5.0 μL
ddH₂O	37.5 μL

反应程序：

94 ℃	5 min	
94 ℃	30 s	
56 ℃	30 s	30 个循环
72 ℃	190 s（或 S1 基因 120 s）	
72 ℃	10 min	

琼脂糖凝胶电泳结果显示，三个毒种均能扩增出单一目的条带，片段大小正确。将目的条带进行胶回收并测序，比对结果表明，测序结果序列完全正确。

② 目标抗原表达鉴定：用不同构建的重组腺病毒感染 HEK293 细胞，48 h 后收集细胞进行目标抗原的 Western blot 检测。

③ 重组腺病毒培养：HEK293 细胞在 37 ℃、5％CO_2、120 r/min 条件下悬浮培养。毒种接种时，将活度大于 95％的细胞稀释至 $1.0×10^6$ 细胞/mL，终体积为 300 mL。P5 代重组腺病毒以 MOI 10 感染 HEK293 细胞，于 37 ℃、5％CO_2、130 r/min 摇动培养。每隔 24 h 取样，检测细胞活度和密度。毒种接种 72 h 后，当细胞活度下降到 40％以下时，将细胞摇瓶先后置于 −70 ℃冰箱和 37 ℃水浴锅中反复冻融两次。加入 Benzonase（20 U/mL），34～36 ℃水浴酶解 2 h。12000 g 离心 10min，收集含病毒的上清液，弃沉淀。

④ 重组腺病毒纯化：用 5×平衡缓冲液调节病毒上清液至电导值为 18 mS/cm，pH 7.5。采用 Source 30Q 分离纯化腺病毒颗粒，色谱柱用流动相 A（20 mmol/L Tris、150 mmol/L NaCl、2mmol/L $MgCl_2$，pH 7.5）平衡，上样，上样流速为 5 mL/min；上样结束后，用流动相 A 平衡至 UV 检测器/基线稳定，随后设定流速为 10 mL/min，50 min 内以 0～20％流动相 B 梯度洗脱，分管收集洗脱峰，最后用 100％流动相 B 洗脱，流动相 B 的组成为 20 mmol/L Tris、2 mol/L NaCl、2 mmol/L $MgCl_2$，pH 7.5。

(3) Ad5-nCoV 的鉴定和滴度测定

① PCR 扩增目标蛋白质基因全序列和测序鉴定：实验方法和过程同本小节（2）中的①。

② 感染滴度测定：使用 Clontech Adeno-X^{TM} Rapid Titer Kit 进行重组腺病毒滴度的测定。操作按试剂盒所附说明书进行，具体方法如下。

a. 将 HEK293 细胞接种于 24 孔板。细胞密度为 $5×10^5$ 细胞/mL，每孔接种 0.5 mL，培养基为 MEM 培养基（含 10％ FBS）。

b. 使用培养基把将要检测的病毒从 10^{-2} 至 10^{-6} 进行 10 倍稀释，制备一系列稀释度的病毒样品，每孔 50 μL 加到细胞中。

c. 将细胞于 37 ℃、5％CO_2 培养箱中培养 48 h。

d. 吸弃细胞的培养基，让细胞稍微晾干。每孔轻轻加入 0.5 mL 冰甲醇，于 −20 ℃放置 10 min，对细胞进行固定。

e. 吸弃甲醇，用 PBS（含 1％BSA）将细胞轻轻地洗 3 次。每孔加入 0.25 mL 抗 Hexon 抗体稀释液（1∶1000 稀释），于 37 ℃孵育 1 h。

f. 吸弃抗 Hexon 抗体，用 PBS（含 1％BSA）将细胞轻轻洗 3 次，每孔加入 0.25 mL HRP 标记的兔抗鼠抗体（1∶500 稀释），于 37 ℃孵育 1 h。

g. 在吸弃 0.25 mL HRP 标记的兔抗鼠抗体之前，将 10×DAB 底物用 1×稳定过氧化物酶缓冲液稀释成 1×DAB 工作液，使其达到室温。

h. 吸弃兔抗鼠抗体稀释液，用 PBS（含 1％BSA）将细胞轻轻地洗 3 次。每孔加入 0.25 mL DAB 工作液，室温放置 10 min。

i. 吸弃 DAB 工作液，用 PBS 将细胞轻轻地洗 2 次。

j. 于显微镜下对棕色/黑色的阳性细胞进行计数。每孔至少随机计数 3 个视野，计算其平均阳性细胞数。

k. 计算感染滴度（单位为 ifu/mL）。计算公式如下：
$$感染滴度＝视野的阳性细胞数×每孔视野数/（病毒体积×稀释度）$$

③ 病毒颗粒数测定：将 20 mmol/L Tris-Cl、2 mmol/L EDTA（pH 7.5）溶液和 2.0％SDS 溶液等体积混合，配制成病毒裂解液。取适当体积待测病毒样品，加入 1/19 体积病毒裂解液，用移液器反复吹打 10 次混匀，涡旋 1 min。置于 56 ℃恒温水浴中摇动消化 10 min，12000 r/min 离心 5 min，取上清液，

测定 260 nm 和 280 nm 下的 OD 值。计算腺病毒颗粒数。

病毒颗粒数测定结果显示，纯化的重组腺病毒经浓缩后均达到 1.0×10^{11} VP/mL 以上。

扩展阅读

我国独立研发成功全球首个冻干型埃博拉病毒疫苗

埃博拉出血热（Ebola hemorrhagic fever，EHF）是由埃博拉病毒引起的死亡率极高的烈性传染病。该病于 1976 年首次发现于苏丹南部和刚果扎伊尔，2014 年在西非大规模暴发，共造成逾 28000 的确诊病例和 11000 的死亡人数。2018 年 8 月，刚果爆发新一轮严重的埃博拉出血热疫情，这两次疫情均被 WHO 评为"国际关注的突发公共卫生事件"。

西非埃博拉出血热疫情防控期间，中国工程院院士陈薇率队赴非洲疫区完成了埃博拉病毒疫苗的临床试验，这是第一个在境外开展临床试验的中国疫苗，最终其成为全球首个新基因型埃博拉病毒疫苗。重组埃博拉病毒疫苗（腺病毒载体）是由我国独立研发、具有完全自主知识产权的创新性重组疫苗产品。我国此次批准的埃博拉病毒疫苗采用了国际先进的复制缺陷型病毒载体技术和无血清高密度悬浮培养技术，可同时激发人体细胞免疫和体液免疫，在保证安全性的同时，还具备良好的免疫原性。此外，该疫苗还突破了病毒载体疫苗冻干制剂的技术瓶颈。在此之前，全球仅有美国和俄罗斯两个国家具有可供使用的埃博拉病毒疫苗。与液体剂型埃博拉病毒疫苗相比，冻干剂型埃博拉病毒疫苗具备更为优良的稳定性，特别是在非洲等高温地区进行运输和使用时，其更具优势。

本章小结

本章概括性地介绍了疫苗的定义及分类、疫苗的研制、疫苗的生产疫苗质量控制与检定等内容，并具体介绍了灭活疫苗生产工艺、多糖结合疫苗的制备、核酸疫苗开发工艺等内容。

思 考 题

1. 疫苗的研制包括哪些环节？
2. 疫苗临床研究的分期及要求有哪些？
3. 纯化灭活疫苗有哪些方法？
4. 什么是核酸免疫？

【孟欣　张家友　林刚】

参考文献

［1］ 傅传喜. 疫苗与免疫［M］. 北京：人民卫生出版社，2020.
［2］ 赵彩红，王美皓，李自良，等. 无血清悬浮培养 MDCK 细胞系的建立及生物反应器高密度培养［J］. 中国生物制品学杂志，2021，34（11）：1362-1369.
［3］ Wang H，Guo S，Li Z，et al. Suspension culture process for H9N2 avian influenza virus（strain Re-2）［J］. Arch Virol，2017，162（10）：3051-3059.
［4］ 朱俊颖，孙晔，蒋丽华，等. 疫苗规模化分离纯化研究进展［J］. 生物技术进展，2015，5（6）：9.
［5］ A. 罗宾逊，M. J. 赫德森，M. P. 克拉尼奇. 疫苗关键技术详解［M］. 北京：化学工业出版社，2006.
［6］ 陈薇，吴诗坡，侯利华，等. 一种以人复制缺陷腺病毒为载体的重组新型冠状病毒疫苗；202010193587.8［P］. 2020-09-11.

第十七章
基因与细胞治疗类产品生产工艺

第一节 基因药物生产工艺

一、基因药物概述

基因药物是依赖于载体将外源基因或核酸片段导入人体细胞，使目的基因在靶细胞中表达，从而达到治疗目的或发挥生物学效应的药物。基因药物较一般传统药物更为复杂，它的构建与制备涉及分子生物学、生物化学、病毒学以及生物制药工艺等多个领域和学科，需要针对不同的疾病和靶器官（靶细胞）选择合适的载体，也需要根据临床目标，设计构建基因表达元件来控制基因产物的适量表达；给药途径的选择会直接影响到基因药物开发的成败。

基因药物研发应用的载体分可为病毒载体和非病毒载体两类。病毒载体是将自然界存在的病毒用分子生物学的手段加以改造，去除部分或全部病毒基因，将治疗基因及基因表达所需要的功能片段克隆到病毒基因组中，再经过在细胞内的包装而产生重组病毒。而非病毒载体则是载有治疗基因及其相关功能片段的DNA，如质粒，或包埋有此种DNA的脂质体。病毒载体一般具有对宿主细胞高效转染的特点，是目前较为高效的基因传递载体。许多不同类型的病毒，如逆转录病毒、腺病毒、腺相关病毒、单纯疱疹病毒、痘苗病毒等，已先后被开发为基因治疗载体，而每种病毒对不同宿主细胞的感染效率、途径及其在细胞内的存在状态都不同，这些特质使用于研发和制备基因药物的病毒载体具有很高的选择性。目前多数基因研究均采用病毒载体。而非病毒载体无论是质粒DNA还是DNA-脂质体复合体，虽然免疫原性及相关的毒副作用较低，但其体内转染效率普遍很低。

基因治疗成功的关键是能将治疗基因有效地导入靶组织（靶细胞），并使产物的表达达到应有的治疗水平。而不同的疾病，对于导入基因的表达量和持续时间的要求不同，因此，必须根据治疗的需要选择最佳的载体并构建合适的基因表达系统。例如，利用腺苷脱氨酶（ADA）治疗重症联合免疫缺陷病（SCID）时，由于SCID是基因缺陷型疾病，而靶细胞又是不断分裂代谢的细胞，为了达到长期治疗的效果，转入的基因必须整合到细胞基因组中才不会在细胞分裂的过程中丢失。因此，研究者选用了能将DNA整合到细胞基因组中的逆转录病毒作为载体以实现长期的基因表达。而血友病，虽然也是基因缺陷型疾病，但由于肝细胞代谢周期较长，研究者选用了转染效率高而大部分转基因以非整合状态存在的重组腺相关病毒载体，以降低插入突变的风险。我国研发的重组人 p53 腺病毒注射液，则选择了免疫原性很高的腺病毒作为载体，其通过表达抑癌基因来抑制肿瘤生长及促进癌细胞凋亡，同时病毒载体转染也刺激并增强了人体免疫系统对癌细胞的识别，达到了综合治疗效果。

　　基因药物的制备涉及载体的生物合成（biosynthesis）、纯化以及相关的定性和定量分析。为了满足基因治疗的临床研究和未来基因药物市场化的需求，近年来，基因药物的制备及生产方法也开始向工业规模的生产与纯化方向发展。对每种不同的基因载体，都发展出相应的生产和制备方法，利用这些新方法制备的基因载体在产量、规模、纯度、生物学活性及药用安全等各方面都得到了显著的提升，使基因药物的开发趋于成熟。

二、基因药物的病毒载体

1. 逆转录病毒

　　逆转录病毒为 RNA 病毒，其遗传信息存储在 RNA 上。病毒感染细胞后，RNA 基因组在病毒颗粒中携带的逆转录酶的作用下逆转录为双链 DNA（因此被称为逆转录病毒），然后将这段逆转录的 DNA 插入细胞基因组，病毒基因组再由细胞的转录机构（machinery）经由转录（transcription）、翻译（translation）产生病毒的 RNA 和蛋白质。逆转录病毒科下有 α 逆转录病毒属、β 逆转录病毒属、γ 逆转录病毒属、δ 逆转录病毒属、ε 逆转录病毒属、慢病毒属（Lentivirus）及泡沫病毒属（Spumavirus）共七属。成熟的逆转录病毒为球形，大小约为 100 nm（70～110 nm，有时至 200 nm），外面为一层具有表面突起的脂蛋白外壳，外壳内有一个二十面体的核蛋白衣壳（capsid），核蛋白衣壳内有一螺旋结构的核糖核蛋白（图 17-1）。病毒颗粒在蔗糖密度梯度中的密度为 1.16～1.18 g/mL。逆转录病毒颗粒对热、去污剂和甲醛很敏感。

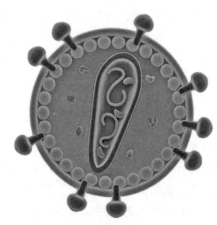

图 17-1　逆转录病毒示意图

　　逆转录病毒基因组是由线性的正向单链 RNA 组成的同源二聚体，每条单体 RNA 长度为 7～13 kb，因此一个病毒颗粒为功能双倍体。这种二聚体是由两条 RNA 5′末端的二聚体链接结构（dimer linkage structure）相互作用而形成的。RNA 基因组在宿主细胞中被转录出来，具有很多正常 mRNA 的结构和功能。其 5′末端有常规的 m7G5′ppp5′Gmp 帽子结构，在 3′末端有约 200 bp 的 poly（A）尾巴。除编码病毒蛋白质外，这种 RNA 基因组还包含许多顺式序列，在病毒的生活周期中也发挥着重要的作用。这些序列包括在 RNA 基因组的末端 R（repeated）序列，R 序列在基因组中有两个，一个处于 5′末端帽子结构下游，另一个处于 poly（A）尾巴上游。在 5′末端 R 序列的下游有另外一个 U5 序列，这是 5′末端特有的区域，含有整合所必需的 ATT 位点。U5 序列下游是 pbs（primer binding site），它是宿主 tRNA 结合以及负链 DNA 合成的起始位点。pbs 下游是病毒颗粒包装的信号 Psi 位点。Psi 下游是病毒蛋白质的编码序列，至少包含三种基因，分别是 gag、pol 和 env，其中 gag 基因编码病毒的核心蛋白质，pol 基因编码病毒复制所需的酶类，env 基因编码病毒的包膜糖蛋白。这些基因的下游是一个短的 ppt（polypurine tract），包含至少 9 个 A 和 G 碱基，是正链 DNA 合成的起始位点。ppt 下游是 3′末端特有的 U3 序列，此序列包含许多病毒基因表达的顺式作用元件和另外一个 DNA 整合所必需的 att 位点。R、U5、U3、pbs 和 ppt 序列在逆转录中发挥着重要作用，这些序列的长度在不同的逆转录病毒中有所不同。

　　早期制备的逆转录病毒载体中经常含有具有复制能力的重组病毒，是用药安全的一大隐忧。这种病毒是在载体的生产过程中由载体质粒和辅助质粒经过重组产生的。在早期的病毒包装系统中，辅助质粒和载体质粒仍然有很多同源区。早期的辅助质粒基本上只去除了野生病毒基因组中的病毒包装信号，当共转染到包装细胞中时，很容易发生重组而产生野生型病毒。因此，后来人们对辅助质粒进行了一系列改进。首先将 3′端的 LTR 和 ppt 位点删除，代之以 SV40 的 poly(A)，这样即使有辅助质粒 RNA 被包装进病毒颗粒，因其 RNA 基因组缺乏正链 DNA 的合成起始位点 ppt，也将无法被逆转录成双链 DNA；此外，5′端 LTR 的末端整合所必需的顺式作用元件 ATT 位点也被去除，这样就可以避免含有辅助质粒的重组病毒整合到宿主基因组中。为彻底消除辅助质粒和载体质粒之间的同源性，后期的病毒包装系统采用了两个辅助质粒，一个含有 gag 和 pol 基因，另外一个含有 env 基因。这样不仅极大地减少了病毒重组发生的概率，还可以更方便地改造 env 基因，从而进一步扩展重组病毒的宿主范围。

逆转录病毒载体使用中的另一个安全问题来源于载体基因组整合到细胞基因组的过程，由于载体 5′端 LTR 的 U3 区域含有启动子/增强子，当整合后，启动子/增强子会随机启动下游基因甚至肿瘤基因的表达。为了防止这种所谓插入突变的发生，研究者巧妙地在 3′端的 LTR 区域引入突变，去除了启动子/增强子的功能。由于 5′端 LTR 的 U3 区域是在逆转录过程中，由 3′端的 U3 转录而来，造成突变后，载体 5′端的 U3 将不再具有启动子/增强子的功能，因此将不能启动下游基因的表达。这样的载体系统被称为自身灭活（self-inactivating，SIN）载体，没有病毒内源性启动子的干扰，因此可以在基因表达框内随意加入组织特异性启动子来调控治疗基因的组织特异性表达。

2. 腺病毒

腺病毒最初是从人类腺样体组织培养中分离得到的，因此被称为腺病毒。腺病毒可见于人、鸡、牛、狗、鼠、猪和猴中。腺病毒是一种无外壳的双链 DNA 病毒，基因组长约 36 kb，衣壳呈规则的二十面体结构，直径约 80～110 nm（图 17-2）。衣壳含有 240 个六邻体（hexon）、12 个五邻体（penton）及 12 根纤维蛋白（fiber），除此之外还有其他一些辅助蛋白质，如蛋白质 Ⅴ、Ⅶ、Ⅸ、Ⅰa 和 Ⅳa2 等。病毒衣壳中，20 个三角形面的主要蛋白质是六邻体，12 个顶端是 5 个五邻体亚单位和 3 根纤维蛋白构成的复合物，12 根纤维蛋白以五邻体为基底由衣壳表面伸出，这些纤维蛋白的顶端形成头节区（knob）。五邻体和纤维蛋白的头节区可与

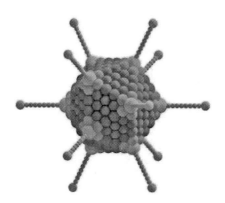

图 17-2　腺病毒示意图

细胞表面的病毒受体结合，在病毒感染细胞过程中起着非常重要的作用。腺病毒的基因组以线性的双链 DNA 的形式存在，蛋白质Ⅶ和一种称为 MU 的小蛋白质紧密地环绕在其周围，起到类组蛋白作用。蛋白质Ⅴ将这种 DNA-蛋白质复合物连接起来，并通过蛋白质Ⅵ与病毒衣壳连接在一起。在两条链的 5′端各以共价键结合着一个被称为 DNA 末端蛋白质（pTP）复合物（DNA-TPC）的特殊结构，与腺病毒的复制密切相关。腺病毒基因组的两端各有一段 100 bp 的反向末端重复序列（ITR），是腺病毒复制的起始位点。在左端 ITR 的 3′侧有一段长约 300 bp 的包装信号，它介导腺病毒基因组被包装入病毒衣壳。

腺病毒感染细胞的过程是从腺病毒纤维蛋白的头节区黏附到细胞表面的特异性受体开始的。因为人腺病毒主要与柯萨奇病毒 B 组共用一种受体，因此这种受体被称为柯萨奇/腺病毒受体（coxsackie/adenovirus receptor，CAR）。接下来病毒纤维蛋白基底部五邻体表面的三肽 RGD 与细胞表面的 avβ3 和 avβ5 整合素结合，通过内吞作用将腺病毒内化到细胞中并进入溶酶体。在溶酶体的酸性环境下，腺病毒衣壳的构象将发生变化，从溶酶体中被释放出来，从而躲过溶酶体的消化作用。最后，腺病毒 DNA 通过核孔被转运到细胞核内。

当腺病毒进入细胞核后，以病毒 DNA 开始复制为分界线，根据转录时间的先后，腺病毒基因可大致分为早期转录单位（E1～E4）和晚期转录单位（L1～L5）。各种腺病毒基因又可以进一步地细分为更小的转录单位，如 E1 区可以进一步分为 E1A 和 E1B，每个转录单位都至少有一个独特的启动子。复制开始

时，细胞转录因子首先与 E1A 区上游的增强子结合，表达 E1A 蛋白质，该蛋白质的作用是调节细胞代谢，使病毒 DNA 更易于在细胞中复制。E1A 蛋白质还可以激活其他早期基因（E1B、E2A、E2B、E3 和 E4）的启动子，其中 E2B 驱动另外三个与病毒复制有关的早期基因转录单位末端蛋白质前体（precursor terminal protein，pTP）、单链 DNA 结合蛋白质（single-stranded DNA binding proteins，ssDBP）以及 DNA 聚合酶（DNA polymerase，DNA pol）的表达，这三个基因的表达产物紧密地结合成一个复合物，并与至少三种细胞蛋白质相互作用，启动病毒基因组的复制。腺病毒双链 DNA 的每条单链的 5′端都会与 pTP 结合，pTP 通过其 Ser-OH 与 DNA5′端的 dCMP5′磷酸之间形成磷酸二酯键。腺病毒的 DNA 复制首先是以 5′端结合有 pTP 的 dCMP 作为引物，以 3′端的末端反向重复序列（ITR）为模板，进行链置换合成，置换出的单链分子可以自我退火并环化，形成发夹状环形分子，然后这种环形分子再以相同的机制合成出子代双链 DNA 分子。

病毒基因组的复制通常在感染后 6～8 h 内开始，同时早期基因的转录和翻译被关闭，晚期基因开始表达。大部分晚期基因的转录是以一个共同的主要晚期启动子（major late promoter，MLP）调控的。晚期基因主要编码腺病毒的结构蛋白质。病毒的结构蛋白质在细胞核内聚集形成病毒衣壳，病毒的基因组被包装进去，形成有感染能力的病毒颗粒，并最终从裂解的宿主细胞中被释放出去，完成腺病毒的生活周期。这个阶段只需 4～6 h。自 20 世纪 50 年代发现并成功分离腺病毒以来，人们已陆续发现了 100 余个血清型，其中人腺病毒有 47 种，分为 A、B、C、D、E 和 F 六个亚群。腺病毒的宿主范围相当广，可感染种类相当广泛的有丝分裂后细胞，甚至包括来自高度分化的组织中的细胞，例如骨骼肌细胞、肺细胞、脑细胞和心脏细胞。

腺病毒载体是基因治疗中最常用的病毒载体。腺病毒载体受到普遍重视可归因于以下几个方面：①腺病毒作为真核系统基因调控模型，其基因组结构和功能已有较广泛且深入的研究，为研制基因载体提供了坚实的基础；②包装容量较大，宿主范围广，感染效率高，对非增生分裂细胞也有感染性；③理化性质较稳定，制备方便且易纯化和浓缩，通常纯化载体的滴度可达 10^{12}～10^{13} 空斑形成单位/mL（plaque-forming unit，pfu/mL）；④遗传毒性较低，因为腺病毒感染和复制过程无需整合入宿主细胞的基因组，由腺病毒转载的外源基因以附加型方式表达；⑤腺病毒作为活疫苗应用时，接种者未出现明显副作用，比较安全；⑥Ad2 和 Ad5 对啮齿类动物和人类均无致瘤作用。目前发展的腺病毒载体包括复制缺陷型腺病毒载体和自主复制型腺病毒载体。目前研究最多的是基于腺病毒血清型 2（Ad2）和腺病毒血清型 5（Ad5）的载体，两者均属 C 亚群，在 DNA 序列上有 95% 的同源性。二者的增殖能力非常强，在单个细胞中的基因组拷贝数可达 10（约占细胞总 DNA 的 10%），病毒颗粒比较稳定，通过 CsCl 梯度离心可以达到 10^{12}～10^{13} pfu/mL，满足动物实验的要求。

为了避免野生型腺病毒污染并降低其免疫原性，第二代腺病毒在第一代的基础上去除了 E2 和/或 E4 区。E2 区编码病毒基因组复制的关键基因末端蛋白（TP）前体、Ad DNA 合成酶及 DNA 结合蛋白（DBP）。有研究人员在 E2A 基因上插入一个温度敏感的突变 DBP，发现在 39 ℃下可以降低病毒的复制能力，此病毒在治疗鼠囊性纤维化的实验中已证实其较第一代的 Ad 有更好的表达和更低的免疫原性。另外，此载体也可在反式提供基因末端蛋白前体、Ad DNA 合成酶及 DNA 结合蛋白的包装细胞中生产。E4 区编码病毒 DNA 复制、mRNA 剪切、晚期基因合成所需的蛋白质。理论上，E4 区可以全部缺失，但 E4 区缺失后病毒产量会大大降低。因此，可以部分缺失 E4 区，或者在反式表达 E4 的细胞株中包装。研究发现，ORF6 产物可以完全替代 E4 的功能，但由于 ORF6 和 E1B 的产物共同作用对细胞有害，因此可以用四环素系统等调控 ORF6 的表达，来替代 E4，具有肝毒性低、无病毒复制风险、表达持续时间长等优点。第三代的腺病毒载体是一种无病毒基本结构的新型腺病毒载体，称为 "gutless vector"。该系统最大可能地去除了腺病毒自身的基因，因此大大增加了其基因载导容量，可达 36 kb，该载体有许多空间可用来安排除外源基因表达装置以外的各种功能性 DNA 序列，如有关基因整合和调控的功能片段，而且减少了宿主的免疫反应。

3. 腺相关病毒

腺相关病毒（adeno-assciated virus，AAV）是无被膜的单链 DNA 病毒，属于细小病毒家族。这种病毒是 20 世纪 60 年代在制备的腺病毒样品中被发现的，也因此被称为腺相关病毒。AAV 的病毒颗粒直径大约为 20 nm，呈二十面体，分子量约为 $(5.5\sim6.2)\times10^3$，在 CsCl 梯度中的密度为 $1.39\sim1.42$ g/cm^3。相较于其他病毒，腺相关病毒更加稳定，可以承受 60 ℃ 的温度及离子去污剂的作用。

在腺相关病毒被发现后的很长一段时间里，先后只有六种不同血清型（AAV-1～AAV-6）病毒被分离出来，其中只有 AAV-5 分离自人体组织，其他则分离自制备的腺病毒。腺相关病毒具有非常广泛的宿主范围，能有效地感染分裂细胞和分化细胞，并且到目前为止，没有发现任何一种人类疾病与腺相关病毒感染有关。动物实验结果显示腺相关病毒介导的外源基因可以长期在动物体内表达，有的甚至在一次注射后，高效表达治疗基因长达数年时间，而且达到了治疗水平。许多人类疾病的动物模型，经腺相关病毒载体导入治疗基因后，相关疾病症状都得到了长期有效的改善，有的甚至被彻底治愈。这些结果使腺相关病毒作为基因载体极具吸引力。20 世纪 80 年代，美国科学家 Samulski 成功在体外培养的细胞中生产出腺相关病毒，使 AAV 基因载体成为可能。近年来，腺相关病毒被广泛用于各种基因治疗的研究中，而在 AAV 载体的研究方面也取得了较大的进展，目前已经有 12 种 AAV 亚型被分离出来并用于基因载体的构建，其中 AAV-2 的研究最为深入，研究人员已建立起该病毒颗粒的晶体结构。

AAV 基因组为线性单链的正链或负链 DNA，长度约为 4700 个核苷酸，包含两端的两个末端重复序列（ITR）和由 3 个启动子调控的两个基因（rep 和 cap）。AAV 的 ITR 有 145 个核糖核酸，前 125 个核糖核酸形成一个 Y 形或 T 形的回文结构，是病毒包装、AAV 基因组的复制，以及整合的重要功能片段。rep 基因编码 DNA 复制和转录必需的非结构蛋白质，而 cap 基因则编码三个组成病毒衣壳的结构蛋白质 VP1、VP2 和 VP3。AAV 是复制依赖型病毒，要在辅助病毒（如腺病毒或单纯疱疹病毒）与其同时存在时才能在宿主细胞中复制、包装，产生新的病毒颗粒。而在没有辅助病毒时，AAV 基因组则通过其 ITR 整合到宿主基因组中，建立溶原性潜伏感染。野生型 AAV 潜伏感染人体细胞时大多整合到 19 号染色体的 AAV-S1 区。

腺相关病毒（AAV）因为不致病、宿主范围广、能够感染分裂与非分裂的细胞、能插入宿主细胞染色体或以染色体外串联体 DNA 的形式长期稳定表达等特点，被认为是目前最好的载体，在遗传病的基因治疗方面显示出应用优势，也越来越多地被用于治疗恶性肿瘤、自身免疫病、感染性疾病以及应用于器官移植和组织工程研究。

构建腺相关病毒载体遵循了构建其他载体相同的基本原则，即以外源基因及其功能片段替换病毒结构基因（rep 和 cap），保留两端的 ITRs 及其邻近的 45 个核苷酸序列以便包装重组病毒，并在病毒载体生产的过程中，尽量减少具有复制能力的类野生型病毒的产生。

由于腺相关病毒基因组相对简单，因此其病毒载体的构建系统也比较简单，且病毒基因（rep 和 cap）已被全部去除，仅剩两端的 ITR，因此这种载体更加安全。研究者先后发展出许多不同的方法来构建及生产腺相关病毒载体。比较常用的生产方法采用了三个质粒共转染的方式，首先将治疗基因及其转录所需的功能片段取代病毒结构基因（rep 和 cap）克隆出载体质粒；再将 AAV 的 rep 和 cap 基因克隆到另一个质粒，形成 AAV 辅助质粒；而将 AAV 载体生产所必需的辅助基因，如腺病毒的 E2A、E2B、E4 和 VARNA 等基因克隆到第三个质粒中，形成 Ad 辅助质粒，而 E1A、E1B 则由包装细胞 HEK293 提供。将上述三个质粒共转染进 HEK293 细胞，经过培养，即可生产出病毒载体。E1A 是 AAV 的 rep 和 cap 基因转录的反式激活因子。E1B 和 E4 结合，可以稳定 AAV 的 mRNA 并协助其转运到胞浆。E2A 和 VARNA 也发挥相似的作用。研究还发现 Rep68/78 的过表达会抑制 AAV 的包装，因此可以用一个低效的 ACG 密码子取代 rep 基因的 ATG 起始密码子，从而降低 Rep68/78 的合成。

AAV 载体的一个缺点是其包装容量小，最佳包装范围为 4.1～4.9 kb。因此对于基因组比较大的治疗基因，通常用双载体策略。将治疗基因分成两部分，放到两个表达框中，分别用 AAV 载体包装，共同感染后，由于 AAV 载体在体内形成头-尾相连的环状多聚体，存在于两个表达框内的反向剪切序列可以在剪切酶的作用下，将两段基因合成一个完整的基因进行翻译。通过这种方法，大肠埃希菌的 *LacZ* 基因、萤光素酶报告基因及人促红细胞生成素都得到成功转导。

三、非病毒载体基因药物

与病毒载体相比，非病毒载体系统尤其适合用于基因治疗，因为它相对于病毒系统有许多优点：使用简单、没有免疫原性、容易包装和大量扩增。虽然它对机体安全，但是裸 DNA 或脂质体-DNA 复合物体内转染效率普遍很低。细胞表面受体的配体或结合域能直接和 DNA 或脂质体-DNA 复合物结合，从而提高其转染效率。细胞表面受体的配体包括去唾液酸糖蛋白（asialoglyco protein）、碱性成纤维细胞生长因子（basic fibroblast growth factor，bFGF）、转铁蛋白和粘连分子。带有整合素高亲和 RGD 结构域的多肽或多聚赖氨酸片段和 DNA 通过静电相互作用结合能有效转染基因到不同的细胞。在体内，用这种方式转入支气管细胞中的基因表达能维持至少 3～7 d。

其他靶向的活体系统，如细菌，也被用作肿瘤基因治疗的载体。细菌有较大的基因组，能被用来表达大量的治疗基因，它们的繁殖可以用抗生素来控制。两种厌氧细菌（梭菌和双歧杆菌）被用作转基因的载体。这两种革兰氏阳性的非致病厌氧菌能特异性地在实体瘤的坏死和缺氧部位生长和繁殖，这种特点使它们成为有前途的基因治疗载体。在体内，静脉注射含胞嘧啶脱氨酶（CD）的梭菌孢子，随后系统给予前体药物 5-FC，能产生很明显的抗瘤效应。减毒的沙门菌营养缺陷型突变体对肿瘤细胞的特异性比正常细胞高 1000 倍，当这些突变体腹腔注射入荷瘤小鼠体内，能抑制肿瘤的生长并使小鼠的平均寿命延长两倍。当动物被注射表达单纯疱疹病毒胸腺激酶（HSV-TK）的沙门菌，能产生更昔洛韦（GCV）介导的、剂量依赖的抑瘤效应。

四、基因药物质量控制——腺相关病毒载体为例

1. AAV 载体本身的结构确认

（1）腺相关病毒衣壳蛋白质鉴别

AAV 虽然没有被膜，但病毒核酸同样由蛋白质包裹，AAV 衣壳由三种蛋白质所构成，将病毒颗粒经煮沸使病毒衣壳蛋白质解聚后，经 SDS-PAGE 应形成 VP1、VP2、VP3 三个衣壳蛋白质特征性条带，其大小分别为 87 kDa、72 kDa、62 kDa，同时还可采用针对 AAV 衣壳的抗体并通过 Western blot 法鉴定其衣壳蛋白质。

（2）腺相关病毒重组 DNA 鉴别

对病毒衣壳蛋白质进行鉴定确认后，进一步对病毒所携带的重组核酸结构进行确认。与腺病毒双链 DNA 基因组不同，由于 AAV 为单链 DNA 病毒，无法采用限制性酶切图谱分析其重组 DNA 结构，但其基因组小于 5 kb，因此可以采用 PCR 方法，分段对其重组基因各片段或片段连接区扩增来鉴定其结构。以重组 AAV-2/人凝血因子 Ⅸ 为例，rAAV-2/hFⅨ 的基因结构为 ITR-CMV-hFⅨ-ITR，因此可采用 PCR 扩增出 ITR-CMV 连接区、CMV 启动子部分序列、CMV-hFⅨ 连接区、hFⅨ 基因部分序列，其大小分别为 684 bp、614 bp、695 bp、338 bp。

2. 纯度测定

（1）SDS-PAGE

重组 AAV 的三种衣壳蛋白质的总量应达到总蛋白质量的 98.0% 以上。

（2）HPLC

AAV 病毒载体颗粒衣壳带正电，采用阳离子交换柱进行 HPLC 纯度分析。如重组 AAV-2/人凝血因

子Ⅸ纯度测定的色谱条件：流动相 A 为 50 mmol/L Hepes，1 mmol/L EDTA，5 mmol/L MgCl$_2$，100 mmol/L NaCl，pH 7.5；流动相 B 为 50 mmol/L Hepes，1 mmol/L EDTA，5 mmol/L MgCl$_2$，500 mmol/L NaCl，pH 7.5；流动相 A 充分对柱平衡，病毒颗粒上样 100 L。洗脱程序：流动相 A 0~2 min，流动相 A→流动相 B 线性梯度洗脱 2~12 min，流动相 B 13~15 min，流动相 B→流动相 A 16~25 min；设定流速为 0.6 mL/min，在 280 nm 波长检测，按面积归一化法计算纯度，纯度应大于 95.0%。

3. 病毒滴度/颗粒数测定

由于 AAV 是一种缺损病毒，必须在辅助病毒存在下才能进入产毒性感染，因此其单独存在时不能形成细胞空斑，不能用传统的 CPE 法或 TCID50 法进行滴度测定，目前 AAV 的病毒滴度/颗粒数测定主要采用 DNA 斑点杂交法。以重组 AAV-2/人凝血因子Ⅸ为例，探针基于 CMV 启动子或治疗基因的相应序列来设计，以携带 *hFIX* 的质粒定量后作为阳性对照测定滴度，rAAV-hFⅨ滴度应在 1×10^2~3×10^2 病毒基因组（v.g.）/mL 范围内。AAV 载体的滴度还有以 DNA 酶抗性颗粒/mL（DNase resistance particles/mL，DRP/mL）来表示的方法，即指每 mL 病毒液中含有抵抗 DNA 酶消化的病毒颗粒数；而在 AAV 病毒滴度/颗粒数测定中，无论采用 v.g./mL 或 DRP/mL 表示，其实验过程中都应先进行 DNA 酶消化，以排除未包裹入壳的游离基因组、病毒核酸或包装细胞残留核酸片段对杂交显色的干扰，所以这两种方法的表示含义一致，即所测定的结果为单位体积内的"实心"病毒基因组或颗粒数，因此 v.g./mL 的表述更为准确。

4. 生物学活性测定

表达检测因载体所携带的表达盒不同而异，如有特殊需要可在一定比例辅助病毒存在的条件下进行 AAV 的感染，因所携带表达盒不同，感染与表达的时间为 24~48 h 不等。对治疗基因的功能确证应包括治疗基因表达量和表达产物生物学活性测定两方面。以重组 AAV-2/人凝血因子Ⅸ为例，首先重组病毒在体外感染 BHK-21 细胞 24 h 后，采用 ELISA 检测上清液中 hFⅨ的含量，结果应大于 20 ng/mL，同时基于人、小鼠 FⅨ基因同源性较高，人凝血因子Ⅸ可在二者体内发挥同样的生物学效应的原理，在 FⅨ基因敲除的小鼠体内测定表达产物的凝血活性。

5. 特殊残留物质检测

(1) 野生型 AAV-2 (wild type AAV，wtAAV) 的检测

wtAAV 作为污染病毒应用 PCR 法进行检测。设计引物扩增野生型 AAV-2 的 ITR-REP 连接区基因部分序列，扩增序列长度为 944 bp。在 10 v.g. 的 rAAV-hFⅨ中，野生型 AAV-2 颗粒数（基因拷贝数）不超过 1 个。一般在进行 AAV 研究的实验室中只存在含 wtAAV 基因组的质粒，因为 wtAAV 颗粒将会对重组 AAV-2 的构建、生产造成严重影响，一旦污染则难以去除。

(2) 辅助病毒检测

制品若存在辅助病毒将会造成 AAV 进行产毒性感染，同时辅助病毒本身也对宿主有毒性，为确保制品的安全性，需在分子和细胞水平同时对辅助病毒进行检测。

PCR 法：阳性对照是质粒 pHyTK（其含有辅助病毒特征性的 TK 基因）。引物为特异性扩增 TK 基因片段（395 bp）的序列。在 10^7 v.g. rAAV-hFⅨ颗粒中应不高于 1 个拷贝的 TK 基因片段。

空斑法：制品加入细胞培养，细胞经连续传三代应无空斑形成（证明无完整、具有感染能力辅助病毒存在）。

(3) 其他残留杂质检测

其他残留杂质检测包括残留外源 DNA 含量、残留牛血清、工艺相关残留杂质（PEG、氯仿），以及外源病毒的其他残留。检测方法参见《中国药典》或其他相关技术。

6. 其他常规质控检定项目

此类质量控制项目主要包括外观、pH、装量、细菌内毒素、支原体、无菌、异常毒性等，方法主要

参见《中国药典》或其他相关技术文件。

五、腺病毒基因药物的生产工艺

1. 腺病毒载体的构建

常用腺病毒载体的构建方法包括：经典的同源重组法、Ad-Easy 法、AdMax 包装法。

（1）经典的同源重组法（双质粒共转染）

该法原理是同源重组。在通常缺失 E1 基因区的腺病毒左臂区域插入目的基因表达盒构成腺病毒穿梭质粒，与带有腺病毒全基因组（通常缺失 E1 基因区）的大质粒共同转染携带 E1 基因区的细胞如 HEK293 细胞，两种质粒在 HEK293 细胞内通过同源重组形成重组腺病毒基因组，并将其包装成病毒颗粒。

（2）Ad-Easy 法

该法原理是通过同源臂重组的方式在细菌中获得重组腺病毒基因组质粒。将克隆了外源基因的腺病毒穿梭质粒与携带了腺病毒大部分基因组的质粒共转化 RecA 细菌，在细菌 RecA 重组酶的作用下经抗性筛选获得重组腺病毒基因组质粒，将其线性化后转染 HEK293 细胞获得重组病毒。

（3）AdMax 包装法

该法通过 Cre/loxP 获得重组病毒，这个过程发生在 HEK293 细胞中，从而避免了在细菌中进行重组。将克隆了外源基因的腺病毒穿梭质粒与携带了腺病毒大部分基因组的包装质粒共转染 HEK293 细胞，利用 Cre/loxP 系统的作用实现重组，产生重组腺病毒。

2. 重组腺病毒载体制备工艺介绍

由于重组腺病毒载体在构建中所删除的基因需要由包装细胞（通常为携带 E1 基因的人胚肾 293 细胞）反式提供，因此在病毒生产部分流程与一般真核表达体系类似。而在重组腺病毒载体纯化研究中，氯化铯密度梯度离心是最早使用的纯化工艺，其原理是依据特征的浮力密度，将病毒从细胞裂解液中分离，再用透析去除残余氯化铯。这种方法虽然可以获得纯度较高的病毒载体，但工作量大，重现性差，不适合大规模生产，因此近年来重组腺病毒载体纯化工艺逐渐过渡到由膜包超滤和色谱分离组合的方法，图 17-3 为近年来重组腺病毒载体制备工艺的示意流程图。

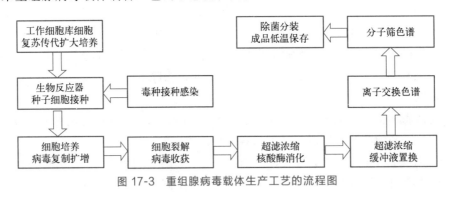

图 17-3　重组腺病毒载体生产工艺的流程图

第二节　干细胞疗法的生产工艺

近年来，世界范围的干细胞（stem cell）应用研究迅猛发展，干细胞在疾病治疗等领域的应用价值日益凸显，并有望在疾病治疗中替代传统的药物治疗，这一领域已经成为目前的研究热点。众多疾病在不同程度上影响着人类健康，近几十年来脑血管疾病、恶性肿瘤、心血管疾病的患病率居高不下，而随着人们生活水平的提高，其他一些代谢性疾病如糖尿病等患病率也在逐年上升，同时人类正在逐渐步入老龄化社会，一些患有阿尔茨海默病等失能（失智）老年人的数量也将持续增加。这些疾病会导致患者乃至整个家庭生活质量的严重下降，给社会带来巨大的经济负担。由于这些疾病都伴有不同程度的细胞损伤或死亡，因此它们都有可能用细胞替代疗法进行治疗，而干细胞是细胞移植中最具有潜力的细胞来源，因此干细胞疗法在疾病治疗中具有巨大的应用前景，尤其是在传统医学无法解决的医疗难题上，干细胞疗法将带来新的希望。诺贝尔生理学或医学奖获得者 Thomas C. Sudhof 教授曾表示："我们可以对疾病进行控制，干细胞是一个非常好的治疗方法。"

干细胞是指一类具有自我更新（self-renewal）和不同分化潜能的细胞，在非分化状态下可以自我更新，而在一定的诱导培养条件下可分化为多种功能的细胞，因此在机体中能及时补充人体在新陈代谢过程中丢失的细胞。根据分化潜能不同，干细胞可分为全能干细胞（totipotent stem cell）、多能干细胞（pluripotent stem cell）和单能干细胞（monopotent stem cell）。根据来源不同，其可分为成体干细胞（adult or somatic stem cell，ASC/SSC）、胚胎干细胞（embryonic stem cell，ESC）和诱导多能干细胞（induced pluripotent stem cell，iPSC）。以干细胞为主要治疗成分，通过特定给入方式和剂量用于治疗各种疾病的临床应用方法即为干细胞疗法（stem cell-based therapies）。

干细胞除可以独立作为治疗性产品外，也可与组织工程材料一起形成新型组织工程产品，用于修复（repair）、替代（replace）或恢复（restore）各种病因所致的组织细胞损伤。从学科性质而言，干细胞相关产品和治疗技术属于现代再生医学学科，它对包括传统再生医学在内的现代医学各主要分支均产生重大影响，也是近年来再生医学领域中发展最为迅速、极具特色的部分。

一、干细胞概述

1. 干细胞的概念

（1）定义

干细胞是一种具有自我更新、高度增殖能力以及多向分化潜能的未分化细胞。

（2）特性

① 多呈圆形或椭圆形，体积小，胞浆少，核质比大。

② 增殖速度较慢，自稳性好，利于自我复制和维持，缓慢增殖使干细胞有充足的时间发现和纠正复制错误，避免自我突变，以便稳步进入特定的分化程序。一旦机体需要，干细胞就可进入分化状态，此时增殖速度开始逐渐加快，以适应组织器官生长、发育和修复的需要。

2. 干细胞的特点

① 干细胞本身不处于分化途径的终端。

② 干细胞能无限增殖分裂。

③ 干细胞可连续分裂几代，也可在较长时间内处于静止状态。

④ 干细胞以两种方式生长，一种是对称分裂——形成两个相同的干细胞；另一种是非对称分裂——细胞质中的调节分化蛋白不均匀的分配，使得一个子细胞不可逆地走向分化的终端成为功能专一的分化细胞，另一个保持亲代的特征，仍作为干细胞保留下来。分化细胞的数目受分化前干细胞的数目和分裂次数控制。

3. 干细胞的类型及相关产品

（1）干细胞根据分化潜能可以分为单能干细胞、多能干细胞、全能干细胞。

单能干细胞：指干细胞分裂产生的子细胞只能分化成单一功能类型的细胞。如表皮干细胞只能分化产生角化形成细胞，精原细胞只能分化产生精子。

多能干细胞：指具有分化成一种器官的两种或多种组织或细胞潜能的干细胞。如骨髓造血干细胞可分化产生定向干细胞，进一步分化后可产生红系、髓系、粒系等 12 种类型的血细胞，已用于治疗血液病。

全能干细胞：指具有无限分化潜能的干细胞。如桑椹胚期、囊胚期胚胎干细胞可分化成任何一种组织类型，可形成胚体、胚后期组织和器官，已用于构建转基因动物和克隆动物及器官等方面。

（2）干细胞根据来源不同，可分为成体干细胞、胚胎干细胞和诱导多能干细胞。

① 胚胎干细胞（ESC）

受精卵细胞是全能干细胞，即具有能够发育成为 1 个完整个体能力的细胞。所谓同卵双胞胎、三胞胎、四胞胎，是受精卵分裂成 2 个或 4 个全能干细胞后，每个干细胞单独分化发育形成的。在人类中，细胞的全能性随着早期胚胎发育的进行而逐渐丧失，实验表明，仅 4 细胞～8 细胞胚胎时期的细胞具有全能性，随后细胞不断分裂、分化，胚胎不断发育形成桑椹胚、囊胚。ESC 是指从胚胎囊胚（blastocyst）内细胞团中分离和建立的具有自我更新和多向分化潜能的干细胞，人 ESC 由 Thomson 于 1998 年首次成功获得并建系。相比具有全能性的受精卵细胞，ESC 具有亚全能性或多能性，除了不能分化成胚外组织——滋养外胚层细胞外，能分化为外、中、内胚层来源的各种组织。

ESC 亚全能性的分化潜能使其成为具有补充替代机体各种病损细胞的种子细胞，由 ESC 分化的功能细胞，如色素上皮细胞和神经前体细胞等已被用于黄斑变性和脊髓损伤等疾病的临床研究中。尽管如此，目前除伦理学因素外，仍有两大限制因素影响 hESC 临床研究的进一步发展。第一个因素是其致瘤性，未分化的 ESC 有很强的致畸胎瘤（teratoma）活性，因此不能直接应用于疾病的治疗，必须经完全诱导分化为终末细胞或组织前体细胞才能用于临床研究。第二个限制因素是 ESC 的免疫排斥反应。ESC 分化的细胞在临床应用时由于存在 HLA 配型的差异，极有可能被受体的免疫系统所排斥，因此，ESC 诱导分化细胞的临床应用必须考虑 HLA 配型和免疫抑制剂的使用问题。

② 成体干细胞（ASC/SSC）

成体干细胞，又叫多能干细胞，是胚胎干细胞继续进行分化，形成的具有特定功能的干细胞，这些专门化的干细胞统称为多能干细胞。与全能干细胞不同，多能干细胞不能独立发育成为完整的生物个体，因为它们的部分发育能力受到了限制。在胎儿、儿童和成人组织中存在的多能干细胞统称"成体干细胞"。如血液干细胞可分化成白细胞、红细胞和血小板，皮肤干细胞可形成各种不同类型的皮肤细胞。

成体干细胞主要包括已发育的胚胎组织或成人组织及出生伴随的附件组织（如脐带、胎盘）中的具有多向分化潜能的细胞，例如间充质干细胞（mesenchymal stem cell，MSC）、造血干细胞（hematopoietic stem cell，HSC）、神经干细胞（neural stem cell，NSC）和其他各类祖细胞（progenitor cell）。其中，不同组织来源的 MSC，由于来源丰富、分离及体外培养方法简单、安全性相对较高，以及所具有的独特免疫调控功能和组织再生能力，成为临床研究中发展最为迅速的干细胞类型，并被用于心脑血管疾病、神经退行性疾病、骨关节损伤、糖尿病、移植物抗宿主病（graft-versus-host disease，GVHD）等多种疾病的治疗研究。

③ 诱导多能干细胞（iPSC）

诱导多能干细胞是指通过载体将经过筛选的特定转录因子或小分子化合物转入体细胞，对体细胞进行重编程，使体细胞转变为具有胚胎干细胞特性和功能的多能干细胞。由于 iPSC 具有类似于 ESC 的亚全能分化潜力，而自体的 iPSC 又克服了 ESC 的伦理学问题和免疫排斥问题，且不受组织材料来源的限制，故具有广泛的应用前景，有望用于治疗糖尿病、脊髓损伤、心血管疾病、神经退行性病变等疾病。iPSC 研究是一项具有开创性的基础研究，为干细胞医学应用开辟了一条新的途径，被认为是干细胞领域乃至整个生物学领域的重大发现。

传统细胞重编程是以 Oct3/4、Sox2、Kf4 和 c-Myc 四个基因组合，并通过病毒载体来制备 iPSC。由于早期 iPSC 重编程技术选择可整合入基因组的病毒载体，用于重编程的基因均具有一定程度的"癌基因"特性，以及重编程后 iPSC 类似于 ESC 具有很强的致瘤性（畸胎瘤），因此对 iPSC 诱导分化细胞临床应用的关键质量控制是其致瘤性。另外，同 ESC 类似，由于高效诱导 iPSC 分化的方法还需进一步地研发，其分化细胞的临床应用尚存在残留未分化 iPSC 的风险。此外，iPSC 在形成细胞系和后续诱导分化过程中较 ESC 或成体干细胞更容易发生遗传学和表观遗传学异常，因此 iPSC 的遗传学和表观遗传学异常检测应是另一个关键性质量控制问题。

4. 国内外干细胞产品研发概况

（1）国际上干细胞产品的研发情况

目前，国际上干细胞临床研究数量呈显著增加趋势，其中绝大多数是 MSC 相关的临床研究。截至 2023 年 8 月，在美国 NIH 临床研究网站上登记的 MSC 临床试验为 1572 项，相较于 2016 年底数量提高了 130％。过去数年 MSC 的临床研究一直呈现直线上升的趋势，其中 99 项已进入到Ⅲ期临床阶段。临床研究中最常见的 MSC 组织来源分别是骨髓、脐带、脂肪等组织。此外，来源于肌肉、椎间盘、牙髓、口腔黏膜、随月经血脱落等的 MSC 也被应用于临床研究。所有临床研究中，自体和异体 MSC 总体数量接近，临床适应证主要包括骨关节炎、肝硬化、移植物抗宿主病、缺血性心脏病、多发性硬化、脊髓损伤、糖尿病、骨折、肌萎缩侧索硬化、克罗恩病（Crohn disease）等。由于研发技术因素以及伦理学和安全性因素，目前 NSC、ESC、iPSC 的临床研究数量仍很少，在 NIH 临床研究网站上登记的数量分别为 122 项、143 项、144 项。

（2）我国干细胞产品的研发情况

近年来，在国家战略的大力支持与科技资金的大量投入下，我国在干细胞基础研究领域获得了显著进展与重大成果，国内多家研究机构、临床机构及干细胞企业已纷纷开展各类干细胞的临床研究，干细胞行业取得了长足的发展，临床研究数量与日俱增。2016 年 3 月，原国家卫生和计划生育委员会与原国家食品药品监督管理总局共同成立由干细胞基础及临床相关专业、干细胞制剂制备和质量控制等领域 33 位专家组成的国家干细胞临床研究专家委员会，为干细胞临床研究规范管理提供技术支持。2018 年，国家药品监督管理局药品审评中心开始重新受理干细胞新药临床试验（IND）注册申请，伴随着临床试验默许制的落地，干细胞新药研发速度明显加快，干细胞 IND 数量稳步增长。2019 年，国家卫生健康委员会发布了《体细胞治疗临床研究和转化应用管理办法（试行）》，实行"双备案"制度，即干细胞临床研究机构备案必须和干细胞临床研究项目备案一起申报。近年来，我国干细胞临床研究持续活跃，备案机构与项目数量不断增加。截至 2023 年 6 月，在国家卫生健康委员会、国家药品监督管理局或中央军委后勤保障部卫生局共完成临床研究机构备案 137 家（含军队医院 22 家）（图 17-4）。其中，机构备案数量排名前三位的地区分别为北京、广东和上海，标志着这些地区的干细胞临床研究水平处于国内前列。

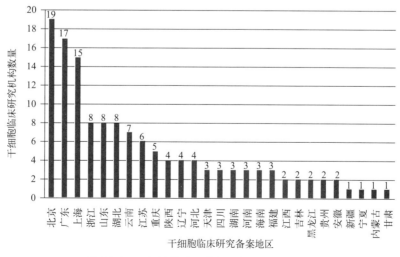

图 17-4　干细胞临床研究备案机构地区分布图

截至 2023 年 6 月，国家卫健委备案的干细胞临床研究项目共 113 项（表 17-1），涉及多种疾病的治疗，例如循环系统疾病（如急性心肌梗死、心力衰竭）、神经系统疾病（如帕金森病、脑梗死）、妇科疾病（如宫颈粘连、卵巢早衰）、免疫系统疾病（如狼疮性肾炎）、运动系统疾病（如膝骨关节炎、半月板损伤等）等。其中占比排名前三位的分别为神经系统疾病（17 项）、免疫系统疾病（16 项）和妇科疾病（14 项）。截至 2023 年 6 月，在国家药品监督管理局药品审评中心查询到的通过临床试验默示许可的干细胞药品共 65 种，主要为来源于脐带、胎盘、骨髓、脂肪、牙髓、经血等的间充质干细胞药物。目前国内尚无干细胞产品上市。

表 17-1　干细胞临床研究项目

疾病类型	疾病名称	项目数
神经系统疾病	小儿脑性瘫痪、帕金森病、脑梗死、脊髓损伤、阿尔茨海默病、视神经脊髓炎谱系疾病	17
免疫系统疾病	系统性红斑狼疮、狼疮性肾炎、银屑病、移植物抗宿主病	16
妇科疾病	女性不孕症、卵巢功能不全、宫颈粘连、卵巢早衰	14
呼吸系统疾病	间质性肺炎、新型冠状病毒感染、支气管扩张	12
肝脏疾病	肝硬化(失代偿期)、肝功能衰竭、肝移植术后缺血性胆囊炎	12
糖尿病及并发症	2 型糖尿病、1 型糖尿病、糖尿病足、糖尿病肾病、糖尿病周围神经病	11
骨科疾病	膝骨关节炎、半月板损伤、骨缺损	8
循环系统疾病	心肌梗死、心力衰竭	5
肠道疾病	溃疡性结肠炎、克罗恩病肛瘘、放射性肠炎	5
眼科疾病	视网膜色素变性、黄斑变性	3
皮肤科疾病	烧伤、放射性皮肤损伤、皮肤移植后创面损伤	3
口腔疾病	慢性牙周炎	2
鼻病	变应性鼻炎、空鼻综合征	2
其他	血小板减少症、慢性肾脏病	3

（3）国际上批准上市的干细胞产品

目前国际上共有 21 个干细胞产品获相关国家药品监督管理机构批准作为药品上市，其中 12 种获得美国 FDA 或欧洲 EMA 的批准，其余 9 种产品主要在亚洲获得批准。获批产品主要是由 10 种造血干细胞产品、10 种间充质干细胞产品组成，另外一种为角膜缘干细胞产品。MSC 产品中，加拿大、欧盟、印度各批准了 1 个产品，日本批准了 3 个产品，韩国批准了 5 个产品，其中 alofisel 分别获得欧盟和日本批准。具体内容见表 17-2。

表 17-2　世界各国药品监督管理机构批准上市的干细胞药物

药品名	来源	适应证	获批时间和地点	制造商
Queencell®	自体脂肪	皮下组织缺损	2010 年，韩国	androgen
Cellgram®	自体骨髓	急性心肌梗死	2011 年，韩国	pharmicell
Cartistem®	异体脐血	退行性骨关节炎	2012 年，韩国	medipost
Cupistem®	自体脂肪	克罗恩病合并复杂肛周瘘	2012 年，韩国	anterogen
Prochymal®	异体骨髓	急性移植物抗宿主病	2012 年，加拿大	osiris/mesoblast
Temcell®	异体骨髓	急性移植物抗宿主病	2015 年，日本	JCRPharmaceutics

药品名	来源	适应证	获批时间和地点	制造商
NeuroNata-R®	自体骨髓	肌萎缩侧索硬化(ALS)	2014 年,韩国	corestem
Stempeucel®	异体骨髓	严重肢体缺血	2017 年,印度,有条件批准 2020 年,印度,全面上市	stempeutics
Stemirac®	自体骨髓	脊髓损伤	2018 年,日本,有条件批准	unique access medical
Alofisel®	异体脂肪	克罗恩病合并复杂肛周瘘	2018 年,欧盟 2021 年,日本	TiGenixNV/takeda

二、干细胞制备工艺

干细胞制备工艺包括细胞获取、扩增、细胞库建立、诱导分化、特殊处理等。诱导分化是指干细胞在体外特定诱导分化条件下,不同程度地向终末细胞转变的过程和技术,其主要目的是在体外大量获得在鉴别特征、生物学效应等方面与终末细胞相似或相同的细胞,用于修复、补充或替代病损细胞、组织,或辅助重建病损组织或器官。不同细胞类型,其制备工艺的内容和流程也有所不同。

本节主要以胚胎干细胞的制备为例介绍干细胞的制备工艺。ESC 的生产工艺流程主要包括:从囊胚内细胞团获取细胞,在"滋养细胞"或非"滋养细胞"的培养体系下培养细胞进行传代/扩增并建立细胞系,然后建立种子细胞库,通过拟胚体或非拟胚体依赖性的方式诱导分化种子细胞,使其分化为特定的终末细胞或只能向特定终末细胞分化的前体细胞,用于制剂的制备,并进行质控(通过流式细胞术等手段检测所制备的细胞是否达到预期的特性和功能,通过离心、细胞排序等手段将所制备的细胞进行纯化以保证所获得的细胞具有一致的特性和功能,最后对所制备的细胞进行质量控制与认证,确保其满足使用要求),如图 17-5 所示。

> 细胞获取(囊胚内细胞团)→传代/扩增("滋养细胞"或非"滋养细胞"培养体系)→细胞系建立→种子细胞库建立→诱导分化(拟胚体依赖性、非拟胚体依赖性)→制剂制备→前体细胞/终末细胞→细胞检测、纯化与筛选→细胞质量控制与认证

图 17-5　ESC 的制备流程

(1) 人 ESC 的获取和扩增

首先,获得在体外受精后发育良好的囊胚,然后用酶消化去除囊胚的透明带,并将内细胞团接种到人源或非人源"滋养细胞"(灭活后使用)表面,在维持其未分化状态("干性"状态)的培养条件下使其增殖并克隆性生长,在不断通过机械法或酶解法剔除自发分化细胞克隆的同时,在体外传代培养,形成 ESC 细胞系。传统的人 ESC 培养体系,常依赖动物源性"滋养细胞",近年来逐渐发展出非"滋养细胞"、非动物源性材料的人 ESC 培养及扩增体系,以减少细胞交叉污染和动物源性病原体污染等相关风险因素。

ESC 的质量要求为具备遗传学稳定性、特定细胞标志分子、生长活性(包括冻存后的复苏活性)、纯度、微生物学安全性,以及具备 ESC 应有的"干性"和"多向分化潜能"等生物学功能。依据国际干细胞研究组织(International Stem Cell Initiative)对未分化人 ESC 标志分子表达的标准,经流式细胞仪测定表达阳性率高于 70% 的可定性为"阳性"标志分子,包括 SSEA3、SSEA4、TRA-1-60 和 TRA-1-81等;而低于 10% 的则定性为"阴性"表达分子,包括 SSEA1 等。"干性"和"多向分化潜能"主要是在体内及体外模型的基础上,综合应用碱性磷酸酶染色、免疫荧光、流式细胞术、RT-PCR 等技术来进行评价。其中,体外方法是使 ESC 体外形成拟胚体,并在所形成的拟胚体中诱导分化三个胚层具有代表性的细胞,如神经、心肌和肝脏细胞;体内方法是将 ESC 接种到 SCID 鼠体内并在所形成的畸胎瘤中观察具有代表性的三个胚层分化组织,如腺体组织、脂肪组织、软骨组织和幼稚间质细胞等。

处于特定代次并保持未分化状态的 ESC,是制备各类临床研究用分化细胞(如神经前体细胞、心肌前体细胞和色素上皮细胞等)的"种子细胞"。在 ESC 的质量控制中,在确保其独特生物学特征的同时,

控制 ESC"种子细胞"的自发分化并维持其"干性"是其生物学特性质量控制的关键。一般认为，40～60 代以前的 ESC 能保持相对较高的遗传学稳定性，可作为临床研究用 ESC"种子细胞"。因此，对于这些 ESC"种子细胞"的遗传学完整性及稳定性的判断至关重要。

（2）人 ESC 的诱导分化

理论上除胚外组织细胞外，ESC 具有向三胚层所有细胞系分化的能力。ESC 体外诱导分化的基本策略是首先使 ESC 在悬浮培养条件下聚集形成拟胚体（embryoid body，EB），再经特定诱导分化信号分子刺激，使其向特定终末细胞或前体细胞分化。由于这种诱导分化策略会在定向分化过程中发生自发非目标分化，可能导致终末细胞中混杂有其他非目标细胞，因此在诱导分化过程中需设计好合理的分化诱导剂以提高定向分化的效率，并且选择必要的分化抑制剂用于抑制自发的非目标分化。

三、干细胞制剂质量控制

质量控制体系是干细胞库的生命线。干细胞采集、制备、储存、运输、应用中的质量控制体系是保证干细胞治疗效果和使用者生命安全的核心要素，也在一定程度上决定着干细胞库的生存和命运，因此建立完善、科学、规范的质量控制体系并在实际工作中认真落实至关重要。

1. 干细胞疗法的质量法规要求

我国的干细胞临床试验，是从以医院为主体的医疗技术探索开始的。目前，我国干细胞（造血干细胞除外）按药品（生物制剂）和技术（医疗技术）实行"双轨制"监管。医疗机构开展的干细胞技术临床研究按照医疗技术监管，由国家卫生健康委员会监管；企业的干细胞制剂按药品申报，称为干细胞临床试验，由国家药品监督管理局监管。

2003 年，原国家食品药品监督管理总局发布《人体细胞治疗研究和制剂质量控制技术指导原则》，要求对每个方案的整个操作过程和最终制品必须制定并严格执行（实施）标准操作程序，以确保体细胞治疗的安全、有效。2013 年，我国原卫生部、原国家食品药品监督管理局制定了《干细胞临床试验研究管理办法（试行）》，要求干细胞临床试验研究申报单位应当保证研究用干细胞制剂的生产制备过程符合 GMP 要求。2015 年，我国原国家卫生和计划生育委员会和原国家食品药品监管总局发布了《干细胞临床研究管理办法（试行）》和《干细胞制剂质量控制及临床前研究指导原则（试行）》，重新规范了再生医学临床研究与应用，成为指导我国干细胞产业专项监督检查的主要文件，强化了对临床干细胞研究的要求，包括获得患者的知情同意、保护受试者和捐赠者的隐私以及使用符合临床标准的治疗级干细胞；同时要求临床干细胞研究只能在授权的三级甲等医院进行，且医院未经授权不得向受试者收费或发布干细胞临床研究广告；另外，要求机构接受国家和省级干细胞临床研究专家委员会的监督。2017 年，原国家食品药品监督管理总局发布的《药品注册管理办法（修订稿）》明确将生物制品归为药品进行注册申请，紧接着发布了《细胞治疗产品研究与评价技术指导原则（试行）》，更加明晰了细胞治疗作为药品申报的标准，强调了细胞治疗产品、原材料、制造技术、质量控制和安全评估的研究及开发要点，阐明了临床前研究和临床研究应遵循的一般原则和基本要求，旨在进一步规范细胞治疗产品的研发，为临床转化提供法律支撑。同年中国细胞生物学学会干细胞生物学分会发布了《干细胞通用要求》。2021 年，国家药品监督管理局颁布了《基因治疗产品非临床研究与评价技术指导原则（试行）》《基因修饰细胞治疗产品非临床研究技术指导原则（试行）》。2023 年，国家药品监督管理局药品审评中心发布了《人源性干细胞及其衍生细胞治疗产品临床试验技术指导原则（试行）》，为干细胞相关产品开展临床试验的总体规划、设计等方面提供技术指导。这些干细胞临床研究、干细胞制剂质量控制、医疗技术管理规范的出台，有利于我国干细胞研究与临床应用的安全性、有效性与伦理性监管得到了加强。

我国干细胞临床研究需要在国家卫生健康委员会获得备案，干细胞产品的国内上市需要获得国家药品监督管理局的批准。我国干细胞临床研究是否能在国家卫生健康委员会备案，主要审查开展研究的机构资质、干细胞临床研究的科学性与伦理性。而国家药品监督管理局主要审查干细胞的来源、干细胞产品生产企业的资质以及实验室、临床前研究和（或）临床试验显示的安全性、功效和（或）有效性等，以确定是否许可干细胞产品上市。我国国家层面对干细胞临床研究的备案与干细胞产品的上市审批较为谨慎，目前国内尚无干细胞产品上市。

2. 干细胞制剂生产过程中的质量控制

用于干细胞疗法的细胞制备技术和治疗方案，具有多样性、复杂性和特殊性。但作为一种新型的生物治疗产品，所有干细胞制剂都可遵循一个共同的研发过程，即从干细胞制剂的制备、体外实验、体内动物试验，到植入人体的临床研究及临床治疗的过程。整个过程的每一阶段，都须遵循《干细胞制剂质量控制及临床前研究指导原则》的要求，对所使用的干细胞制剂在细胞质量、安全性和生物学效应方面进行相关的研究和质量控制。对于按药品开发的细胞产品，国际上要求其整个生产过程均需符合现行《人体细胞组织优良操作规范》（good tissue practice，GTP）和《药品生产质量管理规范》（good manufactu ring practice，药品GMP）的要求，以保证质量和批次间的一致性。

（1）干细胞的采集、分离及干细胞（系）的建立

① 对干细胞供者的要求

每一干细胞制剂都须具有包括供者信息在内的、明确的细胞制备及生物学性状信息。细胞制备信息中，需提供干细胞的获取方式和途径以及相关的临床资料，包括供者的一般信息、既往病史、家族史等。既往病史和家族史要对遗传病（单基因和多基因疾病，包括心血管疾病和肿瘤等）相关信息进行详细采集。对用于异体干细胞临床研究的供者，必须经过检验筛选证明无人源特定病毒，包括人类免疫缺陷病毒（HIV）、乙型肝炎病毒（HBV）、丙型肝炎病毒（HCV）、人类嗜T细胞病毒（HTLV）、EB病毒（EBV）、巨细胞病毒（CMV）等的感染，无梅毒螺旋体感染。必要时需要收集供者的ABO血型、HLA-Ⅰ和Ⅱ类分型资料，以备追溯性查询。如使用体外受精术产生的多余胚胎作为建立人类胚胎细胞系的主要来源，须能追溯配子的供体，并进行筛选和检测。不得使用既往病史中患有严重的传染性疾病、家族史中有明确遗传性疾病的供者作为异体干细胞来源。自体来源的干细胞供者，根据干细胞制剂的特性、来源的组织或器官，以及临床适应证，可对供体的质量要求和筛查标准及项目进行调整。

② 干细胞采集、分离及干细胞（系）建立阶段质量控制的基本要求

应制定干细胞采集、分离和干细胞（系）建立的标准操作及管理程序，并在符合药品GMP要求的基础上严格执行。标准操作程序应包括操作人员培训，材料、仪器、设备的使用和管理，干细胞的采集、分离、纯化、扩增和细胞（系）的建立，细胞保存、运输及相关保障措施，以及清洁环境的标准及常规维护和检测等。为尽量减少不同批次细胞在研究过程中的变异性，研究者在干细胞制剂的制备阶段应对来源丰富的同一批特定代次的细胞建立多级的细胞库，如主细胞库和工作细胞库。对于细胞库中细胞的基本质量要求，是需有明确的细胞鉴别特征、外源微生物污染检测。在干细胞的采集、分离及干细胞（系）建立阶段，应当对自体来源的、未经体外复杂操作的干细胞，进行细胞鉴别、成活率及生长活性测定、外源致病性微生物检测，以及基本的干细胞特性检测。而对于异体来源的干细胞，或经过复杂的体外培养和操作后的自体来源的干细胞，以及直接用于临床前及临床研究的细胞库（如工作库）中的细胞，除进行上述检测外，还应当进行全面的内外源致病性微生物、详细的干细胞特性检测，以及细胞纯度分析。干细胞特性包括特定细胞表面标志物群、表达产物和分化潜能等。

（2）干细胞制剂的制备

① 培养基

干细胞制剂制备所用的培养基成分应有足够的纯度并符合无菌、无致病性微生物及内毒素的质量标准，残留的培养基对受试者应无不良影响；在满足干细胞正常生长的情况下，不影响干细胞的生物学活性，即干细胞的"干性"及分化能力。在干细胞制剂制备过程中，应尽量避免使用抗生素。若使用商业来源的培养基，应当选择有资质的生产商并由其提供培养基的组成成分及相关质量合格证明。必要时，应对

每批培养基进行质量检验。除特殊情况外，应尽可能避免在干细胞培养过程中使用人源或动物源性血清，不得使用同种异体人血清或血浆。如必须使用动物血清，应确保其无特定动物源性病毒污染。严禁使用海绵状脑病流行区来源的牛血清。若培养基中含有人的血液成分，如白蛋白、转铁蛋白和各种细胞因子等，应明确其来源、批号、质量检定合格报告，并尽量采用国家已批准的可临床应用的产品。

② 滋养细胞

用于体外培养和建立胚胎干细胞及诱导多能干细胞的人源或动物源的滋养细胞，需根据外源性细胞在人体中使用所存在的相关风险因素，对细胞来源的供体、细胞建立过程引入外源致病性微生物的风险等进行相关的检验和质量控制。建议建立滋养细胞的细胞库，并按细胞库检验要求进行全面检验，特别是对人源或动物源特异病毒的检验。

③ 干细胞制剂的制备工艺

应制定干细胞制剂制备工艺的SOP及每一过程的SOP，并定期审核和修订；干细胞制剂的制备工艺包括干细胞的采集、分离、纯化、扩增和传代，干细胞（系）的建立、向功能性细胞定向分化、培养基、辅料和包材的选择及使用、细胞冻存、复苏、分装和标记以及残余物去除等。从整个制剂的制备过程到输入（或植入）到受试者体内的全过程，需要追踪观察并详细记录。对不合格并需要丢弃的干细胞制剂，需对丢弃过程进行规范管理和记录。对于剩余的干细胞制剂的处理必须合法合规并符合伦理要求，应制定相关的SOP并严格执行。干细胞制剂的相关资料需建档并长期保存。应对制剂制备的全过程，包括细胞收获、传代、操作、分装等，进行全面的工艺研究和验证，制定合适的工艺参数和质量标准，确保对每一过程的有效控制。

(3) 干细胞制剂稳定性研究及有效期的确定

应进行干细胞制剂在储存（液氮冻存和细胞植入前的临时存放）和运输过程中的稳定性研究。检测项目包括细胞活性、密度、纯度、无菌性等。根据干细胞制剂稳定性试验结果，确定其制剂的保存液成分与配方、保存及运输条件、有效期，同时确定与有效期相适应的运输容器和工具，以及合格的细胞冻存设施和条件。

3. 干细胞制剂质量评价的主要内容

干细胞制剂的质量控制内容就是利用针对各关键质量属性的评价技术和相关的质量标准、评价规范对处于不同阶段、不同产品形态的细胞进行有效评价，以通过对各关键质量属性的控制确保细胞产品符合总体质量要求。

(1) 干细胞制剂质量评价的基本要求

为确保干细胞疗法的安全性和有效性，每批干细胞制剂均须完全符合现有干细胞知识和技术条件下的质量要求。同时，应根据细胞来源及特点、体外处理程度和临床适应证等的不同，对所需的检验内容做必要调整。另外，随着对干细胞知识和技术认识的不断增加，细胞检验内容也应随之不断更新。针对不同类型的干细胞制剂，根据对输入或植入人体前诱导分化的需求，须对未分化细胞和终末细胞分别进行必要的检验。对胚胎干细胞和iPSC制剂制备过程中所使用的滋养细胞，根据其细胞来源，也需进行针对相关风险因素的质量控制和检验。

为确保制剂的质量及其可控性，干细胞制剂的检验可分为质量检验和放行检验。质量检验是为保证干细胞经特定体外处理后的安全性、有效性和质量可控性而进行的较全面的质量检验。放行检验是在完成质量检验的基础上，对每一类型的每一批次干细胞制剂，在临床应用前所应进行的相对快速和简化的细胞检验。为确保制剂工艺和质量的稳定性，须对多批次干细胞制剂进行质量检验；在制备工艺、场地或规模等发生变化时，需重新对多批次干细胞制剂进行质量检验。

一个批次的干细胞制剂是指由同一供体、同一组织来源、同一时间、使用同一工艺采集和分离或建立的干细胞。对胚胎干细胞或iPS细胞制剂，应当视一次诱导分化所获得的可供移植的细胞为同一批次制剂。对需要由多个供体来源细胞混合使用的干细胞制剂，混合前应视每一独立供体或组织来源在相同时间采集的干细胞为同一批次干细胞制剂。对于由不同供体或组织来源的、需要混合使用的干细胞制剂，需对所有独立来源的细胞质量进行检验，以尽可能避免混合干细胞制剂可能具有的危险因素。

（2）基本生物学属性评价

干细胞的基本生物学属性主要包括细胞鉴别、存活率及生长活性、纯度和均一性。①细胞鉴别：应当通过细胞形态、遗传学、代谢酶亚型谱分析、表面标志物及特定基因表达产物等检测，对不同供体及不同类型的干细胞进行综合的细胞鉴别。②存活率及生长活性：采用不同的细胞生物学活性检测方法，如活细胞计数、细胞倍增时间、细胞周期、克隆形成率、端粒酶活力测定等，判断细胞活性及生长状况。③纯度和均一性：通过检测细胞表面标志物、遗传多态性及特定生物学活性等，对制剂进行细胞纯度或均一性的检测。对胚胎干细胞及 iPSC 植入人体前的终末诱导分化产物，必须进行细胞纯度和/或分化均一性的检测。对于需要混合使用的干细胞制剂，需对各独立来源细胞的细胞表面标志物、细胞活性、纯度和生物学活性均一性进行检验和控制。各基本生物学属性评价内容需有机结合并综合使用，以确保相关细胞基本生物学属性的完整性和质量水平。

（3）微生物学安全性评价

在微生物学安全性方面，包括各类干细胞在内的所有治疗性细胞产品需具备生产用细胞的微生物安全性和治疗性细胞产品特定的微生物学安全性。①无菌试验和支原体检测：应依据现行版《中国药典》中的生物制品无菌试验和支原体检测规程，对细菌、真菌及支原体污染进行检测。②细胞内外源致病因子的检测：应结合体内和体外方法，根据每一干细胞制剂的特性进行人源及动物源性特定致病因子的检测。在干细胞的获取、扩增、培养传代和冻存过程中若采用动物源性的血清或其他材料（如胰酶、细胞因子、贴壁辅助试剂等），有可能引入相关动物源性微生物污染，因此应在培养过程中尽可能采用非动物源性和已由监管机构批准的替代品。如果不可避免地使用了动物源性材料，应对所使用材料相关的可能的动物源性微生物污染进行检测。如使用牛血清，须进行牛源特定病毒的检测；如使用胰酶等猪源材料，应至少检测猪细小病毒；如胚胎干细胞和 iPSC 在制备过程中使用动物源性滋养细胞，需进行细胞来源相关特定动物源性病毒的全面检测。另外还应检测逆转录病毒。③内毒素检测：应依据现行版《中国药典》中的内毒素检测规程，对内毒素进行检测。

微生物安全性检测可直接对细胞培养液或裂解液中潜在的病原物（如脂多糖、膜蛋白、核酸等）进行检测，也可选择对各种微生物敏感的动物进行体内细胞接种来进行评价。依据现行版《中国药典》和WHO指导原则的要求，试验动物可包括乳鼠、小鼠、豚鼠和家兔。不同动物、不同接种方式的选择可覆盖对不同常见病原微生物的检测。同时，也可利用对不同微生物敏感的指示细胞（或细胞模型）接种的方法，对可能的人源病毒、动物源特异及非特异病毒污染进行体外检测。体外检测技术所观察的内容包括指示细胞的生长活性、细胞病变、血吸附或血凝现象。特异病毒指种属特异病毒，包括人源特异病毒，如HIV、HBV、HCV、HCMV、EBV、HPV 和 HHV 等；动物源特异病毒包括猪细小病毒、猪细环病毒、猪圆环病毒、鼠细小病毒、牛细小病毒等。

（4）生物学安全性评价

干细胞的生物学安全性主要是由其细胞生物学特性、细胞来源、制备工艺等相关的风险因素所决定。各种风险因素可导致相关细胞产品的异常免疫反应、致瘤性和/或促瘤性、异常分化、异常迁移等。因此，针对干细胞生物学安全性的评价内容包括：①异常免疫反应；②致瘤性及促瘤性；③异位迁移；④异常分化等。然而，由于知识和技术的限制，目前临床前阶段不同类型干细胞生物学安全性评价仍以异常免疫反应和致瘤性（及促瘤性）为主要内容。

①异常免疫反应：微生物污染、特定制备工艺或细胞老化可改变干细胞表达炎症相关因子的水平（如释放促炎因子和表达促炎的细胞黏附因子），在移植入人体后可能会诱发异常免疫反应。因此通过检测异体来源干细胞制剂对人总淋巴细胞增殖和对不同淋巴细胞亚群增殖能力的影响，或对相关细胞因子分泌的影响，检测干细胞制剂可能引起的异常免疫反应。②致瘤性及促瘤性：对于异体来源的干细胞制剂或经体

外复杂操作的自体干细胞制剂，须通过免疫缺陷动物体内致瘤试验，检验细胞的致瘤性。不同类型的干细胞具有不同程度的体内形成肿瘤（即致瘤性）的潜在风险，或促进体内已存在的肿瘤细胞增殖或进一步恶化（即促瘤性）的风险。目前认为，NSC、ESC 和 iPSC 等类型的干细胞具有不同程度的致瘤性，而绝大多数的 MSC 的致瘤性风险较低。因此建议在动物致瘤性试验中，针对不同类型的干细胞，选择必要数量的细胞和必要长的观察期。在动物致瘤性试验不能有效判断致瘤性时，建议检测与致瘤性相关的生物学性状的改变，如细胞对生长因子依赖性的改变、基因组稳定性的改变、与致瘤性密切相关的蛋白质（如癌变信号通路中的关键调控蛋白）表达水平或活性的改变、对凋亡诱导敏感性的改变等，以此来间接判断干细胞恶性转化的可能性。目前，人们普遍认为间充质干细胞"不致瘤"或具有"弱致瘤性"，但不排除其对已存在肿瘤的"促瘤性"作用。因此，建议根据间充质干细胞制剂的组织来源和临床适应证的不同，设计相应的试验方法，以判断其制剂的"促瘤性"。

（5）生物学有效性评价

生物学有效性评价应根据相关细胞生物学特性及其临床治疗适应证设计评价内容，并利用相关发展阶段公认的评价技术对相关干细胞进行评价。评价技术分为确证性评价技术和替代性评价技术，应根据不同的质量控制目标合理地选择确证性或替代性评价技术，或两者的不同组合。

可通过检测干细胞分化潜能、诱导分化细胞的结构和生理功能、对免疫细胞的调节能力、分泌特定细胞因子、表达特定基因和蛋白质等功能，判断干细胞制剂与治疗相关的生物学有效性。对于间充质干细胞，无论何种来源，应进行体外多种类型细胞（如成脂肪细胞、成软骨细胞、成骨细胞等）分化能力的检测，以判断其细胞分化的多能性。对于 ESC 生物学有效性评价，应分别对"种子细胞"及分化细胞进行评价，对未分化的胚胎干细胞和 iPSC，须通过体外拟胚胎体形成能力，或在 SCID 鼠体内形成畸胎瘤的能力，检测其细胞分化的多能性。而对于 ESC 分化细胞，应根据不同分化细胞的生物学特性进行与其治疗适应证相关的生物学效应检验。

四、成体干细胞生产工艺

干细胞制剂的生产工艺主要包括组织采集，从供者体内获得组织细胞，直至成品细胞输入患者体内的一系列操作过程，包括干细胞分离、纯化、扩增，细胞库的建立，细胞冻存和复苏，干细胞的定向诱导分化，细胞检测与筛选，细胞质量控制和认证等环节，研发者对其中的每一步工艺和操作均需开展研究和验证。有学者将细胞库建立前的过程归为上游工艺，包括供者细胞采集和早期小规模体外培养；而从细胞库复苏、大规模生物培养开始，包括细胞培养扩增、微载体分离（如采用生物反应器工艺）、纯化、浓缩、配制、细胞清洗、冷冻保存、批签发的生产过程被归为下游工艺。本部分将以间充质干细胞和神经干细胞为例重点介绍细胞分离、扩增、诱导分化、预处理等内容，同时介绍目前规模性获得间充质干细胞的主要制备技术。

1. 间充质干细胞

1976 年，Freidenstein 等首次发现在骨髓里存在一群非造血的骨髓基质细胞，呈克隆性贴壁生长，形态和成纤维细胞相似。最初这些细胞被定义为成纤维细胞集落形成单位，之后更名为间充质干/基质细胞。如今，MSCs 已从人类许多其他来源组织中被分离和鉴定出来，广泛分布于几乎所有组织（包括胎儿和成人），例如骨髓、血液、脐带、脐血、胎盘、脂肪、羊膜、羊水、牙髓、皮肤、经血等等。

（1）间充质干细胞的获取和扩增

目前 MSC 的获取方法主要有组织块贴壁筛选法、贴壁筛选法、密度梯度离心法、流式细胞仪分选法及免疫磁珠分离法等，获取方法的选择主要根据其来源组织的特点。组织块贴壁筛选法主要适用于从组织中分离获取 MSC。贴壁筛选法和密度梯度离心法主要适用于从骨髓中分离获取 MSC。贴壁筛选法中，血细胞不贴壁因此可随换液被弃去，间充质干细胞贴壁生长，不断增殖，并逐渐形成单层成纤维细胞集落而得以纯化。此法操作简单，但得到的间充质干细胞纯度不高。密度梯度离心法对骨髓抽提物采用密度梯度离心处理，分离处于 1.073 g/mL 密度界面上的细胞，再进行接种，细胞贴壁生长，通过换液，除去悬浮生长细胞，获得纯度达 95％的间充质干细胞。流式细胞仪分选法及免疫磁珠分离法都主要利用间充质干细胞的表面抗原特征进行筛选，获得细胞的纯度最高，但缺点是对细胞活性可能有一定的影响。

MSC 是贴壁生长的细胞，其传统的扩增方法是使用普通塑料培养瓶或细胞工厂等二维贴壁培养扩增模式。但二维培养到一定密度并逐渐形成接触性抑制后，在不进行消化传代的情况下，扩增效率会大大降低。而传代培养，除可能会引入外源性微生物污染外，细胞的生物学活性还会随着传代次数的增加而逐渐减弱，并最终进入复制性衰老（replicative senescence）阶段。目前，除传统二维静态培养方法外，还有研究采用悬浮培养、基于微载体的三维动态培养等方法大规模扩增 MSC，但这些 MSC 扩增工艺还有待进一步提高，以减少扩增技术对 MSC 生物学活性的影响。

体外扩增及传代后的 MSC 应具备的基本生物学特征包括：呈纤维细胞样贴壁生长；具有相对独特的表面标志物群，CD73、CD90、CD105 阳性率在 95％以上，CD14、CD34、CD45、CD79、HLA-DR 表达率在 2％以下；具有成骨、成软骨、成脂肪细胞分化等分化潜能；能够抑制促炎性细胞亚群（如 Th1 和 Th17）的增殖和促进调节性细胞亚群（如 Treg、Ⅱ型巨噬细胞）的增殖或极化；能够表达与免疫调控和组织再生相关的活性因子（如 IDO1、PEG2、HGF、VEGF、IL-6 等）等功能。

（2）间充质干细胞的诱导分化

人 MSC 在特定诱导分化条件下，可分化为类似骨细胞、软骨细胞、脂肪细胞、神经细胞、肝细胞、心肌细胞、色素上皮细胞、血管内皮细胞等三个胚层不同细胞系的细胞。针对不同临床适应证选择对 MSC 进行特定功能细胞的诱导分化，是其制剂的重要制备工艺，而诱导分化后的细胞应具备相关功能细胞的关键性细胞生物学特征。例如，MSC 向神经细胞诱导分化后，应具备相应神经细胞的形态特征，如类似神经元的轴突形成、表达相应神经细胞的标志分子，或获得神经细胞特殊的电生理活动等特征；MSC 向肝上皮细胞诱导分化后，应具备肝上皮细胞的形态特征（贴壁生长并呈扁平多角形），表达肝上皮细胞的特征蛋白质，如甲胎蛋白、白蛋白及特定细胞色素 P450 等。

此外，选择性对成骨、成脂肪、成软骨细胞分化能力分析，已成为对所有组织来源人 MSC 在功能学上进行细胞鉴别和反映其生物学有效性的基本内容。

（3）间充质干细胞的预处理

研究发现，与 MSC 治疗有效性相关的生物学有效性，依赖于细胞向病损组织迁移的能力（即归巢作用）和其独特的免疫调控功能及组织再生功能。MSC 免疫调控功能依赖于 MSC 与病损组织细胞及微环境中的其他细胞直接作用和/或释放各种促进免疫调控及组织再生功能的因子（如 IL-6、IDO1、TGF-β、VEGF、HGF、PDGF 等），以实现其抗炎、调节免疫反应和促进组织修复及再生等治疗作用。通过不同的激活/预处理目标，就是通过不同的细胞分子机制提高 MSC 的"归巢"功能、免疫调控功能及组织再生功能。

2. 神经干细胞

人 NSC 是具有向多种神经细胞分化的干细胞，可以向神经元、星形胶质细胞和少突胶质细胞分化，特殊标志物包括神经上皮干细胞蛋白（nestin）及波形蛋白等。神经干细胞主要分布于脑室外下区、嗅球、海马、脊髓等处，其主要特征包括自我更新能力、增殖能力和多向分化能力。由于神经干细胞有向多种神经细胞分化的能力，因而，当成体神经组织受损后，可以利用特定的环境因素诱导神经干细胞向相应的神经组织或细胞分化，进而用其替代损伤组织或细胞。因此神经干细胞为修复神经组织损伤，治疗神经系统疾病如帕金森病、阿尔茨海默病等方面带来了曙光。并且由于血脑屏障的存在，干细胞移植到中枢神经系统后不会产生免疫排斥反应。已有研究表明帕金森综合征患者脑内移植含有多巴胺生成细胞的神经干细胞，可缓解部分患者症状。

（1）神经干细胞的获取和扩增

目前临床研究用的 NSC 主要来源于流产胎儿的脑组织及成人干细胞聚集的特定区域（如海马区和脑室下区）。NSC 的获取需经手术获取相应的脑组织，然后将其置于无血清培养液中吹散，经细胞筛过滤制成单细胞悬液后置于神经干细胞特定的条件培养基中培养 2～3 天，随后在显微镜下可观察到大量悬浮的不规则的细胞团或细胞球。在随后 2 周的连续培养过程中，部分细胞团细胞会发生死亡，或贴壁生长后陆续死亡，而剩余的细胞团或新形成的细胞团逐渐形成较大的悬浮细胞球，即成体 NSC。体外扩增培养的 NSC 应呈球形悬浮生长，并表达 nestin（流式细胞法检测 nestin 阳性率应大于 95%）。悬浮生长的神经干细胞球可通过机械法或酶消化法分离、传代、扩增，一般在体外可传 30～40 代。

近年来人们对神经干细胞的分离、传代做了大量的研究工作，报道了许多细胞培养方法，其不同点主要在于培养方式（悬浮还是贴壁）、细胞的存活时间、扩增细胞的同质性或异质性、丝裂原的刺激方式和细胞的分化特性的差异。

（2）神经干细胞的诱导分化

在特定诱导分化培养条件下，NSC 可分化为神经元、星形胶质细胞和少突胶质细胞等多种神经细胞，并表达所分化细胞的特定标记分子和获得神经细胞特定功能（如神经电活动），同时伴随 nestin 和其他"干性"相关蛋白质（如 SOX2）表达水平显著降低。人成体 NSC 诱导分化的基本策略是将悬浮生长的神经干细胞球分散成单细胞悬液后，按一定密度接种于不同组织基质覆盖的平皿上，在特定培养条件下培养一定的时间，可诱导分化为 Tuj-1 阳性的神经元、GFAP 阳性的星形胶质细胞，以及 SOX10、O4、A2B5 和 PDGFR-阳性的少突胶质细胞等不同类型的分化细胞。

（3）神经干细胞的预处理

NSC 预处理的主要策略是延长移植后细胞在体内的存活时间、控制其分化方向，以及维持其"干性"等。例如，采用 bFGF、EGF 和 LIF 共同处理后，可促进成体 NSC 的增殖，并在此基础上再通过 bFGF、heparin 和 laminin 处理可控制 NSC 向胆碱能神经元分化，同时减少其向星形胶质细胞分化。有研究发现，成体 NSC 经体外特定预处理 7 天后，移植至外伤性大鼠脑损伤部位，可通过提高 GNDF 的分泌水平显著提高该疾病模型大鼠的空间学习和记忆能力。

对于特殊预处理后的 NSC，在质量控制方面应考虑对预期出现的生物学特性进行检测，如对预处理后的细胞进行相应的定向分化能力、免疫调控能力、特定活性因子的分泌等功能的检测。另外，由于在特殊预处理过程中添加的试剂，如细胞因子、生长因子、小分子化合物等，可能会引发不同程度的生物学安全性风险因素，因此应考虑在终末制剂的质量控制中增加对这些添加物的残留检测。

3. 间充质干细胞规模化制备技术

细胞的规模化制备是获得大量、优质细胞的关键环节。目前间充质干细胞的制备技术主要包括两大类，包括平皿制备工艺和生物反应器制造工艺。

间充质干细胞的制备技术目前仍然主要依赖传统的单层平皿培养，该方法简单、成本低、易于操作，但其耗费人力、耗材、时间等成本较大，对操作人员要求较高，操作过程烦琐开放，容易造成细胞质量异质性大、批次间稳定性差和引入外源污染等诸多问题。为了规模化扩增间充质干细胞，多层平皿培养体系（也称"细胞工厂"）被开发出来，适用于中小规模的临床试验，可以扩增 100 亿个细胞，相对经济有效。比起人工手动操作，自动化平皿制造工艺略有进步，也具有在线监控功能，可以实现封闭式培养。自动化平皿主要由多层平板（10～200 层）组成，并具有可扩展性，可实现中小规模细胞扩增制备，但生产下游不好处理，同时更大规模的制备通常需要堆叠层数较多，这意味着需要更大的空间和自动处理装置。

利用自体细胞来源的 MSCs 进行个体化治疗的 MSCs 制备，属于小规模生产，可以通过传统的二维细胞培养（平皿制备工艺）实现。然而如果想利用异体细胞来源的 MSCs 进行规模化制备，传统的二维细胞培养无法满足规模化的细胞生产需求（大于 300 亿个细胞），这就需要引进新的工艺体系，例如生物反应器制备体系。同时也有研究证实二维培养体系可能会限制间充质干细胞的治疗属性，使用三维培养体系可以提高间充质干细胞的活率、干性、抗炎性和血管生成特性。

生物反应器，可以模拟细胞在体内的生长发育环境，进行高效率增殖，可以满足自动化、量产并能保证细胞的高活率和高质量的要求，这也是今后各种干细胞规模化生产的发展趋势。生物反应器通常对细胞最小接种量是有要求的，因此早期的 MSCs 扩增需要先在平皿中进行手工操作，随后再将其接种到生物反应器中。另外，生物反应器可以对诸多培养因素（如 pH、温度、氧气和二氧化碳浓度等）进行持续监测和调节。生物反应器主要包括灌流式生物反应器和搅拌悬浮式生物反应器。

灌流式生物反应器为细胞生长提供了一个连续的表面积，可以将 MSCs 附着在固定基质上，可连续交换介质，在排除介质的同时引入新鲜介质。灌注生物反应器由几组平行板、中空纤维、固定床和流化床生物反应器组成。一般情况下，灌流式反应器的产量限制在亿级（10^8 个），如果需要更多的 MSCs 需要多个生物反应器才能实现。

搅拌悬浮式生物反应器主要用于 MSCs 的大规模生产。以旋转瓶为原型，用搅拌臂将培养基在培养瓶中搅拌混匀，其搅拌功能使生物反应器比平皿更有优势，不但具有可扩展性，还可以提供均匀的最低浓度梯度（pH、溶解氧、代谢物）。在搅拌悬浮式生物反应器中，MSCs 可以附着在搅拌容器中的微载体上，因此可实现在搅拌条件下固定并培养 MSCs，这类生物反应器可以生产多达 5000 亿个细胞。微载体是干细胞附着生长和扩增的基质，可以用聚苯乙烯、纤维素、葡聚糖、玻璃、海藻酸盐和明胶等制备，可以根据具体情况制成不同孔径大小，并且也可以在其表面涂布胶原蛋白、纤维连接蛋白、层粘连蛋白和多聚赖氨酸等以增加细胞的黏附。但微载体也有其缺点，比如容易聚团，高速旋转产生的剪切应力会损伤细胞，培养后微载体和干细胞不易分离。

第三节　免疫细胞治疗产品生产工艺

一、免疫细胞治疗产品概述

免疫细胞用于肿瘤治疗已经不是一个新的话题，从 20 世纪 80 年代中期 Rosenberg 首次用淋巴因子激活的杀伤细胞即 LAK 细胞治疗恶性黑色素瘤以来，免疫细胞治疗已有三十多年的历史，而且随着人们对免疫细胞种类及其功能认识的不断深入，研究人员已相继开发出了多种免疫细胞用于肿瘤治疗，如细胞因子诱导的杀伤细胞（CIK cell）、树突状细胞（DC）、肿瘤浸润淋巴细胞（TIL）、自然杀伤细胞（NK cell）、细胞毒性 T 细胞（CTL）、γδT 细胞等，并分别在黑色素瘤、淋巴瘤、宫颈癌、白血病、胆管癌及神经细胞瘤等疾病中开展了多项临床试验，尽管其中部分临床试验结果显示出较好的肿瘤治疗效果，如 TIL 用于黑色素瘤的治疗，但大多数临床试验结果并没有显示出预期的明确的肿瘤治疗效果，使免疫细胞治疗产品作为药品上市始终未能如愿，也一直未能成为临床肿瘤医生的宠儿。近年来，基因修饰的新技术不断与免疫细胞治疗相融合，如病毒载体介导的基因转染、基因编辑等，产生了更多种新的基因修饰的免疫细胞，如嵌合抗原受体 T 细胞（CAR-T）及 NK 细胞（CAR-NK）、T 细胞受体 T 细胞（TCR-T）等，特别是当前 CD19 CAR-T 细胞在多种血液肿瘤临床试验中的突出表现，再次掀起了全球免疫细胞治疗领域的热潮，免疫细胞治疗已经同细胞因子、肿瘤抗体及免疫检查点抗体一起成为了肿瘤免疫治疗的重要手段，甚至有研究者认为肿瘤治愈已成为可能。美国 FDA 于 2017 年 8 月 30 日批准了诺华公司的 CD19 CAR-T 细胞 "Kymriah" 作为治疗儿童难治/复发性 B 淋巴细胞白血病的 "特殊药品"，这一举措终于拉开了免疫细胞作为药品的帷幕。免疫细胞治疗产品已经初步具备了产业化的可行性，从最初的个体化制备模式逐步向产业化及规模化模式转变，其产业化进程将会进入一个包括自动化制备生产线及冷链运输在内的产业链的快速发展时期。

我国的免疫细胞治疗领域自 20 世纪 80 年代末开始，经过了一段快速发展及快速临床应用阶段，令人可喜的是，国家及地方政府已将免疫细胞治疗产品作为生物医药行业的重点发展方向之一，尽管目前国内尚未有免疫细胞治疗产品批准上市，但可以预测，在不久的将来一定会有免疫细胞治疗产品作为药品批准上市。

二、免疫细胞治疗产品的制备工艺要求

T 细胞是天然的免疫效应细胞，可以清除非自我细胞包括入侵的病原体和肿瘤细胞。而肿瘤的发生和发展意味着患者自体的 T 细胞已经不足以识别和清除肿瘤细胞。经过几十年的科学研究而产生的 CAR-T 细胞治疗就是人为地构建了有特异杀伤活性的 T 细胞。它取自患者自身的 T 细胞，通过导入能编码识别肿瘤特异抗原的受体基因和帮助 T 细胞激活的各基因片段，形成了 CAR-T 细胞。

显然，由于 CAR-T 细胞治疗药物是活细胞，它的临床安全性、有效性和可重复性在很大程度上取决于是否能在制备过程中将它的活性控制在一定的范围内。由于制备用的起始物料来自患者自身的 T 细胞，受患者基因型、免疫功能和疾病状态等因素的影响，治疗效果会因人而异。这就要求细胞制备不但要遵循药品 GMP 管理原则，还要建立并执行严格的工艺流程和质控标准，尽可能地从多样化的起始物料制备出相对同质化的终端产品。

国家药品监督管理局与时俱进地开展了对免疫细胞治疗产品的监管，近年来陆续推出了一些新法规和指南。例如，2017 年 12 月，CDE 发布了《细胞治疗产品研究与评价技术指导原则》（试行）；2018 年 6 月，中国食品药品检定研究院发布了《CAR-T 细胞治疗产品质量控制检测研究及非临床研究考虑要点》；2020 年 4 月，中国食品药品检定研究院发布了《GMP 附录-细胞治疗产品（征求意见稿）》，同年 5 月又发布了《药品注册检验工作程序和技术要求规范（征求意见稿）》。这些文件为免疫细胞治疗产品的制备工艺及 GMP 要求确定了框架，之后将会有更多的细则出台，为行业规范化发展奠定基础。

免疫细胞产品必须是无菌产品，但其活细胞的特殊性无法通过终端除菌手段（过滤或其他灭菌技术）来达到目的，所以首先要保证制备的全过程无菌，这就对生产设施的洁净度提出了很高的要求，应尽量采取封闭式工艺流程以避免污染。如有任何开放性操作，必须在 B 级洁净度的环境之中的 A 级生物安全柜内实施。细胞分离、激活和细胞扩增是连续的过程，即时性强不能中断，并以产生一定质量和数目的免疫细胞为最终目标，所以需要在生产过程中取样检测，进行质量控制并采集相关工艺参数，经过及时反馈和决策后决定收获时间。对终产品（包括原液和制剂）还要进行一系列的质量放行检验，所涉及的检验项目主要关注产品的安全性和效能，安全性指标包括无菌、无支原体和无内毒素，并严格控制工艺过程中引入的杂质和残留量等。值得一提的是，由于《中国药典》规定的无菌检测需要 14 d，而即使采用快速等效的方法也需要数天的时间，这使得新鲜的细胞产品难以满足放行检验的时间要求，也就决定了细胞产品在制剂完成后必须采用程序降温和低温冻存的工艺。放行检验的效能标准则因各个产品和工艺的不同而变化，需要在工艺开发中通过质量研究和方法验证来建立，甚至可能需要通过临床试验的转化研究数据来进一步优化。这样做的目的是建立真正与临床安全有效相关的治疗指标，并确立相应的质量标准。对于自体细胞产品，每一例患者的样品就是一个独立的生产批次，起始原料血样各不相同，而且每一批次都要进行全套质控检验，所以在 CAR-T 细胞产品的生产过程中质控环节尤为"耗时、耗人、耗钱"。

与其他药品的要求相同，免疫细胞治疗产品的生产工艺也必须进行充分的验证，如免疫细胞采集、加工方法及细胞培养工艺，包括细胞采集体积、物理或酶消化步骤、所用细胞筛选或分离过程、培养条件、免疫细胞转导方法、细胞收获方法及洗涤条件、冻存条件及保存条件、运输等。对于基因修饰细胞来说，还需要对质粒制备工艺及病毒载体制备工艺进行验证，以保证生产的一致性。

三、免疫细胞治疗产品质量控制特点及检测项目

免疫细胞治疗产品生产过程的质量控制及安全性问题是评审专家们重点关注的对象，这包括但不限于

生产过程中的体外药效评估指标和临床药效之间相关性的问题，不同类型的T细胞含量与疗效之间相关性的问题，如免疫细胞与肿瘤细胞作用的过程中，大量释放的细胞因子可能会引发细胞因子释放综合征（CRS），如何应对处置CRS问题以及脱靶引起的安全性问题等。同其他药物一样，如何保证并不断提升免疫细胞治疗产品的安全性、可控性及一致性，仍然是研发人员、生产者和监管机构重点关注的问题。

与常规的疫苗类或生物制品相比，免疫细胞治疗产品在产品特性、所用原材料、生产工艺、批量及保存等方面都有较大的区别，是一种"特殊的药品"，因此为其质量控制带来很多新问题。首先，目前免疫细胞治疗产品大多数采用个体化治疗方式，即需要从每个患者体内采集初始细胞材料作为生产过程的起点。每个个体的免疫细胞都有明显的差异，如肿瘤患者体内分离的免疫细胞与所患肿瘤种类、分期、所接受过的治疗情况、采集时间等密切相关。因此尽管采用充分验证过的生产工艺，仍然很难确保针对不同患者产生的细胞治疗产品都是一致的。而疫苗等生物制品一般是从一个经过检定的细胞库、菌种库或毒种库开始生产的。因此，这一特点给后续产品的一致性带来很大的挑战。

免疫细胞治疗产品的主要成分是活细胞，一般依赖于产品中有活性的细胞来发挥其药效作用，目前可以通过超低温冻存实现免疫细胞治疗产品的长期保存。制备完成后加入冻存液进行超低温冻存的免疫细胞治疗产品，可在放行检验项目检测合格后用于患者回输。但部分免疫细胞治疗产品制备完成后无法通过超低温冻存，其保存时间较短，通常仅有几个至十几个小时。而一些检验项目耗时较长通常需要数天，如无菌检测、支原体检测、体外生物学活性检测等。这些检测结果在放行前无法获得，因此产品存在一定的安全风险。对于这类细胞治疗产品，亟待建立快速有效的质控方法。

免疫细胞在体内发挥作用的机制比较复杂，其效力很难用细胞产品的某一特征来衡量或用某一方法来测定。如TIL产品，其主要成分是T细胞，同时包含B细胞、NK细胞、巨噬细胞等免疫细胞，目前仍不能确定到底是哪一种类型/表型细胞在肿瘤治疗的过程中发挥最重要的作用。研究最广泛、临床进展最快的CAR-T细胞，作为T细胞产品其表型都是CD3阳性。但在这同一类T细胞里还有不同的亚型，如CD4T细胞、CD8T细胞，根据成熟状态其又可分为naive T细胞、中央记忆T细胞（Tcm）、效应记忆T细胞（Tem）、效应T细胞（TE）等。这些不同亚型细胞有不同的功能，具体哪一类型T细胞在肿瘤治疗中起决定性作用，或这类细胞要占T细胞比例多少以上才会有较好的治疗效果等，也都没有定论。有的免疫细胞治疗产品甚至还没有建立与作用机制（MOA）一致的药效评估方法，有的产品检测方法复杂、周期长，不适用于质量控制，需要探索更合适的替代检测指标。这些问题都是免疫细胞治疗产品在放行前药效评估的难题。

免疫细胞治疗产品的生产工艺与常规生物制品有所不同，前者大多是个体化的定制模式，一次生产量较小，仅支持一次或几次使用，无法实现规模化生产。尽管运用基因编辑技术可以生产"通用型"免疫细胞，但仍无法解决规模化生产问题。同时细胞生产制备过程中尚不能实现全封闭自动化制备，需要大量人工操作，无疑会增加产品外源因子污染风险。全封闭自动化生产将是免疫细胞治疗未来的发展方向之一。由于终产品的主要成分是活细胞，无法采用过滤等终端灭菌工艺，也不能使用病毒清除灭活等工艺降低外源因子污染风险，因此必须要在生产制备全过程采用无菌工艺，尤其要注重操作过程中可能引入的污染风险的控制。

在免疫细胞治疗产品的生产制备过程中，通常需要添加多种细胞因子/试剂促进免疫细胞活化增殖。这些细胞因子中有些是药用级，但是也有很多细胞因子/试剂不能达到药用级，这些细胞因子/试剂的质量会对免疫细胞制剂带来潜在风险。此外，部分免疫细胞还需要基因修饰，如CAR-T细胞，是细胞治疗与基因治疗结合的产品，这类产品生产过程中不仅要考虑细胞制品的特点和工艺要求，还要重点考虑实现基因修饰所运用的材料及修饰过程可能引入的风险，同时这些风险可能给患者引入额外的风险。

综上，免疫细胞治疗产品尚存在很多未知领域，产品本身复杂又很特殊，产品质量控制难度大。因此，全过程质量控制在保障免疫细胞治疗产品安全性和有效性中将发挥重要作用，同时质量控制方法的时效性和方法学验证同样重要。由于免疫细胞治疗产品的个体化特征及细胞数量有限，无法用常规的批次概念抽取样本进行质量检测、留样和稳定性分析。未来，如何针对不同产品建立相应的质量控制体系也是免疫细胞质量控制必须面对的重要问题。

免疫细胞治疗产品的质量控制主要是从安全性、纯度及有效性几个方面考量，这些检测往往需要将过程检测与产品检测结合，同时在对产品质量进行了全面充分研究的基础上设立放行指标。一般来说，检测项目主要包括以下几点。

(1) 鉴别、均一性及纯度检测

免疫细胞治疗产品是一群异质性细胞混合体，因此需要对产生生物学效应的细胞表型及非目的细胞表型的细胞量及比例展开研究。目前一般运用流式细胞术针对细胞表面标志物进行鉴别、均一性及纯度检测。由于临床数据有限，且不同患者个体差异较大，免疫细胞治疗产品在体内的存活时间与有效性之间的相关性尚未完全阐明，需要在临床上进一步探索并积累数据，为最终检测标准的制定提供依据。

(2) 细胞数量及细胞存活率检测

患者输入的细胞数量、存活率与临床上有效性及安全性密切相关，因此应根据生产工艺建立活细胞数及活率检测放行标准。对于接受 CAR-T 细胞治疗的患者来说，CAR-T 细胞数与疗效相关，同时也与细胞因子风暴（CRS）等副作用相关。目前，市面上细胞计数的方法和仪器有很多种，需要根据产品特性建立稳定准确的细胞计数方法。

(3) CAR 阳性率检测

对于 CAR-T 细胞治疗产品，其在肿瘤病人体内发挥杀伤作用的主要成分是表达 CAR 结构的 T 细胞，在临床上 CAR-T 细胞使用剂量是根据 CAR 阳性细胞来计算的。因此，CAR 阳性率检测是重要的质控项目，建立准确检测 CAR 阳性率的方法很重要，目前大多采用流式细胞术进行检测。根据现有的临床数据尚无法推断出 CAR 阳性率的最低标准，因此可以根据早期工艺开发的数据制定出最低标准，根据临床试验结果再进一步完善该标准。

(4) 生物学效力检测

免疫细胞治疗产品的生物学效力检测方法应尽可能模拟产品的作用机制，可以运用体外或体内法进行检测，评估产品对肿瘤靶细胞的杀伤作用。但免疫细胞治疗产品的作用机制比较复杂，目前尚未建立体外检测结果与临床疗效之间的相关性。而且有的检测方法周期较长，在放行回输前无法获得检测结果。在产品研发早期阶段，可以探索针对细胞因子、细胞表型（肿瘤杀伤相关）等替代指标进行检测。有些 CAR-T 细胞治疗产品的生物学效力检测就是将 IFN-γ 释放量作为放行标准。但随着临床研究的不断开展，需对这些生物学效力检测方法展开研究及验证，最终形成相关标准。

(5) 免疫细胞基因组中病毒整合检测

病毒载体（逆转录病毒和慢病毒）转导免疫细胞后，将目的基因随机整合在免疫细胞基因组中，可能会引起原癌基因激活或抑癌基因失活等风险。因此要对插入免疫细胞基因组的病毒载量进行检测。美国 FDA 规定每个细胞中的病毒载量应小于等于 5 拷贝。尽管目前病毒载体的设计已经大大降低了相关风险，但在临床试验中还需要密切关注病毒随机整合引起的安全性风险。

(6) 复制型病毒检测

采用逆转录病毒/慢病毒载体作为转导工具的细胞产品，还需要检测复制型慢病毒（RCL）或复制性逆转录病毒（RCR）。美国 FDA 要求病毒载体生产、免疫细胞治疗产品、回输至患者体内的细胞制剂均须检测 RCR/RCL。不同的 RCR/RCL 检测方法需要的时间差别较大。如采用培养法则检测周期较长，而 PCR 法检测周期较短。因此，可以考虑在病毒载体生产质量控制时进行充分的 RCR/RCL 检测，在免疫细胞治疗产品质量控制时使用快速检测法。这种质量控制策略是否被普遍认可，还需要进一步累计数据。同时在早期开发阶段，应该对两种方法展开平行对比研究。

(7) 工艺残留物检测

不同细胞治疗产品根据各自的工艺在生产过程中会添加肽、蛋白质及试剂（如细胞因子、抗体、血清、磁珠等）。应该建立并实施这些添加材料相关残留量检测方法，同时根据风险评估和工艺验证结果考虑是否将其纳入质量控制及放行标准。

（8）无菌检查

针对免疫细胞治疗产品生产工艺中的关键点进行一定频率的无菌检查，检测结果应符合产品设定的标准。对于有效期短的产品，可开发采用快速、新型无菌检测技术作为检测方法，而采用《中国药典》的检测方法作为回顾性检验。快速无菌检查方法应按照《中国药典》要求进行充分验证或确认。如果免疫细胞终产品制备的最后一步需要进行冻存，无菌检查应该在分装后、冻存前进行，同时在患者回输前报告结果。

（9）支原体检查

应在免疫细胞培养物合并之后、洗涤以前取样，进行支原体检测。并且在应用时要对细胞及上清液进行支原体检测。和无菌检查类似，首选检测方法应是《中国药典》中规定的方法。但培养法耗时长，针对免疫细胞治疗产品的特殊性，可以在研发阶段，开发采用经过充分验证的快速检测方法作为放行依据。

（10）细菌内毒素检测

必须对免疫细胞治疗产品按照《中国药典》要求进行内毒素检测，在回输前报告检测结果。如采用其他敏感稳定的方法，需要充分验证所用方法。

（11）外源病毒因子检测

该项检测主要针对使用细胞系进行生产制备的免疫细胞治疗产品，如 NK-92 细胞。在生产前应结合工艺过程中添加的外源材料，对细胞库进行充分全面的外源病毒因子检测。如果细胞库检测合格在产品生产时可不列入放行检测。

上述内容主要讨论了一般免疫细胞治疗产品的常规检测项目。目前免疫细胞治疗领域发展迅速，产品种类繁多，制备工艺也不尽相同。因此每种细胞产品的质量控制体系必须与对应的生产工艺结合，在工艺验证、方法学验证基础上，积累多批数据逐步制定对应的免疫细胞治疗产品质量控制体系及标准，同时在临床研究开展后进一步收集数据，完善质量控制体系及标准。

四、CAR-T 细胞治疗产品的生产工艺

如前所述，CAR-T 细胞是一种基因修饰的免疫细胞，通过基因操作的方式将可识别肿瘤抗原且带有 T 细胞激活信号的目的基因导入 T 细胞，再将细胞回输给患者进行肿瘤治疗。其完整的制备过程可大致划分为四个阶段：第一个阶段是获得可用于转导 T 细胞的含有外源基因的载体物质，这些外源基因可采用病毒载体（如逆转录病毒载体或慢病毒载体）或非病毒载体方式（mRNA 转染、Sleeping Beauty transpons）导入；第二阶段是供体外周血单核细胞采集和 T 细胞活化，在这一阶段中根据工艺不同，可能会进行供体白细胞动员、单核细胞分离及 T 细胞分选，以及 T 细胞活化培养；第三阶段是外源基因转染 T 细胞、T 细胞扩增和收集，以及做成制剂直接使用或冻存；第四阶段是患者预处理及 CAR-T 细胞回输治疗及临床检测。

CAR-T 细胞治疗产品的生产工艺在不同厂家、不同适应证时有所不同，下面是其中一个较为典型和简单的用于治疗 B 淋巴细胞白血病和淋巴瘤的抗 CD19 CAR-T 细胞的生产流程的简单介绍。从患者的血液单采（apheresis）获得外周血单个核细胞（PBMC）产品后，将抗 CD3/抗 CD28 磁珠与 CD3 细胞以 3∶1 比例进行培养。接下来将希伯胺和磁珠的悬浮液置于磁铁装置来选择 CD3 细胞。将选定的细胞在含低浓度 IL-2 的初始培养基中进行洗涤和重悬。经过 2 d 的培养，将细胞和磁珠添加到用重组人纤维粘连蛋白处理的培养袋中，同时加入抗 CD19 CAR 的病毒载体，并培养至少 24 h。第二天重复进行转导步骤，然后将细胞和磁珠转移到新的培养袋中扩增培养 9 d 以上。细胞扩增完成后，用磁铁移除磁珠并弃去，将细胞洗涤后准备用于输液。

目前的 CAR-T 细胞治疗虽然采用自体来源的 T 细胞，但细胞在体外经过了复杂的体外培养、操作和

处理过程，具有很高的外源因子污染的风险，同时细胞的生物学特性受到很大影响且存在改变的风险。T细胞的体外处理过程应被视为生产过程，处理后的 CAR-T 细胞应被视为"药品"进行管理。T细胞在体外的生产过程可能带来多种危险因素，其中一些是已知或可以推测的，另一些则还是未知的，需要对生产过程进行严格的监控。CAR-T 细胞的生产过程应在符合 cGMP 要求的洁净环境中进行。cGMP 的要求包括硬件设施、软件与管理要求。硬件设施包括可以满足在洁净环境下 CAR-T 细胞批量生产和检定工作需要的场地、设施设备、仪器、保障系统等。软件条件则包括各种标准、规范、SOP、管理制度等。同时，还应具有一个能胜任的生产、质量控制和质量管理团队，并能得到良好的定期培训。而在 CAR-T 细胞制品质量控制方面，包括环境卫生、物料、细胞制备、异常和突发事件处理和外源因子检测、细胞品质和功能检测等。

本章小结

基因药物是依赖于载体将外源基因或核酸片段导入人体细胞，使目的基因在靶细胞中表达，发挥生物学效应和达到治疗目的的药物。目前基因药物研发中应用的载体分为两类：病毒载体和非病毒载体。病毒载体一般具有对宿主细胞高效转染的特点，因此是目前较为高效的基因传递载体，包括许多不同类型的病毒，如逆转录病毒、腺病毒、腺相关病毒、单纯疱疹病毒、痘苗病毒等。基因药物的制备涉及载体的生物合成、纯化以及相关的定性和定量分析。每种不同的基因载体，都发展出了许多不同的生产和制备方法，利用这些新方法制备的基因载体在产量、规模、纯度、生物学活性及药用安全等各方面都得到了显著的提高。

干细胞作为一种具有不同分化潜能的细胞，为解决现代医学难题带来了新希望。近年来，在国家政策的大力支持下，国内众多医疗机构和学者开展了干细胞对各类疾病的临床应用研究，并在多种疾病的治疗上取得了一定的成果，但其生产工艺、质量控制及临床应用的安全性亦备受关注。因此针对不同干细胞的规模化制备工艺，建立分级分类、覆盖干细胞产品研发全过程的质量控制体系，加强干细胞创新疗法的监管尤为重要。相信在不远的将来，干细胞疗法将成为各种疾病治疗的重要选项，由于其生物学活性及所涉病种的广泛性，干细胞疗法必将成为人类战胜疾病历史上的另一个里程碑。

相比于成熟的小分子化药和大分子抗体药，细胞治疗类产品是一种新型药物。经过几十年的科学研究而产生的 CAR-T 细胞治疗产品就是人为地构建了有特异杀伤活性的 T 细胞。它取自于患者自身的 T 细胞，通过导入能编码识别肿瘤特异抗原的受体基因和帮助 T 细胞激活的各基因片段，形成了 CAR-T 细胞。CAR-T 细胞药物因为是活细胞，它的临床安全性、有效性和可重复性在很大程度上取决于是否能在制备过程中将它的活性控制在一定的范围内。免疫细胞治疗产品的质量控制参数需要从安全性、纯度及有效性等方面考虑，其检测可能需要通过将过程检测与产品检测结合，并且需要在对产品质量充分研究的基础上设立放行检测指标。

思 考 题

1. 基因药物的载体有哪几类，各有什么特点？
2. 基因药物质量控制的要素包括哪些？
3. 干细胞的基本特性有哪些？根据分化潜干细胞能分为哪几种类型，各有什么特点？
4. 干细胞药物质量控制的核心要点包括哪些方面？
5. 免疫细胞治疗产品的检测项目主要包括哪些？
6. 免疫细胞制剂的特点有哪些？

【张军林　胡翰　王楠】

参考文献

［1］ 许瑞安，陈凌，肖卫东．分子基因药物学［M］．北京：北京大学医学出版社，2008．

［2］ 许瑞安．腺相关病毒-从病毒到临床［M］．北京：科学出版社，2014．

［3］ 王军志．生物技术药物研究开发和质量控制［M］．3 版．北京：科学出版社，2018．

［4］ 高邵荣．干细胞生物学［M］．北京：科学出版社，2020．

［5］ 陈继冰，穆峰，王雪莹，等．干细胞临床应用［M］．广州：中山大学出版社，2021．

［6］ 马洁，刘彩霞，谭琴，等．细胞产品质量控制与质量管理［J］．药物评价研究，2021，44（2）：273-292．

［7］ 胡敏．干细胞临床研究安全性与有效性评估体系［M］．北京：清华大学出版社，2021．

［8］ Ying Q L，Wray J，Nichols J，et al. The ground state of embryonic stem cell self-renewal［J］. Nature，2008，453（7194）：519-523.

［9］ Yamanaka S. Pluripotent stem cell-based cell therapy-promise and challenges［J］. Cell Stem Cell，2020，27（4）：523-531.

［10］《干细胞制剂质量控制及临床前研究指导原则（试行）》，2015．

［11］《干细胞通用要求》团体标准，2020．

第十八章

生物医学材料生产工艺

第一节 生物医学材料概述

一、生物医学材料的分类

生物医学材料是指能够被应用于生物组织的诊疗、替代或修复等，且对生物系统不产生免疫排斥反应的材料。生物医学材料是研究人造组织、仿生器官和医疗器械的基础，当前，各种人工合成材料、天然高分子材料、金属复合材料作为生物医学材料，广泛地应用于临床医学和科研工作，并显示出相比于传统材料的无可取代的优势。根据物质组成属性，生物医学材料大致可分为生物医学金属材料、高分子材料、热解碳和水凝胶等。

生物医学金属材料是具有很高的机械强度和抗疲劳特性的金属或合金，包括不锈钢、钴基合金、钛合金等，例如美国材料与试验协会（ASTM）中编号为316L的不锈钢2级产品在实际应用中较为普遍。生物医学金属材料在应用中应尽可能避免生物环境的腐蚀而造成的金属离子扩散以及自身性质的蜕变，因此，作为生物医学金属材料，需要满足无毒性及耐生理腐蚀两个条件。

高分子材料包括天然和合成两种类型。天然高分子与生物大分子物质极为相似，由其制备出的生物材料具有分子水平上的生物功能：能够被天然酶降解。该性能保证了由其制备的生物医学材料可生物降解并能通过一般代谢过程去除，若要控制其使用寿命，可以通过化学交联或其他化学修饰控制材料的降解速率。合成高分子材料目前发展也较为迅速。通过分子设计，可以获得很多具有良好物理机械性和生物相容性的生物材料使用。生物高分子材料通常作为软组织材料使用，例如聚乙烯膜、聚四氟乙烯膜等可用于制造人工肺、肾、心脏、气管等；也可用作硬组织材料，像聚丙烯酸高分子、聚甲基丙烯酸甲酯、硅橡胶等可用来制造骨水泥、人工骨和人工关节；另外，大多数生物材料所使用的天然高分子属于结缔组织（如皮肤、血管、骨骼、腱）细胞外基质成分，胶原是最为常用的材料之一，用于制备可吸收性手术缝合线。

热解碳是一种人工合成的碳素材料，其结构中碳在同一平层面内像石墨一样有序，但是层与层之间是无序的，为湍流层结构，这种结构大大提升了热解碳的强度和硬度。另外，热解碳具有血液相容性、力学性能、机械性能及耐久性等综合优势，在人工心脏瓣膜中得到广泛应用。热解碳具有足够高的抗弯强度，所以作为植入材料可以满足对结构稳定性的要求，同时其密度足够小，由热解碳制得的组件在血液循环中"活动自如"。

水凝胶是含有交联结构的水溶胀聚合物，它通常由一种或几种聚合物经简单反应形成共价键交联，抑或是经氢键或链间强范德瓦耳斯力形成缔合键制备而成。水凝胶在生物医学上最早的一项应用是制备接触镜片，这是因为其具有相对良好的机械性能、优异的折光指数和高氧气透过性。另外，水凝胶的物理性质以及亲水性使其在人工肌腱材料、伤口愈合敷料、生物黏合剂、关节软骨、人工皮肤等领域都有用武之地。

临床研究发现单一材料无法全面满足医学应用的需求，于是利用不同组成或性质的两种或两种以上材料复合而成的生物医学复合材料应运而生，为获得结构和性质与人体生物组织相似的生物医学材料开辟了广阔途径。其中钛合金和聚乙烯制作的假体常用作关节材料；环氧树脂-氧化铝合成材料是临床应用良好的人工骨；聚乳酸与碳纤维结合可以作为人工韧带。表18-1总结了具有代表性的合成或天然材料在医学器械方面的应用。

表 18-1 合成或天然材料在医疗器械中的一些应用

	应用	材料
骨科	人工关节	钛合金、钴基合金、不锈钢
	骨水泥	聚甲基丙烯酸甲酯-硅酸盐/磷酸盐/磷灰石
	人工肌腱和韧带	聚四氟乙烯、涤纶、聚乳酸-碳纤维
	齿植入体	钴基合金、钛合金、不锈钢、聚乙烯
心血管系统	人工血管	聚四氟乙烯、聚氨酯
	心脏瓣膜	细胞外基质、热解碳、钛合金、不锈钢
器官	人工心脏	聚氨酯
	人工肾脏	纤维素、聚丙烯腈
传感器	人工耳蜗	铂电极
	人工晶体	聚甲基丙烯酸甲酯、硅橡胶、水凝胶
	角膜绷带镜	胶原、水凝胶

二、生物医学材料的评价

1. 细胞毒性

利用细胞培养的方法评价材料的生物相容性已经有30多年的历史，该方法主要在细胞实验层面监测材料的毒性、传递剂量、安全系数以及可溶性特征等。材料的细胞毒性是指被检测材料释放某些足量的化学物质，直接或间接抑制细胞的关键代谢途径，进而杀死细胞，细胞的死亡数量则作为该化学物质的剂量和效价的评价指标。虽然影响化学物质毒性的因素很多，如温度、试验系统等，但是最重要的是传递入个体细胞里的化学物质的量，换言之是指被细胞吸收的剂量，即传递剂量，其不同于加入一个试验系统里的接触剂量的概念。不同的细胞对异源物质毒性成分的敏感度不同，最敏感的细胞常被当作靶细胞进行评价。综合以上因素，细胞培养方法评价材料的相容性是监测靶细胞接受受试物质的传递剂量。由于材料的某些固有特征限制其剂量放大，因此评价生物材料的毒性需要一个高灵敏度的试验系统。在细胞培养模型中，将新陈代谢、分布和吸收这些可变因素降至最低，而使每个细胞接触的剂量增至最大，从而可形成一个高灵敏度的试验系统。生物医学材料组分中包含难溶性材料，还复配如增塑剂、润滑剂等成分，也有可能携带来自制造加工过程中的微量添加剂。其中，可溶性材料能够被萃取出来，但萃取效率与物质的化学浓度、萃取时间、温度、溶剂的选择以及物质在溶剂中的分配平衡常数有关。因此，生物材料浸提液的制备条件在不断地被严格标准化，以提高材料可溶性特征测试的可重复性。

评价细胞毒性的试验方法主要有三种，即直接接触法、间接扩散法和浸提液法。这三种方法的差异在于受测材料与细胞的接触方式，选择哪种方式取决于受测材料的特性、试验方法的原理以及生物相容性评价数据的应用。直接接触法是将样品直接置于细胞培养基中与细胞接触。直接接触法可以用于测试特定几何形状的样品或者不规则形状的样品，但其面临的主要问题是样品呈现漂移行为而与细胞无法充分接触，或者高密度样品材料由于自身重力等物理因素造成细胞损失。另外，若受测材料包含水溶性的有毒物质，这些物质从材料表面和内部不断渗出并在培养基中扩散，不仅会影响样品周围的细胞，也会引起培养皿底部细胞的减少。间接扩散法可以克服直接接触法的问题。间接扩散法包括琼脂扩散法和滤膜扩散法，在琼脂扩散法中受测材料和细胞之间的琼脂夹层作为一种扩散屏障，既可以提高可沥滤有毒物质的浓度梯度，也可以保护细胞免遭物理因素的损伤。但该方法的检测灵敏性受有毒物质在琼脂层上的扩散程度影响，若有毒物质分子量小且易溶于水，则检测灵敏度高；若有毒物质分子量大且难溶于水，则检测灵敏度低。滤膜扩散法是将受测材料置于微孔滤膜上，通过滤膜与细胞间接接触来评价细胞毒性的方法，适合于小分子量毒性材料的评价。浸提液法分为浸提和生物学试验两个独立的过程：使用浸提介质浸提样品，然后通过浸提液与细胞接触来评价细胞毒性。浸提过程中可以通过提高浸提温度来增加化学物质在溶剂中的迁移速率和溶解度。然而，当浸提液冷却至室温时，化学物质可能发生沉淀或者吸附在材料表面。表18-2总结了三种方法的优缺点。

表 18-2　细胞培养方法检测细胞毒性的优缺点

	直接接触法	间接扩散法	浸提液法
优点	• 不需要准备浸提液 • 靶细胞与材料接触 • 实验材料的数量可标准化 • 可测试不规则形状样品 • 可延长接触时间	• 不需要准备浸提液 • 能表现毒性物质浓度梯度 • 能检测材料的一个面 • 不受材料密度影响	• 剂量反应效应 • 可延长接触时间 • 可选择浸提条件
缺点	• 材料移动会导致细胞损伤 • 高密度材料会压损细胞 • 可溶的毒性物质可导致整个平板中细胞数量减少	• 需要平整的表面 • 毒性物质在琼脂中的溶解度影响灵敏度 • 接触时间有限 • 存在材料吸收琼脂中水分的危险	• 需要准备提取浸提液 • 需选择合适的提取试剂和浸提条件

2. 组织相容性

生物医学材料的组织相容性体内评价的目的是确定材料在生物环境中的生物相容性或安全性，体现在材料与生物活体组织或体液接触后，不引发细胞、组织功能下降，不产生炎症、癌变或免疫排斥反应等。所有生物医学材料的体内组织相容性评价都需要了解材料的化学组成，以及预期接触的组织的性质、接触程度、接触频率和持续时间。体内组织相容性检验包括致敏性、刺激性、全身毒性、遗传毒性、植入、致癌性、生殖和发育毒性、生物降解和免疫反应等项目，其中所有医疗器械或材料的生物学评价应当开展细胞毒性、致敏性和刺激性这三类基本试验。致敏反应是免疫系统对接触的化学物质的一种反应，致敏试验用于评价器械、材料及其浸提液的接触致敏性的潜能，致敏症状通常利用豚鼠的皮肤表面进行观察。刺激性是组织对化学物质的一种局部炎症反应，刺激试验主要强调利用生物材料的浸提液确定潜在可溶出物的刺激作用，通常利用体外细胞实验进行监测。

全身毒性试验是评价体内一次或多次接触生物医学材料或其浸提液后对靶组织和器官的潜在危害作用。这类测试通常使用小鼠、大鼠或兔子作为动物模型，根据材料的既定应用场所，经口服、皮内注射、吸入、静脉注射、腹腔注射或皮下注射等途径测试。急性毒性是指动物在给予单剂量或多剂量受测材料后24小时内出现的不良反应，亚急性毒性是指给予材料后14～28 d内出现的不良反应，亚慢性毒性是指在不超过动物生命周期的10%，一般为90 d内的不良作用。全身毒性试验还包括热原试验，用于检测材料介导的发热反应，以评价材料诱发全身炎症反应的能力。植入试验是将一种生物材料或器械通过外科手术植入或直接放入的方式使用于预期应用的部位或组织中，评价其对活体组织的结构和功能产生局部病理学影响的试验。局部病理学反应基本的评价方式为肉眼观察和显微镜下观察，其中显微镜下观察主要是为了表征炎症细胞数量和分布、纤维囊的厚度、组织向内生长的性质和数量、组织坏死等生物学反应参数。对于特殊问题，还需要更多复杂的研究，如对组织切片进行免疫组织化学染色以确定存在细胞的类型以及胶原形成和破坏的研究。

另外，动物模型通常用来预测用于人体的医疗器械的临床行为、安全性和组织相容性，需要从人体临床应用的角度来考虑动物模型的选择。例如，羊是心脏瓣膜评价试验中常用的动物模型，这基于瓣膜的尺寸大小的考虑，也因为其对生物型心脏瓣膜植入体的组织成分有钙化倾向，羊是该类并发症敏感的动物模型。

3. 血液相容性

生物医学材料的血液相容性是指材料在发挥其功能时与血液接触但不引起有害反应的特性。许多器械和材料，例如用于治疗肾衰竭的血液透析器、血管手术所用的导管、用于替代病损的心脏瓣膜、骨修复支架等，与血液接触时是否产生血栓或者溶血等不良影响需要检测和试验。目前的研究多以评价血液和材料之间的相互作用来代表评估血液相容性，即分析在确定的接触时间、血液成分和血流状态等条件下，材料是否抑制血管内血液发生凝血从而产生血栓、不破坏血液有效成分、不导致血浆蛋白质变性、不改变血液中电解质浓度和不引起有害的免疫反应等。

血液与材料的相互作用可以通过体外和体内试验测定。体外试验包括将血液或血浆置于由受测材料制成的容器中，或者让再循环血液流过一个放置受测材料的流式小室，血液在严格的生理流动模仿条件下与生物材料接触。血液与材料相互作用的体外试验通常属于短期试验，且很大程度上受到血液来源、处理方法和抗凝血剂使用的影响，因此体外试验结果通常适用于筛选外部接入器械或植入体，对长期、重复或永久接触血液的材料的验证有一定局限性。体内试验研究是将环状、管状或片状的受测材料插入实验动物的动脉或者静脉血管内进行，例如将管状的血液导管置于动脉与静脉之间，试验完成后对动物进行解剖以评价血栓形成等情况。在这类监测系统里，受测材料或器械可以作为长期分流装置的延长部分或者在进口或出口之间插入，体内试验的优点是血液容易被控制和测量，并且在每一次体内循环中动物的生理学反应可去除被损坏的血液成分，产生新的血液，但这类试验的缺点是复杂的外科手术程序、高昂的实验费用以及使用大动物造成的伦理道德问题。此外，实验者需充分了解选用的动物种属与人体之间的生理差异性所带来的对不同器械在反应性和变异性应答方面的差异，并对所获得的数据予以科学解释。

体内或体外试验都通过间接或直接评价血栓形成情况来鉴定血液与材料的相互作用。间接评价包括循环血细胞的损耗、血栓形成过程中蛋白质消耗以及血浆蛋白质（如血纤维蛋白肽 A、血小板因子Ⅳ）的出现；直接评价包括血液流速、流动几何学和流动管路闭塞范围，可以通过使用血管造影术、超声成像和磁共振成像等方法监测。表 18-3 总结了材料或器械对血液的反应以及相关评价方法。

表 18-3　血液-材料反应及其评价

血液成分	血液反应	评价
血栓	凝结	直接观察和组织学评价 血管造影术、超声、放射性同位素扫描、核磁共振等无损成像
	栓塞	栓子探测，中风、器官或肢体局部缺血的迹象
红细胞	破坏	溶血反应

血液成分	血液反应	评价
白细胞	消耗/激活	白细胞总数减少，白细胞血浆酶增加
凝血因子	消耗	血浆纤维蛋白原、因子V和因子Ⅷ减少
	凝血酶产生	凝血原酶片段1.2和凝血酶的血浆浓度增高
血小板	消耗	血小板数量减少
	功能障碍	体外血小板聚集减少，出血时间延长
	激活	血小板因子Ⅳ和β-血小板球蛋白的血浆浓度增加，血小板膜表面糖蛋白发生变化

第二节　组织工程心脏瓣膜的生产工艺

一、心脏瓣膜

　　心脏瓣膜是保证心脏推动血液定向流动的生物阀门。心脏瓣膜的病变影响人体正常血液循环，严重者甚至危及生命。人工心脏瓣膜是指用机械或者生物组织材料加工而成的一种用来治疗心脏瓣膜疾病或缺损的心脏介入医疗器械，是治疗先天性畸形及风湿性心脏病、心脏退化以及细菌感染等疾病所引发的心脏瓣膜功能异常的重要治疗手段。一个理想的人工心脏瓣膜应该符合心脏瓣膜的生物流体力学要求，即瓣膜开放阻力小、时间短，瓣口两侧无明显压力差；当瓣膜关闭时，瓣口关闭速度快，关闭严，无反流；血液流经瓣口时产生的流场近似生理血液流场，不产生涡流；材料以及结构机械性能稳定，具有较好的耐久性，在数十年的使用时间内能保持瓣膜的相应功能；瓣膜与机体组织和血液的相容性良好，不凝血、不溶血、具备抗感染能力、具有化学惰性、易于植入等。

　　人工心脏瓣膜主要分为机械瓣膜、生物瓣膜和组织工程瓣膜。机械瓣膜是由非生理性的生物材料构成，结构包含钛合金等金属制成的支架环，一个刚性的、可动的阻塞体（通常为热解碳叶片）以及用于制作瓣环的织物。机械瓣膜材料存在血液相容性问题，所以植入机械瓣膜的患者需要终身服用抗凝药以减少血栓发生的危险。生物瓣膜在解剖学上与人体瓣膜更相似，多数源于动物的三尖瓣，通常是猪动脉瓣或牛心包瓣经戊二醛处理制得。戊二醛固定能保存组织，杀死瓣膜内细胞，降低组织免疫反应。生物瓣膜通常具有良好的生物相容性，不需要长期进行抗凝治疗；置换后血流动力学特性接近人体正常情况；能长期维持组织与功能的完整性。但生物瓣膜强度较差，耐久性比机械瓣膜弱，预期使用寿命一般是15～20年。另外生物瓣膜面临的问题还有钙化问题，钙化导致材质弹性、韧性以及机械强度都发生很大变化从而造成生物瓣膜失灵。组织工程瓣膜能创造出一种活的心脏瓣膜，它是在人工合成可吸收的聚合物支架或去细胞外基质支架上，先种植纤维细胞，再种植单层内皮细胞对其进行包裹覆盖而制得的瓣膜，有良好的自我修复、重建能力，可以克服目前人工心脏瓣膜的大部分缺点。

二、组织工程心脏瓣膜的生产工艺

1. 瓣膜支架材料的选择

　　组织工程心脏瓣膜（tissue engineering heart valve，TEHV）的支架主要有人工合成支架和天然支架两类。人工合成支架是人工合成的一类遵循瓣膜支架基本要求的高分子聚合物材料，其优点在于机械性能可靠，可塑性强，其孔隙大小及降解时间均可人为调控，同时易于消毒保存。目前常用的高分子聚合物材料有聚乳酸（PLA）、聚乙醇酸（PGA）、聚羟基烷酸酯（PHA）类以及相关共聚物。相比较而言，PGA

类材料组织相容性好，细胞易附着，吸收降解理想，但其可塑性差，较难维持材料预设计的形貌；PHA类材料则具有卓越的机械性能，材料的机械强度、柔韧度均佳，适于铸型、剪裁，但降解周期长，难以与新生组织同步，同时该材料的组织相容性及细胞的黏附生长均不如前者。鉴于上述两种人工材料各存利弊，许多学者依据不同材料的特点将几种材料合理配伍组合，开发出了许多新的共聚物，如以1％的聚4-羟基丁酸酯（P4HB）为中层，内外包被以PGA支架构筑瓣膜支架，该设计充分利用了PGA良好的生物特性，提供细胞附着生长的微环境，同时也结合P4HB优越的机械性能，增加了瓣膜的稳定性。

天然支架是指利用天然的细胞外基质材料构建的组织工程瓣膜支架，目前主要包括天然的高分子材料和同种或异种生物的脱细胞瓣膜支架。天然的高分子材料包括胶原、明胶、壳聚糖、透明质酸、弹性蛋白等，是细胞外基质形成的天然成分，具有良好的生物相容性，细胞黏附性好，免疫原性低等特点。但这些材料的机械强度以及降解时间难以调控，还需进一步改进其性能。同种或异种脱细胞瓣膜支架由于较大程度保留了细胞生存的环境成分，并在最大限度上降低了同种或异种的免疫原性，其机械性能也与原组织基本相同。同种脱细胞瓣膜支架是把同种异体的心脏瓣膜去细胞后再种植受体细胞，可有效抑制瓣膜的炎性和免疫反应，减慢钙化衰败过程，是支架构建的一个方向。如应用酶解法去除供体羊心脏瓣膜的肌成纤维细胞和内皮细胞后，再种植同种肌成纤维细胞和内皮细胞，并植入受体羊肺动脉瓣区，结果显示供体羊心脏瓣膜脱细胞完全且保持基质正常的三维结构，植入的肺动脉瓣经过3个月的观察功能仍显示正常。但同种瓣膜移植后远期易钙化导致二次移植率高，同时来源有限，受到伦理道德的限制，因此其在临床的推广使用受到限制。异种脱细胞瓣膜支架是将异种生物瓣膜脱去细胞后得到的支架材料，由于猪心脏瓣膜在形态结构、组织成分、机械强度和弹性方面与人十分相似，因此常被视作良好的组织工程心脏瓣膜支架材料来源。不过有研究者对脱细胞后的猪心脏瓣膜进行体外血小板黏附和核细胞趋化实验，发现脱细胞的猪心脏瓣膜能够激活血小板，并吸引单核细胞聚集，这说明脱细胞异种心脏瓣膜仍有血栓形成和免疫反应的可能。因此在脱细胞后的心脏瓣膜支架材料需要做一定的再处理，如在支架上接种受体细胞成分、对支架进行表面改性或添加生物活性因子等方法来提高其生物相容特性。组织工程心脏瓣膜常用材料及其特点见表18-4。

表 18-4　组织工程心脏瓣膜常用材料及其特点

材料	特点
聚乳酸和聚乙醇酸的人工合成共聚物 PLGA	具有良好的组织相容性、生物可降解性和可吸收性,但材料强度不够
胶原、壳聚糖、透明质酸等天然高分子	能承受体液高流量、高压力和高频率往复运动的负荷,保证内皮细胞的黏附和种植;来源丰富,与人体组织相容性好
同种生物的脱细胞瓣膜	组织相容性高,但受材料来源、保存以及复杂的伦理条件限制
异种生物的脱细胞瓣膜	取材广泛,在解剖及组织学上与人类高度相似。猪的心脏瓣膜支架容易制作,人血管内皮细胞在其上容易生长

2. 种子细胞的选择

应用组织工程的方法再造组织和器官所用的各类细胞统称为种子细胞。用于制备组织工程心脏瓣膜（TEHV）的种子细胞，一般要求具备如下特点：①细胞的黏附力强，繁殖迅速；②具有正常瓣膜细胞的生理功能；③临床易于获取，有实用性。目前研究较多的种子细胞为血管内皮细胞和间充质干细胞。

血管内皮细胞是最先采用的种子细胞之一，其具备抗凝血、抗感染等功能，可使 TEHV 有正常内皮功能，但不同部位起源在表型、抗原、代谢特征及对生长因子反应等方面有明显差异。有研究证明具有多向分化潜能的干细胞可能更适合于构建 TEHV。干细胞主要来源于胚胎、外周血（含脐血）、骨髓和脂肪组织。其中胚胎干细胞虽然具有多向分化潜能，但是伦理等因素的制约使其推广应用受到限制。脐带血来源的种子细胞具有较好的应用前景，其特征在于作为未分化的细胞能够自我更新、增殖和分化成各种类型的细胞。骨髓间充质干细胞作为种子细胞具有以下优点：①获取更容易，创伤更小，更适合临床应用；

②具有分化成多种细胞的能力；③细胞稳定，基因具有可修饰性；④能较快获取足量细胞，避免了长时间的细胞培养；⑤具有独特的免疫学特点，移植入体内不产生免疫排斥反应。脂肪组织间充质干细胞来源方便，也具备自我更新、多向分化潜能、低免疫原性等特点，并且可诱导分化成平滑肌细胞和内皮细胞。

3. 支架种植细胞

在支架上进行细胞种植的技术大致分为顺序种植和混合种植。顺序种植细胞是依据心脏瓣膜的天然组织结构特点，先在瓣膜支架上种植平滑肌细胞、成纤维细胞，使其发挥桥梁作用，通过细胞间的相互作用和分泌的细胞外基质（ECM），协助后种植的内皮细胞黏附、分化和生长，抵抗血流的冲击，以达到与正常心脏瓣膜类似的结构层次。混合种植成纤维细胞、平滑肌细胞和内皮细胞于心脏瓣膜支架，当细胞随支架植入体内后会受周围环境影响逐渐重排成有序的结构并与周围组织整合，形成接近正常瓣膜的组织结构。目前，根据种植条件细胞种植又分为静态种植和动态种植。静态种植细胞较多采用，即在培养瓶中将细胞培养至足够数量后滴加至瓣膜支架上，或在培养皿中将细胞和支架共同培养，使细胞种植于支架上，细胞与支架发生黏附作用，培养一段时间后移植于体内。动态种植是利用生物反应器，将支架固定于反应器中，并模拟人体动脉的血流环境，将细胞种植于支架上。该方法能使血管内皮细胞更好分化，同时提升了细胞在支架上的黏附效率。但动态种植仍有许多问题，如流体环境下种植细胞于支架上的均匀性和搏动性血流的后负荷大小等仍待进一步研究。

种子细胞与生物支架间的黏附作用主要是支架表面的物理或化学结构与细胞表面电荷或受体等相互识别，包括物理性黏附和特异性黏附。物理性黏附中支架表面的电荷、孔隙率、粗糙程度及孔径等物理性质影响着细胞的附着、渗入和生长。特异性黏附是指材料表面接枝特异性分子改善其与细胞上特定受体的相互作用。目前已知的细胞表面的黏附分子有 4 类：钙黏着蛋白、整合素、免疫球蛋白超家族黏附分子和选择凝集素。其中整合素在生物材料与细胞的相互作用中扮演关键角色，其广泛表达于多种细胞表面，是细胞外微环境信号转导的重要桥梁。因此对支架表面进行生物活性分子的修饰，根据生物活性分子的种类、构象、硬度和密度等特点，精准控制生物活性分子与细胞表面整合素的相互作用，进而调节种子细胞在支架上的黏附效率。部分整合素受体可以结合多种 ECM 配体，同一个 ECM 配体也可以结合多种整合素并激活不同的信号通路，因此研究者将 PGA 支架表面用细胞外基质（ECM）包埋后发现，其吸附细胞的数量增加了 48%。

三、组织工程心脏瓣膜的挑战

目前，组织工程心脏瓣膜的基础研究仍在不断深入，动物实验也取得了一定的成果。但就目前的研究现状和临床应用来看，还存在很多问题有待进一步解决。

① 支架问题：天然材料是良好的支架材料，具有生物相容性好、无免疫原性、无毒性并且适合于细胞黏附、增殖等特点，具有如某些氨基酸序列等细胞识别信号，利于细胞黏附、增殖、分化，但是天然材料受其来源、保存以及伦理等条件的限制，不利于进行机械强度和降解速度的人为调控，不利于大规模生产，人工合成的聚合物避免了上述限制，但缺乏细胞识别信号，同时与细胞间缺乏良好的生物性相互作用，在应用过程中出现亲水性差，细胞黏附力较弱。

② 种植细胞与基质材料的黏附力问题：细胞与支架材料间的黏附与否是组织工程瓣膜是否成功的基础，这也是实际研究中必须考虑到的问题。

③ 实验与临床问题：材料的本构方程只能通过实验来证实。生物瓣膜作为一种软组织材料，其力学特征表现为黏弹性及最大变形，它的应力-应变关系应通过实验来确定。

这些问题都要求人们对正常心脏瓣膜的结构、功能、代谢机制及其分子生物学特性有深入的了解，要求临床医学、细胞生物学、免疫学和材料科学等相关学科相互交流、渗透和加强合作，才能逐步得到解决。

第三节 骨组织工程支架的 3D 打印工艺

一、骨组织工程支架 3D 打印的发展

1. 骨组织工程支架的发展

骨骼是人体重要支撑部分，人体骨骼中较小的局部损伤可自愈修复，但在发生创伤、感染、骨肿瘤等疾病引发骨组织损伤时，常需采用适合的植入物替代缺损部位，使其结构和功能具有完整性。全球每年有大量患者要进行移植骨手术，骨移植替代物的市场需求巨大，这也极大促进了骨移植替代物的研究。

传统的骨替代物移植主要有自体骨移植、同种异体骨移植以及人造材料填补。众所周知，自体骨移植不存在免疫排斥反应，是治疗骨缺损最主要的同时也是最可靠的方法，但自体骨取自患者身体的髂骨等部位，来源有限且将产生新创伤，同时，当骨缺损较大时难以满足临床需求；同种异体骨经过处理可降低其免疫原性，但也会造成骨传导、骨诱导能力的降低，同时，还可能存在传播感染性疾病的风险；近年来人造材料，如羟基磷灰石、硫酸钙等已用于骨缺损的填充，然而其实际效果均不如自体骨或同种异体骨。所以，人们一直在不断探索骨缺损治疗的新途径和新技术。

组织工程技术是利用工程学和生命科学的原理和方法，将功能细胞与可降解三维支架材料在体外联合培养，构建成为有生命的组织替代物移植体内，以修复组织结构和恢复组织功能。通过骨组织工程技术研究的骨替代物具有无来源限制，利用细胞复合培养赋予其成骨活性，可模拟骨的组织形态结构等优点，具有巨大的临床应用潜力。骨组织工程为治疗骨缺损提供了一条新的途径，且已成为骨修复领域的发展趋势。骨组织工程主要涉及三个方面：骨组织工程三维多孔支架、骨种子细胞（成骨细胞）和生长因子。骨种子细胞是在生长中直接成骨或经诱导后可成骨的细胞，种子细胞决定新骨的形成；生长因子能抑制破骨细胞生长、促进成骨细胞产生，促进细胞的繁殖及细胞与材料的结合，在新的骨组织结构的形成上发挥重要作用；骨组织工程支架为成骨细胞的繁殖、分化、迁移等提供空间，并储备足量的水、营养物质、细胞因子和生长因子，以维持细胞的生存，发挥其功能，成骨细胞按骨组织工程支架三维多孔网络结构的形状和路径生长繁殖。

骨组织工程支架要实现细胞的繁殖和营养液的输送，支架内部必须是三维多孔结构，并具有良好的生物相容性和可降解性。理想的骨组织工程支架应具备的性质包括：

① 内部具有足够的孔隙率，孔隙网络结构相互贯通，以保证细胞的繁殖、养分的输送、代谢物的排放具有足够的空间；

② 具有与体内外细胞或组织良好的相容性和与其生长速度匹配的降解速度；

③ 具有适合成骨细胞黏附、繁殖、迁移的表面结构；

④ 具有足够的强度可以支撑整个结构不发生过大变形和破裂；

⑤ 具有与临床应用需要的骨支架结构相同的外形结构。

骨组织工程支架的三维多孔结构具有足够的比表面积，在一定程度上保证了黏附种子细胞的密度，也保证了营养液的输送和代谢物的排放，并能促进成骨细胞通过三维多孔结构向周围的组织扩散，保证了骨组织工程支架中血管与神经的顺利生长。

目前报道的骨组织工程支架材料主要有三大类：

① 生物陶瓷粉末，如微纳米钙磷酸盐（Ca-P）、磷酸三钙（β-TCP）、羟基磷石灰（HA）、缺钙纳米羟基磷石灰（CDHA）、生物活性玻璃等；

② 天然/合成水凝胶，如壳聚糖、明胶、甲基丙烯酰明胶、胶原蛋白、海藻酸钠、透明质酸和聚乙二醇双丙烯酸酯（PEGDA）水溶液等；

③ 天然/合成聚合物，如聚乙烯醇（PVA）、聚羟基丁酸酯（PHB）、聚氨酯弹性体、消旋聚乳酸（PDLLA）、聚 3-羟基丁酸酯-3-羟基戊酸酯、丙交酯-乙交酯共聚物（PLGA）和聚己酸内酯（PCL）等。

2. 骨组织工程支架 3D 打印技术

3D 打印技术也称增材制造，是根据计算机体层扫描（CT）、磁共振成像等数据重建模型或计算机辅助设计的数据，通过将材料精确地分层堆积，可快速打印出与骨缺损区域几乎完全相同的三维多孔高活性骨修复支架。早在 1999 年 Winder 等利用 CT 三维重建出颅骨缺损等外形，并应用 3D 打印技术快速打印出大小和形状适宜的钛金属植入体，用于治疗患者颅骨缺损并获得成功。2006 年 Igawa 等利用 3D 打印技术成功打印出磷酸三钙植入骨，修复了狗颅骨缺损部位。

3D 打印技术可在很大程度上实现支架的孔隙率、孔径、孔容积、空间排列和其他表面特性的可控性，因此可实现优良骨组织工程支架的制备。同时，由于骨的结构与功能相对较简单，相对于其他组织修复方式，3D 打印的骨组织工程支架具有稳定性好、连续性佳、术后并发症少等优势；能够精确、快速实现支架复杂的宏观外形与内部微细结构的一体化构建，可实现针对特定患者及特定部位个性化生产。另外，不同材料具有不同生物特性，3D 打印骨组织工程技术可根据患者病情量身定制专属材料和特需规格，以促进患者愈合，恢复应力平衡。因此，3D 打印骨组织工程支架具有重要临床意义。

常用于制备骨组织工程支架的 3D 打印技术主要有：熔丝沉积成形（fused deposition modeling，FDM）、激光选区烧结（selective laser sintering，SLS）、光固化成形（stereolithography）和三维打印（three-dimensional printing，3DP）等。

熔丝沉积成形（FDM）是一种以熔融挤出为基础的技术，通过挤出一系列平行的丝材来建造模型。一般是将热塑性材料，由喷头加热到熔融状态，然后通过计算机控制的喷嘴挤出，并在室温或指定温度下迅速使材料冷却固化直至成型。打印时若用到支撑材料则需要后处理除去支撑材料，最后得到成品。该技术在骨组织工程中的应用较为广泛，FDM 为物理过程，不需要添加溶剂，无有毒成分残留，无须后加工处理，能够最大限度地保证材料的原有特性。对于骨组织替代材料来说，高孔隙率有利于新生细胞和血管的长入，有利于组织的再生和修复，但是高孔隙率会导致力学性能下降。

光固化成形是一种基于还原聚合的印刷技术，当激光束射入光固化液体树脂后，树脂逐层固化，从液体转向固体聚合物（称为光聚合），直到三维结构打印完成。光固化成形是第一个获得专利的三维打印技术，广泛应用于各个医疗领域。其优势是能够进行个性化设计、大规模定制、具有制造复杂结构的能力。但成型产品需要清洗去除杂质，具有生物学活性的骨骼类替代材料如生物玻璃、透明质酸（HA）等材料并非光敏材料，需要与光敏材料混合改性后才能使用，因此成品的性能与原材料差异较大，该技术的应用范围也受到较大影响。

激光选区烧结（SLS）是采用高能激光束产生局部热源，该热源将粉末材料部分熔化并融合成所需的图案。产生热源一次熔合一层，直到生成三维结构。在 SLS 中，金属合金和陶瓷是使用最多的材料。SLS 技术具有很高的精度，可以打印小至 (0.5 ± 0.2)mm 的三维模型。其优点是无需支撑材料；不足是由于粉末材料处于半熔融状态，故 SLS 的最终产品具有粗糙、研磨的表面和多孔的内部结构。因此，SLS 打印的产品通常需要更多的后处理，加工过程中易产生粉尘和有毒气体，且高温易导致材料降解、生物活性分子变形及细胞的凋亡。

三维打印（3DP）是目前应用最为广泛的 3D 打印技术，与 SLS 技术类似，首先在平台上铺一层粉末材料，通过计算机控制路径将液态黏结剂喷在粉末材料上，在指定区域喷上黏结剂使材料黏结，再使工作台沿 Z 轴下降一层材料的高度，并重复之前的操作方法逐层黏结，形成三维打印产品。该方法与 SLS 相同，在打印完成后均需将模型从未黏结的粉末中分离出来。该方法的优点是操作简便、产品孔隙率高及原料的应用范围广，包括聚合物、金属和陶瓷；不足是产品的力学强度较低，需要通过后处理提高强度，但同时也会导致零件变形。

常见的 3D 打印技术还包括：分层实体制造（laminated object manufacturing）、低温沉积制造（low-temperature deposition manufacturing）、三维纤维沉积技术（3D fiber-deposition technique）以及间接快速成型法（indirect RP fabrication method）等。

3D 打印骨组织工程支架的过程一般是：首先需要获取患者病变/缺损组织的 CT 或磁共振成像数据，利用计算机辅助设计建立图像模型，然后将相关数据输送到 3D 打印机中，打印机按照预设的路径将三维模型用合适的生物材料逐层打印堆积起来，最终形成与组织一致的三维支架。

3. 骨组织工程支架 3D 打印的发展趋势

目前，人们主要围绕骨组织工程支架材料、种子细胞和生长因子这三个要素，不断研究开发新型骨组织工程支架 3D 打印技术。

① 新型 3D 打印骨组织工程支架材料：探索具有易打印性，与缺损部分契合性好，具有优良生物相容性、骨诱导性、力学稳定性、可塑性、生物降解性的新型 3D 打印支架材料。如聚合材料与陶瓷或金属与陶瓷混合制成的复合材料支架成为新的突破，陶瓷支架与聚合材料支架的结合，如同骨组织中胶原与钙盐的有机结合，更接近真实的骨基质环境，被许多学者用于 3D 骨组织打印研究。同时，在支架中添加生物活性物质，如骨形态发生蛋白 2（bone morphogenetic protein，BMP-2）和血管内皮生长因子（vascular endothelial growth factor，VEGF），可进一步刺激支架内血管及骨量的增加，因此，包被生物活性因子的支架材料将成为 3D 打印骨组织工程支架的优选。

② 3D 骨与细胞联合打印技术：3D 细胞打印技术是一种在体外将细胞定植于人造器官特定位置、构造三维多细胞体系的技术。生物体内细胞和细胞外基质按照一定的空间结构排列形成，细胞在细胞外基质中精确定位是维持生物结构、形态和功能完整性的必要条件。3D 骨与细胞联合打印，将细胞与支架同时打印，有利于在支架原位成骨，能实现完美的骨再生。目前用于 3D 骨组织联合打印的细胞主要有骨原细胞、胚胎干细胞、成体干细胞（脂肪、骨髓、间质）、诱导多能干细胞（induced pluripotent stem cells，iPSCs）及内皮细胞。

二、骨组织工程支架的 3D 打印工艺

1. 3D 打印聚醚酰亚胺表面复合 RGD 多肽的骨组织工程支架制备工艺

聚醚酰亚胺（PEI）是一种具有高温稳定性、耐腐蚀性、耐磨性以及较大机械强度的特种工程塑料。同时，PEI 具有良好的生物相容性，在血液透析等生物医学领域有着潜在的应用前景。PEI 具有很高的刚度及与骨组织相近的弹性模量，且相比于聚醚醚酮（PEEK）材料，PEI 更加廉价。该制备工艺以 PEI 为 3D 打印基质材料，并通过表面修饰 RGD 多肽（H-甘氨酸-精氨酸-甘氨酸-门冬氨酸-门冬酰胺-脯氨酸-OH）进一步增加其表面细胞黏附，有利于骨损伤的修复。

其制备工艺过程如下：

① 将 PEI 颗粒充分烘干后放入拉丝机料筒中，加热至 340~420 ℃，PEI 颗粒完全融化后，将 PEI 挤压成丝状物，再次经过 140~180 ℃烘干 3~5 h，得到干燥的 PEI 丝，密封保存。

② 根据所需的骨组织工程支架的形状，利用三维建模软件建立预打印的支架结构模型，并将其转化为 3D 打印系统中可以被识别的 STL 文件。

③ 将所得 STL 文件导入 3D 打印机系统，通过自动控温系统将 3D 打印机喷头预热到 360~415 ℃，打印机打印室预热到 210~230 ℃，成型基板预热到 110~180 ℃，然后通过自动送丝装置将 PEI 丝材送入已预热好的打印喷头内，3D 打印喷头根据软件生成的轨迹路径进行逐层打印，直至打印完成得到 PEI 支架，再将得到的 PEI 支架放到 100~150 ℃的烤箱内烘烤 15~30 min。

④ 在 10 mmol/L pH 8.5 的 Tris-HCl 缓冲液中加入多巴胺，制得浓度为 2 mg/mL 的多巴胺溶液，

将 PEI 支架浸泡到多巴胺溶液中，在 37 ℃且与空气充分接触的条件下避光处理 12～24 h，得到表面经多巴胺改性的 PEI 支架，用去离子水对改性后的 PEI 支架反复漂洗，冻干保存。

⑤ 在 10 mmol/L pH 8.5 的 Tris-HCl 缓冲液中加入 RGD 多肽，得到 200 $\mu g/mL$ 的 RGD 多肽溶液，将经多巴胺修饰的 PEI 支架浸泡于浓度为 200 $\mu g/mL$ 的 RGD 多肽溶液中，并置于 37 ℃恒温摇床上处理 12～24 h 后取出 PEI 支架，然后用去离子水反复冲洗去除 PEI 支架表面未结合牢固的残余 RGD 多肽，处理完后将 PEI 支架冻干保存备用，制得可以促进骨组织修复的 PEI 支架。

PEI 支架先后浸泡于多巴胺溶液和 RGD 多肽溶液中，多巴胺溶液中的多巴胺会自发聚集反应形成聚多巴胺，RGD 多肽中含有羧基和氨基等活性基团，可与聚多巴胺层中丰富的邻苯二酚基团发生共轭结合，从而在聚多巴胺层接枝偶联 RGD 多肽，RGD 多肽可以促进细胞黏附，促进成骨分化，有利于骨组织修复，使得制备的 PEI 支架可以促进骨组织修复，进而使填充支架与周围骨组织结合实现骨缺损修复填充的效果。

2. 可控释淫羊藿苷-β-磷酸三钙复合多孔骨组织工程支架的制备

骨伤科领域研究发现，淫羊藿苷作为一种新型骨诱导活性因子，对于促进骨形成、诱导成骨方面发挥着重要作用，它能够有效促进成骨细胞分化、抑制破骨细胞活性，从而调节骨组织代谢。但淫羊藿苷难溶于水，体内生物利用度比较低，需要合适的载体才能更好地发挥其生物学活性。聚乳酸-羟基乙酸共聚物 [poly (lactic-*co*-glycolic acid)，PLGA] 是一种可降解的高分子有机化合物，具有较好的生物相容性及稳定性，可通过载体表面吸附相应的配体而定位到特定的组织和器官，其制成纳米微球后，在人体内经过物理溶解、体液介导等降解过程，可以释放出其中包埋的药物，从而实现药物缓慢释放，达到长效给药的目的，是一种良好的药物递送载体。本工艺采用超声乳化溶剂挥发法制备 PLGA/淫羊藿苷 O/W 复乳，用透析法除去 DMF，经过离心、冷冻干燥形成具有接近纳米结构的载有淫羊藿苷的 PLGA 微球。药物由高分子聚合物包裹，包裹材料 PLGA 在人体内经过物理溶解、体液介导等降解过程，可以释放出其中包埋的药物，形成具有缓释能力的材料。

其制备工艺过程如下：

① 三维建模：采用 solidwords 2015 三维建模软件进行支架三维模型的设计，分析设计孔隙间距为 0.6 mm 的支架模型，模型外形尺寸约为 11 mm×11 mm×6 mm，棱条尺寸为 0.5 mm×0.5 mm，支架在三维坐标系 X、Z 轴上的孔隙大小为 0.6 mm×0.6 mm，在 X、Y 轴上的孔隙大小为 0.6 mm×0.5 mm。

② 3D 打印过程：首先配制打印浆料，将去离子水和分散剂（聚丙烯酸钠）混合均匀，缓慢添加 β-TCP 粉体和纳米氧化锌的混合物，采用行星球磨机以 30 Hz 的频率球磨 12 h，得到固相含量为 55%（质量分数）的浆料；然后向上述得到的浆料中加入水溶性流变助剂（羟甲基丙烯纤维素），再用行星球磨机以 30 Hz 的频率球磨 3 h；将上述得到的浆料移入料筒中，依次进行超声震荡（频率 100 Hz，时间 30 min，温度 40 ℃）、低温除泡（2～10 ℃，3 h），从而得到用于气压挤出式三维打印的陶瓷浆料。应用挤出式 3D 打印机进行成型，3D 打印机采用 500 μm 喷头，移动速度为 100 mm/min。将设计的三维支架模型存储为 STL 格式，将其输入 3D 打印设备，设置好打印参数，打印机根据设置好打印参数完成 β-TCP 溶浆在 X、Y、Z 轴上的喷涂工作，最终完成设计的 β-TCP 支架半成品。将打印好的支架置于 40 ℃真空干燥箱中干燥 24 h。将充分干燥的支架按设置的升温程序进行烧结，可得到 β-磷酸三钙骨组织工程支架成品。

③ 淫羊藿苷/PLGA 缓释微球的制备：采用超声乳化溶剂透析法制备淫羊藿苷/PLGA 缓释微球，取 20 mg 淫羊藿苷和 200 mg PLGA 分别溶于 2 mL、4 mL N,N-二甲基甲酰胺（DMF）中，在冰浴和超声条件下，将 PLGA/DMF 溶液缓慢加到淫羊藿苷/DMF 溶液中，超声 10 min 得到二者的混合溶液。在同等条件下将质量浓度为 10 g/L 的聚乙烯醇（PVA）溶液缓慢滴加到混合溶液中进行乳化，超声 15 min 得到淫羊藿苷/PLGA 复乳（O/W），然后将混合溶液放入透析袋（截留分子量 8000～14000）中透析 12 h，以除去 DMF，最后将透析袋中的液体离心（10000 r/min，25 min），吸去上清液，加入去离子水清洗 3 次，即得到淫羊藿苷/PLGA 微球混悬液。再将此混悬液低速离心，弃去上清液，收集离心沉淀物，置于冷冻干燥机中干燥，得到淫羊藿苷/PLGA 微球。

④ 多孔 β-TCP 负载淫羊藿苷/PLGA 缓释微球复合材料的制备：将 2 个 β-TCP 支架放入平底离心管中，加入 5 mL 淫羊藿苷/PLGA 混悬液，用震荡混匀器混匀支架溶液，放入离心机进行离心处理（4000 r/min，15 min）。离心后，弃去上清液，向离心管中加入 5 mL 10%明胶溶液，再次低速离心（2000 r/min，15 min），即得到孔隙中充满淫羊藿苷/PLGA 微球的多孔 β-TCP 支架，将其放入真空冷冻干燥机 24 h，得到负载淫羊藿苷/PLGA 微球的多孔 β-TCP 复合支架。

缓释微球经过体外模拟释放实验，发现药物在 32 d 内经过前 3 d 的突释后进入缓慢释放状态，药物累积释放量达到 60%。根据骨修复原理，骨损伤后 7～10 d 开始就有新骨形成，骨修复材料在修复区起支撑作用的同时，药物的缓慢释放能动员成骨细胞参与骨形成，同时抑制破骨细胞活性，加快骨修复过程，药物在 30 d 累积释放能够达到 60%，其后药物释放趋于平缓，能够实现在 3 个月内缓慢释放药物，药物的持续作用可使诱导成骨作用加快。将微球复合入多孔支架中，微球可通过支架孔隙结构与机体细胞及组织体液进行交流，通过体内代谢过程缓慢释放药物，从而使微球中淫羊藿苷发挥促进成骨细胞增殖分化的作用，而支架本身为其提供了一个稳定的空间结构，并可降解代谢 Ca^{2+}、P^{5+} 等离子，影响机体微环境，以促进骨组织再生与修复。

采用纳米级 β-TCP 与 ZnO 混合，以去离子水和分散剂的混合溶液配制成打印浆料，利用生物 3D 打印机对预设的多孔支架模型进行成型制造。制得的多孔支架宏观孔隙均匀，相互连通的大孔约 600 μm，能够满足骨组织的长入，也能够为营养物质及组织细胞代谢产物的输送提供通路。有研究报道，多孔陶瓷支架孔隙在 15～40 μm 时，纤维组织可长入，40～100 μm 时非矿化的骨样组织可长入其中，而在 150 μm 以上时，可为骨组织长入提供足够的空间。同时支架在烧结过程中可形成微孔，这些微孔结构在植入的股骨头内可形成微孔通道，有利于细胞黏附、增殖及血管的长入。支架在扫描电镜下可清晰观察到表面结构，可发现烧结后的支架表面结晶度较好，并有相互连通的微孔结构，这些结构可作为组织细胞通路，以促进骨组织修复。成型的支架经过力学性能测试，达到了松质骨的抗压强度，从而可为围塌陷期的股骨头提供足够的力学支撑强度。制备的支架材料经过烧结前后的物质成分对比分析，没有发现物质成分的改变，那么烧结后的支架成品在植入股骨头后其降解性能和生物相容性将不会受影响。成型支架经阿基米德法测定其孔隙率，孔隙率达到（66.93±2.84)%，正常支架孔隙率在 40%～80% 之间，可促进细胞黏附、增殖及血管长入，如植入的支架材料孔隙率低于 40%，虽其力学性能明显提高，但无法满足骨长入、细胞黏附的要求，而若孔隙率高于 80%，其力学强度会显著降低，同时孔隙率增高也会影响其降解率，加快降解速度。支架在复合入缓释微球后，孔隙率降低，主要是因为微球植入以及明胶的封存，使得微孔面积较植入前明显降低。但植入体内后，明胶及微球经体内代谢而降解，仍可促进骨组织细胞黏附及增殖、血管长入。

淫羊藿苷-β-磷酸三钙复合材料能够达到松质骨力学性能上抗压强度的要求，所形成的孔隙有利于骨细胞及微血管长入，以及新骨生成与重建，同时，材料中的淫羊藿苷可以有效促进和诱导骨组织再生，此新型复合材料将为临床治疗股骨头坏死新方法探索打下良好的研究基础。

3. 3D 打印负载干细胞的骨组织工程支架制备工艺

采用双喷头 3D 生物打印机打印，制备负载干细胞的骨组织工程支架。打印材料包括油溶性高分子材料［乳酸-羟基乙酸共聚物（PLGA）、聚乳酸（PLA）、聚己内酯（PCL）等］、生物陶瓷粉体（微米或纳米级 β-TCP、纳米羟基磷石灰或纳米磷酸钙）、油性溶剂（二氯甲烷、氯仿或丙酮）、水溶性生物活性材料（重组人骨形态发生蛋白 rhBMP-2、成骨多肽或人骨形态发生蛋白 BMP-2）、水、乳化剂［聚乙烯醇（PVA）或吐温 20］、水凝胶（明胶、海藻酸钠水凝胶或 I 型胶原蛋白水凝胶）和种子细胞（大鼠骨髓间充质干细胞、MC3T3-E1 小鼠颅骨成骨细胞或人脊髓间充质干细胞）。利用上述组分制成打印墨水 I 和打印墨水 II，将打印墨水转移到 3D 打印机中的墨盒 I 和墨盒 II，由 3D 打印机的喷头 I 和喷头 II 将打印墨水 I 和打印墨水 II 挤出打印成型，得到骨组织工程支架。

其制备工艺过程如下：

① 将油溶性高分子材料加到油性溶剂中充分溶解，加入生物陶瓷粉体完全溶解后，形成生物陶瓷粉

体/油性高分子材料溶液，加入乳化剂水溶液，超声混合分散得到复合油包水型乳液；水溶性生物活性材料加去离子水溶解后，与复合油包水型乳液混合，搅拌均匀，形成负载了水溶性生物活性材料的油包水型乳液，即为打印墨水Ⅰ；转移至 3D 打印机墨盒Ⅰ，该墨盒Ⅰ连接 3D 打印机的喷头Ⅰ。

② 将干态水凝胶原料加到细胞培养基中完全溶解，向形成的水凝胶中加入种子细胞，调整至所需浓度。该水凝胶溶液为打印墨水Ⅱ，转移至 3D 打印机墨盒Ⅱ，该墨盒Ⅱ连接 3D 打印机的喷头Ⅱ。

③ 对骨组织工程支架构建三维模型；对骨组织工程支架的三维模型分层切片，并设置 3D 打印机的打印参数。

④ 将 3D 打印机成型室的温度降至 $25 \sim -100$ ℃，通过三维打印机的喷头Ⅰ和喷头Ⅱ，喷出墨水Ⅰ和墨水Ⅱ，得到含有种子细胞/水凝胶的骨组织工程支架预制件。打印过程中，打印每一层时，先通过喷头Ⅰ挤出打印墨水Ⅰ构建出预先设计的图案并固化，然后通过喷头Ⅱ挤出打印墨水Ⅱ填充在其空隙中，按照设定要求打印相应层数，即得到含有种子细胞/水凝胶的骨组织工程支架预制件。

⑤ 待骨组织工程支架预制件内的有机溶剂自然挥发后得到含有种子/水凝胶的骨组织工程支架成品。

⑥ 将含有种子细胞/水凝胶的骨组织工程支架成品放到细胞培养基中，37 ℃培养，水凝胶在 37 ℃下重新溶解，并释放出其中的种子细胞，实现种子细胞向骨组织工程支架表面的迁移与黏附；或引导种子细胞在交联水凝胶内向骨组织工程支架表面迁移。

该工艺制备所得支架具有良好的新骨诱导再生作用，构建骨支架的打印墨水配制简单，在 $25 \sim -100$ ℃条件下可进行打印成型且后处理无需进行冷冻干燥，只采用气流即可使溶剂挥发完全使支架定型；可个性化制备具有复杂结构的骨组织工程支架；可原位负载成骨生长因子或成骨多肽，并保持其在骨组织工程支架中进行可控缓释；具有可降解性且力学性能优异，可原位负载种子细胞并在低温打印过程中及溶剂去除过程中保持其活性。制备所得产品具有良好的生物相容性、生物活性、尺寸稳定性、溶剂可去除性以及种子细胞同步负载性等方面的优势，拓宽常温至低温三维打印所处理材料的范围，应用范围广。

三、骨组织工程支架 3D 打印技术的挑战

3D 打印骨组织工程支架虽然具有广阔的应用前景，但依然存在一些问题尚未解决，成为该领域的挑战。

(1) 3D 打印骨组织工程支架技术有待完善

使用三维方法构建的骨组织工程三维多孔支架结构，尽管可以成孔，但孔隙率是否能较好地与细胞匹配，尚不能保证，通过计算机辅助技术构建的孔隙率和连通性是否符合人体组织生长需要，也是个未知数，目前仅通过少量临床经验来调整，效果并不是很理想。

(2) 3D 打印骨组织工程支架费用昂贵

3D 打印骨组织工程支架在性能方面优势明显，但是价格昂贵，打印设备和材料费都比较高，不容易实现大批量生产，限制了其发展。尚有待进一步开发价廉易得的支架材料、工业化规模的制备技术，以降低制造成本。

(3) 3D 打印骨组织工程支架技术标准有待成熟

由于 3D 打印技术在医学领域的应用尚处在新兴发展阶段，且目前尚未出台具体的行业标准，大规模的 3D 打印支架应用于骨科临床尚需时日。

综上所述，3D 打印骨组织工程支架尚需不断攻克各种难关和挑战，相信随着 3D 打印技术和医学领域骨组织工程技术的快速发展，以及工程技术、组织工程学和医学领域研究技术不断交叉融合，不久的将来 3D 打印技术在骨组织工程领域的应用将越来越普遍，并必将为人类健康保驾护航。

本章小结 ○━━━━━━━━━━

本章介绍了生物医学材料的分类以及相关基本特征，如细胞毒性、组织相容性、血液相容性等内容；

同时结合人工心脏瓣膜的特点和发展，介绍了组织工程心脏瓣膜的生产工艺；并介绍了骨组织工程支架3D打印的发展、常用技术以及发展趋势，重点介绍了几种骨组织工程支架的3D打印工艺实例，并阐述了其发展中的挑战。

思 考 题

1. 根据物质组成属性，生物医学材料大致可分为哪几类？各自的优缺点有哪些？
2. 生物医学材料的细胞毒性、组织相容性、血液相容性的评价方法主要有哪些？
3. 组织工程心脏瓣膜支架进行细胞种植的技术分为哪两种？它们的方法和特点是什么？
4. 理想的骨组织工程支架应具备哪些性质？
5. 常用于制备骨组织工程支架的3D打印技术有哪些？原理分别是什么？
6. 骨组织工程支架3D打印技术的发展趋势如何？

【张迎庆　周娟】

参考文献

[1] 刘九羊，黄少萌，高安秀. 生物医学材料概论 [J]. 科技风，2012，5：195.

[2] Ratner B D，Hoffman A S，Schoen F J，et al. Biomaterials science：an introduction to materials in medicine [M]. Second edition. Amsterdam：Elsevier Academic Press，2004.

[3] United States Pharmacopeia. Biological reactivity tests in vitro [S]. In U. S. Pharmacopeia 23. United States Pharmacopeial Convention，2004，27：2173-2175.

[4] An Y H，Friedman R J. Animals models in orthopaedic research [M]. Boca Raton：CRC Press，1999.

[5] 王圣，李温斌. 组织工程心脏瓣膜研究新进展 [J]. 中国医疗器械信息，2008，14（9）：31-38.

[6] 郝凤阳，苏健，孙璐，等. 人工心脏瓣膜的发展 [J]. 医疗装备，2017，13（30）：186-190.

[7] Jessup M，Brozena S. Heart failure [J]. The New England Journal of Medicine. 2003，348：2007-2018.

[8] Volkmar F，Thomas W，Ehud S，et al. Transapical aortic valve implantation with a self-expanding anatomically oriented valve [J]. European Heart Journal，2011，（7）：878-887.

[9] Fuchs J R，Nasseri B A，Vacanti J R. Tissue engineering：a 21st century solution to surgical reconstruction [J]. The Annals of Thoracic Surgery，2001，72（2）：577-591.

[10] 李慕勤，王晶彦，吕迎，等. 骨组织工程支架材料 [M]. 北京：化学工业出版社，2019.

[11] 帅词俊，刘景琳，彭淑平，等. 3D打印人工骨原理与技术 [M]. 长沙：中南大学出版社，2016.

[12] 郑扬，李危石，刘忠军. 骨组织3D打印：骨再生的未来 [J]. 北京大学学报：医学版，2015，47（2）：203-206.

[13] 党莹，李月，李瑞玉，等. 骨组织工程支架材料在骨缺损修复及3D打印技术中的应用 [J]. 中国组织工程研究，2017，21（14）：2266-2273.

[14] 赵士明，李喜林，王建新，等. 3D打印技术在骨组织工程领域的研究进展 [J]. 工业技术与职业教育，2017，15（4）：11-14.

[15] 何潇，何扬波，朱少奎，等. 3D打印骨组织工程支架的制备技术 [J]. 生物骨科材料与临床研究，2021，18（3）：83-86，91.

[16] 曾玉婷，洪雅真，王士斌. 三维打印技术在骨组织工程领域的应用研究进展 [J]. 国际生物医学工程杂志，2016，39（3）：191-195.

[17] 张彦博. 聚醚酰亚胺（PEI）作为骨修复支架生物相容性的研究 [D]. 长春：吉林大学，2019.

[18] 秦彦国，李瑞延，徐鑫宇，等. 一种3D打印PEI表面复合RGD的骨填充支架的方法 [P]. CN110368523A. 2019.

[19] 彭晨健，杜斌，孙光权，等. 3D打印β-磷酸三钙支架复合淫羊藿苷微粒修复兔股骨头坏死 [J]. 中国组织工程研究，2019，23（14）：2162-2168.

[20] 曹良权. 股骨头坏死修复研究中可控释淫羊藿苷-β-磷酸三钙复合支架的制备 [D]. 南京：南京中医药大学，2017.

[21] 薛鹏，杜斌，王礼宁，等. 可控释淫羊藿苷-β-磷酸三钙复合支架的制备 [J]. 中国组织工程研究，2018，22（6）：865-870.

[22] 王翀，马小晗，万健，等. 一种打印材料，负载干细胞的骨组织工程支架及制备方法 [P]. CN109999226A. 2019.

第十九章

其他生物药物生产工艺

第一节　血液制品生产工艺

一、血液制品的历史及发展概况

1. 血液制品及其定义

血液制品（blood products）主要指源自人类血液或血浆（plasma）的治疗产品，如人血清白蛋白、人免疫球蛋白、人凝血因子等。血液制品包括全血和其他用于输血的血液成分以及血浆衍生的医药产品。本章主要描述血浆蛋白质制品的生产工艺。

血浆是血液分离出血细胞后保留的液体部分。血浆中，约92%为水分，6%～8%为血浆蛋白质。人血浆中含有200多种蛋白质成分，现代工业已实现了20余种血浆蛋白质成分的分离纯化，并将其用于临床预防和疾病治疗，这些血浆蛋白质主要分为白蛋白类、凝血因子类和免疫球蛋白类，而不属于此三类的血浆蛋白质为微量蛋白类。含单一血浆蛋白质成分的血液制品纯度高、效价高、稳定性好，便于保存和运输，是血浆制品的发展趋势。

血液制品因具有独特的生物学特性而被现代医学加以重视，在临床长期实践中血液制品展现出显著的治疗效果，如较好地解决了孕产妇健康和儿童死亡率问题、提高了遗传性疾病（如血友病、地中海贫血和免疫缺陷）和获得性疾病（如癌症和外伤性出血）患者的预期寿命和生活质量。在复杂的医疗救治和外科手术过程中，血液制品成为急症救急、突发事故救伤以及战略储备中不可或缺的一类特殊药品。

2. 血液制品的发展历程

人类自17世纪便尝试通过输注血液治疗疾病，现代意义上的输血治疗始于1900年Karl Landsteiner发现ABO血型，受限于当时的科技水平，很长一段时间内输血治疗均采用全血输注的方式。直到20世纪40年代，人血浆蛋白质制剂才研发成功，当时正值第二次世界大战，为满足前线抢救伤员的需求，美国哈佛大学的E. J. Cohn利用低温乙醇分离法成功获得纯度为98%的人血白蛋白制剂。此后，血液制品产业获得蓬勃发展，自20世纪50年代起，不同血液成分输注纷纷进入医学治疗领域，血液资源得到充分利用，但在这一时期输血治疗仍主要以白蛋白等成分的输注为主。此后，研究人员成功研发凝血因子输注产品，20世纪90年代后，静脉注射用人免疫球蛋白制剂得到快速发展，其约占血液制品全球销售总额的30%，2008年攀升到50%左右，成为血液制品中的主导产品。

英国国家医疗服务体系（NHS）从20世纪70年代起，就采用注射浓缩凝血因子的方式治疗血友病，由于本土血源供不应求，英国不得不向美国购买血浆，但低价血浆缺乏质量管理，混入了来自HIV携带者和肝炎患者的血浆，最终导致了多达5000人的大范围感染。之后各国政府加强了对血液制品的监管力度，导致许多中小企业被迫破产出局。目前，澳大利亚的CSL公司、美国Baxter公司等都是血液制品领域中的跨国龙头企业，每年血浆投产均在2000 t以上，前部企业占据了全球血液制品市场的70%以上，垄断格局十分明显。在品种方面，欧美地区有6类血液制品被纳入药典标准，其中人血清白蛋白类、凝血因子类制剂和静脉注射用人免疫球蛋白类是主要品类，占据血液制品临床用量的80%以上。

我国血液制品行业的发展始于20世纪50年代，前期发展缓慢，大部分产品是以胎盘血为原料制备的免疫球蛋白和白蛋白，仅小部分以全血分离的血浆为原料来制备人血丙种球蛋白和人血清白蛋白。1982年，全国推广血浆单采技术，极大地解决了血浆供应问题；1991年，我国血液制品生产单位从最初的6家发展到33家，但存在规模小、水平低、品种单一等问题，主要产品为冻干人血浆、白蛋白和免疫球蛋白。改革开放后，上海生物制品研究所、成都生物制品研究所等单位积极引进新技术，扩大生产规模，提高生产能力和产品质量。到1997年，血液制品生产企业增加到80多家，年血浆投料总量增加到2000多吨，标志着我国生物制品走向新纪元。近年来，我国开始在重组血液制品替代品方向上进行战略布局，正大天晴、成都荣生等企业积极开展了重组人凝血因子类制品的开发。

3. 血液制品的安全控制

（1）血液制品存在的问题

血液制品存在许多潜在的安全因素，包括病毒污染问题和同种抗原问题。

① 病毒污染：经血传播的病毒主要有乙型肝炎病毒（HBV）、丙型肝炎病毒（HCV）、人类免疫缺陷病毒（HIV）和人类嗜T淋巴细胞病毒-1（HTLV-1）等。

② 同种抗原：血浆蛋白质存在多种遗传变异型，例如触珠蛋白（Hp）、转铁蛋白等，遗传和变异型总数超过20种。若输注纯度不高的血浆蛋白质，可能会将同种异型体抗原引入接受者体内，容易诱发免疫异常、免疫功能低下等症状。

（2）安全控制技术

① 加强病毒检测：多数国家规定HBV、HIV和HCV是原料血浆和血液制品的必检项目。通常使用酶联免疫吸附分析（ELISA）和蛋白质印迹法（Western blot）检测。受方法本身限制，对于一些特殊的病毒依旧缺乏对应的检测方法。20世纪90年代后，采用核酸检测技术（NAT）能直接检测样品中的DNA或RNA，病毒检出率比ELISA高两倍以上。近年来发展起来的生物芯片技术可以实现高通量快速检测，但其可靠性仍是推广使用的关键限制因素。

② 发展高效病毒灭活技术：目前国际公认的病毒灭活方法有加热法、有机溶剂或表面活性剂法（S/D法）、低pH孵育法以及纳米膜过滤法。为了保证血液制品的安全性，制品必须经过两次病毒灭活处理，且所选的两种方法必须具有不同的灭活原理。最为理想的灭活技术要求在不破坏蛋白质结构、不损伤生物学活性的前提下能够彻底灭活病毒。近二十年来新的灭活方法不断涌现，如酶消化法、光化学法、动态加压法及碘化合物处理法，也有很多方法仍处于应用研究阶段。

③ 提高血液制品纯度：高纯度制剂代表血液制品的发展方向。随着蛋白质分离纯化技术的不断发展，各种色谱技术（分子筛、离子交换、亲和色谱等）、电泳技术和超滤技术的成熟应用，极大地提高了血浆蛋白质制剂的纯度，如静脉注射用人免疫球蛋白的纯度可超过98%。

二、血液制品的分离纯化技术

1. 方法选择原则

人血浆是一种含有 200 多种蛋白质的复杂混合物，目标蛋白质的获得必须依赖于分离纯化技术。理论上可用于血浆蛋白质分离的方法有许多，实际应用时根据血浆原材料的特殊性和目标蛋白质的用途，应遵循以下原则选择合适的分离技术。

① 温和性：不破坏目标蛋白质的活性，尽可能去除杂蛋白质及非必要的其他物质。

② 无害性：组分中杂蛋白质或其衍生物无不良反应，病原微生物及其代谢物的污染风险均应降至最低。

③ 经济性：在产品质量满足要求的基础上，生产过程应尽可能简易、可靠且容易实现自动化。

④ 环境保护：分离过程尽可能做到低耗能、低排泄、低噪声等。

2. 主要的分离纯化方法

（1）沉淀分离

根据血浆蛋白质的等电点、溶解度等理化性质的不同以及含量的差异，可以采用盐析、有机溶剂沉淀、等电点沉淀等方法进行分离，常用的试剂有乙醇、聚乙二醇、硫酸铵等。为获得最佳的分离效果，往往将多种沉淀方法联合使用。沉淀后常用的固液分离方法是离心分离和过滤分离。

（2）色谱分离

常用的色谱方法包括了亲和色谱法、离子交换色谱法、凝胶过滤色谱法等。

① 亲和色谱法：通过配基和配体之间的亲和作用而实现分离。根据配基的不同该法可以分为生物亲和色谱、免疫亲和色谱、金属离子亲和色谱、拟生物亲和色谱。最常用的配基有肝素、明胶、鼠抗体和 Cu^{2+} 等。目前，通过亲和色谱制备且已应用于临床的血浆蛋白质制品包括人白蛋白、α_1 蛋白酶抑制剂、甲状腺素结合球蛋白、抗凝血酶Ⅲ、触珠蛋白、纤溶酶原、凝血因子Ⅴ、凝血因子Ⅶ、凝血因子Ⅷ等。

② 离子交换色谱法：通过蛋白质表面总电荷、电荷密度或电荷分布的不同对不同蛋白质进行分离。蛋白质在不同的 pH 下通常表现出不同的正负电荷。在低离子强度的情况下，蛋白质可与交换剂上带相反电荷的极性基团结合，通过改变离子强度又可以被相同离子竞争置换下来。因此，了解某一个蛋白质的等电点就可制定该蛋白质的离子交换色谱策略，这主要涉及离子交换树脂、缓冲体系、洗脱体系、目标蛋白质收集区间等参数设定。

③ 凝胶过滤色谱法：又名分子筛，根据蛋白质分子量大小、形态、立体结构的差异实现目标蛋白质的分离。通常目标蛋白质与填料不会相互结合。该方法适用于对 pH 和金属离子等敏感的蛋白质的分离。

（3）液相分离技术

液相分离技术是指将均匀液相或熔体通过某种机制分离成两种不同成分互不混溶的液相。液相分离技术主要包括液液萃取，往往在血浆蛋白质的分离纯化中作为辅助的分离方法。

（4）膨胀床吸附技术

膨胀床吸附技术不需要预先去除料液中的颗粒而直接吸附目标产物，是一种兼流化床和填充床色谱的分离纯化技术。在操作过程中吸附剂（色谱剂）层在原料液的流动下可产生膨胀，其膨胀程度取决于吸附剂的密度、流体速度。当吸附剂的沉降速度与流体向上的流速相等时，膨胀床达到平衡状态。吸附剂的膨胀使其孔隙率增大，从而使原料液中的细胞等固体颗粒被排除，同时目标产物吸附于吸附剂上。该技术步骤简单，成本低，而且提高了分离效率和产品的收率。

3. 血浆蛋白质制品的制备

（1）人血清白蛋白

① 低温乙醇法制备工艺：自 20 世纪 90 年代开始，血浆蛋白质制品的基本制备工艺已基本形成，人

血白蛋白的制备主要使用低温乙醇法，该方法源自美国 E. J. Cohn 等开发的 Cohn6 法。由于溶剂体系的介电常数和蛋白质的溶解度成正比，在蛋白质混合液中加入介电常数较低的乙醇可以显著降低混合液的介电常数，在一定程度上能够降低蛋白质的溶解度。低温乙醇沉淀法中主要有五个可变因素：乙醇浓度、pH、离子强度、蛋白质浓度和温度，这些因素的一般变动范围见表 19-1。通过调节这些因素参数来综合控制血浆中不同蛋白质的沉淀反应。在实际应用中乙醇浓度和 pH 是最为重要的因素。

表 19-1　低温乙醇沉淀法中可变因素的一般变动范围

控制因素	变动范围
乙醇浓度/%	0～40
pH	4.4～7.4
离子强度/(mol/L)	0.01～0.16
蛋白质浓度/%	0.2～6.6
温度/℃	−8～0

在 Cohn6 法中（图 19-1），通过调整体系中的五个可变因素，不同溶解度的血浆蛋白质会形成不同的沉淀，在不同处理步骤中可获得不同的血浆蛋白质组分（表 19-2）。

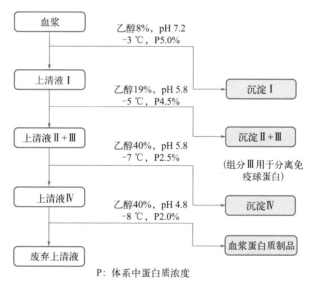

P：体系中蛋白质浓度

图 19-1　血浆蛋白质 Cohn6 法制备工艺

表 19-2　Cohn6 法中各组分血浆蛋白质情况

组分	蛋白质回收量/%	血浆蛋白质
I	5～10	纤维蛋白原、凝血因子(F)Ⅷ、C1q、C1r、C1s、纤维连接蛋白
II	25	IgG、IgA、IgM、FⅡ、FⅦ、FⅨ、FⅩ、α球蛋白、β球蛋白、铜蓝蛋白
III	5～10	α球蛋白、β球蛋白、α₁蛋白酶抑制剂、IgM、ATⅢ、补体成分
IV	5～10	α₁球蛋白、β球蛋白、铜蓝蛋白、转铁蛋白、触珠蛋白
V	50～60	白蛋白、α球蛋白、β球蛋白

Cohn6 法奠定了分离血浆蛋白质的基础，但存在操作烦琐、蛋白质回收率低、乙醇用量过多等问题。随后研究人员在 Cohn6 法的基础上又开发了一些改良方法，如 Kistler-Nitschmann 法和 Cohn-Oncley 法等。

② 低温乙醇-色谱法工艺：色谱法具有蛋白质高回收率、高纯度、操作简单等优势。在目前的人血白蛋白的制备工艺中，大都采用低温乙醇-色谱法或多种方法组合应用的分离工艺。以下是一种代表性工艺：

以低温乙醇法获得的组分Ⅱ为起始原料，经过磷酸盐缓冲液调整 pH 至 5.2 后上 DEAE-Spherodex 柱，此时白蛋白吸附于柱子上，再经 pH 4.7 的 0.025 mol/L 醋酸钠洗脱；含有目的蛋白质的洗脱液直接上 QMA-Spherosil 柱，用 pH 4.7 的 0.025 mol/L 醋酸钠洗脱白蛋白；校正离子强度后，上 CM-Spherodex 柱，经 pH 5.5 的 0.025 mol/L 醋酸钠洗脱白蛋白；洗脱液经浓缩、除菌等过程可得到纯度达 99.9% 的白蛋白制品。

（2）人免疫球蛋白的制备

① 低温乙醇法制备工艺：人免疫球蛋白的制备是以 Cohn6 法中的组分Ⅱ作为起始原料，并经过改变低温乙醇法中的五个可变因素，从而获得人免疫球蛋白。改良的方法有 Cohn9 法，该法应用最广，此后经不断改良开发出过程简易、成本低廉的 Kistler-Nitschmann 法。

② 色谱法制备工艺：色谱法具有较高的选择性，不同色谱法的组合使用可实现免疫球蛋白的高选择性和特异性的分离。图 19-2 是国药集团武汉血液制品有限公司开发的全色谱法制备免疫球蛋白的工艺。

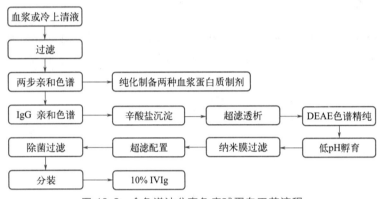

图 19-2 全色谱法分离免疫球蛋白工艺流程

血浆融化过滤后，依次进行两步亲和色谱（Pg 亲和色谱和 Fg 亲和色谱，分别用于分离人纤维蛋白溶解酶原和人纤维蛋白原），Fg 亲和色谱流穿液（pH 7.0～8.0）经过 A2P 亲和填料捕获 IgG，流穿液用于制备白蛋白等产品，IgG 洗脱后进行辛酸盐沉淀（辛酸盐浓度为 10～40 mmol/L），沉淀后的上清液再经过超滤透析、DEAE 色谱精纯、低 pH 孵育、纳米膜过滤、超滤透析及除菌过滤分装等步骤，最终制备出 10% 静脉注射免疫球蛋白（IVIg），各步骤纯化收率情况参见表 19-3。低温乙醇法制备 IVIg 的回收率在 50% 左右，每千克血浆产 4.5g IgG，而全色谱工艺的 IgG 总回收率在 60% 以上，且工艺具有良好的重复性，制品安全性更为可靠。

表 19-3 关键工艺步骤 IgG 浓度和单步回收率

操作步骤	血浆	过滤	Pg 亲和色谱	Fg 亲和色谱	A2P 色谱	辛酸盐沉淀	超滤透析	DEAE 色谱	第二次超滤透析
IgG 浓度/(g/L)	9.84	8.01	7.84	5.96	4.81	3.82	16.7	7.24	94.4
回收率/%	—	91.3	98.8	91.1	90.5	89.2	99.9	95.5	95.3

4. 重组血浆蛋白质制品的制备

重组血浆蛋白质是通过基因工程技术制备而获得的血浆蛋白质或其衍生物。在重组胰岛素研发成功后，重组人血清白蛋白、重组人凝血因子等重组血浆蛋白质制品陆续涌现。其制备工艺包含上游技术和下游技术，上游技术为基因重组、克隆和表达，下游技术为大规模发酵和产品分离纯化。现以重组人凝血因子Ⅷ（rhFⅧ）为例进行简要说明。

（1）目的基因

FⅧ是血管内皮细胞分泌入血的且是肝外唯一的一种凝血因子，基因长度为 186 kb，由 26 个外显子和 25 个内含子组成，成熟的 FⅧ由 2332 个氨基酸组成，具有三种结构域，分别为 A 结构域、B 结构域和 C 结构域，排列顺序为 A1-A2-B-A3-C1-C2。FⅧ包含 25 个门冬酰胺糖基化位点，其中 19 个定位在 B 结构域；一共有 23 个 Cys 残基，大部分分布在 A 结构域和 C 结构域。B 结构域缺失的 FⅧ依旧具有凝血活性，已上市的 rhFⅧ制品包括全长的 rhFⅧ和缺失 B 结构域的 rhFⅧ两种类型。

（2）生产工艺

首个全长 rhFⅧ制品出自 Baxter 公司，生产工艺如图 19-3。

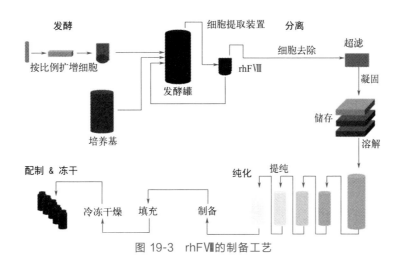

图 19-3　rhFⅧ的制备工艺

① 构建表达载体。将 FⅧ全长基因克隆至含有二氢叶酸还原酶的真核表达载体中。

② 工程细胞的构建。将构建成功的表达载体转染到 CHO 细胞中，并筛选出高表达目标蛋白质的细胞株。

③ 规模化生产。将目标细胞株在无血清，含有牛源性胰岛素、白蛋白和蛋白酶抑制剂的培养基中进行发酵。发酵方式采用分批补料培养方式，一共发酵 55 天，15 个循环。

④ 产品分离纯化。采用全色谱法进行分离纯化，包括亲和色谱和两步离子交换色谱。

⑤ 制剂化。对获得的目标蛋白质进行无病毒灭活。

由于在制备过程使用了动物源的蛋白质成分，因此需要对产品中外源杂质进行严格控制，每 1000 IU 产品中 DNA 应低于 10 pg，鼠 IgG 应低于 16 ng，宿主蛋白质应低于 1000 ng。

Wyeth 公司成功研发了 B 结构域缺失的重组人 FⅧ。其制备工艺同样采用了 CHO 细胞发酵，转染后将其置于无血清、含人血清白蛋白和重组胰岛素的培养基中悬浮培养发酵，发酵规格为 500 L，采用连续灌注的方式进行培养，细胞密度达到目标密度后，改变温度、溶解氧水平，并添加丁酸盐使之由生长期转变成生产期。分离纯化采用了多种色谱法组合的方式（阳离子色谱法-免疫亲和色谱法-阴离子色谱法-疏水和分子筛色谱法）。病毒灭活采用 S/D 方式。该产品在制备过程中添加了人血清白蛋白，但在最终纯化的产品中不包含人血清白蛋白，且每 1000 IU 产物中，DNA 小于 10 pg，宿主蛋白质含量小于 10 ng，鼠 IgG 小于 1 ng。

三、血液制品安全性及病毒灭活方法

1. 血液制品的安全性

血液制品往往是汇集了成千上万人的血液，并经过复杂的工业化处理后获得的，考虑到血液制品用途的特殊性，其安全性必须得到保障，尤其不能传播病毒。血液制品制备的整个环节中主要通过三项保护措施来降低病毒传播风险，分别是对献血者的精密筛选，对病毒标志物系统检测排查，确保样品中无抗原阳性反应以及生产过程中实施专门的病毒灭活方法。表 19-4 为血液制品中血源性传播病毒的主要传播感染风险。

表 19-4　血液制品中血源性传播病毒的主要传播感染风险

分类	病原体	有形成分产品	全血浆	血浆蛋白质制品
细胞伴随病毒	人类嗜 T 淋巴细胞病毒-1、2	+	—	—
	巨细胞病毒	+	—	—
	EB 病毒	+	—	—
	人类疱疹病毒 8 型	?	—	—
存在血浆中的病毒	人类免疫缺陷病毒	+	+	+
	乙型肝炎病毒	+	+	+
	丙型肝炎病毒	+	+	+
	丁型肝炎病毒	+	+	+
	甲型肝炎病毒	+	+	+
	戊型肝炎病毒	+	+	+
	庚型肝炎病毒	+	+	+
	人类细小病毒 B19	+	+	+
	西尼罗病毒	+	+	
	登革病毒	+	+	
	猴泡沫病毒	?	?	
	SARS 病毒	—	?	
	基孔肯亚病毒	+	?	—

注：+—有传播证据；——无传播证据；?—可疑或未知。

2. 血液制品的病毒灭活与去除

(1) 化学方法

① 有机溶剂/表面活性剂（S/D）处理：通过有机溶剂（S）和非离子型表面活性剂（D）的混合物对病毒双层脂质膜进行分解，使其失去感染细胞和复制的能力。S/D 处理对非包膜的病毒不具有灭活的能力。S/D 处理后血浆蛋白质依旧具有生物学活性。常用的有机溶剂有磷酸三丁酯，表面活性剂有胆酸钠、吐温 80 或吐温 20 等。由于有机溶剂和表面活性剂均属于微毒的化合物，一般会利用色谱法将其去除。

② 低 pH 孵育：指将血液制品在 pH 为 4，温度为 30～37 ℃的条件下持续放置 20 h 的一种处理方法。该方法开始用于降低肌注产品中多聚物的比例，可减少不良反应的发生率。低 pH 孵育步骤简单，但需要目标蛋白质在低 pH 下具有稳定性，免疫球蛋白可以耐受低 pH，而凝血因子和蛋白酶抑制剂在低 pH 下则不稳定。

③ 辛酸处理：辛酸可以破坏脂质双分子层和灭活包膜病毒，从而使包膜病毒失去传染性。但是在添加辛酸后，环境 pH 会降低，因此，在低 pH 环境下不稳定的蛋白质不适合使用该方法。

(2) 热处理

① 巴氏消毒法：在（60±0.5）℃下处理至少 10 h 的一种连续加热处理方法，可以导致病毒结构改变而失去传染性。巴氏消毒法对于部分热不稳定性的血浆蛋白质不适用。在巴氏消毒过程中添加稳定剂可以防止目标蛋白质过度变性，对于白蛋白、凝血因子、蛋白酶抑制剂或者抗凝血制剂，在灭活病毒过程中可以添加糖类、多元醇或枸橼酸等稳定剂。

② 干热处理：该法处理温度为 60～68 ℃，处理时间为 24～96 h。目前也有采用 100 ℃，处理 30 min 的灭活工艺。该方法目前主要用于凝血因子的病毒灭活处理，对热不稳定的血浆蛋白质在过度变性时会损失部分活性，甚至引起新的抗原产生。

每种病毒灭活方法均具有独特的优势和弊端，表 19-5 展示了不同病毒灭活方法的优劣。

表 19-5　病毒灭活方法比较

处理方法	优势	弊端
S/D 处理	对包膜病毒有效;大部分蛋白质不会变性	需要去除 S/D;对非包膜病毒无效
低 pH 孵育	对包膜病毒有效	除人免疫球蛋白,其他血浆蛋白质不稳定;对多数非包膜病毒效力有效
辛酸处理	对包膜病毒有效	除人免疫球蛋白,其他血浆蛋白质不稳定;对多数非包膜病毒效力有效
巴氏消毒法	对包膜病毒有效;对部分非包膜病毒有效	存在蛋白质活性损失和产生新抗原的风险
干热处理	对包膜病毒有效;对部分非包膜病毒有效;无下游风险	多数蛋白质具有热不稳定性;产生新抗原的风险

为完全证实血液制品是否具有安全性,必须对其制备过程进行验证。通常预先在少量原材料中添加已知感染滴度的验证病毒,然后实施该病毒的去除或灭活操作,之后检测操作后样品中验证病毒的感染滴度。通过比较病毒灭活或去除前后感染滴度的不同,评估对该病毒灭活或去除的效果。验证研究中通常选择 3~4 种病毒进行研究。在评估病毒灭活效果阶段,应评价病毒灭活的动力学,了解病毒灭活过程对工艺参数变化的敏感性。另外,还应考虑病毒聚集、病毒稀释比例、细胞毒性、冷冻样品、添加剂等因素。

3. 病毒灭活或去除方法在血液制品生产中的应用

人血清白蛋白制品的生产中常用巴氏消毒法进行病毒灭活。在此过程中,应先对巴氏消毒处理的装置进行严格设计和验证,确保每瓶白蛋白制品处于相同的温度和时间。巴氏消毒柜是最为关键的装置,其关键参数是处理温度,应保持在（60±0.5）℃范围内。在装置内的布局中,应确保巴氏消毒柜能原位清洗,并有排气孔。巴氏消毒的时间也应严格监控,在保证对病毒有效灭活的前提下,还要避免白蛋白形成多聚体。

凝血因子和抗凝血制剂生产中的病毒灭活方式通常采用 S/D 处理。如凝血因子Ⅷ的 S/D 处理通常以 3 倍体积注射用水溶解沉淀,氢氧化铝预纯化处理,离心法分离获得上清液,然后过滤去除粒子,再进行 S/D 处理。处理温度约为 25 ℃,时间为 1~6 h。S/D 处理后会通过色谱法纯化去除 S/D。

凝血因子和抗凝血制剂生产中的另一种常用病毒灭活方法是巴氏消毒法。但是在对凝血因子Ⅷ的巴氏消毒处理中应加入稳定剂,以防止目标蛋白质的变性和失活,稳定剂包括糖类、多元醇和氨基酸类等,但后续要通过色谱法、超滤法等去除这些稳定剂。在实际工业生产中,巴氏消毒法处理凝血因子Ⅸ和凝血因子Ⅶ会损失大部分活性,因此通常首选 S/D 处理。

人免疫球蛋白能够耐受较宽范围的 pH,其病毒灭活可以选择低 pH 孵育、辛酸处理和 S/D 处理。在对其进行 S/D 处理时,为了简易操作步骤,通常会选择在离子交换色谱前进行 S/D 处理,这样可以在进行离子交换色谱中一同去除 S/D。

四、血液制品的质量管理及质量控制

国家药品监督管理局负责血液制品的行政监督和技术监督,负责制定血液制品研制、生产、流通、使用方面的质量管理规范并监督实施。为了加强血液制品的质量管理,国家药品监督管理局出台了一系列重要举措,涵盖了血液制品生产全过程,从原料血浆开始直至上市后不良反应的监测。血液制品的整个生产过程均应符合现行有效的《药品生产质量管理规范》（GMP）,保证生产车间洁净度等级,规范生产设备,并加强操作规程、生产记录的文件管理。

血液制品生产单位必须依法向国家药品监督管理局申请产品批准文号,血液制品的生产、经营、使用必须遵循《中华人民共和国药品管理法》,制品的生产和质量必须符合《中国药典》的要求等。

（1）原料血浆的质量控制

① 供血浆者的选择。为确保血液制品生产用血浆的质量,体检和血液检验结果符合要求的人群才可

提供血浆。

② 血浆检验。每次采集血浆后要对每人份血浆进行留样保存以便进行病毒标志物复检，只有合格的血浆才能用于进一步的投产。而且，为了确保血浆的质量可靠，在血浆合并后还要进行病毒标志物检验。

③ 血浆采集、运输和保存。血浆采集后要尽可能完全去除血细胞和血细胞碎片，且要保证血浆蛋白质的活性。血浆储存和运输中要求血浆应在－20 ℃或者－20 ℃以下保存。《中国药典》规定，用于分离凝血因子Ⅷ的血浆保质期自血浆采集之日起应不超过 1 年；用于分离其他血液制品的血浆，保存期自血浆采集之日起应不超过 3 年。

④ 血浆检疫期。为克服病毒检测"窗口期"的问题，血浆在采集后，应在低温储存一定时间后，再投入使用。如果根据血清学方法，通常血浆检疫期至少为 90 天；若按照 PCR 方法检测病毒核酸，则检疫期可以缩短到最少 60 天。

⑤ 供血浆人群流行病学调查。为了保证生产用血浆的长期安全性，尽可能了解血液制品安全性相关的传染病的流行和发病率，WHO 推荐建立供血浆人群连续的流行病学调查。一方面可以发现传染病标志物趋势，另一方面也可以评价相关的预防措施。

(2) 生产过程质量控制

① 生产工艺验证。现代血液制品生产工艺不仅应考虑对目标蛋白质的提纯作用，还要考虑去除病毒的能力。每个单位在采用一种分离提纯方法之前，需要进行工艺验证，而在工艺更改之后还需再次进行验证。在工艺验证时主要考虑对目标蛋白质的天然性质的影响以及去除病毒的能力。

② 病毒灭活和去除方法验证。为确保血液制品的安全性，所使用的病毒去除方法必须进行验证来证明采用的方法是可靠和有效的。

③ 防止污染和交叉污染。血液制品生产尤其要注意防止动物源蛋白质和微生物污染以及交叉污染。主要包括以下方面：生产厂房、设备和设施专用；有专门储存人血浆的冷库；生产布局合理；生产过程微生物、热原或其他杂质污染风险降至最低。

④ 不得使用防腐剂。血液制品原料获取、分离提纯过程、半成品以及成品制备过程中均不得加入防腐剂和抗生素。

⑤ 中间品保存和有效期。血液制品制备过程中的中间品必须保存在相应的温度和条件下，并且要证明在此环境下可以防止微生物污染和生长。中间品应有规定的使用期限。

⑥ 适当使用稳定剂。为了防止目标蛋白质在储存和输运期间变性，血液制品中可以加入适当的稳定剂。加入的前提条件是对制品无有害作用，且对人体也不会造成不良反应。

第二节　诊断试剂生产与制备

诊断试剂是用于临床诊断、检查的试剂总称，通常采用试剂盒的形式来完成医学检测，这种方式快捷、简便，特别适合于医院临床使用。根据检验项目的不同，诊断试剂可大致分为临床化学检测试剂、免疫类和血清检测试剂、血液学检测试剂、细胞遗传学检测试剂、微生物学检测试剂、体液排泄物及脱落细胞的检测试剂、基因诊断试剂等类型。免疫类诊断试剂是一种利用抗体与抗原特异性结合的原理来进行定性和定量分析的诊断试剂。从制备的方法学上诊断试剂可分为化学发光法、胶体金法、酶联法诊断试剂等，各类型有相应的生产工艺要求。

一、化学发光法诊断试剂

1. 化学发光免疫分析法原理

化学发光法诊断试剂主要采用化学发光免疫分析（chemiluminescence immunoassay，CLIA）进行检测，它利用高灵敏度的化学发光试剂标记抗原、抗体、酶、激素、脂肪酸、维生素和药物等，然后通过检测样本的发光强度来确定目标指标的含量。化学发光免疫分析的类型见表 19-6。化学发光免疫分析包括化学发光系统和免疫分析系统两个部分。化学发光系统是利用反应体系中的某些物质分子，如反应物、中间体或者荧光物质在进行化学反应时，吸收了反应时产生的化学能，使反应物分子由基态跃迁至激发态，受激分子由激发态回到基态时，便释放出能量从而发出一定波长的光，然后利用仪器对体系的化学发光强度进行检测从而确定待测物含量（图 19-4）。免疫分析系统是用发光物质直接标记受体，用其检测分析体液中的抗体或抗原性物质。

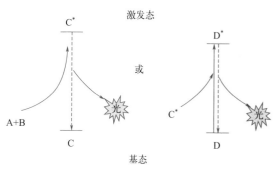

图 19-4　化学发光发生的反应过程

表 19-6　化学发光免疫分析的类型

类型	检测方法
化学发光免疫分析（CLIA）	利用化学发光试剂直接标记抗原或抗体的免疫分析方法
化学发光酶免疫分析（CLEIA）	以酶标记生物活性物质(如酶标记的抗原或抗体)进行免疫反应,免疫反应复合物上的酶再作用于发光底物,在信号试剂的作用下发光,用发光仪进行发光测定
时间分辨荧光免疫分析（TRFIA）	利用三价稀土离子及其螯合物标记抗体、抗原、多肽、激素、核酸探针或生物活性细胞,待反应体系发生后,用时间分辨荧光仪测定最后产物中的荧光强度,根据荧光强度和相对荧光强度的比值,判断反应体系中分析物的浓度,达到定量分析的目的
电化学发光免疫分析（ECLIA）	是电化学发光(ECL)和免疫测定相结合的产物,是一种在电极表面由电化学引发的特异性化学发光反应,包括电化学和化学发光两个过程

2. 化学发光免疫分析的特点

化学发光免疫分析是近十年来发展迅速的非放射性免疫分析方法，具有以下突出特点：

① 灵敏度高，可检测浓度达 10^{-16} mol/L。以发光底物可检测出的碱性磷酸酶的浓度比显色底物要灵敏 5×10^5 倍，这对浓度很低的临床标志物检测尤为有效，以广为关注的 HIV 诊断为例，化学发光免疫分析法检测处于窗口期的 HIV-1 p24 抗原，最低检测极限在 3.1～5.3 pg/mL 之间，而酶免疫法的最低检测限在 12.5～25.0 pg/mL 之间。与酶免疫法相比，化学发光法可把 HIV 的窗口期缩短 7 d。

② 动力学线性宽。发光强度在 4～6 个数量级之间与测定物质浓度呈线性关系，这有助于检测浓度较高的临床样本，以避免弯钩效应。如化学发光免疫分析检测癌胚抗原（CEA）时的线性范围为 0.04～1000 ng/mL，达到约 6 个数量级，不受血清非特异因素的干扰，使检测的特异性和敏感性明显提高。

③ 光信号持续时间长。辉光型化学发光产生的光信号持续时间可达数小时甚至 1 d，简化了实验操作及测量。

④ 结果稳定、误差小。样品系直接发光，不需要任何光源照射，免除了各种可能因素（光源稳定性、光散射、光波选择器等）给分析带来的影响。

⑤ 环境友好，免除了使用放射性物质。试剂有效期可长达 1 年以上，有利于其推广应用。

3. 化学发光诊断试剂的生产

以微孔板载体的化学发光酶免疫诊断试剂为例，其生产流程主要包括固相载体的制备、滴配、校准品的制备、化学发光底物的制备、分装和包装等过程，具体工艺内容如下。

（1）固相载体的制备

将混有抗体或抗原的包被液按一定体积加到检验合格的包被板中，在一定条件下进行包被。包被完成后，吸去包被板孔内的液体，用洗板工作液清洗，加入封闭液，在一定条件下固定抗体或抗原。然后抽干板内余液、干燥包被板。最后用铝箔进行密封包装，并抽样检测。

（2）滴配过程

常规采用过碘酸钠-乙二醇法将相关的抗体或抗原标记辣根过氧化物酶或其他酶，酶标记后的抗体或抗原加入适当的保护剂保存于低温，并将酶结合物用酶稀释液稀释后，分别用于产品的滴配和热稳定性实验，检测结果应符合相关试剂盒的质量标准。取酶结合物，用酶结合物稀释液稀释到不同的浓度，用已制备好的反应板进行滴配。测定系列标准品及相应的质控品，确定体系达到最优的酶结合物工作浓度；将所需的酶结合物和酶结合物稀释液按滴配浓度混合均匀。

（3）校准品、阴/阳性对照或质控品的制备

对国家标准品、WHO标准品或其他级别的标准物质进行稀释液配制，存放在 2～8 ℃ 或 －20 ℃ 以下保存；按工艺要求分装校准品、阴/阳性对照或质控品；对分装后的校准品、阴/阳性对照或质控品进行抽样检验，如外观、分装量、准确性、剂量-反应曲线线性（定量产品）和质控品测定值等。

（4）化学发光底物的制备

按底物缓冲液的配方配制，存放在 2～8 ℃ 保存；分别按氧化剂和发光剂的配方向底物缓冲液中加入相应的氧化剂和发光剂；按工艺要求分装化学发光底物（氧化剂和发光剂）。

（5）分装、目检和贴签

分装量用减重称量法进行测量，把质量换算成体积后进行分装的控制。目检是指目测检查各组分的色泽、分装量以及是否混浊、有杂质等。

（6）包装

根据试剂盒包装公司的标准操作规程（standard operating procedure，SOP）要求及说明书的要求，以流水线操作形式进行包装。

二、胶体金法诊断试剂

1. 胶体金法分析原理

免疫胶体金技术是一种常用的标记技术，是以胶体金作为示踪标志物检测抗原或抗体的一种新型免疫标记技术。胶体金是由氯金酸（$HAuCl_4$）在还原剂，如白磷、抗坏血酸、枸橼酸钠、鞣酸等作用下，聚合成一定大小的金颗粒，并由于静电相互作用成为一种稳定、带负电的疏水胶体溶液。这种球形的粒子对蛋白质有很强的吸附作用，可以与葡萄球菌 A 蛋白、免疫球蛋白、毒素、糖蛋白、酶、抗生素、激素、牛血清白蛋白缀合物等非共价结合，因而在基础研究和临床试验中成为非常有用的工具。常用的免疫胶体金技术见表 19-7。

胶体金颗粒多为 1～100 nm，颗粒稳定、均匀地呈单一分散状态悬浮在液体中，成为胶体金溶液。不同大小胶体金的颜色有一定的差别，2～5 nm 的胶体金呈橙黄色，10～20 nm 的胶体金呈酒红色，30～80 nm 的胶体呈紫红色。根据这一特点，可用肉眼来判断溶液中胶体金的颗粒大小，在可见光范围内的胶体金有单一吸收峰，其最大吸收波长的范围一般在 510～550 nm，大颗粒胶体金偏向于长波长，反之小颗粒的胶体金偏向于短波长。

表 19-7　常用的免疫胶体金技术

类型	检测方法
免疫胶体金光镜染色法	细胞悬液涂片或组织切片,可用胶体金标记的抗体进行染色,也可在胶体金标记的基础上,以银显影液增强标记,使被还原的银原子沉积于已标记的金颗粒表面,可明显增强胶体金标记的敏感性
免疫胶体金电镜染色法	可用胶体金标记的抗体或抗体与负染病毒样本或组织超薄切片结合,然后进行负染。可用于病毒形态的观察和病毒检测
斑点免疫金渗滤法	应用微孔滤膜(如膜)作载体,先将抗原或抗体点于膜上,封闭后加待检样本,洗涤后用胶体金标记的抗体检测相应的抗原或抗体
胶体金免疫色谱法	将特异性的抗原或抗体以条带状固定在膜上,胶体金标记试剂(抗体或单克隆抗体)吸附在结合垫上,当待检样本加到试纸条一端的样本垫上后,通过毛细作用向前移动,溶解结合垫上的胶体金标记试剂后相互反应,再移动至固定的抗原或抗体的区域时,待检物与金标试剂的结合物又与之发生特异性结合而被截留,聚集在检测带上,可通过肉眼观察到显色结果

双抗夹心法是最常用的免疫胶体金技术检测方法。需要准备待测抗原的配对抗体,一部分抗体用胶体金标记并固定在结合垫上,另一部分抗体固定在 NC 膜的检测线(T 线)上。此外,还需要准备能与金标抗体(即胶体金标记抗体)特异结合的二抗并固定于 NC 膜的控制线(C线)上。当试剂条上显示两条红线时,表示样品中待测物质呈阳性;当试剂条上只有一条红色时,表示样品中待测物质呈阴性。待测物质浓度越高,T 线显色强度越强。双抗夹心法免疫胶体金技术检测原理见图 19-5。

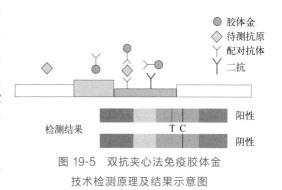

图 19-5　双抗夹心法免疫胶体金
技术检测原理及结果示意图

2. 胶体金法诊断试剂的特点

① 体积小,便于携带,使用简便,只需要制备试纸条,无需仪器设备就可进行检测;而且胶体金本身有颜色,不用另外加指示剂,避免了放射性同位素以及有毒物质的使用。

② 检测样本种类多,经济环保,样本基本不需要做前处理,样本可以是组织液、血液和尿液,省去了传统分析方法中样品前处理的过程。

③ 检测时间短,使用胶体金法诊断试剂一般在 3～15 min 就可以得到检测结果,这是目前其他检测方法无法达到的。

④ 生产和检测成本低,试剂盒样本用量少,样本量可低至 10～20 μL,减少检测成本;同时,制备试纸条的材料价格便宜,且不需要大型的仪器设备,生产成本低。

⑤ 可长期保存,制备好的试纸条在 4 ℃下可保存半年甚至更长时间。

⑥ 适用范围广,可用于临床和非临床许多领域的检测。

3. 胶体金法诊断试剂的生产

胶体金法诊断试剂的制备主要涉及胶体金的制备、胶体金质量检测、检测线及质控线的制备、包装等工艺,具体工艺内容如下。

(1) 胶体金的制备

采用枸橼酸三钠还原法或其他方法制备一定大小的胶体金颗粒,置于 2～8 ℃保存;胶体金标记物在 510～560 nm 波长处有最大吸收值;可通过改变金颗粒大小受用量、煮沸时间等而生产出不同颗粒大小的胶体金。

(2) 胶体金质量检测

胶体金对蛋白质的吸附主要取决于 pH,在接近蛋白质等电点或偏碱的条件下,二者容易形成牢固的结合物。胶体金的 pH 低于蛋白质的等电点时,则会聚集而失去结合能力。除此以外胶体金颗粒的大小、离子强度、蛋白质的分子量等都会影响胶体金与蛋白质的结合。

（3）检测线及质控线的制备

取已确定使用浓度的相关抗原或抗体，在硝酸纤维素膜上制备检测线，应用同样方法制备质控线，根据生产工艺在规定的温度、湿度条件下干燥，在规定的湿度条件下存放。

（4）包装

根据试剂盒包装公司的 SOP 要求及说明书的要求，以流水线操作形式进行包装。

三、酶联法诊断试剂

1. 酶联免疫吸附分析的原理与应用

酶联免疫吸附分析（enzyme-linked immunosorbent assay，ELISA）最早是由 Engvall 和 Perlmann 建立的一种免疫学检测方法，常用于测量生物样本中的抗体、抗原、蛋白质和糖蛋白，它将免疫反应与酶催化反应相结合，既保留了酶催化的反应特性，又保证了抗原与抗体的特异性。

酶联法诊断试剂的基本原理：①使抗原或抗体结合到某种固相载体表面，并保持其免疫活性。②使抗原或抗体与某种酶连接成酶标抗原或抗体，这种酶标抗原或抗体既保留了其免疫活性，又保留了酶的活力。在测定时，把受检标本（测定其中的抗体或抗原）和酶标抗原或抗体按不同的步骤与固相载体表面的抗原或抗体发生反应。用洗涤的方法将固相载体上形成的抗原抗体复合物与其他物质分开，最后结合在固相载体上的酶量与标本中受检物质的量成一定的比例。加入酶反应的底物后，底物被酶催化变为有色产物，产物的量与标本中受检物质的量直接相关，可根据颜色反应的深浅有无进行定性或定量分析。由于酶的催化效率很高，可极大地放大反应效果，从而使测定方法达到很高的敏感度。酶联法诊断试剂的基本类型及检测方法参见表 19-8。

表 19-8　酶联法诊断试剂的基本类型及检测方法

类型	检测方法
夹心法	先将捕获的抗体固定于 ELISA 板孔中，然后加入样品，接着加入检测抗体。如果检测抗体是酶标抗体，则为直接夹心 ELISA；如果检测抗体不带有标记，还需要使用酶标二抗与检测抗体结合，则为间接夹心 ELISA
间接法	该法是最为常用的方法，先将抗原结合到 ELISA 板上，随后分两步进行检测：首先加入检测抗体与抗原特异性结合，随后加入酶标二抗检测并利用底物显色
直接法	该法先将待测抗原直接包被到固相载体上，孵育洗涤后加入酶标记特异抗体使之与抗原发生反应，孵育洗涤除去未结合的酶标记抗体后，加入底物溶液
竞争法	该法可用于测定抗原或抗体，以测定抗原为例，受检抗原和酶标抗原竞争与固相抗体结合，因此结合于固相的酶标抗原量与受检抗体成反比

检测抗体可用于评价人和动物免疫功能的指标，临床上检测病人的抗病原微生物的抗体、抗过敏原的抗体、抗 HLA 抗原的抗体、血型抗体及各种自身抗体，对有关疾病的诊断有重要意义。而抗原检测的应用更为广泛，如检测各种微生物及其大分子产物，可用于传染病诊断、微生物的分类及鉴定以及对菌苗、疫苗的研究；生物体内各种大分子物质，包括各类免疫球蛋白、补体成分、血型物质、多肽类激素、细胞因子及癌胚抗原等均可作为抗原进行检测；通过 ELISA 检测人和动物细胞的表面分子，包括各种分化抗原、同种异型抗原、病毒相关抗原和肿瘤相关抗原等，对各种细胞的分类、分化过程及功能研究，对各种与免疫有关的疾病的诊断及发病机制的研究均有重要意义。

此外，针对各种半抗原物质也可以通过方法的改进进行检测，如某些药物、激素和炎症介质等属于小分子的半抗原，可以分别将它们偶联到大分子的载体上，组成人工结合的完全抗原，再用其免疫动物，制备出各种半抗原的抗体可实现其检测。酶联免疫吸附分析也应用于分子生物学或生物技术等研究领域。如通过该方法制备出高灵敏度的探针，用来检测细胞 DNA 特定序列的拷贝数。其中，间接 ELISA 的检测原理见图 19-6。

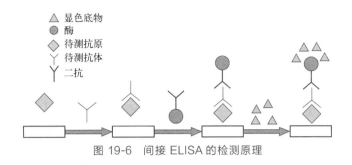

△ 显色底物
● 酶
◇ 待测抗原
Y 待测抗体
Y 二抗

图 19-6　间接 ELISA 的检测原理

2. 酶联法诊断试剂的特点

（1）酶联免疫吸附分析具有高度的特异性和敏感性，几乎所有的可溶性抗原-抗体系统均可用其检测，它的最小可测值达 ng 甚至 pg 水平。

（2）与放射免疫测定相比，酶联免疫吸附分析的优点是标记试剂比较稳定，且无放射性的危害，其结果的判断比免疫荧光法更加客观。

（3）酶联法诊断试剂的新方法、新技术和新检测应用不断增多，尤其是商品化的试剂盒开发和自动或半自动检测仪器的发明使该方法的应用日新月异。

（4）酶联法诊断试剂可在 4 ℃冰箱中保存半年以上。

3. 酶联法诊断试剂的生产工艺

酶联法诊断试剂的生产工艺简单，主要为酶标板的制备、酶标试剂的制备、对照品的制备、其他组分的制备和包装，具体内容如下。

① 酶标板的制备：将配制好的包被液和封闭液装入酶标板，用包被机对其进行包被，然后封闭酶标板；再对封闭的酶标板进行干燥和包装（有些产品封闭前需先洗板）。

② 酶标试剂的制备：对原料进行灭活（如有需要），精确称取材料，配制成试剂，保证溶液的外观符合要求，再进行分装和贴签。

③ 阴、阳性对照的制备：同②酶标试剂的制备，最后进行分装和贴签。

④ 其他组分的制备同上，包括灭活、称取、配制、分装和贴签。

⑤ 包装：按试剂盒包装公司的 SOP 要求，以流水线操作形式进行包装。

四、诊断试剂生产的质量控制

我国原国家食品药品监督管理总局在 2015 年发布实施了《医疗器械生产质量管理规范附录体外诊断试剂》，将体外诊断试剂作为一类特殊的产品纳入医疗器械管理体系，其研制、生产、检验等过程的质量控制直接影响着诊断试剂的质量，文件提出了对人员管理的要求、生产环境与设施设备控制的要求、物料采购控制的要求、生产过程控制的要求、产品检验与质量控制的要求等。

生产过程要求严格按照国家的法律法规制定相应产品的工序流程、工艺文件和标准操作规程，并通过国家的批准。生产过程应明确关键工序或特殊工序，确定质量控制点，并应当形成生产记录；应建立清场的管理规定，前一道工艺结束后或前一种产品生产结束后必须进行清场，确认合格后才可以入场进行其他生产，并保存清场记录。对于每批产品中的关键物料应进行物料平衡核查，如有显著差异，必须查明原因。对主要物料、中间品和成品按规定进行批号管理，并保存和提供可追溯的记录。

产品检验需要选择合适的标准物质作为对照，我国将标准物质分为一级与二级。使用一级标准物质、二级标准物质应当能够对量值进行溯源，明确其来源、准确度及不确定度。企业应建立校准品、参考品量值溯源程序，对每批生产的校准品、参考品进行赋值。

第三节 微生物制剂生产工艺

一、微生物药物与微生态制剂概述

1. 微生物药物

微生物药物是一种用活体微生物或其灭活后的菌体、菌体碎片制备而成的药物。

活体生物药（live biotherapeutics，LBP）是微生物药物的主要形式，目前分为三大类型：第一种基于粪菌移植（FMT）疗法的活体生物药，主要适应证为复发性艰难梭菌感染和溃疡性结肠炎。第二种是多菌株活体生物药，任何超过单一菌株的活体生物药都属于该类别。第三种是单菌株活体生物药。2016年美国食品药品管理局生物制品评价与研究中心（FDA/CBER）明确了活体生物药的要求：①含有活的生物体，如细菌；②具有预防、治疗人类疾病或适应证的功能；③不是疫苗。此外，活体生物药要求菌株具有遗传稳定性和生产稳定性。

2. 微生态制剂

微生态制剂是以微生态学为基础理论发展形成的，其有效成分是活菌、菌体碎片或其代谢产物，其作用机制包括微生态调整、酶的补充和免疫调节等。微生态制剂主要包括益生菌制剂、益生元制剂、合生元制剂等类型，具有帮助营养物质消化吸收、调节免疫功能、构成机体屏障和抑菌等功能。

益生菌（probiotics）制剂指含活菌和（或）包括菌体组分及代谢产物的生物制品，经口服或其他黏膜途径摄入，能在黏膜表面改善生物与酶的平衡，或刺激特异性及非特异性免疫。最常用的益生菌是乳酸菌，包括乳酸杆菌、肠球菌和双歧杆菌，其中乳酸杆菌是成人和儿童中研究最为广泛的益生菌。益生菌制剂是目前临床使用最为广泛的微生态制剂，可以依据菌株的来源和作用机制，分为原籍菌制剂、共生菌制剂和真菌制剂。

原籍菌制剂使用的菌株来源于人体肠道原籍菌群，服用后可以直接补充原籍菌而发挥作用。共生菌制剂中的共生菌来源于人体肠道以外，但与人体原籍菌有共生作用，服用后能够促进原籍菌的生长与繁殖，或直接发挥作用，如芽孢杆菌、枯草杆菌等。真菌制剂可以调节肠道菌群，增强肠道的屏障功能。代表性品种有布拉氏酵母菌，其耐酸、耐氧化、不与细菌发生遗传物质传递，分泌的多种蛋白酶具有抗毒素作用，可以通过调控多个信号通路增强肠道免疫。

益生元（prebiotics）是指一类非消化性物质，但可作为底物被肠道正常菌群利用，能够选择性地刺激肠内一种或几种已存在的益生菌的生长和活性，抑制有害细菌生长，因而益生元对恢复肠道菌群生态平衡有很重要的作用。益生元主要指非消化性低聚糖（NDO），包括菊糖、低聚果糖（FOS）、低聚半乳糖（GOS）、大豆低聚糖、乳果糖等，目前主要应用于功能性食品和保健品，作为药物在临床使用的仅有乳果糖。此外，在功能性食品中应用的微生态制剂还有合生元（snybiotics）制剂，是益生菌和益生元的混合制品，或在混合物中再加入维生素和微量元素等，其既可发挥益生菌的生理性细菌活性，又可选择性地增加这种菌的数量，使益生作用更显著、持久。

二、微生态制剂的生产

以益生菌为代表的微生态制剂的发酵生产大致可分为4个步骤，主要包括菌种培养阶段、种子扩大培养阶段、发酵生产阶段和菌体收集与干燥阶段。

1. 种子培养基

不同微生物需要不同的营养成分，因此种子培养基的组成因菌种而异，除了要考虑碳氮源、无机盐和生长因子以及微量元素的要求外，还要考虑 pH、缓冲性、氧化还原电位和渗透压等。MRS 培养基是使用最广泛的乳酸菌培养基，除了乳杆菌还适用于乳球菌、双歧杆菌等的培养，其成分如表 19-9 所示。培养基 pH 应控制在 $6.2\sim6.4$，于 115 ℃灭菌 15 min。双歧杆菌的培养还可以采用 TYP 培养基。

表 19-9 MRS 培养基成分表

成分	用量
蛋白胨	10 g
酵母粉	5 g
葡萄糖	20 g
牛肉浸膏	10 g
枸橼酸二胺	2 g
乙酸钠	5 g
K_2HPO_4	2 g
$MgSO_4 \cdot 7H_2O$	0.58 g
$MnSO_4 \cdot 4H_2O$	0.25 g
吐温 80	1 mL

2. 种子培养

种子培养是逐级培养和放大的过程。扩大培养的流程为：保藏菌种选取→斜面菌种活化→摇瓶培养→一级种子罐培养→二级种子罐培养→三级种子罐培养（必要时采用）。菌种接种在琼脂斜面上，在规定的温度下培养转接 $1\sim2$ 次，以获得活力较好的菌种。当菌体生长至对数生长期时，用适量的无菌水将菌体洗脱下来，制成菌悬液，然后接入摇瓶中。当摇瓶培养达到对数生长期时，接种至发酵罐，接种量一般为 $2\%\sim10\%$，每级放大培养至原来的 $10\sim20$ 倍。

根据菌株对氧气需求的不同有好氧和厌氧两种培养方式。好氧培养主要用于枯草杆菌、地衣芽孢杆菌、酵母的培养，其生长过程中需要有大量的氧气，一般采用摇瓶振荡培养和通气搅拌罐培养。厌氧培养需要在无氧条件下进行，也可以使用厌氧种子罐进行扩大培养，在培养过程中，不通无菌空气，适当搅拌使微生物均匀生长。

3. 发酵生产

（1）好氧发酵

好氧发酵培养采用机械搅拌通风发酵罐。将培养基配制好后，置于发酵罐中蒸汽灭菌，待冷却至一定温度后，接入预培养好的种子，再通入无菌空气进行搅拌培养，培养过程中控制温度、通气量、搅拌转速、pH 和发酵泡沫等因素。以枯草杆菌的液态发酵生产为例，其工艺流程简图如图 19-7。

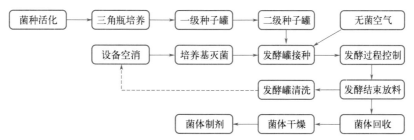

图 19-7 枯草杆菌的液态发酵生产工艺流程

（2）厌氧发酵

以双歧杆菌为例，使用的培养基为合成培养基或天然培养基，合成培养基包括 PTY、PTYG 和 MRS

培养基等。在大规模厌氧生产中，通常是在发酵罐中通入氮气或者是氮气、氢气和二氧化碳的混合气体来创造厌氧条件。双歧杆菌的最适生长温度为（37±1）℃。温度过低，菌生长缓慢，温度过高，菌容易衰老。培养基的起始 pH 直接影响菌的生长速度，双歧杆菌的最适 pH 为 6.5～7.0，在培养过程中，随着菌体分解代谢，培养基中的糖产生有机酸，使 pH 下降，过低的 pH 能够抑制双歧杆菌的生长，使菌体浓度不再增加。为解除酸的抑制，获得较高的活菌数，可通过流加碱溶液使 pH 保持在适宜范围内，可有效延长双歧杆菌的增殖时间，获得较高的菌体浓度。

（3）固态好氧发酵

固态好氧发酵是微生物发酵生产的一种方式，它是以固体原料为基质进行发酵以获得产品的工艺过程，与液态发酵相比，固态发酵是接近于自然状态的一种发酵方式，具有实施简单、易操作、能耗低、后处理简单等优点。采用固态好氧发酵的益生菌主要有芽孢杆菌类、酵母类。其基本工艺流程如图 19-8 所示。

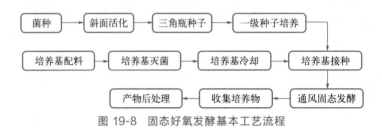

图 19-8 固态好氧发酵基本工艺流程

4. 菌体收集与干燥

微生态制剂的后处理工艺包括菌体的收集、菌体的干燥、制剂的制备、包装等步骤。制剂的类型主要有冻干粉剂、片剂、微胶囊制剂等。

（1）菌体的收集

菌体收集方法有过滤法、离心法、膜分离法和沉淀法等。过滤法是常用方法，包括重力过滤、加压过滤、真空过滤和离心过滤等。离心法收集速度快、效率高、操作卫生，更适用于大规模分离以及连续分离，常用碟片式离心机和管式离心机进行菌体分离。膜分离法发展较快，较多采用错流膜过滤方式，具有规模大、清洁、连续、操作成本低等优点。沉淀法是将一些无害的吸附剂或絮凝剂加到培养液中，使菌体吸附在表面然后沉淀出来，操作简单，但效率低，吸附不完全。

（2）菌体的干燥

菌体的干燥是制备干燥微生态制剂的重要步骤，干燥菌体的存活率及其活性是衡量干燥工艺优劣的指标。通常采用真空低温干燥和冷冻干燥方法。冷冻真空干燥是将物料置于 −75～−10 ℃下冻结成固态，然后在高真空条件下（0.133～133 Pa）将其中的水分直接升华的干燥过程。冷冻干燥制备的微生物制剂具有更高的活力，行业已普遍采用这种技术。

三、微生物药物的发展趋势

微生物药物近年来发展较快，主要有活体生物药、微生态小分子物、微生态大分子药物、噬菌体四大类，适应证涵盖免疫性疾病、代谢性疾病、神经系统疾病、感染性疾病及肿瘤等领域，临床上主要用于对肠道微生物、口腔微生物、生殖道微生物和皮肤微生物的调理，其中肠道微生物是目前研发的热点领域。

活体生物药（LBP）针对不同的适应证可采用不同种类、不同数量的微生物及其组合，从而保证用药的安全性和有效性。临床上，艰难梭菌感染（CDI）和炎性肠病（IBD）是 LBP 最普遍的适应证。微生态小分子药，分子量通常小于 1000，还可能具有信号传导抑制作用，能够特异性地阻断肿瘤生长、增殖过程中所必需的信号传导通路，从而达到治疗疾病的目的。目前，一批国际大型药企纷纷加强微生态小分子制剂在肿瘤免疫疗法中的作用。微生态大分子药物，能通过刺激机体免疫系统产生免疫物质（如抗体）从而发挥其功效，在人体内引发体液免疫、细胞免疫或细胞介导免疫。国际上已有一些面向 CDI、炎症以及糖尿病的药物进入Ⅱ期临床试验阶段。Synthetic Biologics公司的SYN-004（核糖酰胺酶）是一款口服片剂，用于预防CDI和抗生素相关性腹泻（ADD），能降解胃肠道内的某些β-内酰胺类抗生素，并维持肠道微生物组的自然平衡。

伴随着微生态组学的发展，一种全新的微生态制剂——噬菌体疗法也进入了微生态制剂家族。噬菌体是病毒的一种，能够感染细菌、真菌、藻类、放线菌或螺旋体等微生物，部分能引起宿主菌的裂解。筛选专有细菌靶标，并针对这些靶标定制天然和工程化的噬菌体混合物，可实现致病性微生物的靶向抑制和消除。

近年来，研究人员利用合成生物学技术，在多种微生物底盘细胞中设计不同的基因线路，构建具备特殊生物功能的工程菌。工程菌药物已在代谢性疾病、感染性疾病、肿瘤等多种疾病的临床研究中获得良好的效果，但必须制定严格的安全评估程序。

第四节　酶类药物生产工艺

一、酶类药物概述

酶类药物是指能够改变体内特定酶的活力，或者调节某些生理活性物质的代谢来治疗疾病的一类生物酶或其制剂。20世纪60年代，Christian de Duve在研究溶酶体缺陷导致的疾病时，提出酶类药物是替代治疗遗传缺陷疾病的一种可行方式。1987年，第一个酶类药物重组腺苷脱氨酶Activasel诞生，美国FDA批准其用于由冠状动脉阻塞引起的心脏病的治疗。1990年，Adagen获美国FDA批准用于临床治疗免疫功能缺陷。至今，已有多款酶类药物用于临床治疗。

酶类药物根据临床应用范围，可以分为胃肠道疾病相关酶类、炎症相关酶类、心脑血管疾病治疗相关酶类、抗肿瘤酶类、生物氧化还原酶类及其他药用酶类。我国已投入生产的酶类药物已有20多种，部分品种参见表19-10。

表19-10　《中国药典》（2020版）收录的酶类药物

临床用途	酶类别	临床用途	酶类型
胃肠道疾病相关	胰酶	心血管疾病相关	人凝血酶
	胰蛋白酶		人凝血酶原
	胃蛋白酶		尿激酶
炎症相关	糜蛋白酶		抑肽酶
抗肿瘤	门冬酰胺酶		辅酶Q_{10}
其他	青霉素酶		胰激肽原酶
	细胞色素C		矛头蝮蛇血凝酶

酶类药物具有如下特点：①要求在生理pH下具有高活力和稳定性；②底物亲和力要求高，即少量酶就能有效催化反应，发挥治疗效果；③半衰期要求长，在体内清除率应较低，有利于充分发挥治疗作用；④纯度要求高，尤其是注射类酶制剂；⑤免疫原性要求低；⑥口服制剂要能够耐受消化过程，其制剂技术要求高，目前使用较多的剂型是肠溶片和酶微囊制剂。

二、注射用重组人尿激酶原生产工艺

1. 人尿激酶原简介

人尿激酶原（prourokinase，Pro-UK）是人尿激酶（urokinase，UK）的前体，是一种由2129个氨

基酸组成的单条肽链构成的碱性糖蛋白，含有 12 对二硫键。Pro-Uk 能够被结合在血栓表面的纤溶酶激活形成双链 UK，而 UK 进而激活纤溶酶原形成纤溶酶，促进血栓纤维蛋白的部分水解，发挥溶栓作用。Pro-Uk 是特异性纤溶酶原的激活剂，但在血浆中只有微弱的活力，对体内纤溶系统影响很小，对血液中的纤溶酶原、纤维蛋白原和抗纤溶酶原没有明显的激活作用。

人尿激酶原可以从人血浆、人胚胎肾细胞、恶性胶质瘤细胞、肾腺癌细胞培养液中纯化获得，但天然材料中含量低，难以大量制备。德国 Grünenthal 公司从 1985 年开始进行重组人尿激酶原 saruplase 的生产。我国生产注射用重组人尿激酶原的厂家有上海天士力公司，其采用 CHO 细胞进行表达。

2. 重组人尿激酶原生产工艺

重组人尿激酶原生产工艺主要包括 CHO 工程细胞构建、细胞培养、Pro-Uk 纯化和冻干等步骤，工艺流程参见图 19-9。

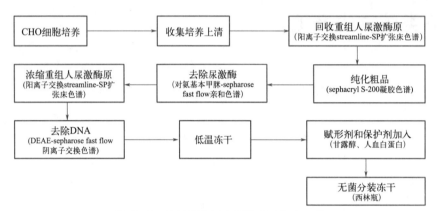

图 19-9　注射用重组人尿激酶原生产工艺

① CHO 工程细胞构建。采用磷酸钙沉淀法转染 CHO 细胞，构建重组人尿激酶原的表达体系，筛选获得稳定的细胞克隆。

② CHO 细胞培养。将构建成功的 CHO 工程细胞进行逐级放大培养，按照：方瓶（单层贴壁培养）——转瓶（单层贴壁培养）——搅拌瓶（多孔微载体培养）——5 L Celligen 反应器（多孔微载体培养）——30 L Biostat UC 反应器（多孔微载体培养）的放大次序，采用批次连续培养方式，通过细胞截留系统收集培养上清。采用无血清连续灌流培养技术，可以大幅度提高生产效率。

③ 离子交换色谱收集尿激酶原。收集 CHO 细胞培养上清（A），调节 pH 至 5.5。先用离子交换色谱柱吸附，以 0.01 mol/L 磷酸盐缓冲液（pH 5.5）冲洗并平衡色谱柱，然后加细胞培养上清液（A），使尿激酶原吸附到树脂介质上，再用上述缓冲液冲洗色谱柱，然后进行梯度洗脱，洗脱液体系为 0.01 mol/L 磷酸盐缓冲液（pH 5.5）和 0.01 mol/L 磷酸盐缓冲液（含 0.8 mol/L 氯化钠，pH 7.5），收集尿激酶原洗脱峰流出液（B）。

④ 纯化尿激酶原粗品。进一步采用分子筛进行蛋白质分离，将 sephacryl S-200 凝胶色谱柱置于 4 ℃并与一台制备型高效液相色谱仪相连，用 0.01 mol/L 磷酸盐缓冲液（含 0.3 mol/L 氯化钠，pH 7.5）平衡色谱柱，将收集到的尿激酶原（B）通过进样管上样，流速为 30 mL/min，收集蛋白质吸收主峰流出液（C）。

⑤ 使用亲和色谱进行尿激酶捕获。将对氨基苯甲脒-sepharose fast flow 亲和色谱柱进液管与蠕动泵相连，置于 4 ℃，用 0.01 mol/L 磷酸盐缓冲液（含 0.3 mol/L 氯化钠，pH 7.5）平衡色谱柱，通过进液管流加蛋白质溶液（C），收集流穿的蛋白质吸收峰流出液（D），溶液中少量活化的尿激酶被亲和色谱介质吸附在柱上。

⑥ 扩张色谱床富集尿激酶原。将 streamline-SP 固定床色谱柱置于 4 ℃，用 0.01 mol/L 磷酸盐缓冲

液（pH 5.5）平衡色谱柱 3～5 个柱体积，将上步收集到的洗脱液（D）用 NaOH 调节 pH 至 5.5 后上柱，随后用 0.01 mol/L 磷酸盐缓冲液（含 0.3 mol/L 氯化钠，pH 7.5）洗脱，收集洗脱蛋白质吸收峰（E）。

⑦ 阴离子色谱脱除核酸。将 DEAE-sepharose fast flow 阴离子交换色谱柱置于 4 ℃，用 0.01 mol/L Tris-HCl 缓冲液平衡 3～5 个柱体积，上步洗脱液（E）用 Tris 溶液调节 pH 至 7.5 后上柱，收集蛋白质吸收穿过液（F），得到纯的重组人尿激酶原。

⑧ 冻干制剂生产。注射用重组人尿激酶原分装冻干配方如下：尿激酶原 10.7 g，磷酸盐缓冲液 500 mL，甘露醇 120 g，人血清白蛋白 6～8 g，并用水补充至 2000 mL，并调节 pH 至 6.9。分装进西林瓶，每瓶中约装 2～4 mL，然后将西林瓶装入冻干箱，进行产品预冻，预冻过程中板层设定温度为 −40 ℃，保持时间是 60 min，制品温度稳定后于 −25 ℃ 退火。冻干箱体抽真空，控制在（20±5）Pa，板层温度升至 −20～ −10 ℃，并保持稳定，直到产品水线消失。结束后板层升温至 30～40 ℃，进行二次干燥，控制干燥温度为（35±5）℃，至冻干结束。

3. 重组人尿激酶原质量标准

重组人尿激酶原成品应为白色或微黄色粉末。《中国药典》（2020 版）尚未收录该品，相关鉴别及检测项可以参照尿激酶、注射用尿激酶等品种的规定，也可根据 CDE 给出的重组人尿激酶原质量标准。具体质量标准见表 19-11。

表 19-11　重组人尿激酶原质量标准（暂定）

测定项目	测定方法	标准
鉴别	免疫双扩散或免疫印迹法	阳性
溶液的澄清度	目测法	加入 1 mL 蒸馏水后应迅速溶解为澄清液体,不得含有肉眼可见的不溶物
酸度	电位法	6.5～8.0
水分	卡氏水分测定法	≤3.0%
效价	溶圈法和发色底物法	标示量的 80%～150%
无菌试验	直接接种培养法	无菌生长
异常毒性试验	小白鼠试验	无明显异常反应,动物健存,体重增加
热原质试验	家兔法	应符合《中国生物制品》的要求

三、牛胰蛋白酶生产工艺

1. 牛胰蛋白酶的简介

胰蛋白酶（trypsin）是从哺乳动物（牛、羊、猪等）的胰脏中提取的一种丝氨酸蛋白水解酶。胰蛋白酶可特异性地将多肽链中精氨酸或赖氨酸残基中羧基一侧切断。在 pH 1.8 时该酶稳定性较高，短时间煮沸不失活，但在碱性水溶液中受热易变性。Ca^{2+} 可增加其活力和稳定性。

牛胰蛋白酶原由 229 个氨基酸组成，含 6 对二硫键，在肠激酶或胰蛋白酶催化下，其 N 端赖氨酸与异亮氨酸之间的肽键被水解，生成牛胰蛋白酶。牛胰蛋白酶由 223 个氨基酸组成，分子量为 24000。牛胰蛋白酶可选择性地水解精氨酸或赖氨酸形成的肽键，将天然蛋白质、黏蛋白、纤维蛋白等水解为多肽或氨基酸。由于血清中存在非特异性抑肽酶，牛胰蛋白酶不会水解正常组织。因此，牛胰蛋白酶能消化脓液、瘤液、血栓，使其变稀，易于引流排出，主要用于缓解各种炎症和水肿症状、加速创面愈合、溶解呼吸道疾病中的黏痰和脓性痰。牛胰蛋白酶还可以分解破坏蛇毒，也用于治疗毒蛇咬伤。牛胰蛋白酶制剂一般为注射用牛胰蛋白酶。

2. 牛胰蛋白酶生产工艺

① 浸取：取宰杀牛后 1 h 内的新鲜胰脏，除去脂肪和结缔组织，浸入预冷的 0.125 mol/L 硫酸中，

0 ℃保存。从酸中取出胰脏并绞碎，加入 2 倍量 0.125 mol/L 硫酸低温搅拌浸取 24 h。过滤后，滤饼用 1 倍量 0.125 mol/L 硫酸低温搅拌浸取 1 h，合并滤液。

② 分级盐析、结晶：向滤液中加入硫酸铵溶液至饱和度为 40%，低温静置过夜后过滤。滤液中再加入硫酸铵溶液至饱和度为 70%，低温静置过夜后过滤。滤饼用 3 倍量冷水溶解，再用同法重复加硫酸铵溶液分级盐析。取两次 70% 饱和度盐析所得滤饼，用 1.5 倍量冷水溶解，加入滤饼重量 0.5 倍的饱和硫酸铵溶液，用 5 mol/L 氢氧化钠溶液调节 pH 至 5.0，25 ℃保温 48h 后过滤，母液用 2.5 mol/L 硫酸调节 pH 至 3.0，加硫酸铵至饱和度为 70%，置冷室过夜。次日过滤，收集滤饼，即为胰蛋白酶原粗品。

③ 活化：取胰蛋白酶原粗品用 4 倍量预冷 5 mmol/L 盐酸溶解，加入 2 倍量的冷 1 mol/L 氯化钙溶液及 5 倍量冷硼酸缓冲液（pH 8.0）和适量冷蒸馏水，使溶液总体积为滤饼重的 20 倍量，pH 7.5 左右，最后加入滤饼重 1% 的活力较高的结晶胰蛋白酶为活化剂（活力在 250 U/mg 以上），搅匀，置冰箱中活化 72 h 以上，得活化液。

④ 除钙、盐析、透析、冻干：称取活化液加入 2.5 mol/L 硫酸使 pH 下降至 3.0 左右，加硫酸铵后置冰箱 48 h 使硫酸钙沉淀。过滤，滤液加硫酸铵至饱和度为 70%，置冰箱过夜，次日过滤。按滤饼重量加入 1.5 倍量硼酸缓冲液溶解，用硫酸或氢氧化钠溶液调节 pH 至 8.0，过滤至清，将清液置透析袋中，放入冰冷的透析液（取蒸馏水 400 mL，加入硫酸镁 500 g，加热溶解，再加入等体积的硼酸缓冲液，并调节 pH 至 8.0），透析除盐，不断摇动使其结晶。透析液过滤，收集透析袋内结晶滤饼置于 1.5 倍量冷蒸馏水中，用 2.5 mol/L 硫酸调节 pH 至 3 左右，使结晶全部溶解，再装入透析袋中于冰水中透析，透析液用氢氧化钠溶液调节 pH 至 6 左右，加入少量硅藻土，用滑石粉助滤，过滤澄清，滤液置搪瓷盘中冷冻干燥，即得牛胰蛋白酶成品。提取及纯化路线参见图 19-10。

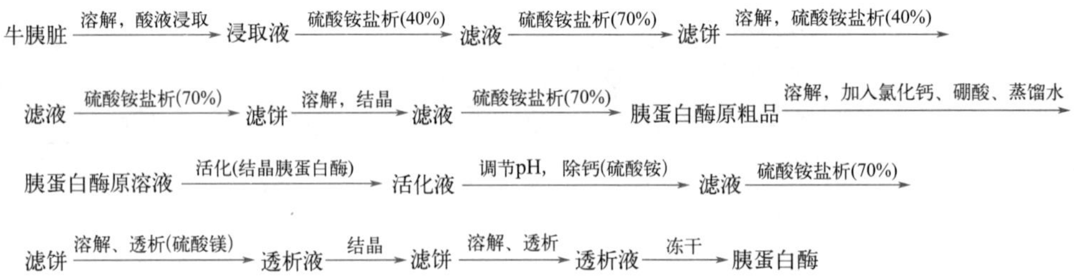

图 19-10 牛胰蛋白酶生产工艺

3. 牛胰蛋白酶质量检测

根据《中国药典》（2020 版），牛胰蛋白酶成品应为白色或类白色结晶性粉末。其原料应从检疫合格的牛胰脏中提取，所用动物的种属应明确，生产过程应符合现行版《药品生产质量管理规范》的要求。效价采用紫外-可见分光光度法（《中国药典》通则 0401）进行测定。制剂中每 2500 单位胰蛋白酶不得多于 50 单位的糜蛋白酶。干燥失重采用 60 ℃减压干燥 4 h，减失重量不得超过 5.0%（《中国药典》通则 0831）。

四、L-门冬酰胺酶生产工艺

1. L-门冬酰胺酶简介

L-门冬酰胺酶（L-asparaginase，L-ASP）是一种能够水解 L-门冬酰胺生成天冬氨酸和氨的酰胺水解酶。L-ASP 有 L-ASPⅠ和 L-ASPⅡ两种同工酶，其中 L-ASPⅡ的底物亲和力较高，具有抗肿瘤特性，临床上使用的也是该类型。通常情况下 L-ASP 以四聚体形式存在，单个亚基分子量为 35000。

L-ASP 是第一种用于治疗急性淋巴细胞白血病的酶。人体正常细胞中存在门冬酰胺合成酶，对 G1 期细胞具有特异性作用。某些肿瘤细胞缺乏门冬酰胺合成酶，不能合成门冬酰胺，其细胞生长需要门冬酰胺，而 L-ASP 可以切断门冬酰胺的供给。

2. L-门冬酰胺酶生产工艺

L-ASP 采用微生物发酵生产，L-ASP 存在于菌体内，发酵培养后需要收集菌体，然后进行菌体破碎，提取粗酶再进行纯化。以下是大肠埃希菌发酵生产 L-ASP 的工艺。

① 菌体培养：将培养好的种子液接种于发酵罐中，通气搅拌培养 6～8 h。离心分离获得菌体，加 2 倍量丙酮搅拌后过滤，滤饼中溶剂风干后获得菌体干粉。

② 蔗糖溶液抽提：往菌体干粉中加入 5 倍量的蔗糖溶液（蔗糖 400 g/L，溶菌酶 0.2 g/L，EDTA 2.9 g/L，pH 7.5），30 ℃振荡 2 h，离心分离取上清。

③ 硫酸铵分级沉淀：往上清液中加入硫酸铵，至饱和度 55%，pH 7.0，搅拌 1 h 后离心取上清。继续往上清中加入硫酸铵至饱和度 90%，离心收集沉淀。

④ 纯化：沉淀用磷酸盐缓冲液溶解后并透析除盐。先进行阴离子交换色谱，用 0.01 mol/L 磷酸盐缓冲液（pH 7.6）冲洗并平衡 DEAE-纤维素色谱柱，然后以透析后的上清液上柱，以 0.03 mol/L 缓冲液洗脱并收集 L-ASP 洗脱峰。再进行阳离子交换色谱，调整上步收集液 pH 为 4.8，通过已平衡的 CM-纤维色谱柱吸附，以 0.05 mol/L 缓冲液（pH 5.2）洗脱收集 L-ASP 洗脱峰，冷冻干燥获得 L-ASP 冻干粉。L-ASP 制备路线参见图 19-11。

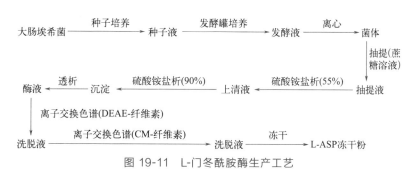

图 19-11　L-门冬酰胺酶生产工艺

3. L-门冬酰胺酶质量检测

根据《中国药典》（2020 版），采用大肠埃希菌重组表达的"门冬酰胺（埃希）"成品应为白色结晶性粉末，无臭。在水中易溶，在乙醇和乙醚中不溶。制品生产菌种来源途径应经国家有关部门批准并应符合国家有关的管理规范，L-ASP 的效价应按《中国药典》规定的紫外-可见分光光度法测定（通则 0401），其效价单位定义为在规定条件下，一个门冬酰胺酶单位相当于每分钟分解门冬酰胺产生 1 μmol 氨所需的酶量。制剂中蛋白质的纯度采用分子排阻色谱法测定（通则 0514），应不得低于 97.0%。此外，细菌内毒素作为限量指标，要求每 1 单位门冬酰胺酶中含内毒素的量应小于 0.015 EU。

本章小结

血液制品具有独特的生物学特性，是复杂的医疗和外科手术中不可或缺的特殊药品；血浆蛋白质制品的生产充分利用了现代生物分离技术，部分品种已采用了基因工程表达技术进行制备。

免疫类诊断试剂利用抗体与抗原特异性结合的原理实现多种生物学指标的定性和定量检测，可分为化学发光法诊断试剂、胶体金法诊断试剂、酶联法诊断试剂等不同类型。

微生物制剂主要利用微生物或其代谢产物直接或间接影响微生物群落，维持、重建或恢复健康的人体微生态平衡，对消化道疾病、代谢性疾病等的治疗具有独特的效果。

酶类药物在临床上已广泛使用，促进消化酶类、心脑血管疾病治疗等相关酶类的基因工程技术生产和纯化分离也是生物制药工艺的重要方向。

思 考 题

1. 从制品安全性、工艺稳定性方面分析低温乙醇法与色谱法制备免疫球蛋白各有哪些优点。
2. 请通过拓展学习,思考如何提高酶联免疫吸附分析对低浓度小分子物质的检测灵敏度。
3. 人尿激酶原注射剂在制备工艺中的哪些环节可能存在质量安全问题,应如何加强质量安全?

【史劲松　陈平　胡勇　李会】

参考文献

[1] 国家药典委员会. 中华人民共和国药典 [M]. 北京:中国医药科技出版社,2010.
[2] 倪道明. 血液制品 [M]. 3 版. 北京:人民卫生出版社,2013.
[3] 汪家政,范明. 蛋白质技术手册 [M]. 北京:科学出版社,2000.
[4] 北京市药品监督管理局. 体外诊断试剂生产质量体系检查要点指南. 2017.
[5] 林金明,赵利霞,王栩,等. 化学发光免疫分析 [M]. 北京:化学工业出版社,2008.
[6] 刘丽. 胶体金免疫层析技术 [M]. 郑州:河南科学技术出版社,2017.
[7] 焦奎,张书圣. 酶联免疫分析技术及应用 [M]. 北京:化学工业出版社,2004.
[8] 吴梧桐. 酶类药物学 [M]. 北京:中国医药科技出版社,2011.
[9] 肖成祖. 细胞制药与尿激酶原 [M]. 北京:军事医学科学出版社,2011.